Anatomie Band 1

Embryologie

4., komplett überarbeitete Auflage

Autor: Ulrike Bommas-Ebert

Herausgeber:
MEDI-LEARN Verlag GbR
Elisabethstr. 9, 35037 Marburg/Lahn

Herstellung:
MEDI-LEARN Kiel
Dorfstraße 57, 24107 Ottendorf
Tel: 0431/78025-0, Fax: 0431/78025-262
E-Mail: redaktion@medi-learn.de, www.medi-learn.de

Verlagsredaktion: Dr. Waltraud Haberberger, Jens Plasger, Christian Weier, Tobias Happ
Fachlicher Beirat: PD Dr. Rainer Viktor Haberberger
Lektorat: Eva Drude
Grafiker: Irina Kart, Dr. Günter Körtner, Alexander Dospil, Christine Marx
Layout und Satz: Kjell Wierig, Fritz Ramcke, Kristina Junghans
Illustration: Daniel Lüdeling, Rippenspreizer.com
Druck: Druckerei Wenzel, Marburg

4. Auflage 2011

Teil 1 des Anatomiepaketes, nur im Paket erhältlich
ISBN-13: 978-3-938802-71-7

Wichtiger Hinweis für alle Leser

Die Medizin ist als Naturwissenschaft ständigen Veränderungen und Neuerungen unterworfen. Sowohl die Forschung als auch klinische Erfahrungen führen dazu, dass der Wissensstand ständig erweitert wird. Dies gilt insbesondere für medikamentöse Therapie und andere Behandlungen. Alle Dosierungen oder Angaben in diesem Buch unterliegen diesen Veränderungen.
Obwohl das MEDI-LEARN-TEAM größte Sorgfalt in Bezug auf die Angabe von Dosierungen oder Applikationen hat walten lassen, kann es hierfür keine Gewähr übernehmen. Jeder Leser ist angehalten, durch genaue Lektüre der Beipackzettel oder Rücksprache mit einem Spezialisten zu überprüfen, ob die Dosierung oder die Applikationsdauer oder -menge zutrifft. **Jede Dosierung oder Applikation erfolgt auf eigene Gefahr des Benutzers**. Sollten Fehler auffallen, bitten wir dringend darum, uns darüber in Kenntnis zu setzen.

Vorwort

Liebe Leserinnen und Leser,
da ihr euch entschlossen habt, den steinigen Weg zum Medicus zu beschreiten, müsst ihr euch früher oder später sowohl gedanklich als auch praktisch mit den wirklich üblen Begleiterscheinungen dieses ansonsten spannenden Studiums auseinander setzen, z.B. dem Physikum.
Mit einer Durchfallquote von ca. 25% ist das Physikum die unangefochtene Nummer eins in der Hitliste der zahlreichen Selektionsmechanismen.
Grund genug für uns, euch durch die vorliegende Skriptenreihe mit insgesamt 32 Bänden fachlich und lernstrategisch unter die Arme zu greifen. Die 31 Fachbände beschäftigen sich mit den Fächern Physik, Physiologie, Chemie, Biochemie, Biologie, Histologie, Mathe, Anatomie und Psychologie/Soziologie. Ein gesonderter Band der MEDI-LEARN Skriptenreihe widmet sich ausführlich den Themen Lernstrategien, MC-Techniken und Prüfungsrhetorik.
Aus unserer langjährigen Arbeit im Bereich professioneller Prüfungsvorbereitung sind uns die Probleme der Studenten im Vorfeld des Physikums bestens bekannt. Angesichts des enormen Lernstoffs ist klar, dass nicht 100% jedes Prüfungsfachs gelernt werden können. Weit weniger klar ist dagegen, wie eine Minimierung der Faktenflut bei gleichzeitiger Maximierung der Bestehenschancen zu bewerkstelligen ist.
Mit der MEDI-LEARN Skriptenreihe zur Vorbereitung auf das Physikum haben wir dieses Problem für euch gelöst. Unsere Autoren haben durch die Analyse der bisherigen Examina den examensrelevanten Stoff für jedes Prüfungsfach herausgefiltert. Auf diese Weise sind Skripte entstanden, die eine kurze und prägnante Darstellung des Prüfungsstoffs liefern.
Um auch den mündlichen Teil der Physikumsprüfung nicht aus dem Auge zu verlieren, wurden die Bände jeweils um Themen ergänzt, die für die mündliche Prüfung von Bedeutung sind.
Zusammenfassend können wir feststellen, dass die Kenntnis der in den Bänden gesammelten Fachinformationen genügt, um das Examen gut zu bestehen.
Grundsätzlich empfehlen wir, die Examensvorbereitung in drei Phasen zu gliedern. Dies setzt voraus, dass man mit der Vorbereitung schon zu Semesterbeginn (z.B. im April für das August-Examen bzw. im Oktober für das März-Examen) startet. Wenn nur die Semesterferien für die Examensvorbereitung zur Verfügung stehen, sollte direkt wie unten beschrieben mit Phase 2 begonnen werden.

- **Phase 1:** Die erste Phase der Examensvorbereitung ist der **Erarbeitung des Lernstoffs** gewidmet. Wer zu Semesterbeginn anfängt zu lernen, hat bis zur schriftlichen Prüfung je **drei Tage für die Erarbeitung jedes Skriptes** zur Verfügung. Möglicherweise werden einzelne Skripte in weniger Zeit zu bewältigen sein, dafür bleibt dann mehr Zeit für andere Themen oder Fächer. Während der Erarbeitungsphase ist es sinnvoll, einzelne Sachverhalte durch die punktuelle Lektüre eines Lehrbuchs zu ergänzen. Allerdings sollte sich diese punktuelle Lektüre an den in den Skripten dargestellten Themen orientieren!
  Zur **Festigung des Gelernten** empfehlen wir, bereits in dieser ersten Lernphase **themenweise zu kreuzen**. Während der Arbeit mit dem Skript Anatomie sollen z.B. beim Thema „Organentwicklung" auch schon Prüfungsfragen zu diesem Thema bearbeitet werden. Als Fragensammlung empfehlen wir in dieser Phase die „Schwarzen Reihen". Die jüngsten drei Examina sollten dabei jedoch ausgelassen und für den Endspurt (= Phase 3) aufgehoben werden.

- **Phase 2**: Die zweite Phase setzt mit Beginn der Semesterferien ein. Zur **Festigung und Vertiefung des Gelernten** empfehlen wir, **täglich ein Skript zu wiederholen und parallel examensweise das betreffende Fach zu kreuzen**. Während der Bearbeitung der Anatomie (hierfür sind sieben bis acht Tage vorgesehen) empfehlen wir, pro Tag jeweils ALLE Anatomiefragen eines Altexamens zu kreuzen. Bitte hebt euch auch hier die drei aktuellsten Examina für Phase 3 auf.
  Der Lernzuwachs durch dieses Verfahren wird von Tag zu Tag deutlicher erkennbar. Natürlich wird man zu Beginn der Arbeit im Fach Anatomie durch die tägliche Bearbeitung eines kompletten Examens mit Themen konfrontiert, die möglicherweise erst in den kommenden Tagen wiederholt werden. Dennoch ist diese Vorgehensweise sinnvoll, da die Vorab-Beschäftigung mit noch zu wiederholenden Themen deren Verarbeitungstiefe fördert.

- **Phase 3:** In der dritten und letzten Lernphase sollten **die aktuellsten drei Examina tageweise gekreuzt** werden. Praktisch bedeutet dies, dass im tageweisen Wechsel Tag 1 und Tag 2 der aktuellsten Examina bearbeitet werden sollen. Im Bedarfsfall können einzelne Prüfungsinhalte in den Skripten nachgeschlagen werden.

- Als **Vorbereitung auf die mündliche Prüfung** können die in den Skripten enthaltenen „Basics fürs Mündliche" wiederholt werden.

Wir wünschen allen Leserinnen und Lesern eine erfolgreiche Prüfungsvorbereitung und viel Glück für das bevorstehende Examen!

Euer MEDI-LEARN-Team

Online-Service zur Skriptenreihe

Die mehrbändige MEDI-LEARN Skriptenreihe zum Physikum ist eine wertvolle fachliche und lernstrategische Hilfestellung, um die berüchtigte erste Prüfungshürde im Medizinstudium sicher zu nehmen.
Um die Arbeit mit den Skripten noch angenehmer zu gestalten, bietet ein spezieller Online-Bereich auf den MEDI-LEARN Webseiten ab sofort einen erweiterten Service. Welche erweiterten Funktionen ihr dort findet und wie ihr damit zusätzlichen Nutzen aus den Skripten ziehen könnt, möchten wir euch im Folgenden kurz erläutern.

Volltext-Suche über alle Skripte
Sämtliche Bände der Skriptenreihe sind in eine Volltext-Suche integriert und bequem online recherchierbar: Ganz gleich, ob ihr fächerübergreifende Themen noch einmal Revue passieren lassen oder einzelne Themen punktgenau nachschlagen möchtet: Mit der Volltext-Suche bieten wir euch ein Tool mit hohem Funktionsumfang, das Recherche und Rekapitulation wesentlich erleichtert.

Digitales Bildarchiv
Sämtliche Abbildungen der Skriptenreihe stehen euch auch als hochauflösende Grafiken zum kostenlosen Download zur Verfügung. Das Bildmaterial liegt in höchster Qualität zum großformatigen Ausdruck bereit. So könnt ihr die Abbildungen zusätzlich beschriften, farblich markieren oder mit Anmerkungen versehen. Ebenso wie der Volltext sind auch die Abbildungen über die Suchfunktion recherchierbar.

Errata-Liste
Sollte uns trotz eines mehrstufigen Systems zur Sicherung der inhaltlichen Qualität unserer Skripte ein Fehler unterlaufen sein, wird dieser unmittelbar nach seinem Bekanntwerden im Internet veröffentlicht. Auf diese Weise ist sicher gestellt, dass unsere Skripte nur fachlich korrekte Aussagen enthalten, auf die ihr in der Prüfung verlässlich Bezug nehmen könnt.

Den Onlinebereich zur Skriptenreihe findet ihr unter www.medi-learn.de/skripte

Embryologie

Die Entwicklung des Kindes kann man in die Embryonalentwicklung (= Zeitraum der Entwicklung der Keimblätter und der einzelnen Organe) und die Fetalentwicklung (= Zeitraum der Organreifung) unterteilen. Im schriftlichen Examen wird die Embryonalentwicklung jedoch eingeteilt in

- die **allgemeine Entwicklungsgeschichte und Plazentation** und
- die **Organentwicklung**.

In der Gliederung des Gegenstandskatalogs und damit auch in vielen Büchern wie z.B. der Schwarzen Reihe wird die allgemeine Entwicklungsgeschichte und Plazentation im ersten Kapitel behandelt und die Organentwicklung häufig den Kapiteln der einzelnen Organe voran gestellt. In diesem Skript wird - zum besseren Verständnis - die gesamte Entwicklung chronologisch dargestellt; also vom Anfang bis zum Ende.

1 Allgemeine Entwicklungsgeschichte und Plazentation

„Allgemeine Entwicklungsgeschichte" bezeichnet den Vorgang der Entwicklung von der Befruchtung bis zum Beginn der Entwicklung der einzelnen Organe. Die Entwicklung der Organe selbst gehört dagegen schon zum speziellen Teil der Entwicklungsgeschichte. Der Begriff Plazentation umfasst die Einnistung der befruchteten Eizelle in der Plazenta und die Entwicklung der Plazenta.

Aus diesem Kapitel wird im Examen besonders die Entwicklung der Plazenta und der Keimblätter geprüft.

1.1 Embryonalentwicklung

Hier werden zunächst noch allgemeine Fakten zur Entwicklung des Embryos besprochen, um die Orientierung im Dschungel der unterschiedlichen Begriffe zu erleichtern.

1.1.1 Einteilung der pränatalen Zeit

Der Zeitraum vor der Geburt wird in drei verschiedene Stadien eingeteilt:

- **Die Vorembryonalperiode** = 1. bis 7. Tag p.c. (= post conceptionem, = nach der Befruchtung). Dies ist der Zeitraum von der Befruchtung bis zur Einnistung der Eizelle. Missbildungen in diesem Zeitraum sind Spalt- und Doppelmissbildungen.
- **Die Embryonalperiode** = 2. bis 8. Entwicklungswoche. Dies ist der Zeitraum der Entwicklung der einzelnen Organe (= Organogenese) und der menschlichen Gestalt. Missbildungen in diesem Zeitraum sind Organ- und Extremitätenmissbildungen.
- **Die Fetalperiode** = 9. bis ca. 38. Entwicklungswoche (= bis zur Geburt). Dies ist der Zeitraum der Organreifung (am langsamsten reift übrigens die Lunge, s. 2.7.4, S. 37). Eine Schädigung des Embryos in dieser Zeit kann zum Abort führen.

Am **Anfang der Embryonalperiode** (3.-4. Entwicklungswoche) ist auf der Körperoberfläche des Embryos das Relief der **Somiten** noch zu erkennen. Die Somiten sind würfelförmige Segmente (zunächst 1-4, am Ende bis zu 35 Stück), aus denen sich das Sklerotom (= Anlage für die Wirbelsäule), das Dermatom (= Anlage zur Bildung der Dermis) und das Myotom (= Anlage zur Bildung der Muskulatur) entwickeln.

Am **Ende der Embryonalperiode** ist die Entwicklung der Organe beendet, und der Embryo weist keine Somiten mehr auf. Zu diesem Zeitpunkt sieht er dem „fertigen" Kind schon sehr ähnlich, obwohl er nur eine Größe von ca. **30 mm** hat. Ebenfalls am Ende der Embryonalperiode befinden sich bei weiblichen Embryos die Eizellen (für die nächste Generation) in der Pause während der ersten Reifeteilung. Diese Pause dauert bis jeweils kurz vor dem Eisprung der einzelnen Eizelle (s. Abb. 2, S. 4).

Übrigens...

Die Bezeichnungen **Entwicklungs- und Schwangerschaftswochen** sind **NICHT** synonym! Die erste **Entwicklungswoche** beginnt direkt **nach** der Befruchtung der Eizelle. Die Entwicklungswochen bezeichnen also das tatsächliche Alter des Embryos. Die Rechnung erfolgt in Tagen/Wochen **post conceptionem**, also vom genauen Zeitpunkt der Befruchtung ausgehend. Schwangere Frauen können normalerweise aber den genauen Tag der Befruchtung nicht angeben.

Beim Gynäkologen wird deshalb zurückgerechnet bis zur letzten **Menstruationsblutung**. Die Rechnung beginnt also **post menstruationem**, und den errechneten Zeitraum gibt man in **Schwangerschaftswochen** an. Zwischen der Menstruation und dem Eisprung (und damit der Befruchtung) liegen 14 Tage. **Schwangerschaftswochen** entsprechen daher den Entwicklungswochen plus 2 Wochen: die 1. Entwicklungswoche entspricht also der 3. Schwangerschaftswoche etc.

1.2 Keimzellentwicklung

Die Eizellen und Spermien, die für die Entstehung eines Kindes erforderlich sind, entstehen bereits im Embryo der Eltern. Um die komplette Entwicklung ganz von Anfang an zu beschreiben, wird hier mit der Entwicklung der Keimzellen (= Eizellen und Spermien) begonnen.

1.2.1 Allgemeines zur Entstehung von Zellen

Nach der Vereinigung von Spermium und Eizelle (= Befruchtung) entsteht als erstes eine Zygote (s. Abb. 1, 4 und 5, S. 2, 9 und 10), dann folgt das Blastomeren- und das Morulastadium. Die Zellen dieser drei Stadien sind **omnipotent**, d.h., aus jeder Zelle kann alles (= jede Struktur und jedes Organ des Körpers, also auch Keimzellen) entstehen. Im darauf folgenden Blastozystenstadium erfolgt eine erste Differenzierung. Die **Blastozyste** weist bereits zwei verschiedene Zelltypen auf:

- die **Trophoblastenzellen**, die für die Entstehung der Plazenta verantwortlich sind und
- die **Embryoblastenzellen**, die den Embryo mit allen Organen und Strukturen bilden, also auch mit den Keimzellen, dem Dottersack, dem Amnion etc.

Diese Zellen sind nur noch **pluripotent**, d.h. sie können viele verschiedene Dinge bilden, haben aber bereits eine erste Spezialisierung durchlaufen.

1.2.2 Entstehung der Keimzellen

Etwa in der 2. Entwicklungswoche bildet der Embryo ein flüssigkeitsgefülltes Säckchen vor dem Bauch aus, den (sekundären) **Dottersack**. In den Zellen der Dottersackwand beginnt die Blutbildung. Aus der Wand des Dottersacks wandern einige Zellen **amöboid** in den Embryo ein. Diese Zellen bezeichnet man auch als **Urkeimzellen**. Sie wandern in die Gonadenanlage ein und entwickeln sich, je nach Geschlecht des Embryos, zu Oozyten oder Spermatozyten weiter.

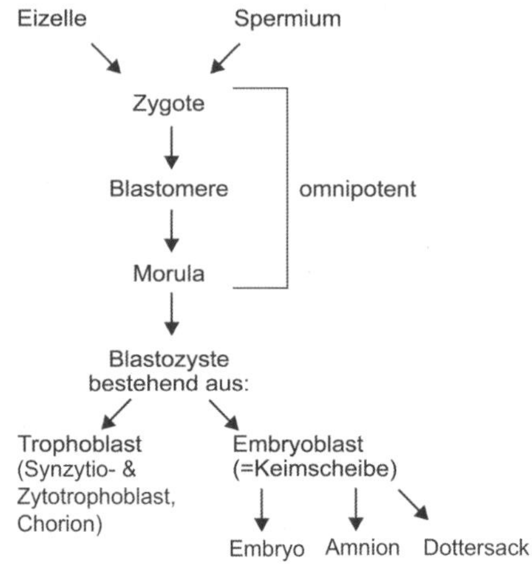

Abb. 1: Zelldifferenzierung

Der Dottersack spielt beim physiologischen Nabelbruch (s. Abb. 20, S. 46) eine wichtige Rolle.

Übrigens...

Berücksichtigt man die Entwicklungsstadien der Zellen im Allgemeinen, so lässt sich sagen, dass Keimzellen u.a. entstehen können aus

- Blastomeren,
- Embryoblastenzellen und
- Zellen der Dottersackwand.

Alle Zellen, aus denen Keimzellen entstehen können, bezeichnet man auch als zugehörig zur **Keimbahn**.

Keimzellen entstehen dagegen **NICHT** aus Trophoblastenzellen. Trophoblastenzellen bilden ausschließlich die Zellen der Plazenta (s. Abb. 1).

- Zur Präimplantationsdiagnostik (= PID) nutzt man entweder die omnipotenten Zellen der Blastomeren/ Morula oder die pluripotenten Zellen des Embryoblasten.

DAS BRINGT PUNKTE

Beim Thema Embryonalentwicklung sind sowohl die Einteilung der pränatalen Zeit als auch die Unterscheidung zwischen Embryonal- und Schwangerschaftswochen für das schriftliche und das mündliche Examen sehr wichtig. So ist z.B. die Aussage richtig, dass die Organogenese in der 2.-8. Entwicklungswoche stattfindet. Gleichzeitig stimmt aber

auch diese Aussage: „Die Organogenese findet in der 4.-10. Schwangerschaftswoche statt".
Hat man Abbildung 1, S. 2 verstanden, so lassen sich sehr viele verschiedene Embryo-Fragen beantworten. Daher ist es sehr lohnend, sich diese Abbildung einzuprägen. Was die Keimzellentwicklung betrifft, solltet ihr euch fürs Schriftliche merken, dass

- zur Keimbahn (= Zellen, aus denen Keimzellen entstehen können) u.a. Zygote, Blastomere, Morula, Embryoblast und die Zellen des Dottersacks zählen und
- aus Zellen mit der Endung „-trophoblast" nur die Plazenta und somit auch das Chorion, aber keine Strukturen im Embryo entstehen.

BASICS MÜNDLICHE

Was sind Somiten?
Somiten sind würfelförmige Segmente, die in etwa ab der 3. Entwicklungswoche entstehen. Aus ihnen entsteht ein Dermatom, ein Myotom und ein Sklerotom.

Was ist der Unterschied zwischen Entwicklungs- und Schwangerschaftswochen?
Mit Entwicklungswochen bezeichnet man die Zeit post conceptionem, also nach der Befruchtung. Mit Schwangerschaftswochen bezeichnet man die Zeit post menstruationem, also nach dem ersten Tag der letzten Regelblutung. Die Differenz zwischen den beiden Zeitangaben beträgt 2 Wochen.

Was ist eine Zygote?
Eine Zygote ist die erste Struktur, die nach der Vereinigung von Eizelle und Spermium nach der Teilung entsteht. Mit Zygote wird also das Zweizellstadium bezeichnet.

Welche Zellen gehören zur Keimbahn?
Die Zellen der Zygote, der Blastomere, der Morula, des Embryoblasten, des Dottersacks und die Urkeimzellen.

Wann hat der Embryo schon in etwa das Aussehen des späteren Kindes?
Am Ende der Embryonalperiode (etwa in der 8. Entwicklungswoche) hat der Embryo zwar nur eine Größe von 3cm, aber schon in etwa die äußere Körperform des späteren Kindes.

Oogenese (= Entwicklung der Eizelle)

Eine Eizelle hat zwei verschiedene Bezeichnungen, die vom Chromosomensatz der Eizelle abhängen:

- **primäre Oozyten** weisen den doppelten Chromosomensatz auf,
- **sekundäre Oozyten** den halben.

Die Bezeichnung des Follikels (= Primordial-, Primär-, Sekundär-, Tertiär- und Graaf-Follikel) beschreibt das histologische Aussehen und das Reifestadium des Follikels (s. Abb. 2, S. 4).

Reifeteilungen der Oozyte: In der frühen Fetalperiode erfolgt eine starke Vermehrung der Oogonien. Noch vor der Geburt starten die primären Oozyten mit der 1. Reifeteilung und dann kommt das Päuslein - inmitten der ersten Reifeteilung (= Meiose I). Diese Pause dauert bis kurz vor dem jeweiligen Eisprung, da erst zu diesem Zeitpunkt die erste Reifeteilung beendet wird. Während des Eisprungs beginnt die zweite Reifeteilung. Diese wird nur beendet, wenn die Eizelle befruchtet wird. Für die Oogenese des Menschen gilt daher:

- Die Oozyten verbleiben im Zeitraum vor der Geburt bis zur Pubertät - bzw. bis kurz vor dem Eisprung der einzelnen Oozyte - in der Prophase der Meiose I.
- Während eines Zyklus vollendet jeweils eine Oozyte die Meiose I und tritt vor der Ovulation in die Meiose II ein.
- Während die Meiose II noch im Gang ist, kommt es bereits zur Ovulation.
- Die Meiose II wird nur beendet, wenn es zur Befruchtung der Eizelle kommt.

Übrigens...
Da aus einer primären Oozyte nur EINE reife Oozyte entsteht, bleiben bei jeder Reifeteilung Chromosomen „übrig". Diese werden als **Polkörperchen** am Rand der Eizelle abgelagert und haben keine weitere Funktion.

Histologie der Oozyte: Jede Oozyte ist von Anfang an von einer Zellmembran - der **Zona pellucida** (= Eihaut) - umgeben, sie wird erst im Blastozystenstadium vom Trophoblasten ersetzt.

- Der Primordialfollikel weist ein einschichtig flaches, der Primärfollikel ein einschichtig kubisches Epithel auf.
- Der Sekundärfollikel weist ein mehrschichtiges Epithel (= Follikelepithel = Stratum granulosum) und eine Theca folliculi auf.

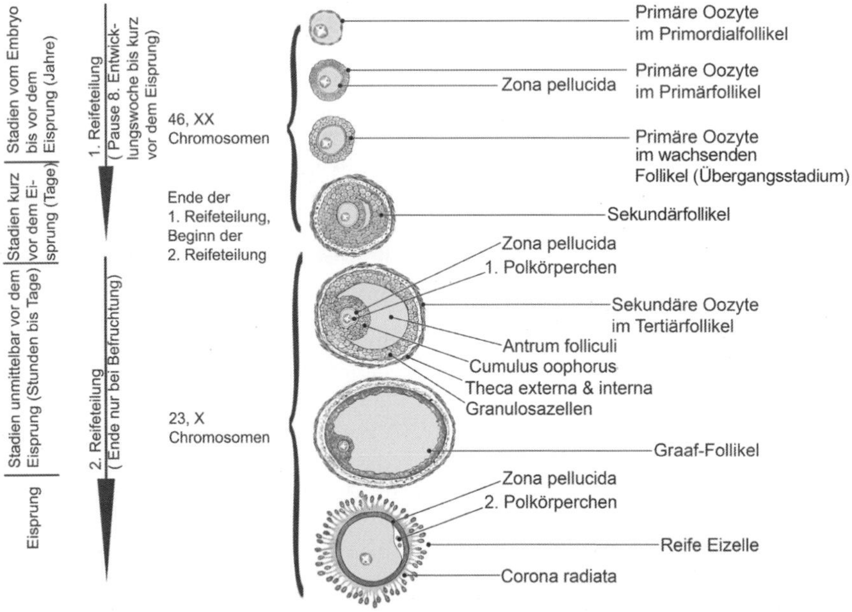

Abb. 2: Oogenese und reife Eizelle

- Der Tertiärfollikel (= Graaf-Follikel) bildet eine Follikelhöhle aus, die eigentliche Eizelle liegt auf einer Art Zellhügel, dem Cumulus oophorus. Der reife Follikel weist zusätzlich eine Theca externa und eine Theca interna (= wichtigste Produktionsquelle für Östrogene) auf.

Übrigens...

- Im Graaf-Follikel liegt der Eizelle die Zona pellucida unmittelbar an, gefolgt von der Corona radiata, der Theca interna und der Theca externa.
- Manche Bücher (allerdings NICHT die Fragen des schriftlichen Examens) zählen den sprungreifen Follikel als Quartärfollikel extra auf. In den Physikumsfragen steht in der Regel einfach „sprungreifer Follikel".

Beim Eisprung lösen sich einige Follikelepithelzellen und Bindegewebe mit ab und umgeben die Eizelle zu **Beginn der Tubenwanderung** als **Corona radiata**. Eine eigenständige Aufgabe hat diese Corona nicht. Die sie bildenden Zellen werden im weiteren Verlauf der Tubenwanderung einfach abgeschilfert. Bei der Ovulation durchbricht die Oozyte folgende Schichten:

- die Granulosa-Zellschicht,
- die Theca interna,
- die Theca externa und
- das Peritonealepithel (= Ovarialepithel).

Die **Corona radiata** und die **Zona pellucida** aber umgeben die Eizelle und werden somit bei der **Ovulation NICHT** durchbrochen (dafür dann aber später vom Spermium...).

Übrigens...

Der menschliche Keim ist von seiner Entstehung bis **kurz vor seiner Implantation** von der Zona pellucida umgeben.

Spermatogenese

Die Bezeichnung **primäre** und **sekundäre** Spermatozyte bezeichnet genau wie bei der Eizelle, den Chromosomensatz:

- primäre Spermatozyten haben einen doppelten Chromosomensatz,
- sekundäre Spermatozyten einen halben.

Im Gegensatz zu den Oozyten beginnen die Spermatozyten erst in der **Pubertät** mit der Reifeteilung, und es werden keine Pausen während oder zwischen den Teilungen gemacht. Außerdem entstehen aus **einer** Spermatogonie **vier** Spermien (s. Abb. 3a, S. 5).

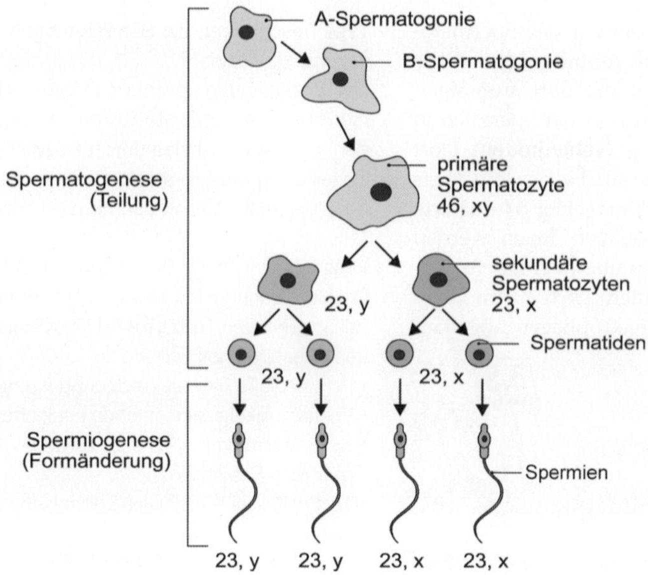

Abb. 3a: Spermato- und Spermiogenese

Übrigens...

Den Zeitraum der Teilung bezeichnet man als **Spermatogenese**, den Zeitraum der Differenzierung der Form als **Spermiogenese** (s. Abb. 3a).

Vom Kopf bis zum Schwanz enthält ein Spermium folgende Strukturen:

- das Akrosom befindet sich an der Spitze des Kopfes,
- ebenfalls im Kopf befindet sich der Chromosomensatz (= 23, X oder 23, Y),
- im Spermienhals sitzt das Zentriol,
- im Schwanz findet man die Mitochondrien und
- ebenfalls im Schwanz sitzen die Mikrotubuli.

Neben dieser Einteilung kann man den Schwanz des Spermiums auch in Haupt-, Mittel- und Endstück gliedern. In den reifen Spermien befinden sich die Mitochondrien vorwiegend im Mittelstück (= ein Teil des Schwanzes), die Mikrotubuli dagegen im Hauptstück (= ebenfalls ein Teil des Schwanzes). Das letzte Stück des Spermiums bezeichnet man auch als Endstück (s. Abb. 4a, S. 9).

Übrigens...

Die am Kopf des Spermiums lokalisierten **Akrosomen** sind **Lysosomenäquivalente**. Die lysosomalen Enzyme benötigt das Spermium für die **Imprägnation** (= sein Eindringen in die Eizelle).

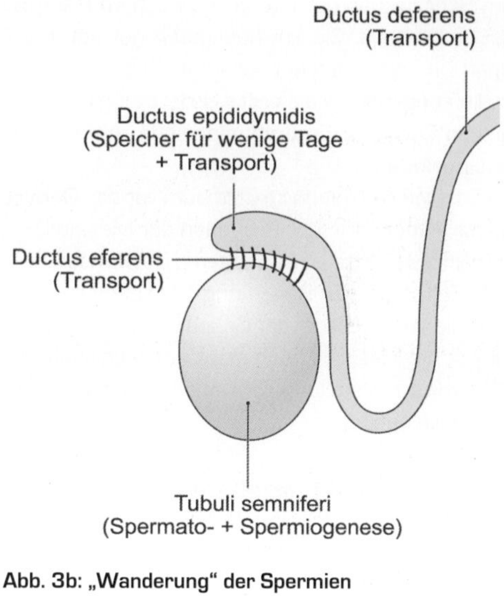

Abb. 3b: „Wanderung" der Spermien

Von der Spermatogonienteilung bis zur Einlagerung befruchtungsfähiger Spermatozoen im Speicher des Nebenhodens vergehen ca. **64- 80 Tage** oder in Wochen gesprochen: ca. **9-11 Wochen**.

MERKE:
In 80 Tagen durch den Hoden.

Die Teilung und Differenzierung der Spermatogonien findet in den **Tubuli semniferi** statt. Über die **Ductuli efferentes** und die dort ansässigen **Kinozilien** erfolgt der Transport der Spermien in den **Ductus epididymidis** (= **Nebenhoden**). Dort befinden sich **Stereozilien**, an die sich die Spermien „andocken" und wo sie in einer **Säurestarre** gehalten werden. Nach wenigen Tagen werden die Spermien dort entweder über den **Ductus deferens** (hat 3 Muskelschichten) nach außen abgegeben oder von Gewebsmakrophagen abgebaut (s. Abb. 3b, S. 5).

DAS BRINGT PUNKTE

Die Oogenese und die Spermatogenese werden häufig im Schriftlichen gefragt, gerne auch im Rahmen einer Listenfrage. Die am häufigsten gefragten Lösungen sind hier noch einmal aufgeführt:

- Eizellen **beginnen** in die **erste** Reifeteilung einzutreten am Ende der **Embryonalperiode**/Anfang der **Fetalperiode**.
- Die Oozyten verbleiben im Zeitraum vor der **Geburt** bis zur **Pubertät** in der Prophase der Meiose I.
- Vor der Ovulation treten die Oozyten in die **Meiose II** ein.
- Zum Zeitpunkt der Besamung (darunter wird im schriftlichen Physikum der Geschlechtsakt verstanden) ist die Meiose II **noch nicht** abgeschlossen.
- Die **zweite** Reifeteilung wird nur bei **Befruchtung** der Eizelle beendet.

Zur Spermatogenese werden vor allem drei verschiedene Sachverhalte immer wieder gefragt:

- Spermatogonien beginnen in der Pubertät in die erste Reifeteilung einzutreten.
- Die Aufgabe des Akrosoms ist es, das Eindringen des Spermiums in die Eizelle zu ermöglichen.
- Die Spermatogenese dauert 80 Tage bzw. 9 - 11 Wochen.

BASICS MÜNDLICHE

Kenntnisse über die Oogenese werden auch gerne im Mündlichen verlangt. Hier sollte man die Oogenese in wenigen Worten treffend wiedergeben können.

Was beschreiben die Bezeichnungen „primäre und sekundäre Oozyte"?
Die Bezeichnung „primäre Oozyte" legt fest, dass hier noch der doppelte Chromosomensatz vorhanden ist. Bei der „sekundären Oozyte" hat die erste Reifeteilung bereits stattgefunden und es liegt nur noch der halbe Chromosomensatz vor.

Was beschreibt die Bezeichnung des Follikels?
Die Bezeichnung des Follikels als Primordial-, Primär-, Sekundär- oder Tertiärfollikel lässt Rückschlüsse auf das Aussehen des Follikels zu:

- Primordialfollikel = einschichtig flaches Epithel,
- Primärfollikel = einschichtig kubisches Epithel,
- Sekundärfollikel = Theca externa und –interna, mehrere Schichten,
- Tertiärfollikel = mehrere Epithelschichten und Follikelhöhle.

Wann wird die zweite Reifeteilung beendet?
Die zweite Reifeteilung wird nur dann beendet, wenn die Eizelle befruchtet wird.

Unbedingt parat haben sollte man im Mündlichen die Spermato- und Spermiogenese mit dem Zeitpunkt der Reifeteilungen sowie die Unterschiede zwischen der männlichen und weiblichen Keimzellentwicklung.

Was bezeichnet man mit Spermato-, was mit Spermiogenese?

- Unter Spermatogenese versteht man im Wesentlichen den Vorgang der Zellteilung.
- Unter Spermiogenese die sich anschließende Zellreifung mit der Änderung der äußeren Form bis hin zur Entstehung des fertigen Spermiums.

Welche Unterschiede in der weiblichen und männlichen Keimzellentwicklung kennen Sie?

- Die weibliche Zellteilung beginnt bereits am Ende der Embryonal-/Anfang der Fetalperiode, die männliche erst ab der Pubertät.
- Aus einer weiblichen Urkeimzelle entsteht eine reife Eizelle, aus einer männlichen Urkeimzelle entstehen vier reife Spermien.
- Die Spermien beenden ihre zweite Reifeteilung immer, die Eizellen nur bei der Befruchtung.

1.3 Vereinigung von Eizelle und Spermium

Oder: Was genau passiert beim Akt? Zunächst einmal ist der Akt wirklich ein Akt - zumindest für die Spermien. Die müssen nämlich auf dem Weg zu der Eizelle einige Hindernisse überwinden und viele Gefahren überstehen, was für viele tödlich endet. Hat es ein Spermium - trotz aller Widrigkeiten - bis zum Ziel seiner Wünsche geschafft, so durchdringt es mit Hilfe seines Akrosoms auf seinem Weg zur Eizelle zunächst die **Corona radiata** und dann die **Zona pellucida** (s. Abb. 4). Während dieses Vorgangs wird auch die **zweite Reifeteilung beendet**. Nach der **Imprägnation** (= dem Eindringen des Spermienkopfs in die Eizelle) beginnt die **Vorembryonalperiode**. Dabei entsteht zunächst die **Zygote** (= Zweizellstadium), dann die **Blastomeren**, die **Morula** und die **Blastozyste** (s. Abb. 5, S. 10). Die Einnistung der Blastozyste erfolgt nach ca. **6-7 Tagen**. Mit der Einnistung der Blastozyste erfolgt die Differenzierung des Trophoblasten zum **Synzytio-** und zum **Zytotrophoblasten** (s. Abb. 5, S. 10).

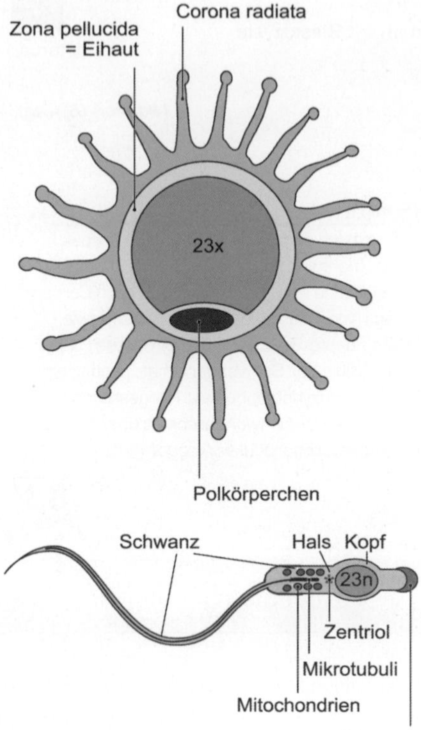

Abb. 4a: Eizelle und Spermium

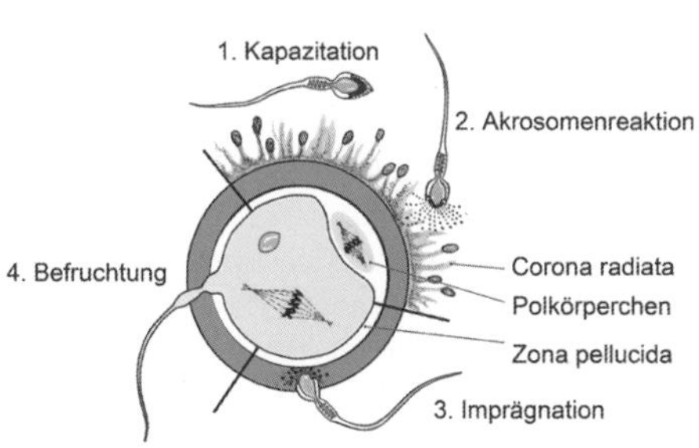

Abb. 4b: Darstellung der einzelnen Schritte des Eindringens des Spermiums in die Eizelle

Übrigens...

Eine erste Differenzierung der Zellen findet bei Erreichen des Blastozystenstadiums statt (s. Abb. 1, S. 2 und Abb. 5, S. 10).

1.4 Einnistung der befruchteten Eizelle

Nach abgeschlossener Implantation befindet sich die Blastozyste in der **Zona compacta** des Endometriums. Die Wand des Uterus kann man einteilen in das

- **Stratum functionale**, das während der Regelblutung abgestoßen wird und aus dem **Epithel** (einschichtig, wäre daher etwas schmal für die Einnistung), der Zona **compacta** und der **Zona spongiosa** besteht,
- **Stratum basale**, von dem aus nach jeder Blutung die Regeneration des Endometriums stattfindet (diese Schicht wird also weder bei der Regelblutung abgestoßen noch von der Plazenta oder dem Lysozym der Synzytiotrophoblasten angegriffen) und
- **Myometrium**.

Die Blastozyste nistet sich meist an der Hinterwand des Uterus ein, schließlich kommt sie dort auch als erstes vorbei, wenn sie die Tube verlässt...

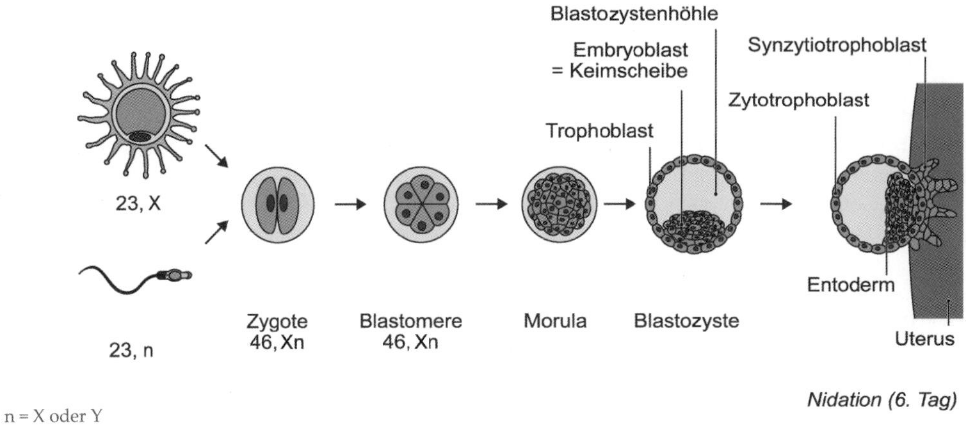

Abb. 5: Zelldifferenzierung

1.5 Entwicklung des Gelbkörpers

Nach dem Eisprung (durch Stimulation mit FSH aus der Hypophyse sowie dem LH-Anstieg) bleiben die Follikelepithelzellen und die Granulosazellen im Ovar zurück. Durch Vaskularisierung und Einblutung entsteht im Ovar aus den Granulosazellen zunächst ein **Corpus rubrum** (heißt tatsächlich wegen des vermehrten Blutgehalts so). Unter Einfluss von LH (ebenfalls aus der Hypophyse) wird dann innerhalb von wenigen Tagen durch die Zellen des Corpus rubrum Progesteron gebildet und es entsteht das **Corpus luteum menstruationis**. Da sich zu diesem Zeitpunkt die befruchtete oder auch nicht befruchtete Eizelle noch irgendwo mitten in der Tubenwanderung befindet und noch gar nicht klar ist, ob eine Schwangerschaft entsteht, heißt der progesteronproduzierende Körper also erstmal Corpus luteum menstruationis; er wird durch **LH** stimuliert. Hat eine Befruchtung der Eizelle stattgefunden, so wird durch Stimulation von **HCG** (= humanes Chorion-Gonadrotopin) im Corpus luteum weiter Progesteron gebildet und man nennt den Gelbkörper dann **Corpus luteum graviditatis**. Das HCG stammt aus dem Synzytiotrophoblasten der befruchteten Eizelle, die zwischenzeitlich (ungefähr nach 1 Woche) im Uterus angekommen ist und sich in der Pars compacta eingenistet sowie eine Plazenta ausgebildet hat. Lassen die Stimulation durch LH und/oder FSH dagegen nach (= wenn KEINE Befruchtung stattgefunden hat und sich daher auch KEINE befruchtete Eizelle einnistet und HCG produziert), so degeneriert der Gelbkörper zum **Corpus albicans**, ebenso am Ende der Schwangerschaft.

Übrigens...

- 10 Tage nach dem Eisprung liegt KEIN Corpus rubrum mehr vor, sondern ein Corpus luteum. Außerdem finden sich im Ovar natürlich auch Corpora albicans (von vorausgegangenen Zyklen) sowie tertiäre (für weitere Zyklen) und atretische Follikel.
- Ab der Mitte der Schwangerschaft produziert auch der Synzytiotrophoblast Progesteron, gegen Ende der Schwangerschaft übernimmt er die Progesteronproduktion sogar ganz.

8,9 PUNKTE

DAS BRINGT PUNKTE

Zur Vereinigung von Eizelle und Spermium wurde insbesondere ein Satz immer und immer wieder gefragt:

- Zuerst durchdringt das Spermium auf seinem Weg zur Eizelle die Corona radiata.

Zur Vorembryonalperiode gab es viele unterschiedlich formulierte Fragen. Die Lösungen sind aber glücklicherweise meist die selben. Daher versprechen folgende Fakten eine gute Punkteausbeute:

- Keimzellen (können) entstehen aus der Zygote, den Blastomeren, Embryoblastenzellen und Zellen in der Dottersackwand (diese Zellen zählen auch zur Keimbahn).
- Hämatopoetische Stammzellen entwickeln sich aus dem Embryoblasten und dienen der Blutbildung.
- Trophoblastenzellen sind für die Bildung des Synzytio- und Zytotrophoblasten zuständig und bilden somit die Plazenta.
- Nach abgeschlossener Implantation befindet sich die Blastozyste in der Zona compacta des Endometriums.

- Das Corpus luteum menstruationis wird durch LH, das Corpus luteum graviditatis durch HCG zur Progesteronproduktion angeregt.

BASICS MÜNDLICHE

Beim Thema Gelbkörperentwicklung sollte der rhetorisch geschickte Student nicht nur die einzelnen Hormone und ihre Aufgabe kennen, sondern diese Kenntnis auch zu einem fließenden Wechsel zwischen Anatomie und Physiologie nutzen - je nachdem in welchem Fach er sich sicherer fühlt.

Was ist LH?
LH = das luteinisierende Hormon. Es wird in der Hypophyse gebildet und stimuliert die Ovulation und indirekt den Gelbkörper. Dieser produziert dann - unter dem Einfluss von LH - Progesteron.

Wozu dient Progesteron?
Progesteron bereitet die Uterusschleimhaut auf die Einnistung der befruchteten Eizelle vor und verhindert die Abstoßung der Schleimhaut. Ein Progesteron"entzug" führt zur Blutung durch Abstoßung der Schleimhaut.

Wo nistet sich die befruchtete Eizelle ein?
Am häufigsten an der Hinterwand des Uterus und dort in der Zona compacta des Stratum functionale.
Die Wand des Uterus besteht aus:

- Stratum functionale (aus dem Epithel, der Zona compacta und der Zona spongiosa),
- Stratum basale und
- dem Myometrium.

Beschreiben Sie bitte die Entwicklung der Plazenta.
Die Entwicklung der Plazenta beginnt mit der Morula. Die Morula entwickelt sich weiter zur Blastozyste, die man in den Trophoblasten und den Embryoblasten untergliedern kann. Aus dem Trophoblasten entwickeln sich der Synzytio- und der Zytotrophoblast, die man später auch zum Chorionepithel zusammenfasst.

Was passiert, wenn Eizelle und Spermium aufeinander treffen?
Das Spermium durchdringt mit Hilfe seines Akrosoms auf seinem Weg zur Eizelle die Corona radiata und dann die Zona pellucida, währenddessen wird auch die zweite Reifeteilung beendet. Nach der Imprägnation beginnt die Vorembryonalperiode. Es entsteht zuerst die Zygote, dann die Blastomeren, die Morula und die Blastozyste. Die Einnistung der Blastozyste erfolgt nach ca. 6-7 Tagen. Anschließend beginnt die Embryonalperiode.

DAS HÄTTE MAN SICH AUCH ETWAS PRICKELNDER VORGESTELLT, ODER?
AUF IN DIE PAUSE ...

1.6 Plazenta

Die Plazenta entsteht aus dem Trophoblasten der Blastozyste. Dieser differenziert sich zum Synzytiotrophoblasten und zum Zytotrophoblasten.

1.6.1 Synzytiotrophoblast

Der Synzytiotrophoblast bildet ein echtes Synzytium, d.h. er weist keinerlei Zellgrenzen und somit auch keine Schichtung auf. Er grenzt direkt an das Uterusgewebe und sezerniert lysosomale Enzyme, um die vollständige Einnistung der Blastozyste in das Stratum functionale (= Pars compacta) des Uterus zu ermöglichen. Gegen Ende der Schwangerschaft besitzt das Synzytium der Plazentazotten Mikrovilli. Diese Oberflächenvergrößerung ist erforderlich, da der Synzytiotrophoblast aus dem mütterlichen Blut nicht nur Sauerstoff sondern auch jede Menge Nährstoffe für den Embryo aufnehmen muss.

Übrigens...

- Der Synzytiotrophoblast entsteht durch Teilung aus dem Zytotrophoblasten. Damit ist der Trophoblast also an der Bildung der Plazenta beteiligt. Der Synzytiotrophoblast selbst teilt sich aber NICHT.
- Der Synzytiotrophoblast bestimmt in großem Maße die Barriereeigenschaften der Plazentaschranke.

Die Plazenta - genauer gesagt der Synzytiotrophoblast - produziert HCG (= humanes Chorion-Gonadotropin) und ab der Mitte der Schwangerschaft auch Progesteron. Das HCG verhindert den Abbau des Corpus luteum im Ovar der Schwangeren und lässt sich in deren Urin nachweisen. Es ist ein Proteohormon; ein nicht unwichtiges Detail, da es schon gefragt wurde.

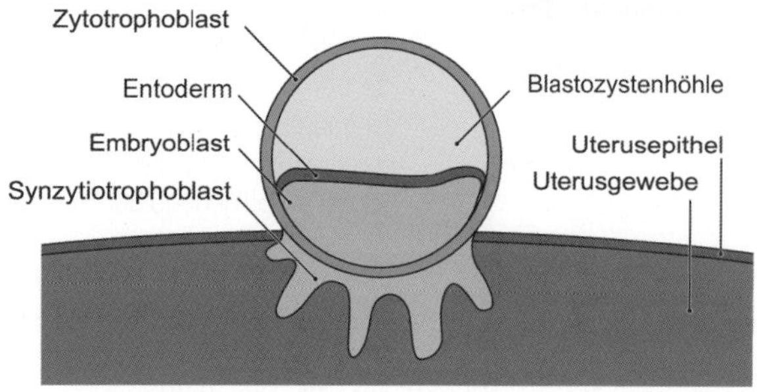

Abb. 6a: Nidation

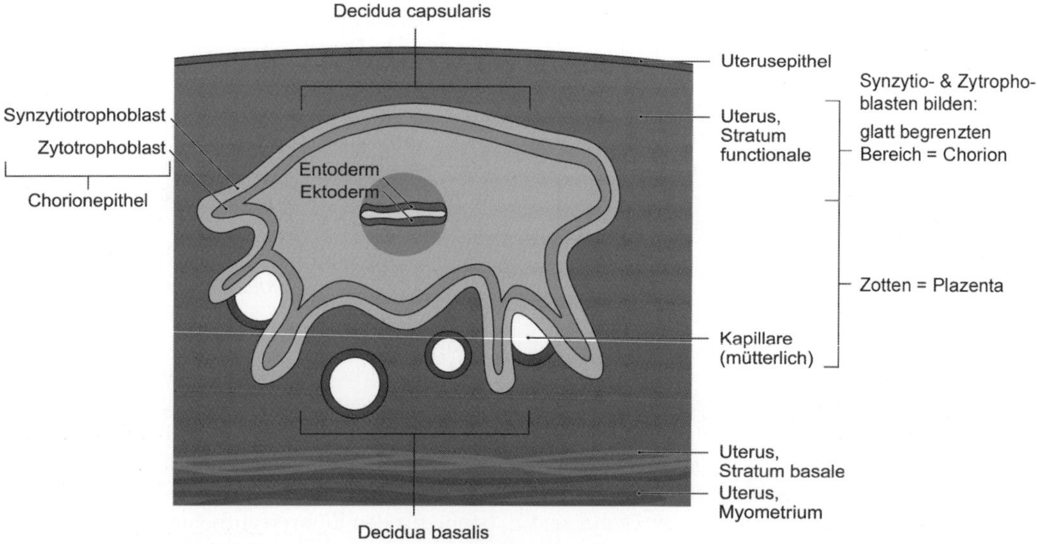

Abb. 6b: Implantation (7. Tag)

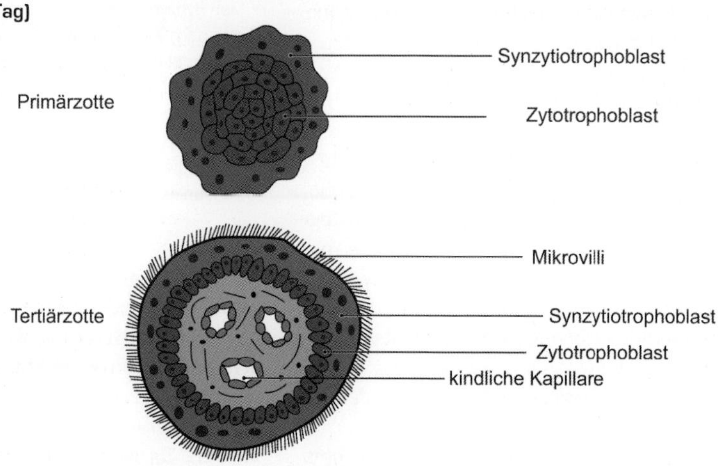

Abb. 6c: Querschnitt durch die Plazentazotten

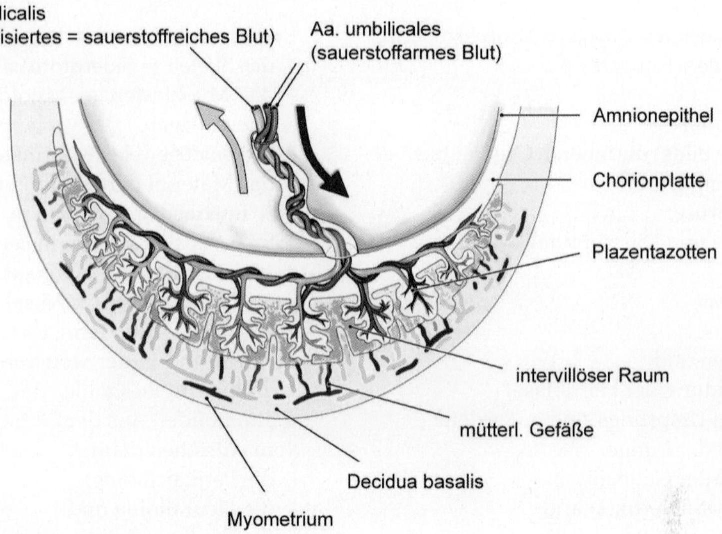

Abb. 6d: Querschnitt durch eine reife Plazenta

1.6.2 Zytotrophoblast

Der Zytotrophoblast liegt immer zwischen dem Synzytiotrophoblasten und dem Embryo. Er ist am Anfang (= in der Primärzotte, s. Abb. 6c) mehrschichtig, in der Tertiärzotte (= Endzotte) dagegen einschichtig. Zum Teil weisen seine Zotten am Ende der Schwangerschaft (= Tertiärzotten) physiologische Einrisse auf, wodurch es zum direkten Kontakt zwischen den kindlichen und den mütterlichen Zellen kommen kann. Dieser direkte Kontakt birgt aber nur Gefahren bei einer Rhesus-negativen Mutter, die das zweite Rhesus-positive Kind erwartet und bei HIV o.ä. Infektionen der Mutter. Der Zytotrophoblast bildet den Synzytiotrophoblasten.

Übrigens...

- Die Zytotrophoblastenzellen sind bis zum Ende der Schwangerschaft zur Teilung fähig und bilden die Synzytiotrophoblastenzellen (s. S. 11 und 12).
- Die Schicht aus Synzytio- und Zytotrophoblasten, die das Kind vollständig umgibt, bezeichnet man außerhalb der Plazenta auch als Chorionepithel.
- Für die zytogenetische pränatale Diagnostik werden in Deutschland Zellen aus dem Fruchtwasser (= Amnion- und Mesenchymzellen) und aus den Chorionzotten (= Trophoblastenzellen) verwendet.

1.7 Entwicklung der drei Keimblätter

Aus dem Embryoblasten (= die Keimscheibe) entwickeln sich bereits nach wenigen Tagen nacheinander die drei Keimblätter:

- das Ektoderm,
- das Entoderm und schließlich
- das Mesoderm.

Nach 16 Entwicklungstagen sind bereits alle drei Keimblätter ausgebildet.

Übrigens...

Die Entwicklung der Keimblätter stellt eine weitere Spezialisierung der Zellen dar.

1.7.1 Ektoderm

Aus dem Ektoderm entstehen überwiegend Strukturen, die später am Körper **außen** liegen wie z.B.

- die Oberhaut (= Epidermis),
- die Augenlinse,
- die Sinneszellen und das Nervensystem (= Neuroektoderm),
- der Zahnschmelz,
- das Epithel der Mundhöhle und der Zunge,
- der äußere Gehörgang,
- die Schweiß- und Milchdrüsen sowie
- die Mundbucht (= Stom[at]odeum).

MERKE:

Fast alle Strukturen, die von außen mit dem Finger berührt werden können (= Haut, Zahnschmelz, Epithel der Mundbucht etc.) und das Neuroektoderm stammen aus dem Ektoderm.

1.7.2 Entoderm

Das Entoderm bildet die inneren Organe bzw. deren Auskleidung wie z.B.

- die Schilddrüse,
- das Magen- und Darmepithel,
- die Leber,
- das Pankreas,
- den Thymus,
- die Tonsillen und
- die Auskleidung der Harnblase.

Entodermalen Ursprungs sind außerdem

- das Epithel der Lunge,
- das Epithel der Gallenblase,
- die Allantois(divertikel) und
- der sekundäre Dottersack.

MERKE:
Aus dem Entoderm entstehen die meisten endokrinen und inneren Organe.

1.7.3 Mesoderm

Aus dem Mesoderm entstehen im Wesentlichen die Strukturen, die durch den ganzen Körper ziehen wie z.B.

- das Bindegewebe,
- der Knochen,
- der Knorpel,
- die Blutgefäße und das Herz (entsteht aus einer Verschmelzung von zwei Gefäßen),
- das Lymphsystem und die Milz (= ein überproportional großer Lymphknoten),
- die Nieren,
- die Keimdrüsen und
- die glatte Muskulatur.

Zur Beantwortung der meisten Examensfragen reicht dieses Wissen über das Mesoderm bereits aus. Man kann das Mesoderm jedoch entsprechend seiner Lage noch weiter unterteilen in

- das **axiale** Mesoderm, das mitten in der Keimscheibe im Bereich der späteren Wirbelsäule liegt und deshalb auch den Chordafortsatz und die **Chorda dorsalis** bildet (s. S. 15).
- das **paraxiale** Mesoderm, das neben der Chorda dorsalis parallel zur Körperachse liegt und die **würfelförmigen Segmente** (= **Somiten**, s. Abb. 6e, S. 16) bildet. Aus dem paraxialen Mesoderm entwickeln sich
  - das Skelett (= Sklerotom) der Wirbelsäule,
  - die Myoblasten (= Myotom) der Extremitätenanlagen,
  - das Bindegewebe (= Dermatom) der Haut und
  - das Material der Disci intervertebrales.
- das **intermediäre** Mesoderm, das lateral neben dem paraxialen Mesoderm liegt und die **Nephrotome** bildet, die über nephrogene Stränge und weitere Zwischenstufen die Nieren bilden (s. S. 40).
- das **laterale** Mesoderm, das am weitesten lateral liegt und in der weiteren Entwicklung die primitive Leibeshöhle, das **intraembryonale Zölom** bildet. Aus dem intraembryonalen Zölom entstehen dann
  - die Perikardhöhle,
  - die Pleurahöhle und
  - die Peritonealhöhle mit der entsprechenden Auskleidung sowie
  - das Bindegewebe der Leibeswand und
  - die Rippen.

MERKE:
Aus dem Mesoderm entstehen im Wesentlichen Strukturen, die überall im Körper vorliegen wie Bindegewebe, Knochen etc.

Übrigens...

Am Ende der Embryonalentwicklung liegt am Körper immer eine Dreischichtung vor:

- außen liegt eine Schicht, die aus dem Ektoderm entstanden ist,
- unterlagert von einer Schicht aus dem Mesoderm und
- innen liegen die Strukturen aus dem Entoderm.

Von dieser Schichtung gibt es am menschlichen Körper nur eine **einzige Ausnahme**, die sich im Bereich der **Pars flaccida** des Trommelfells befindet: Hier liegt das Epithel des äußeren Gehörgangs (= aus dem Ektoderm) direkt auf dem Epithel der Paukenhöhle (= aus dem Entoderm). Eine Schicht aus Bindegewebe (= aus dem Mesoderm) fehlt hier, im Gegensatz zum gesamten restlichen Körper.

DAS BRINGT PUNKTE

Auch zum Thema Plazenta gibt es sehr viele unterschiedlich formulierte Fragen, die sich aber alle im Bereich der richtigen Lösung sehr ähnlich sind.

Auf der Hitliste der immer wieder auftauchenden richtigen Lösungen stehen folgende Aussagen:
- Die Zytotrophoblastenzelle ist zur Teilung fähig.
- Die Synzytiotrophoblastenzelle bildet Progesteron und weist (am Ende der Schwangerschaft) Mikrovilli auf.
- Nach abgeschlossener Implantation befindet sich die **Blastozyste** in der **Zona compacta** des Endometriums.

Zur Entwicklung der drei Keimblätter solltet ihr wissen, dass
- das Epithel der Lunge,
- der Gallenblase,
- die Allantois(divertikel) und
- der sekundäre Dottersack entodermalen Ursprungs sind, während
- das Epithel der Mundbucht (= Stom[at]odeum) aus dem Ektoderm stammt.

BASICS MÜNDLICHE

Was Ektoderm, Mesoderm und Entoderm sind und was aus ihnen entsteht, sollte man auf alle Fälle erklären können.

Was sind die Keimblätter?
Der Embryoblast (= Keimscheibe) entwickelt sich weiter in die drei Keimblätter Ektoderm, Entoderm und Mesoderm. Aus dem Ektoderm entsteht neben der Haut z.B. auch das Nervensystem, aus dem Mesoderm u.a. Blut- und Lymphgefäße, Muskeln, Knochen sowie Bindegewebe und aus dem Entoderm das Epithel vieler innerer Organe.

Wann und warum sind die Bestimmung des Rhesusfaktors bei Mutter und Kind wichtig?
Zum Teil weisen die Zotten am Ende der Schwangerschaft physiologische Einrisse auf, wodurch es zum direkten Kontakt zwischen den kindlichen und den mütterlichen Zellen kommen kann. Dieser direkte Kontakt birgt zum einen Gefahren bei einer Rhesus-negativen Mutter, die das zweite Rhesus-positive Kind erwartet, da sie bereits während der ersten Schwangerschaft Antikörper gegen den Rhesusfaktor gebildet haben kann, zum anderen bei HIV, HepC o.ä. Infektionen der Mutter, die so übertragen werden können. Eventuell ist dann eine frühzeitige Entbindung durch einen Kaiserschnitt zur Minimierung der Risiken indiziert.

Woraus besteht das Chorionepithel?
Aus dem Trophoblasten der Blastozyste entsteht eine Schicht aus Synzytio- und Zytotrophoblasten, die das Kind vollständig umgibt. Ein Teil bildet viele fingerförmige Ausstülpungen und ist wesentlich dicker; diesen Teil bezeichnet man als Plazenta. Den übrigen Teil der Synzytio- und Zytotrophoblasten bezeichnet man außerhalb der Plazenta auch als **Chorionepithel**.

1.8 Veränderungen der Keimscheibe während der Entwicklung

Auf der glatten Keimscheibe bildet sich ab dem Ende der 3. Entwicklungswoche eine Rinne (= der Primitivstreifen) aus, die von kaudal bis zur Mitte der Keimscheibe nach kranial reicht. In der Mitte der Keimscheibe (= am Ende des Primitivstreifens) beginnt sich der **Primitivknoten** auszubilden, in dessen Mitte sich die **Primitivgrube** (= eine Einsenkung) entwickelt. Die Primitivrinne wird durch eine epithelial-mesenchymale Umwandlung gebildet. Bis hierher ist also alles noch recht primitiv...Doch jetzt geht`s los:
Die Mesodermzellen formieren sich zu einer wulstartigen Struktur mit Lumen, dem **Chordafortsatz**. Er liegt im Bereich der späteren Körperachse und entwickelt sich nach dem Verschluss des Lumens zur **Chorda dorsalis.** Die Chorda dorsalis sezerniert Chordin und Noggin und **induziert** die Entwicklung der Wirbelsäule, sie **bildet** jedoch lediglich den Nucleus pulposus der Bandscheibe.
Im kaudalen Bereich der Keimscheibe liegen zunächst Ento- und Ektoderm noch direkt aufeinander, hier entsteht die **Kloakenmembran**, aus der sich später die Anal- und die Urogenitalregion entwickeln. Das **Allantois-Divertikel** (Allantois = Urharnsack, s. S. 20) liegt ebenfalls in diesem Bereich.
Der **Canalis neurentericus, der** auch als Axialkanal bezeichnet wird, entsteht am 18. Tag durch Verschmelzung des Chordafortsatzes mit dem darunter liegenden Entoderm. Er hat seinen dorsalen Eingang im Bereich der Primitivgrube und ist ein kleiner Kanal, der vorübergehend den **Dottersack mit der Amnionhöhle** verbindet. Der **Canalis neurentericus** bildet sich nach wenigen Tagen zurück.

Merke:
Der Canalis neurentericus (= Axialkanal) ist trotz seines irreführenden Namens NICHT an der Entwicklung oder Entstehung des Nervensystems beteiligt.

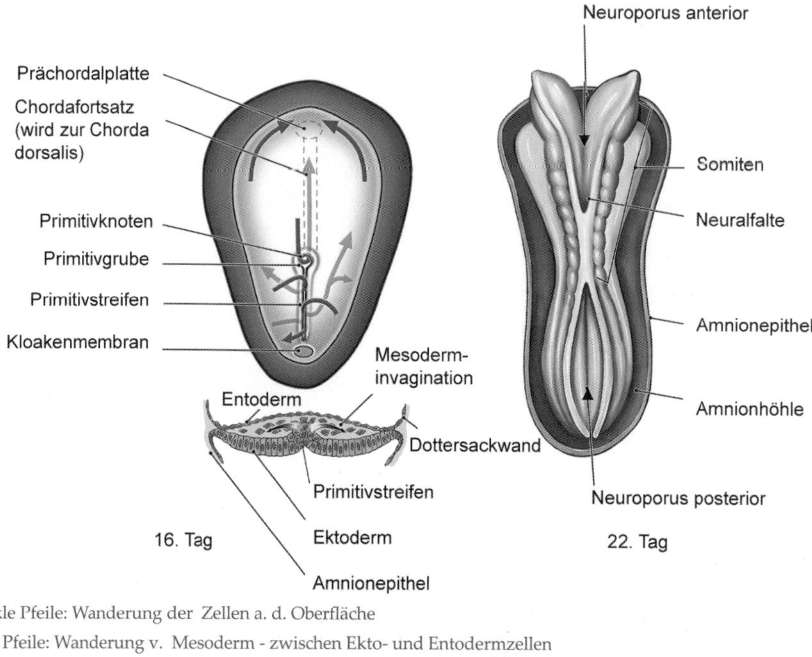

Abb. 6e: Veränderungen der Keimscheibe während der Enwicklung

Im Ektoderm bildet sich zur selben Zeit (= in der 3. Entwicklungswoche) zunächst aus dem Neuroektoderm eine **Neuralplatte** für die Entstehung des Nervensystems. Sie entwickelt sich über eine Neuralfalte und eine Neuralrinne schließlich zum **Neuralrohr.** Das Neuralrohr weist zu Beginn am kranialen und am kaudalen Ende noch eine Öffnung auf, den Neuroporus anterior bzw. posterior. Das Lumen des Neuralrohrs ist darüber mit der Amnionhöhle verbunden. Der **Neuroporus anterior** bzw. **posterior** verschließen sich am 25. bzw. am 27. Entwicklungstag. Zur selben Zeit entwickeln sich aus dem Neuralrohr in dessen kranialem Anteil die drei primären, ab dem 36. Tag daraus wiederum die fünf sekundären **Hirnbläschen.**

- Aus dem Neural**rohr** entsteht das **ZNS** und die neben den Neuronen für das ZNS typischen Zellen wie z.B.
  - die Astrozyten,
  - die Oligodendrozyten,
  - die Ependymzellen und
  - die Pinealozyten.
- Lateral des Neuralrohrs liegen beiderseits die **Neuralleisten.** Der Ursprungsort der Neuralleistenzellen liegt zwischen Oberflächenektoderm und Neuroektoderm. Sie sind die Basis für die Entstehung des **peripheren Nervensystems:**
  - vegetatives und somatisches Nervensystem,
  - die Hirnnerven (AUßER dem I. und dem II. Hirnnerven, die zum ZNS gehören),
  - die Schwann-Zellen und
  - die zum APUD- System gehörenden chromaffinen Zellen der Paraganglien, die Zellen des Nebennierenmarks und des Glomus caroticum sowie die Melanozyten.

Ab dem 26. Entwicklungstag entstehen die Kiemenbögen, die Schlundtaschen und die Schlundfurchen. Wenige Tage später entwickeln sich dann auch schon die Augenknospe und die Ohrplakode sowie die Arm- und Beinknospen. Die Gesichtsentwicklung beginnt ab der 4. Entwicklungswoche und ungefähr 2 Entwicklungswochen später beginnt der physiologische Nabelbruch.

Mit der Abfaltung des Embryos von der Keimscheibe (= gegen Ende der 3. Woche) beginnt

- die Nabelbildung,
- der Descensus des Herzens,
- die Überführung der seitlichen Coelompforten in das Nabelcoelom und
- die Trennung der intraembryonalen Darmanlage vom Dottersack.

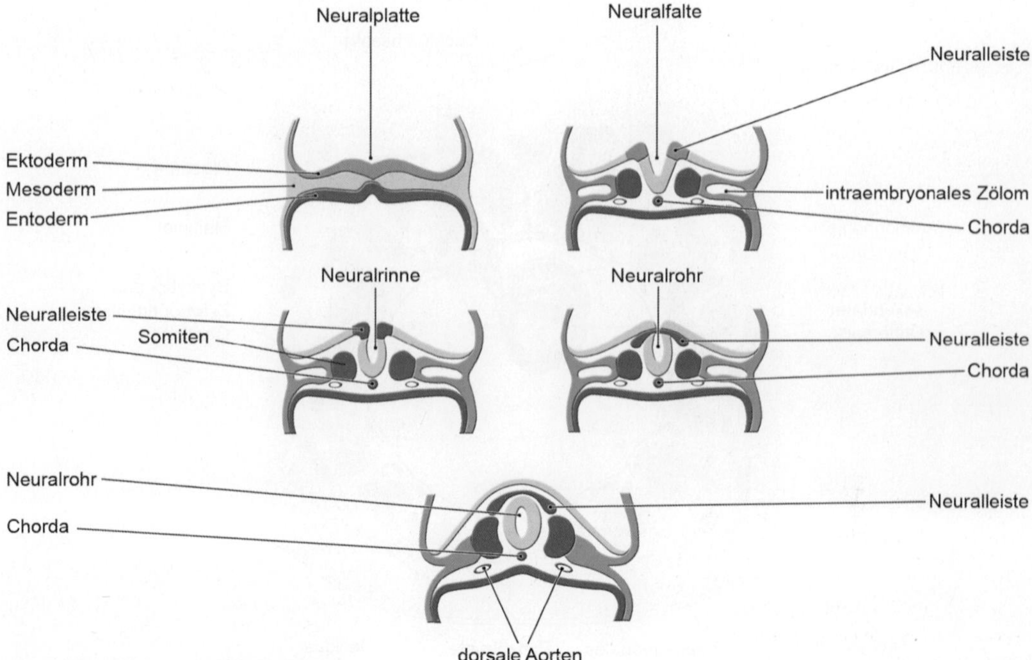

Abb. 6f: Entwicklung des Nervensystems

MERKE:
Eine einblättrige Keimscheibe liegt während der ersten Woche vor, eine zweiblättrige Keimscheibe in der zweiten Woche und eine dreiblättrige Keimscheibe in der dritten Woche.

Übrigens...

Im ersten Entwicklungsmonat entwickeln sich die Strukturen des Keimblatts, im zweiten Monat beginnen sich bereits die Organe und die definitive Form des Kindes abzuzeichnen, am Ende des 2. Entwicklungsmonats hat der Embryo bereits Arme, Beine, Kopf, Augen uvm. und das alles bei einer Scheitel-Steiß-Länge von nur ca. 30mm!

1.9 Höhlen in und um den Embryo

So ein Embryo ist von einer Menge Höhlen umgeben, was das Lernen leider etwas erschwert. Daher sollte man sich zum einen, zunächst Abbildung 7 in Ruhe ansehen, dann weiß man schon einmal, wo die Höhle liegt, von der gerade die Rede ist, zum anderen hilft vielleicht auch die folgende kurze Übersicht:

- Blastozystenhöhle = Hohlraum in der Blastozyste.

Um die Keimscheibe entwickelt sich nach Entstehung der ersten beiden Keimblätter ein von ihr unterteilter Hohlraum:

- an der entodermalen Seite der **primäre Dottersack** (geht später in den sekundären über),
- an der ektodermalen Seite die **Amnionhöhle** (= die spätere Fruchtblase). Um diese Höhlen herum liegt ein weiterer Hohlraum, das **extraembryonale Zölom** (= extraembryonale Leibeshöhle). Das extraembryonale Zölom (= der Hohlraum um den Embryo herum) enthält anfangs kleine Zysten, die **Exozölzysten** genannt werden.
- Nach der Rückbildung der Exozölzysten wird das extraembryonale Zölom (= der Hohlraum, der den Embryo umgibt) **Chorionhöhle** genannt.
- **Amnionhöhle** heißt die spätere Fruchtblase.
- (sekundärer) **Dottersack** heißt eine Ausstülpung unterhalb der Nabelschnur, die in die Chorionhöhle ragt.

Direkt nach der Einnistung der Blastozyste entwickelt sich die Blastozystenhöhle weiter. An der Keimscheibe entsteht im Bereich der ektodermalen und der entodermalen Seite je ein Hohlraum. An der entodermalen Seite ist dies der **primäre**

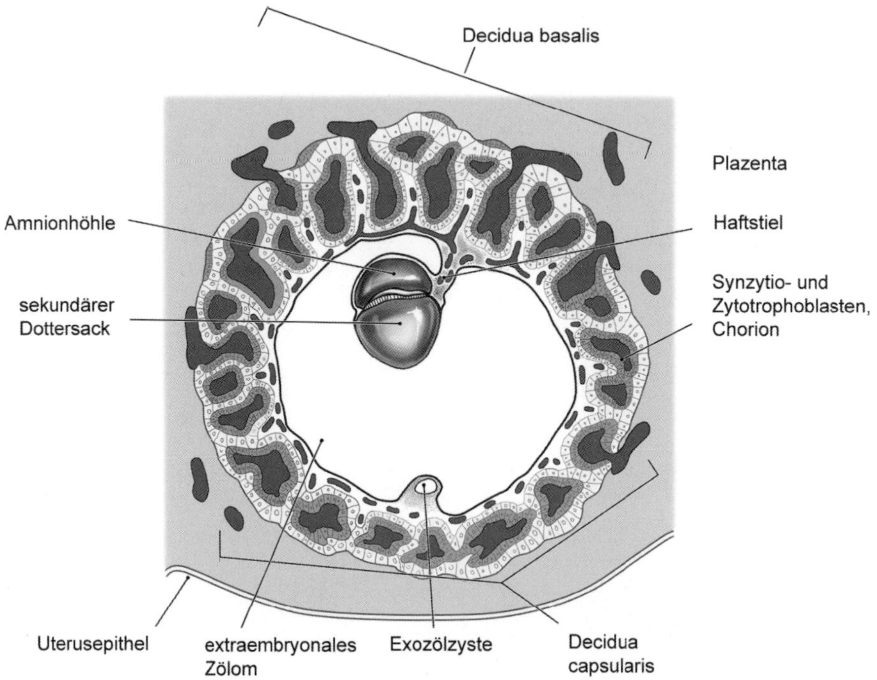
Decidua basalis
Plazenta
Amnionhöhle
Haftstiel
Synzytio- und
Zytotrophoblasten,
Chorion
sekundärer
Dottersack
Uterusepithel
extraembryonales
Zölom
Exozölzyste
Decidua
capsularis

Abb. 7a)

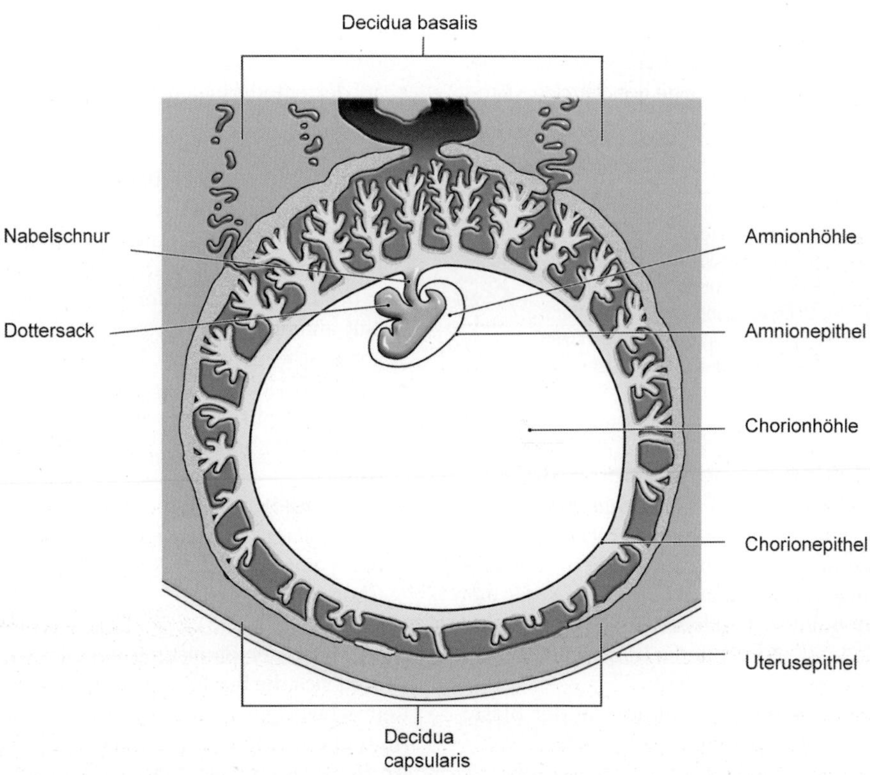
Decidua basalis
Nabelschnur
Amnionhöhle
Dottersack
Amnionepithel
Chorionhöhle
Chorionepithel
Uterusepithel
Decidua
capsularis

Abb. 7b)

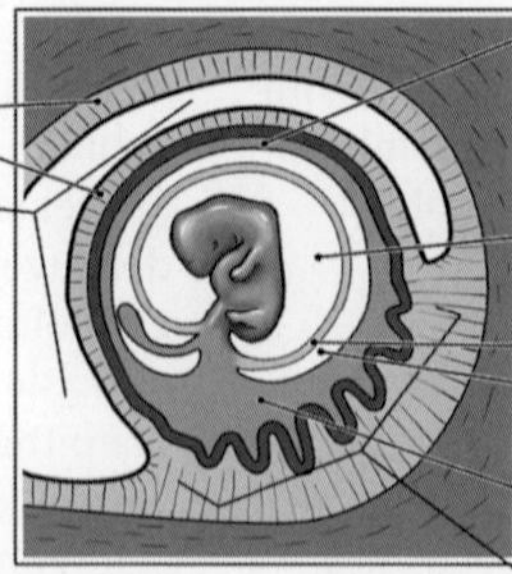

Abb. 7c)

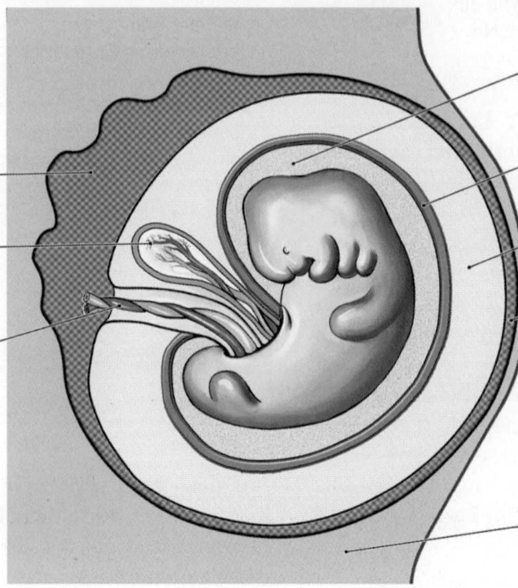

Abb. 7d)

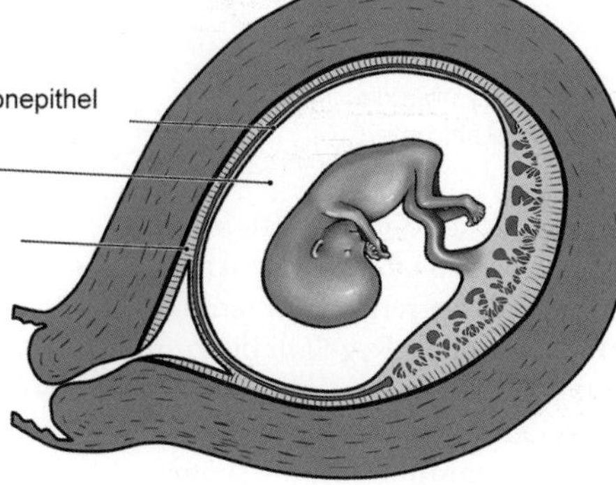

Abb. 7e)

Abb. 7a-e: Entwicklung der Höhlen in und um den Embryo

Dottersack (geht später in den sekundären über), an der ektodermalen Seite die **Amnionhöhle** (= die spätere Fruchtblase). Um diese Höhlen herum liegt ein weiterer Hohlraum, das **extraembryonale Zölom** (= extraembryonale Leibeshöhle).

Übrigens...

Der Begriff extraembryonales Zölom (s. Abb. 7a, S. 18) bezeichnet den Raum um den Embryo herum während der ersten 2 Wochen (man spricht hier noch nicht von einer Fruchtblase o.ä.). In diesem Zeitraum sind zunächst noch kleine Zysten (= Reste des primären Dottersacks), die **Exozölzysten,** zu sehen. Nach deren Rückbildung wird das extraembryonale Zölom **Chorionhöhle** genannt.

Die kompakte Struktur ohne Lumen, die den Embryo mit der Plazenta verbindet, wird als **Haftstiel** bezeichnet. Er ist die Vorläuferstruktur der späteren Nabelschnur.
Von der späteren Harnblase ausgehend entwickelt sich der **Allantoisgang** aus dem **kaudalen Entoderm** als Hohlraum, der **in den Haftstiel eindringt**. Während der weiteren Entwicklung wachsen dann auch embryonale Gefäße in den Haftstiel ein, und er wird zur **Nabelschnur**. Als Überrest des **Allantoisgangs** persistiert zunächst noch ein Gang, der die Harnblase mit dem Nabel verbindet, der **Urachus** (= Urharngang). Er obliteriert beim Neugeborenen zum **Lig. umbilicale medianus.**

MERKE:
Die Allantois dringt in den Haftstiel ein.

Übrigens...

Die fehlende Rückbildung der Allantois kann zu einer Urachusfistel führen.

Die **Amnionhöhle**, die in der 2. Entwicklungswoche entsteht, ist von Epithel (= **Amnionepithel**) ausgekleidet/begrenzt und enthält die Nabelschnur. Sie bleibt im Regelfall bis zum Ende der Eröffnungsphase bei der Geburt erhalten. Bereits im zweiten Entwicklungsmonat ist der Embryo von der **Amnionhöhle** (= spätere Fruchtblase) vollständig umgeben.

Um die Amnionhöhle herum liegt zu Beginn (ca. von der 2. bis zur 8. Woche) noch die **Chorionhöhle**, die wiederum vom **Chorionepithel** - gebildet von Synzytio- und Zytotrophoblasten - ausgekleidet wird. Die Amnionhöhle nimmt mit dem weiteren Wachstum des Embryos so stark an Volumen zu, dass sie schließlich die Chorionhöhle verdrängt. Dadurch grenzt das Amnionepithel direkt an das Chorionepithel. Ab jetzt spricht man dann auch von einer Fruchtblase statt von einer Amnionhöhle.

Übrigens...

Zum **Dottersack** solltet ihr in diesem Zusammenhang wissen, dass

- der sekundäre Dottersack in der **Chorionhöhle** lokalisiert ist,
- der **Axialkanal** das Lumen der **Amnionhöhle** mit dem des **Dottersacks** verbindet,
- der Dottersack beim **physiologischen Nabelbruch** eine wichtige Rolle spielt (s. S. 45/46) und
- er sich spätestens ab der 12. Woche zurück bildet.

DAS BRINGT PUNKTE

Am häufigsten wird zu den Veränderungen der Keimscheibe während der Entwicklung der **Canalis neurentericus** gefragt. Dazu sollte man sich zum einen merken, dass

- der Canalis neurentericus trotz seines Namens **NICHTS** mit der Entwicklung des Nervensystems zu tun hat,
- der Canalis neurentericus **auch als Axialkanal** bezeichnet wird und seinen dorsalen Eingang im Bereich der **Primitivgrube** hat,
- der Canalis neurentericus durch/nach **Verschmelzung** des **Chordafortsatzes** mit dem **Entoderm** entsteht und
- er die **Amnionhöhle** mit dem **Dottersack** verbindet.

Zu den Höhlen in und um den Embryo wurde schon des Öfteren gefragt, dass

- wenn bei einem Kind bei der Bauchpresse Flüssigkeit aus dem Nabel austritt, der wahrscheinlichste Grund für diesen Flüssigkeitsaustritt eine **Urachusfistel** ist.

BASICS MÜNDLICHE

Die im Text zu den Veränderungen der Keimscheibe während der Entwicklung fett gedruckten Begriffe, wie Allantoisgang, Neuralplatte etc. sollte man in einem Satz erklären können. Beispiele:

Was ist die Neuralplatte?
Die Neuralplatte ist die ursprüngliche Struktur, aus der sich das Nervensystem entwickelt.

Kennen Sie einen Überrest des Allantoisgangs?
Der Urachus (= der Urharngang, der die Blase mit dem Nabel verbindet) ist ein Rest des Allantoisgangs.

Was ist das extraembryonale Zölom?
Das extraembryonale Zölom ist die Bezeichnung für den Hohlraum, der um die Keimblätter herum liegt (vor der Entstehung von Amnion- und Chorionhöhle).

Wenn man die einzelnen Höhlen in und um den Embryo erklären und aufzeichnen kann, hinterlässt man beim Prüfer sicherlich einen guten Eindruck. Daher sollte man sich Abbildung 7 (s. S. 18 und 19) einprägen.

Was ist die Amnionhöhle?
Die Amnionhöhle ist die Fruchtblase. Sie liegt um den Embryo herum. Zu Beginn der Schwangerschaft gibt es noch eine Chorionhöhle, die die Amnionhöhle umgibt. Im weiteren Wachstum wird die Chorionhöhle durch die Größenzunahme der Amnionhöhle verdrängt.

Was ist das Chorionepithel?
Das Chorionepithel ist die Schicht zwischen dem Amnionepithel und dem Uterusgewebe. Es besteht aus Synzytio- und Zytotrophoblasten, wie die Plazenta auch.

1.10 Zwillingsentstehung

Ein- und zweieiige Zwillinge entstehen - wie der Name bereits vermuten lässt - aus einer bzw. aus zwei Eizellen. Daneben sind jedoch besonders für das schriftliche Examen noch einige Feinheiten zu beachten, die in diesem Kapitel besprochen werden.

1.10.1 Eineiige Zwillinge

Eineiige Zwillinge stellen ca. **25% der Zwillingsgeburten** dar. Die Entstehung eineiiger Zwillinge ist möglich durch:

- Trennung der ersten Blastomeren nach der Furchungsteilung oder
- Bildung zweier „innerer Zellmassen" (= Embryoblasten) in einer Blastozyste, d.h. Ausbildung von zwei Axialsystemen in einer Keimscheibe (= die Zellen entwickeln sich anstatt um eine um zwei Symmetrieachsen).

Eineiige Zwillinge haben

- evtl. eine eigene Plazenta (kann aber auch eine gemeinsame sein),
- eine eigene Amnionhöhle (ist nur in Ausnahmefällen gemeinsam),
- evtl. eine eigene Chorionhöhle (kann aber auch gemeinsam sein) und
- identisches Genmaterial.

Übrigens...

Ein Beweis dafür, dass es sich um eineiige Zwillinge handelt, liegt vor, wenn eine **gemeinsame** Amnion- oder Chorionhöhle zu sehen ist. Findet sich keine gemeinsame Amnion- oder Chorionhöhle, so dient allein das Genmaterial als Beweis.

1.10.2 Zweieiige Zwillinge

Zweieiige Zwillinge stellen ca. 75% der Zwillingsgeburten dar. Die Entstehung zweieiiger Zwillinge ist möglich durch

- die gleichzeitige Ovulation von 2 Graaf-Follikeln oder
- die Reifung von einem Graaf-Follikel mit 2 Eizellen.

Zweieiige Zwillinge haben

- eine **eigene** Plazenta (die aber mit der Plazenta des anderen Zwillings verschmelzen kann),
- eine **eigene** Amnionhöhle und
- eine **eigene** Chorionhöhle.

Der Beweis für das Vorliegen zweieiiger Zwillinge ist das unterschiedliche Genmaterial.

2 Organentwicklung

Wie bereits erwähnt, findet die Organogenese von der 2. bis zur 8. Entwicklungswoche statt; ja, das bedeutet, dass auf all den bis jetzt durchgearbeiteten Seiten „nur" die ersten 2 Entwicklungswochen besprochen wurden. Das ist jedoch kein Grund zur Panik: Ab der 9. Woche beginnt nämlich die Organreifung, und dann passiert nichts Wesentliches mehr, sodass mit der 9.Woche auch dieses Skript endet.

Übrigens...

Für die Organogenese sind HOX-Proteine relevant. **HOX-Proteine** binden an die **DNA** und induzieren so die Expression bestimmter Gene, die für die Organentwicklung eine wichtige Rolle spielen.

2.1 Entwicklung des Nervensystems

Das spätere Nervensystem kann man in ein zentrales Nervensystem (= ZNS) und ein peripheres Nervensystem (= PNS) unterteilen. Das PNS wird dann noch weiter aufgeteilt in ein vegetatives (= Sympathikus und Parasympathikus, für die Organe) und ein somatisches Nervensystem (für die Muskelinnervation).

2.1.1 Entwicklung des ZNS

Das **ZNS** und seine **typischen Zellen** entwickeln sich aus dem **Neuralrohr**, das wiederum aus Zellen des Ektoderms (s. S. 13) entsteht. Zu den typischen nicht neuronalen Zellen des ZNS zählen z.B. die

- Astrozyten,
- Oligodendrozyten,
- Ependymzellen,
- Epithelzellen des Plexus choroideus und
- Pinealozyten.

Das Neuralrohr ist zu Beginn der Entwicklung tatsächlich - wie sein Name sagt - ein Rohr. Es reicht von der Stirn des Embryos bis zu seinem Steißbein und ist an beiden Enden offen. Das kraniale Ende bezeichnet man als **Neuroporus anterior**, das kaudale als **Neuroporus posterior** (s. Abb. 6e, S. 16). Das Neuralrohr bildet nach **21 Tagen drei primäre Hirnbläschen** aus:

- das **Prosencephalon** (= Großhirn),
- das **Mesencephalon** (= Mittelhirn) und
- das **Rhombencephalon** (= Rautenhirn).

Der Neuroporus anterior und posterior verschließen sich am 25. (= Neuroporus anterior) und am 27. (= Neuroporus posterior) Tag. Aus dem Lumen des Neuralrohrs entstehen die inneren Liquorräume des ZNS. Ab dem **28. Entwicklungstag** liegen dann **fünf sekundäre** Hirnbläschen vor (s. IMPP-Bild 2, S. 50):

- Aus dem Prosencephalon entwickeln sich das
  - **Telencephalon** (= Endhirn) und
  - **Diencephalon** (= Zwischenhirn),
- das **Mesencephalon** bleibt bestehen und
- das Rhombencephalon entwickelt sich weiter zum
  - **Metencephalon** (enthält Pons und Cerebellum) und
  - **Myelencephalon** (enthält die Medulla oblongata).

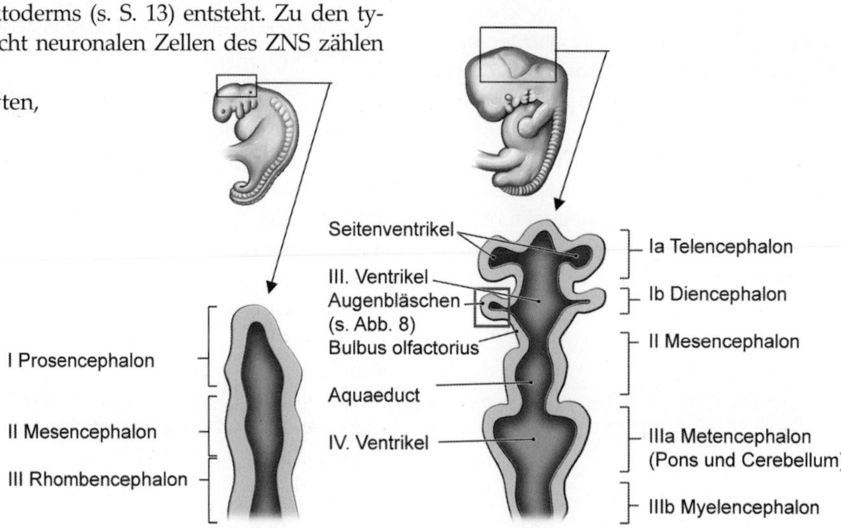

Abb. 7f: Entwicklung des Neuralrohrs

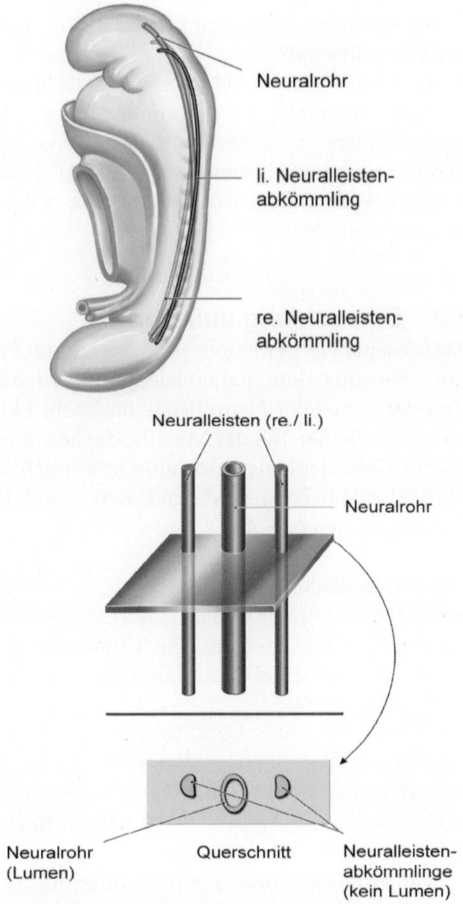

Abb. 7g: Entwicklung der Neuralleiste

Übrigens...

Im Gegensatz zu den restlichen Hirnnerven sind der I. und der II. Hirnnerv Abkömmlinge des Neuralrohrs. Entwicklungsgeschichtlich ist der N. olfactorius eine Ausstülpung des Telencephalons und der N. opticus eine Ausstülpung aus dem Diencephalon.

2.1.2 Entwicklung des PNS (= peripheres Nervensystem)

Die **Neuralleiste** (s. Abb. 7g) ist beiderseits **lateral** des Neuralrohrs lokalisiert. Sie entsteht – wie das Neuralrohr auch - aus dem Ektoderm, genauer gesagt aus Zellen in der Übergangszone zwischen Neuralplatte und Oberflächenektoderm, weist jedoch kein Lumen auf und ist für die Entstehung des **peripheren Nervensystems** verantwortlich. Zum peripheren Nervensystem gehören

- die Hirnnerven (außer dem I. und dem II.),
- die somatischen und
- die vegetativen Nerven.

Aus der Neuralleiste im Bereich des embryonalen Rumpfes entstehen beispielsweise die Ganglienzellen des Truncus sympathicus.

Übrigens...

Da **α-Motoneurone** im Vorderhorn des Rückenmarks und damit im ZNS liegen, entstammen sie NICHT der Neuralleiste, sondern dem **Neuralrohr.**

Wie aus dem Neuralrohr entstehen auch aus der Neuralleiste typische Zellen. Abkömmlinge der Neuralleiste sind neben den peripheren somatischen und vegetativen Nerven z.B.

- die **Schwann-Zellen** und
- die Zellen des **APUD-Systems** (= Amino-precurser-uptake-and-decarboxylation cells, also Zellen, die Aminosäure-Vorstufen aufnehmen und decarboxylieren). Zum APUD-System gehören
  - die **Melanozyten** der Haut,
  - die **Drüsenzellen** des **Nebennierenmarks**,
  - postganglionäre sympathische Neurone,
  - **Spinalganglienzellen**,
  - enteroendokrine Darmzellen,
  - C-Zellen und
  - Zellen des Glomus caroticum.

Melanozyten sind also Abkömmlinge der Neuralleiste. Sie liegen im Stratum basale der Epidermis, haben lange Fortsätze und geben Melanosomen in umgebende Keratinozyten ab.

DAS BRINGT PUNKTE

Dass aus dem Neuralrohr sämtliche für das ZNS typische Zellen entstehen, sollte man wissen. Häufig gefragt wurde bislang, dass sich aus dem Neuralrohr u.a.

- Astrozyten,
- Oligodendrozyten,
- Ependymzellen,
- Pinealozyten sowie
- die Epithelzellen des Plexus choroideus entwickeln.

Zum Thema PNS solltet ihr euch merken, dass
- aus der Neuralleiste unter anderem
  - Schwann-Zellen,
  - das Kopfmesenchym,
  - Spinalganglienzellen,
  - Melanozyten der Haut,
  - Drüsenzellen des Nebennierenmarks und
  - postganglionäre sympathische Neurone entstehen.
- motorische Vorderhornzellen wie das α-Motoneuron NICHT aus der Neuralleiste entstehen.

BASICS MÜNDLICHE

Für die Entwicklung aller Organe – und damit auch des ZNS - gilt, dass man in wenigen Sätzen eine Zusammenfassung wiedergeben können sollte. Die hierfür wichtigen Stichworte, die im Vortrag auch vorkommen sollten, sind im Wesentlichen die im Text **fett** gedruckten Worte.

Beschreiben Sie bitte die Entwicklung des Nervensystems

ZNS:
- Ektodermzellen,
- Neuralfalte,
- Neuralrinne,
- Neuralrohr,
- Verschluss Neuroporus anterior und posterior,
- 3 primäre Hirnbläschen,
- 5 sekundäre Hirnbläschen,
- Telencephalon/Diencephalon/Mesencephalon/Metencephalon/Myelencephalon und die dazugehörigen Strukturen.

PNS:
- Ektodermzellen,
- Neuralfalte,
- Neuralrinne,
- Neuralleiste,
- somatische und vegetative Nerven,
- APUD-System und
- Schwann-Zellen.

Woher stammen, entwicklungsgeschichtlich gesehen, die Hirnnerven?

Der N. opticus (I) und der N. olfactorius (II) stammen aus dem Neuralrohr und gehören somit zum ZNS (sie haben daher auch keine Hirnnervenkerne, sondern nur Neurone an Umschaltstellen), die übrigen Hirnnerven stammen aus der Neuralleiste und zählen somit zum PNS.

2.2 Entwicklung des Kopfes

Das Mesenchym der Kopfregion stammt im Wesentlichen aus dem paraaxialen und lateralen Mesoderm, aus der Neuralleiste und dem Ektoderm. Ein kleiner Teil der Maxilla, die Mandibula sowie Teile der Halsregion entwickeln sich aus den Schlundbögen, den Schlundtaschen und den Schlundfurchen (s. S. 28).

2.2.1 Entwicklung der Ohren

Die Entwicklung der Ohren gehört zu den eher selten gefragten Themen. Die Unterteilung in mehrere Unterkapitel dient daher nur der besseren Übersichtlichkeit.

Entwicklung der Ohrmuscheln

Im Bereich der 1. Schlundfurche (s. S. 28) entstehen sechs Vorwölbungen, die **Aurikularhöcker (= Ohrhöcker)**. Durch Vereinigung der kaudal gelegenen Höcker und deren Wanderung nach kranio-lateral entstehen die **Ohrmuscheln**. Die Ohrmuschelform ist dabei individuell - also bei jedem Menschen unterschiedlich - angelegt.

Entwicklung des äußeren Gehörgangs

Der äußere Gehörgang entwickelt sich aus der 1. **Schlundfurche** (s. S. 31). Seine epitheliale Auskleidung besteht aus **Ektoderm**, ebenso wie der **äußere Teil** des **Trommelfells**. Die **innere Auskleidung** des Trommelfells sowie die Auskleidung der **Paukenhöhle** entwickeln sich dagegen aus dem **Entoderm**. Zwischen den beiden Schichten des Trommelfells liegt eine bindegewebige Schicht, die sich aus dem **Mesoderm** entwickelt.

Entwicklung der Paukenhöhe und der Tuba auditiva

Das Mittelohr und die Paukenhöhle entwickeln sich ebenfalls aus dem **Entoderm**. Zwischen dem 1. und 2. Kiemenbogen stülpt sich das Gewebe ein. Diese Einstülpung wird 1. **Schlundtasche** genannt (s. S. 31) und bildet schließlich die Paukenhöhle, die **Tuba auditiva** sowie das **Antrum mastoideum**. Die laterale Grenze der 1. Schlundfurche bildet den medialen Teil des Trommelfells (s. Abb. 11, S. 28). Die **Gehörknöchelchen** Hammer, Amboss und Steigbügel stammen aus den **Schlundbögen**.

Übrigens...

Auch das primäre Kiefergelenk entwickelt sich aus den ersten beiden Schlundbögen.

Entwicklung des Innenohrs

Das Innenohr entwickelt sich aus dem **Ektoderm**. Seine Entwicklung beginnt ab dem 22. Entwicklungstag lateral des Rhombencephalons durch Bildung einer **Ohrplakode**. Daraus entsteht durch Einstülpung ein **Ohrbläschen**.

Der ventrale Teil des Bläschens bildet beim fertigen Ohr

- den Sacculus,
- den Ductus cochlearis und
- das Cortiorgan.

Der dorsale Anteil des Bläschens bildet

- den Utriculus,
- die Bogengänge und
- den Ductus endolymphaticus.

Übrigens...

- Der **Ductus cochlearis** beginnt seine Entwicklung in der 6. Woche, fertig ausgebildet ist er aber erst am Ende des 8. Monats.
- **Scala vestibuli** und **Scala tympani** entwickeln sich bereits ab der 10. Entwicklungswoche aus dem **Mesenchym.**
- Die **Bogengänge** sind entwicklungsgeschichtlich eine **Ausstülpung** des **Utriculus**.

2.2.2 Entwicklung des Auges

Die **Augenlider** entstehen etwa in der 7. Entwicklungswoche aus Hautfalten, die in der 10. Woche zunächst miteinander verkleben, um sich dann im 7. Entwicklungsmonat wieder voneinander zu lösen.

Dorsal der Augenlider entwickelt sich aus **Ektoderm** und **Mesenchym** die **Hornhaut** des Auges. Die **Augenlinse** entsteht aus dem **Oberflächenektoderm**. Dabei bildet sich aus dem Oberflächenektoderm zunächst eine **Linsenplakode**, die dann durch Einstülpung ein **Linsengrübchen** und schließlich ein **Linsenbläschen** bildet. Das Linsenbläschen liegt etwa ab der 5. Entwicklungswoche vor.

Die **Augenblase** ist entwicklungsgeschichtlich gesehen eine **Ausstülpung** des **Gehirns**. Aus dem späteren **Diencephalon** bildet sich ab der 4. Entwicklungswoche ein **Augenbläschen**. Durch die Ausstülpung wird auch die Ausbildung der **Augenlinse** induziert. Die innerste Schicht des Augenbläschens bildet die Retina, die äußere Schicht das Pigmentepithel. Nach Entwicklung des Augenbläschens zum Augenbecher - bestehend aus **Augenbecherstiel** und **Augenbecherspalte** – (s. Abb. 8, S. 25) sprossen in die Augenbecherspalte

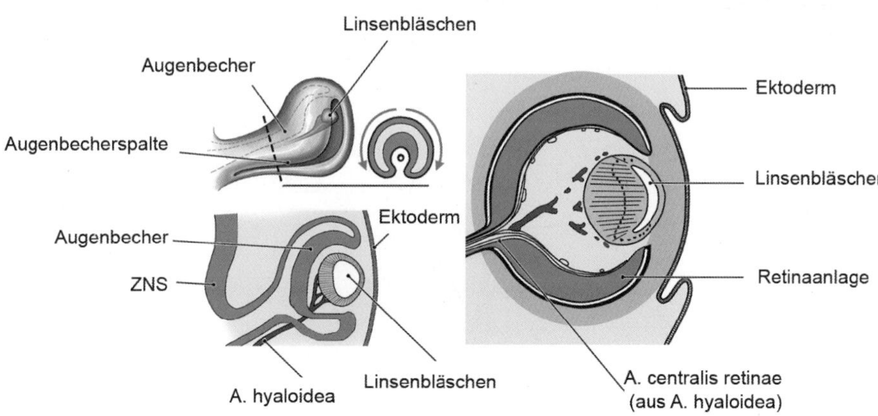

Abb. 8: Entwicklung des Auges

Gefäße ein, die die spätere **Arteria centralis retinae** bilden. Bei einer normalen Entwicklung verschließt sich die Augenbecherspalte in der 7. Woche.

Übrigens...
Der Augenbecherstiel ist der Vorläufer des Nervus opticus.

2.2.3 Entwicklung der Nase

Etwa ab der 4. Entwicklungswoche bilden sich mehrere **Gesichtswülste** aus:
Der Stirnfortsatz bildet - wie sein Name bereits vermuten lässt - die Stirn, ist aber auch für die Bildung der Nasenwurzel und die Entwicklung des medialen sowie lateralen **Nasenwulstes** verantwortlich.

- Ein Teil des medialen Nasenwulstes entwickelt sich weiter zum Philtrum (= der mediale Teil der Oberlippe), zur Nasenspitze und zum Nasenrücken.
- Der laterale Nasenwulst ist im Wesentlichen für die Ausbildung der beiden Nasenflügel verantwortlich.

Der Oberkieferfortsatz bildet die Wangen und die lateralen Anteile der Oberlippe, der Unterkieferfortsatz im Wesentlichen die Unterlippe.

Übrigens...
(Laterale) Lippen- und Kieferspalten entstehen am wahrscheinlichsten durch Defekte bei der Verschmelzung zwischen medialem Nasenwulst und Oberkieferwulst.

2.2.4 Entwicklung des Mundes

Die **Mundbucht (= Stomatod(ont)eum)** stülpt sich in der 4. Entwicklungswoche von außen nach innen ein und entsteht damit aus dem Ektoderm. Ebenfalls in der 4. Entwicklungswoche entwickelt sich die 1. **Zungenanlage**. Hierbei entsteht das Epithel aus dem Ektoderm und die Muskulatur der Zunge aus dem Mesoderm. Auch die Zähne bilden sich aus Ektoderm und Mesoderm. Und auch hier ist es so, dass das Äußere des Zahns aus dem Ektoderm entsteht, während sich das Innere aus dem Mesenchym entwickelt. Um euch die **Zahnentwicklung**

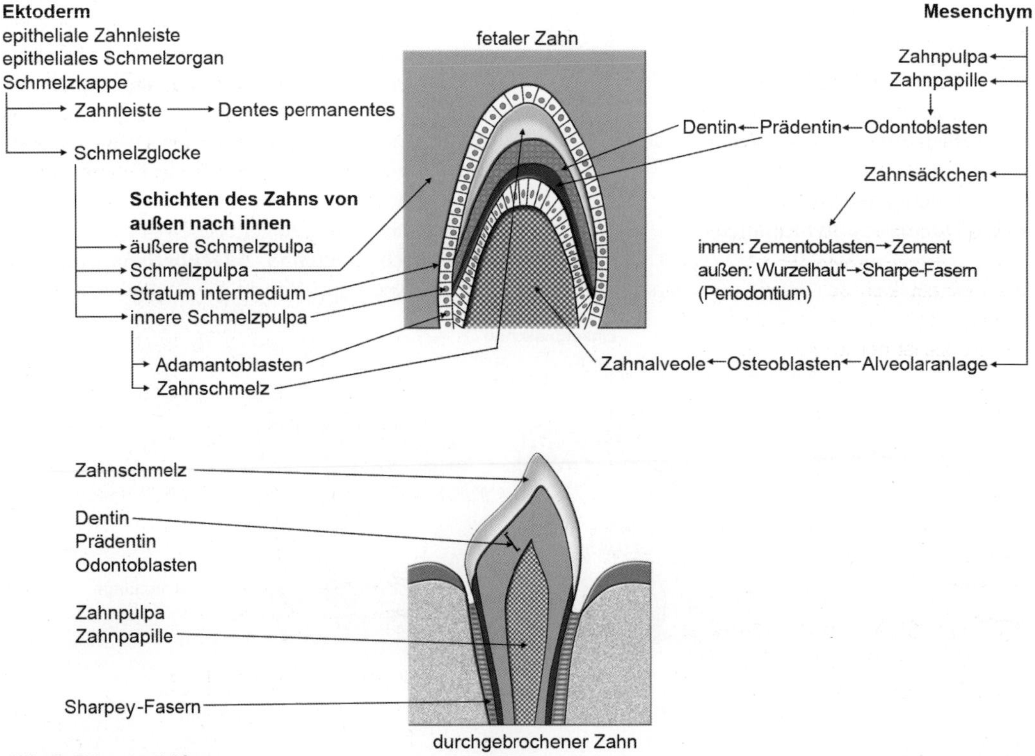

Abb. 9: Zahnentwicklung

möglichst anschaulich näher zu bringen, wurde anstelle eines Textes die Abbildung 9 erstellt.

Übrigens...

- Der **Gaumen** entsteht aus den beiden medialen Nasenwülsten und den Oberkieferwülsten.
- Der **Pharynx** gehört schon zum Verdauungstrakt und entsteht somit - wie der gesamte Magen-Darm-Trakt (s. S. 45/46) - aus dem primitiven Darmkanal und zwar aus dem Vorderdarm (= dem proximalen Drittel des primitiven Darmkanals).

DAS BRINGT PUNKTE

Die Entwicklung des Kopfes ist ein eher selten gefragtes Kapitel. Am häufigsten wurde bislang noch nach der Zahnentwicklung gefragt, zu der man sich merken sollte, dass

- die Adamantoblasten den Schmelz bilden und
- die Odontoblasten das Dentin.

BASICS MÜNDLICHE

Ein histologisches Bild eines Zahns während der Entwicklung wird ganz gerne mal gefragt. Deshalb empfiehlt es sich, vor dem Mündlichen noch mal einen Blick auf Abbildung 9 zu werfen.

Wo befindet sich die Grenze zwischen der Entstehung aus dem Ektoderm und dem Mesenchym?
Die Grenze ist der Zahnschmelz.

Warum heilt ein Loch im Zahn nicht wieder zu?
Für die Bildung des Zahnschmelzes sind die Adamantoblasten zuständig. Sie liegen aber außen auf dem Zahnschmelz und sind nach dem Durchbrechen der Zähne nicht mehr vorhanden. Dem Zahn fehlen also die Zellen, die den Zahnschmelz neu bilden könnten.

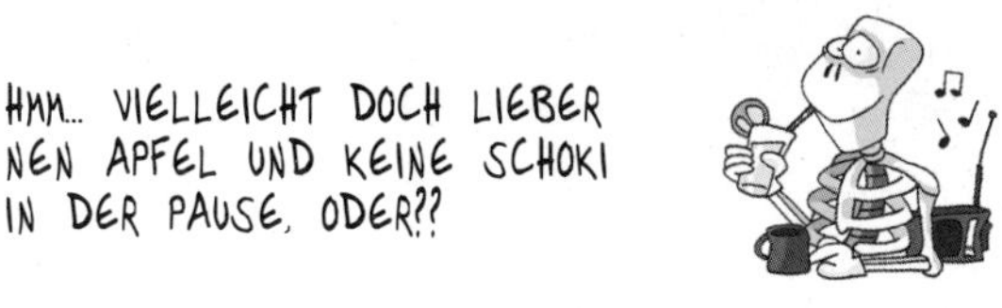

2.3 Entwicklung der Schilddrüse

Die Schilddrüse entwickelt sich aus dem Entoderm der **Mundhöhle**. Dabei stülpt sich zunächst am Zungengrund - im Bereich des späteren Sulcus terminalis - Gewebe nach kaudal ein. Die hierbei entstehende Grube bezeichnet man auch als **Foramen caecum**. Anschließend wandert das Schilddrüsengewebe weiter nach kaudal bis etwa auf Höhe des 6. Halswirbels. Der hierbei entstehende Gang wird **Ductus thyroglossus** genannt. Er verbindet während der Embryonalentwicklung die Schilddrüse mit dem Zungengrund (s. Abb. 11, S. 28). Im Laufe der weiteren Entwicklung verschließt sich dann der Ductus thyroglossus. Gelegentlich bleibt jedoch im distalen Anteil des Ductus etwas Schilddrüsengewebe bei der Wanderung zurück, wodurch am Oberrand der Schilddrüse eine pyramidenförmige Ausziehung des Schilddrüsengewebes entsteht. Diesen, nicht bei jedem vorhandenen Lappen, nennt man **Lobus pyramidalis**.
Aus der Neuralleiste wandern dann noch die C-Zellen der Schilddrüse (= ultimobranchialer Körper = Zellen des APUD-Systems) zunächst in die 5. Schlundtasche und später in die Schilddrüse ein. Dorsal der Schilddrüse lagern sich die oberen und unteren Nebenschilddrüsen (= Glandula parathyroidea superior bzw. inferior) an. Die oberen **Nebenschilddrüsen** entwickeln sich aus der 4. Schlundtasche, die unteren Nebenschilddrüsen entstehen aus der 3. Schlundtasche.

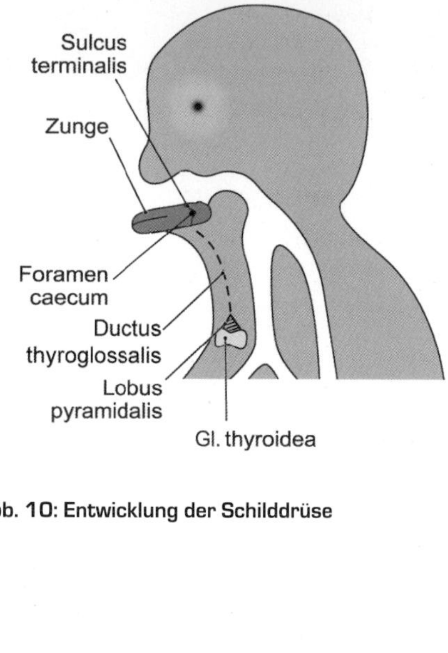

Abb. 10: Entwicklung der Schilddrüse

2.4 Schlundbögen

Der kaudale Teil des Kopfes und der Hals entwickeln sich im Wesentlichen aus den **Schlundbögen (= Kiemenbögen)**. Als Schlundbögen bezeichnet man Vorwölbungen nach innen im Kopf-Hals-Bereich. Sie werden durch die Schlundtaschen voneinander getrennt. Die Einstülpungen außen bezeichnet man als **Schlundfurchen** (s. Abb. 11).

Typisch für die Kiemenbögen ist ihre **metamere Gliederung**. Darunter versteht man, dass jeder Abschnitt (= jeder Kiemenbogen) identisch aufgebaut ist: Er besitzt

- einen Kern aus Mesoderm für eine Knorpel- und eine Muskelanlage,
- einen Nerven (aus der Neuralleiste stammend) und
- eine Arterie.

Die metamere Gliederung bei den Kiemenbögen bleibt jedoch NICHT bis zum Abschluss der Entwicklung erhalten. Das bedeutet, dass sich nicht aus jeder Anlage eine definitive Struktur entwickelt und daher auch - nach Abschluss der Entwicklung - nicht mehr alle Abschnitte gleich aussehen. Trotzdem hat auch der fertige Mensch noch Regionen mit metamerer Gliederung. Beispiele hierfür sind

- die Rippen mit den Interkostalräumen (sowohl die Muskulatur als auch die Anlage der Gefäße sehen in jedem Abschnitt gleich aus),
- die autochthonen Rückenmuskeln sowie
- die Gliederung des Rückenmarks und der Wirbelsäule.

Merke:
Die Schlundbögen nennt man auch

- **Kiemenbögen,**
- **Branchialbögen oder**
- **Pharyngealbögen.**

Zunächst entwickelt sich in jedem Kiemenbogen eine Arterie. Diese Arterien der Kiemen- oder Schlundbögen nennt man auch **primitive Aortenbögen** oder **Kiemenbogenarterien**. Die Anordnung und die Lage der Kiemenbogenarterien ist in Abb. 12 dargestellt.

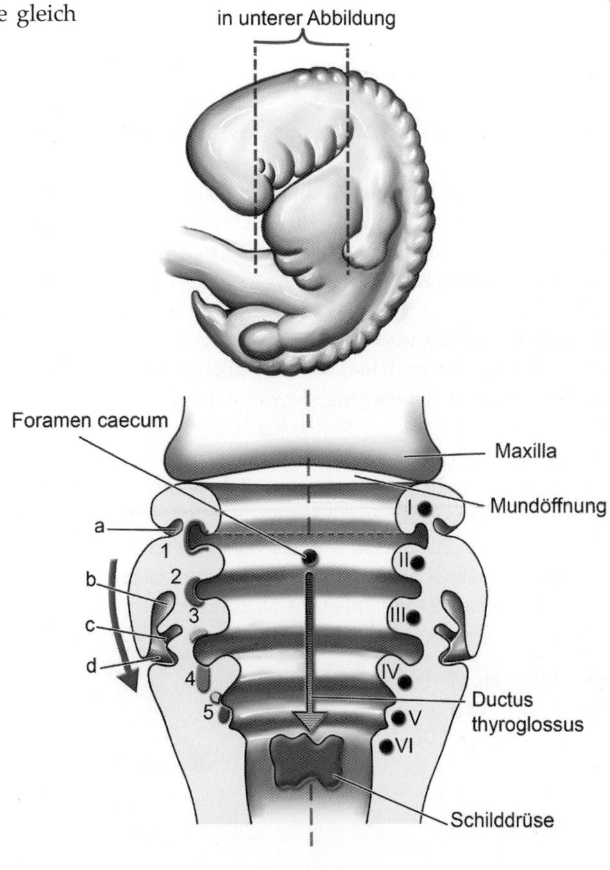

**Abb. 11: a-d: Schlundfurchen
1-5: Schlundtaschen
I-VI: Kiemenbögen**

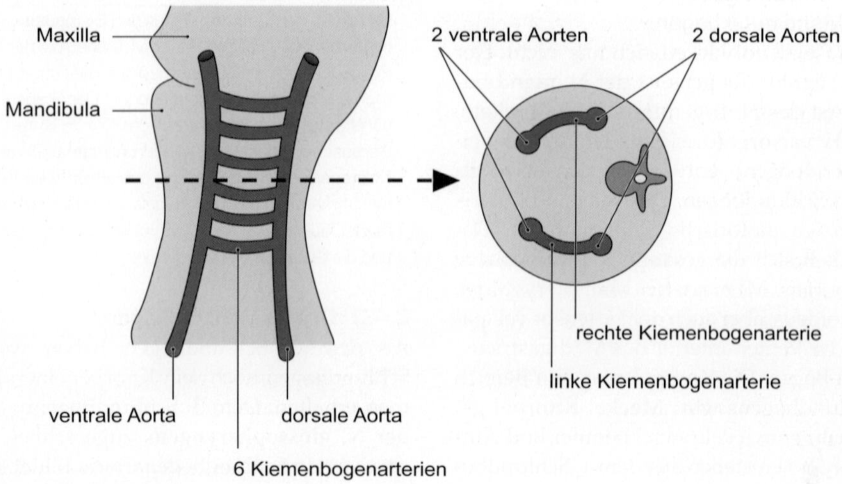

Abb. 12: Kiemenbogenarterien

Übrigens...

Nicht aus allen angelegten Arterien entwickelt sich auch ein definitives Gefäß.

Die 1. **Kiemenbogenarterie** bildet sich fast vollständig zurück. Ihre Beteiligung an der Bildung der Arteria carotis externa und der Arteria maxillaris ist gering.
Die 2. **Kiemenbogenarterie** entwickelt sich zwar zunächst zu einer Arteria stapedia weiter (verläuft im Bereich des Steigbügels), bildet sich dann jedoch in der weiteren Entwicklung ebenfalls zurück. Übrig bleibt von ihr lediglich ein **Foramen** im **Stapes** aber **KEIN** definitives Gefäß.
Die 3. **Kiemenbogenarterie** bildet - gemeinsam mit der **dorsalen Aorta** - die **Arteria carotis interna**. Ebenfalls aus der 3. Kiemenbogenarterie stammt ein kleiner Teil der Arteria carotis communis.
Aus der 4. **Kiemenbogenarterie** entsteht auf der linken Seite der definitive **Aortenbogen**, rechts - wo kein Aortenbogen vorkommt - entwickelt sich der **Truncus brachiocephalicus** sowie ein Teil der **Arteria subclavia** aus der 4. Kiemenbogenarterie.
Die 5. Kiemenbogenarterie bildet sich vollständig zurück.
Aus der 6. **Kiemenbogenarterie** entwickeln sich links der **Truncus pulmonalis** sowie der **Ductus arteriosus Botalli** und rechts die **Arteria pulmonalis**.
Außer den Kiemenbogenarterien liegen während der Embryonalentwicklung noch insgesamt vier **Aorten** vor: zwei **ventrale** und zwei **dorsale**.

- Aus der **ventralen Aorta** entwickelt sich je eine **Arteria carotis communis** und eine **Arteria carotis externa,**
- aus der **dorsalen Aorta** entstehen ein Teil der **Arteria carotis interna** und die **Aorta descendens**.

Wie vorne beschrieben, entwickeln sich auch Nerven, Knorpel und Muskeln im Bereich der Schlundbögen.

2.4.1 Erster Schlundbogen (= Mandibularbogen)

Ein großes Gefäß entwickelt sich hier nicht. Der Nerv des 1. Schlundbogens ist der N. mandibularis (= 3. Ast des N. trigeminus). Die Muskeln, die der Nerv versorgt (dies gilt auch für die weiteren Schlundbögen), entwickeln sich ebenfalls aus diesem Schlundbogen. Der N. mandibularis ist der einzige motorische Trigeminusast. Daher entwickelt sich die gesamte Kaumuskulatur (= M. temporalis, M. masseter, Mm. pterygoidei, M. mylohyoideus, aber auch der M. tensor veli palatini und der Venter anterior des M. digastricus) aus diesem Bogen. Die Knorpelanlage im Bereich des 1. Schlundbogens wird **Meckel-Knorpel** genannt. Aus ihr entwickeln sich Hammer und Amboss. Außerdem entstehen aus dem 1. Schlundbogen auch ein Teil der Mandibula und ein kleiner Teil der Maxilla.

Übrigens...

Zu beachten ist, dass der Steigbügel aus dem **2.** Schlundbogen stammt. Begründet ist diese ungewöhnliche Entwicklung in der **Entstehung** des **Kiefergelenks**: Das **primäre** Kiefergelenk bildet sich zwischen **Hammer**, **Amboss** und **Mandibula** aus. Erst in der weiteren Entwicklung lagert sich das **Os temporale** dazwischen, so dass zum einen die **Paukenhöhle** und zum anderen das **sekundäre Kiefergelenk** entstehen, das aus diesem Grund auch **Anlagerungsgelenk** genannt wird. Bei Schlangen unterbleibt diese Trennung, so dass diese zwar schlechter hören, dafür aber den Mund aufgrund der Lage des Kiefergelenks weiter öffnen können.

2.4.2 Zweiter Schlundbogen (= Hyoidbogen)

Auch im **2. Schlundbogen** entsteht **kein** definitives Gefäß. Der Nerv, der dem 2. Schlundbogen zugeordnet wird, ist der **N. intermediofacialis** bzw. N. intermedius des N. facialis. Die Muskulatur, die aus diesem Schlundbogen stammt, ist deswegen im Wesentlichen die **mimische Muskulatur**, zum anderen jedoch auch der **M. stapedius**, der **M. stylohyoideus** und der **Venter posterior** des **M. digastricus**. Der Knorpel des 2. Schlundbogens hat ebenfalls einen Eigennamen. Er wird gelegentlich **Reichert-Knorpel** genannt. Aus ihm entwickeln sich der **Steigbügel**, ein kleiner Teil des Os temporale (= der Processus styloideus) und der kraniale Teil des **Os hyoideum**.

Übrigens...

Sämtliche Bestandteile, die für den **Stapediusreflex** benötigt werden (= der M. stapedius, der Steigbügel und der N. intermediofacialis) entstammen aus **demselben** Kiemenbogen. Der Stapediusreflex wird ausgelöst, wenn das Ohr zu lauten Geräuschen ausgesetzt ist: Durch Innervation des M. stapedius erfolgt dessen Kontraktion, was zu einer Verkantung des Steigbügels im ovalen Fenster führt. Dadurch werden die Schallleitung erschwert und die Geräusche leiser gehört.

2.4.3 Dritter Schlundbogen

Ab dem 3. Schlundbogen haben weder der Schlundbogen noch sein Knorpel einen Eigennamen erhalten. Dem 3. Schlundbogenbogen wird der **N. glossopharyngeus** zugerechnet, die entsprechende Schlundbogenarterie bildet die Arteria carotis interna (s. S. 29). Als Muskel entwickelt sich der **M. stylopharyngeus** aus dem 3. Schlundbogen. Aus den knorpeligen Anteilen entsteht das **Cornu majus** sowie der untere Teil des **Os hyoideum**. Außerdem enthält der 3. Schlund- oder Branchialbogen die **Pharynxmuskulatur**.

2.4.4 Vierter, fünfter und sechster Schlundbogen

Der 4., 5. und 6. Schlundbogen sind häufig miteinander verschmolzen. Insgesamt muss man sagen, dass in der Literatur leider Uneinigkeit über die hieraus entstehenden Strukturen herrscht. Daher wurde, abgesehen von der Weiterentwicklung der Gefäße, im schriftlichen Examen bisher auch nichts dazu gefragt. Im Wesentlichen scheint man jedoch Folgendes definitiv sagen zu können:

- Aus dem **4. Schlundbogen** stammt der **Nervus laryngeus superior** (= der 1. Ast des Nervus vagus). Aus den Gefäßen des 4. Schlundbogens entwickelt sich links der **Aortenbogen** und rechts der **Truncus brachiocephalicus** sowie ein Teil der **Arteria subclavia**. Die ihnen zugeordneten Muskeln sind der **M. cricothyroideus** und gelegentlich auch der **M. levator veli palatini** sowie der **M. constrictor pharyngis.**
- Aus dem **5. Schlundbogen** scheinen sich keine relevanten Strukturen zu entwickeln.
- Der **Truncus pulmonalis**, der **Ductus arteriosus Botalli** und die Arteria pulmonalis entstammen dem 6. Schlundbogen. Ebenfalls dem **6. Schlundbogen** wird der **Nervus laryngeus recurrens** (= 2. Ast des Nervus vagus) zugeordnet. Dessen Aufgabe ist die Innervation der gesamten Kehl-

kopfmuskulatur mit Ausnahme des M. cricothyroideus. Was darauf schließen lässt, dass auch die **gesamte Kehlkopfmuskulatur (außer** dem M. cricothyroideus) aus dem Schlundbogen stammt.

Übrigens...

Das **Kehlkopfskelett** wird sowohl vom 4. als auch vom 6. Schlundbogen gebildet, die Epiglottis dagegen stammt aus dem 2. und 4. Schlundbogen.

2.5 Schlundtaschen

Auf der medialen Seite sind die sechs Schlundbögen durch **fünf Schlundtaschen** voneinander getrennt. Diese Einstülpungen sind mit **Entoderm** ausgekleidet.

- Die **1. Schlundtasche** bildet über den **Recessus tubotympanicus** schließlich
  - die **Paukenhöhle**,
  - die **Tuba auditiva**,
  - das **Trommelfell** und
  - das **Antrum mastoideum.**
- Aus der **2. Schlundtasche** entsteht im Wesentlichen die **Tonsilla palatina**. Durch ihre Einstülpung wird die **Fossa tonsillaris** gebildet.
- Die **3. Schlundtasche** dient als Basis für die Entwicklung des **Thymus** und für die **Glandulae parathyroideae inferiores.**
- Aus der **4. Schlundtasche** entstehen die **Glandulae parathyroideae superiores** und
- Aus der **5. Schlundtasche** die **C-Zellen** der Schilddrüse.

Übrigens...

- Durch Verbindung mit der 1. Schlundfurche bildet die 1. Schlundtasche den äußeren Gehörgang.
- Branchiogene Halsfisteln entstehen durch mangelhaften Verschluss im Bereich der Schlundtaschen und Schlundfurchen. Sie können nach innen im Bereich der Tonsilla palatina münden.

2.6 Schlundfurchen

Die **Schlundfurchen** stülpen sich lateral am Hals ein. Zu Beginn der Entwicklung liegen insgesamt **vier** Furchen vor, wobei sich jedoch lediglich die **erste** zu einer definitiven Struktur weiter entwickelt: Durch die Einstülpung der 1. Schlundfurche entwickelt sich der **Meatus acusticus externus**, das Ende der Schlundfurche bildet den **äußeren Teil** des **Trommelfells**.

DAS BRINGT PUNKTE

Die Schlundfurchen wurden im schriftlichen Examen noch nie gefragt. Schlundtaschen und Kiemenbögen kommen fast in jedem Examen dran; Welche Arterie kommt woher?, Was ist der Meckel-Knorpel? etc.
Zu den Schlundbögen solltet ihr fürs Schriftliche daher parat haben, dass

- aus der Anlage des 1. Schlundbogens **NICHT** das Philtrum der Oberlippe entsteht.

Zu den Kiemenbögen braucht ihr euch eigtl. nur diese einzige Aussage merken:

- Das Philtrum stammt im Bereich der Oberlippe **NICHT** aus dem ersten Kiemenbogen.

BASICS MÜNDLICHE

Was entsteht aus dem Mandibularbogen?
Aus dem Mandibularbogen (= 1. Kiemenbogen) entstehen

- M. masseter, M. temporalis, Mm. pterygoidei,
- M. diagastricus (Venter anterior), M. mylohyoideus, M. tensor tympani, M. tensor veli palatini,
- Hammer, Amboss, Mandibula, kleiner Teil der Maxilla und
- Meckel-Knorpel.

Die aus dem Mandibularbogen entstandenen Muskeln werden vom N. mandibularis (= V 3) versorgt. Die den Mandibularbogen versorgenden Gefäße bilden sich zurück.

Was entwickelt sich aus dem Hyoidbogen?
Aus dem Hyoidbogen (= 2. Kiemenbogen) entstehen

- M. stapedius, M. stylohyoideus, M. digastricus (Venter posterior), mimische Muskeln,
- Steigbügel,
- Processus styloideus (Os temporale),
- Ligamentum stylohyoideum, Cornu minus und oberer Teil des Os hyoideum sowie
- Reichert-Knorpel.

Die aus dem Hyoidbogen entstandenen Muskeln werden vom N. intermediofacialis (aus VII) versorgt.

Die den Hyoidbogen versorgenden Gefäße bilden sich zurück.

Was bildet sich aus dem 3. Kiemenbogen?
Aus dem 3. Kiemenbogen entstehen
- N. glossopharyngeus (IX),
- unterer Teil der A. carotis interna,
- M. stylopharyngeus, M. constrictor pharyngis und medius sowie
- Cornu majus und unterer Teil des Os hyoideum.

Was ist das besondere an der Entwicklung der Nebenschilddrüsen?
Die unteren beiden Glandulae parathyroideae entstehen aus der 3. Schlundtasche, die oberen beiden aus der 4. Schlundtasche.

Welches Gefäß entwickelt sich beim Embryo aus 2 Anteilen?
Die A. carotis interna entsteht aus der 3. Kiemenbogenarterie und der dorsalen Aorta.

2.7 Entstehung der Brustorgane

Der Schwerpunkt dieses Kapitels liegt eindeutig auf der Herzentwicklung, dicht gefolgt vom fetalen Kreislauf. Wenn ihr diese beiden Themen sicher beherrscht, sollten euch die dazugehörigen Physikumsfragen keine Probleme, sondern Punkte bescheren.

2.7.1 Zwerchfell

Das Zwerchfell entwickelt sich aus den Myoblasten der Halsmyotome. Und jetzt die gute Nachricht: Mehr muss man dazu gar nicht wissen...

2.7.2 Entwicklung des Herzens

Das Herz entsteht aus den kaudalen Anteilen der beiden **ventralen Aorten**. Die Entwicklung des kranialen Anteils der beiden ventralen Aorten wurde bei der Entwicklung der Kiemenbogenarterien bereits besprochen (s. S. 28). Die kaudalen Anteile beginnen aufeinander zuzuwachsen und in ihrem mittleren Teil miteinander zu verschmelzen (s. Abb. 13). Hierdurch entsteht eine x-förmige Struktur, der primitive **Herzschlauch**. Dieser Herzschlauch weist bereits am **21. Entwicklungstag** eine **Eigenfrequenz** auf. Wie auch beim späteren Herzen wird diese Eigenfrequenz durch spezialisierte **Muskelzellen** gesteuert, die im Bereich des späteren Sinusknotens - im Sinus venosus - liegen.

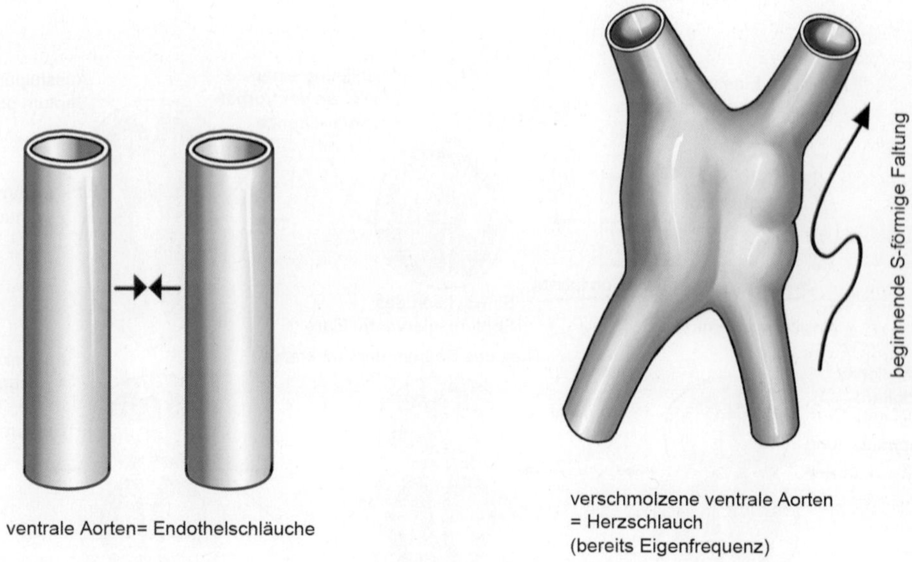

Abb. 13a) → b)

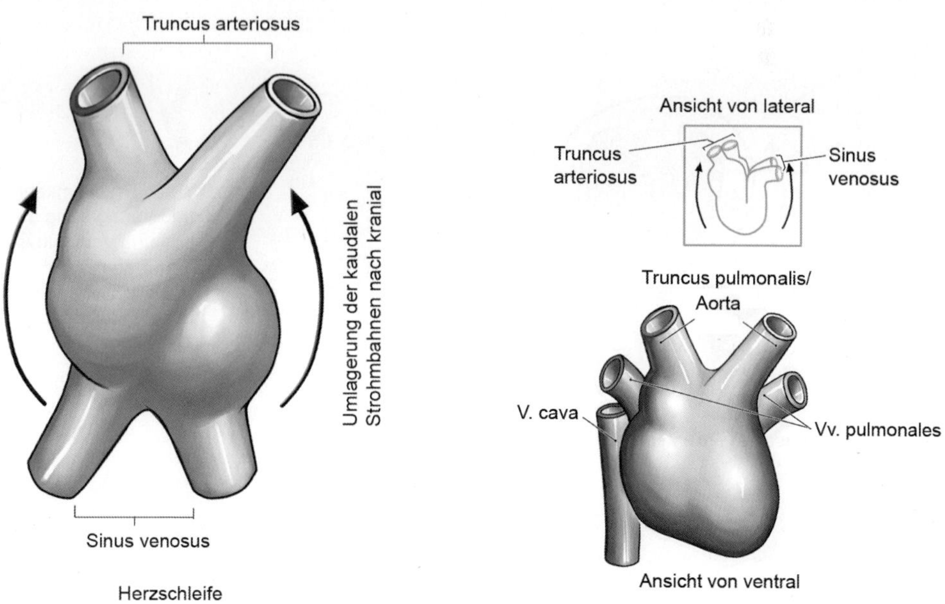

Abb. 13c) → d)

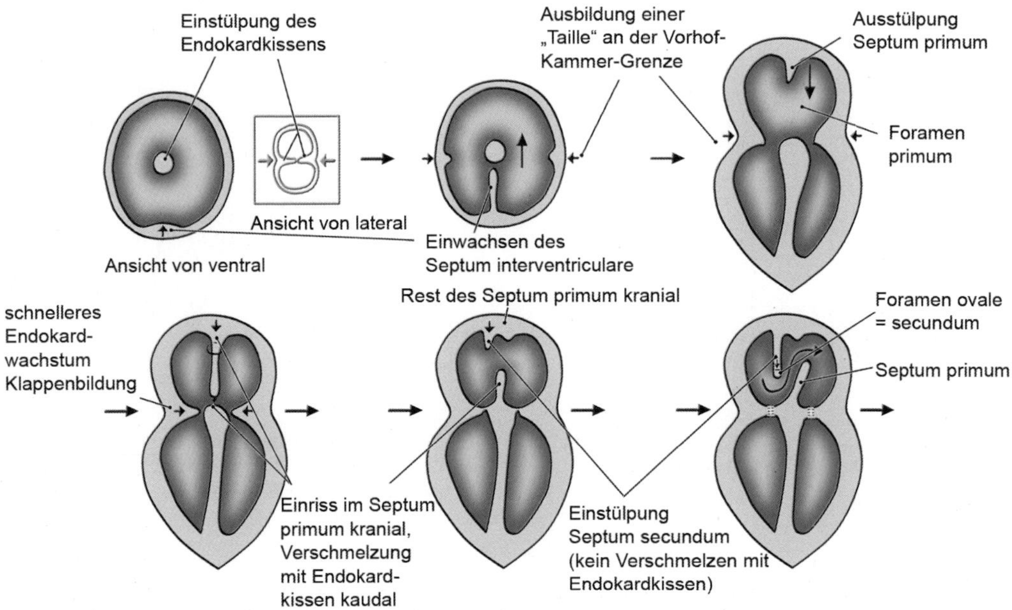

Abb. 13e)

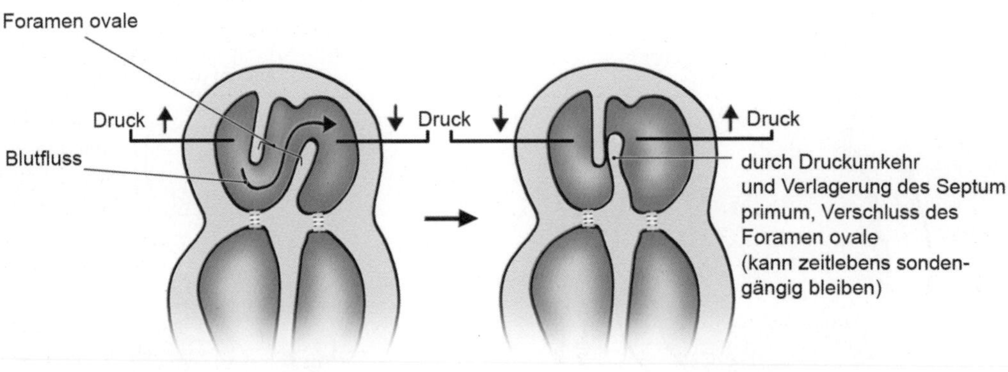

Abb. 13f: Verschluss des Foramen ovale bei der Geburt

Abb. 13a-f: Entwicklung des Herzens

Übrigens...

- Obwohl das Herz zu diesem Zeitpunkt der Entwicklung bereits eine Eigenfrequenz aufweist, liegt noch KEIN Sinusrhythmus vor. Der Sinusrhythmus ist definiert durch eine P-Welle, einen QRS-Komplex und eine T-Welle. Dieses Muster kommt durch die Erregungsbildung und Erregungsrückbildung in den verschiedenen Räumen des fertigen Herzens zustande. Da um den 21. Entwicklungstag jedoch noch keine Herzräume vorliegen, besteht zwar bereits eine Erregungsleitung sowie eine Eigenfrequenz, jedoch **noch kein Sinusrhythmus.**
- Zur embryonalen Anlage des Herzschlauchs gehören **die Atrien, die Ventrikel und der Truncus arteriosus**. Der Ductus arteriosus (= Botalli) gehört aber NICHT dazu. Er entwickelt sich aus der 6. Kiemenbogenarterie (s. S. 29)!

Der primitive Herzschlauch sackt in seiner weiteren Entwicklung zunächst N- oder sesselförmig zusammen. Die so entstandene Struktur nennt man auch **Herzschleife**. Anschließend werden die kaudalen Strombahnen nach kranial umgelagert. Betrachtet man das fertige Herz, so sieht man, dass die Gefäße alle mehr oder weniger weit kranial liegen. Die beiden von Anfang an kranial liegenden Gefäße bezeichnet man auch als **Truncus arteriosus**. Aus diesen Gefäßen entwickeln sich die **Aorta** und der **Truncus pulmonalis**.

Die Crista terminalis des Herzens trennt den aus dem Sinushorn entstandenen Bereich von dem aus dem primitiven Atrium entstandenen Bereich des rechten Atriums.

Aus den beiden kaudal liegenden Gefäßen, die sich im Laufe der weiteren Entwicklung nach dorsal/kranial umlagern, entstehen die **Venae pulmonales**. Aus diesem Grund bezeichnet man diese Region auch als **Sinus venosus** (später heißt diese Region auch Porta venosa).

Zur Entwicklung der Vena cava gibt es verschiedene Lehrmeinungen. Am plausibelsten erscheint, dass die Vena **cava sekundär** in das Herz **einwächst**. Im Prinzip wachsen dabei eine Vene von kranial und eine Vene von kaudal in den rechten Vorhof und bilden dabei eine Vena cava superior und eine Vena cava inferior.

Ebenfalls zu diesem Zeitpunkt entwickeln sich die **Herzkranzgefäße** durch Ausstülpungen aus den bereits bestehenden Gefäßen, und es erfolgt fast zeitgleich die **Unterteilung** des Herzens in seine Vorhöfe und Kammern. Hierfür stülpt sich zunächst sowohl von ventral als auch von dorsal die Wand in der Mitte ein, bis die ventrale und die dorsale Wand punktförmig in der Mitte des Herzens verschmelzen. Dadurch entwickelt sich aus dem kugelförmigen blutgefüllten Hohlraum des primitiven Herzschlauchs zunächst ein Raum, dessen Form am ehesten einem Donut ähnelt. Den miteinander verschmolzenen Teil der ventralen und dorsalen Wand, der nun wie ein Balken durch den flüssigkeitsgefüllten Hohlraum des Herzens zieht, bezeichnet man auch als **Endokardkissen**.

Im weiteren Verlauf stülpt sich ein Teil der kaudalen Wand des Herzens nach kranial ein, verschmilzt mit dem Endokardkissen und bildet das **Septum interventriculare**. Das Endokardkissen selbst bildet das **Herzskelett**.

Übrigens...

Die Bezeichnung Herzskelett rührt daher, dass in diesem Bereich beim Rind ein Knochen vorliegt.

Auf Höhe des Herzskeletts stülpt sich die Wand zirkulär ein, verschmilzt jedoch NICHT mit dem Endokardkissen. Hierdurch bildet sich eine Art Taille im Bereich der Vorhof-Kammer-Grenze aus. Im Bereich der zirkulären Einstülpung wächst das **Endokard** etwas schneller als die übrigen Schichten der Herzwand, wodurch eine **Endokardduplikatur** entsteht. Diese Duplikaturen bilden schließlich die **Herzklappen**.

Auch die Vorhöfe werden durch eine Einstülpung der Wand unterteilt. Dazu stülpt sich zunächst von kranial ein Septum nach kaudal ein und wächst auf das Endokardkissen zu. Da es das erste einwachsende Septum ist, nennt man es **Septum primum**. Das Loch zwischen rechtem und linkem Vorhof - das zu diesem Zeitpunkt noch besteht - nennt man entsprechend **Foramen primum**. Während der weiteren Entwicklung reißt das Septum primum jedoch kranial ab und wächst unten am Endokardkissen fest. So entsteht wiederum ein Foramen zwischen rechtem und linkem Vorhof, das nun **Foramen secundum** genannt wird. Etwas rechts von der Abrissstelle des Septum primum gelegen, stülpt sich ein erneutes Septum - das **Septum secundum** - ein. Dieses Septum wächst jedoch nicht

auf das Endokardkissen zu und verschmilzt mit diesem, sondern **hört** vorher, etwa auf der Mitte der Strecke, **auf**. Die Enden von Septum primum und Septum secundum **überlappen** sich.
Im Gegensatz zum Erwachsenen ist beim Fetus der Blutdruck im rechten Vorhof höher als im linken. Durch den erhöhten Druck im rechten Vorhof wird das Septum primum nach links aufgedrückt, wodurch eine Verbindung zwischen rechtem und linkem Herzen entsteht. Dieses Foramen wird **Foramen ovale cordis** (= Foramen secundum) genannt. Es entsteht durch Degeneration im Septum primum. Durch das Foramen ovale gelangt pränatal der Hauptblutstrom vom rechten Vorhof direkt zum linken Vorhof (= vom Lungen- zum Körperkreislauf). Daher stellt es einen **Rechts-Links-Shunt** dar. Postnatal kehrt sich der Druck in den Vorhöfen um, wodurch sich das Septum primum aufgrund des Druckabfalls im rechten Vorhof zur anderen Seite umlagert. Dabei legt es sich dem Septum secundum an und das Foramen ovale wird **funktionell** verschlossen.

Übrigens...
Das Foramen ovale kann **zeitlebens sondengängig** bleiben.

2.7.3 Fetaler Blutkreislauf

Der fetale Blutkreislauf weist **drei Umgehungskreisläufe** auf:

1 Der erste Umgehungskreislauf ist der **Ductus venosus (Arantii)**. Er leitet den über die V. umbilicales von der Plazenta kommenden Blutstrom an der **Leber** vorbei. Gäbe es diesen Kurzschluss nicht, würde das sauerstoffreiche Blut durch die Leber fließen, noch bevor es das Herz erreicht hat, und durch die daraus resultierende Reduzierung des O_2-Gehalts im Blut zu einer Minderversorgung der restlichen Organe führen. Postnatal obliteriert der Ductus venosus (Arantii) zum **Ligamentum venosum**.

2 Der zweite fetale Kurzschluss ist das Foramen ovale cordis (s. Abb. 14, S. 37). Hier wird das Blut direkt vom rechten in den linken Vorhof geleitet, so dass das sauerstoffreiche Blut schneller dem Gehirn zugeführt werden kann.

3 Der dritte fetale Kurzschluss ist der **Ductus arteriosus (Botalli)**. Er führt das Blut vom Truncus pulmonalis in den Aortenbogen und somit an der **Lunge** vorbei. Der Embryo besitzt zwar schon einen Lungenkreislauf, pränatal sind die Lungen jedoch nicht belüftet, so dass es nicht erforderlich ist, das gesamte (mittlerweile schon deutlich venöse) Blut durch die Lunge, erneut durch das Herz und erst dann weiter in den Körper zu schicken. Der Ductus arteriosus Botalli obliteriert zum **Ligamentum arteriosum.**

Der Hauptteil des Blutes wird deswegen in den Aortenbogen geleitet, was dazu führt, dass die **obere** Körperhälfte deutlich **mehr** mit **Sauerstoff** versorgt wird als die untere (s. Abb.14, S. 37). Dies sieht man dem Neugeborenen auch an: Sein Kopf erhält viel Sauerstoff und ist deswegen im Vergleich zum restlichen Körper deutlich größer als es beim Erwachsenen der Fall ist. Die unteren Extremitäten sind hingegen verglichen mit dem Kopf noch deutlich zu klein. Erst mit der Umstellung des Kreislaufs nach der Geburt erfolgt dann eine gleichmäßige Blutversorgung und der Ductus venosus Arantii obliteriert zum **Ligamentum venosum**.

4 Die V. umbilicalis (vom Nabel zur Leber) wird zum Lig. teres hepatis.

5 Die **Anfangsteile** der **Aa. umbilicales** geben die **Aa. vesicales superiores** ab, während die **distalen** Teile der **Aa. umbilicales** zu den **Ligg. umbilicalia medialia** (s. Abb. 15, S. 39) werden.

MERKE:
Nach Unterbrechung der Nabelschnurdurchblutung erfolgt die perinatale Kreislaufumstellung durch den funktionellen Verschluss des Foramen ovale, die Kontraktion des Ductus arteriosus (= Botalli) und die Kontraktion des Ductus venosus (= Arantii).

Übrigens...
Die schlechte Durchblutung der Lunge, die überdies noch mit sehr venösem Blut erfolgt, ist eine der Hauptursachen dafür, dass die Lunge beim ungeborenen Kind am langsamsten von allen Organen reift.

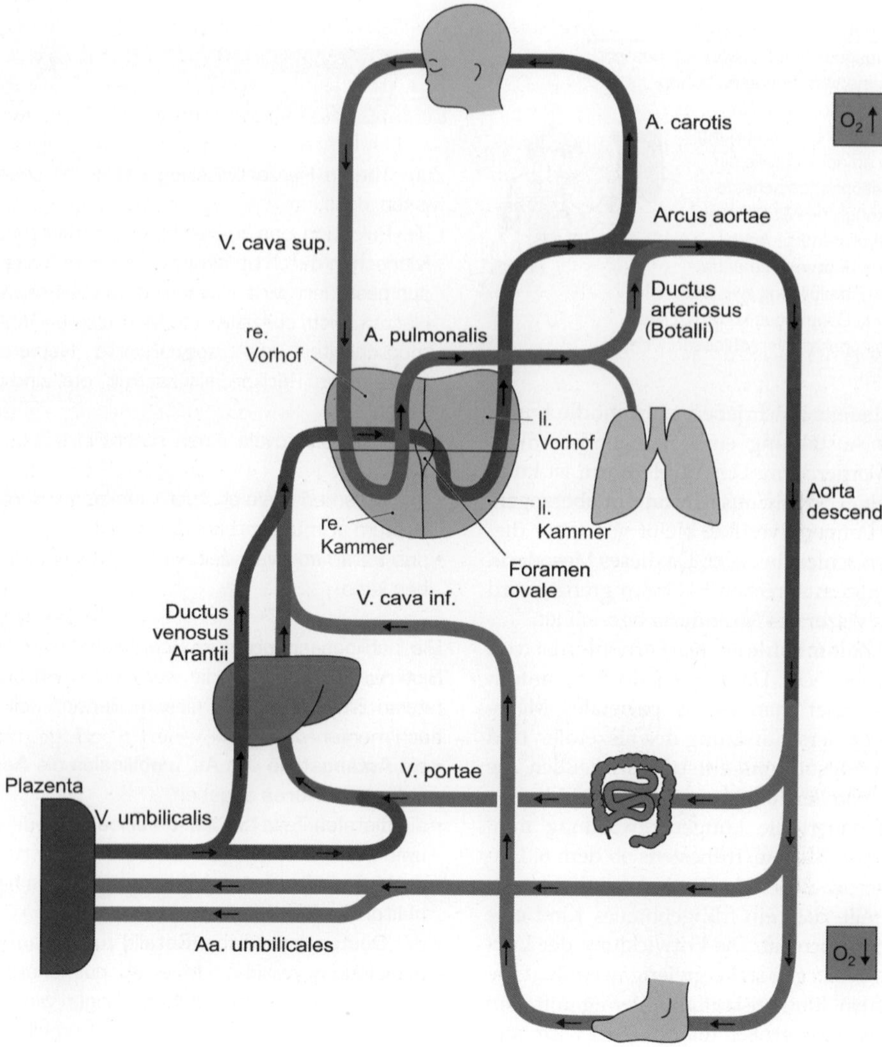

Abb. 14: Fetaler Blutkreislauf

Übrigens...

Die ersten roten Blutzellen entstehen in der Wand des Dottersacks, danach übernehmen Leber und Milz die Blutbildung (Erys mit HbF), erst dann erfolgt die Blutbildung im Knochenmark (HbA).

2.7.4 Entwicklung des Respirationstrakts

Die Lunge entwickelt sich aus dem **Vorderdarm** (s. S. 42). Etwa in der 4. Entwicklungswoche stülpt sich ein **Lungendivertikel** aus dem Vorderdarm aus. Dieses Lungendivertikel wächst nach kaudal und teilt sich zunächst in zwei **Lungenknospen**. Aus denen dann rechts weitere drei und links noch zwei Lungenknospen werden. Entsprechend des Verlaufs der späteren Bronchien erfolgt anschließend eine immer noch weitere Aufteilung der Lungenknospen, bis sich schließlich die Lunge komplett ausgebildet hat. Bis zum Beginn des 7. Entwicklungsmonats hat sich jede der zwei Ursprungslungenknospen bereits ca. 17-mal geteilt. Weitere Teilungsschritte finden nach der Geburt statt, wobei die Entwicklung der Alveolen bis ungefähr zum 10. Lebensjahr andauert. Da die Lunge bzw. ihr Epithel aus dem Vorderdarm entstehen, bildet sich das Epithel der Lunge (und damit auch das der Trachea und das des Kehlkopfs) aus **Entoderm**. Die Knorpelspangen stammen dagegen - wie alle Knorpel - aus **Mesoderm**.

Übrigens...

Entwicklungsgeschichtlich bedingt, besteht zunächst eine Verbindung zwischen Trachea und Ösophagus. Im Laufe der weiteren Entwicklung bildet sich an deren Stelle ein Septum oesophagotracheale aus. Eine mögliche Missbildung ist eine unvollständige Ausbildung dieses Septums, so dass es zu einer Fistelbildung zwischen Trachea und Ösophagus kommt. Diese Fistel muss operativ verschlossen werden.

Wie oben bereits beschrieben, entsteht die Lunge durch die Ausbildung eines Lungendivertikels aus dem Vorderdarm. Der Vorderdarm ist komplett von einer Schicht aus **Mesoderm** überzogen. Auch das Lungendivertikel bleibt von einer mesodermalen Schicht bedeckt. Da dieses Mesoderm direkt an das entsprechende Organ grenzt, wird es auch als **viszerales Mesoderm** bezeichnet.
Auch die **Zölomhöhle** (= Körperhöhle) ist von Mesoderm bedeckt. Da dieses jedoch organfern liegt, bezeichnet man es als parietales Mesoderm. Durch Verschmelzung des viszeralen und **parietalen Mesoderms** entsteht schließlich die Trennung von **Peritoneal**- und **Pleurahöhle**.
Insgesamt dauert die Lungenentwicklung mindestens sieben Monate, frühestens ab dem 6. Entwicklungsmonat (ca. 22. Woche) ist die Lunge soweit gereift, dass ein frühgeborenes Kind eine Überlebenschance hat. Die Entwicklung der Lunge ist u. a. deswegen so langwierig, weil die Lunge im fetalen Blutkreislauf nur gering mit Blut versorgt wird: Ein großer Teil des Bluts wird über den Ductus arteriosus Botalli an der Lunge vorbei vom Truncus pulmonalis in den Aortenbogen fortgeleitet und auch zu diesem Zeitpunkt befindet sich in dem schon vorhandenen Lungenkreislauf überwiegend venöses Blut. Da sich Organe entsprechend ihres Sauerstoffangebots entwickeln, entwickelt sich daher die Lunge nur sehr langsam.

Übrigens...

Häufig liegt bei Frühgeborenen auch ein Surfactantmangel vor. Dies führt dazu, dass die Lunge sich nur zögernd entfaltet und/oder die Alveolen wieder kollabieren und das Kind dadurch ein postnatales Atemnotsyndrom (= RDS - respiratory distress syndrome) entwickelt.

DAS BRINGT PUNKTE

Zum Thema Herzentwicklung solltet ihr unbedingt wissen, dass
- die Pulsation des frühembryonalen Herzens des Menschen durch bestimmte Zellen im Sinus venosus gesteuert wird. Diese sind, wie beim späteren Herzen auch, spezialisierte Muskelzellen (Antwortmöglichkeiten wie „spezialisierte Nervenzellen, Stoffe in der Perikardialflüssigkeit" etc. sind daher falsch!).
- das Foramen ovale einen rechts-links-Shunt darstellt,
- das Foramen ovale postnatal funktionell durch das Septum primum verschlossen wird und
- das Foramen ovale zeitlebens sondengängig bleiben kann.

Die Lieblingsantworten im Schriftlichen zum fetalen Blutkreislauf betreffen die weitere Entwicklung der fetalen Blutgefäße. Aus diesem Bereich solltet ihr euch merken, dass
- die **Anfangsteile** der **Aa. umbilicales** die **Aa. vesicales superiores** abgeben.
- die **distalen** Teile der **Aa. umbilicales** zu den **Ligg. umbilicalia medialia** (s. Abb.14, S. 37) werden.
- die **V. umbilicalis** zum **Ligamentum teres hepatis obliteriert**.
- der **Ductus arteriosus (Botalli)** zum **Ligamentum arteriosum** zwischen linker A. pulmonalis (bzw. Truncus pulmonalis) und Aortenbogen wird.
- der **Ductus venosus (Arantii)** die V. umbilicalis mit der V. cava inferior verbindet und nach der Geburt zum **Ligamentum venosum** obliteriert.
- der Sauerstoffgehalt bei der Umstellung vom fetalen auf den postnatalen Kreislauf am stärksten im **herznahen** Abschnitt der **Vena cava inferior** abfällt.
- im fetalen Kreislauf der **Ductus venosus (Arantii)** das sauerstoffreichste Blut führt.
- im fetalen Kreislauf die V. iliaca interna das sauerstoffärmste Blut führt.

Die Entwicklung des Respirationstrakts wurde im Schriftlichen bislang nicht gefragt.

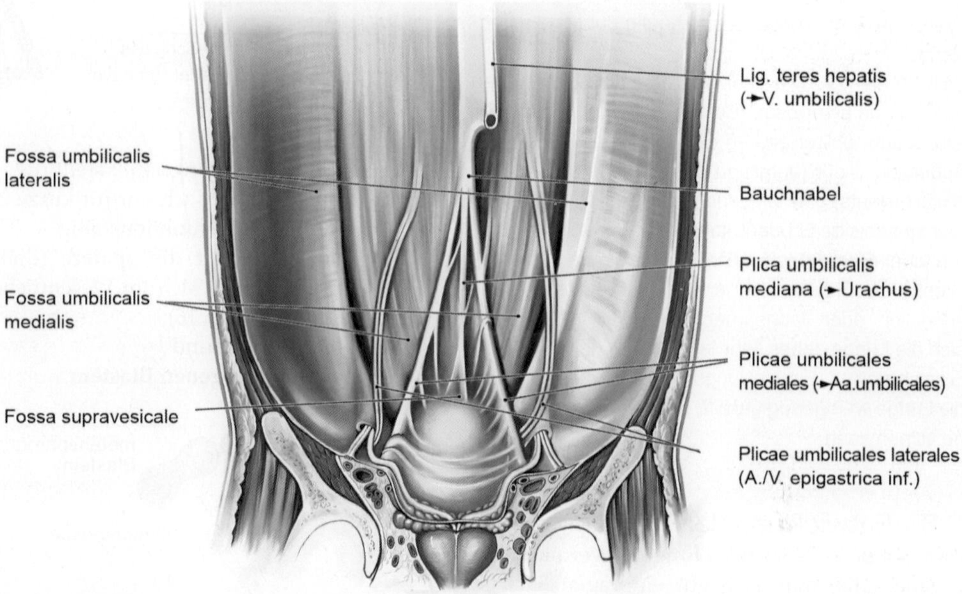

Abb. 15: Plicae umbilicales

BASICS MÜNDLICHE

Wer die Herzentwicklung aufzeichnen oder erklären kann, macht (wenn er es richtig macht) einen ziemlich guten Eindruck!

Was ist das Foramen ovale?
Ein Rechts-Links-Shunt zwischen den Vorhöfen im embryonalen Blutkreislauf. Es wird begrenzt vom Septum primum und vom Septum secundum. Nach der Geburt erfolgt der Verschluss aufgrund der Druckumkehr durch das Septum primum. Das Foramen ovale kann zeitlebens sondengängig bleiben.

Kennen Sie noch einen anderen Rechts-Links-Shunt?
Den Ductus arteriosus Botalli. Er verbindet den Truncus pulmonalis (aus der rechten Kammer) mit dem Aortenbogen (aus der linken Kammer).

Zum Thema fetaler Blutkreislauf sollte man seinem Prüfer die Unterschiede zwischen fetalem und adultem Blutkreislauf erklären können.

Nennen Sie bitte wesentliche Unterschiede zwischen fetalem und adultem Blutkreislauf.
fetal:
Shunts/Umgehungskreisläufe:
- Ductus arteriosus (Botalli),
- Ductus venosus (Arantii),
- Foramen ovale.

Das arterielle Blut gelangt in die V. cava inferior, im gesamten Lungenkreislauf befindet sich rein venöses Blut, die O_2-Sättigung ist kranial viel höher als kaudal.
adult:
keine Shunts
In der V. cava inferior befindet sich venöses Blut, der Tr. pulmonalis ist venös, die V. pulmonalis arteriell, O_2 ist gleichmäßiger verteilt.

Beliebte Fragen zur Entwicklung des Respirationstrakts sind:

Was haben Lunge und Magen gemeinsam?
Beide entstehen aus dem Vorderdarm.

Wie lange dauert die Entwicklung der Lunge?
Beim Embryo 7 Monate; allerdings findet noch bis zum 10. Lebensjahr eine weitere Entwicklung der Lungenknospen statt.

Warum haben Frühgeborene häufig pulmonale Probleme?
Beim fetalen Blutkreislauf wird das meiste Blut über den Ductus arteriosus (Botalli) (der später zum Lig. arteriosum obliteriert) an der Lunge vorbei geleitet. Außerdem fließt (aufgrund des Aufbaus des fetalen Blutkreislaufs) überwiegend venöses Blut zur Lunge (der geschickte Student kann den Prüfer jetzt noch mit einer Skizze des fetalen Blutkreislaufs beeindrucken...). Da Organe sich je nach Sauerstoffangebot schneller oder langsamer entwickeln, entwickelt sich die Lunge daher sehr langsam.
Erst ab dem 7. Entwicklungsmonat (frühestens!) ist die Lunge weit genug gereift, dass das Kind von alleine atmen kann.

2.8 Entwicklung der Bauchorgane

Insbesondere die Entwicklung der Verdauungsorgane sollte man sich gut einprägen. Die ist nämlich nicht nur fürs Bestehen der Physikumsprüfung wichtig, sondern wurde auch schon in der ein oder anderen Facharztprüfung Chirurgie gefragt. Außerdem gehört die Entwicklung der Bauchorgane zu den einfacheren Themen. Wer die Herzentwicklung geschafft hat, hat also das Schlimmste bereits überstanden.

2.8.1 Entwicklung der Nieren

Die Niere entwickelt sich über drei Generationen:
1 **Vorniere,**
2 **Urniere** und
3 **Nachniere**.

Die ersten Zellen, denen man eine Ausscheidungs- und Entgiftungsfunktion zuspricht, werden auch als **Vorniere** bezeichnet. In der weiteren Entwicklung entwickeln sich diese Zellen zum größten Teil zurück und es bleibt lediglich ein **Vornierengang** bestehen, der in der **Urniere** beim Mann zum **Wolff-Gang** weiterentwickelt wird. Diese Zellen bilden damit die späteren **inneren Genitalorgane** des Mannes. Bei der Frau degenerieren diese Zellen, der Wolff-Gang bildet sich zurück und übrig bleibt ein stecknadelkopfgroßes Anhängsel an der Tube: die **Morgagni-Hydatide** oder der **Appendix tubarius**. Die inneren weiblichen Genitalorgane entwickeln sich aus dem **Müller-Gang**. Das entsprechende Rudiment beim Mann wird ebenfalls **Morgagni-Hydatide** oder **Appendix testis** genannt.

Übrigens...
Im Gegensatz zum Wolff-Gang des Mannes entsteht der Müller-Gang der Frau NICHT aus der Urniere.

Die nächste Entwicklungsstufe stellt die **Urniere** dar. Sie ist jedoch nur für kurze Zeit als Ausscheidungsorgan funktionsfähig.
Die **Nachniere** bildet die **spätere** (definitive) Niere und entwickelt sich im Wesentlichen aus zwei Anteilen (s. Abb. 16):

- der **Ureterknospe** und
- dem **metanephrogenen Blastem**.

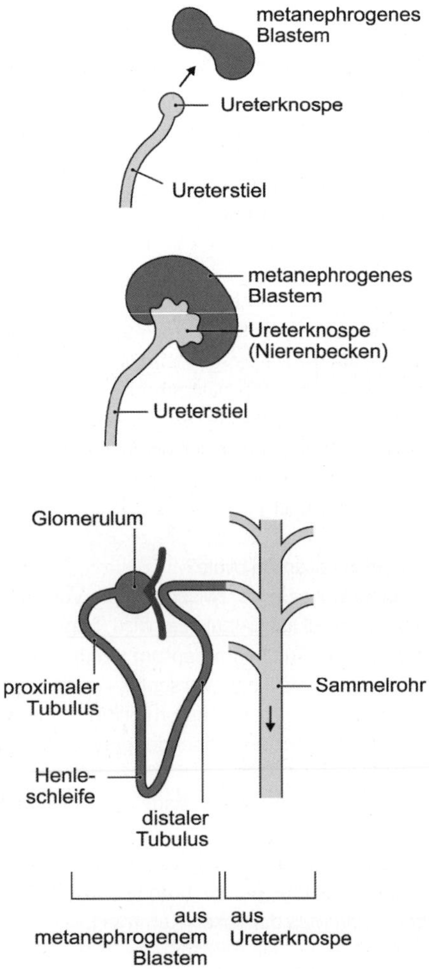

Abb. 16: Entwicklung der Nieren

Die Ureterknospe entsteht aus mesodermalem Gewebe im kleinen Becken. Von dort aus wächst das Gewebe nach kranial. Man kann dieses Wachstum mit dem Wachstum einer Pflanze vergleichen: Beim Wachsen nach oben bildet sich ein Stiel aus und am Ende des Stiels befindet sich die Knospe. Der Stiel wird als **Ureterstiel** bezeichnet und bildet den späteren **Ureter**. Die Knospe heißt tatsächlich auch **Ureterknospe** und aus ihr entwickeln sich die **Nierenbecken** und die **Sammelrohre**.
Als nächstes entsteht das **metanephrogene Blastem**. Es entsteht in dem Bereich, in dem auch die spätere Niere liegt. Das **metanephrogene Blastem** setzt sich wie ein Mützchen auf die Ureterknospe und umgibt diese zu einem großen Teil. Aus ihm entwickeln sich

- das **Nierenparenchym** (= das typische Gewebe der Niere),
- die **Glomeruli**,
- der **proximale Tubulus**,
- die **Henle-Schleife** und
- der **distale Tubulus**.

2.8.2 Entwicklung der Harnblase und des Urachus

Beide Ureteren münden in die Harnblase, die aus dem **Entoderm** entsteht. Beim Embryo ist das aber noch anders: Hier entwickelt sich zunächst der **Urachus**, der **Urharngang**. Dieses Lumen verbindet die Harnblase mit dem Nabel, was dazu führt, dass der Urin beim Embryo über den **Nabel** in das Fruchtwasser abgegeben wird. Normalerweise obliteriert der Urachus und wird während der weiteren Entwicklung durch die Urethra (= Harnröhre) ersetzt.

Übrigens...

- Der Urachus ist ein Rest des **Allantoisgangs** (s. S. 20).
- Dem Phänomen des nässenden Nabels beim Neugeborenen kann eine Fistelbildung zugrunde liegen. Ursache hierfür ist die mangelhafte Rückbildung des Urachus.
- Mündet die Urethra beim Mann fälschlicher Weise auf der Ober- bzw. der Unterseite des Penis, so nennt man dies Epi- bzw. Hypospadie. Dies stellt eine Hemmungsmissbildung des Urogenitalsystems dar.

DAS BRINGT PUNKTE

Fragen zur Nierenentwicklung sollten in der Prüfung eigentlich kein Problem darstellen, wenn man dieses Thema verstanden hat. Neben Abbildung 16 sollte man sich die folgenden Aussagen einprägen, da sie sehr gerne gefragt werden:

- Die Ureterknospe ist von metanephrogenem Blastem umgeben.
- Das Nierenbecken entsteht aus der Ureterknospe.
- Das Konvulut des distalen Tubulus des Nephrons entsteht aus dem metanephrogenen Blastem.
- Die proximalen Tubuli entstehen ebenfalls aus dem metanephrogenen Blastem.
- Die Sammelrohre entstehen aus der **Ureterknospe** und damit NICHT aus dem metanephrogenen Blastem.

Zum Thema Entwicklung der Harnblase und des Urachus wurde schon des Öfteren gefragt, dass

- der Urachus den Rest des Allantoisgangs darstellt und
- beim Neugeborenen der Austritt von Urin im Bereich des Nabels auf eine persistierende Urachusfistel hinweist.

BASICS MÜNDLICHE

Was ist das metanephrogene Blastem?
Das metanephrogene Blastem ist der Teil der Nachniere, aus dem das Nierenparenchym mit proximalem und distalem Tubulus, Henle-Schleife sowie Glomerulum entstehen.

Was ist der Wolff-Gang?
Der Wolff-Gang entwickelt sich aus dem Vornierengang. Aus ihm entstehen beim Mann die inneren Genitalorgane, bei der Frau bleibt als Rudiment nur der Appendix tubarius (= Morgagni-Hydatide) bestehen.

Was ist die Ureterknospe?
Der Teil der Nachniere, der kranial auf dem Ureterstiel sitzt, wird als Ureterknospe bezeichnet. Aus ihr entwickeln sich das Nierenbecken mit dem Kelchsystem sowie die Sammelrohre. Sie ist vom metanephrogenen Blastem (ebenfalls aus der Nachniere) umgeben.

BEVOR JETZT GLEICH DER GERN GEFRAGTE VERDAUUNGSABSCHNITT KOMMT, EMPFIEHLT SICH EINE LETZTE PAUSE...

2.9 Entwicklung des Verdauungstrakts

Beherrscht man die Entwicklung des Verdauungstrakts, so kann man sich die anatomische Lage und die Peritonealverhältnisse ganz gut herleiten. Die Herleitung funktioniert natürlich auch umgekehrt...

2.9.1 Allgemeine Entwicklung der einzelnen Darmabschnitte

Der gesamte Magen-Darm-Trakt entsteht aus dem **primitiven Darmkanal**. Der primitive Darmkanal verbindet als schlauchförmige Struktur den Mund mit dem Rektum. Bedingt durch anatomische Besonderheiten und die Lage kann man den primitiven Darmkanal weiter unterteilen (s. Abb. 17):

- Als **Vorderdarm** bezeichnet man den Abschnitt, aus dem vom Pharynx bis zum Beginn des Duodenums die einzelnen Abschnitte des Verdauungstrakts entstehen,
- als **Mitteldarm** den Bereich, aus dem sich das untere Duodenum, das Jejunum, das Ileum, das Colon ascendens und das Colon transversum entwickeln und
- als **Enddarm** den Teil, aus dem das Colon descendens, das Sigmoid und das Rektum entstehen.

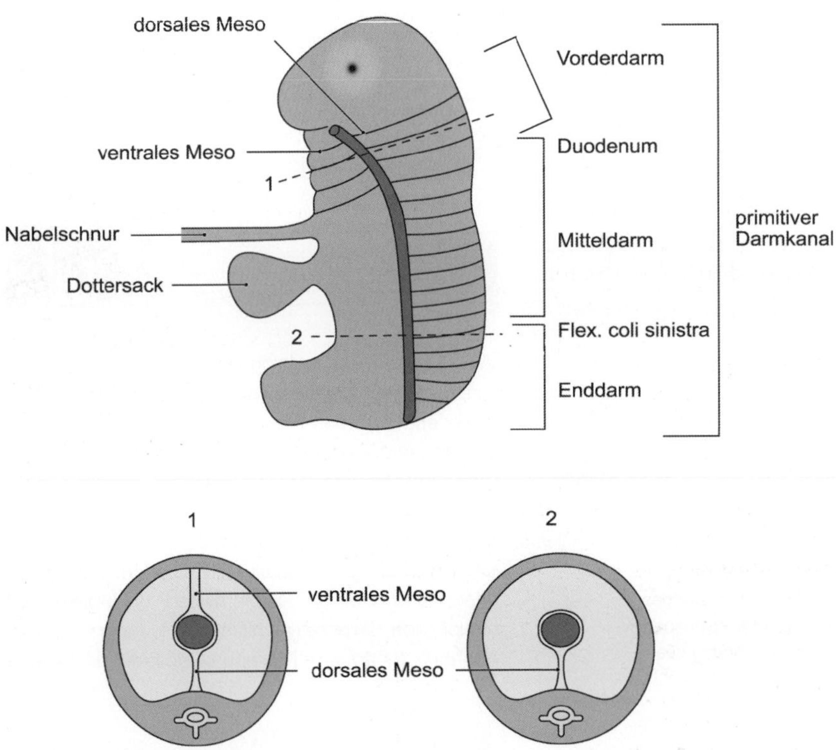

Abb. 17: Entwicklung des Verdauungstrakts im Überblick

Die Einteilung in die drei Darmabschnitte ist nicht willkürlich gewählt, sondern durch anatomische Besonderheiten markiert. Im Bereich des **Duodenums** und damit am Übergang vom Vorderdarm zum Mitteldarm ist eine große **Anastomose** lokalisiert. Hier ändert sich die Gefäßversorgung vom Truncus coeliacus zur Arteria mesenterica superior. Zwischen den Ästen dieser beiden Gefäße haben sich große Anastomosen ausgebildet. Auch der Übergang vom Mittel- zum Enddarm im Bereich der **linken Colonflexur** ist durch eine **Gefäßanastomose** markiert. Hier ändert sich die Gefäßversorgung von der Arteria mesenterica superior zur Arteria mesenterica inferior. Die Anastomose in diesem Bereich wird auch als Riolan-Anastomose bezeichnet. Außerdem liegt in diesem Bereich noch der Cannon-Böhm-Punkt. Er bezeichnet die Änderung der parasympathischen Innervation: Bis zur linken Colonflexur wird der Verdauungstrakt vom Nervus vagus innerviert, ab dem Cannon-Böhm-Punkt von sakralen parasympathischen Fasern.

Übrigens...

An der **Coelomhöhle** (= Leibeshöhle) ist der primitive Darmkanal durch bindegewebige Strukturen fixiert, die man als **Meso** bezeichnet. Unterschieden werden ein ventrales und ein dorsales Meso: Während das **ventrale Meso** nur den Vorderdarm und einen kleinen Teil des Mitteldarms befestigt (das ventrale Meso endet auf Höhe des **Bauchnabels**), reicht das **dorsale Meso** über die **gesamte** Strecke des primitiven Darmkanals (s. Abb. 17). Je nach Organ wird die Bezeichnung „Meso" dann noch ergänzt, z.B. Mesogastrium, Mesocolon etc.

2.9.2 Entwicklung der Oberbauchorgane

Im Bereich des Oberbauchs zieht der Vorderdarm von kranial nach kaudal und ist über das ventrale und das dorsale Meso nach vorne und hinten fixiert. Sowohl im Bereich des ventralen Mesos als auch im Bereich des dorsalen Mesos wandern Zellen ein, die Zellhaufen bilden und sich so zu Organen weiterentwickeln (s. Abb. 18):

- Im **Mesogastrium ventrale** entwickelt sich die **Leber** (ab dem 24. Tag beginnen Leberparenchymzellen (= Entoderm) in das Septum transversum zu wachsen und sich weiter zu differenzieren. Die bindegewebigen Strukturen der Leber, deren blutbildende Zellen und die von-Kupffer-Sternzellen stammen somit vom Septum transversum ab),
- im **Mesogastrium dorsale** entstehen **Pankreas** und **Milz.**

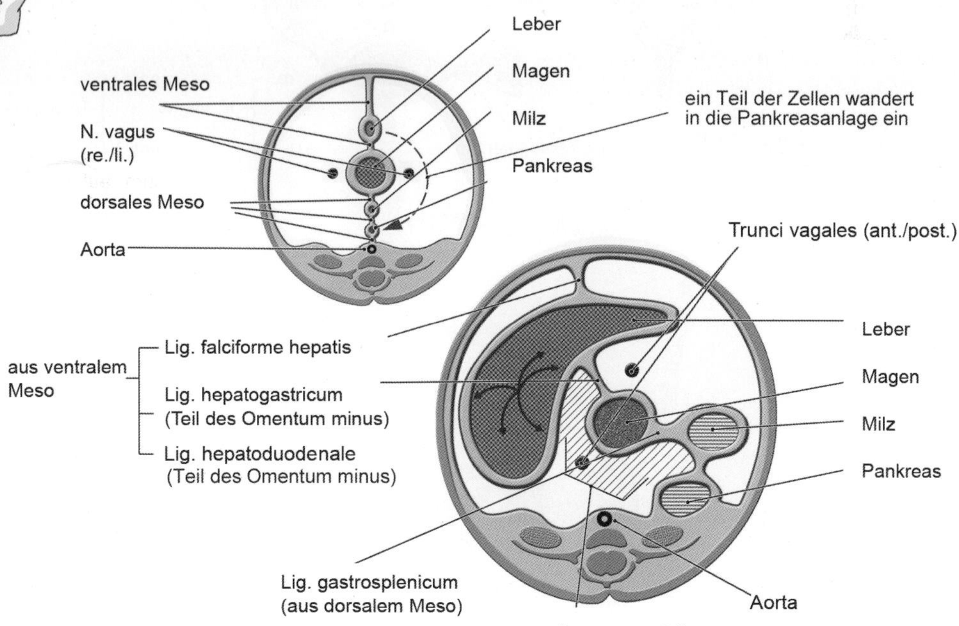

Abb. 18: Entwicklung der Oberbauchorgane

Übrigens...

Auch einige Zellen aus dem **ventralen** Meso wandern in den sich entwickelnden Pankreas ein. Dabei kann man jedoch NICHT den aus dem ventralen und den aus dem dorsalen Meso stammenden Zellen endokrine oder exokrine Funktionen zuordnen. Es ist vielmehr so, dass aus beiden Zellanteilen auch beide Anteile des Pankreas entstehen.

Zu Beginn der Entwicklung sind die Oberbauchorgane also wie die Perlen einer Perlenkette am Mesogastrium nacheinander aufgereiht (s. Abb. 18, S. 43).

Dann kommt es jedoch zu einem ausgeprägten Wachstum der Leber, insbesondere der **rechten Leberseite**. Außerdem dreht sich der Magen, was zu einer Verlagerung der Oberbauchorgane führt. In der Folge nimmt die Leber den gesamten rechten Oberbauch ein. Der primitive Darmkanal, aus dem auf dieser Höhe der Magen entsteht, liegt weiterhin zentral in der Mitte, die Milz wird nach links lateral gedrängt und das Pankreas nach dorsal. Trotzdem bleiben weiterhin alle Organe durch Reste des Mesos miteinander verbunden. Diese Reste des Mesos kann man auch am erwachsenen Menschen noch sehen:

- Aus dem Mesogastrium ventrale entsteht zum einen - von der Leber zur vorderen Bauchwand ziehend - das **Ligamentum falciforme hepatis**. Aus dem Teil zwischen Leber und Magen entsteht das **Ligamentum hepatogastricum**. Etwas kaudal davon liegt das **Ligamentum hepatoduodenale**. Das Ligamentum hepatogastricum und das Ligamentum hepatoduodenale bilden gemeinsam das **Omentum minus**.
- Aus dem dorsalen Mesogastrium entwickelt sich das **Ligamentum gastrosplenicum**. Ein Ligamentum splenopancreaticum ist ebenfalls ausgebildet, jedoch anatomisch irrelevant.

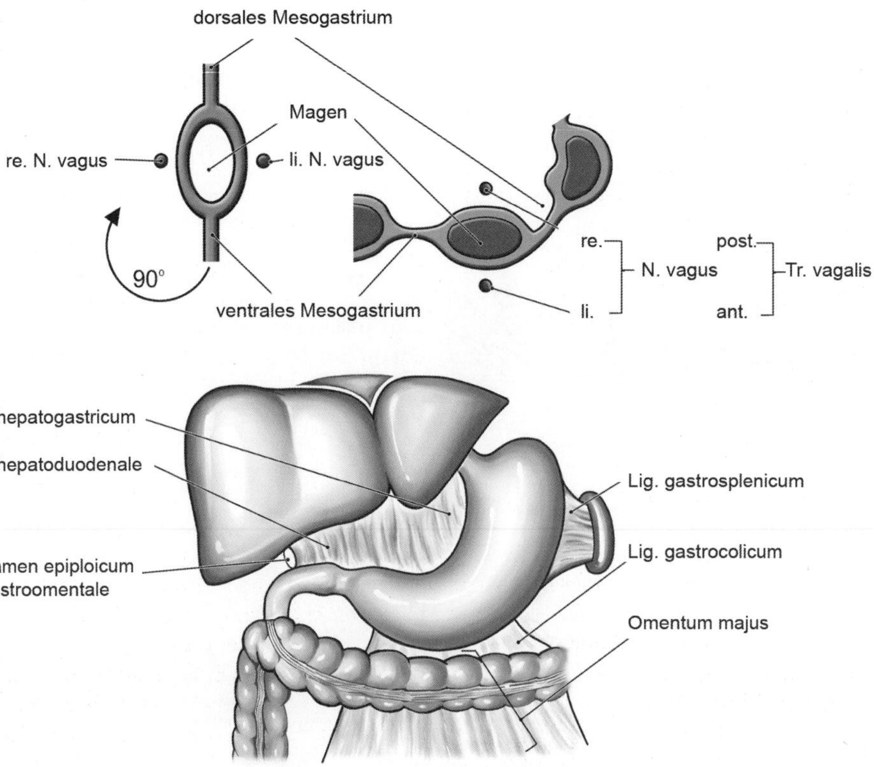

Abb. 19: Entwicklung des Magens mit Magendrehung

Übrigens...

Die Leber rechts, die Milz links, die Hinterwand des Magens vorne und die Vorderseite des Pankreas hinten sowie die diese Organe verbindenden Bänder begrenzen einen Hohlraum. Dieser Hohlraum wird **Bursa omentalis** genannt. Der Eingang in die Bursa omentalis liegt kaudal des Ligamentum hepatoduodenale und wird **Foramen epiploicum** oder **Foramen gastroomentale** genannt.

2.9.3 Entwicklung des Magens

Der Magen ist entwicklungsgeschichtlich eine Ausstülpung des **Vorderdarms**. Hierbei ist zu beachten, dass die ventrale Wand des Vorderdarms etwas langsamer wächst als die dorsale, was zu einem asymmetrischen Wachstum führt.

Im Laufe der Entwicklung dreht sich außerdem der Magen um **90 Grad im Uhrzeigersinn,** was zur Folge hat, dass die **linke** Seite **ventral** liegt und die **rechte dorsal**. Dasselbe gilt auch für den rechten und den linken **Nervus vagus**: Der linke Vagus zieht ventral über den Magen, der rechte dorsal (s. Abb. 19, S. 44). Daher versorgt der rechte Nervus vagus auch das Pankreas, der linke jedoch nicht...

Nachdem sich der Magen um 90 Grad im Uhrzeigersinn gedreht hat, kippt sich der Mageneingang noch etwas nach **links** (der Ösophagus, der in den Magen führt, tritt daher auch eher links durch das Zwerchfell). Die Vorderwand des Magens kommt also durch die Drehung und Kippung rechts oben zum Liegen. Dies ist die Wand, die etwas langsamer wuchs, wodurch die kleine Kurvatur entsteht. Dementsprechend bildet sich aus der Rückwand die große Kurvatur.

Das **ventrale Mesogastrium** zieht nun nach rechts oben zur Leber und bildet das **Omentum minus**. Das **dorsale Mesogastrium** kleidet die **Bursa omentalis** aus. Bei der Magendrehung kommt es jedoch auch zum teilweisen Abreißen des dorsalen Mesogastriums, was dazu führt, dass kleine Teile des Mesogastriums von der großen Kurvatur des Magens am Colon entlang wie eine Schürze über die Bauchorgane hängen. Sekundär erfolgt auch eine Verwachsung mit dem Colon transversum (= Lig. gastrocolicum). Die Fasern des dorsalen Mesogastriums, die schürzenförmig über die Bauchorgane hängen, bezeichnet man als **Omentum majus**.

2.9.4 Entwicklung des Mitteldarms/ physiologischer Nabelbruch

Die Bezeichnung **Mitteldarm** meint die Darmabschnitte vom unteren Duodenum bis in die Nähe zur linken Colonflexur und damit sowohl **Dünn-** als auch **Dickdarmabschnitte**. Der Mitteldarm ist durch den Bauchnabel mit dem **Dottersack** verbunden. Diese Verbindung wird auch als **Ductus omphaloentericus** bezeichnet. Während der **6. Entwicklungswoche** kommt es zu einem massiven Wachstumsschub des Mitteldarms. Intraembryonal ist zu diesem Zeitpunkt jedoch für eine solch schnelle Entwicklung kein Platz. Daher wird - durch die Kontraktion des **Ductus omphaloentericus** - der **Mitteldarm** in den **Dottersack** gezogen (s. Abb. 20, S. 46). Auch die Dünn- und Dickdarmabschnitte wachsen unterschiedlich schnell. Dies verursacht eine **Darmdrehung**: Der Darm dreht sich um **270 Grad entgegen** dem **Uhrzeigersinn**, was dazu führt, dass die Anlage des **Caecum zeitweise unterhalb** der Leber liegt. Die **Drehung** des Darms erfolgt dabei um die **Achse** der **Arteria mesenterica superior**, **die ja den Mitteldarm auch versorgt.** Der **Scheitelpunkt** der Nabelschleife wird durch den **Ductus omphaloentericus** markiert.

Übrigens...

Dass sich der Darm um 270 Grad entgegen dem Uhrzeigersinn in der Embryonalentwicklung gedreht hat, lässt sich an der Lage bzw. dem Verlauf des Colon beim Erwachsenen noch nachvollziehen: im Bereich der rechten Colonflexur, der linken Colonflexur und am Übergang vom Colon descendens zum Sigmoid ändert der Darm seine Richtung um jeweils ca. 90 Grad (3 x 90 Grad = 270 Grad).

Etwa ab der **10. - 12. Entwicklungswoche** kommt es dann zu einer **Rückverlagerung** des Mitteldarms in den Bauchraum, und der Ductus omphaloentericus bildet sich - ebenso wie der Dottersack - zurück.

Bei **mangelhafter Rückbildung** können folgende Fehlbildungen entstehen:

- Das **Meckel-Divertikel** kennzeichnet den **Scheitelpunkt** der ehemaligen Nabelschleife. Es entsteht am Abgang des **Ductus omphaloentericus** (= Vittelinus) am Scheitel der embryonalen Nabelschleife des Darms. Damit ist es eine Residualstruktur der entwicklungsge-

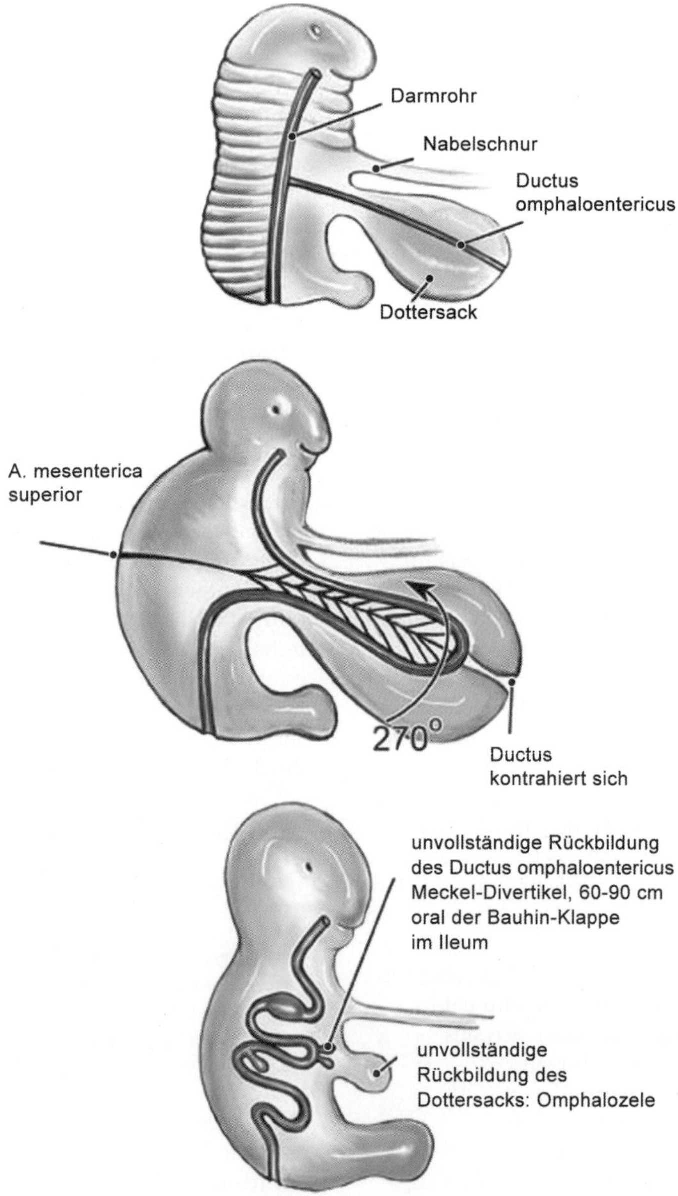

Abb. 20: Entwicklung des Mitteldarms mit physiologischem Nabelbruch und Darmdrehung

schichtlichen Darm-Dottersack-Verbindung. Da das Meckel-Divertikel durch eine Störung der Rückentwicklung entsteht, ist es **inkonstant**, was bedeutet, dass es nicht bei jedem Menschen vorkommt. Liegt jedoch ein Meckel-Divertikel vor, so ist es ca. **60** bis **90 cm proximal** (= oralwärts) der **Ileocoecalklappe** (= Bauhin-Klappe) lokalisiert und liegt folglich im Bereich des **Ileums**.

- Als **Omphalozele** bezeichnet man die Persistenz des physiologischen Nabelbruchs (s. IMPP-Bild 1 im Anhang S. 50) und damit die Persistenz des Dottersacks. Der Dottersack ist entwicklungsgeschichtlich eine Aussackung der Nabelschnur und kann daher - ebenso wie die Nabelschnur - von Amnion bedeckt sein. Der Bruchsack kann sowohl Anteile des Dünndarms als auch des Mesenteriums enthalten. Da jedoch der Ursprung des Dottersacks/der Nabelschnur im Bereich der späteren Rektusscheide liegt, kommt in der Wand der Omphalozele NIE Muskulatur vor. Die Muskulatur zieht in diesem Bereich bogenförmig um den Bauchnabel herum.

2.10 Entwicklung der Genitalorgane

Aus dem **Vornierengang** entsteht während der Entwicklung der **Urniere** beim Mann der Urnieren- oder **Wolff-Gang**. Diese Zellen bilden die späteren inneren Genitalorgane des Mannes. Bei der Frau degenerieren diese Zellen, der Wolff-Gang bildet sich zurück und übrig bleibt lediglich ein stecknadelkopfgroßes Anhängsel an der Tube, die **Morgagni-Hydatide** (= Appendix tubarius, s.a. S. 40). Die Leydig-Zellen des menschlichen Hodens sind bereits bei der Geburt differenziert. Die inneren weiblichen Genitalorgane entwickeln sich aus dem Müller-Gang. Das entsprechende Rudiment beim Mann wird ebenfalls **Morgagni-Hydatide** (= Appendix testis) genannt. Der Müller-Gang bildet sich jedoch NICHT aus der Urniere. Der Uterus entsteht durch die **Verschmelzung** der beiden Müller-Schläuche. Bei einer Verschmelzungsstörung entsteht ein Uterus bicornis.

Übrigens...

- Es sind immer ein Müller- und ein Wolff -Gang angelegt. Je nach Geschlecht entwickelt sich aber nur ein Gang weiter. Hierbei ist es für die Prüfung besonders wichtig zu wissen, dass die Sertoli-Zellen ABP und das Anti-Müller-Hormon (führt zur Rückbildung der Müller-Gänge) produzieren. (Die Leydig-Zellen bilden Testosteron...).
- Das Drüsenepithel der Prostata entwickelt sich aus dem Sinus urogenitalis, das Ligamentum teres uteri aus dem unteren Keimdrüsenband und die Glans clitoris aus einem Genitalhöcker.

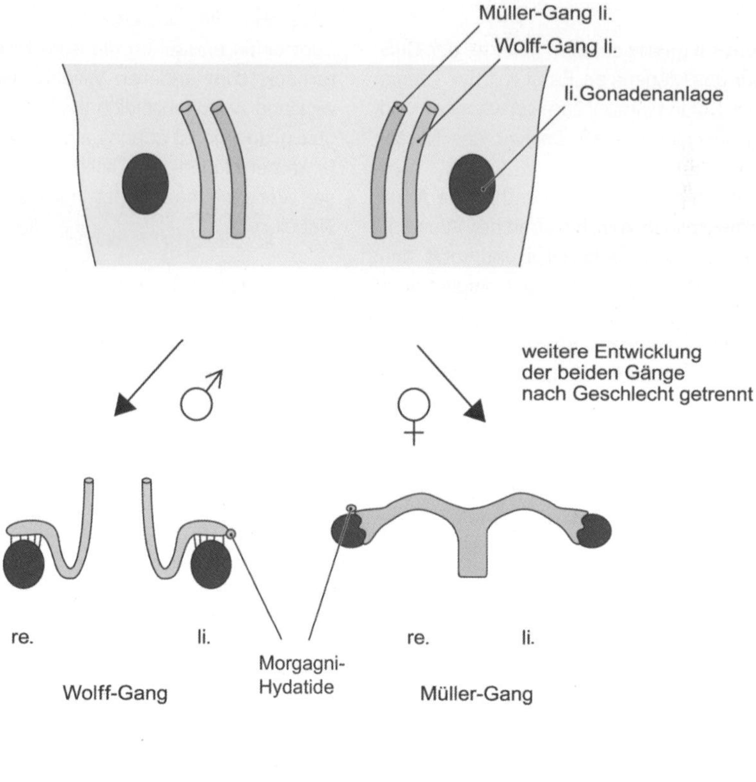

Abb. 21: Entwicklung der Genitalorgane

DAS BRINGT PUNKTE

Die Zusammenfassung der Bandverhältnisse im Oberbauch verspricht zahlreiche Examenspunkte:

- Aus dem **Mesogastrium dorsale** entstehen
  - das **Ligamentum gastrosplenicum**,
  - das Peritoneum der Hinterwand der **Bursa omentalis,**
  - Anteile des adulten **Mesocolon transversum** und
  - das **Omentum majus.**

- An die Bursa omentalis grenzen
  - das Pankreas,
  - der Magen,
  - die Leber,
  - die Milz,
  - das Omentum minus und
  - das Ligamentum gastrocolicum.

- Das **Ligamentum gastrocolicum** setzt an der **Curvatura major** des Magens an. Es ist mit der Taenia omentalis des Colon transversum verwachsen und entwicklungsgeschichtlich ein **Derivat** des **Mesogastrium dorsale**.
- Das **Ligamentum gastrocolicum** enthält die **Arteria gastroomentalis dextra**. Es ist an der Wandbildung der Bursa omentalis beteiligt und setzt sich nach links in das **Ligamentum gastrosplenicum** fort. Außerdem ermöglicht es den Zutritt von Arterien zur großen Kurvatur des Magens.
- Das **Ligamentum falciforme hepatis** geht aus dem **ventralen** Mesogastrium hervor und ist somit eine **Bauchfellduplikatur**. Es befestigt sich an der Facies diaphragmatica hepatis, führt in seinem unteren Rand das **Ligamentum teres hepatis** und geht am Zwerchfell in das Peritoneum parietale über.
- Das Ligamentum hepatogastricum entsteht aus dem **Mesogastrium ventrale**.

Zum Thema Mitteldarm wurden bislang folgende Fakten des Öfteren gefragt:
- Die Omphalozele (= Persistenz des physiologischen Nabelbruchs) ist von Amnion bedeckt und enthält Anteile des Mesenteriums sowie Dünndarmabschnitte.
- Der Bruchsack ist eine Auftreibung der Nabelschnur.
- Die Wand des Bruchsacks enthält **KEINE** Bauchwandmuskulatur.

Die Entwicklung der Genitalorgane wurde schon ewig nicht mehr gefragt. Bei den (uralten) Fragen reichte es, zu wissen, dass sich aus dem Wolff-Gang innere männliche und aus dem Müller-Gang innere weibliche Genitalorgane bilden.

BASICS MÜNDLICHE

Auch hier gilt es, einen guten Überblick über die Entwicklung der Bauchorgane zu haben und diesen auch in der Prüfung deutlich machen zu können. Tipp: Eine selbstgezeichnete Abbildung hilft euch, die eigenen Ausführungen zu verdeutlichen und die Prüfungszeit zu euren Gunsten zu nutzen.

Wozu dient der Dottersack?
Zum einen entstehen die Keimzellen aus dem Dottersack, zum anderen wird er während der Entwicklung zwischenzeitlich als Reservoir für den sich überproportional schnell entwickelnden Mitteldarm (= spätere Dünn- und Dickdarmanteile) genutzt. Diesen Vorgang bezeichnet man als physiologischen Nabelbruch.

Wie rotiert der Darm?
Der primitive Darmkanal macht im Bereich des Magens eine Drehung um 90 ° im Uhrzeigersinn (= linker Vagus vorne, rechter hinten...), im Bereich des Mitteldarms vollzieht er eine Drehung um 270° gegen den Uhrzeigersinn, was man am Verlauf des Colonrahmens (= Colon ascendens, 90° Flexur zum Colon transversum, 90° Flexur zum Colon descendens, 90°- Flexur zum Sigmoid) auch beim Erwachsenen noch nachvollziehen kann.

Was wird aus dem Mesogastrium ventrale?
Das Ligamentum falciforme hepatis und das Ligamentum hepatogastricum. Im Mesogastrium ventrale liegt die Leber.

Was ist ein Meckel-Divertikel?
Der Rest des Ductus omphaloentericus. Es liegt am

Scheitelpunkt der ehemaligen Nabelschleife, etwa 60 - 90cm proximal (= oral) der Ileocaecalklappe im Ileum.

Woran sieht man am „fertigen Menschen", dass sich der Mitteldarm während der Embryonalentwicklung um 270° gedreht hat?
Am Dickdarm: Der Übergang zwischen Colon ascendens und transversum beträgt 90°, zwischen Colon transversum und -descendens 90° und zwischen Colon descendens und Sigma wiederum 90°. Das macht insgesamt 3 x 90° = 270°.

Woran sieht man die Übergänge zwischen den einzelnen Abschnitten des primitiven Darmkanals?
Vorderdarm-Mitteldarm:
- Anastomose zwischen A. pancreaticoduodenalis sup. (aus der A. gastroduodenalis) und A. pancreaticoduodenalis inf. (aus der A. mesenterica sup.).

Mitteldarm-Enddarm:
- Riolan-Anastomose (zwischen Ästen der A. mesenterica sup. und –inf.).

Was wird als „physiologischer Nabelbruch" bezeichnet?
Die Verlagerung eines großen Teils des Mitteldarms in den Dottersack und somit die Entwicklung/das Wachstum des Mitteldarms außerhalb der Bauchhöhle (zwischen der 6. und 12. Woche).

Worin unterscheidet sich das Mesogastrium dorsale vom Mesogastrium ventrale?
Das dorsale Mesogastrium zieht von kranial bis nach kaudal den gesamten primitiven Darmkanal entlang, das ventrale endet schon auf Höhe des Bauchnabels.

Warum innerviert nur der rechte Vagus das Pankreas?
Durch die Magendrehung um 90° im Uhrzeigersinn kommt der rechte Vagus dorsal, der linke ventral zum Liegen. Somit weist nur der rechte eine enge topographische Beziehung mit dem Pankreas auf.

Worin unterscheidet sich die Morgagni-Hydatide bei Mann und Frau?
Beim Mann bezeichnet sie die Reste des Müller-Gangs und wird auch Appendix testis genannt, bei der Frau die Reste des Wolff-Gangs und wird auch Appendix tubarius genannt.

Herzlichen Glückwunsch! Ihr seid am Ende der Embryologie angekommen - einem Thema, das die wenigsten Mediziner mögen. Ich hoffe, ihr hattet dennoch ein wenig Freude beim Lernen und konntet euer Wissen erweitern.

JETZT HABT IHR EUCH ECHT NE PAUSE VERDIENT!!!

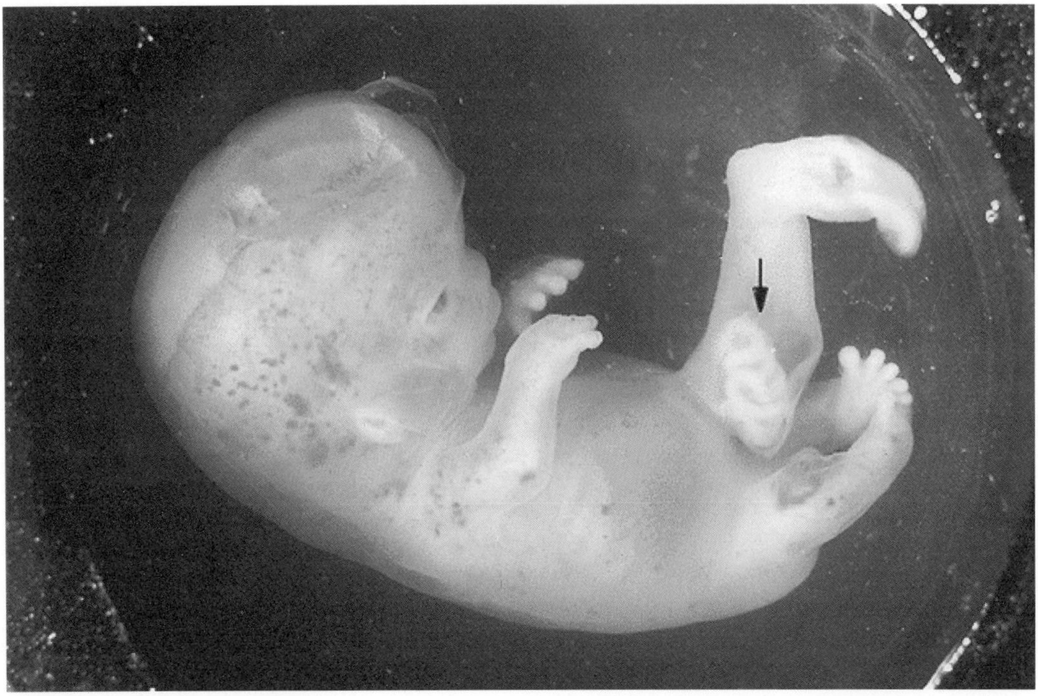

IMPP-Bild 1: Embryo in der 8. Woche
www.medi-learn.de/skrbild007
© IMPP

Zu sehen ist der physiologische Nabelbruch mit dem Nabelcoelom. Im Dottersack befindet sich der Mitteldarm. Reposition des Darms und Rückbildung des Dottersacks finden ab der 12. Woche statt.

Zu sehen sind die 5 sekundären Hirnbläschen, die Einkerbung zwischen C und D heißt Brückenbeuge. A markiert das Telencephalon, B das Mesencephalon (das Diencephalon liegt in dieser Phase ventrokaudal des Telencephalons), C die Kleinhirnanlage (= Metencephalon), D die Medulla oblongata (= Teil des Myelencephalons) und E das Rückenmark.

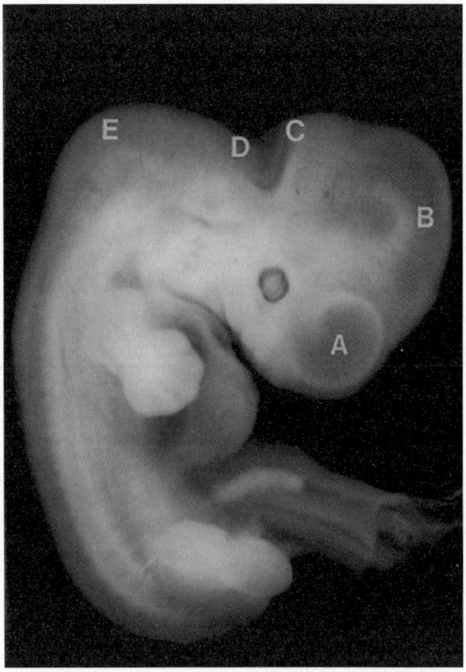

IMPP-Bild 2: Embryo in der 6. Entwicklungswoche
www.medi-learn.de/skrbild008
© IMPP

Index

H

I

K

L

M

N

O

Eure Meinung ist gefragt

Unser Ziel ist es, euch ein perfektes Skript zur Verfügung zu stellen. Wir haben uns sehr bemüht, alle Inhalte korrekt zu recherchieren und alle Fehler vor Drucklegung zu finden und zu beseitigen. Aber auch wir sind nur Menschen: Möglicherweise sind uns einige Dinge entgangen. Um euch mit zukünftigen Auflagen ein optimales Skript bieten zu können, bitten wir euch um eure Mithilfe.

Sagt uns, was euch aufgefallen ist, ob wir Stolpersteine übersehen haben oder ggf. Formulierungen präzisieren sollten. Darüber hinaus freuen wir uns natürlich auch über positive Rückmeldungen aus der Leserschaft.

Eure Mithilfe ist für uns sehr wertvoll und wir möchten euer Engagement belohnen: Unter allen Rückmeldungen verlosen wir einmal im Semester Fachbücher im Wert von 250,- EUR. Die Gewinner werden auf der Webseite von MEDI-LEARN unter www.medi-learn.de bekannt gegeben.

Schickt eure Rückmeldungen einfach per Post an MEDI-LEARN, Dorfstraße 57, 24107 Ottendorf oder tragt sie im Internet in ein spezielles Formular ein, das ihr unter der folgenden Internetadresse findet: www.medi-learn.de/rueckmeldungen

Vielen Dank
Euer MEDI-LEARN Team

Anatomie Band 2

ZNS, Teil 1

4., komplett überarbeitete Auflage

Autor: Andreas Martin

Herausgeber:
MEDI-LEARN Verlag GbR
Elisabethstraße 9, 35037 Marburg/Lahn

Herstellung:
MEDI-LEARN Kiel
Dorfstraße 57, 24107 Ottendorf
Tel: 04 31/780 25-0, Fax: 04 31/780 25-262
E-Mail: redaktion@medi-learn.de, www.medi-learn.de

Verlagsredaktion: Dr. Waltraud Haberberger, Jens Plasger, Christian Weier, Tobias Happ
Fachlicher Beirat: PD Dr. Rainer Viktor Haberberger
Lektorat: Eva Drude
Grafiker: Irina Kart, Dr. Günter Körtner, Alexander Dospil, Christine Marx
Layout und Satz: Kjell Wierig
Illustration: Daniel Lüdeling, Rippenspreizer.com
Druck: Druckerei Wenzel, Marburg

4. Auflage 2011

Teil 2 des Anatomiepaketes, nur im Paket erhältlich
ISBN-13: 978-3-938802-71-7

Wichtiger Hinweis für alle Leser

Die Medizin ist als Naturwissenschaft ständigen Veränderungen und Neuerungen unterworfen. Sowohl die Forschung als auch klinische Erfahrungen führen dazu, dass der Wissensstand ständig erweitert wird. Dies gilt insbesondere für medikamentöse Therapie und andere Behandlungen. Alle Dosierungen oder Angaben in diesem Buch unterliegen diesen Veränderungen.
Obwohl das MEDI-LEARN-Team größte Sorgfalt in Bezug auf die Angabe von Dosierungen oder Applikationen hat walten lassen, kann es hierfür keine Gewähr übernehmen. Jeder Leser ist angehalten, durch genaue Lektüre der Beipackzettel oder Rücksprache mit einem Spezialisten zu überprüfen, ob die Dosierung oder die Applikationsdauer oder -menge zutrifft. **Jede Dosierung oder Applikation erfolgt auf eigene Gefahr des Benutzers**. Sollten Fehler auffallen, bitten wir dringend darum, uns darüber in Kenntnis zu setzen.

Vorwort

Liebe Leserinnen und Leser,
da ihr euch entschlossen habt, den steinigen Weg zum Medicus zu beschreiten, müsst ihr euch früher oder später sowohl gedanklich als auch praktisch mit den wirklich üblen Begleiterscheinungen dieses ansonsten spannenden Studiums auseinander setzen, z.B. dem Physikum.
Mit einer Durchfallquote von ca. 25% ist das Physikum die unangefochtene Nummer eins in der Hitliste der zahlreichen Selektionsmechanismen.
Grund genug für uns, euch durch die vorliegende Skriptenreihe mit insgesamt 32 Bänden fachlich und lernstrategisch unter die Arme zu greifen. Die 31 Fachbände beschäftigen sich mit den Fächern Physik, Physiologie, Chemie, Biochemie, Biologie, Histologie, Mathe, Anatomie und Psychologie/Soziologie. Ein gesonderter Band der MEDI-LEARN Skriptenreihe widmet sich ausführlich den Themen Lernstrategien, MC-Techniken und Prüfungsrhetorik.
Aus unserer langjährigen Arbeit im Bereich professioneller Prüfungsvorbereitung sind uns die Probleme der Studenten im Vorfeld des Physikums bestens bekannt. Angesichts des enormen Lernstoffs ist klar, dass nicht 100% jedes Prüfungsfachs gelernt werden können. Weit weniger klar ist dagegen, wie eine Minimierung der Faktenflut bei gleichzeitiger Maximierung der Bestehenschancen zu bewerkstelligen ist.
Mit der MEDI-LEARN Skriptenreihe zur Vorbereitung auf das Physikum haben wir dieses Problem für euch gelöst. Unsere Autoren haben durch die Analyse der bisherigen Examina den examensrelevanten Stoff für jedes Prüfungsfach herausgefiltert. Auf diese Weise sind Skripte entstanden, die eine kurze und prägnante Darstellung des Prüfungsstoffs liefern.
Um auch den mündlichen Teil der Physikumsprüfung nicht aus dem Auge zu verlieren, wurden die Bände jeweils um Themen ergänzt, die für die mündliche Prüfung von Bedeutung sind.
Zusammenfassend können wir feststellen, dass die Kenntnis der in den Bänden gesammelten Fachinformationen genügt, um das Examen gut zu bestehen.
Grundsätzlich empfehlen wir, die Examensvorbereitung in drei Phasen zu gliedern. Dies setzt voraus, dass man mit der Vorbereitung schon zu Semesterbeginn (z.B. im April für das August-Examen bzw. im Oktober für das März-Examen) startet. Wenn nur die Semesterferien für die Examensvorbereitung zur Verfügung stehen, sollte direkt wie unten beschrieben mit Phase 2 begonnen werden.

- **Phase 1:** Die erste Phase der Examensvorbereitung ist der **Erarbeitung des Lernstoffs** gewidmet. Wer zu Semesterbeginn anfängt zu lernen, hat bis zur schriftlichen Prüfung je **drei Tage für die Erarbeitung jedes Skriptes** zur Verfügung. Möglicherweise werden einzelne Skripte in weniger Zeit zu bewältigen sein, dafür bleibt dann mehr Zeit für andere Themen oder Fächer. Während der Erarbeitungsphase ist es sinnvoll, einzelne Sachverhalte durch die punktuelle Lektüre eines Lehrbuchs zu ergänzen. Allerdings sollte sich diese punktuelle Lektüre an den in den Skripten dargestellten Themen orientieren!
  Zur **Festigung des Gelernten** empfehlen wir, bereits in dieser ersten Lernphase **themenweise zu kreuzen**. Während der Arbeit mit dem Skript Anatomie sollen z.B. beim Thema „Hirnnerven" auch schon Prüfungsfragen zu diesem Thema bearbeitet werden. Als Fragensammlung empfehlen wir in dieser Phase die „Schwarzen Reihen". Die jüngsten drei Examina sollten dabei jedoch ausgelassen und für den Endspurt (= Phase 3) aufgehoben werden.

- **Phase 2**: Die zweite Phase setzt mit Beginn der Semesterferien ein. Zur **Festigung und Vertiefung des Gelernten** empfehlen wir, **täglich ein Skript zu wiederholen und parallel examensweise das betreffende Fach zu kreuzen**. Während der Bearbeitung der Anatomie (hierfür sind sieben bis acht Tage vorgesehen) empfehlen wir, pro Tag jeweils ALLE Anatomiefragen eines Altexamens zu kreuzen. Bitte hebt euch auch hier die drei aktuellsten Examina für Phase 3 auf.
  Der Lernzuwachs durch dieses Verfahren wird von Tag zu Tag deutlicher erkennbar. Natürlich wird man zu Beginn der Arbeit im Fach Anatomie durch die tägliche Bearbeitung eines kompletten Examens mit Themen konfrontiert, die möglicherweise erst in den kommenden Tagen wiederholt werden. Dennoch ist diese Vorgehensweise sinnvoll, da die Vorab-Beschäftigung mit noch zu wiederholenden Themen deren Verarbeitungstiefe fördert.

- **Phase 3:** In der dritten und letzten Lernphase sollten **die aktuellsten drei Examina tageweise gekreuzt** werden. Praktisch bedeutet dies, dass im tageweisen Wechsel Tag 1 und Tag 2 der aktuellsten Examina bearbeitet werden sollen. Im Bedarfsfall können einzelne Prüfungsinhalte in den Skripten nachgeschlagen werden.

- Als **Vorbereitung auf die mündliche Prüfung** können die in den Skripten enthaltenen „Basics fürs Mündliche" wiederholt werden.

Wir wünschen allen Leserinnen und Lesern eine erfolgreiche Prüfungsvorbereitung und viel Glück für das bevorstehende Examen!

Euer MEDI-LEARN-Team

Online-Service zur Skriptenreihe

Die mehrbändige MEDI-LEARN Skriptenreihe zum Physikum ist eine wertvolle fachliche und lernstrategische Hilfestellung, um die berüchtigte erste Prüfungshürde im Medizinstudium sicher zu nehmen.
Um die Arbeit mit den Skripten noch angenehmer zu gestalten, bietet ein spezieller Online-Bereich auf den MEDI-LEARN Webseiten ab sofort einen erweiterten Service. Welche erweiterten Funktionen ihr dort findet und wie ihr damit zusätzlichen Nutzen aus den Skripten ziehen könnt, möchten wir euch im Folgenden kurz erläutern.

Volltext-Suche über alle Skripte
Sämtliche Bände der Skriptenreihe sind in eine Volltext-Suche integriert und bequem online recherchierbar: Ganz gleich, ob ihr fächerübergreifende Themen noch einmal Revue passieren lassen oder einzelne Themen punktgenau nachschlagen möchtet: Mit der Volltext-Suche bieten wir euch ein Tool mit hohem Funktionsumfang, das Recherche und Rekapitulation wesentlich erleichtert.

Digitales Bildarchiv
Sämtliche Abbildungen der Skriptenreihe stehen euch auch als hochauflösende Grafiken zum kostenlosen Download zur Verfügung. Das Bildmaterial liegt in höchster Qualität zum großformatigen Ausdruck bereit. So könnt ihr die Abbildungen zusätzlich beschriften, farblich markieren oder mit Anmerkungen versehen. Ebenso wie der Volltext sind auch die Abbildungen über die Suchfunktion recherchierbar.

Errata-Liste
Sollte uns trotz eines mehrstufigen Systems zur Sicherung der inhaltlichen Qualität unserer Skripte ein Fehler unterlaufen sein, wird dieser unmittelbar nach seinem Bekanntwerden im Internet veröffentlicht. Auf diese Weise ist sicher gestellt, dass unsere Skripte nur fachlich korrekte Aussagen enthalten, auf die ihr in der Prüfung verlässlich Bezug nehmen könnt.

Den Onlinebereich zur Skriptenreihe findet ihr unter www.medi-learn.de/skripte

Diese und über 600 weitere Cartoons
gibt es in unseren Galerien unter:

www.Rippenspreizer.com

1 Bestandteile und Aufbau des ZNS

Dieses Kapitel soll euch einen groben Überblick über das Nervensystem geben. Besprochen werden die Gliederung des Nervensystems nach verschiedenen Gesichtspunkten, der Aufbau eines Neurons, verschiedene Typen von Neuronen und die Markscheidenbildung.
Weiterführende histologische Details findet ihr im Skript Histologie 2.

1.1 Gliederung des Nervensystems

Das Nervensystem kann unterteilt werden in
- das zentrale Nervensystem (= ZNS) und
- das periphere Nervensystem (= PNS).

Eine weitere Einteilungsmöglichkeit des Nervensystems ist die in
- das somatische Nervensystem und
- das vegetative Nervensystem.

1.1.1 Zentrales Nervensystem

Das zentrale Nervensystem umfasst Gehirn und Rückenmark, die beide von den Meningen (= Hirn-/Rückenmarkshäuten) umschlossen werden und im Liquor cerebrospinalis (= Hirnwasser) schwimmen. Nach außen sind sie durch den Schädel/die Wirbelsäule vor direkter Verletzung geschützt. Dadurch werden Schädigungen wie z. B. durch Stoß oder Schlag wirkungsvoll minimiert. Makroskopisch lassen sich im ZNS graue von weißer Substanz (Unterschied zwischen Gehirn und Rückenmark, s. 1.4, S. 6) sowie Rinde, Mark und Kerngebiete unterscheiden.

1.1.2 Peripheres Nervensystem

Das periphere Nervensystem hat 2 Aufgaben:
- die Sensibilität und
- die Motorik.

Es empfängt Reize aus der Peripherie und leitet diese an das ZNS weiter (= Sensibilität). Gleichzeitig leitet es die Impulse des ZNS in die Peripherie mit nachfolgender Muskelkontraktion (= Motorik). Um diesen großen Aufgaben gerecht zu werden, hat der Körper eine Vielzahl von Nerven, die entweder sensible oder motorische oder beide Qualitäten aufweisen.

1.1.3 Somatisches Nervensystem

Das somatische Nervensystem (= animalisches Nervensystem) dient der willkürlichen Anspannung der Muskeln und der bewussten (= sensiblen) Wahrnehmung aus der Peripherie.

Übrigens...
Das somatische Nervensystem findet sich sowohl im ZNS als auch im PNS.

1.1.4 Vegetatives Nervensystem

Statt vegetativ werden auch die Begriffe autonom und viszeral synonym verwandt. Viscera kommt aus dem Lateinischen und bedeutet Eingeweide. Damit erklärt sich die Funktion des vegetativen Nervensystems fast von allein: Es steuert unbewusst und unwillkürlich die inneren Organe und dient damit der Lebenserhaltung.

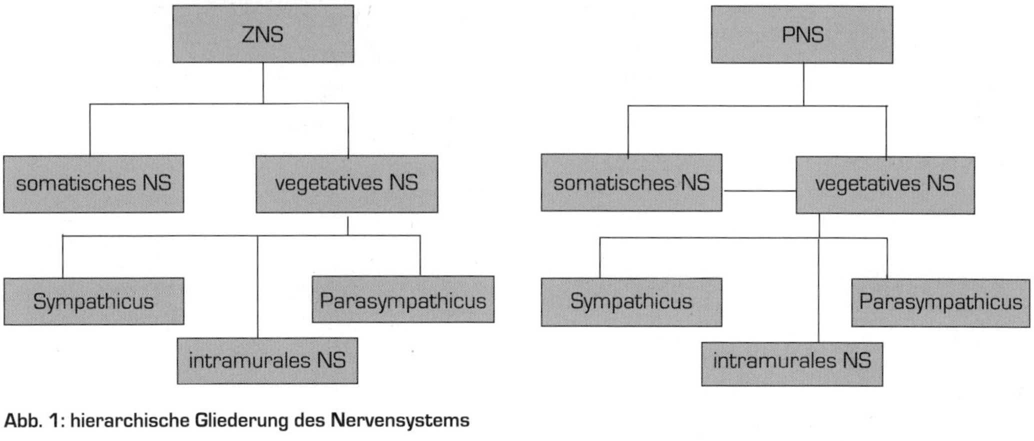

Abb. 1: hierarchische Gliederung des Nervensystems

MERKE:
- Der Sympathicus lässt die Pupillen weit werden, Darmtätigkeit, Harn- und Stuhldrang werden unterdrückt, die Haut beginnt zu schwitzen, Herzfrequenz und Atmung werden schneller, die Muskeldurchblutung steigt.
- Der Parasympathicus verengt die Pupillen, die Darmtätigkeit wird angeregt, Herzfrequenz und Atmung werden langsamer.

Daneben gibt es das Darmnervensystem (= enterisches Nervensystem), das eines der intramuralen Nervensysteme unseres Körpers ist. Seine Neurone liegen in den Wänden des Gastrointestinaltrakts und koordinieren die Muskelaktivität (= Peristaltik) des Darmrohres. Man unterscheidet dabei den
- Plexus myentericus (= Auerbach-Plexus) zwischen der Längs- und Ringmuskelschicht und den
- Plexus submucosus (= Meißner-Plexus) zwischen der Mucosa und der Submucosa.

1.2 Histologie des Nervensystems

Das Nervensystem besteht aus dem Nervengewebe und einem dazwischen gelagerten speziellen Bindegewebe. Das Nervengewebe besteht aus **Neuronen**, das Bindegewebe aus **Gliazellen**.
Um die im nachfolgenden Text verwandten Begriffe wie z. B. Erregungsübertragung, Umschaltung von prä- auf postganglionär usw. zu verstehen, kommt hier zunächst der Aufbau eines Neurons:

1.2.1 Aufbau eines Neurons

Ein Neuron ist die kleinste funktionierende Einheit im Nervensystem. Jedes Neuron besteht aus einem **Soma/Perikaryon** (= Zellkörper, s. Abb. 2) mit Zellkern nebst Nucleolus und einem oder mehreren Fortsätzen. Die Zellfortsätze, die Erregung von anderen Zellen empfangen, werden **Dendriten** genannt. Diejenigen Fortsätze, die der Erregungsweitergabe dienen, werden **Axone** (= Neuriten) genannt. Meist besitzt ein Neuron nur ein Axon, das aber bis zu einem Meter lang sein kann.
Das Perikaryon ist die Stoffwechselzentrale des Neurons. Hier werden alle Substanzen gebildet und in die Fortsätze transportiert. Als Ausdruck der hohen Stoffwechselaktivität ist das raue endoplasmatische Retikulum im Perikaryon besonders stark ausgeprägt. Im Bereich des Axonursprungs (= Axonkegel) dagegen fehlt es. Das rauhe ER und freie Ribosomen liegen in Gruppen zusammen, die aufgrund ihrer Basophilie lichtmikroskopisch nach Färbung gut darstellbar sind und **Nissl-Schollen (= Tigroid)** genannt werden.

Übrigens...
Fertig ausdifferenzierte Neurone besitzen keine Zentriolen mehr, d. h. sie können sich nicht mehr teilen. Nach der Geburt untergegangene Nervenzellen können daher nie mehr ersetzt werden.

Kontaktstellen zwischen Neuronen und anderen Neuronen werden Synapsen genannt (mehr zur Funktion von **Synapsen** s. Skript Physiologie 3). Die im ZNS vorkommenden chemischen Synapsen verwenden verschiedene Neurotransmitter zur Überbrückung des synaptischen Spalts. Diese Neurotransmitter können sowohl erregend als auch hemmend sein. Wie das Neuron letztendlich auf all die an den Dendriten und dem Soma ankommenden Reize reagiert, hängt von der Anzahl der ankommenden erregenden und hemmenden Impulse ab.
Vereinfacht kann gesagt werden:

MERKE:
Antwort Neuron = Summe erregende Impulse – Summe hemmende Impulse

Übrigens...
Die Erregung kann aufgrund des Aufbaus der Synapsen im Axon und den Dendriten nur in eine Richtung weitergeleitet werden.

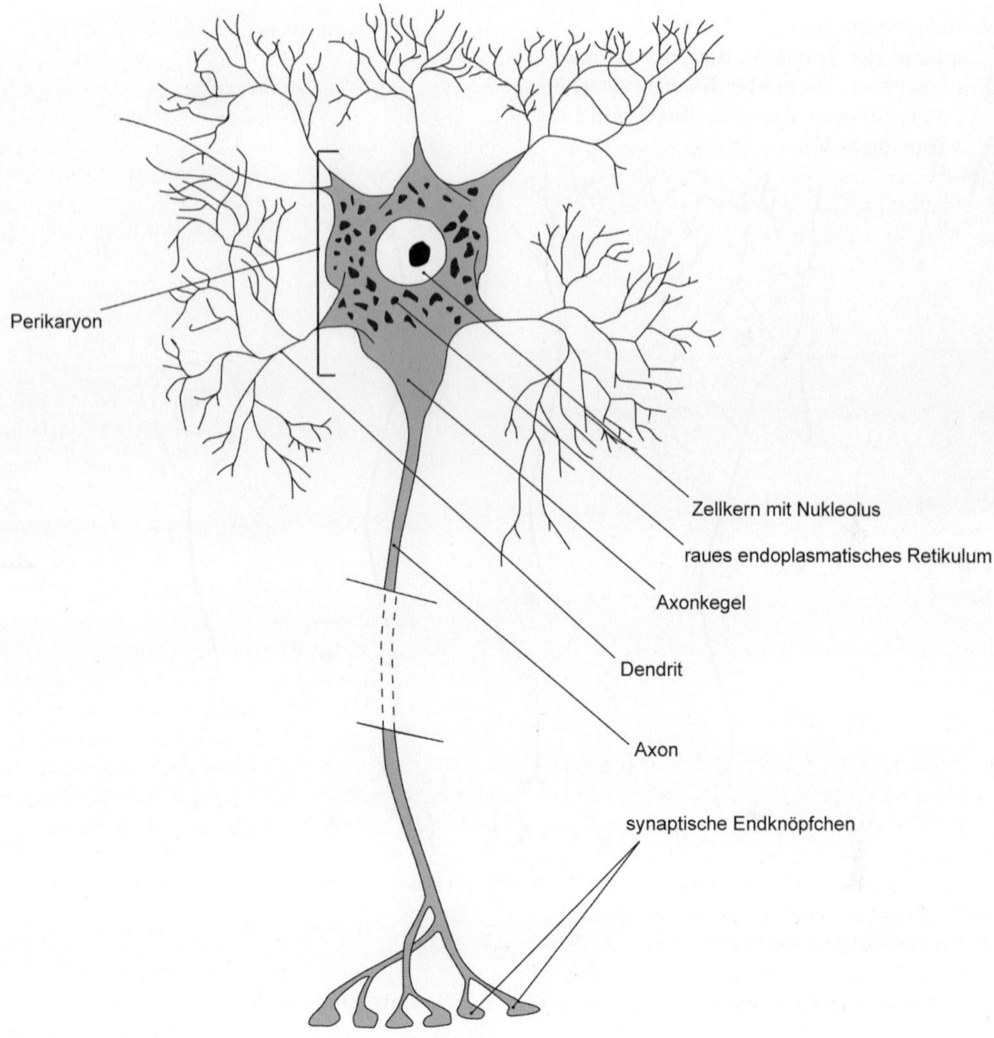

Abb. 2: Aufbau eines Neurons

1.2.2 Neuronentypen

Anhand der Fortsätze, die vom Perikaryon abgehen, unterscheidet man verschiedene Neuronentypen (s. IMPP-Bild 1 im Anhang S. 46).

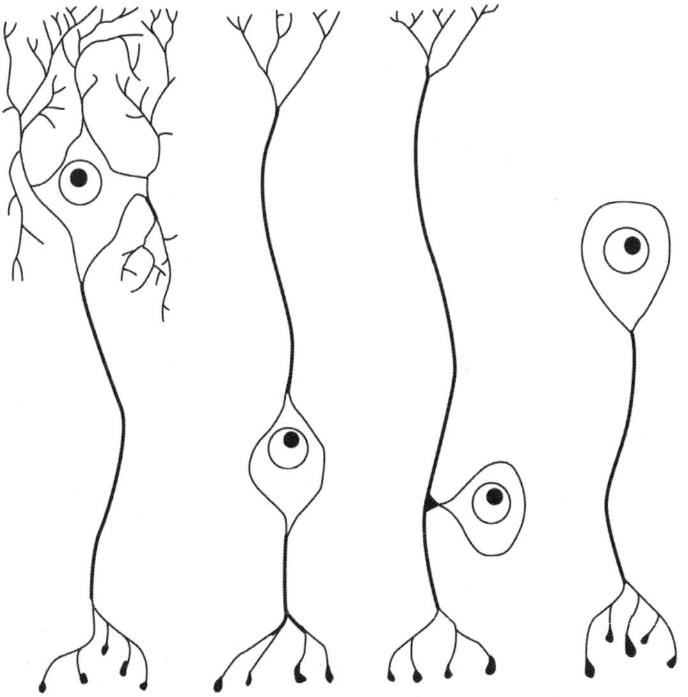

Abb. 3: Neuronentypen

- Multipolare Neurone kommen am häufigsten vor. Vom Perikaryon nehmen bei diesem Typus mehr als zwei Fortsätze ihren Ursprung.
- Bipolare Neurone besitzen einen reizwahrnehmenden Fortsatz und ein Axon.
- Bei unipolaren Neuronen fehlen die reizwahrnehmenden Fortsätze. Sie besitzen nur ein Axon. Die Reizwahrnehmung erfolgt über Synapsen am Perikaryon oder Axon.
- Pseudounipolare Neurone finden sich nur in sensiblen Ganglien. Vom Perikaryon entspringt nur ein Fortsatz, der sich dann in einen axonalen und einen dendritischen Fortsatz aufspaltet.

Merke:
Multipolare Neurone sind am häufigsten.

1.2.3 Einteilung der Nervenfasern

Die Leitungsgeschwindigkeit einer Nervenfaser steigt proportional zu ihrem Durchmesser. Man unterteilt die Nervenfasern in 3 Klassen:

1 A (= am schnellsten, markhaltig),
2 B (= mittelschnell, dünn myelinisiert) und
3 C (= am langsamsten, marklos).

Innerhalb der Klasse A gibt es noch die Einteilung in Aα (= am allerschnellsten), Aβ, Aγ, und Aδ (= langsamste der Schnellen).

1.2.4 Gliagewebe

Gliagewebe ist für die Funktion des Nervensystems absolut unentbehrlich. Es unterstützt Neurone und gibt dem Nervensystem seinen räumlich zusammenhängenden Aufbau. Gliazellen füllen den Interneuralraum soweit aus, dass zwischen den einzelnen zellulären Elementen des ZNS nur noch ein spaltförmiger Inter- (Extra-)zellularraum bestehen bleibt.

Übrigens...

Im Gegensatz zu den Neuronen können sich die Gliazellen zeitlebens teilen. Klinisch relevant ist dies für die Narben- und Tumorbildung im ZNS.

Innerhalb der großen Gliazellgemeinde unterscheidet man periphere von zentralen Gliazellen, die unterschiedlicher embryonaler Abstammung sind.

Periphere Gliazellen

Periphere Gliazellen entstammen der **Neuralleiste**. Dabei handelt es sich vorrangig um **Schwann-Zellen**, die für die Myelinisierung (= Markscheidenbildung, Ummarkung) der peripheren Nerven zuständig sind. Markscheiden dienen der elektrischen Isolierung.
Zwischen zwei Schwann-Zellen bleibt in aller Regel ein kleiner Spaltraum, an dem der Nervenfortsatz blank liegt. Durch die Kanäle im Bereich des Spaltraums wird die saltatorische (= springende) Erregungsleitung ermöglicht, die eine hohe Nervenleitgeschwindigkeit zur Folge hat. Der Raum zwischen zwei Schwann-Zellen heißt **Ranvier-Schnürring**. Je größer dabei der myelinisierte Bereich (= Internodium) zwischen zwei Ranvier-Schnürringen ist, desto höher ist auch die Nervenleitgeschwindigkeit.

Während der Markscheidenbildung entstehen **Mesaxone**. Das sind Membranduplikaturen des äußeren und inneren Plasmalemms einer Schwann-Zelle (s. Abb. 4).

Die langsam übertragenden marklosen Nerven sind auch von Schwann-Zellen zur elektrischen Isolierung umgeben. Dabei umfasst eine Schwann-Zelle mehrere Nervenfortsätze und man sieht im Querschnittsbild keine Lamellenstruktur (s. Abb. 4).

MERKE:

- Periphere Gliazellen entstammen der Neuralleiste (s. S. 8, Abb. 5).
- Mesaxone entstehen während der Markscheidenbildung und sind Membranduplikaturen des Plasmalemms. Sie kommen sowohl bei markhaltigen als auch bei marklosen Nerven vor.

Übrigens...

Wird ein Nervenzellfortsatz distal durchtrennt, kommt es zur Waller-Degeneration (=anterograde oder orthograde Degeneration). Dabei stirbt der abgetrennte distale Teil ab und seine Markscheide zerfällt. Durch Proliferation/Wiederauswachsen der Schwann-Zellen kann die Markscheide neu gebildet werden. Sie dient als mechanische und chemische (durch Sekretion von Wachstumsfaktoren) Leitschiene für den - mit 1 mm pro Tag - neu auswachsenden Nerv.

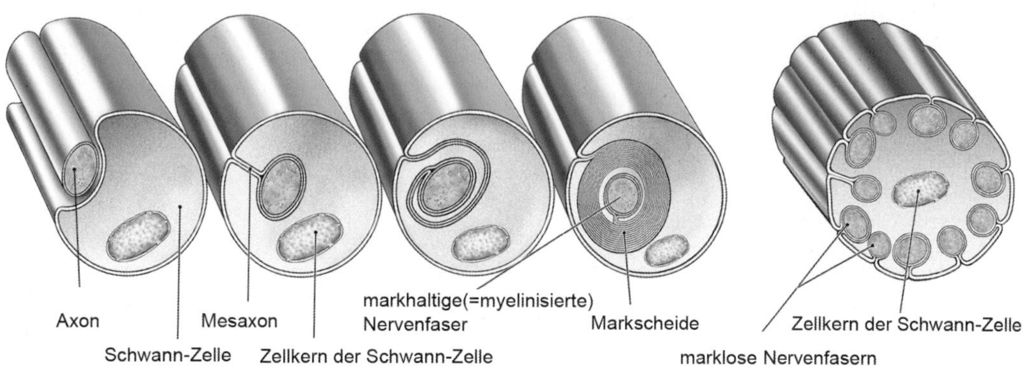

Abb. 4: Markscheidenbildung, Mesaxon

Zentrale Gliazellen

Zentrale Gliazellen stammen wie die Neurone aus dem **Neuralrohr** ab. Sie nehmen ca. 50 % des Hirnvolumens ein. Man unterscheidet vier Typen:

- **Astrozyten,**
- **Oligodendrozyten,**
- **Mikro-/Mesoglia und**
- **Ependymzellen.**

MERKE:
Gliazellen sind die wichtigsten unterstützenden Zellen des ZNS. Sie entstammen dem Neuralrohr (s. S. 8, Abb. 5).

Astrozyten. Astrozyten sind die Stützzellen des ZNS und ersetzen zugrunde gegangenes Gewebe (= Glianarben). Mit ihren Fortsätzen ziehen sie zu den Blutgefäßen und wirken dort am Austausch von Nährstoffen und Stoffwechselprodukten zwischen Blut und Neuronen mit. Daher haben sie entscheidenden Anteil an der Ausbildung der Blut-Hirn-Schranke.

Oligodendrozyten. Die Oligodendrozyten sind die Markscheidenbildner des ZNS. Dabei umschließt der Oligodendrozyt mit seinen Fortsätzen mehrere Axone/Dendriten.

Übrigens...
Die Multiple Sklerose ist eine Autoimmunreaktion des Körpers gegen Oligodendrozyten. Dabei kommt es zum Abbau der Markscheiden. Die Folgen sind Lähmungen und Sensibilitätsverluste, die z. T. durch erneute Umhüllung der Nervenfortsätze reversibel sind.

Mikro- oder Mesoglia (= Hortega-Zellen). Diese kleinen Gliazellen des ZNS sind nicht ortständig. Sie sind eingewanderte Makrophagen, die Abwehr- und Abräumaufgaben erfüllen.

Ependymzellen. Ependymzellen sehen wie hochprismatische Epithelzellen aus und kleiden die Ventrikel aus. Sie besitzen viele Mikrovilli als Ausdruck einer starken Sekretions-/Resorptionstätigkeit.

1.2.5 Blut-Hirn-Schranke

Die Blut-Hirn-Schranke besteht aus drei Schichten:

- Endothel der Kapillaren (= innen),
- Basalmembran und
- Astrozytenfortsätzen (= außen).

Sie ist selektiv durchlässig und kann bei Infektionen oder Tumoren durchlässiger werden (= Schrankenstörung).

1.3 Ganglien

Hier solltet ihr unbedingt folgende Begriffe auseinanderhalten:

- Ganglienzelle (= andere Bezeichnung für Nervenzelle/Neuron) und
- Ganglion (= Ansammlung von Nervenzellkörpern).

Übrigens...
Die sensiblen Ganglien enthalten immer Perikaryen pseudounipolarer Neurone (Ausnahme: Bipolarzellen des sensorischen Ganglions von Hirnnerv VIII). In diesen Ganglien findet KEINE Umschaltung der Information statt.

1.4 Graue und weiße Substanz

Im ZNS kann man graue und weiße Substanz schon makroskopisch unterscheiden:
- graue Substanz = Perikaryen,
- weiße Substanz = Fortsätze und Gliagewebe.

MERKE:
- Im Gehirn liegt die graue Substanz außen (= Rinde) und die weiße Substanz innen.
- Im Rückenmark liegt die graue Substanz innen und die weiße Substanz außen.

Lasst euch also bitte nicht von den gefärbten Rückenmarkspräparaten täuschen.

DAS BRINGT PUNKTE

Besonders gerne wurde bisher gefragt, welche Zellen von der Neuralleiste abstammen und welche nicht. Deshalb an dieser Stelle nochmals eine kurze Zusammenfassung:
Aus der Neuralleiste entstehen:
- Melanozyten,
- Drüsenzellen des Nebennierenmarks,
- postganglionäre sympathische Neurone,
- Spinalganglienzellen,
- Kopfmesenchym und
- Schwann-Zellen.

Motorische Vorderhornzellen und Epithelzellen des Plexus choroideus entstehen NICHT aus der Neuralleiste.

Ebenfalls häufig gefragt wurde nach den einzelnen zentralen Gliatypen:
- Astrozyten,
- Oligodendrozyten,
- Mikro-/Mesoglia und
- Ependymzellen.

Mehrfach wurde nach dem Vorkommen pseudounipolarer Nervenzellen gefragt. Dazu solltet ihr wissen, dass
- pseudounipolare Nervenzellen unter anderem im Ganglion inferius n. vagi und im Ganglion trigeminale vorkommen.

Bipolare Nervenzellen hingegen liegen im Ganglion vestibulare.

BASICS MÜNDLICHE

Welche Einteilungsmöglichkeiten des Nervensystems kennen Sie?
ZNS, PNS, somatisches, vegetatives NS

Wie ist eine Nervenzelle aufgebaut?
s. S. 3, Abb. 2

Was bedeutet markhaltig, was marklos?
markhaltig = mit Myelinscheide,
marklos = ohne Myelinscheide

Welchen Vorteil bringt die Myelinscheide?
Erhöhung der Leitungsgeschwindigkeit durch saltatorische Erregungsleitung.

Welche Neuronentypen kennen Sie?
multi-, bi-, uni- und pseudounipolare

Was sind Ganglien im Nervensystem?
Ganglien sind Ansammlungen von Nervenzellkörpern im peripheren Nervensystem.

Was ist der Unterschied zwischen grauer und weißer Substanz?
graue Substanz = Perikaryen,
weiße Substanz = Fortsätze und Gliagewebe

Was ist der Unterschied zwischen peripherer und zentraler Glia?
periphere Glia entstammt der Neuralleiste, Beispiel: Schwann-Zelle,
zentrale Glia entstammt dem Neuralrohr, vier Typen:
- Astrozyten,
- Oligodendrozyten,
- Mikro-/Mesoglia und
- Ependymzellen.

2 Entwicklung

In diesem Kapitel werden die Grundlagen der Entwicklung des Nervensystems besprochen (dazu mehr in Skript Anatomie 1). Ziel ist es, die Verschaltungen zwischen den Hirnabschnitten aber auch den Skelettbestandteilen, Muskeln und Nerven als entwicklungsgeschichtlich zusammengehörige Einheit zu verstehen.

2.1 Embryonale Entwicklung des Nervensystems

Auch wenn es auf den ersten Blick so scheint, die Entwicklung des Nervensystems ist gar nicht so kompliziert. Dieser Abschnitt versucht, die Embryologie des Nervensystems einfach aber dennoch umfassend genug darzulegen, um die darauf aufbauenden nachfolgenden Kapitel besser verstehen zu können. Bei der embryonalen Entwicklung des Nervensystems lassen sich drei wesentliche Schritte unterscheiden:

1 Induktion,
2 Neurulation und
3 Bläschenformation.

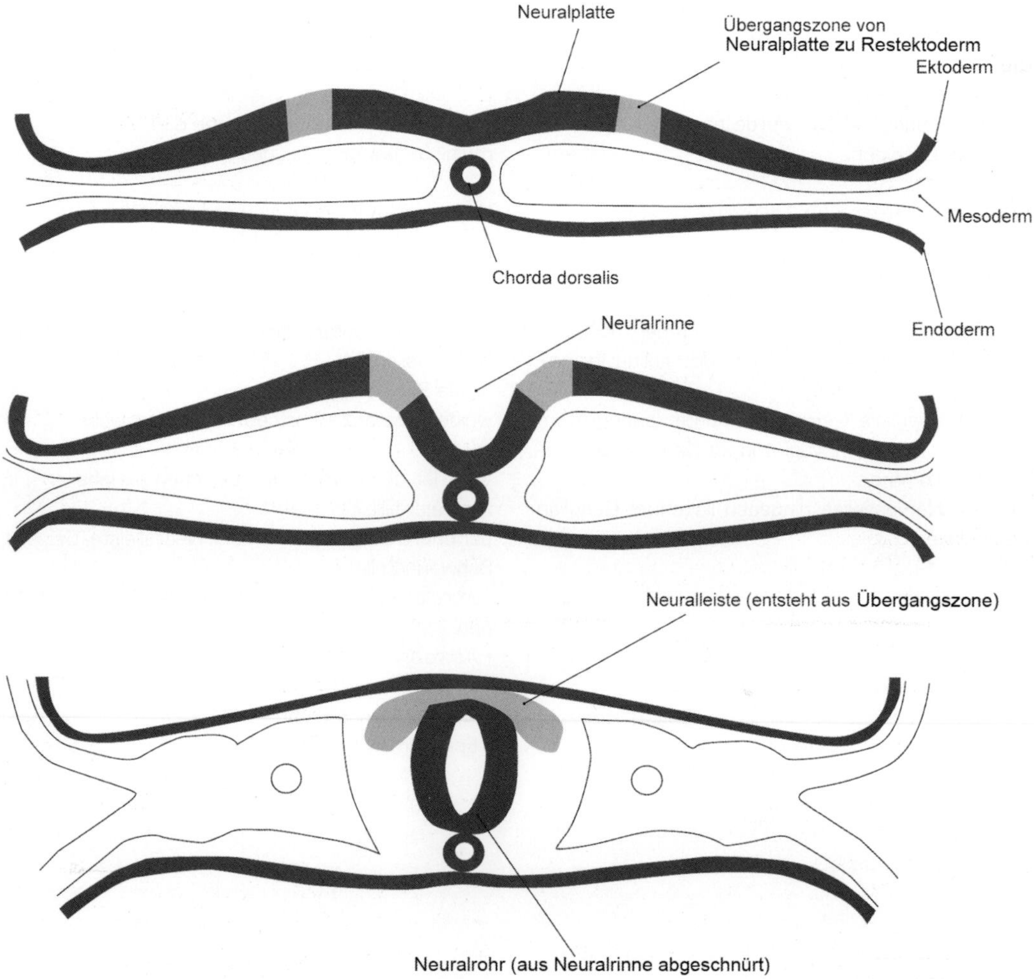

Abb. 5: Entwicklung des Neuralrohrs

2.1.1 Induktion

Sind die drei Keimblätter Endoderm, Mesoderm und Ektoderm beim Embryo entstanden, entwickelt sich durch einen von Mesoderm/Chorda dorsalis (= primitive Längsachse) ausgehenden Reiz (= Induktion) im Ektoderm ein spezialisierter Bezirk, das Neuroektoderm. Dies geschieht etwa am 17. Embryonaltag. Aus diesem Neuroektoderm bildet sich die Neuralplatte, aus der der größte Anteil des Nervensystems entsteht.

2.1.2 Neurulation

Die Neuralplatte vertieft sich zur Neuralrinne und schnürt sich als Neuralrohr ab. Dieser Vorgang wird Neurulation genannt und findet in etwa am 18. Embryonaltag statt. Die Übergangszone zwischen Ektoderm und Neuroektoderm nähert sich beiderseits durch die Neurulation an und bildet die Neuralleiste. Sie enthält das Material für die Entwicklung des peripheren Nervensystems.
Zu Beginn ist das Neuralrohr an beiden Enden noch offen. Nach dem Verschluss entwickelt sich aus dem abgeschlossenen Neuralrohrsystem das Ventrikelsystem.

Übrigens...

Ein fehlerhafter Schluss des Neuralrohres führt zu dysraphischen Defekten:

- Aus dem fehlenden Schluss des Neuroporus rostralis entsteht ein Anencephalus. Dabei fehlen alle oder große Teile des Groß- und Zwischenhirns sowie des Schädeldachs. Diese Fehlbildung ist nicht mit dem Leben vereinbar.
- Bleibt der Schluss des Neuroporus caudalis aus, so entsteht eine Spina bifida. Je nach Schweregrad ist sie von außen nicht sichtbar (= Spina bifida occulta) oder führt zum sichtbaren Austreten des Rückenmarks samt Meningen (= Meningomyelozele). Diese Fehlbildung ist mit dem Leben vereinbar und kann operativ korrigiert werden.

2.1.3 Bläschenformation

Aus dem Neuralrohr bilden sich am oberen Ende die Hirnbläschen. Es werden

- Vorderhirn (= Prosencephalon),
- Mittelhirn (= Mesencephalon) und
- Hinterhirn/Rautenhirn (= Rhombencephalon)

als primäre Hirnbläschen unterschieden. Die Vorder- und Hinterhirnbläschen teilen sich am 32. Embryonaltag erneut, so dass 5 sekundäre Hirnbläschen (s. fett gedruckt) entstehen.

- Prosencephalon
  - **Telencephalon** (= Endhirn oder Großhirn)
    - linke und rechte Hemisphäre
  - **Diencephalon** (= Zwischenhirn)
    - Augenbläschen (Anlage für N. opticus, Retina, Netzhaut)
    - Thalamus etc.
- **Mesencephalon** (= Mittelhirn)
- Rhombencephalon
  - **Metencephalon**
    - Cerebellum (= Kleinhirn)
    - Pons (= Brücke)
  - **Myelencephalon** (= zukünftige Medulla oblongata)

MERKE:

Zum Rhombencephalon gehören Metencephalon und Myelencephalon.

Übrigens...

Die Bläschen wachsen unterschiedlich schnell, so dass es zu einem Abkippen des Neuralrohrs zwischen Mittel- und Zwischenhirn nach vorn um ca. 60° kommt.

2.2 Kiemenbögen und deren Derivate

Auch wenn Embryologie nicht jedermanns Interessengebiet ist, lohnt es sich, ein wenig davon aufzunehmen. Mit Hilfe der Embryologie ist nämlich die häufig auf den ersten Blick nicht logisch nachvollziehbare Innervation bestimmter Muskeln leichter verständlich. Ein Beispiel dafür sind die Kiemenbögen und ihre Derivate.

Während der Embryonalzeit entwickeln sich die Kiemenbögen. Diese sind - wie der Rest des Körpers auch - segmental angelegt. Jedem Kiemenbogen können Skelettelemente, Bänder, Muskulatur und Nerven zugeordnet werden.

Die folgende Tabelle soll dies verdeutlichen und leistet euch hoffentlich gute Dienste zur Prüfungsvorbereitung.

Kiemenbogen	Nerv	Muskeln	Skelettelemente	Bänder
1. Mandibularbogen	N. trigeminus (V)	Kaumuskeln - M. mylohyoideus - Venter anterius des M. digastricus - M. tensor tympani - M. tensor veli palatini	- Malleus (= Hammer) - Incus (= Amboss) - Mandibula - Maxilla - Os zygomaticum - Pars squamosa des Os temporale	- vorderes Band des Hammers - Lig. spheno-mandibulare
2. Hyoidbogen	N. facialis (VII)	mimische Muskulatur - M. stapedius - M. stylohyoideus - Venter posterius des M. digastricus	- Steigbügel - Proc. styloideus - kleines Zungenbeinhorn - oberer Teil des Zungenbeinkörpers	Lig. stylohyoideum
3. Kiemenbogen	N. glosso-pharyngeus (IX)	M. stylopharyngeus	- großes Zungenbeinhorn - unterer Teil des Zungenbeinkörpers	
4. und 6. Kiemenbogen	N. laryngeus superior et inferior (= N. recurrens) des N. vagus (X)	Pharynx- und Larynxmuskulatur	- Schildknorpel - Ringknorpel - Aryknorpel - Cartilago corniculata - Cartilago cuneiformis	

Tabelle 1: Kiemenbögen und deren Derivate

DAS BRINGT PUNKTE

Die Fragen zum Thema Entwicklung beschränken sich fast ausschließlich auf das Thema Kiemenbögen und deren Derivate. Punkte sind leicht zu holen, wenn man sich Tabelle 1 eingeprägt hat. Besonders häufig gefragt wurde nach

- Kiemenbögen und zugehörigen Nerven,
- Kiemenbögen und zugehöriger Muskulatur sowie
- Kiemenbögen und zugehörigen Skelett- und Bandelementen.

Es kamen aber auch einige Fragen zum Thema Neuralleiste/Neuralrohr vor. Hierbei wurde auch nach klinischem Inhalt gefragt:

- Anencephalus,
- Spina bifida occulta und
- Meningomyelocele (s. Übrigens... , S. 9).

Zudem solltet ihr noch wissen, dass

- die Neuralleiste aus der Übergangszone zwischen Neuralplatte und Oberflächenektoderm entsteht und
- sich aus der Neuralleiste das PNS entwickelt.

BASICS MÜNDLICHE

Welche Hirnnerven gehören zu welchem Kiemenbogen?
s. Tabelle 1.

Welche Skelettelemente und Muskeln entstehen aus welchem Kiemenbogen?
s. Tabelle 1.

Woraus entsteht die Neuralplatte?
Aus Ektoderm.

Welche Fehlbildungen bei der Neurulation kennen Sie?
- Anencephalus,
- Spina bifida occulta,
- Meningomyelocele.

Was verstehen Sie unter Hirnbläschen?
Hirnbläschen entstehen am oberen/vorderen Ende des Neuralrohrs, es gibt primäre und sekundäre (s. 2.1.3, S. 9).

BEVOR EUER HIRN GLEICH BLASEN SCHLÄGT, GENEHMIGT EUCH EINE PAUSE...

3 Hirnnerven

Zur Wiederholung ist diesem Kapitel ein Teil namens Makroskopie - Wiederholung vorangestellt, um die Foramina des Schädels wieder in Erinnerung zu rufen. Nachfolgend werden dann die Hirnnerven einzeln besprochen. Obwohl dieses Thema sehr ausführlich im Skript Anatomie 4 besprochen wird, solltet ihr das Kapitel auch hier schon durcharbeiten. Dies ist dem prüfungstechnisch sehr wichtigen Inhalten durchaus angemessen.

3.1 Makroskopie - Wiederholung

Die wesentlichen Öffnungen des Schädels sind in folgender Grafik dargestellt:

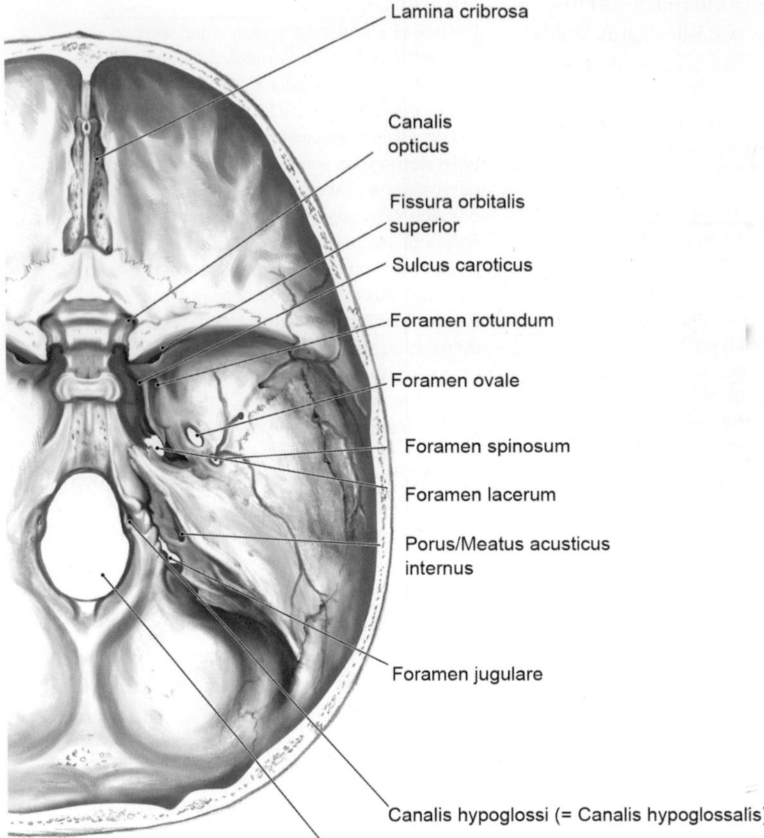

Abb. 6: Schädelöffnungen

MERKE:
- roter Max – durch das Foramen rotundum zieht der N. maxillaris.
- ovale Mandel – durch das Foramen ovale zieht der N. mandibularis.

3.2 Nervus olfactorius (= Hirnnerv I)

Der N. olfactorius (= Riechnerv) ist ein rein sensorischer (speziell-viszerosensibler) Nerv. Im Gegensatz zu anderen sensiblen Nervenzellen befinden sich diese Nervenzellen jedoch NICHT in einem Ganglion. Sie besitzten auch KEINE peripheren und zentralen Fortsätze, sondern bilden selbst die Axone, die ins ZNS reichen. Diese Art von Sinneszellen werden **primäre Sinneszellen** genannt. Die marklosen Fortsätze bilden die Filae olfactoriae und ziehen durch die Lamina cribrosa zum Bulbus olfactorius. Dort findet die erste Umschaltung statt, weshalb man den Bulbus olfactorius auch als Hirnnervenkern des N. olfactorius auffassen kann. Vom Bulbus olfactorius ziehen die Fasern dann über den Tractus olfactorius in die primäre Riechrinde.
Faserqualität: sensorisch (speziell-viszerosensibel)

Übrigens...

Bei Schädelbasisverletzungen kann es durch Scherkräfte zum Abriss der Filae olfactoriae an der Lamina cribrosa kommen. Dies kann eine Hyposmie (= Riechminderung) oder sogar eine Anosmie (= Unfähigkeit zu riechen) zur Folge haben. Die Betroffenen können nur noch süß, sauer, salzig und bitter schmecken, scharfe Agenzien wie z. B. Ammoniak werden über den N. trigeminus wahrgenommen (= Trigeminusreizstoffe).

3.3 Nervus opticus (= Hirnnerv II)

Der N. opticus (= Sehnerv) ist ebenfalls ein rein sensorischer (speziell-somatosensibler) Hirnnerv. Er ist als Teil des Zwischenhirns aufzufassen, beginnt in der Retina und setzt sich dort aus den Fortsätzen der großen retinalen Ganglienzellen zusammen. Diese Fortsätze liegen an einer Stelle besonders dicht (= Papilla nervi optici) und bilden dort den blinden Fleck. Nach Verlassen des blinden Flecks ist der N. opticus von Oligodendrozyten und den Hirnhäuten umgeben.
In seinem Verlauf verlässt der N. opticus die Orbita zusammen mit der A. ophthalmica durch den Canalis opticus. Über der Hypophyse bildet er das Chiasma opticum. Dort kreuzen die Fasern, die von der medialen Netzhauthälfte kommen (= laterales Gesichtsfeld) zur Gegenseite. Die Fasern der lateralen Netzhauthälfte (= mediales Gesichtsfeld) verlaufen hingegen ungekreuzt. Nach der Kreuzung spricht man vom Tractus opticus. Dieser zieht zum Corpus geniculatum laterale des Thalamus. Dort findet die erste Umschaltung außerhalb der Retina statt. Danach ziehen die Fasern zur primären Sehrinde.
Faserqualität: sensorisch (speziell-somatosensibel)

MERKE:
Das Chiasma opticum befindet sich über der Hypophyse und kann deshalb leicht durch Hypophysentumoren geschädigt werden.

Übrigens...

Die typischen Ausfallerscheinungen werden im Abschnitt Auge (s. Skript Anatomie 3) besprochen. Für dieses Kapitel relevant sind die Stauungspapille und die Multiple Sklerose:
- Bei der **Stauungspapille** schwillt durch die Behinderung des venösen Abflusses die Papilla nervi optici an. Dies sieht man beim Spiegeln des Augenhintergrunds als Vorwölbung. Die Stauungspapille ist Ausdruck eines gesteigerten Hirndrucks und sollte immer eine weiterführende Diagnostik nach sich ziehen.
- Bei der **Multiplen Sklerose** kommt es zu einem autoimmun bedingten Zerfall von Oligodendrozyten und damit dem Funktionsverlust der betroffenen Nervenbahnen. Da der N. opticus als Teil des Gehirns auch von Oligodendrozyten umgeben ist, manifestiert sich die Erkrankung häufig in Form von Schleiersehen oder Gesichtsfeldausfällen, die u. U. zur Blindheit führen.

3.4 Nervus oculomotorius (= Hirnnerv III)

Der N. oculomotorius innerviert einen Großteil der Augenmuskulatur. Sein Ursprung liegt im Mittelhirn. Dabei ist das somatomotorische Kerngebiet für die Innervation der quergestreiften äußeren Augenmuskeln, das viszeromotorische Kerngebiet für die Innervation der glatten inneren Augenmuskeln zuständig.
Somatomotorisch innerviert der N. oculomotorius diese äußeren Augenmuskeln:

- M. rectus superior,
- M. rectus medialis,
- M. rectus inferior,
- M. obliquus inferior und
- M. levator palpebrae superioris.

Damit kann der Bulbus nach oben lateral, oben medial, medial und unten medial bewegt werden. Der M. levator palpebrae superioris hebt das Augenlid.

Ein Ast mit parasympathischen Fasern zieht zum Ganglion ciliare und versorgt viszeromotorisch diese glatten Augenmuskeln:

- M. ciliaris und
- M. sphincter pupillae.

Faserqualität: somatomotorisch und viszeromotorisch

MERKE:

Der N. oculomotorius innerviert alle äußeren Augenmuskeln mit Ausnahme des M. obliquus superior und des M. rectus lateralis.

Übrigens...

Beim Ausfall eines N. oculomotorius klagt der Patient über Doppelbilder, da das betroffene Auge nach außen und unten blickt. Bei Blick in die Richtung des geschädigten Auges werden die Doppelbilder weniger. Durch Ausfall des M. levator palpebrae superioris kommt es zur Ptose (= schlaffes Herunterhängen des Augenlids). Die Mydriasis (= Weitstellung der Pupille) und mangelndes Akkomodationsvermögen resultieren aus dem Ausfall der parasymphatischen Fasern. Damit wird das Lesen mit dem betroffenen Auge schwer möglich.

Zur Untersuchung wird der Pupillenreflex durchgeführt.

MERKE:

Die Ptosis des **Horner-Syndroms** entsteht durch Lähmung des sympathisch innervierten M. tarsalis superior. Sie ist nicht so ausgeprägt wie die Ptosis infolge der Lähmung des M. levator palpebrae superioris.

3.5 N. trochlearis (= Hirnnerv IV)

Der N. trochlearis versorgt nur den M. obliquus superior am Auge. Er ist ein rein somatomotorischer Hirnnerv und hat sein Kerngebiet im Mittelhirn.

In seinem Verlauf tritt der N. trochlearis als einziger Hirnnerv dorsal aus, am Unterrand der Vierhügelplatte. Seine Funktion ist die Innervation des M. obliquus superior. Dieser Muskel bewegt den Bulbus nach lateral unten bei gleichzeitiger Einwärtsrollung.

Faserqualität: rein somatomotorisch

Übrigens...

Bei Schädigung des N. trochlearis steht der Bulbus nach medial oben. Die Patienten sehen Doppelbilder und versuchen durch Schiefhaltung des Kopfes diese auszugleichen. Die Doppelbilder erscheinen am deutlichsten beim Blick nach medial unten.

3.6 N. trigeminus (= Hirnnerv V)

Der N. trigeminus ist ein gemischt sensibel und motorischer Nerv. Mit der größeren Radix sensoria (= Portio major) versorgt er sensibel das gesamte Gesicht, Mund und Nasenschleimhaut sowie einen Großteil der Hirnhäute. Die kleinere Radix motoria (= Portio minor) versorgt motorisch die Kaumuskulatur.

Innerhalb einer Duratasche bildet er das große sensible Ganglion trigeminale (= Ganglion semilunare oder auch Ganglion Gasseri). Es enthält die Perikaryen der pseudounipolaren Nervenzellen. Aus dem Ganglion entspringen drei große Hauptstämme:

- N. ophthalmicus (= V1),
- N. maxillaris (= V2) und
- N. mandibularis (= V3).

Lediglich der N. mandibularis führt die Fasern aus der Radix motoria, um damit die Kaumuskulatur zu innervieren. Alle drei Hauptstämme teilen sich nochmals in mindestens drei Hauptäste auf. Dabei versorgt jeweils der erste Hauptast das zugehörige Schleimhautareal, der zweite Hauptast zieht nach medial und der dritte nach lateral.

Faserqualität: somatosensibel und viszeromotorisch

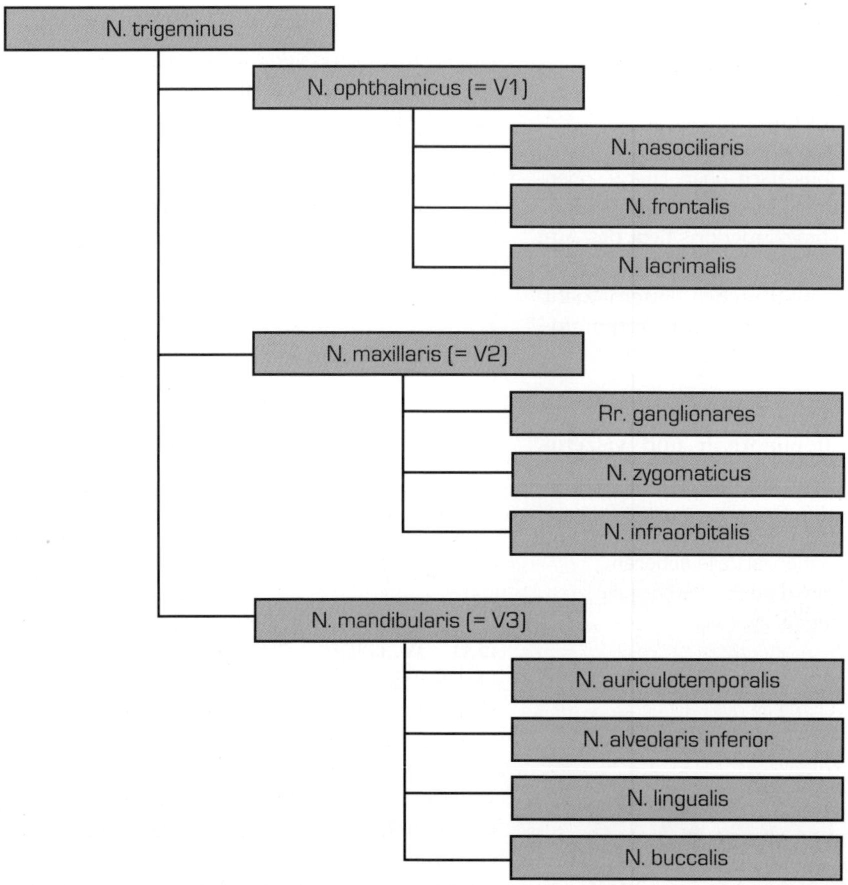

Abb. 7: N. trigeminus mit Aufzweigungen

MERKE:
Das Ganglion GASSERI = Ganglion semilunare = Ganglion trigeminale enthält nur Nervenzellkörper. Hier wird NICHTS umgeschaltet.
Das Ganglion selbst liegt in einer Duratasche und vermittelt Kopfschmerzen.

3.6.1 N. ophthalmicus (= V1)

Der N. ophthalmicus teilt sich in der Fissura orbitalis superior in den N. nasociliaris, N. frontalis und N. lacrimalis auf. Vorher gibt er einen rückläufigen Ast für die Hirnhäute ab (= R. tentorius).

Nerv	Versorgungsgebiet
N. nasociliaris	Siebbeinzellen, Keilbeinhöhle, Nasenscheidewand, Konjunktiva, Nasenrücken sensibel
N. frontalis	Stirn, medialer Augenwinkel, Oberlid sensibel
N. lacrimalis	lat. Teil von Augenwinkel, Oberlid und Konjunktiva sensibel, Tränendrüse sekretorisch

Tabelle 2: Äste des N. ophthalmicus und ihr Versorgungsgebiet

3.6.2 N. maxillaris (= V2)

Der N. maxillaris gibt vor dem Durchtritt durch das Foramen rotundum einen Ramus meningeus ab, bevor er in die Fossa pterygopalatina eintritt. Dort teilt er sich in drei Äste:

Nerv	Versorgungsgebiet
Rami ganglionares	Schleimhaut der Nasenmuscheln, hintere Siebbeinzellen sowie harter und weicher Gaumen sensibel
N. zygomaticus	Haut über dem Jochbein sensibel
N. infraorbitalis	Haut zwischen Unterlid und Oberlippe sensibel, über die Nn. alveolares superiores die Zähne des Oberkiefers

Tabelle 3: Äste des N. maxillaris und ihr Versorgungsgebiet

3.6.3 N. mandibularis (= V3)

Der N. mandibularis führt neben sensiblen Fasern auch motorische Fasern für die Kaumuskulatur. Er verlässt die Schädelhöhle durch das Foramen ovale und tritt in die Fossa infratemporalis ein. Von dort zieht ein rückläufiger Ast zusammen mit der A. meningea media durch das Foramen spinosum in die Schädelhöhle zurück, zur Versorgung der Meningen. Der sensible Anteil zweigt sich in **vier** Anteile auf:

Nerv	Versorgungsgebiet
N. auriculotemporalis	Schläfe und vordere Ohrmuschel sensibel
N. alveolaris inferior	Unterkieferzähne, als N. mentalis die Haut des Kinns sensibel
N. lingualis	vordere 2/3 der Zunge allgemein-somatosensibel sowie speziell-viszerosensibel (über die Fasern aus der Chorda tympani)
N. buccalis	Wangenschleimhaut und angrenzendes Zahnfleisch sensibel

Tabelle 4: Äste des N. mandibularis und ihr Versorgungsgebiet

Die motorischen Äste werden nach den Muskeln benannt, die sie innervieren:

- N. massetericus (M. masseter)
- Nn. temporales profundi (M. temporalis)
- Nn. pterygoidei (M. pterygoideus medialis et lateralis)
- N. mylohyoideus (Mundbodenmuskulatur)
- Äste zum M. tensor veli palatini und M. tensor tympani

Übrigens...

Eine Schädigung des N. trigeminus hat eine Sensibilitätsstörung des betroffenen Gesichtsareals zur Folge. Ist der motorische Anteil betroffen, weicht der Unterkiefer beim Öffnen zur Seite der Schädigung ab. Die weitaus häufigere Trigeminusneuralgie (= Überempfindlichkeit des N. trigeminus) hat schwerste Schmerzzustände auf schon kleinste Berührungsreize zur Folge. Klinisch prüft man deshalb die Trigeminusdruckpunkte (= Austrittsstellen des N. trigeminus). Der Kornealreflex bewirkt den Lidschluss und wird auch zur Überprüfung des N. facialis eingesetzt.

3.7 N. abducens (= Hirnnerv VI)

Der N. abducens entspringt relativ medial in der Medulla oblongata am Unterrand der Brücke. Er verläuft als einziger Hirnnerv durch das Lumen des Sinus cavernosus und zieht durch die Fissura orbitalis superior zum M. rectus lateralis. Seine ausschließliche Funktion ist die motorische Versorgung des M. rectus lateralis.
Faserqualität: somatomotorisch

Übrigens...

Bei Schädigung des N. abducens blickt das betroffene Auge nach medial. Dies führt zu Doppelbildern, die beim Blick nach lateral stärker, beim Blick nach medial schwächer werden.

3.8 N. facialis (= Hirnnerv VII)

Der N. facialis innerviert mit speziell-viszeromotorischen Fasern die gesamte mimische Muskulatur. Die mit ihm laufenden Intermediusfasern (deshalb auch N. intermedio-facialis genannt) führen parasympathisch-sekretorische Fasern sowie sensorische Geschmacksfasern.

In ihrem Verlauf treten der N. facialis (s. IMPP-Bild 2 im Anhang S. 46) und der N. intermedius im Kleinhirnbrückenwinkel aus und ziehen zusammen mit dem N. vestibulocochlearis durch den Porus acusticus internus. Im äußeren Facialisknie des Canalis facialis liegt das Ganglion geniculi mit den pseudounipolaren Nervenzellkörpern der sensorischen Nervenzellen für die sensorischen Geschmacksfasern.
Die motorischen Fasern treten in die Glandula parotis ein und teilen sich dort in fünf Äste auf:

- Rami temporales,
- Rami zygomatici,
- Rami buccales,
- Ramus marginalis mandibulae und
- Ramus colli.

In Höhe des Ganglion geniculi verlassen präganglionäre parasympathische Fasern den Hauptstamm des N. facialis. Sie ziehen als N. petrosus major zum Ganglion pterygopalatinum und werden dort auf das zweite Neuron umgeschaltet. Die postganglionären Fasern ziehen mit dem N. zygomaticus (= Ast des N. maxillaris) zur Tränendrüse.

Der N. stapedius geht auch im Canalis facialis ab und innerviert den M. stapedius. Kurz bevor der N. facialis den Canalis facialis verlässt, zweigt die Chorda tympani (= Paukensaite) ab. Die Fasern schließen sich dem N. lingualis (aus dem N. mandibularis) an und innervieren die vorderen 2/3 der Zunge sensorisch. Präganglionäre Fasern ziehen zum Ganglion submandibulare, wo sie umgeschaltet werden und die Speicheldrüsen (= Glandula submandibularis, Glandula sublingualis, akzessorische Zungendrüsen) innervieren.
Die Funktion des N. facialis ist die motorische Innervation der mimischen Muskulatur, des Venter posterior des M. digastricus, des M. stylohyoideus sowie des M. stapedius. Parasympathisch innerviert er die Tränendrüse sowie die Glandulae submandibularis et sublingualis. Sensorisch werden die vorderen zwei Drittel der Zunge versorgt.
Faserqualität: speziell-viszeromotorisch, allgemein-viszeromotorisch und speziell-viszerosensibel

MERKE:
Der N. facialis innerviert den M. buccinator.

Übrigens...

Man unterscheidet zwischen zentraler und peripherer Fazialisparese.

- Bei der **peripheren Fazialisparese** kann die Stirn auf der betroffenen Seite nicht gerunzelt, das Auge nicht geschlossen und der Mund nicht bewegt werden.
- Bei der **zentralen Fazialisparese** kann die Muskulatur unterhalb des Augenlids der betroffenen Seite nicht mehr bewegt werden. Stirnrunzeln und Lidschluss sind jedoch noch möglich, da die dafür zuständigen Kerngebiete auch durch die kontralaterale Seite innerviert werden. Bei Schädigung vor Abgang der Chorda tympani können auch Geschmacksstörungen an den vorderen zwei Dritteln der Zunge auftreten. Die Tränenproduktion ist bei Schädigung vor dem Abgang des N. petrosus major vermindert. Zur Hyperakusis kommt es durch Lähmung des M. stapedius.

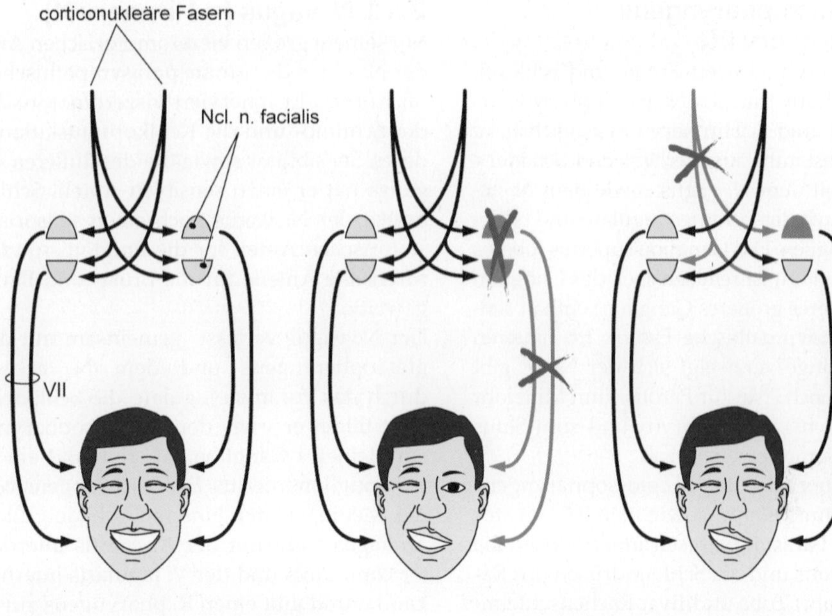

Abb. 8: Periphere und zentrale Fazialisparese

3.9 N. vestibulocochlearis (= Hirnnerv VIII)

Der N. vestibulocochlearis ist ein rein sensorischer Hirnnerv. Er setzt sich aus zwei Anteilen zusammen. Beide führen Afferenzen aus dem Innenohr. Der N. cochlearis führt akustische Reize aus der Schnecke, der N. vestibularis führt statische Reize (= Gleichgewichtsempfinden) aus Sacculus, Utriculus und den Bogengängen. Die Perikaryen des N. cochlearis liegen im Ganglion cochleare (= Ganglion spirale cochleae). Die zentralen Fortsätze bilden den N. cochlearis. Die Perikaryen des N. vestibularis liegen im Ganglion vestibulare im Meatus acusticus internus. Die zentralen Fortsätze bilden den N. vestibularis. Im inneren Gehörgang vereinigen sich diese beiden Nerven, um gemeinsam durch den Porus acusticus internus in die hintere Schädelgrube zu ziehen. Kaudolateral des N. facialis zieht der N. vestibulocochlearis dabei in den Hirnstamm, um sich dort wieder in seine beiden Anteile zu spalten. Der N. vestibulocochlearis versorgt über den N. cochlearis einerseits das Innenohr sensorisch (= Hörnerv), andererseits vermittelt er dem Hirnstamm die Impulse aus dem Vestibularorgan (= Nerv für das Gleichgewichtsempfinden). Diese Impulse werden im Hirnstamm reflektorisch so verschaltet, dass uns mühelos der aufrechte Stand und Gang sowie die Anpassung von Augen- und Körperbewegungen gelingen.

Faserqualität: speziell-somatosensibel

Merke:

Der N. vestibulocochlearis führt Fasern aus dem Innenohr.

- Die vestibulären Anteile dienen der Gleichgewichtsorientierung und -wahrnehmung.
- Die cochleären Anteile dienen dem Hören.

Übrigens...

Es muss immer die Schädigung des N. cochlearis von der des N. vestibularis unterschieden werden. Eine Schädigung des N. cochlearis führt zu Schwerhörigkeit/Taubheit des betroffenen Ohrs. Eine Schädigung des vestibulären Anteils führt dagegen zu Schwindel, Übelkeit, Fallneigung zur erkrankten Seite und einem pathologischen Nystagmus. Da der N. vestibulocochlearis im Kleinhirnbrückenwinkel aus dem Hirnstamm austritt, kann er dort relativ leicht durch einen Tumor komprimiert werden, häufig zusammen mit dem N. facialis. Da die Tumoren (häufig Akustikusneurinome) relativ langsam wachsen, fällt die Vestibularfunktion der betroffenen Seite nicht schlagartig aus, sondern kann durch die Information der Gegenseite kompensiert werden.

3.10 N. glossopharyngeus (= Hirnnerv IX)

Der IX. Hirnnerv innerviert Zunge und Schlund. In seinem Verlauf tritt der N. glossopharyngeus zwischen VIII. und X. Hirnnerv unter der Brücke aus dem Hirnstamm aus, verlässt den Schädel - gemeinsam mit dem N. vagus sowie dem N. accessorius - durch das Foramen jugulare und bildet dort zwei Ganglien. Das Ganglion superius (oberes kleineres Ganglion) ist rein sensibel, das Ganglion inferius (= unteres größeres Ganglion) enthält sensible und parasympathische Fasern. Im hinteren Drittel der Zunge verzweigt sich der Nerv, gibt zuvor jedoch noch Äste zur Parotis, zum Mittelohr (= N. tympanicus), zum Pharynx und zum Sinus caroticus et Glomus caroticum ab.
Motorisch innerviert der N. glossopharyngeus die Schlundmuskulatur sowie den M. levator veli palatini. Parasympathisch innerviert er die Glandula parotis und die Schleimdrüsen des Rachens. Mittelohr, Tuba auditiva, Rachenschleimhaut und das hintere Zungendrittel werden somatosensibel innerviert. Über die viszerosensible Innervation des Sinus caroticus und des Glomus caroticum spielt der N. glossopharyngeus eine große Rolle bei der zentralen Atem- und Kreislaufregulation. Sensorisch werden schließlich noch die Papillae vallatae innerviert. Diese liegen im hinteren Drittel der Zunge und dienen der Wahrnehmung von Bitterstoffen.
Faserqualität: viszeromotorisch, parasympathisch, somatosensibel, viszerosensibel sensorisch

MERKE:
Der N. glossopharyngeus hat über die Innervation des Sinus caroticus und des Glomus caroticum Einfluss auf die zentrale Atem- und Kreislaufregulation.

Übrigens...

Da der N. glossopharyngeus und der N. vagus gemeinsam aus dem Schädel austreten, werden sie häufig gemeinsam geschädigt. Dies geschieht z. B. durch Tumoren. Der Ausfall des N. glossopharyngeus hat dann einen Sensibilitätsverlust des oberen Pharynx und des hinteren Zungendrittels („bitter" wird nicht wahrgenommen) zur Folge. Außerdem kann das Gaumensegel nicht mehr richtig angehoben werden. Dies hat zur Folge, dass die Uvula zur gesunden Seite hin abweicht.

3.11 N. vagus (= Hirnnerv X)

Mit seinem großen viszeromotorischen Anteil ist der N. vagus der größte parasympathische Nerv im Körper. Er innerviert viszeromotorisch Teile der Schlund- und die Kehlkopfmuskulatur. Für deren Sensibilität sowie die des äußeren Gehörgangs hat er einen sensiblen Anteil. Schließlich besitzt der N. vagus noch einen sensorisch-gustatorischen Anteil für die Epiglottis und viszerosensible Anteile für die Brust- und Baucheingeweide.
Der N. vagus verlässt gemeinsam mit dem N. glossopharyngeus und dem N. accessorius durch das Foramen jugulare die Schlädelhöhle. Dort bildet er - wie der N. glossopharyngeus - ein kleineres Ganglion superius und ein größeres Ganglion inferius. Ein R. meningeus versorgt die Meningen der hinteren Schädelgrube. Der N. vagus zieht mit der A. carotis interna, später communis und der V. jugularis interna nach kaudal und gibt einen R. pharyngeus zur Innervation der Pharynxmuskulatur ab. Im weiteren Verlauf gibt der N. vagus einen N. recurrens ab, der links unter dem Aortenbogen, rechts unter der A. subclavia nach oben umbiegt und zum Kehlkopf zurückzieht.
Motorisch innerviert der N. vagus die Kehlkopfmuskulatur und ermöglicht damit das Atmen und Sprechen. Sensibel versorgt er ebenfalls den Kehlkopf sowie einen Teil der Ohrmuschel und den äußeren Gehörgang (führt zu Hustenreiz bei Manipulation). Viszerosensibel versorgt er einen Großteil der Eingeweide (= Lungen, Aortenbogen, Herz). Parasympathisch innerviert der N. vagus alle Organe vom Halsbereich abwärts bis zur linken Kolonflexur.
Faserqualität: viszeromotorisch, parasympathisch (allgemein-viszeromotorisch), somatosensibel, viszerosensibel, sensorisch

MERKE:
Der N. vagus innerviert sensibel das Herz und motorisch die Kehlkopfmuskulatur.

Übrigens...

Die Schädigung des N. vagus verursacht Schluckbeschwerden, Gaumensegellähmung mit Uvulaabweichung zur gesunden Seite und eine näselnde Aussprache. Durch die einseitige Lähmung der Kehlkopfmuskulatur kommt es zur Heiserkeit als Leitsymptom der Vagusschädigung (N. laryngeus recurrens).

3.12 N. accessorius (= Hirnnerv XI)

Der N. accessorius ist ein rein somatomotorischer, cranialisierter Hirnnerv. Das bedeutet, dass der größte Teil der Accessorius-Fasern im Bereich der Medulla oblongata, zwischen Vorder- und Hinterhorn entspringt (= Radix spinalis) und der Nerv KEIN Hirnnerv im eigentlichen Sinne ist.
Er zieht gemeinsam mit dem N. glossopharyngeus und dem N. vagus durch das Foramen jugulare und läuft im lateralen Halsdreieck nach kaudal. Dabei schließt sich seine Radix cranialis dem N. vagus an.
Seine Funktion ist die motorische Innervation des M. sternocleidomastoideus und des M. trapezius.
Faserqualität: rein somatomotorisch

MERKE:
Der N. accessorius ist eigentlich kein echter Hirnnerv, sondern ein cranialisierter Hirnnerv.

Übrigens...

Die Schädigung des N. accessorius kann z. B. bei Operationen im lateralen Halsdreieck erfolgen (Lymphknotenentfernung). Es kommt zur Schiefhaltung des Kopfes nach kontralateral mit Wendung des Gesichts nach ipsilateral. Weiterhin findet sich bei den Patienten eine Schwäche beim Heben des Arms über die Horizontale sowie eine Scapula alata.

3.13 N. hypoglossus (= Hirnnerv XII)

Der N. hypoglossus ist der einzige Hirnnerv, der vor der Olive aus der Medulla oblongata entspringt. Er zieht zwischen A. carotis interna und V. jugularis interna zum Zungengrund, wo er lateral des M. hyoglossus eintritt.
Er ist der einzige Nerv, der motorisch die Zunge versorgt.
Faserqualität: rein somatomotorisch

Übrigens...

Nach einer Schädigung des N. hypoglossus weicht die Zunge beim Herausstrecken zur erkrankten Seite hin ab. Die Sprache ist dann meist verwaschen und das Schlucken erschwert.

3.14 Parasympathische Kopfganglien

Es gibt vier parasympathische Kopfganglien:
- Ganglion ciliare,
- Ganglion pterygopalatinum,
- Ganglion submandibulare und
- Ganglion oticum.

Die parasympathischen Ganglien liegen immer nah am Erfolgsorgan und verschalten die parasympathischen Fasern. Im Gegensatz dazu liegen die sympathischen Ganglien immer vom Erfolgsorgan entfernt.
Der grundsätzliche Bauplan der vegetativen Kopfganglien sieht folgendermaßen aus:

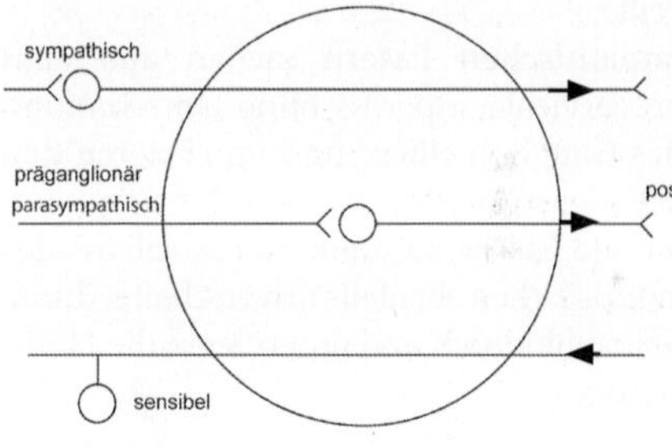

Abb. 9: Aufbau der vegetativen Kopfganglien

Jedes der vier Kopfganglien besitzt drei Nervenwurzeln unterschiedlicher Qualität. Die **parasympathischen präganglionären Fasern** werden im Ganglion auf das zweite Neuron umgeschaltet und ziehen als postganglionäre Fasern zum Erfolgsorgan. Die **sympathischen** und **sensiblen Anteile** ziehen durch das Ganglion hindurch, werden dort jedoch NICHT umgeschaltet.

MERKE:
Zu jedem parasympathischen Kopfganglion gehören sympathische, parasympathische und sensible Fasern. Es werden jedoch NUR die parasympathischen Fasern im Ganglion verschaltet.

3.14.1 Ganglion ciliare

Das Ganglion ciliare liegt in der Orbita, lateral des N. opticus.
Seine **parasympathischen Fasern** stammen aus dem Ncl. Edinger-Westphal (= Ncl. oculomotorius accessorius) und gelangen mit dem N. oculomotorius zum Ganglion ciliare. Dort werden sie verschaltet und ziehen danach zu den glatten inneren Augenmuskeln (= M. sphincter pupillae und M. ciliaris).
Die **sympathischen Fasern** ziehen aus dem Ganglion cervicale superius ohne Umschaltung durch das Ganglion ciliare und innervieren den M. dilatator pupillae.
Die **sensiblen Fasern** aus dem N. nasociliaris des N. trigeminus ziehen ebenfalls unverschaltet durch das Ganglion hindurch und innervieren die Hornhaut des Auges.

Übrigens...
Wird das Ganglion ciliare geschädigt, erlischt der Kornealreflex und die Pupille kann nicht mehr auf Lichtreize reagieren.

3.14.2 Ganglion pterygopalatinum

Das Ganglion pterygopalatinum liegt in der Fossa pterygopalatina. Dort werden die sekretorischen Fasern zur Tränendrüse auf das zweite Neuron umgeschaltet.
Die **parasympathischen Fasern** erhält es über den N. petrosus major aus dem Intermediusanteil des N. facialis. Die postganglionären Fasern ziehen mit dem N. zygomaticus aus dem N. maxillaris zur Orbita und von dort zur Tränendrüse, die sie sekretorisch innervieren.
Die **sympathischen Fasern** kommen aus dem Plexus caroticus.
Die **sensiblen Fasern** stammen aus den Rr. ganglionares aus dem N. maxillaris. Sie innervieren den Gaumen sowie die Nasennebenhöhlen sensibel.

3.14.3 Ganglion submandibulare

Das Ganglion submandibulare liegt oberhalb der Glandula submandibularis. Es innerviert die Glandulae submandibularis und sublingualis sowie einige akzessorische Zungendrüsen.
Die **parasymphatischen Anteile** stammen aus der Chorda tympani des N. facialis und versorgen außer der Glandula parotis ALLE Speicheldrüsen.
Die **symphatischen Anteile** stammen aus dem Plexus caroticus und die **sensiblen Fasern** entstammen dem N. lingualis.

3.14.4 Ganglion oticum

Das Ganglion oticum liegt in der Fossa infratemporalis, medial des Austritts des N. mandibularis. Dort werden die parasympathischen Fasern für die Glandula parotis verschaltet.
Die **parasympathischen Fasern** verlaufen über den N. petrosus minor aus dem N. glossopharyngeus zum Ganglion, werden dort verschaltet und ziehen dann mit dem N. auriculotemporalis aus V3 zur Glandula parotis.
Die **sympathischen Fasern** entstammen dem Plexus caroticus und gelangen über die A. meningea media zum Ganglion.
Die **sensiblen Fasern** werden hier von motorischen Fasern begleitet und entstammen dem N. mandibularis. Die **motorischen Fasern** innervieren den M. tensor veli palatini sowie den M. tensor tympani.

DAS BRINGT PUNKTE

Es lohnt sich, das Kapitel 3.1 genau durchzuarbeiten. Viele der hierzu gestellten Fragen galten der Makroskopie. Ihr solltet euch daher unbedingt merken, welcher Nerv welches Foramen als Schädeldurchtrittsstelle nutzt.
Häufig wurde auch das Thema Augenmuskeln, deren Innervation und Funktion gefragt. Daher hier noch mal eine kurze Zusammenfassung:

Muskel	Funktion	Innervation
M. rectus superior	hebt den Blick	N. oculomotorius (III)
M. rectus inferior	senkt den Blick	N. oculomotorius (III)
M. rectus medialis	Blick nach medial	N. oculomotorius (III)
M. obliquus inferior	hebt den Blick	N. oculomotorius (III)
M. rectus lateralis	Blick nach lateral	N. abducens (VI)
M. obliquus superior	senkt den Blick	N. trochlearis (IV)

Tabelle 5: Funktion und Innervation der Augenmuskeln

Des Weiteren solltet ihr den N. trigeminus mit seinen Aufteilungen kennen und wissen, dass im Ganglion trigeminale NUR Nervenzellkörper liegen.
Außerdem wurde gern nach dem Verlauf und dem Innervationsgebiet des N. facialis einschließlich der Chorda tympani gefragt. Hier solltet ihr wissen, dass die Chorda tympani alle Speicheldrüsen mit Ausnahme der Glandula parotis parasympathisch innerviert.
Daneben spielt das Ganglion geniculi bei der Übertragung von Geschmacksinformationen eine wichtige Rolle.

Auch klinische Fragen wurden häufig gestellt. Merkt euch daher bitte, dass

- eine Schädigung der Radix motoria des N. trigeminus KEINEN Ausfall des M. buccinator zur Folge hat, da dieser durch den N. facialis innerviert wird.
- durch das Foramen rotundum der zweite Ast des N. trigeminus (= N. maxillaris) zieht und dass dieser KEINE motorischen Fasern besitzt.
- bei Schädigung des N. accessorius der M. trapezius gelähmt ist. Deshalb kann der Arm nicht mehr über die Horizontale gehoben werden.
- der N. intermediofacialis sensorisch über die Chorda tympani die vorderen 2/3 der Zunge versorgt.
- nach Durchtrennung des N. oculomotorius man Paresen im M. rectus medialis, M. rectus inferior, M. rectus superior sowie M. obliquus inferior findet. Der M. obliquus superior wird duch den N. trochlearis, der M. rectus lateralis durch den N. abducens innerviert.
- bei der peripheren Fazialisparese Stirnrunzeln, Lidschluss und Mundbewegungen auf der betroffenen Seite fehlen.
- bei der zentralen Fazialisparese lediglich die mimische Muskulatur unterhalb des Auges nicht mehr bewegt werden kann, da der Teil oberhalb des Auges auch von kontralateral mitversorgt wird.
- bei einer Schädigung des N. hypoglossus die Zunge zur erkrankten Seite abweicht.

Ein weiterer Physikumsliebling sind die Fragen nach der sekretorischen Innervation der Speicheldrüsen und nach den parasympathischen Kopfganglien.

Auch wenn der N. phrenicus nicht zum ZNS gehört, hier noch einmal der Hinweis, dass dieser Nerv im Zervikalmark auf Höhe C4 aus dem Vorderhorn entspringt und das Zwerchfell motorisch innerviert.

Ganglion	parasympathisch	sympathisch	sensibel
Ggl. ciliare	aus Ncl. Edinger-Westphal über den N. oculomotorius	aus dem Ggl. cervicale superius	aus dem N. nasociliaris des N. trigeminus
Ggl. pterygopalatinum	über den N. petrosus major aus dem N. facialis	aus dem Plexus caroticus	aus den Rr. ganglionares des N. maxillaris
Ggl. submandibulare	aus der Chorda tympani des N. facialis	aus dem Plexus caroticus	aus dem N. lingualis
Ggl. oticum	aus dem N. petrosus minor aus dem N. glossopharyngeus	aus dem Plexus caroticus	aus dem N. mandibularis (werden von motorischen Fasern begleitet)

Tabelle 6: Die parasympathischen Kopfganglien mit ihren durchziehenden Fasern

Für die vier Kopfganglien gilt: Jedes Ganglion weist drei zuführende Äste auf. Es werden NUR die parasympathischen Fasern umgeschaltet; die sympathischen und sensiblen Fasern werden NICHT verschaltet.

BASICS MÜNDLICHE

Durch welches Foramen verlässt der N. maxillaris, mandibularis, glossopharyngeus, vagus, accessorius, hypoglossus den Schädel?
Foramen rotundum, ovale, jugulare, jugulare, jugulare, Canalis hypoglossi.

Welchen Muskel versorgt der N. abducens?
M. rectus lateralis.

Welchen Muskel versorgt der N. trochlearis?
M. obliquus superior.

Was wird im Ganglion trigeminale/geniculi umgeschaltet?
Nichts! Dort liegen nur Nervenzellkörper der pseudounipolaren Nervenzellen.

Was wird in den Kopfganglien umgeschaltet?
Immer nur der Parasympathicus.

KURZE PAUSE ZUR REGENERATION EURER NERVEN...

4 Rückenmark

Das Rückenmark enthält Nervenzellen und Nervenfasern. Es ist afferent und efferent mit dem Gehirn verbunden. Im Rückenmark liegen auch die Motoneurone, die die Muskeln motorisch innervieren und damit Bewegungen ermöglichen.

4.1 Makroskopie

Die Medulla spinalis (= Rückenmark) ist ca. 45 cm lang, liegt im Wirbelkanal und ist von Hirnhäuten und Liquor umgeben. Sie reicht beim Erwachsenen bis zum 1. Lendenwirbelkörper und endet im Conus medullaris.

MERKE:
Beim Säugling reicht das Rückenmark noch bis zum dritten Lendenwirbelkörper (= LWK), beim Erwachsenen nur bis zum ersten LWK. Dies resultiert aus dem - im Vergleich zum Rückenmark - schnelleren Wachstum der Wirbelsäule.

Das Rückenmark ist am Schädel im Bereich des Foramen magnum und am Os sacrum über das **Filum terminale** fixiert und macht alle Bewegungen mit.

Übrigens...

Das Filum terminale wird in der mündlichen Prüfung leicht mit einem Nerv verwechselt! Ihr vermeidet diesen Fehler, wenn ihr den Conus medullaris aufsucht und den daraus entspringenden Fortsatz als Filum terminale (= Gliagewebe) zeigt.

Schaut man sich das Rückenmark in seiner gesamten Länge an, findet man 2 Verdickungen:

- **Intumescencia** (= Anschwellung) **cervicalis** und
- **Intumescencia lumbosacralis.**

Diese Verdickungen liegen im Bereich der Segmente, die den Plexus cervicalis/brachialis und lumbosacralis bilden. Die Anschwellung kommt durch die große Anzahl motorischer Neurone zustande.
Im folgenden Querschnitt sind schematisch alle wesentlichen makroskopischen Details dargestellt.

MERKE:
Die Fissura mediana anterior liegt vorn.

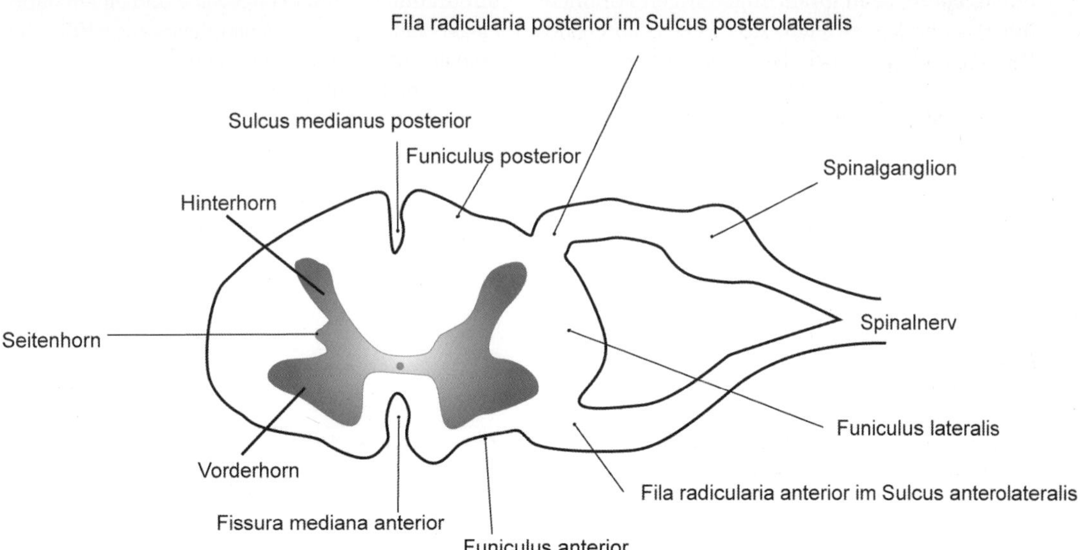

Abb. 10: Rückenmark im Querschnitt

Das Rückenmark kann in Segmente (= Abschnitte) eingeteilt werden. Dabei gibt es ebenso viele Rückenmarkssegmente, wie Wirbelkörper, mit einer Ausnahme:
Der Mensch hat sieben Halswirbelkörper aber acht zervikale Spinalnervenpaare. Dies hat entwicklungsgeschichtliche Ursachen, denn die Okziputkondylen waren ursprünglich ein eigener Wirbel und sind sekundär mit dem Okziput verwachsen. Deshalb ziehen die Spinalnerven im Zervikalmark (C1 – C8) **oberhalb des Wirbelkörpers**. Im Thorakalmark ziehen die 12 Spinalnervenpaare dagegen **unterhalb des Wirbelkörpers**, ebenso wie im Lumbalmark (L1 – L5), Sakralmark (S1 – S5) und Kokzygealmark.

MERKE:
Im Zervikalmark gibt es acht Spinalnervenpaare. Diese ziehen oberhalb des entsprechenden Wirbelkörpers. Im Thorakal-, Lumbal- und Sakralmark gibt es genau so viele Spinalnervenpaare wie Wirbel. Die Spinalnerven ziehen unterhalb des entsprechenden Wirbelkörpers.

Wie schon vorne beschrieben, reicht das Rückenmark beim Erwachsenen bis zum ersten Lendenwirbelkörper. D. h., dass z. B. das Rückenmarksegment L1 noch im Bereich der Brustwirbelsäule liegt. Dementsprechend verlaufen die Nervenwurzeln nach ihrem Austritt aus dem Rückenmark noch ein Stück im Wirbelkanal nach unten, bevor sie in ihrem zugehörigen Foramen intervertebrale austreten. Ab LWK 1 laufen im Wirbelkanal nur noch Nervenfasern zu ihren Intervertebrallöchern. Diese Fasern werden als **Cauda equina** (= Pferdeschwanz) bezeichnet.

Übrigens...
Sehr häufig hört man von Bandscheibenvorfällen und damit verbundenen Schmerzen/Ausfallerscheinungen. Die Bandscheiben (= Zwischenwirbelscheiben) liegen zwischen den Wirbelkörpern und sind nach ventral und dorsal durch ein straffes Längsband gegen Herausrutschen weitgehend gesichert. Bei chronischer Fehlbelastung der Wirbelsäule mit Bandscheibendegeneration kann der Anulus fibrosus der Bandscheibe reißen und der Nucleus pulposus wird meist nach lateral herausgequetscht. Dies wird als Bandscheibenvorfall/Discusprolaps bezeichnet. Makroskopisch tritt die Nervenwurzel (z. B. L 4) im oberen Drittel von LWK 4 aus dem Durasack aus und zieht dann schräg nach kaudal ventral, um im Foramen intervertebrale auszutreten. Die Nervenwurzel L 5 liegt dorsolateral der Bandscheibe L 4/5. Dies hat bei einem Discusprolaps von L 4/5 eine Kompression der Nervenwurzel L 5 zur Folge. Klinisch äußert sich dies in segmentartigen Sensibilitätsstörungen von der proximalen Unterschenkelaußenseite schräg über die Schienbeinvorderkante bis zum Großzehenrücken. Außerdem kommt es zur Schwächung der Dorsalextension der Großzehe. Danach wird häufig im Mündlichen gefragt.

4.2 Rückenmarkshäute

Das Rückenmark ist - ebenso wie das Gehirn - von einer harten und einer weichen Hirnhaut umgeben. Die weiche Hirnhaut besteht aus zwei Anteilen:

- Die **Pia mater** liegt dem Rückenmark direkt an und zieht auch in die Furchen hinein.
- Die **Arachnoidea mater** (= Spinnengewebshaut) liegt der harten Hirnhaut von innen an und hüllt das Rückenmark samt Pia mater ein, ohne bis in die Furchen zu ziehen.

Die **Dura mater** (= harte Hirnhaut) besteht aus straffem Bindegewebe und hüllt die beiden anderen Häute von außen ein.

4.3 Räume im und um das Rückenmark

Der Raum zwischen dem Periost der Wirbelkörper und der Dura mater heißt **Epiduralraum** oder **Periduralraum**. Er ist mit Fettgewebe und einem darin eingebetteteten einem Venenplexus ausgefüllt. Die Spinalnerven durchziehen diesen Raum auf dem Weg zum Foramen intervertebrale. Dura mater und Arachnoidea sind miteinander verwachsen. Zwischen Arachnoidea und Pia mater befindet sich der **Subarachnoidalraum**. Dies ist der äußere Liquorraum des Rückenmarks, der folglich mit Liquor gefüllt ist. Er reicht bis SWK 2.

MERKE:
Im Gegensatz zum Gehirn existiert im Rückenmark ein Epi- oder Periduralraum.

Übrigens...

- Bei einer **Lumbalpunktion** gewinnt man Liquor, indem man zwischen LWK 3/4 den Subarachnoidalraum punktiert.
- Eine **Peridural- (Epidural-)anästhesie** wird zur **selektiven Blockade** einzelner Spinalnerven eingesetzt. Dabei sticht man zwischen zwei Wirbelbö-

gen ein und „spritzt“ sich den Periduralraum mit NaCl-Lösung weit, da dieser mit 1 – 2 mm ziemlich eng ist. Hat man den Periduralraum punktiert, „fällt“ man mit der Kanüle regelrecht in das dort vorhandene Fettgewebe hinein und kann das Lokalanästhetikum applizieren. Da dieses im Fettgewebe schlecht diffundiert, bleibt die anästhetische Wirkung auf wenige Segmente beschränkt.

- Im Gegensatz dazu betäubt man bei der **Spinalanästhesie** alle Wurzeln kaudal der Injektionsstelle gleichzeitig. Das Vorgehen ähnelt dem der Lumbalpunktion, nur injiziert man nach erfolgreicher Punktion ein Lokalanästhetikum, das sich im Liquor verteilt und die Betäubung der Nervenfasern zur Folge hat.

4.4 Graue und weiße Substanz

Makroskopisch kann man graue von weißer Substanz unterscheiden. Die **graue Substanz** enthält die **Perikaryen** der Rückenmarksneurone und weist eine typische Schmetterlingskonfiguration auf. Dabei zeigt der breitere Teil als **Cornu anterius** nach vorn. Er wird als Vorderhorn bezeichnet und enthält motorische Neurone. Im schmaleren **Cornu posterius** (= Hinterhorn) werden sensible Neurone aus dem Spinalganglion umgeschaltet.

Merke:
ventral = motorisch
dorsal = sensibel

Wie Abbildung 10 auf Seite 23 darstellt, vereinigen sich die Vorderwurzeln und die Hinterwurzeln zum Spinalnerv. Zwischen Vorder- und Hinterhorn befindet sich das **Cornu laterale** (= Seitenhorn), das nur im Thorakal- und Lumbalmark vorkommt und die Neurone des vegetativen Nervensystems enthält.

Bisher haben wir nur vom Querschnitt, also zwei Dimensionen gesprochen. Da das Rückenmark aber ein dreidimensionales Gebilde ist, setzen sich die Vorder- und Hinterhörner über die gesamte Länge des Rückenmarks fort. Man spricht daher von **Säulen** (= Vorder- und Hintersäulen). Die **Commissura grisea** verbindet die beiden Schmetterlingshälften der grauen Substanz miteinander. Darin befindet sich der **Canalis centralis**. Er steht mit dem inneren Liquorraum des Gehirns in Verbindung, ist jedoch häufig obliteriert.

Histologisch wird die graue Substanz in Laminae (= unterschiedliche Zellschichten) eingeteilt. Diese werden von dorsal nach ventral von I – X numeriert. Parallel dazu können auch Nervenkerne in der grauen Substanz abgegrenzt werden. Diese können v. a. im Bereich des Hinterhorns den Laminae zugeordnet werden.

Die **weiße Substanz** liegt um die graue Substanz herum und enthält nur **Fortsätze**. Sie wird gegliedert in die **Funiculi** (= Stränge): Vorder-, Seiten- und Hinterstrang.

Merke:
Hörner und Säulen = graue Substanz
Strang = weiße Substanz

Vorderhorn/Vordersäule:	graue Substanz motorisch
Hinterhorn/Hintersäule:	graue Substanz sensibel
Seitenhorn:	graue Substanz vegetatives Nervensystem
Vorderstrang/Seitenstrang:	weiße Substanz sensible und motorische Bahnen!

Da z. T. auch Bahnen auf Rückenmarksebene kreuzen, müssen Verbindungen zwischen der weißen Substanz der rechten und linken Rückenmarkshälfte vorhanden sein. Diese existieren auch und zwar in Form der **Commissura alba anterior et posterior**, die vor oder hinter der Commissura grisea liegen.

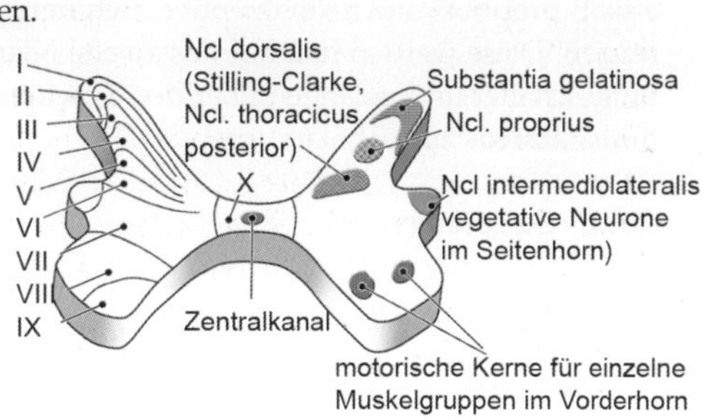

Abb. 11: Gliederung der grauen Substanz

4.4.1 Hinterhorn

Im Hinterhorn endet ein Teil der sensiblen Fasern. Dort wird die sensible Information vom ersten Neuron (= Perikaryon im Spinalganglion) auf das zweite Neuron umgeschaltet.

Merke:
Die sensible Information läuft über mindestens drei Neurone zum Großhirn: Das Perikaryon des ersten

Neurons liegt im Spinalganglion, das zweite Perikaryon liegt im Rückenmark und das dritte Perikaryon im Thalamus.

Ncl. dorsalis (= Stilling-Clarke)

Dieses Kerngebiet wird auch als Ncl. thoracicus posterior bezeichnet. Es nimmt die Lamina V-VI ein und existiert nur im Thorakolumbalmark. Der Ncl. dorsalis empfängt propriozeptive Impulse aus der Peripherie (= Tiefensensibilität). Diese geben Aufschluss über Lage und Stellung des Körpers sowie der Extremitäten und werden im **Tractus spinocerebellaris posterior** zum Kleinhirn weitergeleitet.

Ncl. proprius

Dieser Kern liegt im gesamten Rückenmark in der Mitte des Hinterhorns. Wie der Ncl. dorsalis leitet er propriozeptive Afferenzen.

MERKE:

Propriozeption = Tiefensensibilität

Darunter versteht man sensible Impulse aus den Muskelspindeln, Gelenk- und Sehnenrezeptoren, die Informationen über die Lage und Stellung des Körpers weiterleiten.

Substantia gelatinosa

Dieser Kernkomplex entspricht den Lamina II und III und liegt damit ganz dorsal im Hinterhorn. Er erhält proprio- und exterozeptive **Schmerzafferenzen**. Diese werden hier auf das zweite Neuron umgeschaltet und gelangen über den **Tractus spinothalamicus** zum Thalamus.

4.4.2 Seitenhorn

Das Seitenhorn wird auch **Ncl.** oder **Columna intermediolateralis** genannt. Es existiert im Thorakal-, Lumbal- und Sakralmark, jedoch NICHT im Zervikalmark. Makroskopisch gut sichtbar ist es jedoch nur im Thorakalmark.

Vom Segment C8 bis L2/3 befinden sich im Seitenhorn die ersten Neurone der **sympathischen efferenten Bahn**. Die Umschaltung auf das zweite Neuron erfolgt in den Grenzstrangganglien. Im Sakralmark liegen die ersten Neurone der **parasympathischen efferenten Bahn**. Die Umschaltung auf das zweite Neuron erfolgt nah am Erfolgsorgan.

MERKE:

Der Sympathikus hat seine Neurone thorakolumbal, der Parasympathikus craniosakral.

4.4.3 Vorderhorn

Die im Vorderhorn liegenden Neurone versorgen motorisch (= efferent) die Skelettmuskulatur. Sie liegen im Bereich der Lamina VIII – IX. An Zellen finden sich dort α-, β- und γ-Motoneurone. γ-Motoneurone innervieren die Muskelfasern in den Muskelspindeln, die für die Feinabstimmung der Bewegung mit verantwortlich sind. Als Neurotransmitter der Motoneurone fungiert Acetylcholin.

Übrigens...

Bei der Kinderlähmung (= Poliomyelitis) kommt es zu einer schlaffen Lähmung der vom betroffenen Rückenmarksegment versorgten Muskeln bei erhaltener Sensibilität.

4.5 Reflexe

Ein Reflex ist eine unwillkürliche, immer gleich verlaufende Antwort eines Organs auf einen Reiz. Neben dem **Muskeleigenreflex** und dem **Fremdreflex** gibt es noch andere Arten, auf die hier aber nicht näher eingegangen wird.

MERKE:

- Bei einem Eigenreflex erfolgen Reiz und Antwort in einem Organ.
- Bei einem Fremdreflex erfolgen Reiz und Antwort in unterschiedlichen Organen. Sie sind stets polysynaptisch.

4.5.1 Muskeleigenreflex

Beim Patellarsehnenreflex z. B. dehnt man durch Schlag auf die Patellarsehne den M. quadriceps femoris und erregt die darin befindlichen Muskelspindeln. Die Afferenzen der Muskelspindeln ziehen durch das Hinterhorn hindurch, um direkt am α-Motoneuron des gedehnten Muskels zu enden. Das α-Motoneuron wird erregt und der gedehnte Muskel kontrahiert sich. In unserem Beispiel kommt es zur Streckung im Kniegelenk. Bei diesem Reflex ist nur eine Synapse zwischengeschaltet. Man spricht deshalb von einem **monosynaptischen Reflex.**

Übrigens...

Im Schriftlichen wurde vermehrt nach den Segmentzuordnungen einzelner Muskeln und Reflexe gefragt. Dies sind die meist Gefragten:

Reflex/ innerviertes Organ	Segment
Achillessehnenreflex	S1 – S2
Bizepssehnenreflex	C5 – C6
Patellarsehnenreflex	L3 – L4
Motoneurone zur Innervation der Mm. interossei	C8 – Th1
Plexus brachialis	C5 – Th1 (ventrale Äste)

MERKE:
Der Patellarsehnenreflex kann nur bei intakten Radices posteriores des N. femoralis ausgelöst werden.

4.5.2 Renshaw-Hemmung
In unserem Beispiel wurden als Reflexantwort die Strecker innerviert. Zur Beendigung des Reflexes tragen die **Renshaw-Zellen** bei. Dies sind Interneurone, die hemmend auf dasjenige Alpha-Neuron projizieren, das die Renshaw-Zellen über eine Kollaterale aktiviert hat.

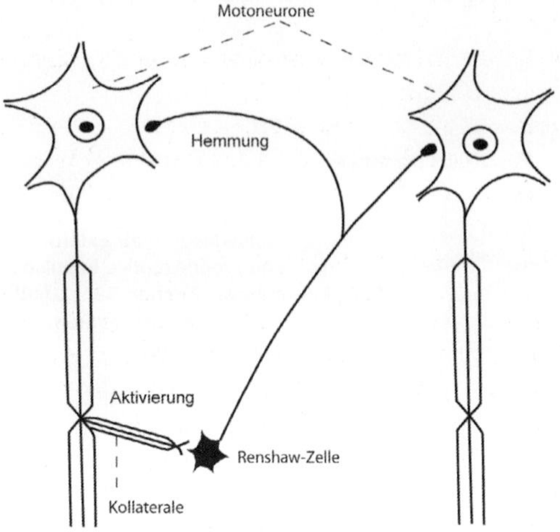

Abb. 12: Renshaw-Zellen

4.5.3 Fremdreflex
Als Beispiel soll hier das Treten in eine Glasscherbe dienen. Dabei registriert die Haut den Schmerzreiz und das Bein wird reflektorisch im Knie gebeugt (= der Fuß zurückgezogen). Das andere Knie wird gestreckt, um das Gleichgewicht zu halten. Die Afferenz aus der Haut des Fußes zieht in das Hinterhorn und wird dort auf zwei Zwischenneurone umgeschaltet. Das erste erregt das **ipsilaterale** Motoneuron, das die Kniebeuger innerviert, das zweite Interneuron erregt das **kontralateral** gelegene Motoneuron zur Innervation der Kniestrecker im anderen Bein.

4.6 Bahnen
Die auf- und absteigenden Bahnen des Rückenmarks verlaufen in der weißen Substanz im Vorder-, Seiten- und Hinterstrang.

MERKE:
- Die meisten absteigenden Bahnen enden im Vorderhorn und werden deshalb auch als motorische Bahnen bezeichnet.
- Die meisten aufsteigenden Bahnen nehmen ihren Ursprung im Hinterhorn und werden als sensible Bahnen bezeichnet.

Die linke Körperhälfte ist sowohl sensibel als auch motorisch überwiegend in der rechten Großhirnhemisphäre repräsentiert und umgekehrt. Das bedeutet, dass fast alle Bahnen irgendwann zur Gegenseite kreuzen.

4.6.1 Sensible (= aufsteigende) Bahnen
MERKE:
Die Bahnen werden in aller Regel nach Ursprungs- und Zielort benannt. Daher zieht z. B. der Tractus spinothalamicus vom Rückenmark zum Thalamus.

Tractus spinothalamicus
Diese Bahn wird auch als Vorderseitenstrang bezeichnet und setzt sich aus zwei Teilen, dem Tractus spinothalamicus lateralis et anterior zusammen. Im Vorderseitenstrang werden grobe Druck,- Tast-, Temperatur- und Schmerzempfindungen geleitet. Diese fasst man auch als **protopathische Sensibilität** zusammen. Die Schmerzafferenzen werden in der Substantia gelatinosa auf das zweite Neuron umgeschaltet, nachdem sie direkt nach ihrem Eintritt ins Rückenmark ein bis zwei Segmente aufgestiegen sind. Zusammen mit den anderen Faserqualitäten **kreuzen** sie in der **Commissura alba** auf die Gegenseite und ziehen zum Thalamus. Von dort projizieren sie zur Großhirnrinde.

Übrigens...
Unter **dissoziierter Empfindungsstörung** versteht man einen isolierten Ausfall der protopathischen Sensibilität.

Hinterstrangbahnen

Der Hinterstrang wird durch zwei Bahnen gebildet. Der **Fasciculus gracilis** führt die Impulse der unteren Extremität und liegt im Rückenmark ganz medial. Der **Fasciculus cuneatus** existiert erst ab dem Thorakalmark und führt dementsprechend die Impulse der oberen Extremität. Er liegt lateral des Fasciculus gracilis. Daraus ergibt sich eine somatotope Gliederung.

Die Hinterstrangbahnen werden auf Rückenmarksebene **NICHT verschaltet**, sondern ziehen **ungekreuzt** zur Medulla oblongata. Dort werden sie im Ncl. gracilis et cuneatus auf das zweite Neuron umgeschaltet. Danach kreuzen sie und ziehen als Lemniscus medialis zu den lateralen Thalamuskernen der Gegenseite.

Die Hinterstrangbahnen leiten **proprio-** (= Information aus den Muskel-, Sehnen- und Gelenkrezeptoren über Lage und Stellung der Extremitäten) und **exterozeptive** (= Information über Lokalisation und Qualität einer Berührung) Impulse der **epikritischen Sensibilität.**

MERKE:

Da die Hinterstränge ungekreuzt verlaufen, kommt es bei einer Schädigung zu Ausfällen auf der ipsilateralen Seite.

Kleinhirnseitenstrangbahnen

Die Kleinhirnseitenstrangbahnen bestehen ebenfalls aus zwei Bahnen:

- **Tractus spinocerebellaris posterior** und
- **Tractus spinocerebellaris anterior.**

Der Tractus spinocerebellaris posterior entspringt im Ncl. dorsalis (= Stilling-Clarke, s. Abb. 11, S. 25) und leitet propriozeptive Informationen im **gleichseitigen** Seitenstrang zum Kleinhirn. Der Tractus spinocerebellaris anterior entspringt an der Basis des Hinterhorns (= Lamina V – VIII) und leitet ebenfalls propriozeptive Informationen zum Kleinhirn. Allerdings verläuft der Tractus spinocerebellaris anterior **gleichseitig und gekreuzt** im ventrolateralen Seitenstrang. Die auf Rückenmarksebene gekreuzten Anteile kreuzen beim Eintritt ins Kleinhirn wieder nach ipsilateral zurück.

MERKE:

Das Kleinhirn erhält über den Tractus spinocerebellaris posterior et anterior nur Afferenzen aus dem ipsilateralen Rückenmark. Mithilfe dieser Informationen reguliert das Kleinhirn die Feinmotorik.

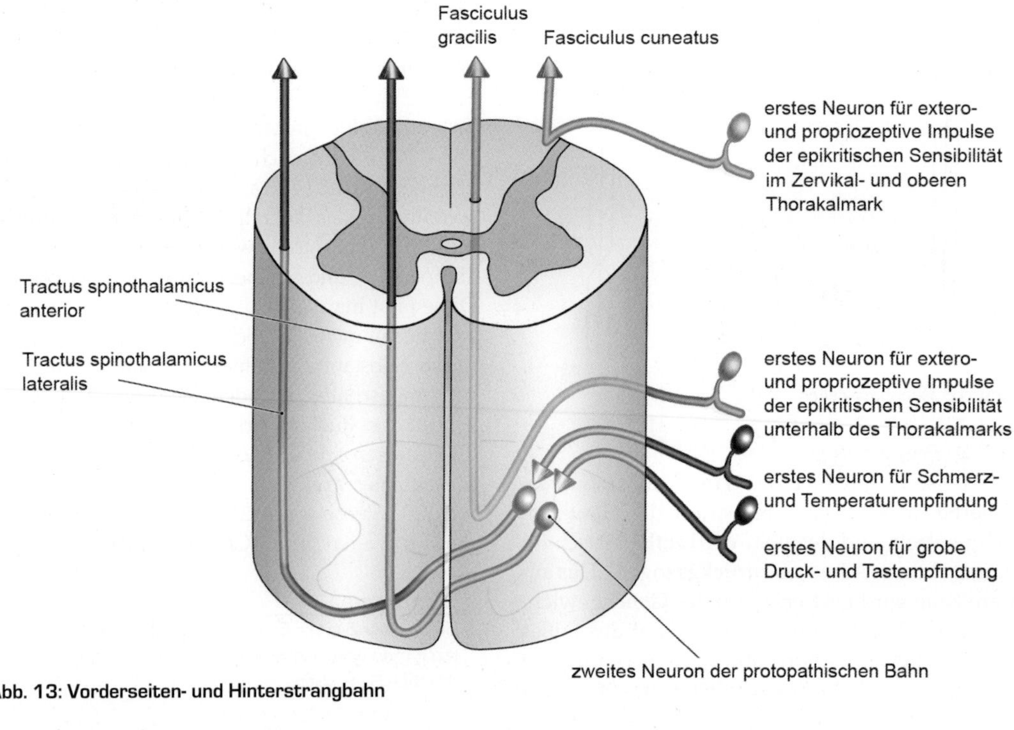

Abb. 13: Vorderseiten- und Hinterstrangbahn

4.6.2 Motorische (= absteigende) Bahnen

Im Prinzip gibt es zwei wichtige motorische Bahnsysteme. Zum einen die **Pyramidenbahn**, die den Hauptteil der absteigenden Bahnen ausmacht und zum anderen die **extrapyramidalen Bahnen**.

Pyramidenbahn (= Tractus corticospinalis)

Die Pyramidenbahn nimmt ihren Ursprung im Motocortex, zieht durch den Hirnstamm und bildet in der Medulla oblongata die medial liegende **Pyramide**. Direkt darunter **kreuzen ca. 90 %** der Fasern zur Gegenseite (= Pyramidenbahnkreuzung oder Decussatio pyramidorum), um anschließend als Tractus corticospinalis lateralis im Seitenstrang nach unten zu ziehen und die α-Motoneurone zu innervieren. Die 10 % der ungekreuzten Fasern laufen medial der Fissura longitudinalis anterior als Tractus corticospinalis anterior nach unten, um schließlich in Segmenthöhe auch zu kreuzen.

MERKE:
Alle Fasern der Pyramidenbahn kreuzen zur Gegenseite.

Übrigens...
Eine Schädigung der Pyramidenbahn hat eine schlaffe Parese mit Beeinträchtigung vor allem der Feinmotorik zur Folge. Bei der Schädigung fällt dementsprechend auch die Kontrollfunktion aus, so dass primitive Reflexe wieder ausgelöst werden können. Ein klinisch wichtiges Beispiel hierfür ist der **Babinski-Reflex** (= Bestreichen des lateralen Fußrandes führt zur Dorsalextension der Großzehe).

Extrapyramidale Bahnen

Hierunter versteht man alle motorischen Bahnen, die ins Rückenmark projizieren und nicht in der Pyramidenbahn verlaufen.

Ursprung	Name der Bahn	Kreuzung
Ncl. ruber	Tractus rubrospinalis	ja
Ncll. vestibulares	Tractus vestibulospinalis	nein
Formatio reticularis	Tractus reticulospinalis	läuft bilateral

Tabelle 7: Extrapyramidale Bahnen

Die extrapyramidalen Bahnen (außer Tractus rubrospinalis) innervieren in erster Linie die Motoneurone der Rumpf- und proximalen Extremitätenmuskulatur. Deshalb sind sie vorrangig für die **Massenbewegungen** von Rumpf und Extremitäten verantwortlich. Besonders der Tractus vestibulospinalis sowie der Tractus reticulospinalis spielen eine wichtige Rolle für den **Tonus** der Muskulatur.

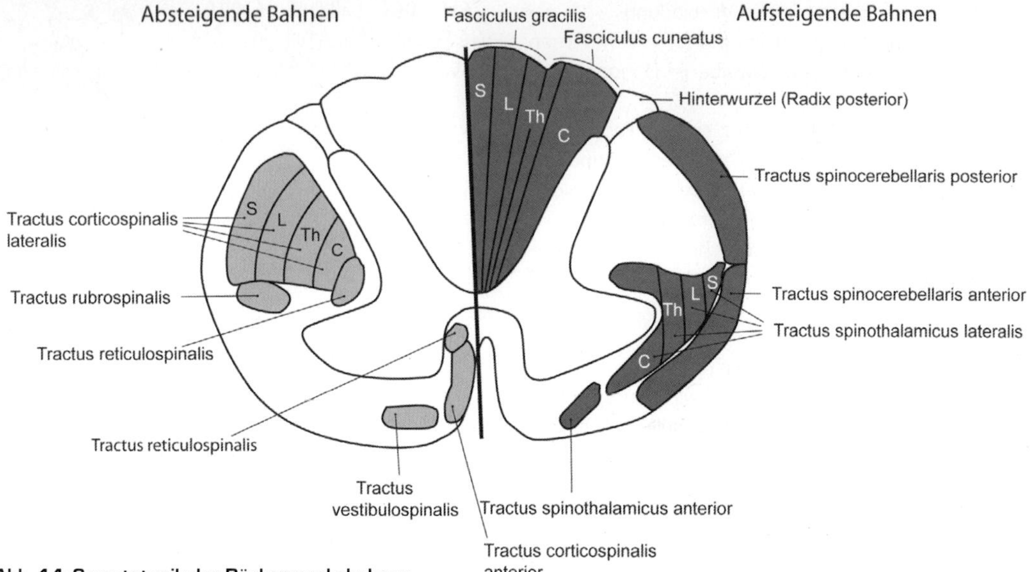

Abb. 14: Somatotopik der Rückenmarksbahnen

4.7 Gefäßversorgung

Das Rückenmark wird durch drei längs verlaufende Arterien mit Blut versorgt. Die A. spinalis anterior läuft in der Fissura longitudinalis anterior. Sie entspringt aus den beiden Aa. vertebrales. Dorsal verlaufen zwei Aa. spinales posteriores, die aus den Aa. posteriores inferiores cerebelli entspringen. Besonders im Bereich der Intumeszenzen (= Verdickungen) sichern Zuflüsse, die von den Interkostal- bzw. Lumbalarterien abstammen, die Blutversorgung.

DAS BRINGT PUNKTE

Bei Fragen zum Rückenmark könnt Ihr wieder gut mit diesem Faktenwissen punkten:

- Das Rückenmark ist ca. 40 - 45 cm lang, besteht aus acht Zervikal-, zwölf Thorakal-, fünf Lumbal- und fünf Sakralsegmenten.
- Das Rückenmark endet im Conus medullaris auf Höhe des ersten/zweiten Lendenwirbelkörpers.
- Dem Rückenmark selbst liegt die Pia mater an. Danach folgen nach außen Arachnoidea und Dura mater.
- Der Subarachnoidalraum ist der äußere Liquorraum des Rückenmarks und steht mit dem äußeren Liquorraum des Hirns in Verbindung.
- Im Querschnitt des Rückenmarks erkennt man graue (= Perikaryen) und weiße (= Bahnen) Substanz.
- Die graue Substanz gliedert sich in Hinterhorn (= Afferenzen), Vorderhorn (= Efferenzen) und Seitenhorn (= nur im Thorakal-, Lumbal- und Sakralmark, sympathisch oder parasympathisch).
- In der weißen Substanz unterscheidet man aufsteigende (= sensible) und absteigende (= motorische) Bahnen.

Aber wie so oft, lauern auch in diesem Kapitel kleinere Schwierigkeiten wie: „Wo wird die Bahn verschaltet, wo kreuzt sie?" Tabelle 8 soll euch helfen, diese Hürde zu nehmen.

Außerdem sind noch Fragen nach den verschiedenen Reflexen und den zugehörigen Bewegungssegmenten Physikumsdauerbrenner.

BASICS MÜNDLICHE

Was ist der Conus medullaris?
Kaudales Ende des Rückenmarks.

Wie viele Zervikalnervenpaare gibt es?
Acht.

Was ist ein Eigenreflex?
Reiz und Antwort erfolgen in einem Organ.

Kreuzen alle Pyramidenbahnfasern?
Ja. 90 % in der Pyramide, 10 % auf Segmentebene.

Was versteht man unter einer schlaffen Lähmung?
Eine schlaffe Lähmung ist immer eine periphere Lähmung, bei der der Muskel durch den peripheren Nerv nicht innerviert wird.

Was versteht man unter einer spastischen Lähmung?
Eine spastische Lähmung ist immer eine zentrale Lähmung; es kommt durch Tonussteigerung der Muskulatur zur gesteigerten Auslösbarkeit von Eigenreflexen.

ZEIT, DER LÄHMUNG EURER GESÄSSMUSKULATUR MIT EINER PAUSE VORZUBEUGEN...

Bahn	Qualität	Verschaltung/Kreuzung
sensibler Vorderseitenstrang (= Tractus spinothalamicus)	Schmerz, Temperatur, grobe Druck- und Tastempfindung (= protopathische Sensibilität)	segmentale Verschaltung mit nachfolgender Kreuzung über die Commissura alba
Hinterstrangbahnen (= Fasciculus gracilis et cuneatus)	fein differenzierte Tastwahrnehmung und Propriozeption (= epikritische Sensibilität)	Verschaltung und Kreuzung erst im Hirnstamm
Kleinhirnseitenstrangbahnen	propriozeptive Impulse zum Kleinhirn	teilweise gekreuzt, teilweise ungekreuzt zum Kleinhirn
Pyramidenbahn (= Tractus corticospinalis)	feinmotorische Innervation der distalen Extremitätenmuskulatur	90% kreuzen im Bereich der Medulla oblongata, 10% kreuzen später
extrapyramidale Bahnen (Ursprung in den Hirnnervenkernen)	grobmotorische Innervation der proximalen Extremitätenmuskulatur	

Tabelle 8: Wichtigste Bahnen, ihre Faserqualitäten sowie Verschaltung und Kreuzung

5 Makroskopie des Gehirns

In diesem Kapitel werden die grundlegenden makroskopischen Strukturen dargestellt, die ihr am kompletten und sagittal halbierten Gehirn erkennen solltet. Auf erklärenden Text wurde hier weitestgehend verzichtet, da die wesentlichen Strukturen im vorangegangenen und nachfolgenden Text erklärt werden.

5.1 Topographische Achsen

Wie bereits in Abschnitt 2.1.3, Seite 9 erwähnt, kommt es durch das unterschiedlich schnelle Wachstum der Hirnbläschen zu einem Abkippen des Neuralrohrs nach vorn zwischen Mittel- und Zwischenhirn um ca. 60°. Damit ergeben sich unterschiedliche topographische Bezeichnungen für Hirnstamm sowie Zwischen- und Großhirn.

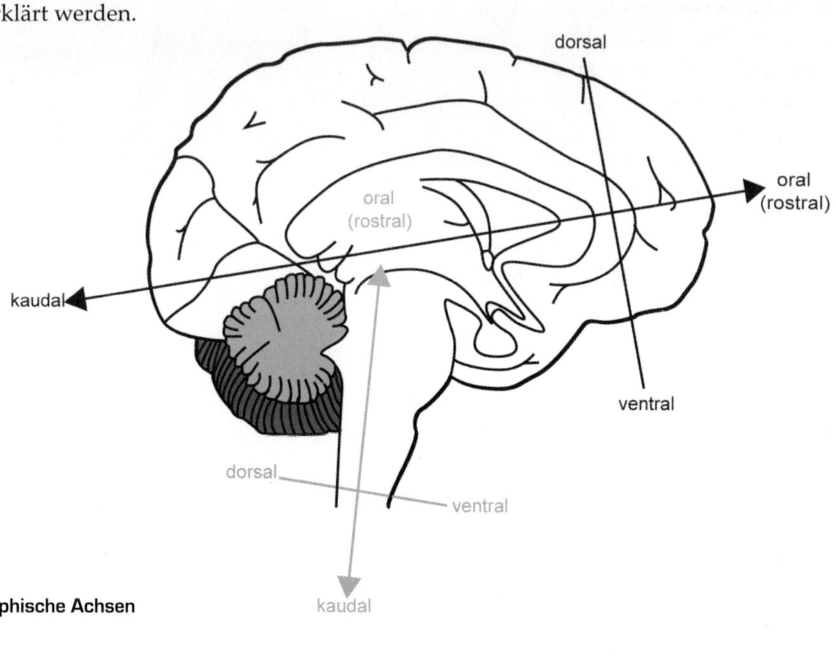

Abb.15: Topographische Achsen

5.2 Lateralansicht des Gehirns

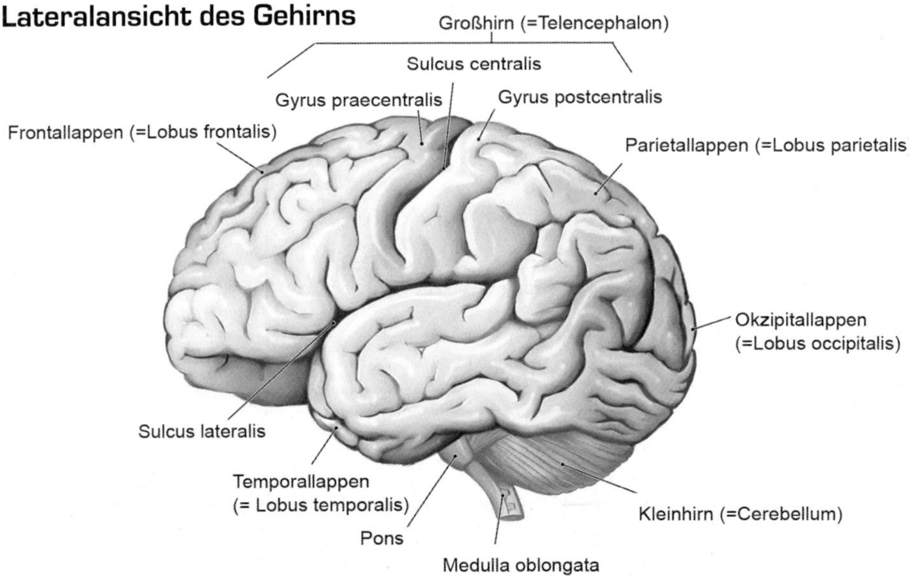

Abb. 16: Lateralansicht des Gehirns

5.3 Basalansicht des Gehirns

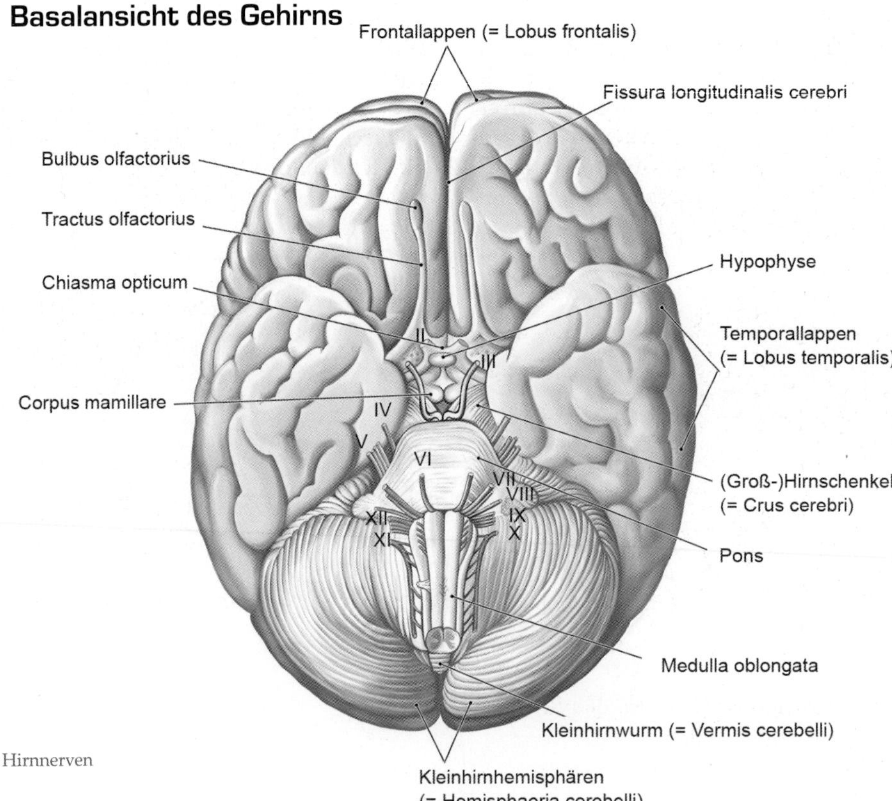

II-XII = Hirnnerven

Abb. 17: Basalansicht des Gehirns

5.4 Medialansicht des Gehirns

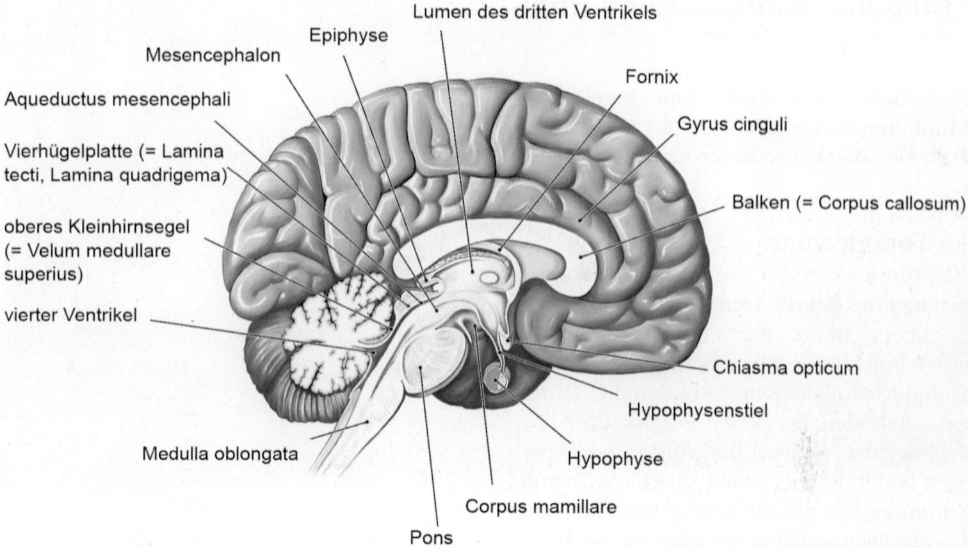

Abb. 18: Medialansicht des Gehirns

DAS BRINGT PUNKTE

Auch wenn es euch nicht gefällt... hier hilft nur Lernen, Lernen, Lernen. Versucht makroskopisch den Überblick zu behalten und die Strukturen zu benennen, dann könnt ihr daraus deren Lage zueinander ableiten. Damit lassen sich die meisten Fragen auch schon beantworten. Echte Prüfungslieblinge gibt es hier nicht.

BASICS MÜNDLICHE

Makroskopische Fragen werden gern an den Anfang einer mündlichen Prüfung gestellt. Damit kann der Prüfer schnell Faktenwissen (am Präparat lernen...) abfragen und dies als Einstieg in anspruchsvollere Themen nutzen.
An dieser Stelle - repräsentativ für alle anderen Strukturen - hier als Beispiel die Medulla oblongata:

Wie heißt diese Struktur? (Prüfer zeigt am Präparat auf die Medulla oblongata...)
Medulla oblongata.

Welche Funktion hat die Medulla oblongata?
Hier kreuzt der größe Teil der Pyramidenbahnen (= motorische Fasern) und ca. 80% der sensiblen Fasern. Außerdem enthält sie Anhäufungen von Nervenzellkernen (= graue Substanz, substantia grisea) mit lebenswichtigen vegetativen Zentren für Stoffwechsel, Atmung, Herzschlag, Blutgefäßweite, Reflexe (= Husten, Niesen, Brechen, Schlucken, Lidschluss, Saugen des Säuglings). Des Weiteren liegen hier auch die Ursprungskerne der Hirnnerven VIII – XII.

Wodurch wird die Medulla oblongata begrenzt?
Die Medulla oblongata reicht per definitionem von der Pons (= cranial) bis zum Abgang des ersten Zervikalnervs aus dem Rückenmark (= caudal).

Pluspunkte sammelt ihr übrigens bei jedem Prüfer, wenn ihr zum Zeigen von Strukturen eine Sonde oder Pinzette verwendet. Am besten umfahrt ihr die gefragten Strukturen und benennt die angrenzenden Strukturen. Faktenwissen wird vom Prüfer einfach vorausgesetzt und die Laune des Prüfers wird sicherlich kontinuierlich besser, je mehr ihr von euch aus (= unaufgefordert) erzählt. Also traut euch!

6 Medulla oblongata und Pons

Diese beiden Gebiete stehen topographisch sowie funktionell in engem Kontakt und werden deshalb hier zusammen besprochen.

6.1 Topographie

Per definitionem reicht die Medulla oblongata (= verlängertes Mark) vom Abgang des ersten Zervikalnervs bis zur Pons (= Brücke). Die Fasern der Pons haben alle einen queren Verlauf. Pons und Medulla oblongata bilden die Rautengrube, den Boden des vierten Ventrikels.
Mit Hilfe der beiden nachfolgenden Abbildungen könnt ihr euch einen Überblick über die Strukturen von der Medulla oblongata bis hin zum Diencephalon verschaffen. Auch hier hilft leider nur eins: Lernen am Präparat (s. a. IMPP-Bild 2 im Anhang S. 46)...

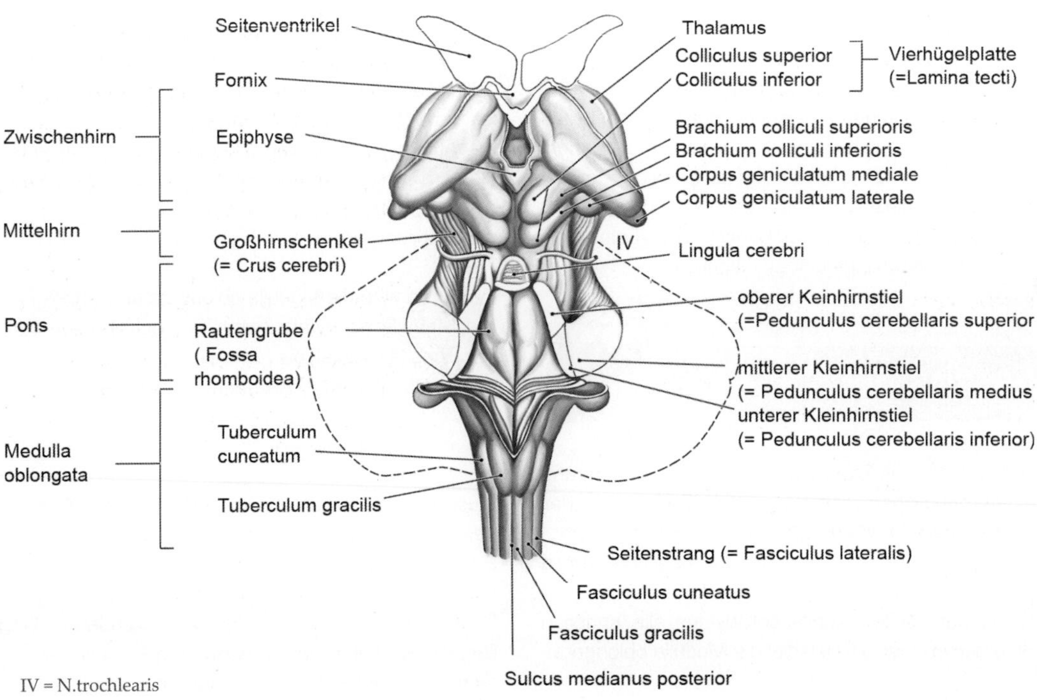

Abb. 19: Hirnstamm und Zwischenhirn von dorsocranial

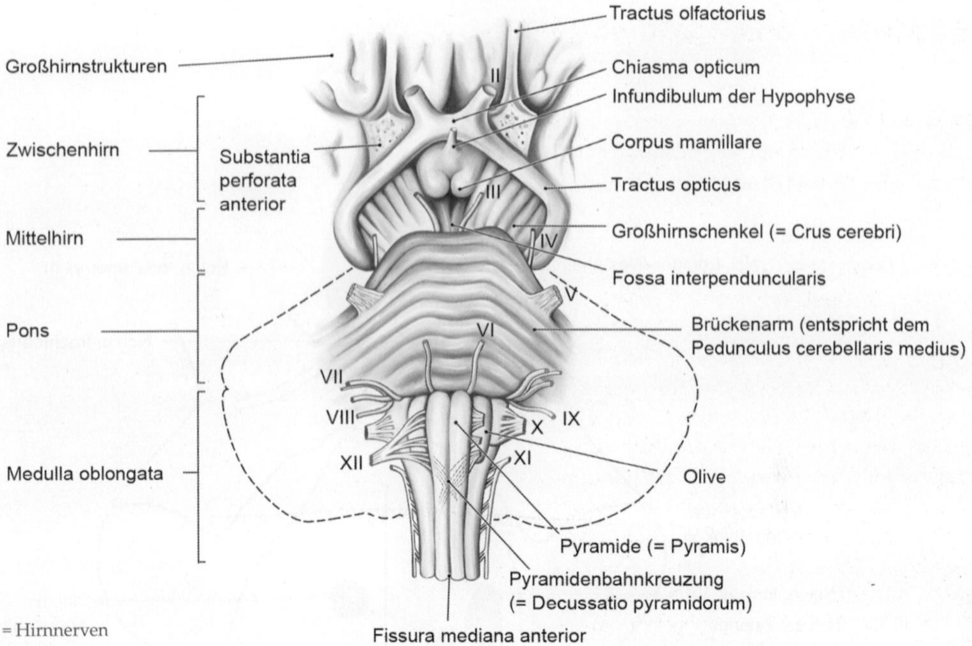

Abb. 20: Hirnstamm und Zwischenhirn von ventrobasal

6.2 Hirnnervenkerne

Die Hirnnerven wurden ja bereits in Kapitel 3, ab Seite 11 besprochen. Hier geht es deshalb nur um deren Kerngebiete.

MERKE:

Die Hirnnerven werden nach ihrem Austreten aus dem Gehirn nummeriert. Dabei beginnt die Zählung rostral am Großhirn (s. a. Abb. 20).

6.2.1 Lage der Hirnnervenkerne im Hirnstamm

Im Hirnstamm liegen die Kerngebiete der Hirnnerven III – X und XII. Die Kerne des N. olfactorius liegen an der Großhirnbasis, die des N. opticus im Zwischenhirn und die des N. accessorius im zervikalen Rückenmark.

MERKE:

Ein Hirnnerv kann mehrere Kerngebiete haben und mehrere Hirnnerven können ein Kerngebiet haben. Prinzipiell gilt: somatomotorische Kerne liegen mehr medial, somatosensible Kerne liegen mehr lateral. Viszeromotorische sowie viszerosensible Kerne liegen dazwischen.

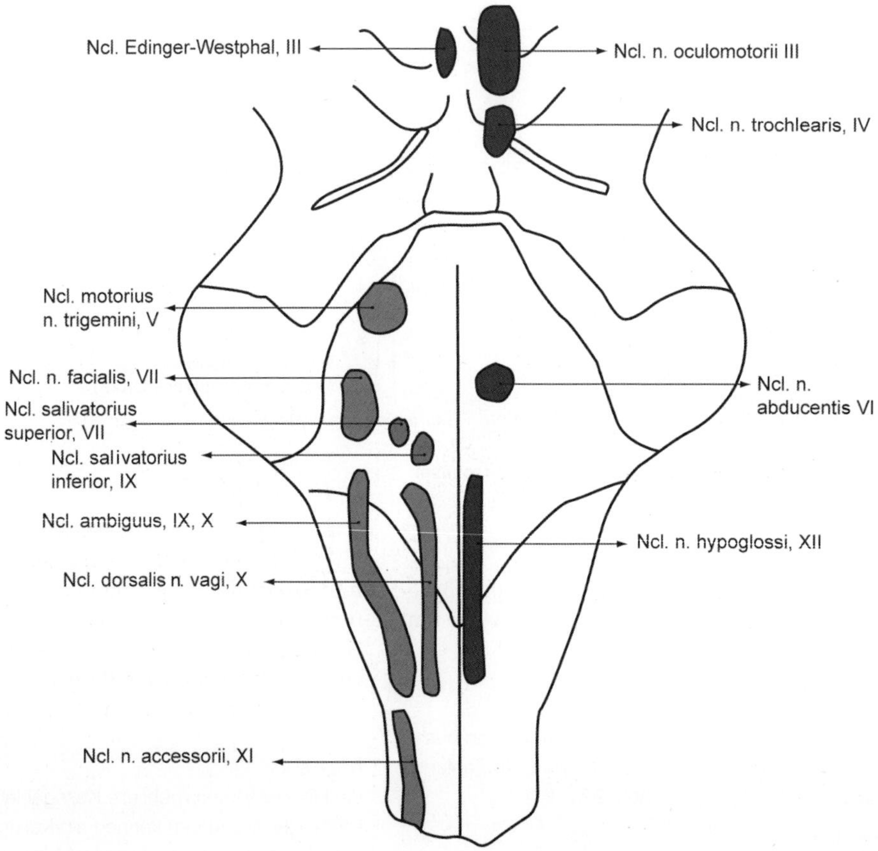

Abb. 21: Motorische Hirnnervenkerne

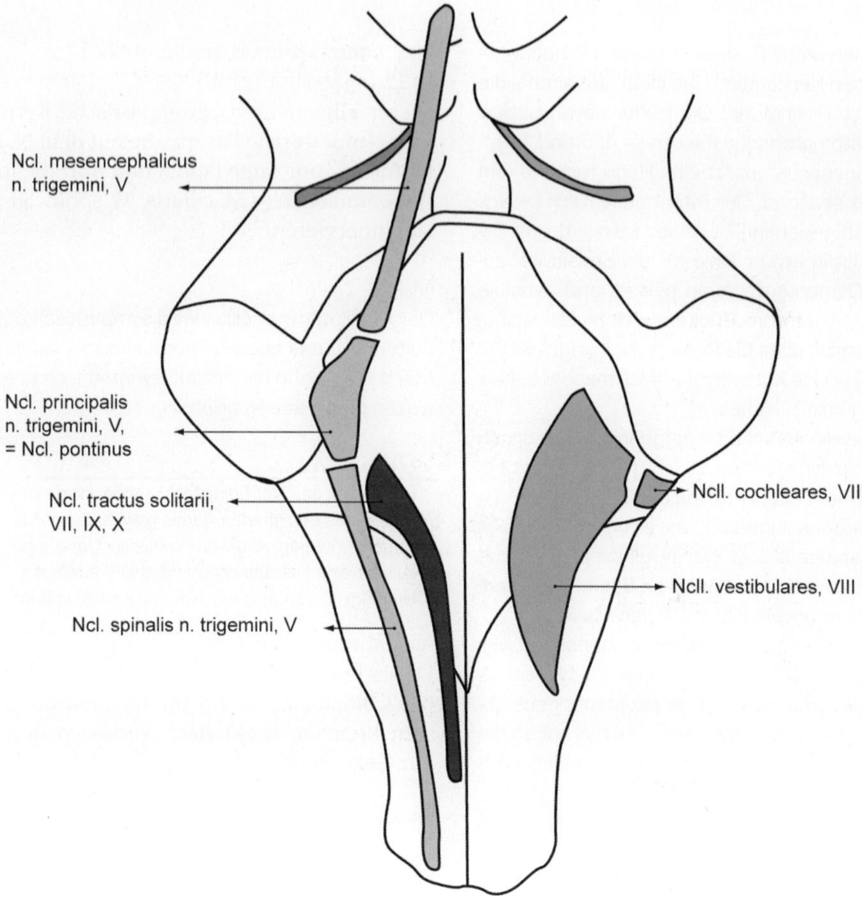

Abb. 22: Sensible Hirnnervenkerne

Puhh...
Bei den vielen Kernen und Nerven kann man ganz schön Nerven lassen. Deshalb hier mein Vorschlag, um die wichtigsten Kerngebiete strukturiert zu lernen:

MERKE:
- Die Hirnnerven 1, 2, 4, 6, 11 und 12 haben jeweils nur ein Kerngebiet. Das ist schon einmal die Hälfte aller Hirnnerven! Die Hälfte davon besitzt rein somatomotorische Fasern (= 4, 6 und 12).
- Der N. trigeminus besitzt eine Radix motoria und eine Radix sensoria. Der motorische Kern (= Ncl. motorius n. trigemini) ist relativ klein - der N. trigeminus ist in erster Linie für die Sensibilität zuständig. Dementsprechend gibt es drei sensible Kerngebiete, die vom **Rückenmark** (= Ncl. spinalis n. trigemini) über die **Pons** (= Ncl. principalis n. trigemini) bis ins **Mittelhirn** (= Ncl. mesencephalicus n. trigemini) reichen.
- Die parasympathischen Kopfganglien versorgen auch die Speicheldrüsen. Der N. facialis erhält Fasern aus dem „**oberen Speicheldrüsenkern**" (= Ncl. salivatorius superior), weil er **oberhalb** des N. glossopharyngeus liegt. Der N. glossopharyngeus erhält Fasern aus dem „**unteren Speicheldrüsenkern**", weil er **unterhalb** des N. facialis liegt.
- Um Geschmack wahrzunehmen, benötigen wir auch Nervenfasern. Diese laufen im N. facialis als Chorda tympani, im N. glossopharyngeus sowie im N. vagus. Alle drei Hirnnerven erhalten die Geschmacksfasern aus **einem Kerngebiet**, dem Ncll. tractus solitarii.
- Da der N. glossopharyngeus und der N. vagus topographisch eng benachbart verlaufen, haben sie auch gemeinsame Kerngebiete. Für die speziell-visceromotorischen Fasern ist dies der Ncl. ambiguus.
  Beide Hirnnerven haben aber auch sensible Anteile. Diese sind nicht so stark ausgeprägt wie beim N. trigeminus. Deshalb benötigen die sensiblen Anteile keine eigenen Kerngebiete (es reicht ja auch so schon!), sondern erhalten Fasern vom Ncl. spinalis n. trigemini.

Ncl. n. oculomotorii

Dieser somatomotorische Kern liegt kurz vor dem Aquädukt in Höhe der Colliculi superiores im Tegmentum mesencephali.

Übrigens...
Bei Lähmung dieses Kerngebiets steht das betroffene Auge nach lateral unten und das Augenlid hängt. Dementsprechend kommt es zu Doppelbildern. Da die beiden Oculomotorius-Kerngebiete eng beieinander liegen, treten die Symptome häufig beiderseits auf.

Ncl. accessorius n. oculomotorii (= Edinger-Westphal)

Dieser allgemein-viszeromotorische Kern führt parasympathische Fasern, die mit dem N. oculomotorius zum Auge laufen und dort die inneren Augenmuskeln (= M. ciliaris, M. sphincter pupillae) innervieren.

MERKE:
Der M. dilatator pupillae wird sympathisch aus dem Seitenhorn des oberen Thorakalmarks innerviert. Merkhilfe: Wenn dir jemand sympathisch erscheint, weiten sich deine Pupillen.

Übrigens...
Bei Ausfall des Ncl. Edinger-Westphal ist die Pupille des betroffenen Auges geweitet und das Auge ist unfähig, zu akkommodieren. Daraus resultiert eine Lichtüberempfindlichkeit sowie die Unfähigkeit, Dinge in der Nähe scharf zu sehen.

Ncl. n. trochlearis

Dieser rein somatomotorische Kern liegt in Höhe der Colliculi inferiores im Tegmentum. Die Fasern kreuzen direkt nach Verlassen des Kerns zur Gegenseite.

MERKE:
Der N. trochlearis ist der einzige Hirnnerv, der dorsal austritt.

Übrigens...
Bei Schädigung des Kerngebiets, fällt die kontralaterale Seite aus. Es kommt zu Doppelbildern, bedingt durch die Fehlstellung des Bulbus oculi (nach oben medial und Außenrotation). Häufiger ist die Schädigung des N. trochlearis. Dabei weist das ipsilaterale Auge die Fehlstellung auf.

Ncl. motorius n. trigemini

Dieser speziell-viszeromotorische Kern versorgt ausschließlich die Radix motoria des N. trigeminus. Die Fasern verlassen mit dem N. mandibularis die Schädelhöhle und innervieren die Kaumuskulatur.

Ncl. spinalis n. trigemini

Im allgemein-somatosensiblen Ncl. spinalis n. trigemini enden größtenteils Fasern der **protopathischen** Sensibilität (= Schmerz, Temperatur, grobe Berührungsempfindung) aus den Hirnnerven V, IX und X in somatotopischer Ordnung.

Ncl. principalis n. trigemini

Hier enden die Fasern für die **epikritische** Sensibilität (= feine Berührungsempfindung) des Gesichts.

Ncl. mesencephalicus n. trigemini

In diesem allgemein-somatosensiblen Kerngebiet des N. trigeminus enden die **propriozeptiven** Fasern der Kaumuskulatur.

Ncl. n. abducentis

Dieser rein somatomotorische Kern innerviert den M. rectus lateralis.

MERKE:
Damit immer beide Augen in die gleiche Richtung schauen, existiert eine Verbindung zum Ncl. n. oculomotorii, damit das kontralaterale Auge nach medial blicken kann.

Übrigens...
Bei Schädigung des Ncl. n. abducentis kommt es häufig zu einer kompletten Blicklähmung zur Seite der Schädigung.

Ncl. n. facialis

Dieser speziell-viszeromotorische Kern innerviert die Gesichtsmuskulatur. Seine Afferenzen aus dem Großhirnkortex lassen sich in zwei Teile gliedern. Ein Teil versorgt die Lidschluss- und Stirnmuskulatur, der andere Teil versorgt die restliche mimische Muskulatur.

MERKE:
Man unterscheidet zwischen zentraler und peripherer (= schlaffe Lähmung der betroffenen Seite) Fazialisparese (s. a. Kap. 3.8, S. 16 und Abb. 8, S. 17).

Ncll. tractus solitarii

Dieses sensorische Kerngebiet besteht aus mehreren Untergruppen und ist das einzige für Viszerosensibilität und **Geschmacksempfindungen**. Hier enden alle Geschmacksfasern von VII, IX und X. Ebenso enden hier Fasern aus den **Mechanorezeptoren** (vom Sinus caroticus), **Chemorezeptoren** (vom Glomus caroticum) und **Pressorezeptoren** (vom Aortenbogen).

Ncl. salivatorius superior

In diesem allgemein-viszeromotorischen Kern entspringen parasympathische Fasern zur Innervation der Tränen-, Nasen- Gaumen- sowie Sublingual- und Submandibulardrüsen.

MERKE:
Die parasympathischen (= allgemein-viszeromotorischen) Kerngebiete werden nicht durch den Großhirnkortex gesteuert, sondern über den Hypothalamus. Die Verbindung von Hypothalamus zum Hirnstamm erfolgt zum Großteil über den Fasciculus longitudinalis posterior.

Ncll. cochleares

In diesen sensorischen Kerngebieten enden Fasern, die Informationen aus dem Corti-Organ leiten. Die Efferenzen dieser Kerne bilden den **Lemniscus lateralis**, der zu den Colliculi inferiores des Mittelhirns zieht.

Ncll. vestibulares

Hier enden sensorische Fasern aus den Vestibularorgangen (= Sacculus, Utriculus und Bogengänge). Efferenzen ziehen zum Thalamus, Kleinhirn, zu den Augenmuskelkernen, der Formatio reticularis und dem Rückenmark.

MERKE:
Das Vestibularorgan hat drei Aufgaben:
- Regulation der Körperhaltung,
- Raumorientierung und
- Blickstabilisierung.

Eine Störung führt daher zu
- Gleichgewichtsstörungen,
- Schwindel und
- Nystagmus.

Um diesen wesentlichen Aufgaben gerecht zu werden, besitzen die Ncll. vestibulares Verbindungen zu verschiedenen Hirnstrukturen (s. Abb.23, S. 42). Besonders wichtig ist der **Tractus vestibulospinalis**. Um Fallbewegungen zu korrigieren, ist es sinnvoll, Streckbewegungen zu aktivieren und Beugebewegungen zu hemmen.

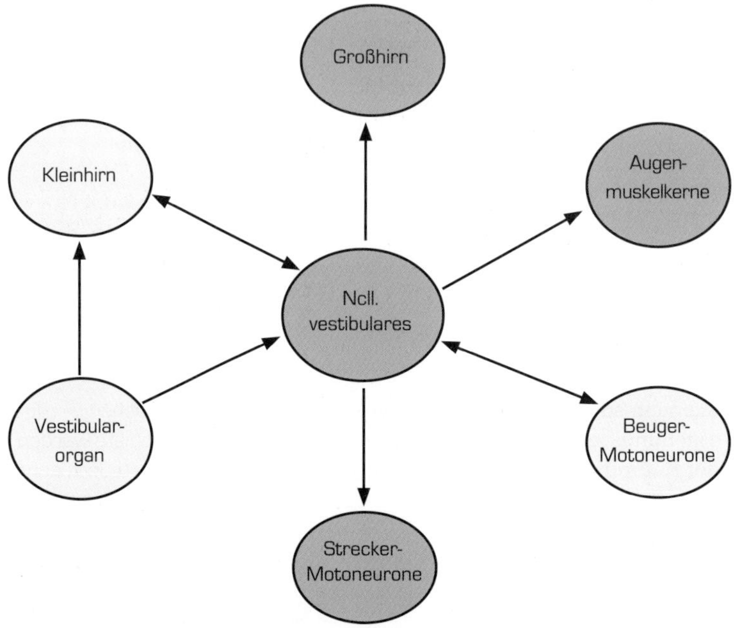

Abb. 23: Beziehungen der Ncll. vestibulares zu anderen Hirnstrukturen

Ncl. ambiguus

Dieser viszeromotorische Kern innerviert die Schlund- und Gaumenmuskulatur sowie die Kehlkopfmuskulatur.

Ncl. salivatorius inferior

Die viszeromotorischen (= parasympathischen) Fasern innervieren die Glandula parotis sekretorisch.

MERKE:

Es gibt zwei Kerngebiete für die sekretorische Innervation der Speicheldrüsen:

- Ncl. salivatorius superior (= Tränen-,Nasen-, Gaumen- sowie Sublingual- und Submandibulardrüsen)
- Ncl. salivatorius inferior (= Ohrspeicheldrüse)

Ncl. dorsalis n. vagi

Dieser viszeromotorische Kern innerviert parasympathisch den Körper vom Hals abwärts bis zur linken Kolonflexur.

Ncl. n. accessorii

Eigentlich handelt es sich beim N. accessorius um keinen echten Hirnnerv. Er entspringt aus dem zervikalen Rückenmark und hat seinen speziell-viszeromotorischen Kern im Vorderhorn des Zervikalmarkes von C1 bis C5 liegen.

Ncl. n. hypoglossi

Der somatomotorische Kern innerviert motorisch die Zungenmuskulatur.

MERKE:

Der N. hypoglossus ist der einzige Hirnnerv, der ventral der Olive austritt.

6.3 Kernkomplexe in Medulla oblongata und Pons

In Medulla oblongata und Pons liegen Kernkomplexe, die für die Feinabstimmung der Bewegung große Bedeutung haben. Die Efferenzen dieser Kerne stellen wesentliche Afferenzen des Kleinhirns dar.

6.3.1 Olivenkernkomplex

Lateral der Pyramiden liegen die Oliven mit den Olivenkernkomplexen (= Ncll. olivares inferiores), die für die Bewegungskoordination große Bedeutung haben.

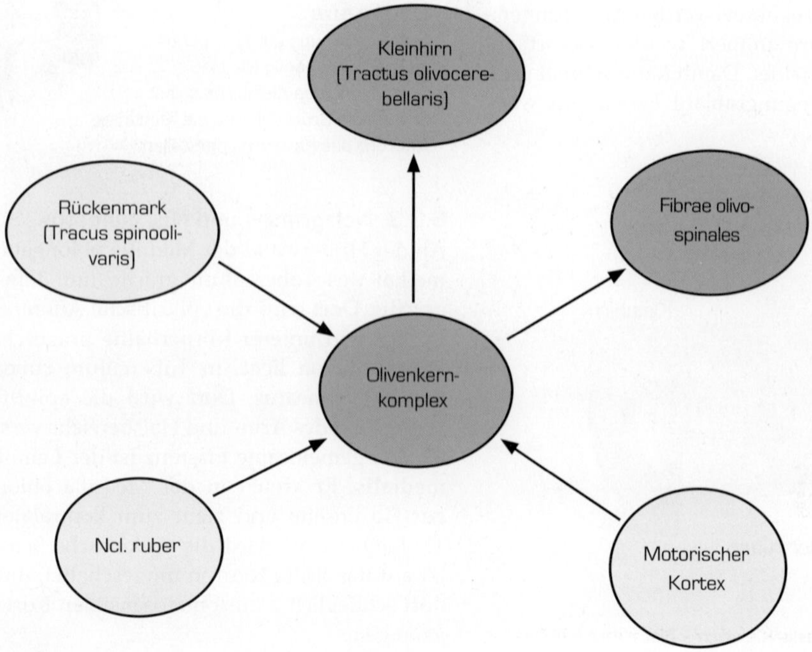

Abb. 24: Afferenzen und Efferenzen des Olivenkernkomplexes

Abbildung 24 zeigt die Afferenzen und Efferenzen des Olivenkernkomplexes. Der Tractus olivocerebellaris kreuzt zur Gegenseite, läuft durch den unteren Kleinhirnstiel in die kontralaterale Kleinhirnhälfte und endet als Kletterfasern. Die Olive spielt eine wichtige Rolle bei der **Koordination und Feinabstimmung von Präzisionsbewegungen**. Sie arbeitet eng mit dem Kleinhirn zusammen und vermittelt Impulse von Rückenmark und Großhirn sowie Ncl. ruber an das Kleinhirn.

Über einen Neuronenkreis werden Änderungen, die vom Kleinhirn initiiert werden, sofort an dieses zurückgemeldet. Damit kann schnell und effektiv der Bewegungsablauf beeinflusst werden.

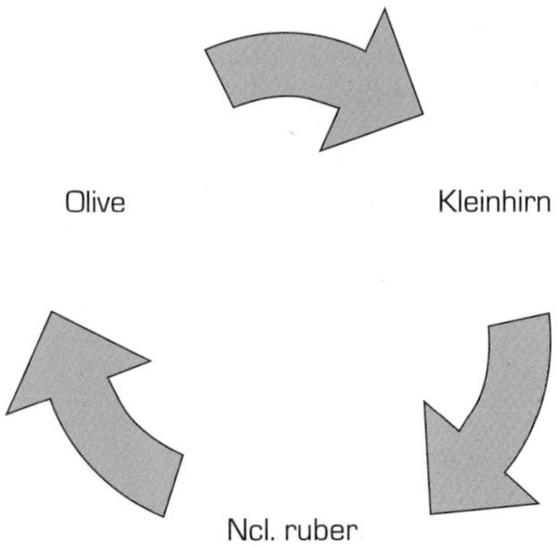

Abb. 25: Neuronenkreis Kleinhirn – Ncl. ruber – Olive - Kleinhirn

Übrigens...

Schädigungen der Olive führen zu Störungen des glatten Ablaufs von Bewegungen, Herabsetzung des Muskeltonus und gelegentlich Gang- und Standstörungen. Durch die enge Verknüpfung mit dem Kleinhirn haben sie viel mit den Störungen des Kleinhirns gemein (s. Skript Anatomie 3).

6.3.2 Ncll. pontis (= Brückenkerne)

Die Ncll. pontis liegen weit ventral im Pons und erhalten ihre Afferenzen größtenteils über den **Tractus corticopontinus**. Nach Kreuzung zur kontralateralen Seite projizieren die Brückenkerne über den mittleren Kleinhirnstiel ins Kleinhirn.

Sie spielen eine noch wichtigere Rolle in der Funktion des Kleinhirns als die Oliven. Ihre Afferenzen erhalten die Brückenkerne vom Assoziationskortex, Impulse zur Feinabstimmung geben sie als Efferenzen an das Kleinhirn weiter.

Übrigens...

Eine Schädigung der Ncll. pontis sieht klinisch häufig wie eine Schädigung des Kleinhirns selbst aus, da die Brückenkerne die wichtigste Afferenz des Kleinhirns darstellen.

6.3.3 Ncl. gracilis und Ncl. cuneatus

An der Hinterwand der Medulla oblongata liegt medial das Tuberculum gracile mit dem Ncl. gracilis. Dort wird die epikritische Afferenz von Rumpf und unterer Körperhälfte umgeschaltet. Lateral davon liegt im Tuberculum cuneatum der Ncl. cuneatus. Dort wird die epikritische Sensibilität des Arm- und Halsbereichs verschaltet. Die gemeinsame Efferenz ist der **Lemniscus medialis**. Er kreuzt in der Medulla oblongata zur Gegenseite und zieht zum kontralateralen Thalamus. Dort wird die epikritische Sensibilität auf das dritte Neuron umgeschaltet, um von dort schließlich zum somatosensiblen Kortex zu gelangen.

DAS BRINGT PUNKTE

Häufig waren Fragen zu den Ncll. tractus solitarii. Dazu solltet ihr unbedingt wissen, dass

- sie das einzige Zentrum für Viszerosensibilität und **Geschmacksempfindungen** über VII, IX und X sind.
- dort Fasern aus **Mechanorezeptoren** (aus dem Sinus caroticus über IX) und **Chemorezeptoren** (aus dem Glomus caroticum über IX) enden.
- dorthin über den N. vagus sensible Informationen aus Lunge, Trachea, Ösophagus und Epiglottis gelangen.

Einige Fragen kamen auch zum Ncl. ambiguus. Hier ließ sich mit folgenden Fakten punkten:

- Der Ncl. ambiguus ist das Kerngebiet für den N. glossopharyngeus und den N. vagus.
- Der Ncl. ambiguus innerviert Schlund-, Gaumen- und Kehlkopfmuskulatur viszeromotorisch.

Weiterhin gern gefragt wurde zu den Hinterstrangbahnen und –kernen, dass

- der Ncl. gracilis die epikritische Afferenz von Rumpf und unterer Körperhälfte empfängt und
- der Ncl. cuneatus die epikritische Afferenz des Arm- und Halsbereichs ist.
- der **Lemniscus medialis** die gemeinsame Efferenz ist.

Wer die Makroskopie drauf hat, kann mit der Benennung von Hirnnerven und Kerngebieten auch gut punkten. Bislang wurden hier verschiedenste Bildbeilagen gebracht, auf denen ihr den Nerv erkennen solltet. Wichtig sind auch die einzelnen Informationsqualitäten und Kerngebiete.

Leider ist das auch wieder eine lern- und zeitintensive Aufgabe. Aber wenn ihr das drauf habt, könnt ihr euch die Informationsqualitäten der Hirnnerven herleiten und damit auch die Fragen problemlos lösen.

BASICS MÜNDLICHE

Welches Kerngebiet ist für die Geschmacksempfindung zuständig?
Ncll. tractus solitarii.

Kann man eine Schädigung des N. glossopharyngeus von einer Schädigung seiner Kerngebiete unterscheiden?
Periphere Schädigung: kompletter Ausfall von Sensorik, Sensibilität, Visceromotorik und Somatomotorik.
Der N. IX besitzt 4 Kerngebiete. Bei Ausfall eines Kerngebiets fällt auch nur dessen Funktion aus.

Welcher Hirnnerv ist kein echter Hirnnerv und warum?
Der N. XI. Er entspringt aus dem Ncl. accessorii im Vorderhorn des Cervicalmarks C1-C5. Lediglich seine Radix cranialis aus dem Ncl. ambiguus zieht durch das Foramen jugulare zum N. vagus.

Welche Qualität haben die am weitesten lateral/medial liegenden Hirnnervenkerne?
lateral - somatosensibel
medial - somatomotorisch

Hat jeder Hirnnerv ein eigenes Kerngebiet?
Nein! Die Hirnnerven haben verschiedene Faserqualitäten aus verschiedenen Hirnnervenkernen.

Woran kann man den Ausfall des Ncl. n. abducentis bzw. des N. abducens klinisch unterscheiden?
Kernschädigung: Koordination beider Augen gestört - Doppelbilder
periphere Schädigung: Koordination nur 1 Auges gestört - Doppelbilder

BEVOR IHR GLEICH ALLES DOPPELT SEHT, GÖNNT EUCH EINE PAUSE...

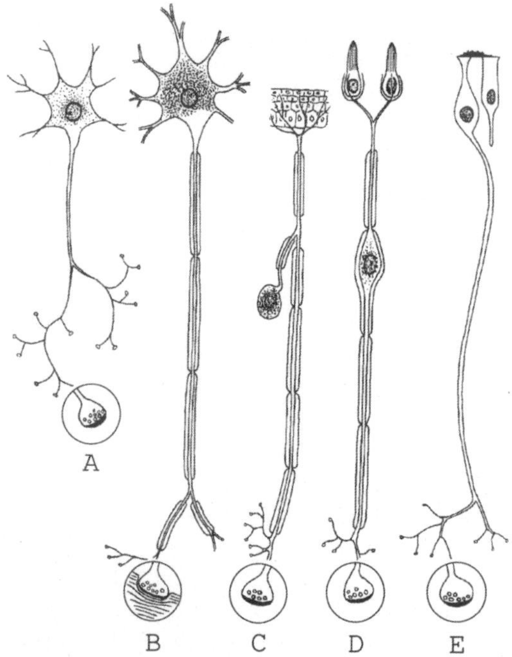

A multipolares Neuron
B multipolares Motoeuron, dessen Zellkörper im ZNS liegt
C pseudounipolares Neuron, dessen Zellkörper im Spinalganglion liegt
D bipolares Neuron, dessen Zellkörper z.B. im Ganglion vestibulare liegt
E unipolares Neuron, dessen Zellkörper z.B. im Riechepithel liegt

IMPP-Bild 1: Neuronentypen
www.medi-learn.de/skrbild035
© IMPP

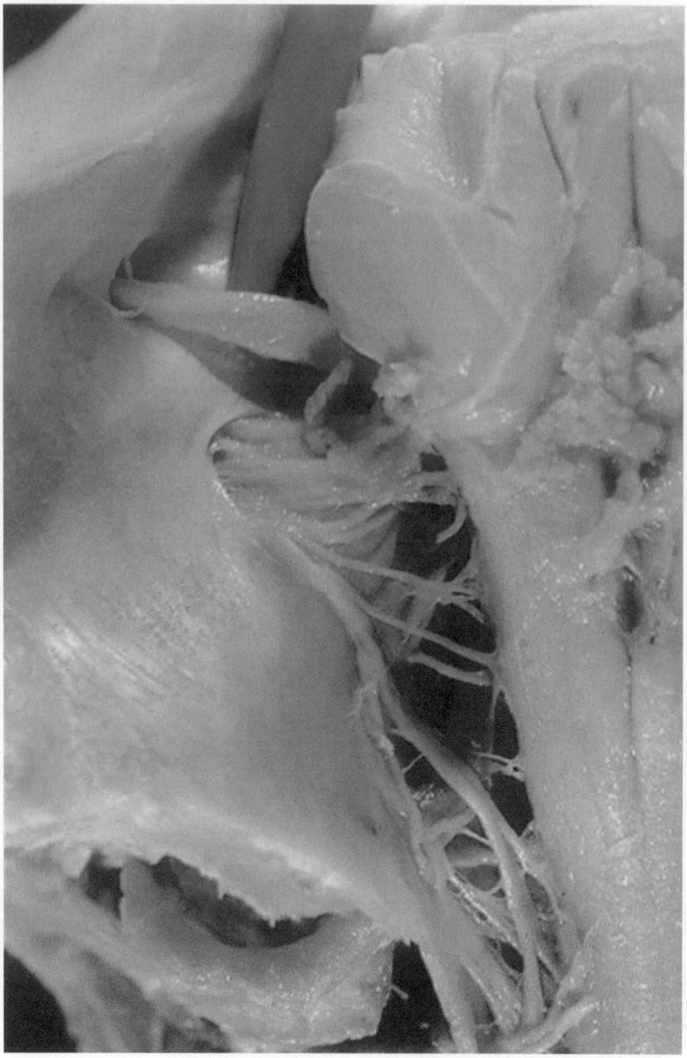

IMPP-Bild 2: Hirnstamm von dorsal
www.medi-learn.de/skrbild036
© IMPP

Diese Abbildung zeigt den Hirnstamm von dorsal, wobei das Kleinhirn entfernt ist. Auf der Sonde liegt der N. facialis, darunter befinden sich der N. glossopharyngeus und der N. vagus. Am rechten Bildrand sieht man die Rautengrube.

Index

Diese und über 600 weitere Cartoons gibt es in unseren Galerien unter:

www.Rippenspreizer.com

Eure Meinung ist gefragt

Unser Ziel ist es, euch ein perfektes Skript zur Verfügung zu stellen. Wir haben uns sehr bemüht, alle Inhalte korrekt zu recherchieren und alle Fehler vor Drucklegung zu finden und zu beseitigen. Aber auch wir sind nur Menschen: Möglicherweise sind uns einige Dinge entgangen. Um euch mit zukünftigen Auflagen ein optimales Skript bieten zu können, bitten wir euch um eure Mithilfe.

Sagt uns, was euch aufgefallen ist, ob wir Stolpersteine übersehen haben oder ggf. Formulierungen präzisieren sollten. Darüber hinaus freuen wir uns natürlich auch über positive Rückmeldungen aus der Leserschaft.

Eure Mithilfe ist für uns sehr wertvoll und wir möchten euer Engagement belohnen: Unter allen Rückmeldungen verlosen wir einmal im Semester Fachbücher im Wert von 250,- EUR. Die Gewinner werden auf der Webseite von MEDI-LEARN unter www.medi-learn.de bekannt gegeben.

Schickt eure Rückmeldungen einfach per Post an MEDI-LEARN, Dorfstraße 57, 24107 Kiel-Ottendorf oder tragt sie im Internet in ein spezielles Formular ein, das ihr unter der folgenden Internetadresse findet: www.medi-learn.de/rueckmeldungen

Vielen Dank
Euer MEDI-LEARN Team

TUBUS ?!
ICH HÄTTE SCHWÖREN KÖNNEN,
DU HÄTTEST HUMUS GESAGT...
1A HUMUS
NA
Mehr Cartoons unter:
www.rippenspreizer.de

OKAY - WER VON
EUCH PENNERN HAT HIER
GLUCOSE IN DEN SEIFENSPENDER
GETAN ?!
NOTARZT
Mehr Cartoons unter:
www.rippenspreizer.de

NÄCHSTES JAHR
WIRD KEINERLEI
KRANKHEIT IHREN
WEG KREUZEN...
DAS IST DOOF,
ICH BIN NÄMLICH
ARZT!!
Mehr Cartoons unter:
www.rippenspreizer.de

Anatomie Band 3

ZNS, Teil 2

4., komplett überarbeitete Auflage

Autor: Andreas Martin

Herausgeber:
MEDI-LEARN Verlag GbR
Elisabethstr. 9, 35037 Marburg/Lahn

Herstellung:
MEDI-LEARN Kiel
Dorfstraße 57, 24107 Ottendorf
Tel: 0431/78025-0, Fax: 0431/78025-262
E-Mail: redaktion@medi-learn.de, www.medi-learn.de

Verlagsredaktion: Dr. Waltraud Haberberger, Jens Plasger, Christian Weier, Tobias Happ
Fachlicher Beirat: PD Dr. Rainer Haberberger
Lektorat: Eva Drude
Grafiker: Irina Kart, Dr. Günter Körtner, Alexander Dospil, Christine Marx
Layout und Satz: Fritz Ramcke, Kristina Junghans
Illustration: Daniel Lüdeling, Rippenspreizer.com
Druck: Druckerei Wenzel, Marburg

4. Auflage 2011

Teil 3 des Anatomiepaketes, nur im Paket erhältlich
ISBN-13: 978-3-938802-71-7

Wichtiger Hinweis für alle Leser

Die Medizin ist als Naturwissenschaft ständigen Veränderungen und Neuerungen unterworfen. Sowohl die Forschung als auch klinische Erfahrungen führen dazu, dass der Wissensstand ständig erweitert wird. Dies gilt insbesondere für medikamentöse Therapie und andere Behandlungen. Alle Dosierungen oder Angaben in diesem Buch unterliegen diesen Veränderungen.
Obwohl das MEDI-LEARN-Team größte Sorgfalt in Bezug auf die Angabe von Dosierungen oder Applikationen hat walten lassen, kann es hierfür keine Gewähr übernehmen. Jeder Leser ist angehalten, durch genaue Lektüre der Beipackzettel oder Rücksprache mit einem Spezialisten zu überprüfen, ob die Dosierung oder die Applikationsdauer oder -menge zutrifft. **Jede Dosierung oder Applikation erfolgt auf eigene Gefahr des Benutzers**. Sollten Fehler auffallen, bitten wir dringend darum, uns darüber in Kenntnis zu setzen.

Vorwort

Liebe Leserinnen und Leser,
da ihr euch entschlossen habt, den steinigen Weg zum Medicus zu beschreiten, müsst ihr euch früher oder später sowohl gedanklich als auch praktisch mit den wirklich üblen Begleiterscheinungen dieses ansonsten spannenden Studiums auseinander setzen, z.B. dem Physikum.
Mit einer Durchfallquote von ca. 25% ist das Physikum die unangefochtene Nummer eins in der Hitliste der zahlreichen Selektionsmechanismen.
Grund genug für uns, euch durch die vorliegende Skriptenreihe mit insgesamt 32 Bänden fachlich und lernstrategisch unter die Arme zu greifen. Die 31 Fachbände beschäftigen sich mit den Fächern Physik, Physiologie, Chemie, Biochemie, Biologie, Histologie, Mathe, Anatomie und Psychologie/Soziologie. Ein gesonderter Band der MEDI-LEARN Skriptenreihe widmet sich ausführlich den Themen Lernstrategien, MC-Techniken und Prüfungsrhetorik.
Aus unserer langjährigen Arbeit im Bereich professioneller Prüfungsvorbereitung sind uns die Probleme der Studenten im Vorfeld des Physikums bestens bekannt. Angesichts des enormen Lernstoffs ist klar, dass nicht 100% jedes Prüfungsfachs gelernt werden können. Weit weniger klar ist dagegen, wie eine Minimierung der Faktenflut bei gleichzeitiger Maximierung der Bestehenschancen zu bewerkstelligen ist.
Mit der MEDI-LEARN Skriptenreihe zur Vorbereitung auf das Physikum haben wir dieses Problem für euch gelöst. Unsere Autoren haben durch die Analyse der bisherigen Examina den examensrelevanten Stoff für jedes Prüfungsfach herausgefiltert. Auf diese Weise sind Skripte entstanden, die eine kurze und prägnante Darstellung des Prüfungsstoffs liefern.
Um auch den mündlichen Teil der Physikumsprüfung nicht aus dem Auge zu verlieren, wurden die Bände jeweils um Themen ergänzt, die für die mündliche Prüfung von Bedeutung sind.
Zusammenfassend können wir feststellen, dass die Kenntnis der in den Bänden gesammelten Fachinformationen genügt, um das Examen gut zu bestehen.
Grundsätzlich empfehlen wir, die Examensvorbereitung in drei Phasen zu gliedern. Dies setzt voraus, dass man mit der Vorbereitung schon zu Semesterbeginn (z.B. im April für das August-Examen bzw. im Oktober für das März-Examen) startet. Wenn nur die Semesterferien für die Examensvorbereitung zur Verfügung stehen, sollte direkt wie unten beschrieben mit Phase 2 begonnen werden.

- **Phase 1:** Die erste Phase der Examensvorbereitung ist der **Erarbeitung des Lernstoffs** gewidmet. Wer zu Semesterbeginn anfängt zu lernen, hat bis zur schriftlichen Prüfung je **drei Tage für die Erarbeitung jedes Skriptes** zur Verfügung. Möglicherweise werden einzelne Skripte in weniger Zeit zu bewältigen sein, dafür bleibt dann mehr Zeit für andere Themen oder Fächer. Während der Erarbeitungsphase ist es sinnvoll, einzelne Sachverhalte durch die punktuelle Lektüre eines Lehrbuchs zu ergänzen. Allerdings sollte sich diese punktuelle Lektüre an den in den Skripten dargestellten Themen orientieren!
Zur **Festigung des Gelernten** empfehlen wir, bereits in dieser ersten Lernphase **themenweise zu kreuzen**. Während der Arbeit mit dem Skript Anatomie sollen z.B. beim Thema „Kleinhirn" auch schon Prüfungsfragen zu diesem Thema bearbeitet werden. Als Fragensammlung empfehlen wir in dieser Phase die „Schwarzen Reihen". Die jüngsten drei Examina sollten dabei jedoch ausgelassen und für den Endspurt (= Phase 3) aufgehoben werden.

- **Phase 2**: Die zweite Phase setzt mit Beginn der Semesterferien ein. Zur **Festigung und Vertiefung des Gelernten** empfehlen wir, **täglich ein Skript zu wiederholen und parallel examensweise das betreffende Fach zu kreuzen**. Während der Bearbeitung der Anatomie (hierfür sind sieben bis acht Tage vorgesehen) empfehlen wir, pro Tag jeweils ALLE Anatomiefragen eines Altexamens zu kreuzen. Bitte hebt euch auch hier die drei aktuellsten Examina für Phase 3 auf.
Der Lernzuwachs durch dieses Verfahren wird von Tag zu Tag deutlicher erkennbar. Natürlich wird man zu Beginn der Arbeit im Fach Anatomie durch die tägliche Bearbeitung eines kompletten Examens mit Themen konfrontiert, die möglicherweise erst in den kommenden Tagen wiederholt werden. Dennoch ist diese Vorgehensweise sinnvoll, da die Vorab-Beschäftigung mit noch zu wiederholenden Themen deren Verarbeitungstiefe fördert.

- **Phase 3:** In der dritten und letzten Lernphase sollten **die aktuellsten drei Examina tageweise gekreuzt** werden. Praktisch bedeutet dies, dass im tageweisen Wechsel Tag 1 und Tag 2 der aktuellsten Examina bearbeitet werden sollen. Im Bedarfsfall können einzelne Prüfungsinhalte in den Skripten nachgeschlagen werden.

- Als **Vorbereitung auf die mündliche Prüfung** können die in den Skripten enthaltenen „Basics fürs Mündliche" wiederholt werden.

Wir wünschen allen Leserinnen und Lesern eine erfolgreiche Prüfungsvorbereitung und viel Glück für das bevorstehende Examen!

Euer MEDI-LEARN-Team

Online-Service zur Skriptenreihe

Die mehrbändige MEDI-LEARN Skriptenreihe zum Physikum ist eine wertvolle fachliche und lernstrategische Hilfestellung, um die berüchtigte erste Prüfungshürde im Medizinstudium sicher zu nehmen.
Um die Arbeit mit den Skripten noch angenehmer zu gestalten, bietet ein spezieller Online-Bereich auf den MEDI-LEARN Webseiten ab sofort einen erweiterten Service. Welche erweiterten Funktionen ihr dort findet und wie ihr damit zusätzlichen Nutzen aus den Skripten ziehen könnt, möchten wir euch im Folgenden kurz erläutern.

Volltext-Suche über alle Skripte
Sämtliche Bände der Skriptenreihe sind in eine Volltext-Suche integriert und bequem online recherchierbar: Ganz gleich, ob ihr fächerübergreifende Themen noch einmal Revue passieren lassen oder einzelne Themen punktgenau nachschlagen möchtet: Mit der Volltext-Suche bieten wir euch ein Tool mit hohem Funktionsumfang, das Recherche und Rekapitulation wesentlich erleichtert.

Digitales Bildarchiv
Sämtliche Abbildungen der Skriptenreihe stehen euch auch als hochauflösende Grafiken zum kostenlosen Download zur Verfügung. Das Bildmaterial liegt in höchster Qualität zum großformatigen Ausdruck bereit. So könnt ihr die Abbildungen zusätzlich beschriften, farblich markieren oder mit Anmerkungen versehen. Ebenso wie der Volltext sind auch die Abbildungen über die Suchfunktion recherchierbar.

Errata-Liste
Sollte uns trotz eines mehrstufigen Systems zur Sicherung der inhaltlichen Qualität unserer Skripte ein Fehler unterlaufen sein, wird dieser unmittelbar nach seinem Bekanntwerden im Internet veröffentlicht. Auf diese Weise ist sicher gestellt, dass unsere Skripte nur fachlich korrekte Aussagen enthalten, auf die ihr in der Prüfung verlässlich Bezug nehmen könnt.

Den Onlinebereich zur Skriptenreihe findet ihr unter www.medi-learn.de/skripte

1 Mittelhirn (= Mesencephalon)

Das Mittelhirn bildet zusammen mit der Medulla oblongata und der Pons (= Brücke) den Hirnstamm. Es ist der kleinste Hirnabschnitt und besteht überwiegend aus weißer Substanz (= Fasern). Daneben enthält er noch die Kerngebiete für den III. und IV. Hirnnerv.

1.1 Topographie

Das Mittelhirn grenzt nach kaudal an den Pons und nach kranial an das Zwischenhirn (= Diencephalon). Vorne liegen die Crura cerebri (= Hirnschenkel), dahinter das Tegmentum (= Haube) und schließlich dorsal die Lamina tecti (= Lamina quadrigemina oder Vierhügelplatte). Zwischen Tegmentum und Tectum mesencephali liegt der Aquaeductus mesencephali. Er verbindet den dritten mit dem vierten Ventrikel.

1.2 Tectum mesencephali

Die Vierhügelplatte besteht, wie der Name schon sagt, aus vier Hügeln. Die zwei Colliculi superiores sind ein optisches Reflexzentrum, während die zwei Colliculi inferiores einen Teil der Hörbahn darstellen.

1.2.1 Colliculi superiores

In den zwei oberen Hügeln liegen Kerne, die bei der Verschaltung optischer Reflexe eine wichtige Rolle spielen. Dementsprechend kommt es bei einer Schädiung dieser Gebiete zur Störung der reflektorischen Augenbewegungen und der Augenschutzreflexe, NICHT aber zu Störungen der Bilderkennung.

Die Afferenzen und Efferenzen der Colliculi superiores sind in Abb. 2, S. 2 dargestellt.

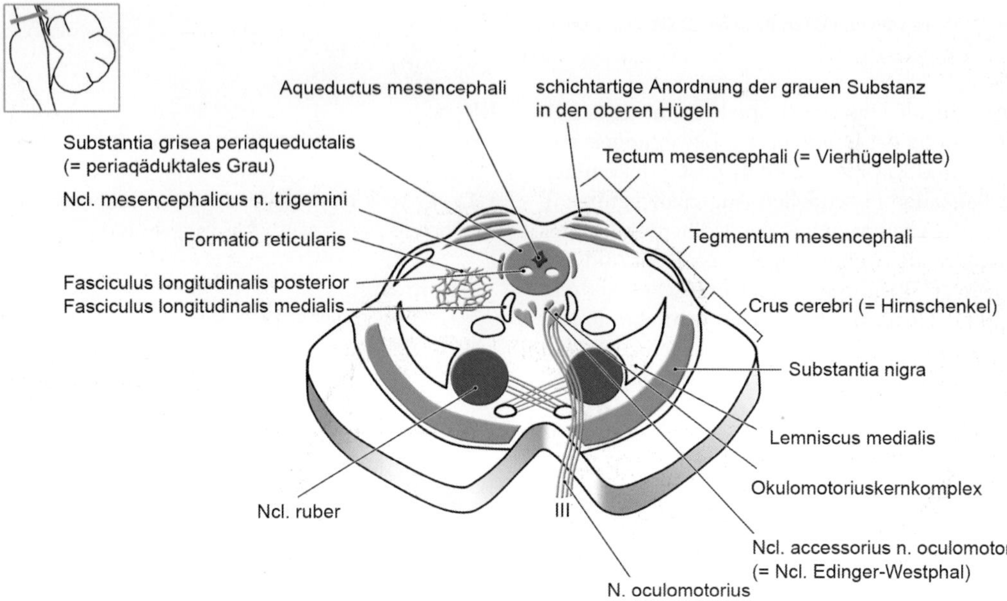

Abb. 1: Querschnitt durch das Mittelhirn in Höhe der Colliculi superiores

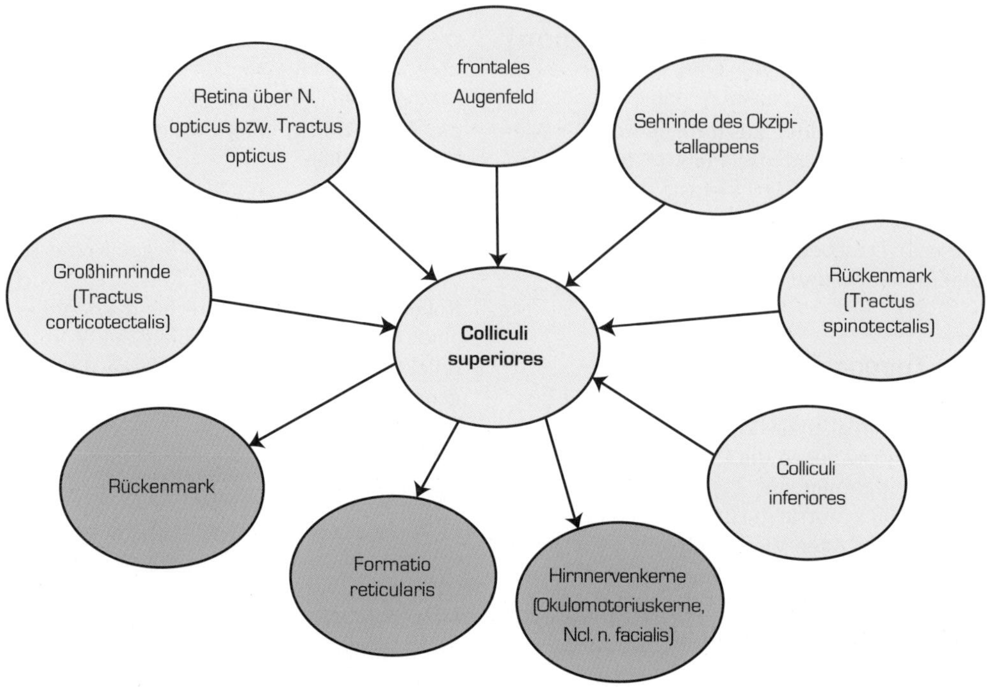

Abb. 2: Afferenzen und Efferenzen der Colliculi superiores

Die Colliculi superiores spielen eine entscheidende Rolle bei Orientierungsbewegungen von Augen und Kopf sowie beim Zustandekommen der Sakkaden (= schnellen Augenbewegungen). Über die Afferenzen aus den Colliculi inferiores bewirken die oberen Hügel, dass Kopf und Augen in die Richtung eines Geräusches gedreht werden. Über die Afferenzen von der Retina und die Efferenzen zum Ncl. n. facialis wird der Lidschlussreflex bei plötzlich näher kommenden visuellen Reizen ausgelöst.

1.2.2 Colliculi inferiores

Hier werden fast alle Fasern der Hörbahn nochmals verschaltet. Diese stammen aus dem **Lemniscus lateralis**, werden anschließend in den Colliculi inferiores verschaltet und ziehen dann zum **Corpus geniculatum mediale** (einem Teil des Thalamus), um dort auf das letzte Neuron der Hörbahn verschaltet zu werden. Von dort ziehen die Fasern zur primären Hörrinde im Temporallappen.

MERKE:

- Die Colliculi superiores spielen beim Sehen eine Rolle.
- Die Colliculi inferiores sind in die Hörbahn eingeschaltet.

Übrigens...

Bei Schädigung der unteren Hügel kommt es zur Hörminderung der **ipsi- und kontralateralen** Seite, da ein Teil der Fasern ungekreuzt verläuft.

1.3 Tegmentum mesencephali

Von den hier liegenden Kerngebieten wurden die des N. oculomotorius sowie des N. trochlearis bereits besprochen. Jetzt folgen noch der Ncl. ruber, die Substantia nigra, die Formatio reticularis und die Augenbewegungszentren. Damit ist dann auch alles Prüfungsrelevante gesagt und muss nur noch von euch gelernt werden...

1.3.1 Nucleus ruber

Dieser Kern ist makroskopisch als runder, rotbraun gefärbter Komplex sichtbar. Die Rotfärbung kommt durch den hohen Eisengehalt der dortigen Perikaryen zustande. Die Afferenzen und Efferenzen sind in Abb. 3 dargestellt.

Merke:

Die Benennung von Bahnen im ZNS erfolgt immer nach dem gleichen Schema:

Tractus Ursprungsort – Endigungsort

Dementsprechend heißt die Bahn, die vom Ncl. ruber ins Rückenmark zieht, Tractus rubrospinalis.

Der Ncl. ruber ist in das motorische System eingebunden und stellt mit seiner Projektion ins Rückenmark einen wesentlichen Teil des **extrapyramidalmotorischen Systems** dar. Der Tractus rubrospinalis kreuzt noch in Höhe des Tegmentums auf die Gegenseite, zieht dann nach unten und endet vorwiegend an den Motoneuronen der distalen Flexoren.

Über den Tractus rubroolivaris laufen Impulse zur Olive, von dort zur Kleinhirnrinde, weiter zu den Kleinhirnkernen und wieder zurück zum Ncl. ruber. Darüber nimmt der Ncl. ruber auch modulierenden Einfluss auf die Pyramidalmotorik.

Merke:

Unter dem extrapyramidalmotorischen System versteht man motorische Bahnen, die außerhalb der Pyramidenbahn ins Rückenmark ziehen.

Übrigens...

Bei Schädigung des Ncl. ruber kommt es auf der kontralateralen Seite zu einem Intentionstremor (= Zittern bei Annäherung an das Bewegungsziel). Weiterhin resultieren choreatisch-athetotische Bewegungen (= unkontrollierte, ausfahrende, langsame schraubende, nicht beeinflussbare Bewegungen).

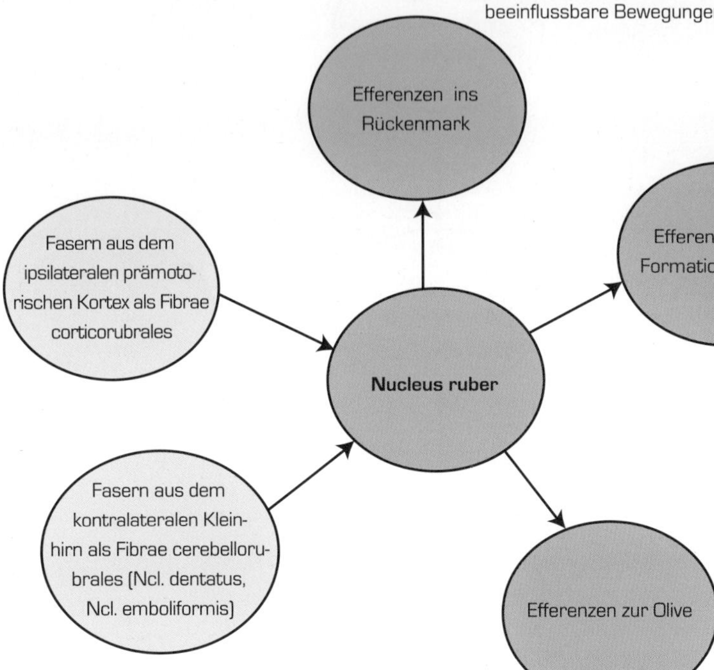

Abb. 3: Wichtige Projektionen des Ncl. ruber

1.3.2 Substantia nigra

Durch einen hohen Gehalt der Perikaryen an Melanin erscheint die Substantia nigra (niger lat. = schwarz) makroskopisch schwarz. Die Afferenzen und Efferenzen zeigt Abb. 4.

Der Hauptteil der Efferenzen der Substantia nigra läuft in das Striatum. Dort hemmen die dopaminergen **Fibrae nigrostriatales** die Neurone des Striatums, die einen inhibitorischen Effekt auf die motorischen Impulse des Großhirns haben. Damit hat die Substantia nigra eine wesentliche Bedeutung bei der **Bewegungsinitiation**.

MERKE:

- Das Striatum hemmt motorische Impulse des Großhirns.
- Die Substantia nigra hemmt das Striatum.

Damit hemmt die Substantia nigra die Hemmung des Striatums, was zu Bewegungsantrieb führt; frei nach dem Motto: „Minus x Minus = Plus".

Übrigens...

Durch Degeneration der dopaminergen Neurone der Substantia nigra kommt es klinisch zum **Morbus Parkinson**. Diese Erkrankung äußert sich mit der Parkinsontrias:

- Ruhetremor (= Ruhezittern)
- Rigor (= erhöhter Muskeltonus, steife Muskeln, fehlende Armbewegung beim Laufen)
- Akinese (= Bewegungsarmut, kleine, trippelnde Schritte)

1.3.3 Formatio reticularis

Frei übersetzt bedeutet Formatio reticularis „netzartige Formation". Sie ist ein Reflexzentrum, das Hirnnervenkerne mit Zellgruppen des Tegmentums verschaltet, z.B. dürfen sich ja Schluckreflex und Atmung nicht gegenseitig behindern. Weiterhin sind hier Atem- und Kreislauf- sowie das Brechzentrum zu finden.

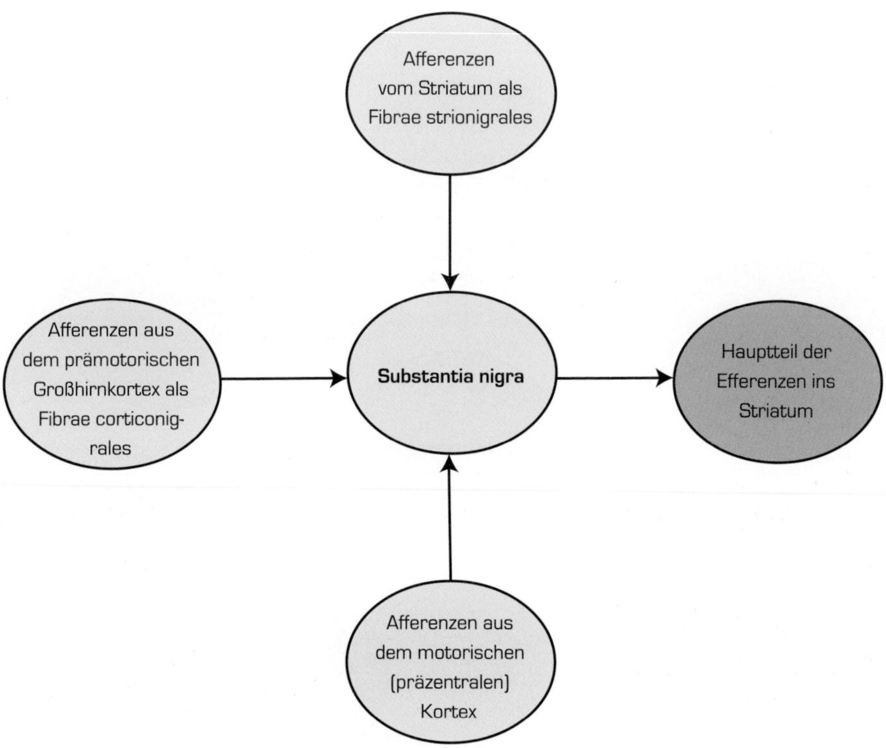

Abb. 4: Wichtige Projektionen der Substantia nigra

ARAS (= aufsteigendes retikuläres aktivierendes System, Weckzentrum)

Die Afferenzen dieser funktionellen Einheit stammen vom Hinterhorn und Kortex. Bei Erregung kann die Formatio reticularis über **acetylcholinerge** Projektionen in den Thalamus die Aktivität des gesamten Kortex steigern und damit den Körper in einen extremen Wachzustand versetzen. Im Schlaf ist die Aktivität dieses Systems herabgesetzt.

Brechzentrum (= Area postrema)

Die Area postrema liegt am kaudalen Ende der Rautengrube und gehört zu den zirkumventrikulären Organen. Zusammen mit den Ncll. tractus solitarii bildet sie das zentrale Brechzentrum, welches das Erbrechen koordiniert. Erbrechen kann ausgelöst werden durch viszerosensible Afferenzen aus dem Magen-Darm-Trakt, den Vestibulariskernen, Druckveränderungen im vierten Ventrikel, körperschädigenden Substanzen im Blut sowie den Neurotransmittern Dopamin und Serotonin.

Merke:
Die zirkumventrikulären Organe besitzen KEINE Blut-Hirn-Schranke.

Atemzentrum

Das Atemzentrum liegt im Bereich der Medulla oblongata in den lateralen Formatio reticularis-Anteilen. Weitere Neuronengruppen liegen in der Umgebung des Ncl. ambiguus sowie der Ncll. tractus solitarii.

Kreislaufzentrum

Ebenfalls in den lateralen Abschnitten der Formatio reticularis liegen **Pressor- und Depressorzentrum**. Bei Reizung des Pressorzentrums kommt es zum Anstieg von Blutdruck und Herzaktivität.

Absteigendes retikuläres System

Das absteigende retikuläre System ist Teil der Extrapyramidalmotorik. Die Bahnen verlaufen als **Tractus reticulospinalis** sowohl ipsi- als auch kontralateral.
Abbildung 5 zeigt die prüfungsrelevanten Afferenzen und Efferenzen.

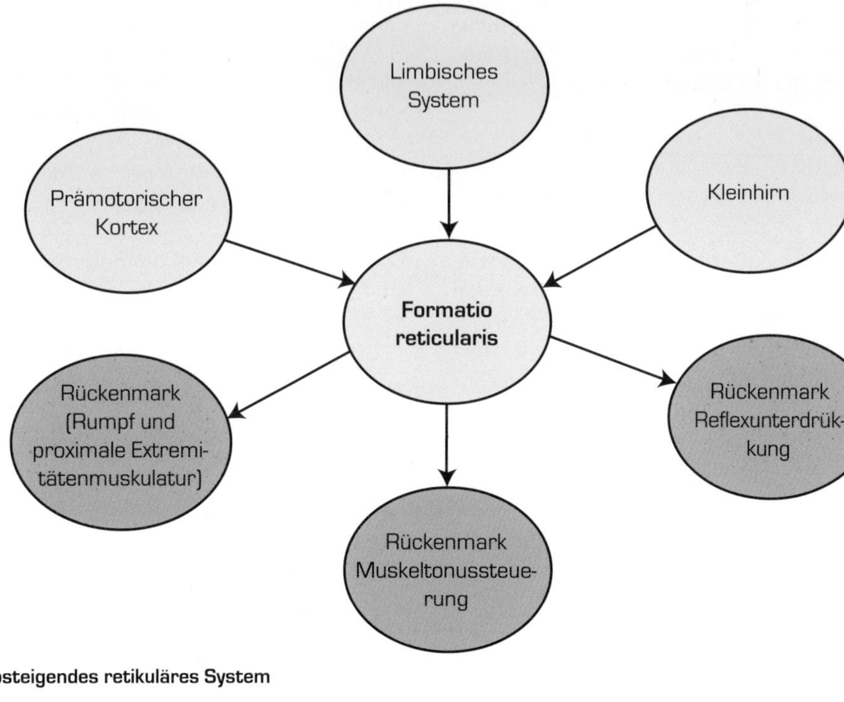

Abb. 5: Absteigendes retikuläres System

Pontines Miktionszentrum
Dieser im Bereich der lateralen Pons gelegene Kernkomplex übt einen fördernden Einfluss auf das sakrale Blasenentleerungszentrum aus. Übergeordnete Zentren (= Hirnstamm und Großhirn) beeinflussen das pontine Miktionszentrum.

Monoaminerge Zellgruppen
Darunter werden Nervenkerngruppen der Formatio reticularis zusammengefasst, die als Neurotransmitter **Monoamine** nutzen. Monoamine sind Decarboxylierungsderivate von Aminosäuren.

MERKE:
Die wichtigsten Monoamine sind Dopamin, Noradrenalin und Serotonin.

Dopaminerge Kerngebiete finden sich vor allem in der Substantia nigra und wurden dort bereits besprochen.

Noradrenerge Zellgruppen finden sich vor allem im **Locus caeruleus** (= Locus coeruleus) am Boden der Rautengrube. Seine vorwiegend inhibitorischen Projektionen reichen ins limbische System und ins Hinterhorn des Rückenmarks, wo sie die Weiterleitung sensibler Afferenzen kontrollieren. Außerdem ist der Locus caeruleus an der **Entstehung des Schlaf-Wach-Rhythmus** und der **Angstempfindung** beteiligt.

Übrigens...
Bei depressiven Erkrankungen nimmt man eine Unterfunktion noradrenerger Neurone an.

Serotoninerge Zellgruppen liegen überwiegend paramedian im Hirnstamm und werden deshalb **Raphe-Kerne** genannt. Die Projektionen gehen überwiegend ins limbische System (= Beeinflussung emotionaler Vorgänge) und ins Rückenmark (= Hemmung der Weiterleitung sensibler Impulse). Auch sie beeinflussen den **Schlaf-Wach-Rhythmus**.

Übrigens...
- Auch die serotoninergen Neurone spielen eine Rolle bei der Entstehung depressiver Erkrankungen.
- Bei **Migräne** führen sie zur maximalen Kontraktion der Gefäße.

Periaquäduktales Grau
Das **periaquäduktale Grau** (= Substantia grisea periaquaeductalis) liegt im Mittelhirn um das Aquädukt herum. Es wird zur Formatio reticularis gerechnet und koordiniert Angst- sowie Fluchtreflexe und spielt bei der **Stimmbildung** und **endogenen Schmerzunterdrückung** eine wichtige Rolle.

1.3.4 Augenbewegungszentren
Man unterscheidet drei Kategorien von Zentren, die die Augenbewegungen koordinieren:
- internukleäre Verbindungen der Augenmuskelkerne,
- präokulomotorische Zentren und
- optische Reflexzentren.

Internukleäre Verbindungen
Hier sind vor allem die Verbindungen zwischen III. und VI. Hirnnervenkern von Bedeutung. Damit wird die Bewegung beider Bulbi immer gleichgerichtet, so dass die Sehachsen übereinstimmen. Die internukleäre Verschaltung läuft über den **Fasciculus longitudinalis medialis**.

Präokulomotorische Zentren
Diese Zentren spielen eine große Rolle bei der Koordination von horizontalen und vertikalen Augenbewegungen.

MERKE:
- Horizontale Blickbewegungen werden vor allem im Pons ausgelöst.
- Vertikale Blickbewegungen werden vor allem im Mittelhirn ausgelöst.

Die wichtigsten präokulomotorischen Zentren sind:
- die paramediane pontine Formatio reticularis (= PPFR) für die horizontalen Augenbewegungen,
- die rostrale mesencephale Formatio reticularis für die vertikalen Augenbewegungen und
- die Ncll. vestibulares zur Stabilisierung des Bildes.

Optische Reflexzentren
Hierzu gehören die Colliculi superiores (s. 1.2.1, S. 1) und die Area praetectalis. Die Area praetectalis spielt eine entscheidende Rolle bei der Pupillenverengung.

1.4 Crura cerebri (= Hirnschenkel)

In den Hirnschenkeln verlaufen

- die kortikonukleären Fasern,
- die kortikospinalen Fasern und
- die kortikopontinen Fasern.

Alle diese Fasern verlaufen somatotopisch gegliedert: Medial laufen die **Fibrae frontopontinae**, lateral davon die **Fibrae corticonucleares**, lateral davon die Pyramidenbahn (= Tractus corticospinalis) und ganz lateral die Fibrae temporopontinae.

1.5 Bahnsysteme des Hirnstamms

Die hier vorgestellten Bahnsysteme des Hirnstamms wurden z. T. bereits in früheren Kapiteln erwähnt. Dieses Kapitel enthält die prüfungsrelevanten Bahnsysteme. Deshalb kann – und sollte auch - euch einiges bekannt vorkommen.

1.5.1 Kortikospinale und kortikonukleäre Bahn

Die Pyramidenbahn ist ausführlich im Skript Anatomie 2 dargestellt. Die kortikonukleären Bahnen ziehen ebenso wie die kortikospinalen Bahnen durch die **Capsula interna**. Teilweise laufen die Fasern ungekreuzt, teilweise gekreuzt.

1.5.2 Kortikopontine Bahnen

Diese Bahnen übertragen Impulse vom Kortex über die Ncll. pontis an das Kleinhirn. Dabei ziehen sie durch die Capsula interna.

1.5.3 Lemniscus medialis

Hier laufen vorrangig die Fasern aus den Hinterstrangkernen (= epikritische Sensibilität), die vor Eintritt in den Lemniscus medialis noch zur Gegenseite kreuzen. Weiterhin laufen hier die sensibel-sensorischen Impulse der kontralateralen Körperhälfte, die im Thalamus auf das dritte Neuron umgeschaltet werden und von dort zur Großhirnrinde (= Gyrus postcentralis) ziehen, wo sie ins Bewusstsein gelangen.

1.5.4 Tractus spinothalamicus

Der Tractus spinothalamicus leitet Impulse der protopathischen Sensibilität zum Thalamus, wo die Umschaltung auf das dritte Neuron stattfindet. Von dort ziehen die Fasern zum Gyrus postcentralis des Großhirnkortex.

1.5.5 Lemniscus lateralis

Der Lemniscus lateralis ist ein Teil der Hörbahn. Im Bereich der Medulla oblongata kreuzen die Fasern aus den Ncll. cochleares partiell zur Gegenseite, um dann als Lemniscus lateralis zu den Colliculi inferiores zu ziehen, wo sie verschaltet werden. Von dort ziehen die Fasern zum Thalamus, werden dort erneut verschaltet und ziehen schließlich zur Hörrinde.

1.5.6 Fasciculus longitudinalis medialis

Hierbei handelt es sich um eine Ansammlung verschiedener Fasertrakte. Sie verbinden verschiedene Hirnnerven- und Hirnstammkerne untereinander: v. a. **vestibuläre**- und **internukleäre** Verbindungen.

1.5.7 Fasciculus longitudinalis posterior (= dorsalis, = Schütz-Bündel)

In diesem Fasersystem laufen Afferenzen aus dem Hirnstamm (genauer: Formatio reticularis) zum Hypothalamus und Fasern, die den Hypothalamus mit dem periaquäduktalen Grau der Medulla oblongata sowie den parasympathischen Kernen im Rückenmark verbinden.

1.5.8 Tractus tegmentalis centralis (= zentrale Haubenbahn)

Diese Bahn läuft vom Mittelhirn zur Olive. Darin ziehen Fasern aus motorischen Zentren (= Ncl. ruber, Formatio reticularis) zur Olive. Die zweiten Neurone der Geschmacksbahn ziehen ebenfalls im Tractus tegmentalis centralis durch den Hirnstamm zum Thalamus.

Übrigens...

Wie bereits am Anfang des Kapitels erwähnt, sind hier NUR die prüfungsrelevanten Bahnsysteme aufgeführt. Leider sind das echt viele. Aber tröstet euch, jetzt habt ihr das Kapitel geschafft!

DAS BRINGT PUNKTE

Gerne wurde nach den verschiedenen Fasciculi longitudinales gefragt:

- **Fasciculus longitudinalis medialis** (= vestibuläre und internukleäre Verbindungen zwischen Hirnstamm und Hirnnervenkernen),
- **Fasciculus longitudinalis posterior** (= Afferenzen vom Hirnstamm zum Hypothalamus) und
- **Fasciculus longitudinalis dorsalis** (= Verbindung zwischen Hypothalamus und Medulla oblongata).

Häufig wurden auch makroskopische Bilder gezeigt. Dort sollte man eine Struktur erkennen und einer Bahn zuordnen/den Neurotransmitter dieser Bahn benennen.

Nachfolgende Tabelle gibt das prüfungsrelevante Wissen wieder:

Wichtig ist auch die Zuordnung der Colliculi superiores zum Sehen (= Verschaltung von Augenmuskelreflexen). Bei Schädigung resultieren KEINE Störungen der Bilderkennung.

Die Colliculi inferiores sind Teil der Hörbahn. Hier werden fast alle Fasern der Hörbahn aus dem **Lemniscus lateralis** nochmals verschaltet und ziehen dann zum **Corpus geniculatum mediale.**

Neurotransmitter	Vorkommen
Acetylcholin	**Rückenmark**, Medulla oblongata, Pons, Mittelhirn (= einzelne Kerne der Formatio reticularis), Großhirn (= Striatum, Septum und basale Vorderhirnstrukturen wie z. B. **Ncl. basalis Meynert**). Die Hauptmenge der zur Großhirnrinde ziehenden cholinergen Fasern stammt aus dem Ncl. basalis Meynert.
Dopamin	**Substantia nigra**, Pars compacta.
Serotonin	Medulla oblongata, Pons, Mesencephalon **Raphekerne und periaquäduktales Grau** der Formatio reticularis.
Adrenalin	**Formatio reticularis.**
Noradrenalin	**Locus coeruleus** als Teil der Formatio reticularis, dessen Fasern hauptsächlich zur Großhirnrinde ziehen.
Somatostatin	Medulla oblongata, Pons, Mesencephalon (= Formatio reticularis, Ncl. ambiguus, Ncll. tractus solitarii, Hörbahnkerne), Diencephalon (= Hypothalamus), Telencephalon (= Striatum, Corpus amygdaloideum, Hippocampus, Septumregion, Tuberculum olfactorium).
Glycin (wirkt inhibitorisch)	**Rückenmark** (= Renshaw-Zellen zur rekurrenten Hemmung). Der Glycin-Rezeptor ist ein ligandengesteuerter Ionenkanal.
GABA (wirkt inhibitorisch)	Rückenmark (= Renshaw-Zellen), **alle Neurone der Kleinhirnrinde AUßER den Körnerzellen.**
Glutamat (wirkt exzitatorisch)	Olivenkernkomplex, **Körnerzellen der Kleinhirnrinde.**

Tabelle 1: Wichtige Neurotransmitter

BASICS MÜNDLICHE

Wo suchen Sie den Nucleus ruber?
Im Mittelhirn; sieht auf dem Querschnitt rötlichbraun aus.

Wo suchen Sie die Substantia nigra?
Im Mittelhirn; schwärzliche Farbe im Querschnitt.

Was ist die Formatio reticularis?
Ein Netz aus Kerngebieten, das von der Medulla oblongata bis ins Mesencephalon reicht. Hier liegen Atem- sowie Kreislaufzentrum, und der Schlaf-Wach-Rhythmus wird von hier aus gesteuert.

Wo liegen die Colliculi superiores und was machen sie?
Sie liegen im Tectum mesencephali, dorsal des Aquaeductus mesencephali und dienen der Verschaltung optischer Reflexe.

Wo liegen die Colliculi inferiores und was machen sie?
Sie liegen unterhalb der Colliculi superiores und gehören zur Hörbahn. Hier werden fast alle Fasern der Hörbahn verschaltet.

Welche Aufgabe hat die Substantia nigra und wie nimmt sie diese wahr?
Sie spielt eine wichtige Rolle bei der Bewegungsinitiation. Dies erreicht sie durch die Hemmung des Striatums mit Hilfe dopaminerger Neurone.

Wie heißt das nach Schädigung der Substantia nigra resultierende Krankheitsbild?
Morbus Parkinson.

2 Kleinhirn (= Cerebellum)

Das Kleinhirn ist das wichtigste Zentrum für die Koordination und Feinabstimmung von Bewegungsabläufen.

2.1 Makroskopie

Das Kleinhirn sitzt der Medulla oblongata und der Pons von hinten auf und bildet das Dach des vierten Ventrikels. Die Afferenzen und Efferenzen laufen durch die drei Kleinhirnstiele, Pedunculus cerebellaris superior, medius et inferior. Das **Velum medullare superius** und **inferius** (= die Kleinhirnsegel) bestehen aus weißer Substanz und verbinden das Kleinhirn mit dem Mesencephalon und der Medulla oblongata. Über dem Kleinhirn liegt das **Tentorium cerebelli** (= Kleinhirnzelt), eine Duraduplikatur. Zentral liegt der **Vermis** (= Kleinhirnwurm). Eine Stelle im unteren Teil wird als **Nodulus** bezeichnet. Sie steht über eine stielartige Struktur mit dem lateral liegenden **Flocculus** in Verbindung. Zusammen bilden diese Strukturen den **Lobus flocculonodularis**.

Übrigens...

Die Kleinhirntonsillen liegen im Bereich des Foramen magnum. Steigt der Hirndruck, versucht das Gehirn dem Druck auszuweichen und rutscht dabei nach unten in das Foramen magnum. Dabei werden die Kleinhirntonsillen gequetscht und es kommt v. a. zum Versagen des Atemzentrums mit tödlichem Ausgang. Dies wird als **untere Einklemmung** bezeichnet. Bei der **oberen Einklemmung** wird das Mittelhirn im Tentoriumschlitz eingeklemmt. Dies ist nicht unmittelbar lebensbedrohlich, geht jedoch der unteren Einklemmung voraus.

Das Kleinhirn kann in drei Abschnitte unterteilt werden:

- **Vestibulocerebellum**: Die Bezeichnung rührt von der engen Beziehung zum Vestibularapparat her, von dem es den Hauptteil seiner Afferenzen bezieht. Es entspricht dem **Lobus flocculonodularis**.
- **Spinocerebellum**: Der Hauptteil der Afferenzen entstammt dem Rückenmark. Es be-

steht aus dem Kleinhirnwurm (= Vermis) und der paravermalen Zone.

- **Pontocerebellum**: Seine Afferenzen stammen überwiegend von den Brückenkernen. Es besteht aus den beiden Hemisphären.

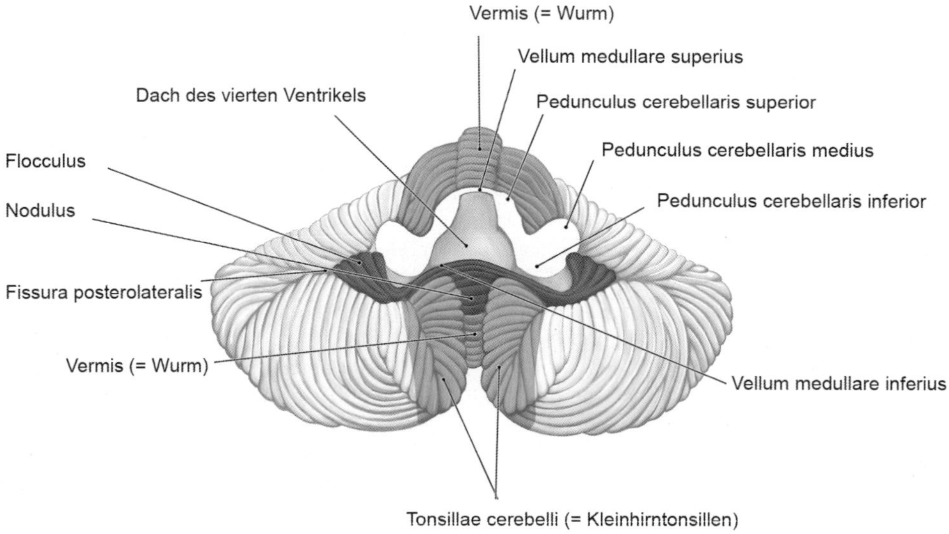

Abb. 6: Kleinhirn von vorne

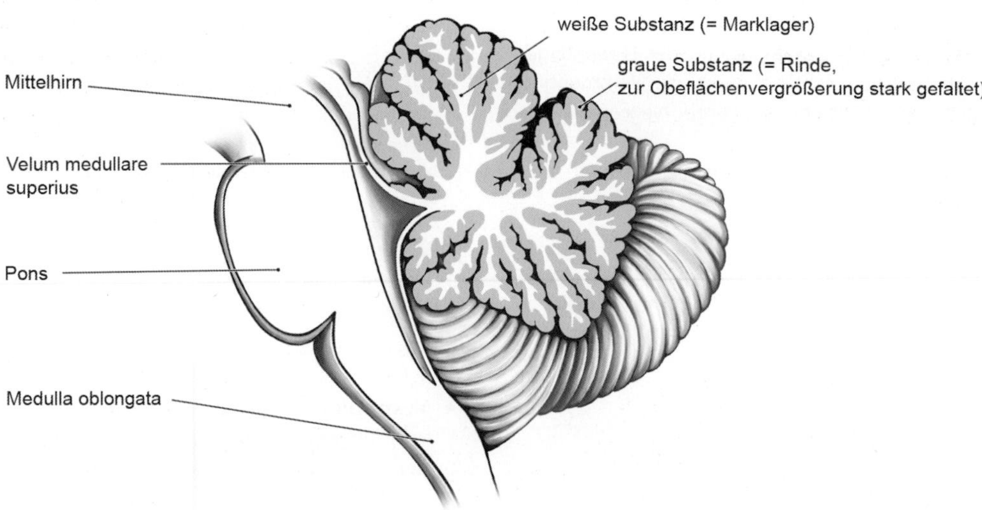

Abb. 7: Medianer Sagittalschnitt durch das Kleinhirn

2.2 Kleinhirnkerne

Im Kleinhirn befinden sich vier paarige, wichtige Kerngebiete (s. Abb. 8):

- der Ncl. dentatus (= gezahnt) liegt im Kleinhirnmark,
- der Ncl. emboliformis (= pfropfenförmig) liegt medial des Ncl. dentatus und „verschließt" die offene Seite des Ncl. dentatus,
- der Ncl. globosus (= kugelförmig) liegt medial des Ncl. emboliformis,
- der Ncl. fastigii (= Giebel) ist der höchste Punkt des vierten Ventrikels und liegt ganz medial.

MERKE:

Es gibt vier Kleinhirnkerne:

- Ncl. dentatus,
- Ncl. emboliformis,
- Ncl. globosus und
- Ncl. fastigii.

2.3 Kleinhirnrinde

Das Kleinhirn besitzt mehr Neurone als das Großhirn. Die Neurone liegen in der Kleinhirnrinde. Diese kann in drei Schichten gegliedert werden. Von innen nach außen sind das die

- **Körnerschicht (= Stratum granulosum)**. Diese Schicht besteht zum größten Teil aus **Körnerzellen**. Dies sind die **einzigen erregenden Zellen der Kleinhirnrinde**. Sie sind multipolar und verwenden den Neurotransmitter **Glutamat**. Hier enden die Moosfasern.
- **Purkinje-Zellschicht (= Stratum purkinjense).** Die Purkinje-Zellen sind die größten Zellen des Kleinhirns. Ihr Axon zieht zu den Kleinhirnkernen und ein großer Dendritenbaum zur Molekularschicht. Für die schriftliche Prüfung solltet ihr euch merken, dass die Somata der Purkinje-Zellen in den Kleinhirnhemisphären liegen.
- **Molekularschicht (= Stratum moleculare).** Dies ist die äußerste Rindenschicht (mehr dazu s. Skript Histologie 2).

MERKE:

Die Afferenzen aus der Olive ziehen als Kletterfasern zu den Purkinje-Zellen. Alle anderen Afferenzen des Kleinhirns ziehen als Moosfasern zu den Körnerzellen.

2.4 Afferente Kleinhirnbahnen

Alle Kleinhirnafferenzen ziehen zur Kleinhirnrinde. Dabei geben sie Kollateralen zu den Kleinhirnkernen ab.

2.4.1 Pedunculus cerebellaris inferior

Durch den unteren Kleinhirnstiel ziehen drei wichtige Afferenzen:

- **Tractus vestibulocerebellaris:** Er enthält Bahnen aus den Ncll. vestibulares, die überwiegend im **Lobus flocculonodularis**, also dem Vestibulocerebellum enden. Auf ihrem Weg geben sie Kollateralen zum Ncl. fastigii ab, der wiederum efferent in die Vestibulariskerne projiziert.
- **Tractus olivocerebellaris**: Die efferenten Fasern der Olive kreuzen im Hirnstamm, um dann durch den unteren Kleinhirnstiel zu ziehen und als **Kletterfasern** in der Kleinhirnrinde zu enden. Hierüber erhält das Kleinhirn Informationen über die zeitgleichen Impulse der Pyramidenbahn.

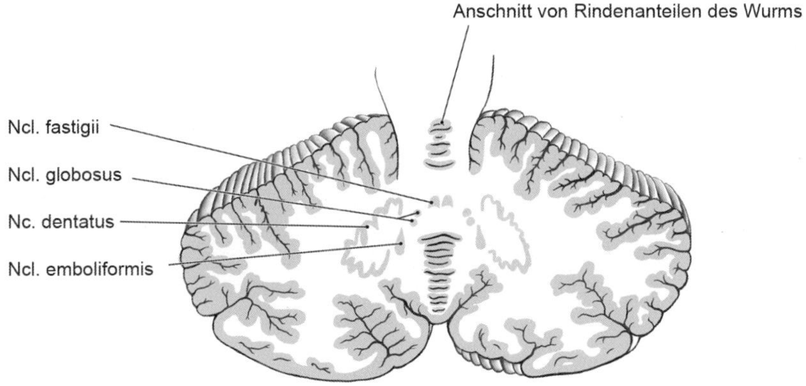

Abb. 8: Horizontalschnitt durch das Kleinhirn

- **Tractus spinocerebellaris posterior:** Die Fasern stammen aus dem Ncl. dorsalis (= Stilling-Clarke) des Hinterhorns und führen **propriozeptiv-sensible Informationen** der ipsilateralen Körperhälfte zum Kleinhirn. Sie enden als **Moosfasern** in der Körnerschicht der Rinde, im Bereich des Spinocerebellums.

MERKE:
- Der Tractus spinocerebellaris posterior zieht durch den unteren Kleinhirnstiel.
- Die Tractus spinocerebellaris anterior et superior ziehen durch den oberen Kleinhirnstiel.

2.4.2 Pedunculus cerebellaris medius

Die **Fibrae pontocerebellares** entstammen den Ncll. pontis und **kreuzen** vor Eintritt in den mittleren Kleinhirnstiel zur Gegenseite, bevor sie in der Rinde der Kleinhirnhemisphären enden. Sie geben Kollateralen zum Ncl. dentatus sowie dem Ncl. emboliformis ab.

MERKE:
Die Fibrae pontocerebellares stellen die Fortsetzung der kortikopontinen Bahn dar. So werden dem Kleinhirn Bewegungsentwürfe des Großhirns zugeleitet, die im Kleinhirn koordiniert werden sollen.

2.4.3 Pedunculus cerebellaris superior

Die größte Afferenz ist der **Tractus spinocerebellaris anterior**. Er steigt **gekreuzt und ungekreuzt** im Seitenstrang nach oben. Die vorher gekreuzten Fasern kreuzen im Bereich des Hirnstamms wieder zurück. Der Tractus spinocerebellaris anterior leitet **propriozeptive Impulse** der **ipsilateralen** Körperhälfte zum Spinocerebellum.

MERKE:
Der Tractus spinocerebellaris anterior und der Tractus spinocerebellaris posterior leiten propriozeptive Impulse der ipsilateralen Körperhälfte.

2.5 Efferente Kleinhirnbahnen

Die efferenten Kleinhirnbahnen beginnen grundsätzlich an den Kleinhirnkernen und ziehen in den Hirnstamm oder den Thalamus.
Die Kleinhirnkerne werden **exzitatorisch** durch die afferenten Bahnen zur Kleinhirnrinde und **inhibitorisch** durch die Purkinje-Zellen der Rinde erregt.

MERKE:
- Die Purkinje-Zellen der Hemisphärenrinde projizieren vorwiegend in den Ncl. dentatus.
- Die Purkinje-Zellen aus dem Lobus flocculonodularis projizieren vorwiegend zum Ncl. fastigii.
- Die Purkinje-Zellen der paravermalen und vermalen Zone projizieren vorwiegend zum Ncl. emboliformis und Ncl. globosus.

2.5.1 Pedunculus cerebellaris inferior

Die größte Bahn ist der **Tractus cerebellovestibularis.** Die Fasern stammen aus dem Ncl. fastigii und direkt von der Kleinhirnrinde. Über diese Bahn wird u. a. der vestibulo-okuläre Reflex moduliert.

2.5.2 Pedunculus cerebellaris superior

Durch den oberen Kleinhirnstiel läuft der größte Teil der Kleinhirnefferenzen.
- **Tractus cerebellothalamicus**: Diese größte Kleinhirnefferenz entspringt überwiegend dem Ncl. dentatus und wird daher auch **Tractus dentatothalamicus** genannt. Nach dem Eintritt in das Tegmentum **kreuzen** die Fasern zur Gegenseite und ziehen dann zum Thalamus. Sie projizieren überwiegend zum **Ncl. ventralis lateralis thalami**, der die Impulse anschließend zum Motokortex weiterleitet.
- **Tractus cerebellorubralis**: Hier laufen Fasern aus dem Ncl. emboliformis, Ncl. globosus und Ncl. dentatus. Vor Eintritt in das Mesencephalon **kreuzt** auch diese Bahn. Sie endet dann im kontralateralen Ncl. ruber. Damit übt das Kleinhirn Einfluss auf die extrapyramidale Motorik (= rubrospinale Bahn) aus. Gleichzeitig existiert so eine Feedback-Schleife über Ncl. ruber – Olive – Kleinhirnrinde – Kleinhirnkerne – Ncl. ruber.

MERKE:
Die Kleinhirnefferenzen des Pedunculus cerebellaris superior kreuzen zur Gegenseite. Die vom Motokortex und Ncl. ruber ausgehenden kortiko- bzw. rubrospinalen Bahnen kreuzen ebenfalls zur Gegenseite. Damit steuert das Kleinhirn die Motorik der ipsilateralen Körperhälfte.

Tabelle 2 fasst die Afferenzen und Efferenzen des Kleinhirns mit den zugehören Kleinhirnstielen zusammen.

Kleinhirnstiel	Bahn	Faserqualität
Pedunculus cerebellaris inferior	• Tractus vestibulocerebellaris • Tractus olivocerebellaris • Tractus spinocerebellaris posterior • Tractus reticulocerebellaris	afferent
	• Tractus cerebellovestibularis • Tractus cerebelloolivaris	efferent
Pedunculus cerebellaris medius	• Fibrae pontocerebellares	**afferent**
Pedunculus cerebellaris superior	• Tractus spinocerebellaris anterior • Tractus spinocerebellaris superior	afferent
	• Tractus cerebellothalamicus • Tractus cerebellorubralis	efferent

Tabelle 2: Kleinhirnstiele und durchziehende Bahnen

MERKE:

- Der obere Kleinhirnstiel führt überwiegend Efferenzen.
- Der mittlere Kleinhirnstiel führt ausschließlich Afferenzen.
- Der untere Kleinhirnstiel führt überwiegend Afferenzen.

Übrigens...

Bei Schädigung des Kleinhirns kommt es zu **Ataxie, mangelnder Blickstabilisierung und herabgesetztem Muskeltonus**. Das Ausmaß der Symptome ist vom Ausmaß der Schädigung abhängig.

2.6 Funktionen des Kleinhirns

Prinzipiell dient das Kleinhirn der **Steuerung und Feinabstimmung der Motorik**. Dabei haben die drei Kleinhirnanteile verschiedene Aufgaben:

- Das **Vestibulocerebellum** mit seinen Afferenzen aus den Vestibulariskernen steuert die Feinabstimmung der Augenmuskeln. Über die Extrapyramidalmotorik nimmt es Einfluss auf die **Stabilisierung von Stand und Gang** und **die Koordination mit dem Gleichgewichtsorgan.**
- Das **Spinocerebellum** mit seinen Afferenzen aus dem Rückenmark beeinflusst den **Muskeltonus** und die **Bewegung vorwiegend der proximalen Extremitäten**.
- Das **Pontocerebellum koordiniert** die vom Motokortex generierten willkürlichen Zielbewegungen, die über die Pyramidenbahnen ins Rückenmark gelangen. Ebenso sorgt es für die **Feinabstimmung** dieser Bewegungen, damit diese rund und harmonisch verlaufen.

DAS BRINGT PUNKTE

Ihr solltet die vier Kleinhirnkerne benennen und im Bild erkennen können:

- Ncl. dentatus,
- Ncl. emboliformis,
- Ncl. fastigii und
- Ncl. globosus.

Gern wird auch nach den Kleinhirnstielen und den durchziehenden Bahnen gefragt. Hier lohnt es sich, auch die Faserqualität (= afferent, efferent) parat zu haben.

Mit Hilfe der Gliederung in **Vestibulocerebellum** (= Lobus flocculonodularis), **Spinocerebellum** (= vermale und paravermale Zone) und **Pontocerebellum** lassen sich auch viele Fragen lösen:

- Das Vestibulocerebellum erhält seine Afferenzen überwiegend aus dem Vestibularapparat.

Obwohl es eher Thema der Histologie ist, solltet ihr auch für das ZNS einen groben Überlick über die drei Rindenschichten haben. Häufig wurde nach der Purkinje-Zellschicht gefragt:

- Die **Purkinje-Zellschicht** liegt zwischen der Molekularschicht (= außen) und der Körnerschicht (= innen) und besteht aus Purkinje-Zellen. Sie sind die einzigen efferenten Zellen der Kleinhirnrinde, projizieren in die Kleinhirnkerne und wirken dort mit ihrem Transmitter GABA hemmend.

Mehrfach wurde auch nach dem Tractus spinocerebellaris posterior gefragt:

- Der **Tractus spinocerebellaris posterior** zieht vom Ncl. dorsalis (= Stilling-Clarke) des Hinterhorns und führt **propriozeptiv-sensible Informationen** der ipsilateralen Körperhälfte als **Moosfasern** zum Kleinhirn.

BASICS MÜNDLICHE

Welche wichtigen Kerne gibt es im Kleinhirn?
Ncl. dentatus, Ncl. emboliformis, Ncl. globosus, Ncl. fastigii.

Was ist das efferente System der Kleinhirnrinde, von welchen Zellen stammen dessen Axone und wo enden sie mit welchem Einfluss?
Purkinje-Zellen sind die efferenten Zellen der Kleinhirnrinde, sie enden mit ihren inhibitorischen Axonen an den Kleinhirnkernen.

Wohin sendet das Cerebellum seine Efferenzen?

- Thalamus,
- Ncl. ruber,
- Ncll. vestibulares (über den unteren Kleinhirnstiel) und
- Formatio reticularis.

Welche Fasern kommen aus der Olive wie ins Kleinhirn?
Die Kletterfasern ziehen von der Olive über den Tractus olivocerebellaris und über den Pedunculus cerebellaris inferior ins Kleinhirn.

Welchen Kleinhirnstiel benutzen die Afferenzen zum Kleinhirn?
Die Afferenzen zum Kleinhirn benutzen alle drei Kleinhirnstiele. Kommen sie aus dem Großhirn, erreichen sie das Kleinhirn über den mittleren Kleinhirnstiel, Fasern aus dem Rückenmark (= spinocerebelläre Fasern) nutzen den unteren und oberen Kleinhirnstiel.

Welchen Kleinhirnstiel benutzen die Efferenzen vom Kleinhirn?
Die Efferenzen des Kleinhirns bilden den Hauptanteil des oberen Kleinhirnstiels.

KLEINHIRN HIN UND KLEINHIRN HER
PAUSEMACHEN IST NICHT SCHWER...

3 Zwischenhirn (= Diencephalon)

Das Zwischenhirn nimmt eine zentrale Stellung in der Wahrnehmung von Reizen über den Thalamus – unserem Tor zum Bewusstsein - ein.

3.1 Makroskopie

Das Zwischenhirn beginnt kranial des Mittelhirns. Da während der Embryonalzeit Zwischenhirn und Großhirn zum Teil ineinander wachsen, ist es nach kranial gegen das Großhirn wesentlich schwieriger abzugrenzen als nach kaudal gegen das Mittelhirn. Wie bereits im Skript Anatomie 2 beschrieben, kommt es während der Entwicklung zum Abkippen der Neuralrohrachse zwischen Mittelhirn und Zwischenhirn nach vorne um 60°.

In Abbildung 9 sind die Strukturen des Zwischenhirns grau unterlegt.

Das Zwischenhirn kann weiter unterteilt werden in:

- Thalamus
- Hypothalamus
- Epithalamus
- Subthalamus

Übrigens...

Diese Einteilung resultiert aus der Lage der Organe während der Embryonalzeit.

3.2 Thalamus

Der Thalamus wird auch als das „Tor zum Bewusstsein" bezeichnet, weil nahezu sämtliche sensible Informationen ihn durchlaufen, bevor sie im Großhirnkortex zum Bewusstsein gelangen. Die mediale Fläche bildet die Seitenwand des dritten Ventrikels, die laterale Thalamusfläche grenzt an die Capsula interna.

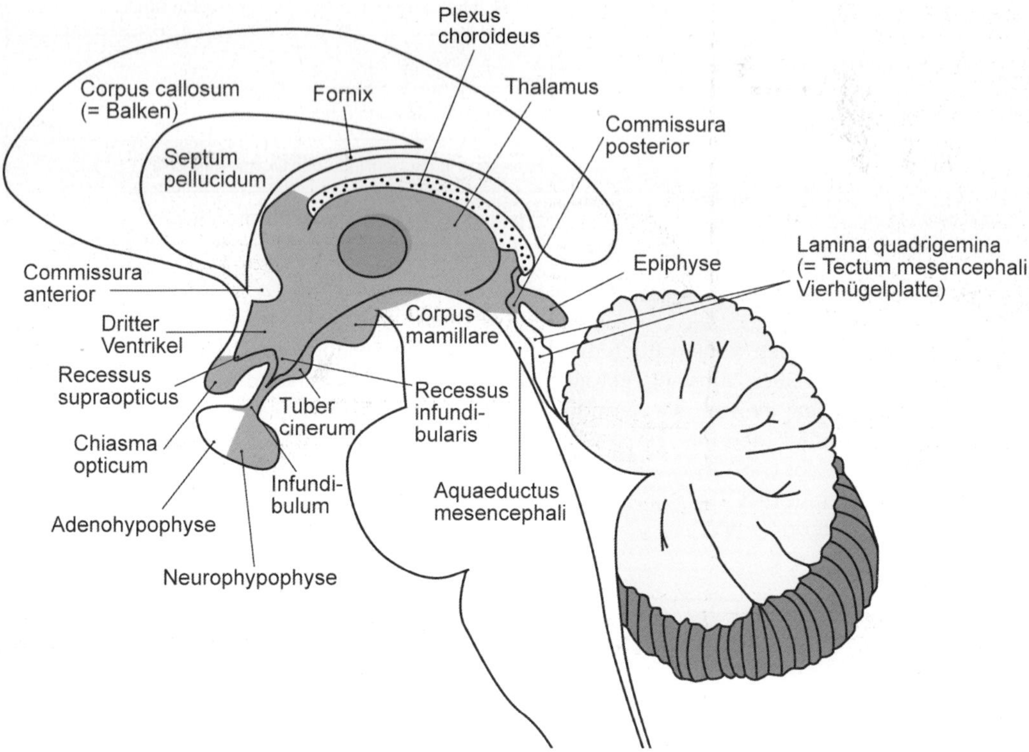

Abb. 9: Sagittalschnitt durch das Zwischenhirn

MERKE:
Man unterscheidet zwei Arten von Thalamuskernen.

- Die spezifischen Thalamuskerne üben Einfluss auf einen speziellen Teil der Großhirnrinde aus.
- Die unspezifischen Thalamuskerne sind vor allem mit dem Hirnstamm verbunden und haben kaum direkte Verbindungen zum Großhirnkortex.

3.2.1 Spezifischer Thalamus (= Palliothalamus)

Im spezifischen Thalamus kann man nach topographischen Gesichtspunkten verschiedene Kerne unterscheiden:

MERKE:
Der Tractus opticus enthält die visuelle Information der kontralateralen Gesichtsfeldhälfte und damit die Information der ipsilateralen Netzhauthälften beider Retinae.

Die Afferenzen des **Corpus geniculatum mediale** entstammen dem ipsilateralen unteren Hügel und sind Teil der Hörbahn. Die **Ncll. anteriores** stehen mit dem **limbischen System** in Verbindung. Die Afferenzen stammen z.T. aus dem **Fasciculus mamillothalamicus** (= Vicq-d'Azyr-Bündel). Efferent sind die vorderen Kerne vor allem mit dem Gyrus cinguli und dem Hippocampus verbunden. Sie sind Bestandteil des **Papez-Neuronenkreises.**

Kerngruppe	Projektion
anteriore Kerngruppe	Projektion ins limbische System
mediale Kerngruppe	Projektion zum Frontallappen
ventrale Kerngruppe	• **NVA (Ncl. ventralis anterior) – prämotorische Rinde** • **NVL (Ncl. ventralis lateralis) – motorische Rinde** • **NVP (Ncl. ventralis posterior) – sensible Rinde**
posteriore Kerngruppe	–
dorsale Kerngruppe	Projektion zu visuellen Rindenarealen
Corpus geniculatum laterale	Projektion in die Sehrinde des Okzipitallappens
Corpus geniculatum mediale	Projektion in die Hörbahn des Temporallappens

Tabelle 3: Thalamische Kerngruppen und deren Projektion

Diese Kerngebiete werden voneinander durch dünne „Lamellen" weißer Substanz getrennt. Wesentlich ist vor allem die ventrale Kerngruppe, die sich wiederum gliedert in:

- Ncl. ventralis anterior (= NVA)
- Ncl. ventralis lateralis (= NVL)
- Ncl. ventralis posterior (= NVP)

Übrigens...
Jedem Kerngebiet lässt sich ein Kortexareal zuordnen. Zwischen den Thalamuskernen und den entsprechenden Kortexarealen bestehen afferente und efferente Verbindungen.

3.2.2 Unspezifischer Thalamus (= Truncothalamus)

Die unspezifischen Thalamuskerne sind **afferent** mit den Basalganglien, dem Kleinhirn sowie vor allem mit der Formatio reticularis (s. S. 5) verbunden. Die **Efferenzen** ziehen zu den meisten anderen Thalamuskernen sowie zur Großhirnrinde.
Die Impulse des ARAS der Formatio reticularis gelangen als Afferenzen zum unspezifischen Thalamus. Dieser erregt mit seinen vielen Efferenzen die anderen (= spezifischen) Thalamuskerne, die wiederum starke Verbindungen zum Kortex aufweisen. Damit wird fast der gesamte Kortex aktiviert.

MERKE:
Die unspezifischen Thalamuskerne sind nur durch wenige (= unspezifische) Fasern mit dem Großhirnkortex verbunden. Dabei führt die Erregung der unspezifischen Thalamuskerne zu einer unspezifischen Erregung des gesamten Kortex.

Übrigens...
Bei einer Schädigung des Thalamus sind in aller Regel Motorik, Sensibilität und vegetative Funktionen der kontralateralen Körperhälfte gestört. Die Ausfallerscheinungen richten sich dabei nach den geschädigten Thalamuskerngebieten.

3.3 Hypothalamus

Der Hypothalamus bildet den Boden des dritten Ventrikels. Zu ihm gehören die

- **Corpora mamillaria**,
- das **Tuber cinerum**,
- das **Infundibulum**,
- die **Neurohypophyse** und
- die **Eminentia mediana**.

Funktionell ist der Hypothalamus das **höchste Integrationsorgan vegetativer Funktionen**. Dementsprechend sind die meisten Hypothalamuskerne efferent mit vegetativen Zentren in Hirnstamm und Rückenmark verbunden. Die Afferenzen stammen aus dem gesamten ZNS, insbesondere jedoch aus dem limbischen System. Wie Abbildung 10 auf Seite 20 zeigt, kann man die Hypothalamuskerne in eine vordere, mittlere und hintere Kerngruppe einteilen.

Übrigens...
Die Wirkungsweise des neurohypophysären Regelkreislaufs ist Bestandteil des Skripts Physiologie 2.

Tabelle 4 müsst ihr übrigens nicht auswendig lernen. Lediglich das Fettgedruckte wurde im schriftlichen Physikum bisher gefragt.

Kerngebiet	Lage	Funktion
Ncl. supraopticus	liegt über dem Tractus opticus	produziert Vasopressin (= ADH, antidiuretisches Hormon) und z. T. auch Oxytocin; projiziert in die Neurohypophyse
Ncl. paraventricularis	liegt in der basalen Seitenwand des dritten Ventrikels	Hauptproduzent von Oxytocin (Kontraktion des Uterus, Milchejektionshormon); Projektion in die Neurohypophyse und über die **Eminentia mediana** in die Adenohypophyse
Ncl. suprachiasmaticus (= einziges bisher gefragtes Kerngebiet)	liegt oberhalb des Chiasma opticum	entscheidende Bedeutung für die **zirkadiane Rhythmik,** Hell-Dunkel-Impulse werden z. B. über retino-hypothalamische Projektionen geleitet
Ncll. praeoptici		Regulation von Körpertemperatur, Sexualverhalten, gonadotropen Hormonen der Hypophyse
mittlere Kerngruppe		Produktion von **Releasinghormonen** für die Adenohypophyse, die in der **Eminentia mediana** in den hypophysären Pfortaderkreislauf ausgeschüttet werden.
hintere Kerngruppe	liegt in den Corpora mamillaria	viszerale Efferenzen in Hirnstamm und Rückenmark (v.a. über den Fasciculus longitudinalis posterior); viele Afferenzen über den **Fornix** aus dem **Hippocampus** (= limbisches System), die über den **Fasciculus mamillothalamicus** (= Vicq-d´Azyr-Bündel) zum Thalamus und von dort zum Gyrus cinguli und Hippocampus projizieren. Wesentliche Funktion für Selbsterhaltung und Reproduktion sowie das Lernen.

Tabelle 4: Hypothalamische Kerngebiete, deren Lage und Funktion

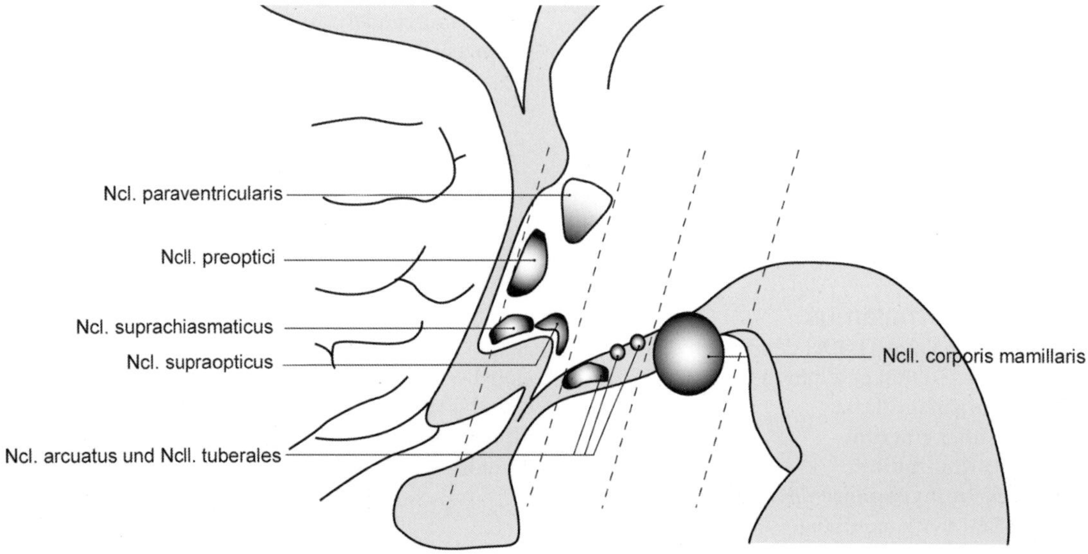

Abb. 10: Hypothalamuskerne

3.3.1 Wichtige hypothalamische Faserverbindungen

Der Hypothalamus ist afferent und efferent sehr intensiv mit dem **limbischen System** verbunden.

- Der **Fornix** verbindet Hippocampus und Corpora mamillaria der gleichen Seite.
- Der **Fasciculus longitudinalis posterior** führt - überwiegend ungekreuzt - vorrangig efferente Fasern in den Hirnstamm und in das Seitenhorn des Rückenmarks.

3.4 Hypophyse

Die Hypophyse lässt sich embryologisch unterteilen in

- Hypophysenhinterlappen (= HHL, Neurohypophyse) und
- Hypophysenvorderlappen (= HVL, Adenohypophyse).

3.4.1 Neurohypophyse

Die Neurohypophyse gehört embryologisch zum Hypothalamus. Im Bereich der Eminentia mediana und der Neurohypophyse ist KEINE dichte Blut-Hirn-Schranke ausgebildet, so dass hier die Hormone (= Oxytocin und Vasopressin) in das Blut via **Neurosekretion** abgegeben werden können.

MERKE:

- Neurohypophyse (= HHL), Area postrema, Eminentia mediana (= Infundibulum), Epiphyse, Subfornikalorgan und Subkommissuralorgan besitzen KEINE Blut-Hirn-Schranke.
- Die Neurohypophyse produziert keine eigenen Hormone, sondern speichert Oxytocin und Vasopressin, die im Hypothalamus gebildet werden.

3.4.2 Adenohypophyse

Die Adenohypophyse entsteht embryologisch aus der **Rathke-Tasche**, einer Abspaltung des Rachendachs und legt sich ventral der Neurohypophyse an.

Übrigens...
Bleiben Reste der Rathke-Tasche im Rachendach liegen, können diese meist gutartige, z.T. verkalkende Tumoren bilden, die **Kraniopharyngeome**.

Auch Tabelle 5 braucht ihr nicht auswendig aufsagen können. Sie soll euch nur die Übersicht erleichtern.

Der Hypophysenvorderlappen umhüllt die Neurohypophyse von vorne, besteht aus **Drüsenepithel** und liegt direkt unterhalb des Chiasma opticum.

Die Adenohypophyse bildet **glandotrope** und **Effektorhormone**. Die Freisetzung dieser Hormone wird über **Releasing-Hormone** und **Releasing-Inhibiting-Hormone** aus dem Hypothalamus gesteuert.

Übrigens...
Häufige, gutartige Tumore des Hypophysenvorderlappens sind die **Hypophysenadenome**. Dabei kommt es durch entartete Zellen zur vermehrten Hormonproduktion, meist des Wachstumshormons. Bei Kindern führt dies zu Riesenwuchs, bei Erwachsenen zu **Akromegalie**.

Hormon	Funktion	Releasing-Hormon	Releasing-Inhibiting-Hormon
somatotropes Hormon (= STH, Wachstumshormon, GH)	Förderung von • Körperwachstum, • Proteinsynthese und • Blutzuckeranstieg.	Somatotropin-Releasing-Hormon (= SRH)	Somatotropin-Inhibiting-Hormon (= SIH)
Prolaktin (= PRL)	Milchbildung	Prolaktin-Releasing-Hormon (= Peptide)	Prolaktin-Inhibiting-Hormon (= Dopamin)
Kortikotropin (= Adrenocorticotropes Hormon, ACTH)	Sekretionsreiz für die Nebennierenrinde	Kortikotropin-Releasing-Hormon (= CRH)	???
Melanotropin (= Melanozyten-stimulierendes Hormon, MSH)	Pigmentierung der Haut	Melanotropin-Releasing-Hormon (= MRH)	Melanotropin-Inhibiting-Hormon (= MIH)
Follikel-stimulierendes Hormon (= FSH)	stimuliert die Eizell- und Spermienreifung	Gonadotropin-Releasing-Hormon (= GnRH)	Dopamin (inhibiert GnRH-Ausschüttung im Hypothalamus)
luteotropes Hormon (= LH)	• Gelbkörperbildung im Eierstock, • Testosteron-Produktion im Hoden.	Gonadotropin-Releasing-Hormon (= GnRH)	Dopamin (inhibiert GnRH-Ausschüttung im Hypothalamus)
Thyreotropin (= Thyreoidea-stimulierendes Hormon, TSH)	Sekretionsreiz für die Schilddrüse (= Stimulation der Thyroxinfreisetzung)	Thyreotropin-Releasing-Hormon (= TRH)	Somatotropin-Inhibiting-Hormon (= SIH)

Tabelle 5: Überblick über die hypophysären Hormone, deren Funktion, Releasing- und Releasing-Inhibiting-Hormon

3.4.3 Hypothalamo-hypophysärer Pfortaderkreislauf

Nachdem das Blut die Kapillaren im Bereich der Eminentia mediana durchlaufen hat, fließt es durch ein zweites Kapillarbett im Bereich des Hypophysenvorderlappens. Damit kommen die hypothalamischen Releasing-Hormone direkt und in hoher Konzentration an den Epithelzellen der Adenohypophyse an. Diese reagiert mit Sekretionssteigerung oder –minderung des entsprechenden Hormons.

3.5 Epithalamus

Der Epithalamus sitzt dem Thalamus von hinten auf. Zu ihm gehören

- **Epiphyse** (= Glandula pinealis, Corpus pineale, Zirbeldrüse),
- **Habenulae** mit den Ncll. habenulares,
- **Stria medullaris**,
- **Area praetectalis** und
- **Commissura posterior**.

Die **Epiphyse** sieht makroskopisch wie ein Pinienzapfen aus und produziert in erster Linie **Melatonin**. Dieses Hormon arbeitet als eine Art Zeitgeber und wirkt so am Entstehen der zirkadianen Rhythmik entscheidend mit.

Die **Area praetectalis** spielt eine wichtige Rolle beim Zustandekommen des **Pupillen-Reflexes.** Sie liegt rostral der oberen zwei Hügel an der Grenze von Mittelhirn und Zwischenhirn. Afferenzen erhält sie über den Tractus opticus und die Brachii colliculi superiores. Die Efferenzen laufen sowohl zum ipsi- als auch zum kontralateralen Ncl. accessorius n. oculomotorii. Dieser Kern veranlasst die Kontraktion des M. sphincter pupillae. Bei Beleuchtung nur einer Pupille verengen sich daher beide Pupillen.

MERKE:
Die Zirbeldrüse = Epiphyse ist der Zippel am Diencephalon.

Übrigens...
Die Stria medullaris thalami (nicht verwechseln mit der Stria terminalis s. S. 27) ist die Fortsetzung der Habenulae. Sie verbindet die Ncll. habenulares mit dem Riechhirn.

3.6 Subthalamus

Hierzu werden der **Ncl. subthalamicus** sowie ein Großteil des **Globus pallidus** gezählt. Funktionell gehören diese Gebiete zu den Basalganglien, weshalb sie auch erst dort eingehend besprochen werden (ab S. 25).

DAS BRINGT PUNKTE

Glücklicherweise wurde in den letzten schriftlichen Physika fast nichts zum Thalamus gefragt. Dafür kamen einige Fragen zur Hypophyse:

- Der Hypophysenhinterlappen besteht größtenteils aus marklosen Axonen der Zellen des Ncl. paraventricularis et supraopticus und gibt die Hormone Oxytocin und Vasopressin ins Blut ab.
- Der Hypophysenvorderlappen besteht aus Drüsenepithel und produziert STH, Prolaktin, ACTH, MSH, FSH, LH und TSH.
- Das Chiasma opticum liegt oberhalb des Hypophysenvorderlappens.
- Die Hypophyse ist in einen Pfortaderkreislauf - den Hypothalamo-hypophysären Pfortaderkreislauf - eingebunden: Das Blut aus den Kapillaren im Bereich der Eminentia mediana durchläuft ein zweites Kapillarnetz im Hypophysenvorderlappen.

BASICS MÜNDLICHE

Was ist die Rathke-Tasche?
Eine Abspaltung des Rachendachs. Aus ihr entsteht die Adenohypophyse, die sich ventral an die Neurohypophyse anlegt.

Das Globus pallidum gehört zu den Basalganglien. Was hat es mit dem Zwischenhirn zu tun?
Der größte Teil des Globus pallidum sowie der Ncl. subthalamicus entwickeln sich aus dem Subthalamus des Zwischenhirns.

Was ist der Lemniscus medialis und welche Aufgabe hat er?
Der Lemniscus medialis enthält die Vorderseitenstrang- und Hinterseitenstrangbahnen:

Tractus spinothalamici,
Tractus bulbothalamici.
Seine Aufgabe ist die Vermittlung der Tiefen- und Oberflächensensibilität.

Was ist der Lemniscus lateralis und welche Aufgabe hat er?
Der Lemniscus lateralis enthält Projektions- und Reflexfasern der Hörbahn (= Hörschleife).

Was wird als Tor des Bewusstseins bezeichnet und warum?
Der Thalamus. Alle afferenten Bahnen mit Ausnahme der Riechbahn ziehen durch den Thalamus (= das Tor), bevor sie im Kortex zum Bewusstsein gelangen.

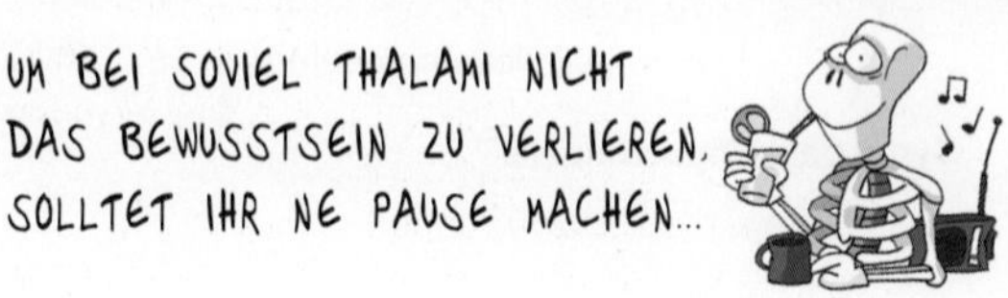

4 Großhirn (= Telencephalon)

Das Großhirn ist der differenzierteste Teil des Gehirns. Es hat im Laufe der Entwicklung fast alle anderen Hirnteile überwachsen. Dieses Kapitel behandelt seine prüfungsrelevanten makroskopischen und funktionellen Fakten.

4.1 Makroskopie

Mit Hilfe der folgenden Abbildungen solltet ihr euch einen Überblick über die essentiellen makroskopischen Strukturen am Gehirn verschaffen. Damit lassen sich nämlich schon viele Fragen mit Bildbeilage beantworten.

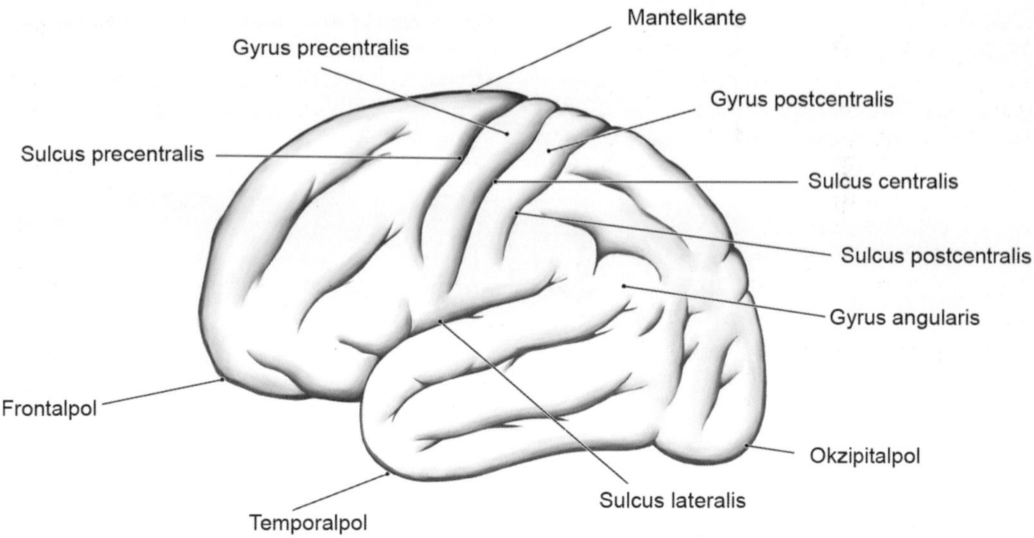

Abb. 11: Lateralansicht des Großhirns

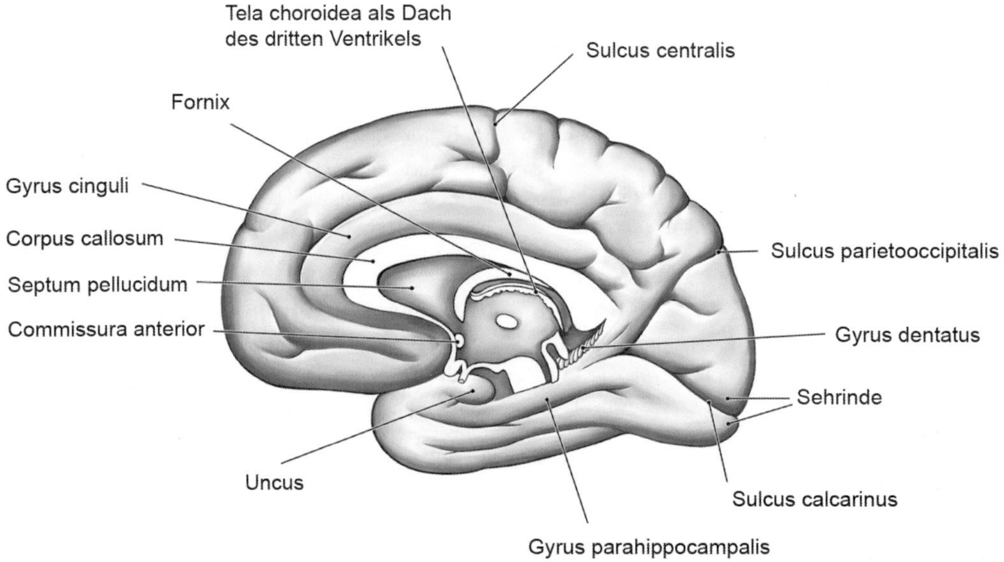

Abb. 12: Medialansicht des Großhirns

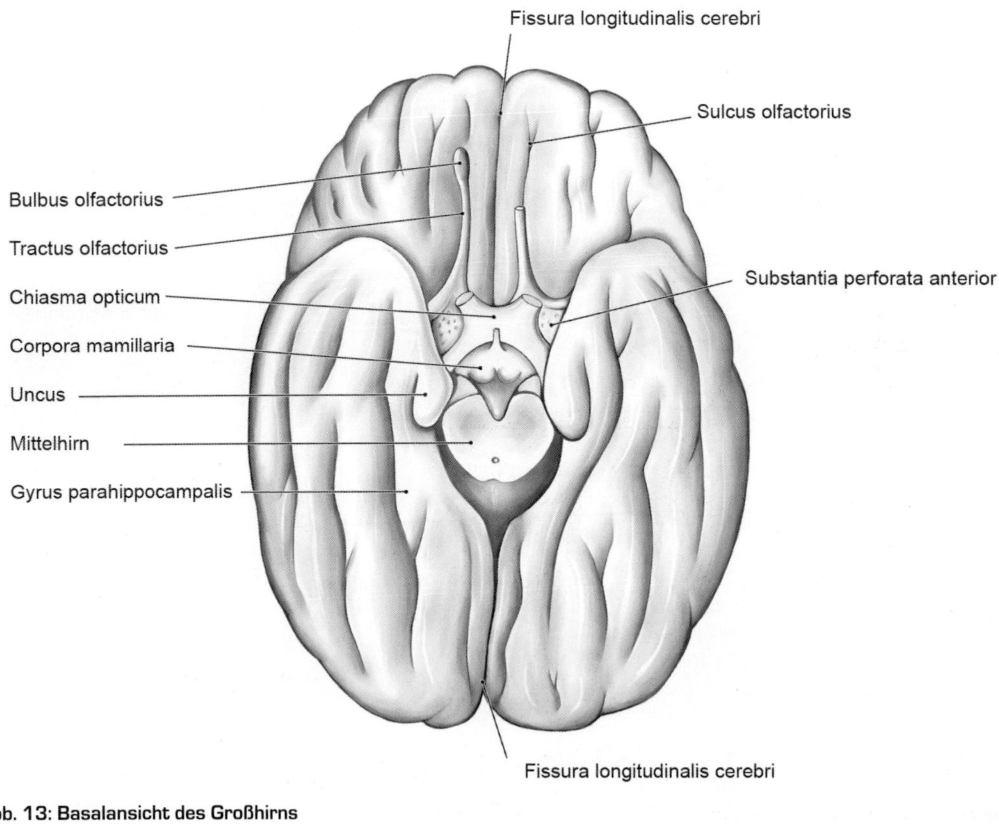

Abb. 13: Basalansicht des Großhirns

Entwicklungsgeschichtlich lassen sich im Großhirn vier Hemisphärenabschnitte unterscheiden:

- **Paleokortex** – ältester Abschnitt, beim Erwachsenen nur noch als Riechhirn,
- **Striatum** – nächst jüngerer Abschnitt,
- **Archikortex** – größte Struktur ist der Hippocampus und
- **Neokortex** – größter Teil der Großhirnrinde.

Histologisch lässt sich der Großhirnkortex in über 50 Rindenfelder oder **Areae** - die **Brodmann-Areae** - einteilen.

4.2 Basalganglien

Basalganglien sind Kerne im Marklager des Großhirns. Dazu gehören

- das **Striatum** (bestehend aus **Ncl. caudatus** und **Putamen**) und
- das **Pallidum** (= Globus pallidus).

Funktionell lassen sich der Ncl. subthalamicus und die Substantia nigra dazu zählen.

Übrigens...

Nach alter Nomenklatur werden Putamen und Pallidum als **Ncl. lentiformis** bezeichnet.

Der Ncl. caudatus liegt wie ein Schweif um das Putamen herum und bildet im oberen Teil zusammen mit dem Thalamus den Boden des Seitenventrikels und im unteren Teil das Ventrikeldach. Medial des Putamens liegt das Pallidum, bestehend aus zwei Segmenten. Wiederum medial davon trennt die **Capsula interna** das Pallidum vom Thalamus.

4.2.1 Striatum

Das Striatum besteht aus **Putamen** und **Ncl. caudatus**. Beide Teile entstammen einer gemeinsamen Anlage und werden durch die einsprossende Capsula interna getrennt. Funktionell ist das Striatum eine wichtige Schaltstelle motorischer Impulse.

Die **Afferenzen** stammen überwiegend aus der ipsilateralen Hirnhälfte von

- **Kortex** (= vom motorischen, sensorischen und präfrontalen Assoziationskortex),
- **Substantia nigra** und
- **Thalamus**.

Die **Fibrae corticostriatales** wirken mit ihrem Transmitter **Glutamat** erregend auf das Striatum. Die **Fibrae nigrostriatales** wirken mit ihrem Transmitter **Dopamin** hemmend auf das Striatum.

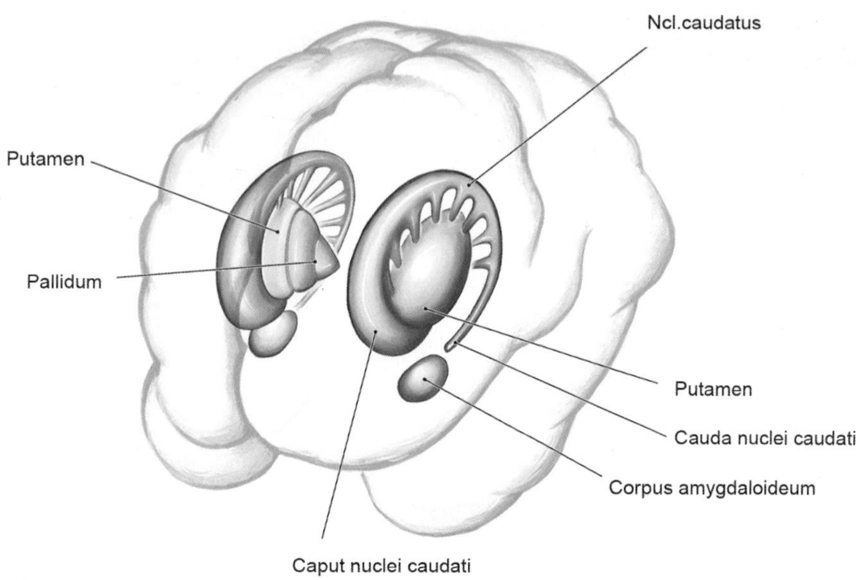

Abb. 14: Lage der Basalganglien

Efferent ist das Striatum mit dem **Pallidum** und der **Substantia nigra** verbunden. Die striatalen Neurone wirken durch ihren Transmitter **GABA** hemmend in ihren Projektionsgebieten.
Funktion: Über die kortikostriatalen Bahnen bekommt das Striatum vor allem motorische Impulse zugeleitet. Diese Bewegungsimpulse werden hier überwiegend **hemmend** bearbeitet. Einige Impulse werden jedoch auch **fördernd** bearbeitet.

MERKE:
- Das Striatum kann Bewegungsimpulse ganz oder teilweise unterdrücken.
- Dem Striatum wird auch der Nucleus accumbens zugeordnet. Er spielt eine zentrale Rolle im „Belohnungssystem" des Gehirns sowie bei der Entstehung von Sucht.

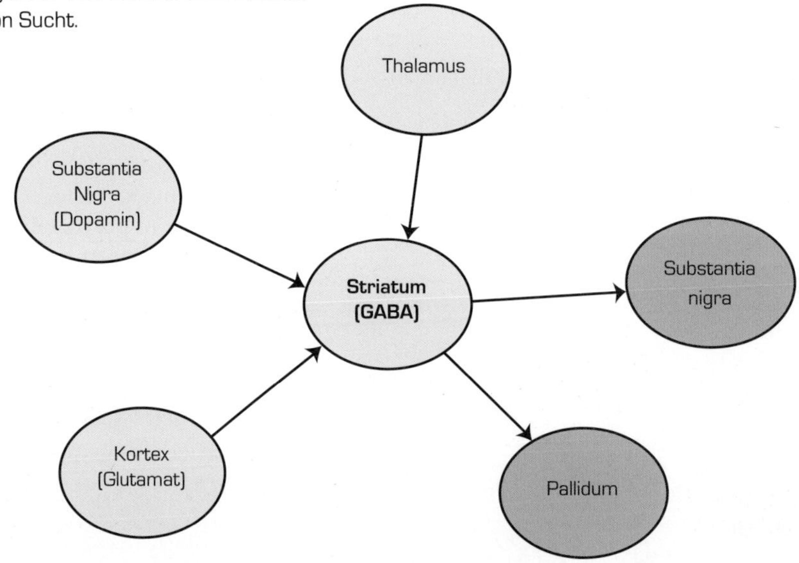

Abb. 15: Afferenzen und Efferenzen des Striatums

4.2.2 Pallidum

Das Pallidum stammt entwicklungsgeschichtlich zu großen Teilen vom Zwischenhirn ab und kann als funktioneller Antagonist des Striatums verstanden werden.
Die **Afferenzen** stammen von **Striatum, Ncl. subthalamicus** und **Thalamus**. Dabei wirken die Fasern aus dem Striatum hemmend auf das Pallidum.
Die **Efferenzen** laufen zum **Thalamus** (= Ncl. ventralis anterior). Dieser Kern projiziert erregend in die motorische Hirnrinde. Hemmende Efferenzen laufen zum **Ncl. subthalamicus**.
Funktion: Das mediale Pallidumsegment wirkt **hemmend** auf motorische Impulse. Das laterale Pallidumsegment wirkt **fördernd** auf motorische Impulse.

MERKE:
Das Pallidum wirkt eher bahnend für motorische Impulse.

4.2.3 Nucleus subthalamicus

Der Ncl. subthalamicus entstammt ebenfalls dem Zwischenhirn und liegt ventromedial des Pallidums. Afferent und efferent ist er v.a. mit dem Pallidum verbunden.

Funktion: Er **hemmt** Bewegungsimpulse.

4.2.4 Claustrum

Diese dünne Schicht grauer Substanz liegt zwischen Striatum und Inselrinde. Seine Funktion ist bisher nicht bekannt.

4.2.5 Vom Bewegungsimpuls zur Bewegung

Der Bewegungsantrieb entsteht im limbischen System und wird an den Assoziationskortex weitergeleitet. Von dort existieren **drei Wege,** die letztlich alle im Thalamus und anschließend im Motokortex enden. Von dort erfolgt die Weiterleitung der Impulse über die kortikonukleäre und/oder die kortikospinale Bahn. Abb. 16 zeigt diese drei Wege.

MERKE:

Die motorischen Impulse werden vom Kleinhirn fein abgestimmt und von den Basalganglien bahnend oder unterdrückend bearbeitet.

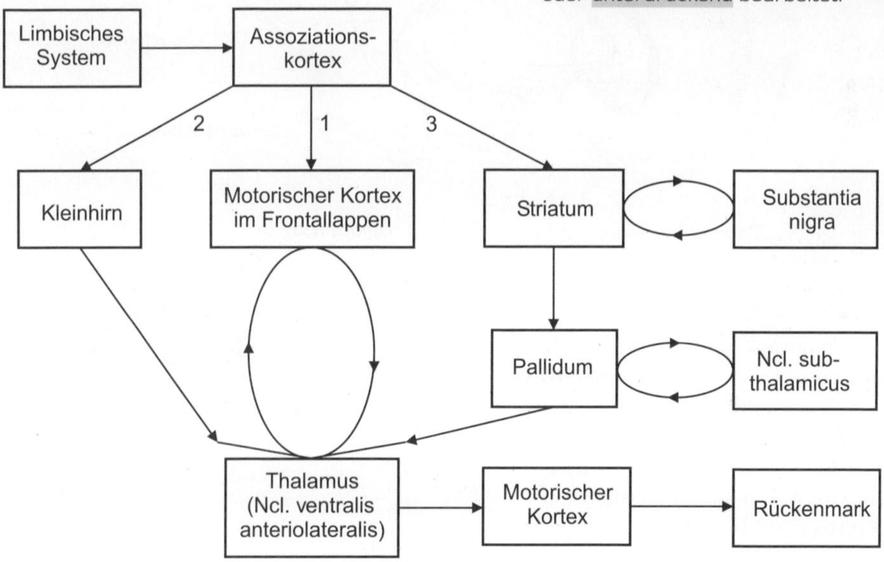

Abb. 16: Regulation der Motorik durch verschiedene Zentren

Die kortiko-thalamo-kortikale Neuronenschleife aus Weg 1 wird durch die beiden anderen Wege beeinflusst.

4.3 Paleokortex und Riechhirn

Der Paleokortex ist der älteste Teil der Hemisphären. Er liegt frontobasal und umfasst

- Bulbus olfactorius und Tractus olfactorius,
- Tuberculum olfactorium,
- Septum (NICHT das Septum pellucidum!) und
- kortikale Anteile des Corpus amygdaloideum.

Im **Bulbus olfactorius** werden die Filae olfactoriae auf das zweite Neuron umgeschaltet und über den **Tractus olfactorius** der Riechrinde (= olfaktorischer Kortex) zugeleitet.

Das **Corpus amygdaloideum** (= Mandelkern, Amygdala) ist ein Komplex grauer Substanz und liegt im Temporallappen rostral des Ncl. caudatus. Es ist ein Teil des **limbischen Systems.** Seine Funktion liegt in der

- **Modulation vegetativer hypothalamischer Zentren,**
- **Vermittlung emotionaler Verhaltensweisen** und
- **Speicherung emotional betonter Gedächtnisinhalte.**

MERKE:

Das Corpus amygdaloideum ist über die Stria terminalis mit dem Hypothalamus verbunden.

4.4 Archikortex und Gedächtnis

Der **Archikortex** wird zum Großteil vom **Hippocampus** gebildet. Die mikroskopische Rindenschichtung des Archikortex ist **dreischichtig**.

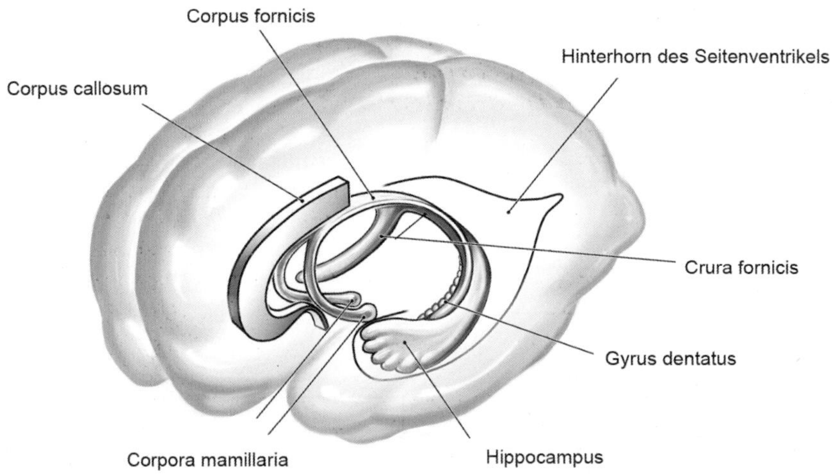

Abb. 17: Lage des Hippocampus und des Fornix

Die Lage des **Hippocampus** zeigt Abbildung 17. Seine **Afferenzen** stammen von der Regio entorhinalis (= Impulse aus dem Riechhirn, Corpus amygdaloideum und Neokortex), die medial des Hippocampus im **Gyrus parahippocampalis** liegt. Weitere Afferenzen stammen aus dem **Thalamus** und **Gyrus cinguli.**
Die **Efferenzen** laufen fast alle im **Fornix** und enden größtenteils in den **Corpora mamillaria**. Dabei bildet sich der nach **Papez** benannte, in Abbildung 18 dargestellte Neuronenkreis.

Funktion: Der Papez-Neuronenkreis spielt für die **Überführung vom Kurz- ins Langzeitgedächtnis** eine entscheidende Rolle. Der Hippocampus als Bestandteil des limbischen Systems ist wesentlich am Zustandekommen von **Aggression, Affektverhalten, Bewusstsein und Motivation** beteiligt.

MERKE:
- Paleo- und Archikortex werden auch als Allokortex bezeichnet.
- Im Hippocampus werden Nervenzellen neu gebildet (= adulte Neurogenese).

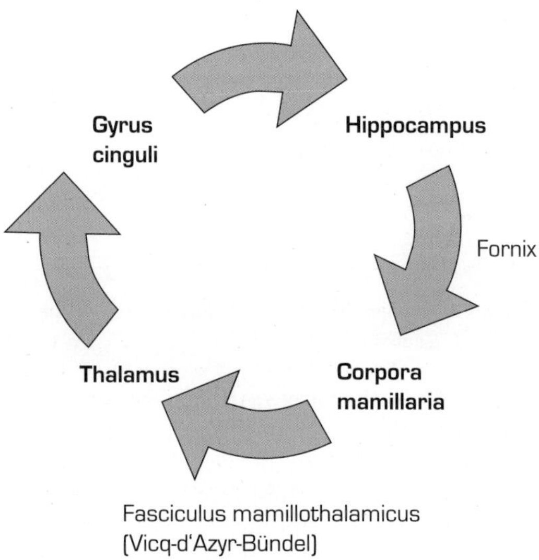

Abb. 18: Papez-Neuronenkreis

4.5 Limbisches System

Das limbische System ist der **Ort der Emotionen** im Gehirn. Es ist mit seinen Zentren nur sehr unklar definiert. Seine Funktion ergibt sich aus Tabelle 6. In der Regel werden folgende Strukturen zum limbischen System gezählt:

Struktur	Funktion
Hippocampus mit Fornix	• Gedächtnis, • Verhalten, • Orientierung, • Bewusstsein und • Motivation.
Gyrus cinguli	• vegetative Modulation, • psycho- und lokomotorischer Antrieb.
Gyrus parahippocampalis mit Regio entorhinalis	• Gedächtnis, • Zuleitung von Sinnesinformationen zu anderen Teilen des limbischen Systems.
Corpus amygdaloideum	• Affektverhalten, • Affektmotorik, • Beeinflussung vegetativer und sexueller Funktionen.
Corpus mamillare	• Gedächtnis, • Affektverhalten, • Beeinflussung von Sexualfunktionen.

Tabelle 6: Strukturen des limbischen Systems und deren Funktion

Bis auf den **Gyrus cinguli** wurden alle anderen Regionen bereits im vorangegangenen Text besprochen. Der Gyrus cinguli liegt direkt oberhalb des Balkens. Er beeinflusst **vegetative Parameter** nebst **Nahrungsaufnahme** sowie den **psycho-** und **lokomotorischen Antrieb**.

4.6 Neokortex

Der Neokortex wird dem Allokortex auch als **Isokortex** gegenübergestellt. Histologisch stellt er sich sechsschichtig dar. Er ist der jüngste und am höchsten organisierte Teil der Großhirnrinde.
Funktionell unterscheidet man **Primär-**, **Sekundär-** und **Assoziationsfelder**.

- **Primärfelder** sind sensorische Zentren, die ihre Afferenzen **interpretationsfrei** vom Thalamus empfangen und zum Bewusstsein bringen (z.B. Sehrinde, Hörrinde). Ein motorisches Primärfeld ist der **Gyrus praecentralis** (= Motokortex).
- **Sekundärfelder** liegen neben ihren Primärfeldern und **verarbeiten integratorisch** die Sinneswahrnehmung aus dem primären Rindenfeld, es erfolgt eine **Interpretation** des Wahrgenommenen.
- **Assoziationsfelder** sind keinem primären und sekundären Rindenfeld zugeordnet. Sie erhalten auch **KEINE Information aus dem Thalamus**. Afferent und efferent sind sie mit verschiedenen Primär- und Sekundärfeldern verbunden.

MERKE:

- Für alle Arten von Sinneswahrnehmungen gibt es im Großhirn primäre Kortexareale.
- Das motorische Sprachzentrum ist z.B. ein Assoziationsfeld.
- Assoziationsfelder erhalten KEINE Information aus dem Thalamus.

4.6.1 Histologie des Neokortex

Im Neokortex gibt es zwei Arten von Neuronen: **Pyramidenzellen** und **Nicht-Pyramidenzellen.**

- **Pyramidenzellen** machen 85% der Neurone der Großhirnrinde aus und wirken über ihre Transmitter Glutamat und Aspartat **exzitatorisch**. Sie bilden die Gesamtheit des kortikalen Efferenzsystems.
- **Nicht-Pyramidenzellen** wirken mit ihrem Transmitter GABA **inhibitorisch**.

Im Neokortex lassen sich histologisch sechs Schichten abgrenzen. Näheres erfahrt ihr im Skript Histologie 2.

4.7 Frontallappen

Im Frontallappen liegt die **motorische** Rinde.

4.7.1 Gyrus praecentralis und Pyramidenbahn

Der Gyrus praecentralis (= primär somatomotorische Rinde, Motokortex) nimmt die **Area 4** nach Brodmann ein. Von hier gelangen die Impulse zu den Hirnnervenkernen und ins Rückenmarkvorderhorn. Der Motokortex ist **somatotopisch** gegliedert. Dabei befinden sich die Areale für die untere Extremität im Interhemisphärenspalt.

Die **Afferenzen** stammen aus dem **Ncl. ventralis anterolateralis** des Thalamus, aus dem **Gyrus postcentralis** sowie aus der **prämotorischen Rinde,** die vor dem Gyrus praecentralis lokalisiert ist.

Die **Efferenzen** bilden große Teile des **Tractus corticonuclearis** sowie des **Tractus corticospinalis** (= Pyramidenbahn). Beide Bahnen durchlaufen auf ihrem Weg nach kaudal die **Capsula interna.**

Merke:

Der Gyrus praecentralis sorgt für die willkürmotorische Versorgung der kontralateralen Körperhälfte. Dabei handelt es sich vorrangig um die Feinmotorik.

Übrigens...

Bei Schädigung der Pyramidenbahn kommt es zu einer schlaffen Parese im betroffenen **kontralateralen Körperareal**, die nach kurzer Zeit in eine spastische Parese übergeht.

4.7.2 Prämotorische Rinde und frontales Augenfeld

Die **prämotorische Rinde** entspricht der **Area 6** nach Brodmann. Sie ist afferent und efferent ähnlich verschaltet, wie der Motokortex. Allerdings machen die **efferenten** Fasern einen großen Teil des **Tractus frontopontinus** aus.

Über die Versorgung der extrapyramidalen Zentren übt die prämotorische Rinde **direkten** Einfluss auf die Motorik aus.

Das **frontale Augenfeld** (= frontales Blickzentrum) liegt vor der prämotorischen Rinde und initiiert **willkürliche Augeneinstellbewegungen** auf ein gewähltes Blickziel.

Merke:

Die unwillkürlichen, reflektorischen Augenbewegungen werden im Hirnstamm generiert.

4.7.3 Motorisches Sprachzentrum (= Broca-Sprachzentrum)

Das motorische Sprachzentrum liegt im Bereich der Pars opercularis des Gyrus frontalis inferior. Hier werden **Wortlaut** und **Satzbau** geformt. Danach werden über Zwischenstationen die entsprechenden Muskelgruppen aktiviert.

Merke:

- Motorisches Sprachzentrum = Broca-Sprachzentrum
- Sensorisches Sprachzentrum = Wernicke-Sprachzentrum
- Das Broca-Zentrum existiert nur einseitig, in der dominanten Hemisphäre. Damit kann es nicht durch die Gegenseite kompensiert werden.
- Die Afferenzen stammen von der primären und sekundären Hörrinde.
- Die Efferenzen gelangen indirekt (über Basalganglien, Kleinhirn, Thalamus) zum Motokortex und von dort zu den Hirnstammkernen der für das Sprechen wichtigen Muskeln.

4.7.4 Präfrontale Rinde

Die präfrontale Rinde liegt vor dem prämotorischen Kortex und reicht bis zum Frontalpol. **Funktionell** spielt sie eine große Rolle für das **Kurzzeitgedächtnis**.

4.8 Parietallappen

Im Parietallappen liegen u. a. primäre und sekundäre **somatosensible** Rinde.

4.8.1 Gyrus postcentralis und primäre somatosensible Rinde

Der Gyrus postcentralis liegt direkt hinter dem Sulcus centralis und nimmt die **Area 1 – 3** nach Brodmann ein. Hier enden **sensibel-sensorische** Fasern aus der **kontralateralen Körperhälfte** in **somatotopischer** Gliederung.

Afferenzen stammen aus dem Thalamus (= Ncl. ventralis posterior), von den Vestibulariskernen und verschiedenen Kortexarealen.

Die **Efferenzen** ziehen zum Thalamus, den sensiblen Trigeminuskernen, den Hinterstrangkernen sowie dem Rückenmark und können so sensible Reize **blockieren** oder **bahnen**.

Merke:

Verlauf der protopathischen Sensibilität:

1. Pseudounipolares erstes Neuron (Perikaryon liegt im Spinalganglion)
2. Umschaltung auf das zweite Neuron im Hinterhorn und Kreuzung nach kontralateral
3. Aufsteigen der somatotopisch geordneten Fasern im Vorderseitenstrang als Tractus spinothalamicus
4. Eintritt in den Ncl. Ventralis posterior des Thamalus in somatotopischer Folge und Umschaltung auf das dritte Neuron
5. Durchtritt durch die Capsula interna zum Gyrus postcentralis

Verlauf der epikritischen Sensibilität:

1. Pseudounipolares erstes Neuron (Perikaryon liegt im Spinalganglion)
2. Aufsteigen der somatotopisch geordneten Fasern im ipsilateralten Hinterstrang
3. Umschaltung auf das zweite Neuron im Ncl. gracilis et cuneatus und Kreuzung zur Gegenseite
4. Aufsteigen als Lemniscus medialis, Eintritt in den Ncl. Ventralis posterior des Thalamus in somatotopischer Folge sowie Umschaltung auf das dritte Neuron
5. Durchtritt durch die Capsula interna zum Gyrus postcentralis

4.8.2 Sekundäre somatosensible Rinde

Dieses Kortexgebiet liegt dorsal des Gyrus postcentralis. Es nimmt die **Area 5** und **7** nach Brodmann ein und ist **somatotopisch** geordnet. Hier werden die Reize der primären somatosensiblen Rinde **interpretiert.**

4.8.3 Gyrus angularis

Der Gyrus angularis liegt am Ende des Sulcus temporalis superior und nimmt die **Area 39** nach Brodmann ein. Er ist eine **wichtige Schaltstelle** zwischen **sekundärer Seh- und Hörrinde**, indem er visuelle Impulse mit dazu passenden sprachlichen Begriffen verknüpft.

4.8.4 Hinterer Parietallappen

Der hintere Parietallappen spielt bei der **Orientierung im dreidimensionalen Raum** eine entscheidende Rolle.

4.9 Okzipitallappen und visuelles System

Im Okzipitallappen befindet sich in erster Linie das visuelle System.

4.9.1 Sehbahn

Die Stationen der Sehbahn sind:

1. erstes Neuron sind die Sinneszellen der Retina (Stäbchen und Zapfen)
2. Bipolare Zellen = zweites Neuron der Sehbahn
3. Ganglienzellen = drittes Neorun der Sehbahn, bilden mit ihren zentralen Fortsätzen den N. opticus, welcher in der Papilla n. optici entspringt
4. Im Chiasma opticum kreuzen alle Fasern der der medialen Netzhauthälfte (= Information von rechter oder linker Seite = laterales Gesicht)
5. Tractus opticus enthält ipsilaterale temporale und kontralaterale nasale Fasern der Netzhauthälfte
6. Corpus geniculatum laterale, dort Umschaltung auf das vierte Neuron
7. Gratiolet-Sehstrahlung (Radiatio optica)
8. Primäre Sehrinde (= Area 17 nach Brodmann oder Area striata)

MERKE:
Im Verlauf der Sehbahn treten die ersten Myelinscheiden an den Axonen des N. opticus auf.

Abbildung 19 gibt den Verlauf der Sehbahn wieder und zeigt die Ausfallerscheinungen bei entsprechender Läsion.

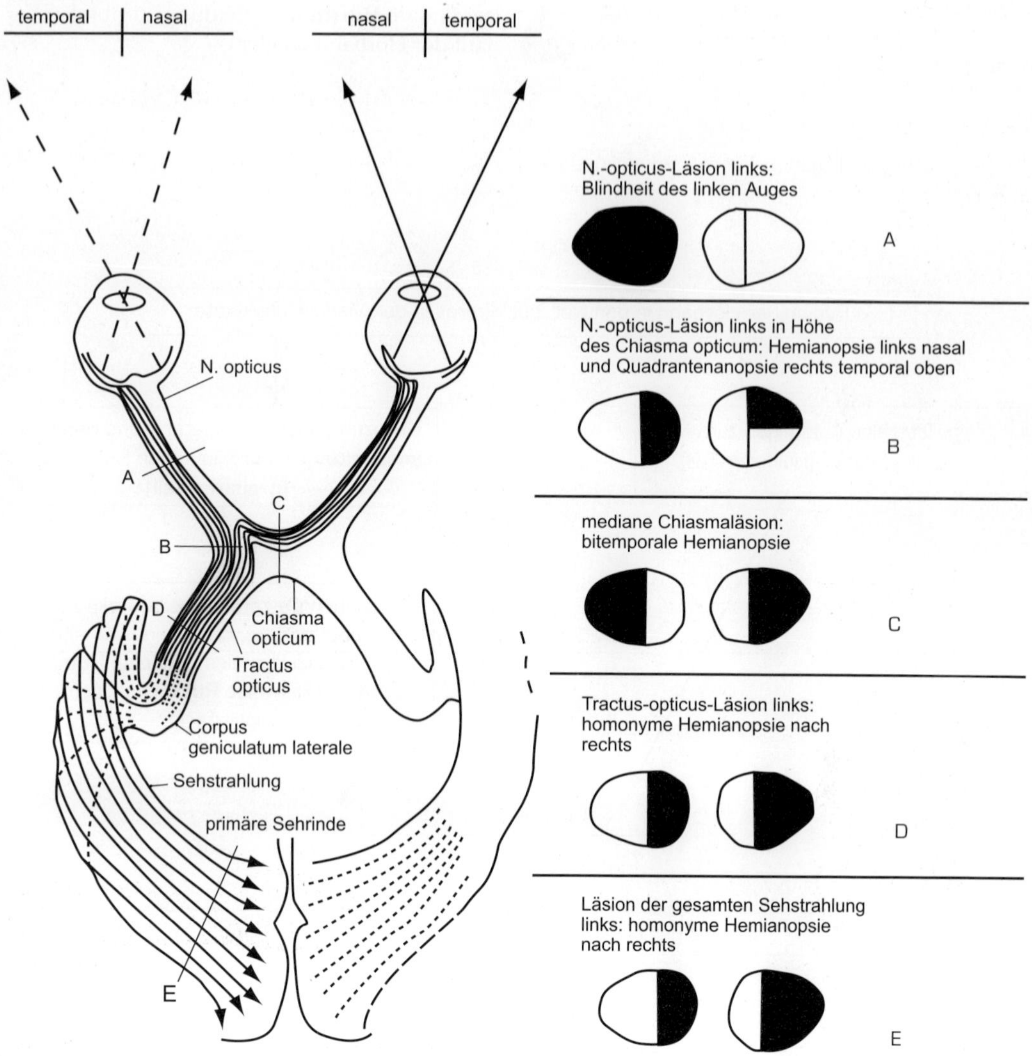

Abb. 19: Verlauf der Sehbahn und Ausfallerscheinungen

4.9.2 Primäre Sehrinde

Die primäre Sehrinde liegt im Okzipitalpol, **Area 17** nach Brodmann. Sie befindet sich im Bereich des **Sulcus calcarinus** und wird auch **Area striata** genannt.

Ihre **Afferenzen** stammen in erster Linie vom **Corpus geniculatum laterale**, ihre **Efferenzen** laufen zur sekundären Sehrinde.

In der primären Sehrinde gelangen die visuellen Reize zu **Bewusstsein**.

4.9.3 Sekundäre Sehrinde

Die sekundäre Sehrinde liegt hufeisenförmig um die primäre Sehrinde herum. Sie nimmt **Area 18** und **19** nach Brodmann ein.

Afferenzen erhält sie von der primären Sehrinde, **efferent** ist sie mit zahlreichen kortikalen Arealen (z.B. frontales Augenfeld, Gyrus angularis, Colliculi superiores, Area praetectalis) verbunden.

Übrigens...

Bei Läsion der sekundären Sehrinde kommt es NICHT zu Gesichtsfeldausfällen. Der Patient kann das Gesehene jedoch nicht mehr adäquat erkennend und zuordnend verarbeiten.

MERKE:
Im Okzipitallappen liegen primäre und sekundäre Sehrinde.

4.10 Temporallappen und auditorisches System

Im Temporallappen liegen die primäre und die sekundäre **Hörrinde**. Abbildung 20 gibt den Verlauf der Hörbahn wieder.

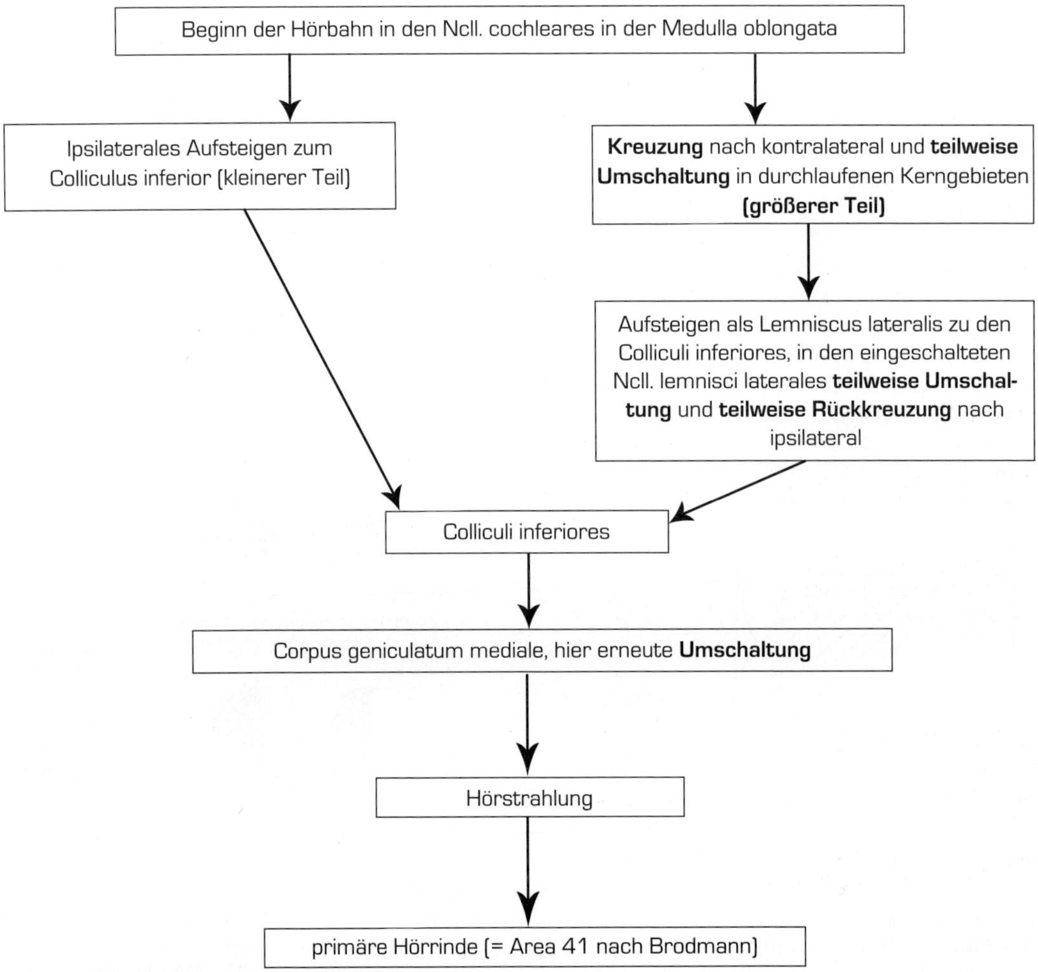

Abb. 20: Verlauf der Hörbahn

4.10.1 Primäre Hörrinde

Die primäre Hörrinde liegt in der Tiefe des Temporallappens in den **Gyri temporales transversi** (= Heschl-Querwindungen), **Area 41** nach Brodmann. Die wichtigste **Afferenz** ist die Hörbahn. Deren Fasern enden hier in **tonotopischer Anordnung**, d.h. jede Tonfrequenz hat einen eigenen Endigungsort in der primären Hörrinde. Hier gelangen ausschließlich **einzelne Frequenzen zu Bewusstsein**. Die **Efferenzen** ziehen zur sekundären Hörrinde.

4.10.2 Sekundäre Hörrinde

Die sekundäre Hörrinde schließt sich nach lateral der primären Hörrinde an und nimmt die **Area 42** und **22** nach Brodmann ein. Sie wird auch als **Wernicke-Sprachzentrum** (= sensorisches Sprachzentrum) bezeichnet.
Die **Afferenzen** stammen von der primären Hörrinde sowie dem Gyrus angularis, **efferent** ist sie vor allem mit dem Broca-Sprachzentrum (= motorisches Sprachzentrum) verbunden.
Die **Funktion** der sekundären Hörrinde liegt in der **integrativen Verarbeitung** der in der primären Hörrinde wahrgenommen Laute. Es werden somit Wörter, Melodien und Geräusche erkannt. Über die afferente Verbindung mit dem Gyrus angularis besteht eine wichtige Verbindung zwischen visuellem und auditorischem System.

Übrigens...
Erst durch diese Verbindung ist es möglich, gesehene Gegenstände zu benennen.

4.11 Inselrinde

Die Inselrinde liegt in der Tiefe, bedeckt von Temporal-, Frontal- und Parietallappen (= Opercula). Sie ist im Laufe der Entwicklung von den anderen Hirnlappen **überwachsen** worden und stellt einen wichtigen Teil der **viszerosensiblen Rinde** dar.

4.12 Bahnsysteme des Großhirns

Grundsätzlich unterscheidet man zwischen

- **Kommissurenfasern**: verbinden Areale beider Hemisphären miteinander, laufen zum größten Teil im Balken,
- **Projektionsfasern**: verbinden Kortex und subkortikale Gehirnteile (z.B. Basalganglien, Thalamus, Hirnstamm etc.), laufen größtenteils in der Capsula interna aber auch in der Capsula externa und extrema,
- **Assoziationsfasern**: verbinden einzelne Areale (= Gyri) einer Hemisphäre miteinander.

4.12.1 Balken (= Corpus callosum)

Der Balken bildet das Dach des Seitenventrikels. In ihm verläuft der größte Teil der Kommissurenfasern. Dadurch werden die beiden Hemisphären miteinander verbunden. Praktisch lässt sich dies recht einfach am nachfolgenden Beispiel verdeutlichen:
Der rechte Okzipitallappen verarbeitet die Impulse des linken Gesichtsfelds und umgekehrt. Das Corpus callosum ermöglicht eine Integration **beider Gesichtsfelder zu EINEM Gesichtsfeld.**

4.12.2 Capsula interna

Die Capsula interna führt den größten Teil der Projektionsfasern. Sie verläuft zwischen Ncl. caudatus und Thalamus einerseits und Putamen sowie Pallidum andererseits. Man unterscheidet einen vorderen und einen hinteren Schenkel sowie ein Knie. Die auf- und absteigenden Fasern sind nach Systemen geordnet.

MERKE:

- Die kortikospinalen Fasern laufen in somatotopischer Reihenfolge im Crus posterius der Capsula interna.
- Die meisten Bahnen vom Kortex zu Thalamus, Basalganglien und Hirnstamm verlaufen durch die Capsula interna.

4.13 Schnittserien durch das Gehirn

Abbildung 21, Seite 36 gibt exemplarisch einen **Frontalschnitt** durch das Gehirn wieder.

Übrigens...
Ihr solltet sowohl im schriftlichen als auch im mündlichen Physikum in der Lage sein, einen **Horizontalschnitt** von einem **Frontalschnitt** zu unterscheiden und daran auch die Kernstrukturen zeigen können. Dabei gilt es zu beachten, dass die **Schnitthöhe** eine wichtige Rolle spielt – es sind nämlich nicht alle Strukturen in allen Schnittebenen vertreten.

Am besten könnt ihr das alles am Präparat lernen. Zur besseren Orientierung, könnt ihr euch unter **www.medi-learn.de/skr-telen** eine Art Bastelbogen herunterladen, der euch die Orientierung und das Benennen der Strukturen erleichtern soll.

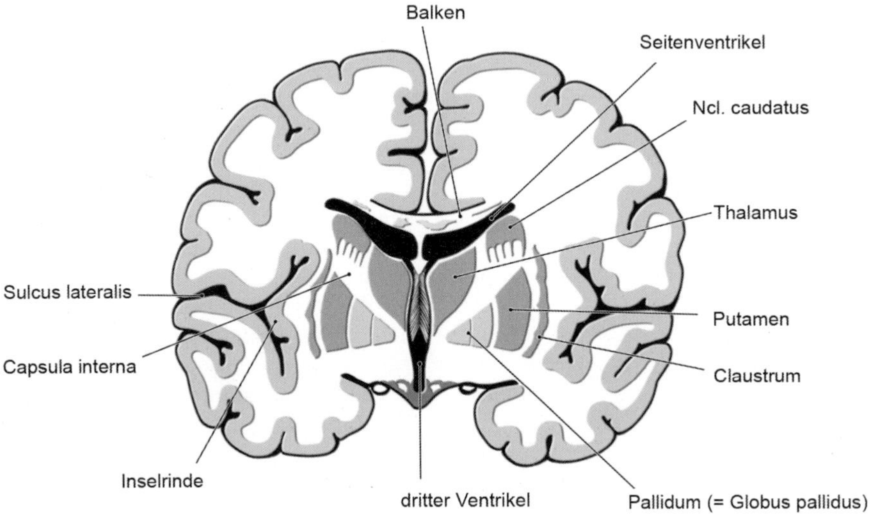

Abb. 21: Frontalschnitt durch das Großhirn

DAS BRINGT PUNKTE

Um diese Rubrik bei der Fülle des vorangegangenen Kapitels nicht übermäßig auszudehnen, sind hier die Prüfungslieblinge kurz aufgezählt:

Basalganglien:

- Das **Striatum** (= Ncl. caudatus und Putamen) erhält Afferenzen vom Kortex, der Substantia nigra und dem Thalamus (darüber auch die Formatio reticularis). Die Efferenzen laufen zum Pallidum und zur Substantia nigra.
- Zwischen dem Caput nuclei caudati und dem Nucleus lentiformis liegt das Crus anterius der Capsula interna.
- Das **Putamen** enthält dopaminerge Afferenzen aus der Substantia nigra.
- Das Globus pallidus hat zahlreiche GABAerge **Efferenzen** zum Thalamus.
- Der **Nucleus lentiformis** besteht aus Putamen und Pallidum. Er grenzt an die Capsula interna und die Capsula externa.

Das **limbische System** wird auch als „emotionales Bewertungszentrum" bezeichnet.
Dazu gehören

- der Hippocampus mit Fornix (in den Hippocampus projizieren Fasern überwiegend aus der Septumregion über den Fornix),
- der Gyrus cinguli,
- der Gyrus parahippocampalis mit der Regio entorhinalis,
- das Corpus amygdaloideum und
- das Corpus mamillare.

Rindenfelder:

- Der Gyrus praecentralis ist das primäre motorische Rindenfeld.

- Das motorische Sprachzentrum liegt im Bereich der Pars opercularis des Gyrus frontalis inferior.
- Der Gyrus postcentralis ist das primäre somatosensible Rindenfeld.

Sehbahn:
- Die **Sehbahn** verläuft über den Tractus opticus - Corpus geniculatum laterale - Gratiolet-Sehstrahlung - Area 17 (= primäre Sehrinde).
- Die primäre Sehrinde liegt im Okzipitallappen an der medialen Hemisphärenseite.
- Die sekundäre Sehrinde umschließt die primäre Sehrinde hufeisenförmig.

Hörbahn:
- Die **Hörbahn** verläuft über die Cochlea - Ncl. Olivaris sup. - Lemniscus lateralis - Colliculi inferiores – dort Kreuzung und danach Verlauf beidseits - Corpus geniculatum mediale - Hörstrahlung - primäre Hörrinde.
- Die primäre Hörrinde (= Heschl-Querwindungen) erhält ihre Afferenzen (= Hörstrahlung) überwiegend aus dem Corpus geniculatum mediale.

Sonstiges:
- Die meisten Projektionsneurone der Großhirnrinde sind Pyramidenzellen.
- Die Capsula interna liegt medial des Nucleus lentiformis, lateral des Thalamus, enthält sowohl ab- als auch aufsteigende Fasern und zwischen den Fasern auch graue Substanz.
- Die Fasern der spezifischen Thalamuskerne projizieren überwiegend in die Lamina granularis interna (IV) des Gyrus postcentralis.

BASICS MÜNDLICHE

Was sind Assoziationsfasern?
Assoziationsfasern verknüpfen einzelne Areale einer Hemisphäre miteinander.

Was sind Projektionsfasern?
Projektionsfasern verbinden den Kortex mit subkortikalen Bereichen.

Was sind Kommissurenfasern?
Kommissurenfasern verbinden Areale beider Hemisphären miteinander.

Welche Teile werden als Striatum bezeichnet und welche Beziehung hat das Striatum zur Substantia nigra?
Striatum = Ncl. caudatus und Putamen.
Das Striatum hat einen vorwiegend hemmenden Einfluss auf motorische Impulse. Die Substantia nigra hemmt über Dopamin das Striatum. Daher hemmt die Substantia nigra die Hemmung des Striatums (= fördert motorische Impulse).

Welcher Teil der Basalganglien wird entwicklungsgeschichtlich zum Diencephalon gerechnet und welche Aufgabe hat er?
Das Pallidum (= funkt. Antagonist zum Striatum), wirkt bahnend für motorische Impulse und wird entwicklungsgeschichtlich zum Diencephalon gerechnet.

Wie verlaufen die auf- und absteigenden Bahnen in der Capsula interna und welche Areale verbinden sie?
Die Bahnen verbinden den Cortex mit den subcorticalen Zentren.
absteigende Bahnen:
- kortikonukleäre Bahn im Genu,
- kortikospinale Bahn – Crus posterius - somatotope Gliederung

aufsteigende Bahnen:
- thalamokortikale Fasern.

Was ist das limbische System?
Das limbische System ist ein funktionelles System, das der Integration visceraler und emotionaler Prozesse dient. Es wird auch als „emotionales Bewertungszentrum" bezeichnet.

Was verbindet der Fornix?
Der Fornix verbindet Hippocampus und Corpora mamillaria.

Was ist der PAPEZ-Neuronenkreis und was gehört dazu?
Der PAPEZ-Neuronenkreis ist ein theoretisches Konstrukt, das versucht, den Informationsfluss zwischen den Teilen des limbischen Systems zu erklären. Er verläuft über Hippocampus - Fornix - Corpora mamillaria - Thalamus (über Vicq-d'Azyr-Bündel) - Gyrus cinguli – Hippocampus.

Wo liegen die primäre und sekundäre Sehrinde?
Im Okzipitallappen:
- Die primäre Sehrinde liegt an der medialen Hemisphärenseite,

- die sekundäre Sehrinde umschließt die primäre Sehrinde hufeisenförmig.

Wie verläuft die Sehbahn?
Tractus opticus - Corpus geniculatum laterale - Gratiolet-Sehstrahlung - Area 17 (= primäre Sehrinde).

Welche Aufgabe haben primäre und sekundäre Sehrinde und welche Auswirkung hat deren Zerstörung?
Primäre Sehrinde:
- Bewusstwerden der visuellen Impulse,
- bei Zerstörung Gesichtsfeldausfälle.

Sekundäre Sehrinde:
- Integration und Verarbeitung der wahrgenommenen visuellen Impulse,
- bei Zerstörung resultiert die visuelle Agnosie (= Betroffene können das Gesehene nicht mehr verarbeiten).

Wo liegt die primäre Hörrinde?
In den Heschl-Querwindungen (= Gyri temporales transversi).

Wie verläuft die Hörbahn?
Cochlea - Ncl. olivaris superior - Lemniscus lateralis - Colliculi inferiores – dort Kreuzung und danach Verlauf beidseits - Corpus geniculatum mediale - Hörstrahlung - primäre Hörrinde.

Welche Aufgabe haben primäres und sekundäres Hörzentrum?
Primäre Hörrinde:
- interpretationsfreies Bewusstwerden des Gehörten.

Sekundäre Hörrinde:
- integrative Verarbeitung, „Verstehen".

Was sind Wernicke- und Broca-Areal?
Wernicke-Areal:
- sensorisches Sprachzentrum (= sekundäre Hörrinde), hier erfolgt das Verständnis der Sprache.

Broca-Areal:
- motorisches Sprachzentrum dient der Sprachbildung.

5 Liquor- und Ventrikelsystem, Hirnhäute und Blutversorgung des Gehirns

Dieses Kapitel behandelt das Ventrikelsystem des Gehirns sowie dessen arterielle und venöse Blutversorgung.

5.1 Liquor- und Ventrikelsystem

Wie das Rückenmark, ist auch das Gehirn in **Liquor cerebrospinalis** im **äußeren Liquorraum** eingebettet. Der Liquor schützt es vor mechanischem Stress. Außerdem gibt es einen **inneren Liquorraum**, der sich in vier **Ventrikel** teilt.

Übrigens...
Die Ventrikel stehen miteinander in Verbindung und bilden den Liquor.

MERKE:
- Alle vier Ventrikel produzieren Liquor und besitzen daher einen Plexus choroideus.
- Vorder- und Hinterhorn des Seitenventrikels besitzen KEINEN Plexus choroideus.
- Die Gesamtliquormenge beträgt ca. 150 ml.

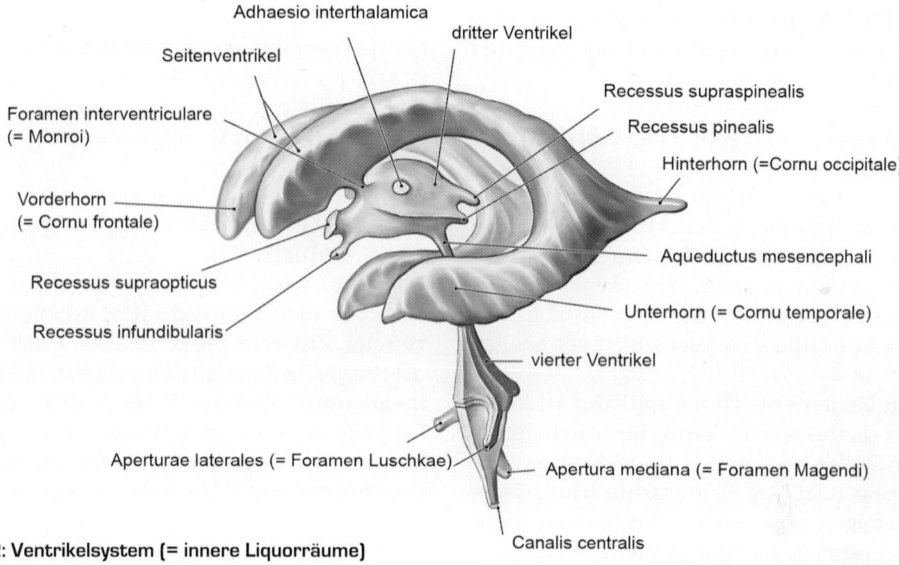

Abb. 22: Ventrikelsystem (= innere Liquorräume)

Die paarigen Seitenventrikel sind über das **Foramen interventriculare** (= Monroi) mit dem dritten Ventrikel verbunden. Dieser wiederum steht über den **Aquaeductus mesencephali** mit dem vierten Ventrikel in Verbindung. Von dort setzt sich der innere Liquorraum als Canalis centralis ins Rückenmark fort.

Übrigens...

- Der gesamte innere Liquorraum ist von Gliazellen (= Ependym) ausgekleidet. Diese sind am ehesten mit Mikrovilli- und Kinozilien-tragenden Epithelzellen vergleichbar. Die Kinozilien dienen dem Liquortransport.
- Der Liquor reduziert das Hirngewicht von 1500 g auf ca. 50 g, die dem Knochen aufliegen.

Vom Ventrikelsystem gelangt der Liquor durch die **Foramina Luschkae** und das **Foramen Magendi** (liegen im vierten Ventrikel) in den äußeren Liquorraum, den **Subarachnoidalraum**. Von hier wird der Liquor in das Blut rückresorbiert. Im Bereich des Schädels geschieht dies über die **Arachnoidalzotten** (= Granulationes arachnoidales, Paccioni-Körper). Dies sind blumenkohlartige Gebilde, die vom Subarachnoidalraum in die großen Sinus reichen. Im Wirbelkanalbereich wird der Liquor an den Austrittsstellen der Spinalnerven aus dem Wirbelkanal resorbiert.

Täglich werden in den **Plexus choroidei** (befinden sich in allen vier Ventrikeln) ca. 500 ml Liquor produziert. Der Liquor ist ein **Ultrafiltrat** des Bluts. Seine Zusammensetzung wird durch das Plexusepithel stark modifiziert. Hier existiert eine **Blut-Liquor-Schranke**, die lediglich für Wasser, Sauerstoff und Kohlendioxid komplett durchlässig ist.

MERKE:

Bei Verschluss des Aqueductus mesencephali sind die Seitenventrikel und der 3. Ventrikel erweitert.

Übrigens...

Ist die Verbindung von äußerem und innerem Liquorraum verlegt, kommt es zum Liquoraufstau und Hirndruckzeichen. Man spricht von einem **Hydrocephalus**. Hirndruckzeichen sind Kopfschmerz und Erbrechen ohne andere Ursache.

MERKE:

Die Tela choroidea bildet das Dach des III. Ventrikels. Sie ist eine gefäßreiche Bindegewebsschicht, von der der Plexus choroideus gebildet wird.

Ist der Subarachnoidalraum an einer Stelle besonders weit, so spricht man von einer **Liquorzisterne**. Die wesentlichsten Zisternen sind:

- Cisterna cerebellomedullaris = Cisterna magna
- Cisterna ambiens
- Cisterna interpeduncularis
- Cisterna chiasmatica

5.2 Hirnhäute (= Meningen)

Das Gehirn ist - wie das Rückenmark - von drei Hirnhäuten umgeben:

- Dura mater (= harte Hirnhaut),
- Arachnoidea mater (= Spinngewebshaut) und
- Pia mater.

Die **Dura mater** wird auch als **Pachymeninx** bezeichnet. Arachnoidea und Pia mater werden als **weiche Hirnhaut** oder **Leptomeninx** zusammengefasst. Anders, als im Wirbelkanal, liegt die Dura mater dem Periost der Schädelkalotte fest an und ist nicht als einzelnes Blatt abtrennbar. Sie besteht aus zwei durch Kollagenfasern verbunden Blättern. Als **Duraduplikatur** bildet sie die **Falx cerebri** und das **Tentorium cerebelli.** An einigen Stellen trennen sich die beiden Durablätter voneinander, um sich anschließend wieder zu vereinigen. So entstehen die venösen **Sinus** (= Sinus sagittalis superior et inferior etc.).

Über eine Zellschicht ist die Dura mater mit der **Arachnoidea mater** verbunden. Die Arachnoidea wiederum ist über dünne Bindegewebsbrücken mit der Pia mater verbunden. Der Subarachnoidalraum ist der äußere Liquorraum. Die **Pia mater** liegt direkt den Gyri auf und zieht mit in die Sulci hinein.

MERKE:

- Im Gehirn existiert KEIN Epiduralraum. Allerdings gibt es ein epidurales Hämatom. Dies wird durch eine Blutung, meist aus der A. meningea media verursacht. Dabei wird durch den hohen Druck des austretenden Bluts die Dura mater vom Periost der Schädelkalotte abgelöst.
- Im Gehirn existiert auch KEIN Subduralraum. Dieser kann jedoch artifiziell durch meist venöse Einblutung zwischen Dura mater und Arachnoidea mater entstehen, was zu einem Subduralhämatom führt.

Die Blutversorgung der Meningen erfolgt über drei Arterien: die A. meningea anterior, media, und posterior. Die A. meningea media entspringt aus der A. maxillaris und zieht durch das Foramen spinosum in den Schädel. Die Innervation der Meningen erfolgt in erster Linie über den N. trigeminus.

MERKE:

Nur die Meningen sind sensibel innerviert. Das Gehirn selbst besitzt keine Schmerzrezeptoren. Kopfschmerzen gehen deshalb immer von den Meningen aus.

5.3 Arterielle Gefäßversorgung des Gehirns

Das Gehirn wird jeweils durch die rechte und linke A. carotis interna sowie die A. vertebralis mit Blut versorgt. Zwischen diesen Gefäßen bildet sich an der Schädelbasis ein Anastomosenkreis, der **Circulus arteriosus cerebri** (= Willisi). Über diesen Kreislauf wird bei Versorgungsknappheit im Stromgebiet einer zuführenden Arterie die Blutzufuhr in den entsprechenden Hirnteilen sichergestellt.

MERKE:

- Die Blutgefäße liegen in den Sulci und treten von dort in das Innere des Gehirns ein.
- Venen und Arterien haben hier einen völlig unterschiedlichen Verlauf.

Man kann den großen Arterien Versorgungsgebiete zuordnen:

- Die **A. carotis interna** zieht durch den Canalis caroticus in die Schädelhöhle und erscheint neben der Hypophyse im Sinus cavernosus. Dort liegt auch der Karotissiphon. Im Anschluss daran teilt sie sich in **A. cerebri anterior** (s. IMPP-Bild 1 im Anhang S. 52) und **A. cerebri media.** Weitere Äste versorgen die Hypophyse und den Plexus choroideus.

Versorgungsgebiet: überwiegend Frontal-, Parietal- und Temporallappen sowie Zwischenhirn; über die A. ophthalmica – Auge und Teile der Nasennebenhöhle.

Übrigens...

Die A. cerebri media stellt die direkte Fortsetzung der A. carotis interna dar. Deshalb finden sich Thromben, die über die A. carotis interna kommen häufiger in der A. cerebri media. Der Verschluss einer hirnversorgenden Arterie führt zum **Hirninfarkt** (= Schlaganfall, Apoplex, ischämischer Insult). Kommt es durch Ruptur eines hirnversorgenden Gefäßes zur Einblutung ins Hirnparenchym, so spricht man von einem **hämorrhagischen Insult.**

- Die **A. vertebralis** ist der erste Ast der A. subclavia und zieht durch die Querfortsatzlöcher der zervikalen Halswirbel bis zum Atlas. Sie gelangt durch das Foramen magnum in die Schädelhöhle und vereinigt sich am Unterrand der Brücke mit der A. vertebralis der Gegenseite zur unpaaren **A. basilaris**. Am Oberrand der Brücke zweigt sich diese zu zwei **Aa. cerebri posteriores** auf. Diese versorgen überwiegend den Okzipitallappen sowie Teile des Temporallappens.

Vor Vereinigung zur A. basilaris geben die Aa. vertebrales die **A. inferior posterior cerebelli** zur Versorgung des Kleinhirns ab. Im weiteren Verlauf entspringen aus der A. basilaris die **A. inferior anterior cerebelli** sowie die **A. superior cerebelli,** die, wie der Name schon sagt, ebenfalls das Kleinhirn versorgen.
Versorgungsgebiet: Okzipitallappen, Teile des Temporallappens, Kleinhirn, Innenohr, Mittelhirn, Hirnstamm.

MERKE:
- Nicht-fenestrierte Kapillaren (= kontinuierliches Epithel) finden sich im Kleinhirn.
- Fenestrierte Kapillaren sind typisch für die Area postrema.

Der **Circulus arteriosus cerebri** verbindet die drei großen hirnversorgenden Gefäße miteinander. Über die **A. communicans anterior** werden die beiden Karotis-Interna-Stromgebiete kurzgeschlossen, über die **Aa. communicantes posteriores** werden Vertebralis- und Karotis-Interna-Stromgebiet kurzgeschlossen. Diese Kurzschlüsse sind eine Sicherheit, um das Gehirn auch bei Verlegung eines großen hirnzuführenden Gefäßes ausreichend zu durchbluten.

Übrigens...
Eine langsam voranschreitende Stenose (= Einengung) der A. carotis interna um 90% kann völlig symptomlos bleiben.
Häufig finden sich im Bereich der Aa. communicantes Gefäßwandfehlbildungen, die zu Aussackungen, **Aneurysmen** der Gefäßwand führen. Bei Druckbelastung platzen diese Aneurysmen sehr leicht und führen zu einer **Subarachnoidalblutung**. Diese ist durch blutigen Liquor gekennzeichnet.

MERKE:
Lipidlösliche Substanzen können die Blut-Hirn-Schranke ohne spezifische Transportsysteme überwinden.

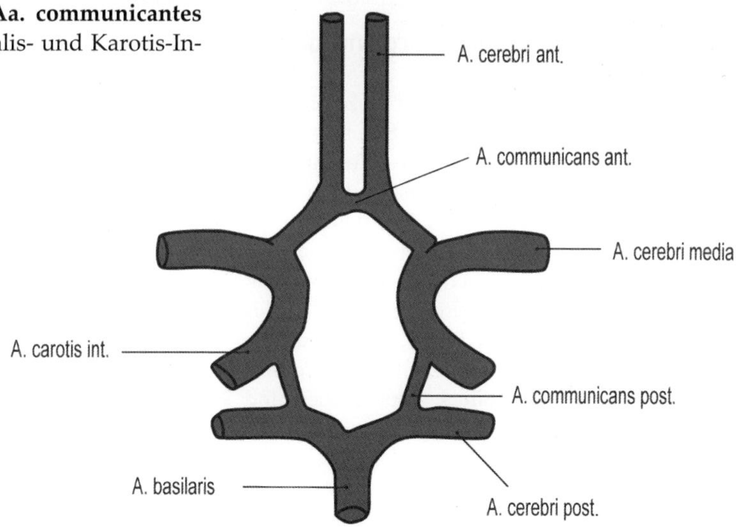

Abb. 23: Circulus arteriosus cerebri (= Willisi)

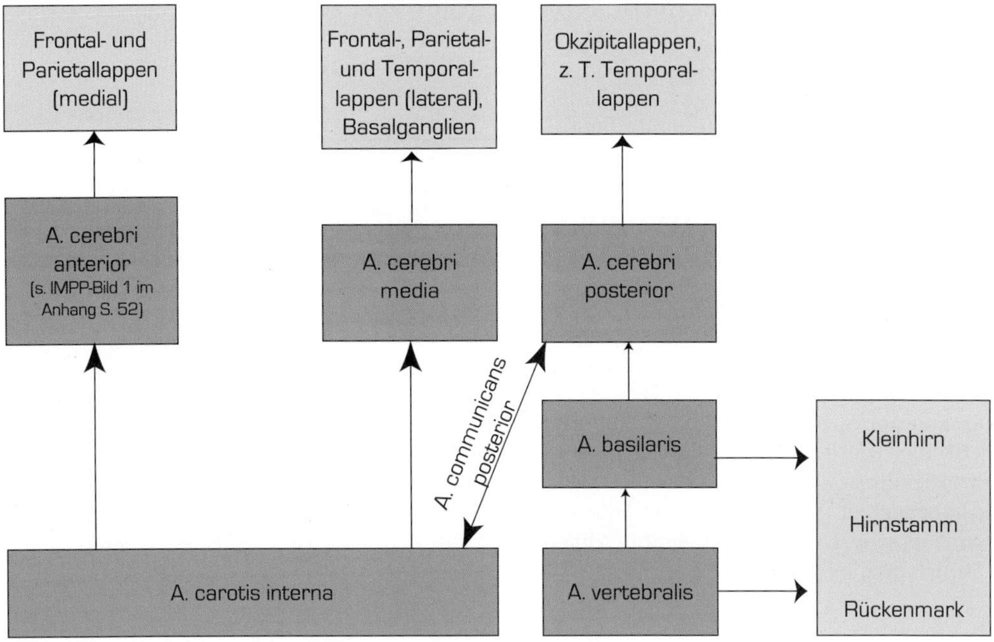

Abb. 24: Übersicht über die arterielle Gefäßversorgung des Gehirns

MERKE:
Der Circulus arteriosus Willisi verbindet das Stromgebiet der A. carotis interna mit dem Stromgebiet der A. vertebralis.

5.4 Venöse Gefäßversorgung des Gehirns

Das venöse Blut aus dem Gehirn fließt über die Hirnvenen in die venösen **Sinus**. Sinus sind **Duraduplikaturen**. Sie leiten venöses Blut aus dem Gehirn. Ihnen fehlt der typische Aufbau einer Vene, d. h. sie sind klappenlos. Fast das gesamte venöse Blut gelangt anschließend über die V. jugularis interna zur V. cava superior und von dort zum rechten Herzen. Ein geringer Teil des venösen Blutes wird über die **Vv. emissariae** aus dem Kopf abgeleitet. Diese Venen stellen Verbindungen zwischen den Sinus, Diploevenen und den Kopfhautvenen dar.
Abbildung 25 auf Seite 43 zeigt den Verlauf der intraduralen Sinus. Für das Schriftliche solltet ihr euch merken, dass die V. magna cerebri in den Sinus rectus mündet.

Übrigens:
Ein Sturz kann besonders bei älteren Menschen zu einer intrakraniellen Blutung führen. Häufige Ursache ist der Einriss einer Brückenvene auf Grund der Scherkräfte.

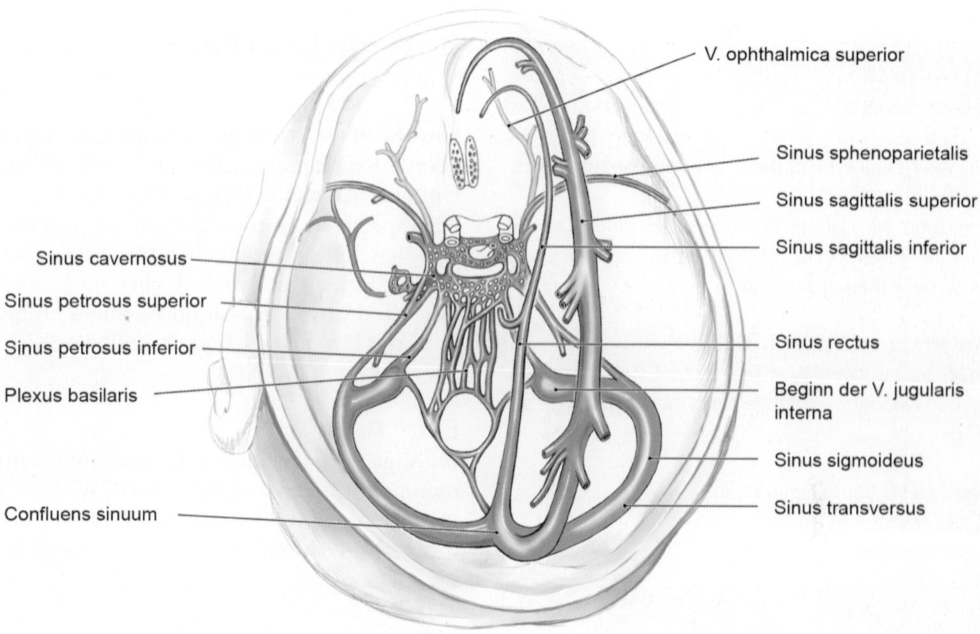

Abb. 25: Sinus durae matris

MERKE:
Vv. emissarie ziehen senkrecht durch den Schädelknochen und verbinden die Sinus mit den Kopfhautvenen.

DAS BRINGT PUNKTE

Zum Ventrikelsystem solltet ihr wissen, dass jeder Ventrikel einen **Plexus choroideus** besitzt. Außerdem ist es hilfreich, die Nachbarstrukturen und die Ventrikelwände zu kennen. Damit lassen sich die Fragen mit Bildbeilage gut beantworten.

- Vorder- und Hinterhorn des Seitenventrikels besitzen keinen Plexus choroideus.
- Der Sulcus calcarinus senkt sich als Calcar avis in das Hinterhorn der Seitenventrikel ein.

Gern wird auch nach den drei großen hirnversorgenden Arterien gefragt.

- Die **A. cerebri anterior** versorgt den Frontal- und Parietallappen medialseits (s. IMPP-Bild 1 im Anhang S. 52).
- Die **A. cerebri media** versorgt den Frontal- und Parietallappen (lateralseits) sowie die Basalganglien.
- Die **A. cerebri posterior** versorgt den Okzipitallappen sowie Teile des Temporallappens. **A. vertebralis** und **A. basilaris** versorgen Rückenmark, Hirnstamm und Kleinhirn. Mehrfach wurde auch nach dem Verlauf der A. vertebralis gefragt.

Neurohypophyse (= HHL), Area postrema, Eminentia mediana (= Infundibulum), Epiphyse, Subfornikalorgan, Subkommissuralorgan besitzen KEINE Blut-Hirn-Schranke.

Zu den Sinus gibt Abbildung 25 den meisten Aufschluss zur Beantwortung der Examensfragen. Häufig wurde auch nach Beziehungen von Nachbarorganen zu Sinus gefragt. Deshalb merkt euch bitte, dass

- die Cellulae mastoideae enge Beziehungen zum Sinus sigmoideus haben und
- zum Sinus cavernosus die A. carotis interna, der N. abducens, der N. oculomotorius, der N. trochlearis, der N. ophthalmicus und der N. maxillaris in enger topographischer Beziehung stehen.

BASICS MÜNDLICHE

Wo wird Liquor produziert und wo wird er resorbiert?
Produziert wird Liquor in allen vier Ventrikeln, resorbiert im äußeren Liquorraum im Rückenmark und durch die Arachnoidalzotten.

Was ist Liquor und wozu dient er?
Liquor ist ein Ultrafiltrat des Bluts. Er reduziert das auf den Knochen wirkende Gewicht des Gehirns auf 50 g.

Welche Hirnhäute kennen Sie?
- Dura mater,
- Arachnoidea,
- Pia mater.

Gibt es Unterschiede zwischen Rückenmark und Gehirn im Bezug auf die Hirnhäute?
Ja, im RM gibt es einen Epiduralraum, im Gehirn nicht. Dort ist die Dura mit dem Periost verwachsen.

Was geschieht bei Verschluss einer A. carotis interna?
Der Ausfall kann z.T. durch den Circulus arteriosus Willisi mit Blut aus den anderen Arterien ausgeglichen werden.

Welche Gefäße versorgen die Hirnhäute?
Die Aa. meningeae. Die A. meningea media ist die größte und zieht durch das Foramen spinosum.

Was sind Sinus?
Duraduplikaturen, venöse Blutleiter, ohne den typischen Wandbau einer Vene, d.h. z. B. klappenlos.

Wie gelangt das Blut aus dem Gehirn zum Herz?
Aus dem Gehirn in die Hirnvenen, von dort in die Sinus und von da in die V. jugularis interna, von dort zur V. cava sup. und ins rechte Herz.

GLEICH HABT IHRS GESCHAFFT. ZEIT FÜR EINE LETZTE PAUSE...

6 Auge und Ohr

Sowohl über das Auge als auch über das Ohr könnte man ein eigenständiges Buch schreiben. Um eure Aufnahmefähigkeit jedoch nicht überzustrapazieren, werden hier nur die prüfungsrelevanten neuroanatomischen Details dargestellt. Beide Sinnesorgane haben aber auch histologisch und physiologisch noch einiges zu bieten (s. Skript Histologie 2 und Physiologie 3).

6.1 Auge

Im Auge wird das Licht gebrochen und wahrgenommen. Dafür ist es mit seinem Aufbau optimiert. Hornhaut, Linse und Glaskörper brechen das Licht, während die Retina das Licht wahrnimmt.

MERKE:
Die Retina wandelt den physikalischen Lichtreiz über photochemische Prozesse in einen neuronalen Reiz um.

6.1.1 Makroskopie

Abbildung 26 gibt die wichtigsten makroskopischen Strukturen des Augapfels wieder.

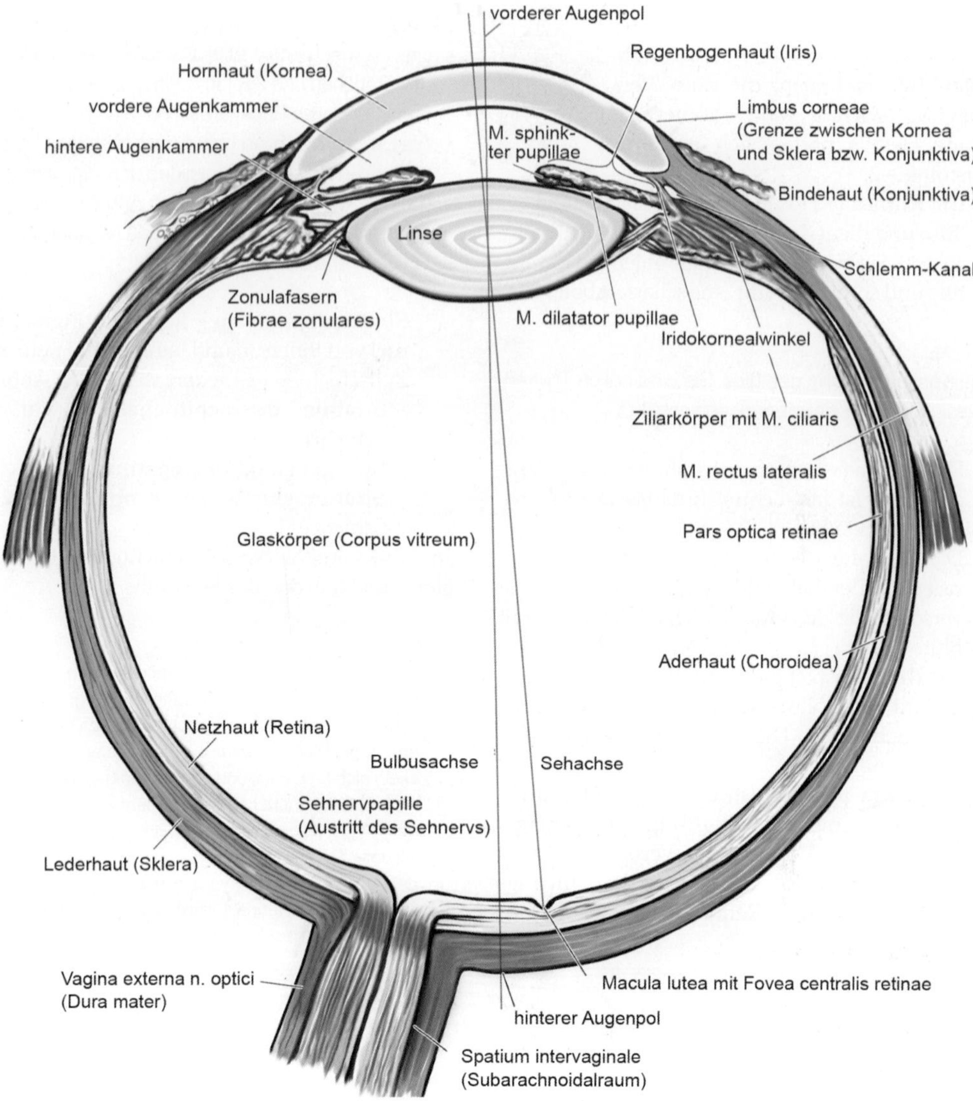

Abb. 26: Horizontalschnitt durch den Augapfel

Der Augapfel hat eine dreischichtige Schale.
- Tunica fibrosa bulbi = **Sklera** und **Kornea**, äußerste Schicht
- Tunica vasculosa bulbi = **Uvea: Iris, Corpus ciliare** und **Choroidea**
- Tunica interna bulbi = **Retina**, innerste Schicht

Im Inneren des Auges unterscheidet man drei wichtige Räume:
- **vordere Augenkammer** (= zwischen Kornea und Iris, mit Kammerwasser gefüllt)
- **hintere Augenkammer** (= zwischen Ziliarkörper und Zonulafasern sowie der Irisrückseite gelegen, ebenfalls mit Kammerwasser gefüllt)
- **Glaskörperraum** (= dorsal der Linse und des Corpus ciliare)

Die **Blutversorgung** erfolgt über die **A. centralis retinae** aus der **A. ophthalmica**.

MERKE:
Äste der A. und V. ophthalmica anastomosieren mit der A. und V. angularis am medialien Augenwinkel.

6.1.2 Mikroskopie

Dieses Kapitel enthält nur die nötigsten Informationen, die zum Verständnis wichtig sind. Weiterführende Details finden sich im Skript Histologie 2.

- Die **Kornea** (= Hornhaut) wirkt als Sammellinse und dient der Lichtbrechung (Brechkraft = 43 dpt). Sie bündelt die Lichtstrahlen auf der Retina und sorgt damit für eine scharfe Abbildung.

MERKE:

Die Kornea ist völlig gefäßlos. Sie wird durch Tränenflüssigkeit und Kammerwasser ernährt.

- Die **Sklera** (= Lederhaut) stabilisiert den Augapfel. Sie ist fast lichtundurchlässig und enthält Blutgefäße.
- Die **Choroidea** (= Aderhaut) ist stark vaskularisiert und enthält zahlreiche Melanozyten. Sie versorgt die äußeren Netzhautschichten mit Blut.
- Die **Retina** (= Netzhaut) ist die innerste Wandschicht des Bulbus oculi. Sie dient der Lichtwahrnehmung. Die Netzhaut besteht aus zwei Anteilen:
  - **Stratum pigmentosum** (= Pigmentepithel), hier sind melaninhaltige Pigmentkörnchen eingelagert. Es stellt die Verbindung zwischen Choroidea und Retina her. Im Pigmentepithel wird Retinal regeneriert.

MERKE:

- Das Pigmentepithel ist außerdem in der Lage, Teile der Stäbchen und Zapfen zu phagozytieren und spielt damit für deren Regeneration eine wichtige Rolle.
- Als Bruch-Membran bezeichnet man die Grenzmembran zwischen Choroidea und Pigmentepithel. Sie wirkt mit ihrem hohen Anteil an elastischen Fasern als Antagonist des M. ciliaris bei der Fernakkommodation.

  - **Stratum nervosum** – liegt dem Pigmentepithel von innen an und kann in drei neuronale Zellschichten gegliedert werden (s. Abb. 27):
    - **Stratum neuroepitheliale** (= äußerste Schicht)
    - **Stratum ganglionare retinae**
    - **Stratum ganglionare n. optici** = (innerste Schicht)

In diesen drei Nervenzellschichten sitzen die ersten drei Neurone der Sehbahn.

Übrigens...

- Im Stratum neuroepitheliale befinden sich die Photorezeptoren zur Lichtwahrnehmung.
- Aus dem ersten Gehirnbläschen stülpt sich das Augenbläschenpaar aus. Daraus entwickeln sich Netzhaut und Pigmentepithel. Der Augenbläschenstiel entspricht dem Sehnerv. Vom Augenbecher entwickelt sich der vordere Teil zur Pupille. Das innerste Blatt des Augenbechers bildet u. a. die Ganglienzellschicht der Retina. Choroidea, Sklera und Kornea sind mesenchymalen Ursprungs.

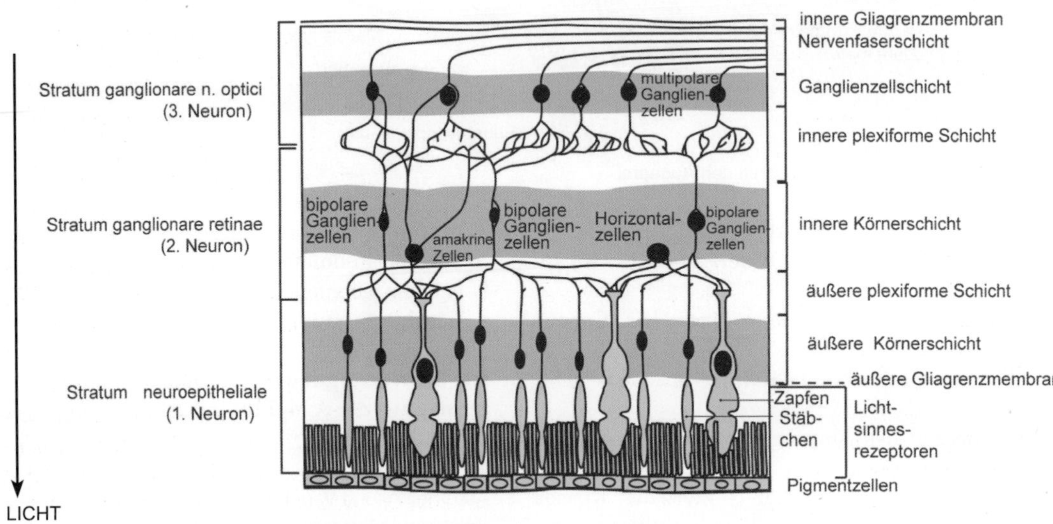

Abb. 27: Zellen der Retina und deren Verbindungen

MERKE:
Bei den Photorezeptoren unterscheidet man man ca. 120 Millionen Stäbchen (= hell-dunkel-Wahrnehmung) von ca. 6 Millionen ZapFen (= Farbwahrnehmung).

Während am Rand der Retina vorwiegend die lichtempfindlichen Stäbchen vorkommen, befinden sich in der **Fovea centralis** AUSSCHLIEẞLICH die weniger lichtempfindlichen Zapfen.
Stäbchen und Zapfen geben ihre Impulse an die bipolaren Ganglienzellen des **Stratum ganglionare retinae** weiter. Von dort gelangen die Impulse zu den multipolaren Zellen des **Stratum ganglionare n. optici**. Dies sind die dritten Neurone der Sehbahn. Sie bilden mit ihren Axonen den N. opticus.
Die **Macula lutea** (= gelber Fleck) liegt in der **Fovea centralis** und enthält ausschließlich Zapfen als Photorezeptoren. Hier ist jeder Zapfen mit **einer** Bipolarzelle und **einer** multipolaren Zelle verbunden. Daraus resultiert eine maximale Reizauflösung, so dass dies der Ort des schärfsten Sehens ist.

Die **Papilla n. optici** liegt ca. drei Millimeter medial der Macula lutea. Hier beginnt der N. opticus und es finden sich KEINE Photorezeptoren. Deshalb heißt diese Stelle auch **Blinder Fleck.**
Die **Iris** ist eine Ausstülpung der Uvea. Sie enthält mehr oder weniger Melanozyten und bestimmt damit die Augenfarbe. Funktionell reguliert sie den Lichteinfall:

- Die **Pupillenerweiterung** (= Dilatation) erfolgt über den **sympathisch** innervierten M. dilatator pupillae.
- Die **Pupillenverengung** (= Konstriktion) erfolgt über den **parasympathisch** innervierten M. sphincter pupillae.

MERKE:
- Atropin und junge Maid machen die Pupille weit,
- altes Weib und Morphium machen sie eng wiederum.

Die **Linse** liegt direkt hinter der Pupille. Sie ist durchsichtig, frei von Nerven und Gefäßen sowie passiv verformbar. Durch die Verformung ändert sich ihre Brechkraft.

MERKE:
- Eine starke Krümmung (= höhere Brechkraft) ist für das Nahsehen,
- eine schwache Krümmung (= geringere Brechkraft) für das Fernsehen erforderlich.

Im Inneren der Linse liegt der wenig verformbare **Linsenkern** (= Ncl. lentis). Er ist von der verformbaren Linsenrinde umgeben. Im Alter schrumpft die Linsenrinde durch Wasserentzug. Dadurch kann die Linse nicht mehr so stark gekrümmt werden und es kommt zur **Altersweitsichtigkeit** (= Presbyopie). Der **Ziliarkörper** (= Corpus ciliare) ist eine kontraktile Ausstülpung der Uvea. Er dient der Aufhängung der Linse und ist mit ihr über die **Zonulafasern** verbunden. Der M. ciliaris ist parasympathisch innerviert.

Übrigens...
- Der Ziliarkörper sezerniert aktiv das Kammer wasser in die hintere Augenkammer.
- Die Meibom-Drüsen liegen an der Innenseite des Lides im Tarsus. Die Entzündung dieser Drüsen heißt Chalazion (= Hagelkorn).
- In den Haarschaft der Wimpern münden die Ausführungsgänge der Zeis-Drüsen. Die Entzündung dieser Drüsen heißt Hordeolum (= Gerstenkorn).

MERKE:
- Die Kontraktion des M. ciliaris führt zu einer Annäherung des Ziliarkörpers an die Linse. Damit kann sich die Linse stärker krümmen.
- Bei Erschlaffung des M. ciliaris werden die Zonulafasern angespannt, die Linse wird abgeflacht.

Der **Glaskörper** (= Corpus vitreum) besteht zu 99% aus Wasser. Er ist zellfrei sowie gefäßlos und füllt als gallertige Masse zu 75% das Augeninnere. Er hat den gleichen Brechungsindex wie das Kammerwasser (= 1,33 dpt) und trägt dazu bei, die Lichtstrahlen auf die Retina zu fokussieren.

6.1.3 Reflexe

Der **Lichtreflex** (= Pupillenreflex) führt bei starkem Lichteinfall zur zunehmenden Verengung der Pupille und bei schwachem Lichteinfall zur zunehmenden Erweiterung der Pupille. Über diesen Reflex wird versucht, den Lichteinfall ins Augeninnere möglichst konstant zu halten.

MERKE:
Bei Beleuchtung einer Pupille verengt sich auch die Pupille der Gegenseite.
Bei Schädigung der Praetektalregion kommt es zur reflektorischen Pupillenstarre.

Zur **Akkomodation** (= Naheinstellung) verengt sich die Pupille und die Linse krümmt sich stärker über die Konstriktion des M. ciliaris.

6.1.4 Schutzorgane des Auges

- Die **Orbita** (= Augenhöhle) schützt das Auge vor mechanischen Reizen. Sie lässt Öffnungen für den Durchtritt von Nerven und Gefäßen.
- Die **Tunica conjunctiva** (= Konjunktiva) ist von zahlreichen Gefäßen durchzogen und fixiert den Bulbus in der Orbita.
- Die **Tränendrüse** (= Glandula lacrimalis) liegt über dem lateralen Lidwinkel in der Orbita. Sie produziert Tränenflüssigkeit und befeuchtet, reinigt, ernährt und schützt die vordere Bulbushälfte vor Austrocknung und Infektion.
- Die **Augenlider** bieten dem Auge mechanischen Schutz. Außerdem verteilen sie die Tränenflüssigkeit gleichmäßig auf der Horn- und Bindehaut.
- Die **Augenmuskeln** wurden bereits bei den Hirnnerven im Skript Anatomie 2 besprochen.

6.2 Ohr

Im Ohr liegen zwei Sinnesorgane, das **Hörorgan** und das **Gleichgewichtsorgan**.
Man unterscheidet **äußeres Ohr, Mittelohr** und **Innenohr**.
In diesem Skript beschränken wir uns auf die prüfungsrelevanten Aspekte des Mittel- und Innenohrs.

6.2.1 Mittelohr

Das Mittelohr besteht in erster Linie aus der **Paukenhöhle** (= Cavum tympani). Dies ist ein lufthaltiger, mit isoprismatischem Epithel ausgekleideter Hohlraum. Sie wird nach lateral durch das Trommelfell vom äußeren Gehörgang abgegrenzt. Nach medial besteht über das ovale und das runde Fenster eine Verbindung zum Innenohr. Nach vorn setzt sich die Paukenhöhle in die Tuba auditiva fort. Der wichtigste Inhalt der Paukenhöhle sind die **Gehörknöchelchen** (= Ossicula auditoria). Die Funktion von **Hammer, Amboss** und **Steigbügel** besteht in der möglichst verlustarmen Schallübertragung von der Luft des äußeren Gehörgangs auf die Perilymphe des Innenohrs. Abbildung 28 zeigt den Weg der Schallübertragung vom äußeren Ohr auf das Innenohr.

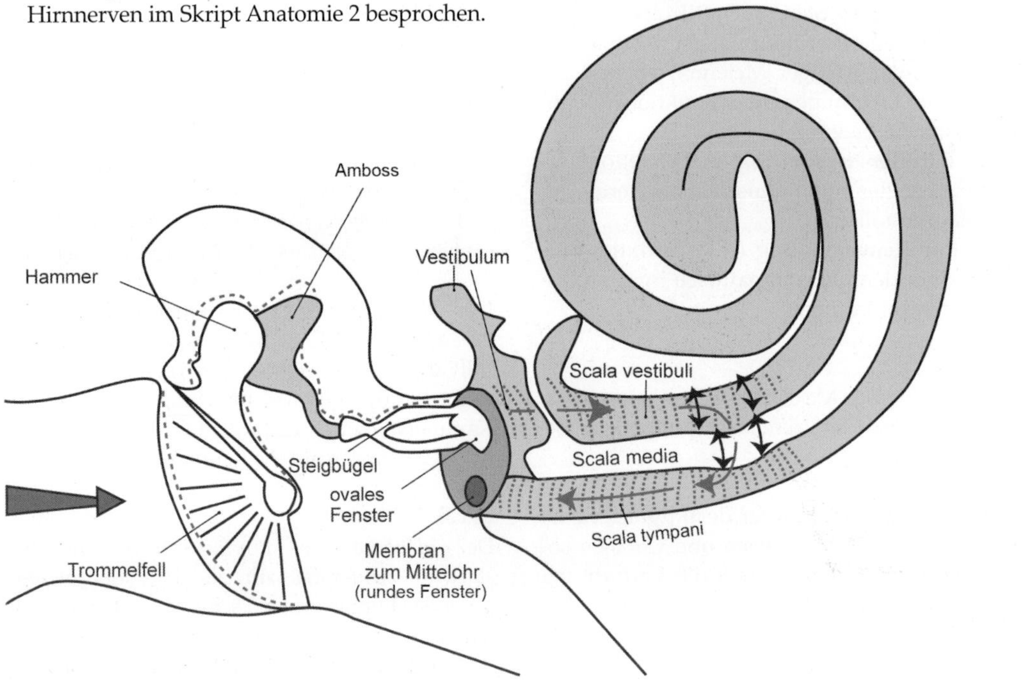

Abb. 28: Schallübertragung

MERKE:
- Das ovale Fenster dient der Schallwellenaufnahme.
- Das runde Fenster dient der „Abstrahlung" bereits wahrgenommener Schallwellen.

Die **Tuba auditiva** (= Ohrtrompete) verbindet die Paukenhöhle mit dem Nasopharynx. Sie dient der Belüftung des Mittelohrs und zum Druckausgleich zwischen Mittelohr und äußerer Atmosphäre. Weiterhin kann durch die Tuba auditiva Sekret aus der Paukenhöhle abfließen.

MERKE:
Die Tuba auditiva verbindet die Paukenhöhle mit dem Nasopharynx.

Übrigens...

- Bei Verschluss der Ohrtrompete kann es leicht zu einer bakteriellen Besiedelung der Paukenhöhle mit eitriger Mittelohrentzündung kommen. Durch die Paries tegmentalis der Paukenhöhle kann sich diese zu den Hirnhäuten und dem Temporallappen ausbreiten.
- Ohrspülungen können zu Hustenreiz oder Erbrechen durch Reizung von Vagusfasern führen.

6.2.2 Innenohr

Das Innenohr ist ein flüssigkeitsgefülltes Gangsystem. Es wird untergliedert in:
- **knöchernes Labyrinth** (mit Perilymphe gefüllt)
- **häutiges Labyrinth** (liegt innerhalb des knöchernen Labyrinths, ist mit Endolymphe gefüllt)

Seine Anatomie zeigt Abbildung 29.

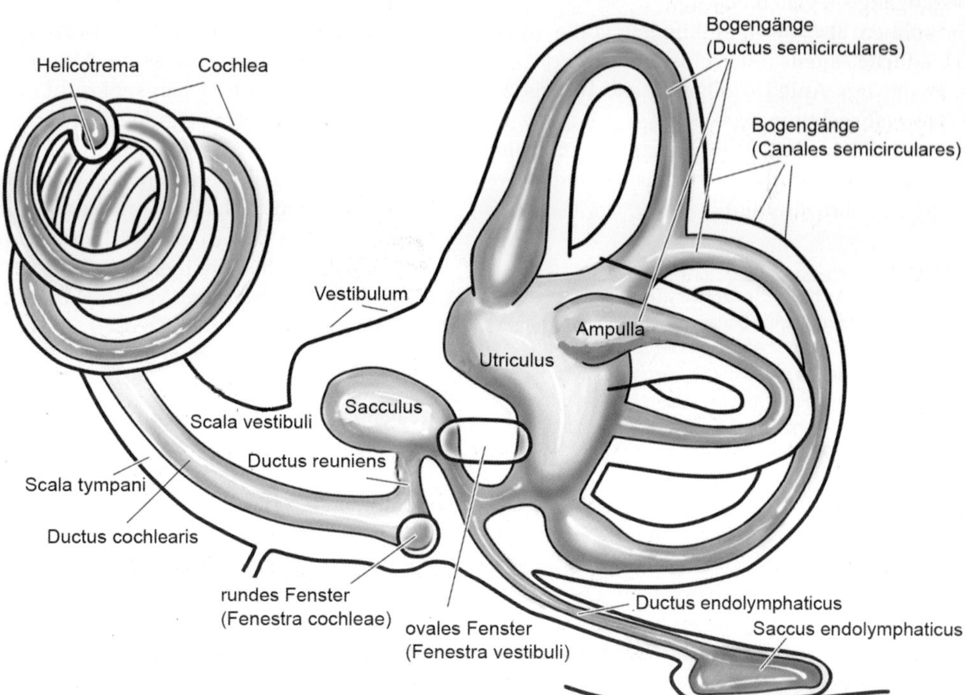

Abb. 29: Labyrinthsystem

Knöchernes Labyrinth: Zentral liegt hier das Vestibulum (= Vorhof). Das knöcherne Labyrinth steht über das ovale Fenster mit dem Mittelohr in Kontakt. Nach einer Seite ist es mit der knöchernen Schnecke (= Cochlea), nach der anderen Seite mit den drei knöchernen Bogengängen (Canales semicirculares) verbunden. Die drei Bogengänge stehen senkrecht aufeinander und bilden so die drei Raumebenen ab.

Übrigens...

Das knöcherne Skelett der Cochlea wird **Modiolus** genannt. Hier liegen die Zellkörper des ersten Neurons, welche die Erregung vom Innenohr zur Großhirnrinde leiten.

Membranöses (= häutiges) Labyrinth: Das häutige Labyrinth liegt innerhalb des knöchernen Labyrinths. Im Bereich des knöchernen Vestibulums liegt zum einen der membranöse **Sacculus**, der mit dem **Ductus cochlearis** (= Schneckengang) in Verbindung steht. Zum anderen liegt dort der **Utriculus**, von dem die drei häutigen Bogengänge abgehen.
Es können also zwei funktionell völlig unterschiedliche Anteile unterschieden werden:

- kochleärer Anteil (= Ductus chochlearis zur Hörwahrnehmung)
- vestibulärer Anteil (= Sacculus, Utriculus, Ductus semicirculares zur Lage- und Bewegungswahrnehmung)

Übrigens...

Der Ductus cochlearis (mit Endolymphe gefüllt) trennt die obenliegende Scala vestibuli von der Scala tympani. Beide gehen am Helicotrema ineinander über und sind mit Perilymphe gefüllt. Während die Scala vestibuli mit dem Vestibulum in Verbindung steht, endet die Scala tympani am runden Fenster blind.

6.2.3 Hörvorgang

Die Schallwellen werden von der Gehörknöchelchenkette am ovalen Fenster durch den Steigbügel auf die Perilymphe übertragen. Die Schwingung setzt sich in der Scala vestibuli fort und läuft in Richtung Helicotrema. Dort läuft die Schwingung in der Scala tympani weiter und endet blind am runden Fenster. Paralell dazu wird durch die Schwingung der Perilymphe der Scala vestibuli der Ductus cochlearis in Schwingung versetzt. Dieser überträgt somit die Schwingung der Scala vestibuli noch vor Erreichen des Helicotremas auf die Scala tympani (s. Abb. 29, S. 49).
Zwischen Scala vestibuli und Ductus cochlearis liegt die **Reissner-Membran** (s.a. Skript Histologie 2). Die im Ductus cochlearis befindliche Endolymphe lässt sich nicht weiter komprimieren, deshalb lenkt die Schallwelle aus der Scala vestibuli die Reissner-Membran und simultan die **Basilarmembran** gegen die **Tektorialmembran** aus. Durch diese Auslenkung werden die auf der Basilarmembran befindlichen **äußeren Haarzellen** abgeschert, was in diesen ein Aktionspotential auslöst. Im Weiteren kommt es zur Aktivierung der **inneren Haarzellen**. Diese Impulse machen den wesentlichen Teil der akustischen Information des N. vestibulocochlearis aus.
Mehr zum Hörvorgang findet ihr im Skript Physiologie 3.

6.2.4 Gleichgewichtsorgan

Sacculus und Utriculus sind für die Wahrnehmung **linearer Beschleunigung** zuständig, während die Bogengänge für die **Drehbeschleunigung** des Kopfes zuständig sind.
Sacculus und Utriculus enthalten an bestimmten Stellen Sinnesfelder – **Maculae**. Macula sacculi und Macula utriculi stehen senkrecht aufeinander. Auf den Maculae befinden sich Sinneszellen mit Zilien, die in eine gallertige Membran einstrahlen. Auf der Membran (= Otolithenmembran) befinden sich Kalziumkarbonatkristalle (= Otolithen). Bei jeder Beschleunigung des Kopfes führen die Otolithen durch ihre Trägheit zu einer scherkraftartigen Verschiebung der Otolithenmembran und damit zu einer Ablenkung und Erregung der Sinneszellen.
Die **Crista ampullaris** ist das Sinnesorgan der **Bogengänge**. Sie liegt jeweils in der Ampulle eines Bogengangs. Die Cristae ampullares sind wesentlich höher, als die Maculae. Statt in die Otolithenmembran sind die Zilien der Sinneszellen in die gallertige Cupula eingebunden. Die **Cupula** besitzt das gleiche spezifische Gewicht, wie die Endolymphe, unterliegt damit also nicht der Schwerkraft. Bei Kopfdrehung wird die Crista ampullaris gegen die auf Grund der Massenträgheit noch stehende Endolymphe ausgelenkt. Es kommt zum Abbiegen der Cupula und damit der Zilien, wodurch die Sinneszellen erregt werden.

Die Informationen aus dem Vestibularorgan führen zu reflektorischen Korrekturbewegungen von Rumpf, Extremitäten und Augen.
Mehr zur Funktion des Gleichgewichtsorgans findet ihr im Skript Physiologie 3.

DAS BRINGT PUNKTE

Die Prüfungslieblinge zum Thema Auge stehen bereits im Skript Anatomie 2. Deshalb beziehen sich die nachfolgenden Prüfungslieblinge nur auf das Thema Ohr.

- Das Promontorium erhebt sich zwischen Fenestra vestibuli und Fenestra cochleae und wird durch die Basalwindung der Schnecke aufgeworfen. Nach vorne läuft das Promontorium gegen den Canalis musculotubarius aus.
- Das Promontorium hat Beziehung zur Paries labyrinthicus des Cavum tympani.
- Das Fenestra vestibuli hat enge Beziehung zur Paries labyrinthicus des Cavum tympani.
- Die Basilarmembran trennt Ductus cochlearis von Scala tympani.
- Die Reissner-Membran trennt Scala vestibuli und Ductus cochlearis.
- Die Tuba auditiva verbindet Paukenhöhle (= Mittelohr) und Nasopharynx miteinander.
- Die apikale Windung der Schnecke ist der Paukenhöhle abgewandt.
- Der Schall wird über Malleus, Incus und Stapes auf das Fenestra vestibuli übertragen.
- Ductus cochlearis = membranöser Schneckengang; der Ductus cochlearis ist mit Endolymphe gefüllt und beginnt an der Basis der Cochlea, um blind im Helicotrema zu enden.
- Der M. stapedius wird durch den N. facialis innerviert.
- Die Perikaryen der Neurone, die die Erregung von den Sinneszellen der Cristae ampullares weiterleiten, liegen im inneren Gehörgang.

BASICS MÜNDLICHE

Wie verläuft die Sehbahn?
Die Sehbahn verläuft über Tractus opticus - Corpus geniculatum laterale - Gratiolet-Sehstrahlung - Area 17 (= primäre Sehrinde).

Welcher Nerv innerviert welchen Augenmuskel?

- Der **N. oculomotorius** innerviert die Mm. rectus superior, rectus medialis, rectus inferior sowie obliquus inferior.
- Der **N. trochlearis** innerviert den M. obliquus superior.
- Der **N. abducens** innerviert den M. rectus lateralis.

Wie verläuft die Hörbahn?
Die Hörbahn verläuft über Cochlea - Ncl. olivaris superior - Lemniscus lateralis - Colliculi inferiores – dort Kreuzung und danach Verlauf beidseits - Corpus geniculatum mediale - Hörstrahlung - primäre Hörrinde.

Welcher Nerv innerviert den M. stapedius?
Der M. stapedius wird durch den N. facialis innerviert.

Was ist die Tuba auditiva?
Die Tuba auditiva verbindet die Paukenhöhle mit dem Nasopharynx. Sie ist mit respiratorischem Epithel ausgekleidet.

So, jetzt habt ihr's geschafft!
Damit seid ihr im Physikum gut für das Thema ZNS gerüstet. Bleibt mir also nur noch eins: Euch viel Erfolg für's Physikum und euer weiteres Studium zu wünschen.

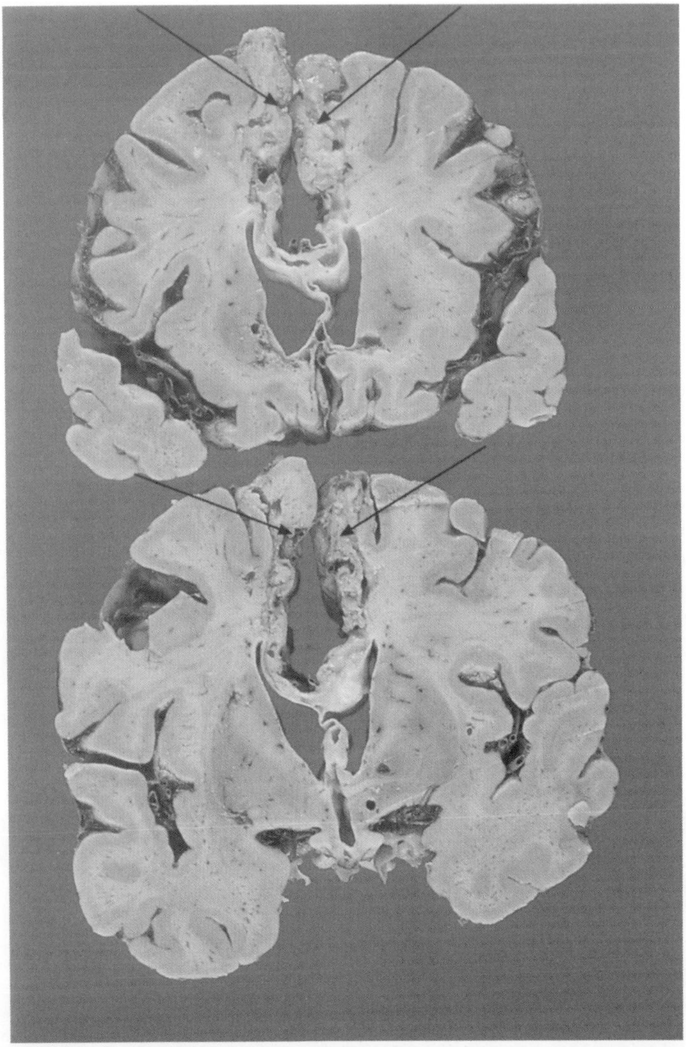

IMPP-Bild 1: Frontalschnitte durch das Gehirn
www.medi-learn.de/skrbild034
© IMPP

Diese Abbildung zeigt zwei Frontalschnitte durch das Gehirn. Die Pfeile zeigen auf Gebiete, in denen es zu Gewebsnekrosen aufgrund von Durchblutungsstörungen gekommen ist. Dabei handelt es sich am wahrscheinlichsten um Durchblutungsstörungen in den Gebieten der Aa. cerebri anteriores.

Index

... UND DANN HAB ICH DEN PATIENTEN MIT 200 PROPOFOL ABGESCHOSSEN..!!
Mehr Cartoons unter: www.rippenspreizer.de

Eure Meinung ist gefragt

Unser Ziel ist es, euch ein perfektes Skript zur Verfügung zu stellen. Wir haben uns sehr bemüht, alle Inhalte korrekt zu recherchieren und alle Fehler vor Drucklegung zu finden und zu beseitigen. Aber auch wir sind nur Menschen: Möglicherweise sind uns einige Dinge entgangen. Um euch mit zukünftigen Auflagen ein optimales Skript bieten zu können, bitten wir euch um eure Mithilfe.

Sagt uns, was euch aufgefallen ist, ob wir Stolpersteine übersehen haben oder ggf. Formulierungen präzisieren sollten. Darüber hinaus freuen wir uns natürlich auch über positive Rückmeldungen aus der Leserschaft.

Eure Mithilfe ist für uns sehr wertvoll und wir möchten euer Engagement belohnen: Unter allen Rückmeldungen verlosen wir einmal im Semester Fachbücher im Wert von 250,- EUR. Die Gewinner werden auf der Webseite von MEDI-LEARN unter www.medi-learn.de bekannt gegeben.

Schickt eure Rückmeldungen einfach per Post an MEDI-LEARN, Dorfstraße 57, 24107 Ottendorf oder tragt sie im Internet in ein spezielles Formular ein, das ihr unter der folgenden Internetadresse findet: www.medi-learn.de/rueckmeldungen

Vielen Dank
Euer MEDI-LEARN Team

Anatomie Band 4

Kopf und Hals, Hirnnerven

4., komplett überarbeitete Auflage

Autor: Dr. med. Kristin Szalay

Herausgeber:
MEDI-LEARN Verlag GbR
Elisabethstraße 9, 35037 Marburg/Lahn

Herstellung:
MEDI-LEARN Kiel
Dorfstraße 57, 24107 Ottendorf
Tel: 0431/78025-0, Fax: 0431/78025-262
E-Mail: redaktion@medi-learn.de, www.medi-learn.de

Verlagsredaktion: Dr. Waltraud Haberberger, Jens Plasger, Christian Weier, Tobias Happ
Fachlicher Beirat: PD Dr. Rainer Viktor Haberberger
Lektorat: Eva Drude
Grafiker: Irina Kart, Dr. Günter Körtner, Alexander Dospil, Christine Marx
Layout und Satz: Fritz Ramcke, Kristina Junghans
Illustration: Daniel Lüdeling, Rippenspreizer.com
Druck: Druckerei Wenzel, Marburg

4. Auflage 2011

Teil 4 des Anatomiepaketes, nur im Paket erhältlich
ISBN-13: 978-3-938802-71-7

Wichtiger Hinweis für alle Leser

Die Medizin ist als Naturwissenschaft ständigen Veränderungen und Neuerungen unterworfen. Sowohl die Forschung als auch klinische Erfahrungen führen dazu, dass der Wissensstand ständig erweitert wird. Dies gilt insbesondere für medikamentöse Therapie und andere Behandlungen. Alle Dosierungen oder Angaben in diesem Buch unterliegen diesen Veränderungen.
Obwohl das MEDI-LEARN-TEAM größte Sorgfalt in Bezug auf die Angabe von Dosierungen oder Applikationen hat walten lassen, kann es hierfür keine Gewähr übernehmen. Jeder Leser ist angehalten, durch genaue Lektüre der Beipackzettel oder Rücksprache mit einem Spezialisten zu überprüfen, ob die Dosierung oder die Applikationsdauer oder -menge zutrifft. **Jede Dosierung oder Applikation erfolgt auf eigene Gefahr des Benutzers**. Sollten Fehler auffallen, bitten wir dringend darum, uns darüber in Kenntnis zu setzen.

Vorwort

Liebe Leserinnen und Leser,
da ihr euch entschlossen habt, den steinigen Weg zum Medicus zu beschreiten, müsst ihr euch früher oder später sowohl gedanklich als auch praktisch mit den wirklich üblen Begleiterscheinungen dieses ansonsten spannenden Studiums auseinander setzen, z.B. dem Physikum.
Mit einer Durchfallquote von ca. 25% ist das Physikum die unangefochtene Nummer eins in der Hitliste der zahlreichen Selektionsmechanismen.
Grund genug für uns, euch durch die vorliegende Skriptenreihe mit insgesamt 32 Bänden fachlich und lernstrategisch unter die Arme zu greifen. Die 31 Fachbände beschäftigen sich mit den Fächern Physik, Physiologie, Chemie, Biochemie, Biologie, Histologie, Mathe, Anatomie und Psychologie/Soziologie. Ein gesonderter Band der MEDI-LEARN Skriptenreihe widmet sich ausführlich den Themen Lernstrategien, MC-Techniken und Prüfungsrhetorik.
Aus unserer langjährigen Arbeit im Bereich professioneller Prüfungsvorbereitung sind uns die Probleme der Studenten im Vorfeld des Physikums bestens bekannt. Angesichts des enormen Lernstoffs ist klar, dass nicht 100% jedes Prüfungsfachs gelernt werden können. Weit weniger klar ist dagegen, wie eine Minimierung der Faktenflut bei gleichzeitiger Maximierung der Bestehenschancen zu bewerkstelligen ist.
Mit der MEDI-LEARN Skriptenreihe zur Vorbereitung auf das Physikum haben wir dieses Problem für euch gelöst. Unsere Autoren haben durch die Analyse der bisherigen Examina den examensrelevanten Stoff für jedes Prüfungsfach herausgefiltert. Auf diese Weise sind Skripte entstanden, die eine kurze und prägnante Darstellung des Prüfungsstoffs liefern.
Um auch den mündlichen Teil der Physikumsprüfung nicht aus dem Auge zu verlieren, wurden die Bände jeweils um Themen ergänzt, die für die mündliche Prüfung von Bedeutung sind.
Zusammenfassend können wir feststellen, dass die Kenntnis der in den Bänden gesammelten Fachinformationen genügt, um das Examen gut zu bestehen.
Grundsätzlich empfehlen wir, die Examensvorbereitung in drei Phasen zu gliedern. Dies setzt voraus, dass man mit der Vorbereitung schon zu Semesterbeginn (z.B. im April für das August-Examen bzw. im Oktober für das März-Examen) startet. Wenn nur die Semesterferien für die Examensvorbereitung zur Verfügung stehen, sollte direkt wie unten beschrieben mit Phase 2 begonnen werden.

- **Phase 1:** Die erste Phase der Examensvorbereitung ist der **Erarbeitung des Lernstoffs** gewidmet. Wer zu Semesterbeginn anfängt zu lernen, hat bis zur schriftlichen Prüfung je **drei Tage für die Erarbeitung jedes Skriptes** zur Verfügung. Möglicherweise werden einzelne Skripte in weniger Zeit zu bewältigen sein, dafür bleibt dann mehr Zeit für andere Themen oder Fächer. Während der Erarbeitungsphase ist es sinnvoll, einzelne Sachverhalte durch die punktuelle Lektüre eines Lehrbuchs zu ergänzen. Allerdings sollte sich diese punktuelle Lektüre an den in den Skripten dargestellten Themen orientieren!
  Zur **Festigung des Gelernten** empfehlen wir, bereits in dieser ersten Lernphase **themenweise zu kreuzen**. Während der Arbeit mit dem Skript Anatomie sollen z.B. beim Thema „Kopf und Hals" auch schon Prüfungsfragen zu diesem Thema bearbeitet werden. Als Fragensammlung empfehlen wir in dieser Phase die „Schwarzen Reihen". Die jüngsten drei Examina sollten dabei jedoch ausgelassen und für den Endspurt (= Phase 3) aufgehoben werden.

- **Phase 2**: Die zweite Phase setzt mit Beginn der Semesterferien ein. Zur **Festigung und Vertiefung des Gelernten** empfehlen wir, **täglich ein Skript zu wiederholen und parallel examensweise das betreffende Fach zu kreuzen**. Während der Bearbeitung der Anatomie (hierfür sind sieben bis acht Tage vorgesehen) empfehlen wir, pro Tag jeweils ALLE Anatomiefragen eines Altexamens zu kreuzen. Bitte hebt euch auch hier die drei aktuellsten Examina für Phase 3 auf.
  Der Lernzuwachs durch dieses Verfahren wird von Tag zu Tag deutlicher erkennbar. Natürlich wird man zu Beginn der Arbeit im Fach Anatomie durch die tägliche Bearbeitung eines kompletten Examens mit Themen konfrontiert, die möglicherweise erst in den kommenden Tagen wiederholt werden. Dennoch ist diese Vorgehensweise sinnvoll, da die Vorab-Beschäftigung mit noch zu wiederholenden Themen deren Verarbeitungstiefe fördert.

- **Phase 3:** In der dritten und letzten Lernphase sollten **die aktuellsten drei Examina tageweise gekreuzt** werden. Praktisch bedeutet dies, dass im tageweisen Wechsel Tag 1 und Tag 2 der aktuellsten Examina bearbeitet werden sollen. Im Bedarfsfall können einzelne Prüfungsinhalte in den Skripten nachgeschlagen werden.

- Als **Vorbereitung auf die mündliche Prüfung** können die in den Skripten enthaltenen „Basics fürs Mündliche" wiederholt werden.

Wir wünschen allen Leserinnen und Lesern eine erfolgreiche Prüfungsvorbereitung und viel Glück für das bevorstehende Examen!

Euer MEDI-LEARN-Team

Online-Service zur Skriptenreihe

Die mehrbändige MEDI-LEARN Skriptenreihe zum Physikum ist eine wertvolle fachliche und lernstrategische Hilfestellung, um die berüchtigte erste Prüfungshürde im Medizinstudium sicher zu nehmen.
Um die Arbeit mit den Skripten noch angenehmer zu gestalten, bietet ein spezieller Online-Bereich auf den MEDI-LEARN Webseiten ab sofort einen erweiterten Service. Welche erweiterten Funktionen ihr dort findet und wie ihr damit zusätzlichen Nutzen aus den Skripten ziehen könnt, möchten wir euch im Folgenden kurz erläutern.

Volltext-Suche über alle Skripte
Sämtliche Bände der Skriptenreihe sind in eine Volltext-Suche integriert und bequem online recherchierbar: Ganz gleich, ob ihr fächerübergreifende Themen noch einmal Revue passieren lassen oder einzelne Themen punktgenau nachschlagen möchtet: Mit der Volltext-Suche bieten wir euch ein Tool mit hohem Funktionsumfang, das Recherche und Rekapitulation wesentlich erleichtert.

Digitales Bildarchiv
Sämtliche Abbildungen der Skriptenreihe stehen euch auch als hochauflösende Grafiken zum kostenlosen Download zur Verfügung. Das Bildmaterial liegt in höchster Qualität zum großformatigen Ausdruck bereit. So könnt ihr die Abbildungen zusätzlich beschriften, farblich markieren oder mit Anmerkungen versehen. Ebenso wie der Volltext sind auch die Abbildungen über die Suchfunktion recherchierbar.

Errata-Liste
Sollte uns trotz eines mehrstufigen Systems zur Sicherung der inhaltlichen Qualität unserer Skripte ein Fehler unterlaufen sein, wird dieser unmittelbar nach seinem Bekanntwerden im Internet veröffentlicht. Auf diese Weise ist sicher gestellt, dass unsere Skripte nur fachlich korrekte Aussagen enthalten, auf die ihr in der Prüfung verlässlich Bezug nehmen könnt.

Den Onlinebereich zur Skriptenreihe findet ihr unter www.medi-learn.de/skripte

1 Entwicklung und Wachstum

In diesem Kapitel stellen wir zunächst den Aufbau des Kraniums vor, um die wichtigsten, gerne gefragten Strukturen kennen zu lernen bzw. in Erinnerung zu rufen.

1.1 Knochen des Schädels

Betrachtet man den Schädel von lateral, so können die Knochen zwei Anteilen des Schädels zugeordnet werden: dem Viscero- (Gesichts-) und dem Neuro- (Hirn-) kranium.
Das Viscerokranium bildet die knöcherne Grundlage des Gesichts; hier liegen auch die Eingänge zu den Verdauungs- und Luftwegen. Die knöchernen Anteile des Viscerokraniums sind das Os ethmoidale, Os lacrimale, Os nasale, die Maxilla, das Os zygomaticum, die Mandibula und der Processus styloideus des Os temporale. Das Neurokranium umgibt das Gehirn und umfasst als knöcherne Grundlage das Os frontale, sphenoidale, temporale, parietale und occipitale.

MERKE:
- Bitte unbedingt beachten, dass nur der Processus styloideus des Os temporale zum Viscerokranium gezählt wird. Das restliche Os temporale gehört zum Neurokranium.
- Die Cellulae mastoideae (als Anteil des Os temporale) haben topographische Beziehung zum Sinus sigmoideus.
- Knöcherne Grundlage der Orbita sind das Os zygomaticum, die Maxilla, das Os ethmoidale, das Os palatinum, das Os sphenoidale, das Os lacrimale und das Os frontale.

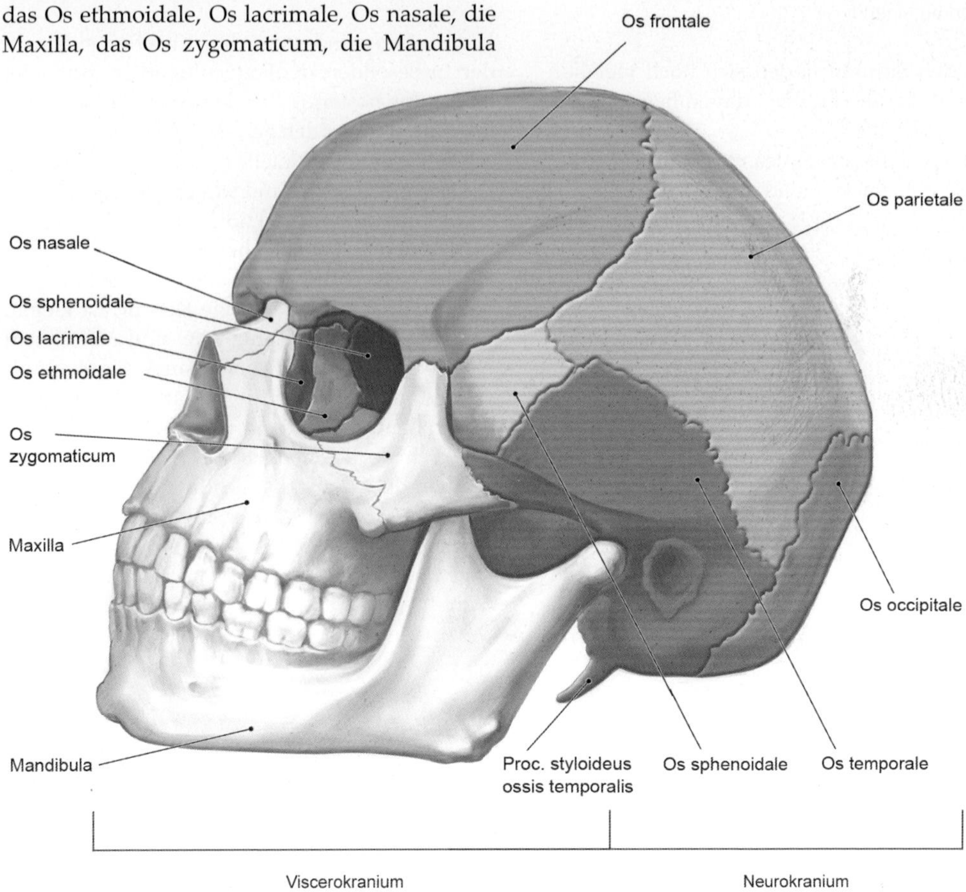

Abb. 1: Schädel (Cranium) von lateral

1.1.1 Suturen und Fontanellen

Kinder haben zusätzlich zu den knöchernen auch bindegewebige Strukturen am Schädel, die z.B. der Anpassung des kindlichen Schädels an den Geburtskanal dienen. Zudem kann eine Vorwölbung der Fontanellen z.B. auf einen Makro- oder Hydrocephalus hindeuten.
Suturen sind beim Kind noch reines kollagenes Bindegewebe. Man unterscheidet:

- die Sutura frontalis,
- die Sutura coronalis,
- die Sutura sagittalis und
- die Sutura lambdoidea

Im Laufe der Entwicklung bilden sie sich zu Syndesmosen aus.

MERKE:
Bei Suturen treffen zwei Schädelknochen aufeinander. Das S hat zwei Biegungen→ hier treffen zwei Knochen aufeinander.

Neben den Suturen finden sich noch vier Fontanellen (= Fonticuli). Zwei davon befinden sich lateral am Schädel:

- die Fontanella mastoidea und
- die Fontanella sphenoidalis,

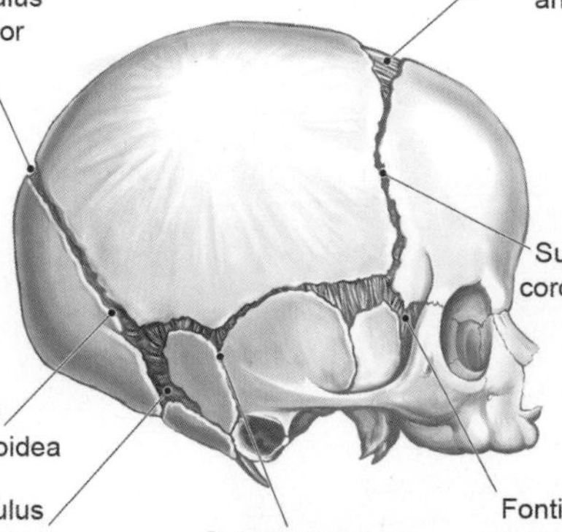

Abb. 2: Schädel des Neugeborenen, Ansicht von lateral

die anderen beiden imponieren vor allem bei Aufsicht auf den Schädel:

- der Fonticulus anterior und
- der Fonticulus posterior.

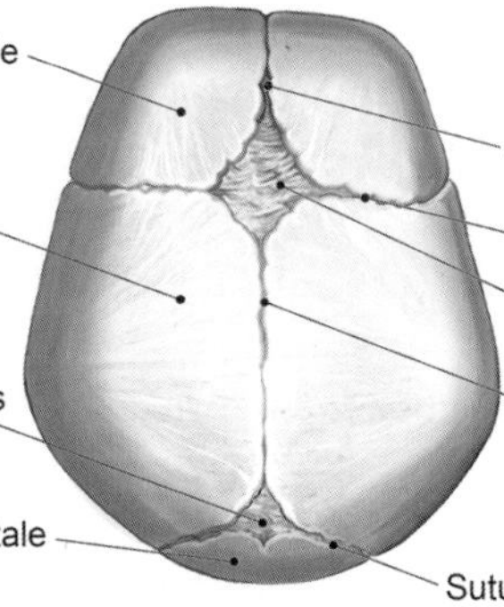

Abb. 3: Schädel des Neugeborenen, Ansicht von oben

Hier treffen mindestens drei Knochen aufeinander. Insbesondere der Fonticulus anterior und der Fonticulus posterior sind in der Geburtshilfe bedeutsam und werden gerne verglichen:

- Die vordere Fontanelle (= Fonticulus anterior) des Kopfes beim Kind ist viereckig, größer als die hintere und verknöchert erst nach ca. 36 Monaten (**3.** Lebens**jahr**).
- Die Hinterhauptsfontanelle (= Fonticulus posterior) hat eine dreieckige Kontur, ist kleiner als die vordere Fontanelle und verschließt sich bereits im **3.** Lebens**monat**. Sie dient als Ausgangspunkt für die Palpation der Sagittal- und Lambdanaht.

Beim Schädel des Neugeborenen ist bei Schädellage unter der Geburt die Richtung der Sagittalnaht (= Sutura sagittalis) an der Lage der großen und kleinen Fontanelle bestimmbar und damit die Lage des kindlichen Kopfes im mütterlichen Becken. Diese Sagittalnaht (= zwischen den beiden Ossa parietalia gelegen) zwischen den Fontanellen verschließt sich erst mit dem 30. Lebensjahr.

Übrigens...
Das Os frontale hat ebenfalls eine Sagittalnaht (= Sutura frontalis). Von deren Nahträndern aus erfolgt das appositionelle Wachstum der Knochen des Schädeldaches.

DAS BRINGT PUNKTE

Aus diesem Kapitel sind Fragen zu den Begriffen Suturen und Fontanellen schon in manch einem Physikum gefragt worden. Man sollte sich daher unbedingt merken, dass

- **Suturen** die Stellen am Schädel sind, an denen **zwei** Knochen aufeinander treffen,
- Fontanellen die Stellen am Schädel sind, an denen mindestens drei Knochen aufeinandertreffen. Hier werden der Fonticulus anterior und posterior gerne vergleichend abgefragt.

BASICS MÜNDLICHE

Welche Schädelknochen kennen Sie?
Einteilung in Neuro- und Viscerokranium, einzelne Knochen benennen und zeigen können (s. 1.1, S. 1).

Was sind Suturen, was Fontanellen?
Bei Suturen und Fontanellen handelt es sich um bindegewebige Strukturen, die der Anpassung an den Geburtskanal dienen; anhand der Suturen kann man die Lage des kindlichen Kopfes im mütterlichen Becken sowie einen Hydro-/Makrocephalus erkennen, man unterscheidet 4 Suturen und 4 Fontanellen (s. 1.1.1, S. 2).

Wann verknöchern die Fontanellen?
Fontanellen sind die Stellen am Schädel, an denen mindestens drei Knochen aufeinander treffen. Man unterscheidet neben den etwas unwichtigeren Fonticulus mastoideus und sphenoidalis, die wichtigeren Fonticulus anterior und posterior. Sie verknöchern zu unterschiedlichen Zeitpunkten. Die hintere, dreieckige, kleinere Fontanelle verknöchert in aller Regel schon im **3. Monat** post partum, während die vordere, größere, viereckige Fontanelle als letzte Fontanelle nach ca. 36 Monaten (**3.** Lebens**jahr**) verknöchert.

2 Kranium

Der Aufbau der Schädelbasis inkl. der Durchtrittstellen für zahlreiche Arterien, Venen und Nerven war bislang sowohl im Mündlichen als auch im Schriftlichen - v.a. in den letzten Examina - ein sehr beliebtes Thema. Um also im Physikum gut punkten zu können, sollte man unbedingt versuchen, sich anhand einiger Merkhilfen die wichtigsten Strukturen der Schädelbasis einzuprägen. Auch wenn man sich um das Erlernen der Durchtrittstellen gerne drücken würde...

2.1 Aufbau der Schädelbasis

An der Schädelbasis unterscheidet man drei Schädelgruben, die annähernd treppenstufenartig angeordnet sind (s. Abb. 4, S. 4 und 5):

1 die Fossa cranii anterior,
2 die Fossa cranii media und
3 die Fossa cranii posterior.

An der knöchernen Grundlage der Schädelbasis sind an Knochen das Os frontale, das Os ethmoidale, das Os sphenoidale, das Os temporale, das Os parietale und das Os occipitale beteiligt und es finden sich mannigfaltige Durchtrittstellen für Nerven und Gefäße.

Übrigens...
Die meisten Durchtrittstellen an der Basis cranii findet man in der mittleren Schädelgrube.

2.2 Schädelbasis mit Durchtrittstellen

In der **vorderen Schädelgrube** (s. Abb. 4, S. 4 und 5) findet sich nur eine wesentliche Durchtrittstelle an der Schädelbasis, die Lamina cribrosa des Os ethmoidale. Hierüber ist die Fossa cranii anterior mit der Nasenhöhle verbunden. Wenn man sich merkt, dass hier die Verbindung zur Nase besteht, kann man beim Prüfer Eindruck schinden, indem man mit einer durchtretenden Struktur beginnt, die nicht sehr viele Studenten gelernt haben, die aber durch die Tatsache, dass wir hier die Verbindung zur Nase haben, sehr einfach zu merken ist. Hierdurch zieht nämlich die A. nasalis anterior. Da die Lamina cribrosa ein Teil des Os ethmoidale ist, leuchtet sicherlich auch ein, dass sie als Durchtrittstelle für

A./V./N. ethmoidalis anterior und posterior in den jeweiligen Foramina ethmoidale anterius und posterius dient. Zu guter Letzt findet man hier auch den ersten Hirnnerven in Form der Filae olfactoriae (s. S. 31).

In der **mittleren Schädelgrube** findet man die meisten Durchtrittstellen an der Basis cranii. Zunächst imponiert hier der Canalis opticus als Kanal für den Nervus opticus und die A. ophthalmica. Er stellt eine Verbindung der mittleren Schädelgrube zur Orbita dar. Der Canalis opticus liegt in der Ala minor des Os sphenoidale. Lateral hiervon liegt die Fissura **o**rbitalis **sup**erior, durch die neben der V. ophthalmica superior die Hirnnerven **drei, vier, der erste Ast des fünften** und der **sechste** Hirnnerv ziehen. Kurzer Merkspruch hierfür: Oh Super: 3,4,5[1],6 (N. occulomotorius, N. trochlearis, N. ophtalmicus, V1 des N. trigeminus und N. abducens)!

Die Fissura orbitalis superior stellt ebenfalls eine Verbindung zwischen mittlerer Schädelgrube und Orbita dar. Weitere Durchtrittstellen im Bereich der mittleren Schädelgrube sind das Foramen **rot**undum für den N. **max**illaris (V2 = „**rot**er **Max**") und das Foramen **ovale** für den N. **mand**ibularis (V3 = „**ovale Mand**el"). Die letzten beiden wichtigen Strukturen, die man bei Aufsicht auf die mittlere Schädelgrube entdeckt, sind das Foramen spinosum für die A. meningea media (häufig gefragt!) und das Foramen lacerum (für den N. petrosus major/profundus).

Übrigens...

- Auf Abbildung 4 nicht zu sehen, jedoch eine Verbindung zwischen Fossa pterygopalatina/infratemporalis und der Orbita ist die Fissura orbitalis inferior, durch die die V. ophthalmica inferior, die A. und V. infraorbitalis, der N. infra-

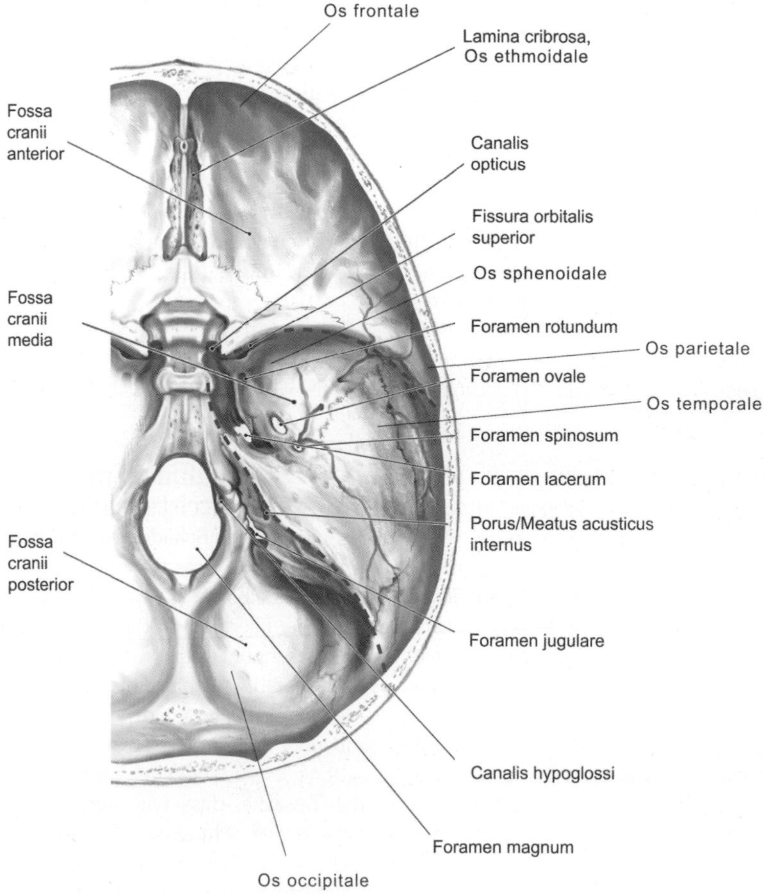

Abb. 4a: Basis cranii, Ansicht von kranial

orbitalis, der N. zygomaticus und die Rami orbitales ziehen. Zudem existiert die Fissura sphenopetrosa für den N. petrosus minor.

- Die A. ophthalmica gibt für die Versorgung der Choroidea des Bulbus oculi die Aa. ciliares posteriores breves ab.

Die **hintere Schädelgrube** besitzt vier wichtige Durchtrittstellen an der Schädelbasis: zunächst fällt bei der Aufsicht das große Foramen magnum (s. IMPP-Bild 1 im Anhang S. 54) auf, durch das neben der Medulla oblongata die A. vertebralis, die A. spinalis, N. cervicalis 1 und die Radix spinalis nervi accessorii hindurchziehen. Lateral des Foramen magnum befindet sich das Foramen jugulare für die Hirnnerven neun, zehn und elf (N. glossopharyngeus, N. vagus und N. accessorius) sowie die V. jugularis interna, während im Canalis hypoglossi (= hypoglossalis) der gleichnamige Nerv hindurchtritt (dieser liegt am weitesten medial in der hinteren Schädelgrube). Zuletzt sei noch der Porus/Meatus acusticus internus als Durchtrittstelle für den siebten und achten Hirnnerven (N. facialis und N. vestibulocochlearis) sowie für die A. und V. labyrinthi genannt.

MERKE:
Hier ein paar Merkhilfen für die Durchtrittstellen der mittleren Schädelgrube:

- Oh super: 3, 4, 5[1] und 6 (= Durch die Fissura orbitalis superior ziehen der 3., 4., 1. Ast des 5. und der 6. Hirnnerv.)
- roter Max (= N. maxillaris durch Foramen rotundum)
- ovale Mandel (= N. mandibularis durch Foramen ovale)
- Meine Meningen spinnen (= A. meningea media durch Foramen spinosum) (häufig gefragt)
- Petrus kam im Laken (= N. petrosus major durch Foramen lacerum)

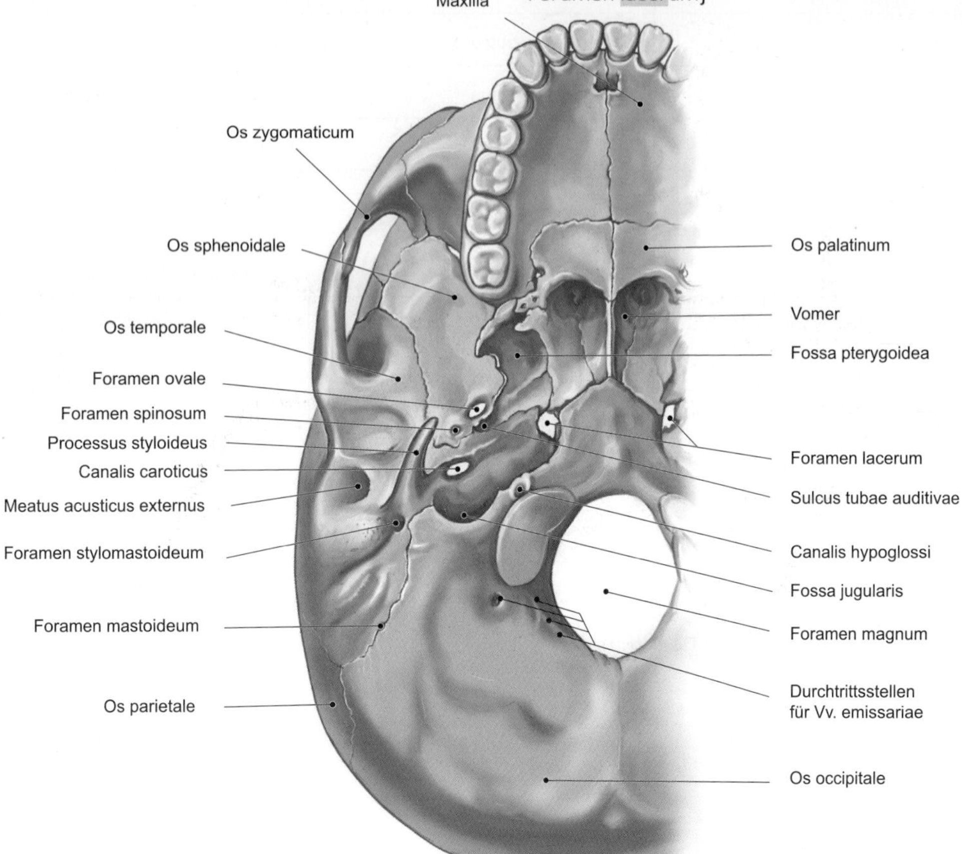

Abb. 4b: Basis cranii, Ansicht von kaudal

	Durchtrittstelle:	hindurchziehende Strukturen:
Vordere Schädelgrube = Fossa cranii anterior	Lamina cribrosa des Os ethmoidale → Verbindung zur Nasenhöhle	Filae olfactoriae (= N. olfactorius, I) A. nasalis anterior A./V./N. ethmoidales ant.
Mittlere Schädelgrube = Fossa cranii media	Canalis opticus	N. opticus (=II) A. ophthalmica
	Fissura orbitalis superior	N. oculomotorius (= III) N. trochlearis (= IV) N. ophthalmicus (V1) N. abducens (VI) V. ophthalmica sup.
	Foramen lacerum	N. petrosus major/profundus
	Foramen rotundum	N. maxillaris (V2)
	Foramen ovale	N. mandibularis (V3) A. meningea accessoria
	Foramen spinosum	R. meningeus nervi V3 A./V. meningea media
	Fissura sphenopetrosa	N. petrosus minor
	Canalis pterygoideus	N. petrosus major/profundus
	Canalis caroticus	A. carotis interna
Hintere Schädelgrube = Fossa cranii posterior	Foramen jugulare	V. jugularis interna N. glossopharyngeus (IX) N. vagus (X) N. accessorius (XI)
	Porus acusticus internus	Nervus facialis (= VII) N. vestibulocochlearis (= VIII) A./V. labyrinthi
	Canalis hypoglossi	N. hypoglossus (= XII)
	Foramen magnum	Medulla oblongata A. vertebralis A. spinalis N. cervicalis 1 Radix spinalis des N. accessorius (=XI)

Tabelle 1: Zusammenfassung der Durchtrittstellen

DAS BRINGT PUNKTE

Aus diesem Kapitel sind Fragen zu den Durchtrittstellen an der Schädelbasis in beinahe jedem der letzten Physika gestellt worden. Man sollte sich daher unbedingt merken, dass

- die Schädelbasis drei Schädelgruben besitzt, nämlich die Fossa cranii anterior, media und posterior
- welche Durchtrittstellen in welcher Schädelgrube liegen (s. Abb. 4, S. 4 und 5) und
- was hindurchtritt (s. Tab. 1, S. 6).

Besonders wichtige und häufig gefragte Durchtrittstellen sind: Canalis opticus, Fissura orbitalis superior, Foramen lacerum, Foramen rotundum, Foramen ovale, Foramen spinosum und Porus/Meatus acusticus internus.

BASICS MÜNDLICHE

Was wissen Sie zur Schädelbasis?

Der Schädel setzt sich aus Kalotte und Basis cranii zusammen; man unterteilt an der Schädelbasis drei Schädelgruben: die Fossa cranii anterior, media und posterior, die treppenstufenartig nach hinten abfallend angeordnet sind. In den einzelnen Schädelgruben befinden sich Durchtrittstellen für viele wichtige Nerven, Arterien und Venen (s. Tab. 1, S. 6).

Welche Durchtrittstellen kennen Sie?

(s. Tab. 1, S. 6)

Wichtig bei der Beantwortung dieser Frage ist, dass man systematisch entweder vorne oder hinten anfängt, statt strukturlos auf Löcher zu zeigen, die einem gerade einfallen..... also bitte unbedingt **vorher** üben!

3 Kopf- und Halsmuskeln, Faszien

Auch wenn sich das Thema der Muskeln von Kopf und Hals wie ein Fass ohne Boden anhört, ist es gar nicht so schlimm, wie man vielleicht denken mag. Denn fasst man sämtliche Muskeln in einzelne Gruppen zusammen, lassen sie sich einfacher behalten und die Innervation wird übersichtlich...

3.1 Mimische Muskeln

Die mimischen Muskeln (s. Abb. 5, S. 8) spiegeln durch Verschieben der Haut um Nase, Augen, Mund und Ohren sowie durch Faltenbildung den psychischen Zustand von Menschen wider. Zu diesen Muskeln zählt man u.a.:

- M. orbicularis oculi (= Lidspaltenmuskel),
- M. auricularis sup./ant./post.(= Ohrmuschelmuskeln),
- M. nasalis, M. depressor septi, M. levator labii (= Nasenmuskeln),
- M. orbicularis oris, M. zygomaticus major et minor, M. mentalis, M. buccinator (= Mundmuskeln).

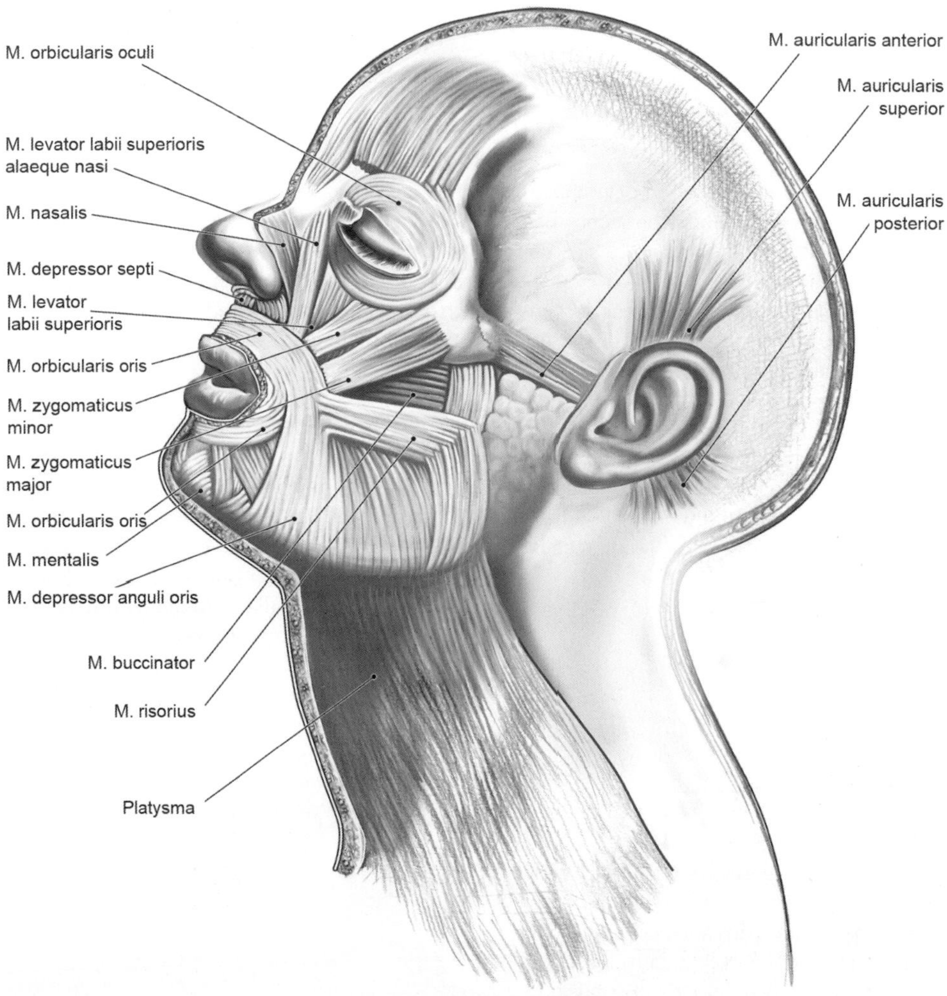

Abb. 5: wichtige mimische Muskeln

Alle diese Muskeln werden **ohne Ausnahme** vom **Nervus facialis** innerviert (= Nucleus nervi facialis). So kann es bei einer Schädigung dieses Nerven - z.B. durch einen Tumor im Meatus acusticus internus - zur Unfähigkeit des Lidschlusses mit ständig geöffnetem Auge und damit zur Schädigung der Cornea durch Austrocknung kommen (= fehlender Lidschluss bei Schädigung des den M. orbicularis oculi versorgenden Astes des N. facialis).

Übrigens...

Die Besonderheit des **M. buccinator** unter den **mimischen** Muskeln ist seine Lage in der tiefen Wangengegend im Bereich des Wangenfettpfropfes. Trotz seiner tiefen Lage und seiner Nähe zur Kaumuskulatur wird er zu den mimischen Muskeln gezählt und erhält ebenfalls seine efferenten Fasern vom Nervus facialis. Der Muskel setzt sich nach dorsal im Regelfall über Zwischenschaltung der Raphe buccopharyngea (= Raphe pterygomandibularis) in den Schlundschnürer M. constrictor pharyngis superior fort, steht ventral mit dem mimischen Muskel M. orbicularis oris in Verbindung und wird vom

Ductus parotideus durchbohrt. Dieser Muskel wird besonders gerne gefragt, da man denken könnte, dass er wegen seiner tiefen Lage schon zur Kaumuskulatur gehört. Daneben wird der M. buccinator auch noch im Zusammenhang mit dem Ductus parotideus geprüft, da der diesen Muskel durchbohrt (s. Kap. 4.5, S. 21 ff.).

MERKE:
Der **M. buccinator** ist trotz seiner Lage in der tiefen Wangengegend ein **mimischer Muskel** und wird daher wie alle mimischen Muskeln vom **N. facialis** innerviert.

3.2 Kaumuskeln

Man unterscheidet vier verschiedene Kaumuskeln, die **alle** vom **N. trigeminus** (Ast = Nervus mandibularis, V3) innerviert werden (s. Abb. 6):
- M. temporalis,
- M. masseter,
- M. pterygoideus medialis und
- M. pterygoideus lateralis.

Oberflächlich findet man den M. temporalis und den M. masseter. Der M. temporalis liegt in der gleichnamigen Grube (= Fossa temporalis) und setzt sowohl an der Spitze des Processus coronoideus mandibulae als auch an dessen medialer Fläche an. Der M. masseter zieht hingegen vom Arcus zygomaticus zur Tuberositas masseterica an der Außenseite der Mandibula.
Auf der Innenseite der Mandibula setzt der M. pterygoideus medialis an, der gemeinsam mit dem M. pterygoideus lateralis tiefer als die erstgenannten Kaumuskeln in der Fossa infratemporalis liegt. Hier bestehen nahe topographische Beziehungen zum Nervus lingualis.

MERKE:
- Der M. masseter zieht vom Arcus zygomaticus zur Tuberositas masseterica an der Außenseite der Mandibula.
- Der M. pterygoideus medialis setzt auf der Innenseite der Mandibula an.

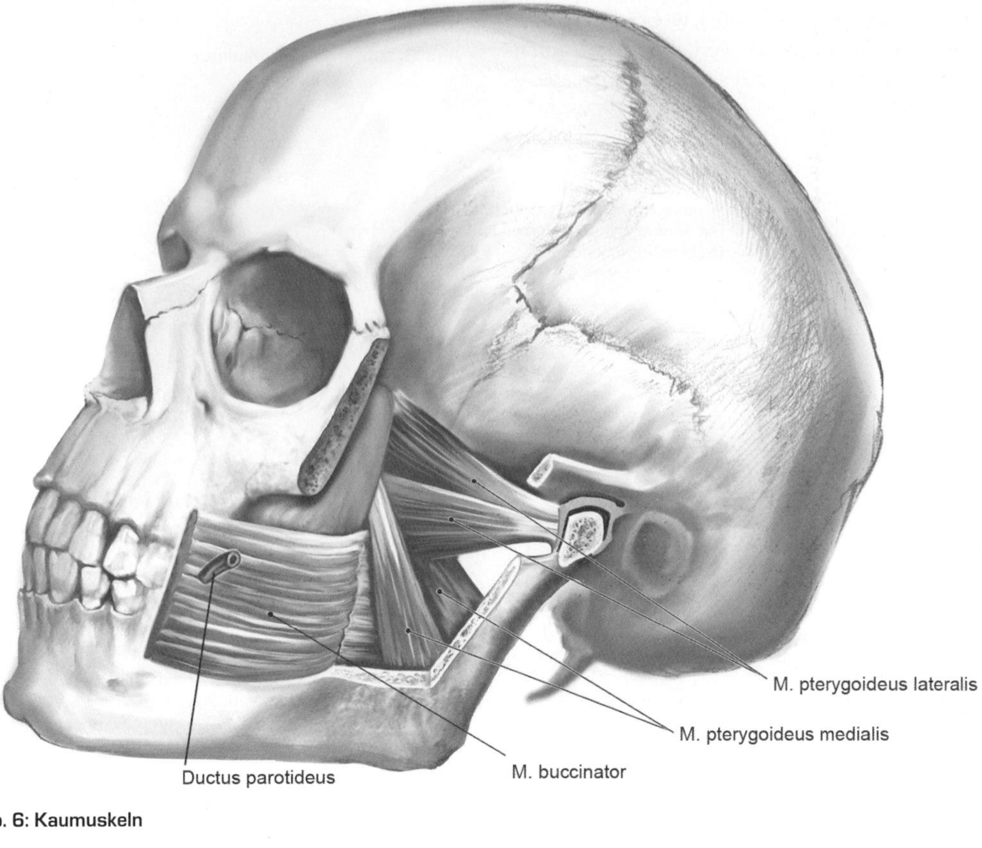

Abb. 6: Kaumuskeln

Übrigens...

- Funktionell ist der M. temporalis der einzige Kaumuskel, der den Unterkiefer nach hinten bewegen kann (= Retrusion).
- Der M. pterygoideus lateralis ist unter den Kaumuskeln der einzige Öffner im Kiefergelenk; alle anderen (= Mm. masseter, temporalis und pterygoideus medialis) sind Schließer.
- Die Protrusion wird vor allem durch die Mm. pterygoidei laterales hervorgerufen.
- Der Discus articularis des Kiefergelenks (= Articulatio temporomandibularis) besteht aus Faserknorpel.

3.3 Zungen- und Zungenbeinmuskeln

Bei der **Zungenmuskulatur** unterscheidet man die Zungenbinnen- von der Zungenaußenmuskulatur die - bis auf eine Ausnahme (= M. palatoglossus) - alle vom **Nervus hypoglossus** (= XII) innerviert werden. Der M. palatoglossus wird vom Nervus glossopharyngeus (=IX) innerviert. Die Binnenmuskulatur bewirkt eine große Flexibilität der Zunge (= Sprechen, Kauen etc.), wobei die Muskeln in allen drei Raumebenen verlaufen. Die **Außenmuskulatur** (s. Abb. 7) setzt sich zusammen aus:

- M. palatoglossus,
- M. genioglossus,
- M. hyoglossus und
- M. styloglossus.

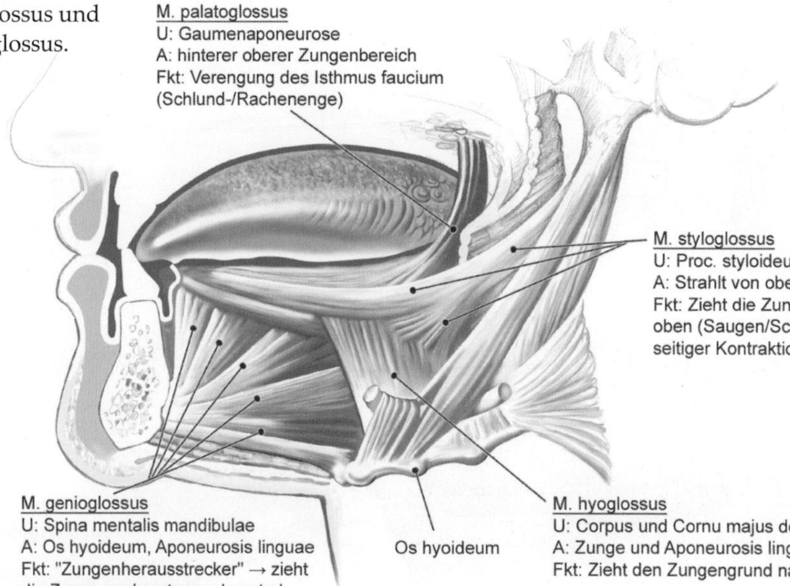

Abb. 7: Zungenaußenmuskulatur

Die **Zungenbeinmuskeln** werden unterschiedlich innerviert! Hier unterscheidet man zwei Muskelgruppen: die suprahyalen Muskeln, die von der Mandibula zum Os hyoideum (= Zungenbein) ziehen und die infrahyalen Muskeln. Die **suprahyale Muskulatur** (s. Abb. 8) umfasst folgende Muskeln:

- M. geniohyoideus,
- M. stylohyoideus,
- M. digastricus und
- M. mylohyoideus.

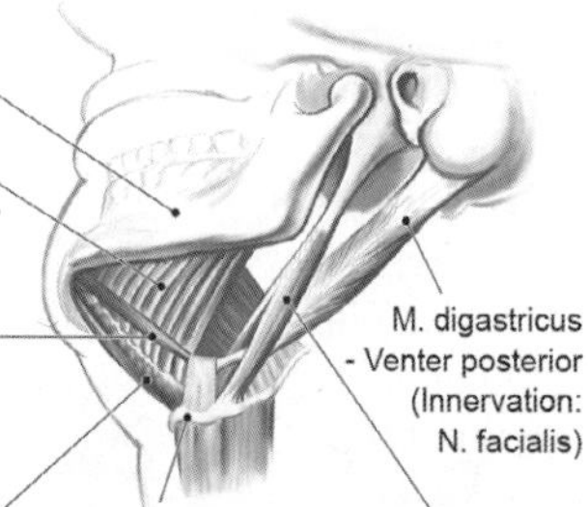

Abb. 8: suprahyale Muskulatur

Die **infrahyale Muskulatur** (s. Abb. 9) wird von der Ansa cervicalis profunda innerviert. Sie umfasst die Muskeln, die das Sternum nach kranial ziehen und damit als Atemhilfsmuskeln fungieren:

- M. omohyoideus,
- M. sternohyoideus,
- M. thyrohyoideus und
- M. sternothyroideus.

Zudem dienen diese Muskeln indirekt der Flexion in den Kopf- und Halsgelenken sowie als Hilfsmuskeln beim Schlucken:

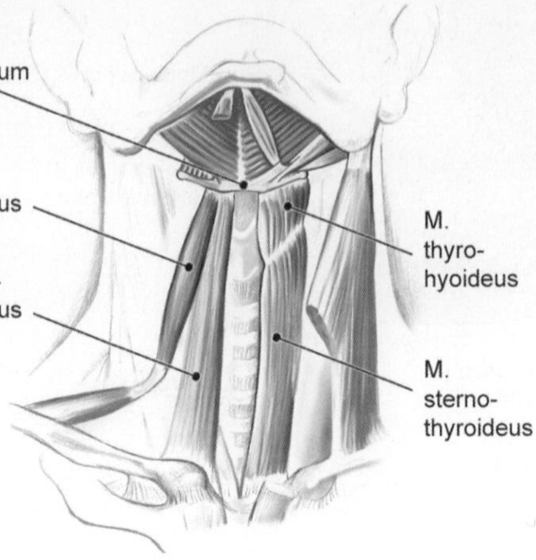

Abb. 9: infrahyale Muskeln

3.4 Mm. scaleni

Es gibt drei Mm. scaleni:

- den M. scalenus anterior,
- den M. scalenus medius und
- den M. scalenus posterior.

Sie alle haben ihren Ursprung an den Processus transversi der Halswirbel und setzen an der ersten und zweiten Rippe an.

Hierbei hat der M. scalenus anterior im unteren Halsbereich eine nahe topographische Beziehung zur Arteria und Vena subclavia, dem N. phrenicus und dem Plexus brachialis. **V**or dem M. scalenus anterior verläuft lediglich die **V.** subclavia. Die A. subclavia und der Plexus brachialis ziehen durch die Lücke zwischen dem M. scalenus anterior und medius hindurch. Diese kann durch eine Halsrippe eingeengt werden.

MERKE:

Die Vena subclavia verläuft vor dem M. scalenus anterior.

Übrigens...

Die Mm. scaleni werden oft gefragt und sind aktuelles Thema des Gegenstandskatalogs. Leider gibt es bezüglich der Skalenuslücken keine einheitliche Nomenklatur. Für die schriftliche Prüfung sollte man im Hinterkopf behalten, dass man die Skalenuslücken in eine vordere und hintere Skalenuslücke unterteilen kann. Die **„vordere“** Skalenuslücke liegt - auch wenn sie keine echte Lücke ist - **vor** dem M. scalenus anterior; durch sie zieht **NUR** die V. subclavia. Die hintere und echte Skalenuslücke befindet sich zwischen dem M. scalenus anterior und medius; Durch sie ziehen die A. subclavia und der Plexus brachialis.

3.5 Halsfaszie

Die Halsfaszie wird Fascia cervicalis genannt und teilt sich in drei Blätter auf (s. Abb. 10, S. 12):

- die Lamina superficialis,
- die Lamina praetrachealis und
- die Lamina praevertebralis.

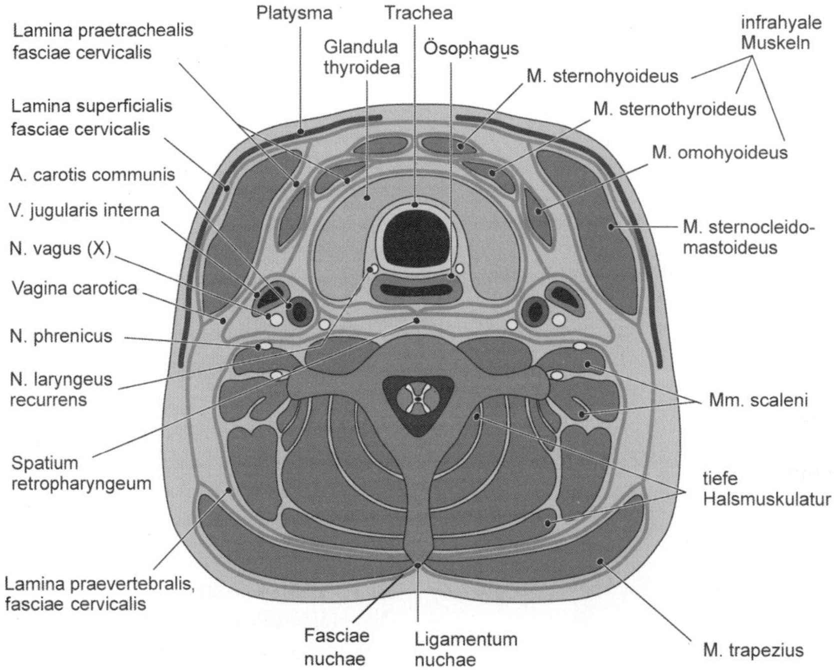

Abb. 10: Halsfaszie und ihre drei Blätter im Horizontalschnitt

3.5.1 Lamina superficialis fasciae cervicalis

Die Lamina superficialis ist die oberflächliche Halsfaszie, die an Mandibula und Sternum befestigt ist. Sie liegt unterhalb des Platysmas und umhüllt die gesamte Halsmuskulatur inklusive der Glandula submandibularis, dorsal geht sie in die Fascia nuchae über.

3.5.2 Lamina praetrachealis fasciae cervicalis

Die Lamina praetrachealis liegt vor der Trachea. Sie umhüllt Knochen (= Os hyoideum, Manubrium sterni, Clavicula), Halseingeweide (= Trachea, Ösophagus, Glandula thyroidea und parathyroidea), infrahyale Muskeln (= M. omohyoideus, M. thyrohyoideus, M. sternohyoideus, M. sternothyroideus), den Pharynx und den Larynx.

Übrigens...

Da dieses Blatt der Halsfaszie mit der Vagina carotica verwachsen ist und diese auch den infrahyalen Muskel M. omohyoideus umgibt, kommt es bei Kontraktion des M. omohyoideus zum Zug auf die Vagina carotica und damit zum Offenhalten der Vena jugularis.

3.5.3 Lamina praevertebralis fasciae cervicalis

Die Lamina praevertebralis liegt hinter den Halseingeweiden und umgibt (häufig gefragt!) neben den Halsmuskeln (= M. longus colli, Mm. scaleni, M. longus capitis) auch Nerven (= Truncus sympathicus mit den drei Halsganglien, Plexus brachialis, N. phrenicus) und Gefäße (= A. subclavia).

3.6 Spatium para-/ lateropharyngeum

Das Spatium retropharyngeum ist ein Bindegewebsraum, der sich von der Schädelbasis bis ins Mediastinum erstreckt und sich dorsal an den Pharynx anschließt. Das Spatium para- bzw. lateropharyngeum (s. Abb. 11, S. 13) ist ein Raum, der lateral des Pharynx und beiderseits (= lateral und ventral) des Spatium retropharyngeum liegt. Es enthält die Hirnnerven IX-XII (N. glossopharyngeus, N. vagus, N. accessorius und N. hypoglossus), den Truncus sympathicus, die A. carotis interna und die V. jugularis interna (Vagina carotica = Gefäßnervenscheide des Halses). Weitere

Strukturen dieses Spatiums sind der kaudale Teil der Parotis, der N. lingualis, N. auriculotemporalis, N. alveolaris inferior, die Chorda tympani und das Ganglion oticum.
Hier sollte man versuchen, sich besonders die Strukturen einzuprägen, mit denen man viele Punkte machen kann (= die hier erstgenannten). Da der Rest zudem schwierig vorstellbar und daher auch schlecht zu behalten ist, kann man den dafür benötigten Platz im Hirn besser für andere Dinge verwenden.

MERKE:
Carolin trinkt mit sympathischen Jungen von 9-12, für folgende Strukturen des Spatium para-/lateropharyngeum:
- A. carotis interna
- Truncus sympathicus
- V. jugularis interna
- Hirnnerven IX-XII

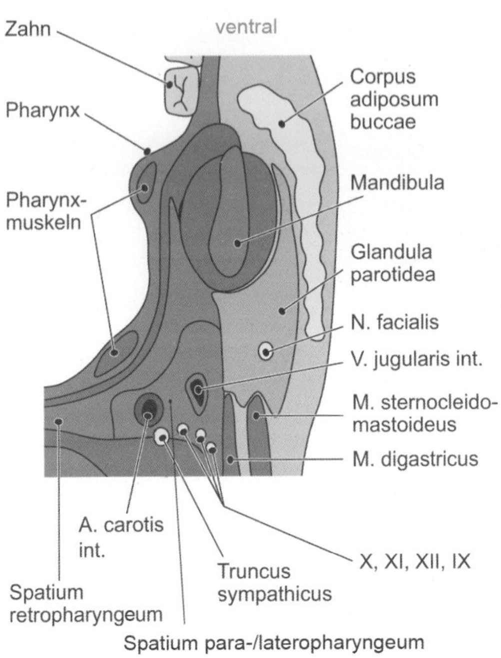

Abb. 11: Spatium para-/lateropharyngeum, Blick von kranial

DAS BRINGT PUNKTE

Häufig gestellte Fragen im Physikum aus diesem Kapitel betreffen die Innervation der mimischen Muskeln, der Kaumuskeln und die Skalenuslücken. Man sollte sich daher unbedingt merken, dass
- alle mimischen Muskeln mitsamt dem M. orbicularis oculi (= dient dem Augenschluss, beim Ausfall kann der Patient das Auge daher nicht schließen) und dem M. buccinator durch den N. facialis innerviert werden.
- alle Kaumuskeln durch den N. mandibularis, einem Ast des N. trigeminus innerviert werden.
- durch die (hintere) Skalenuslücke zwischen dem M. scalenus anterior und medius die A. subclavia und der Plexus brachialis ziehen.

BASICS MÜNDLICHE

Welche mimischen Muskeln kennen Sie und wie werden sie innerviert?
Beispiele sind der M. orbicularis oculi und der M. buccinator; Innervation = N. facialis.

Was sind die Kaumuskeln?
Es gibt 4 verschiedene: der M. temporalis, M. masseter, M. pterygoideus medialis und lateralis; Innervation N. trigeminus mit seinem dritten Ast, dem N. mandibularis.

Benennen Sie die Zungen- und Zungenbeinmuskeln mit ihrer Innervation.
Die Zungenmuskeln werden in zwei Gruppen eingeteilt: die Außen- und die Binnenmuskulatur (s. Abb. 7+8, S. 10). Sie sorgen für eine hohe Flexibilität der Zunge.
Die Zungenbeinmuskulatur setzt sich aus der Gruppe der supra- und infrahyalen Muskeln zusammen. Die suprahyale Muskulatur besteht aus mehreren Muskeln mit verschiedener Innervation, z.B. dem M. geniohyoideus, der das Os hyoideum nach ventral zieht und von den Rami anteriores der Nervi cervicales I und II innerviert wird. Außerdem besitzt die suprahyale Muskulatur als Kieferöffner den M. mylohyoideus und den M. digastricus anterior, die vom N. mylohyoideus innerviert werden und letztlich

den M. stylohyoideus und den M. digastricus posterior, die vom N. facialis innerviert werden und beim Schluckakt mithelfen.
Die Gruppe der infrahyalen Muskeln umfasst v.a. den M. omohyoideus, den M. sternothyroideus und den M. sternohyoideus, die alle von der Ansa cervicalis profunda innerviert werden.

Was umfasst die Halsfaszie?
Die Halsfaszie ist an der Mandibula und dem Sternum aufgehängt und unterteilt sich in drei Blätter:
- die Lamina superficialis fasciae cervicalis,
- die Lamina praetrachealis und
- die Lamina praevertebralis. Details s. 3.5, S. 11.

Dies sollte man sich unbedingt mal selber laut erzählen, da man oft das Gefühl hat, es verstanden zu haben, aber gerade dieses Thema oftmals schwer in die richtigen Worte gefasst werden kann.

UND? FERTIG ERZÄHLT? DANN DÜRFT IHR EUCH JETZT EINE PAUSE GÖNNEN.

4 Kopf- und Halseingeweide

Das Kapitel der Kopf- und Halseingeweide umfasst ein weites Spektrum, das aber glücklicherweise nicht in allen Details geprüft wird. Einzelne Themen wie die Mündungen der Nasennebenhöhlen in die Nasenhöhle, der Larynx oder die Speicheldrüsen mit ihrer parasympathischen Innervation fehlen aber in fast keinem Physikum und lassen sich anschaulich erklären und merken. Also alles halb so schlimm, doch seht selbst...

4.1 Nase

Die Nasenhöhle (= Cavitas nasi) wird durch das Septum nasi in zwei annähernd gleich große Höhlen unterteilt.

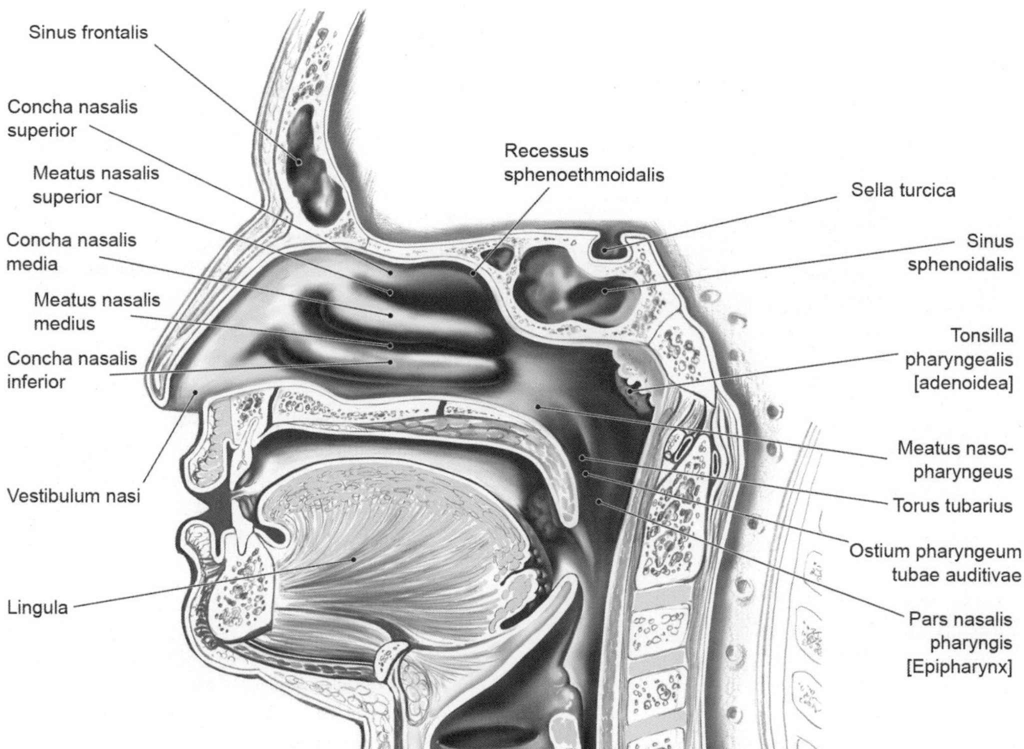

Abb. 12: Cavitas nasi, laterale Wand

Den Bereich bis zum Limen nasi nennt man auch Vestibulum (= Vorhof) nasi, den restlichen Bereich Cavum nasi (s. Abb. 14, S. 16).

Das **Septum** nasi besteht aus einer Pars ossea (= Teil des Os ethmoidale und des **Vomer**) und einer Pars intercartilaginea (= hyaliner Knorpel). Die Verbindung zur Außenwelt stellen die Aperturae piriformis (= Nasenlöcher) und die zum Nasenrachenraum die Choanen her.

Die knöcherne Struktur der **lateralen** Nasenwand setzt sich zusammen aus:

- Os frontale,
- Os nasale,
- Os ethmoidale (mit Concha nasalis superior und media),
- Os lacrimale,
- Concha nasalis inferior,
- Maxilla und
- Os palatinum.

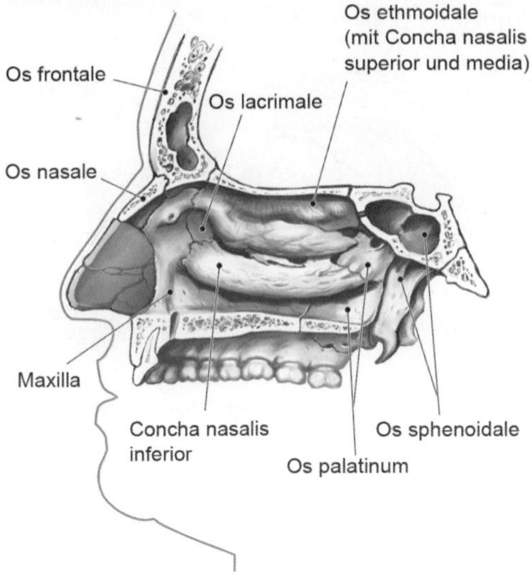

Abb. 13: Knochen der lateralen Nasenwand

Bei den Conchae nasales (= Nasenmuscheln) handelt es sich um drei dünne Knochenplatten, die in die Nasenhöhle hineinragen und mit Schleimhautepithel überzogen sind. Hier liegen die Öffnungen zu den Nasennebenhöhlen und die Mündung des Tränennasengangs. Während die Concha nasalis superior und media zum Os ethmoidale gezählt werden, handelt es sich bei der Concha nasalis inferior um einen eigenständigen Knochen.

Die drei Nasengänge, die zu den Nasennebenhöhlen führen (= Meatus nasi superior, medius und inferior) liegen unterhalb des bogenartigen Randes der drei Conchae nasales (s. Abb. 12, S. 14):

- Der Meatus nasi superior liegt unterhalb der Concha nasalis superior. Hier münden die Cellulae ethmoidales posteriores (= hintere Siebbeinzellen).
- Der Meatus nasi medius ist klinisch besonders wichtig. Er liegt unterhalb der mittleren Nasenmuschel, wo sich auch der Hiatus semilunaris befindet und dient als Mündungsstelle für die Cellulae ethmoidales anteriores, den Sinus frontalis und den Sinus maxillaris.
- In den Meatus nasi inferior mündet der Tränennasengang (= Ductus nasolacrimalis). Der Ductus nasolacrimalis geht aus dem Saccus lacrimalis hervor, hat topographische Beziehungen zur Maxilla, mündet in den Meatus nasi inferior und besitzt an seiner Mündung eine klappenartige Schleimhautfalte.

Übrigens...

- Zum Zeitpunkt der Geburt kann der Ductus nasolacrimalis gegen das Nasenlumen verschlossen sein.
- Eine Sonderstellung nimmt der Ausführungsgang des Sinus sphenoidalis ein (s. Abb. 12, S. 14): Er mündet oberhalb des Hinterrandes des Meatus nasi superior in seinen eigenen Recessus, den Recessus sphenoethmoidalis. Hier befindet sich auch die Verbindung zur Fossa sphenopalatina (über das Foramen sphenopalatinum).

MERKE:

Nasengang	Dort mündende Strukturen
Meatus nasi superior	**Cellulae ethmoidales posteriores**
Meatus nasi medius	**der gesamte Rest**
Meatus nasi inferior	**Ductus nasolacrimalis**

Wichtige Ausnahme: Der Sinus sphenoidalis mit seinem eigenen Recessus.

4.1.1 Histologischer Aufbau der Nase

Bezüglich des histologischen Aufbaus wird die Nase wiederum in die zwei Abschnitte Vestibulum und Cavitas nasi unterteilt (s. Abb. 14):

- Im **Vestibulum nasi** findet man mehrschichtiges, verhorntes Plattenepithel (= Schutz nach außen), mit apokrinen Drüsen, Talg- und Schweißdrüsen sowie Borstenhaaren.
- Die **Cavitas nasi** wird nach mikroskopischen Gesichtspunkten noch weiter in zwei Bereiche untergliedert:
  1. **Regio respiratoria**, die im Bereich der unteren und mittleren Nasenmuschel liegt. Hier findet man mehrreihiges Zylinderepithel mit Kinozilien, Becherzellen, Glandulae nasales und dem Plexus cavernosi concharum.
  2. **Regio olfactoria**, die sich im Bereich der oberen Nasenmuschel befindet. Die Riechschleimhaut ist durch mehrreihiges Zylinderepithel mit Glandulae olfactoriae (= Bowman-Drüsen), Riech-, Stütz- und rundlichen Basalzellen gekennzeichnet.

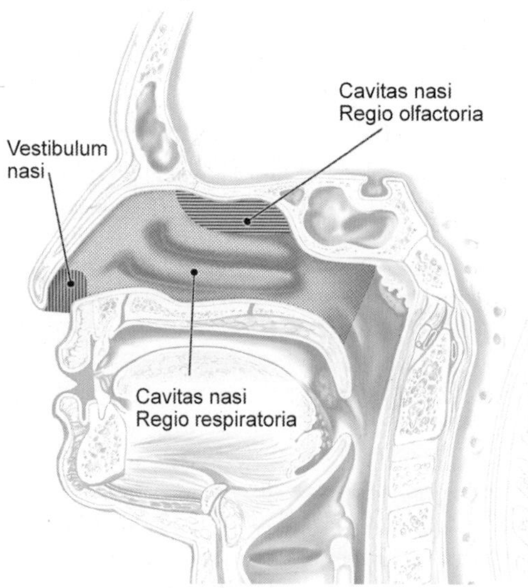

Abb. 14: Bereiche der Nase

4.1.2 Innervation und Blutversorgung der Nase

Die Innervation der Nase umfasst drei Qualitäten:

1. **Sensibel** wird die Nase im ventralen Bereich von Ästen des **N. ophthalmicus** (= z.B. durch den N. ethmoidalis anterior) und im dorsalen Bereich von Ästen des **N. maxillaris** versorgt.
2. Die **sekretorische** Innervation der Glandulae nasales erfolgt über den **N. petrosus major** (fördert die Sekretion) aus dem parasympathischen Ganglion pterygopalatinum und dem sympathischen **N. petrosus profundus** (hemmt die Sekretion).
3. **Sensorisch** versorgen die **Nn. olfactorii** (=N.I) die Regio olfactoria.

Die **Blutversorgung** der Nase rührt aus zwei unterschiedlichen Quellen. Vor allem der ventrale und obere Bereich der Nase wird aus Ästen der A. carotis interna gespeist, während der Rest aus der A. carotis externa (v.a. über die A.sphenopalatina, s. Abb. 15) versorgt wird.

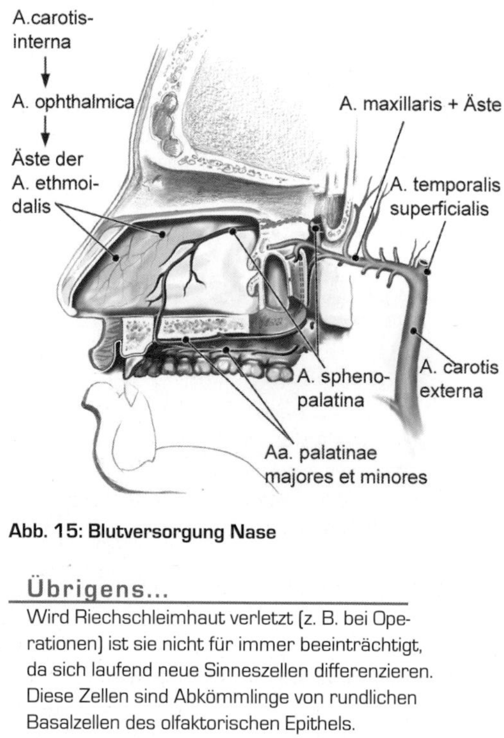

Abb. 15: Blutversorgung Nase

Übrigens...

Wird Riechschleimhaut verletzt (z. B. bei Operationen) ist sie nicht für immer beeinträchtigt, da sich laufend neue Sinneszellen differenzieren. Diese Zellen sind Abkömmlinge von rundlichen Basalzellen des olfaktorischen Epithels.

4.2 Nasennebenhöhlen

Die Nasennebenhöhlen (= NNH) werden auch Sinus paranasales genannt und sind luftgefüllte Räume, die an die Nasenhöhle angrenzen (s. Abb. 11, S. 13 und Abb. 13, S. 15). Die NNH entwickeln sich erst nach der Geburt (= etwa ab dem 3. Lebensjahr) und die Pneumatisation dauert bis ins Erwachsenenalter an (= bis ca. zum 20 Lj.).

Man unterscheidet vier Nasennebenhöhlen:
1 den Sinus maxillaris (= Kieferhöhle),
2 den Sinus frontalis (= Stirnbeinhöhle),
3 den Sinus sphenoidalis (= Keilbeinhöhle) und
4 die Cellulae ethmoidales/Labyrinthus ethmoidalis (= Siebbeinzellen).

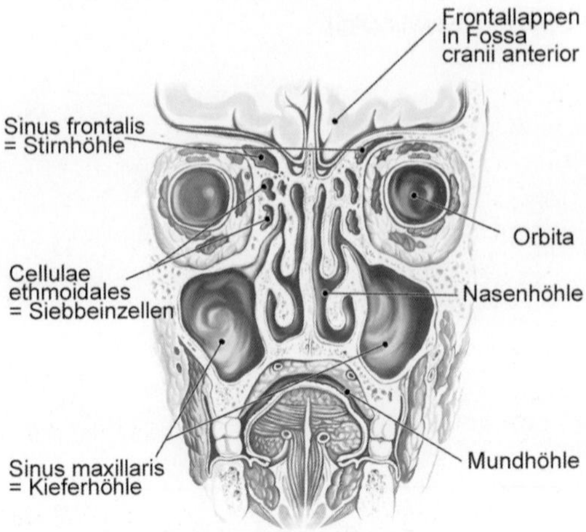

Abb. 16: Nasennebenhöhlen (Frontalschnitt)

Alle NNH stehen in topographischer Beziehung zur Orbita. Alle – außer dem Sinus maxillaris – haben zudem eine topographische Beziehung zur Schädelhöhle und den Meningen.

Die Funktion der NNH besteht in einer Vergrößerung der Nasenhöhle, einer verbesserten Anwärmung der Atemluft, der Vergrößerung des Resonanzraums (= Stimme) und einer Gewichtsersparnis.

Im einzelnen lassen sich zu den NNH folgende prüfungsrelevante Punkte zusammenfassen:

- Der **Sinus maxillaris (= Kieferhöhle)** ist paarig angelegt und grenzt an den Canalis infraorbitalis. Es handelt sich um die größte NNH, die sich fast in der ganzen Maxilla ausbreitet. Direkt unterhalb liegen die Oberkieferzähne; der Sinus maxillaris grenzt hier an die Wurzel des 1. Molaren. Bei einer Eiteransammlung (Abzess) kann es zu einem Durchbruch in die Kieferhöhle kommen. Der Ausführungsgang mündet in das trichterförmige Infundibulum ethmoidale, das am Hiatus maxillaris in den Meatus nasi medius führt.

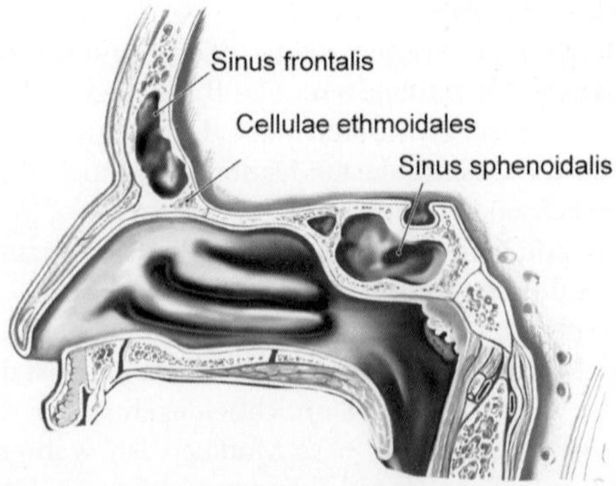

Abb. 17: Nasennebenhöhlen (Sagittalschnitt)

- Der **Sinus frontalis (= Stirnbeinhöhle)** wird durch ein Septum interfrontale in zwei paarig angelegte Sinus frontales getrennt. Sie sind in Form und Größe variabel und münden über Aperturae sinus frontales in den Hiatus semilunaris und den Meatus nasi medius.
- Auch der **Sinus sphenoidalis (= Keilbeinhöhle)** ist paarig angelegt und meist durch ein Septum unvollständig getrennt. Sein Ausführungsgang mündet in den Recessus sphenoethmoidalis (topographische Beziehung zum Sinus cavernosus).
- Die **Cellulae ethmoidales/Labyrinthus ethmoidalis (= Siebbeinzellen)** sind acht bis zehn erbsengroße, pneumatisierte Knochenkapseln im Os ethmoidale, die man zusammen Sinus ethmoidalis nennt. Sie haben u.a. topographische Beziehungen zur Stirnbeinhöhle, der vorderen Schädelgrube, zur Orbita und zur Keilbeinhöhle.

Man unterteilt sie weiter in zwei Gruppen mit unterschiedlichen Mündungsstellen in die Nasenhöhlen:
1 **Cellulae ethmoidales anteriores (= vordere Siebbeinzellen)**, münden in den Meatus nasi medius.
2 **Cellulae ethmoidales posteriores (= hintere Siebbeinzellen)**, münden in den Meatus nasi superior.

Übrigens...

Im schriftlichen Physikum tauchen sowohl die lateinischen als auch die deutschen Bezeichnungen auf.

4.3 Zähne

Die Zähne entstehen aus Ektoderm und Mesenchym (= Odontoblasten). Die Bildung der Hartsubstanz beginnt bereits vor der Geburt, während die Odontoblasten Dentin auch noch beim Erwachsenen bilden.
Die Zahnentwicklung erstreckt sich insgesamt über die Zeitspanne von der 6. Entwicklungswoche bis zum 16. Lebensjahr, wobei der erste Zahn des Milchgebisses (= Dentes deciduales) meist der erste (= untere mediale) Schneidezahn oder der erste Molar mit ca. 6-12 Monaten ist, während der erste Zahn des bleibenden Gebisses (= Dentes permanentes) - der erste Molar (zweiwurzelig) - im Alter von ca. 6 Jahren auftaucht.

MERKE:
- Erster Zahn des Milchgebisses ist meist der erste (= untere mediale) Schneidezahn oder der erste Molar (6.-12. Monat).
- Der zweite Milchmolar tritt von den Oberkieferzähnen des Milchgebisses am häufigsten als letzter durch.
- Erster Zahn des bleibenden Gebisses ist der erste Molar (zweiwurzelig).

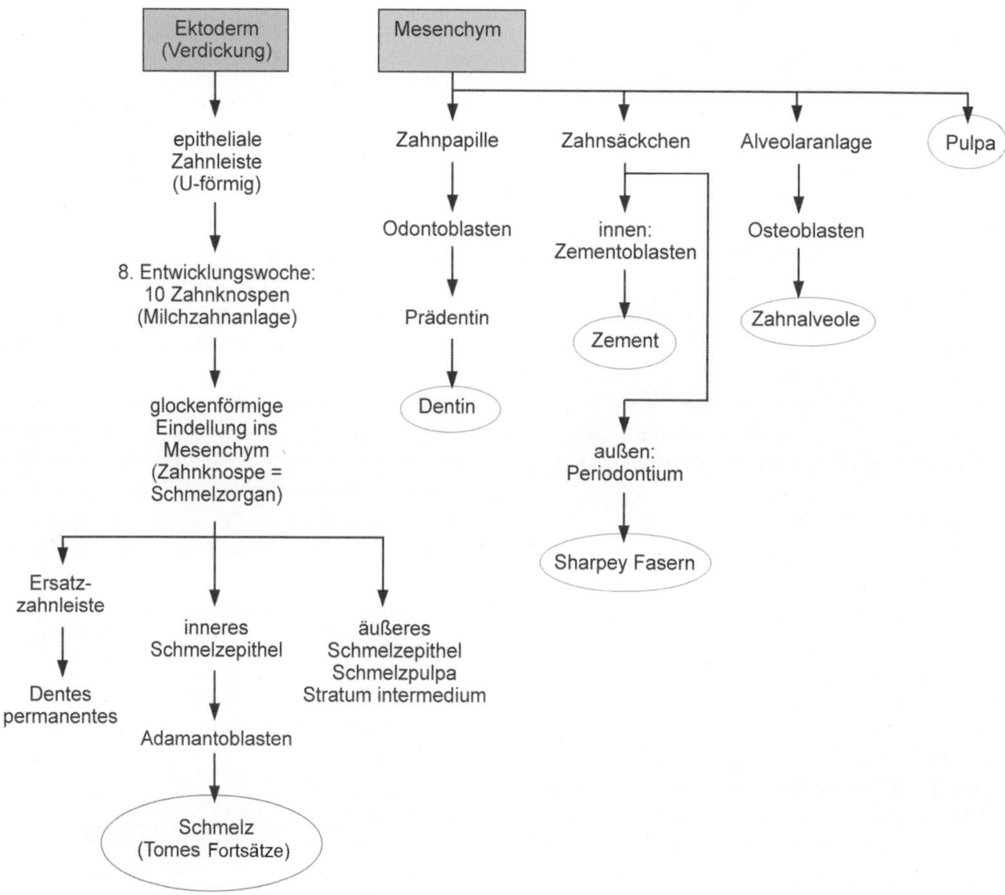

Abb. 18: Zahnentwicklung

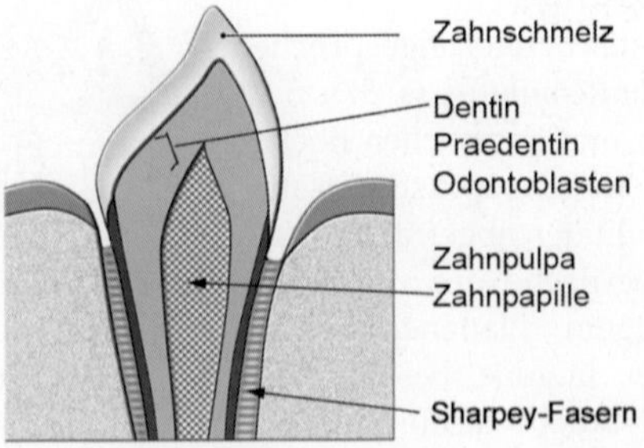

Abb. 19: Zahnaufbau

Der Halteapparat eines Zahnes setzt sich zusammen aus dem Periodontium (= Wurzelhaut), der Substantia ossea (= Zement), dem angrenzenden Alveolarknochen und der Gingiva (= Zahnfleisch).

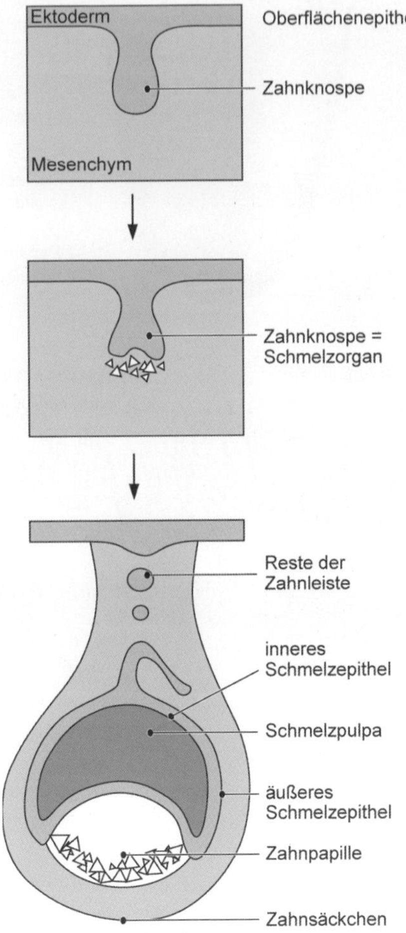

4.4 Zunge

Neben der bereits angesprochenen Zungenmuskulatur (s. 3.3, S.10 f.) werden im Schriftlichen noch gerne die Zungenpapillen mitsamt ihren Qualitäten abgefragt:
Die Oberfläche der Zunge besteht aus mehrschichtigem Plattenepithel. Im Bereich des Dorsum linguae besitzt sie eine Aponeurose. Der Sulcus terminalis liegt an der Grenze zwischen Radix linguae und Corpus linguae (s. Abb. 20). Die Zungenpapillen sind **vor** dem Sulcus terminalis auf den vorderen 2/3 der Zunge ausgebildet. Sie liegen in der Schleimhaut des Zungenrückens und dienen der Tast und Geschmacksempfindung. Alle Zungenpapillen haben einen Bindegewebskern mit sensiblen Nervenendigungen.
Insgesamt werden vier Arten von Papillen unterschieden:

1. Entlang des Sulcus terminalis sind die sieben bis zwölf **Papillae vallatae** angeordnet. Sie besitzen einen ringförmigen Graben und enthalten Geschmacksknospen mit von Ebner-Spüldrüsen. Die Geschmacksknospen der Papillae vallatae werden überwiegend vom N. glossopharyngeus (= N. IX) innerviert.
2. Die **Papillae foliatae** liegen seitlich hinten und imponieren als Schleimhautfalten. Auch sie enthalten von Ebner-Spüldrüsen und vereinzelte Geschmacksdrüsen.
3. Die **Papillae fungiformes** erkennt man bereits mit bloßem Auge als kleine rote Punkte an der Zungenspitze und den Zungenrändern. Sie enthalten wenige Geschmacksknospen und Thermorezeptoren.
4. Die **Papillae filiformes** liegen vorwiegend auf dem Zungenrücken. Sie sind verhornt und dienen als Mechanorezeptoren. Geschmacksknospen findet man hier NICHT.

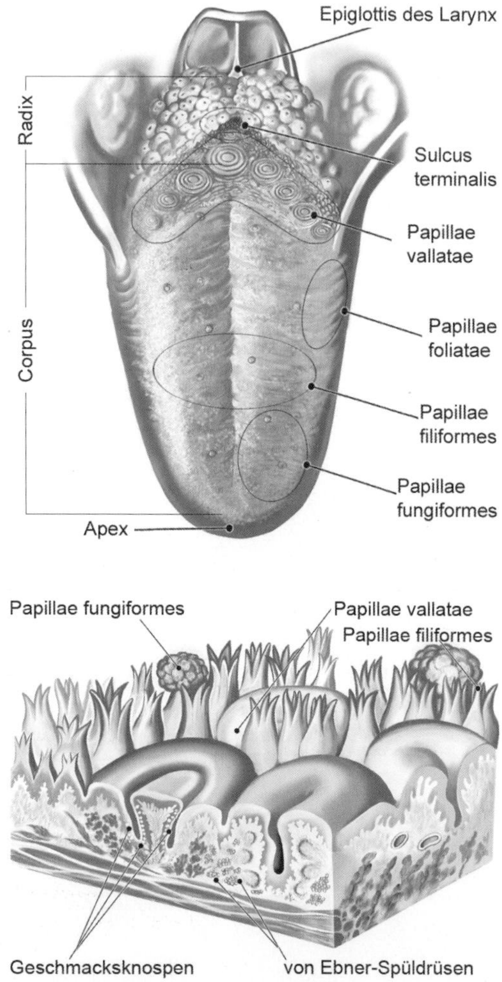

Abb. 20: Zungenpapillen

4.4.1 Innervation der Zunge

An der Zunge kann man bezüglich der Innervation drei Qualitäten unterscheiden:

- die motorische,
- die sensible und
- die sensorische.

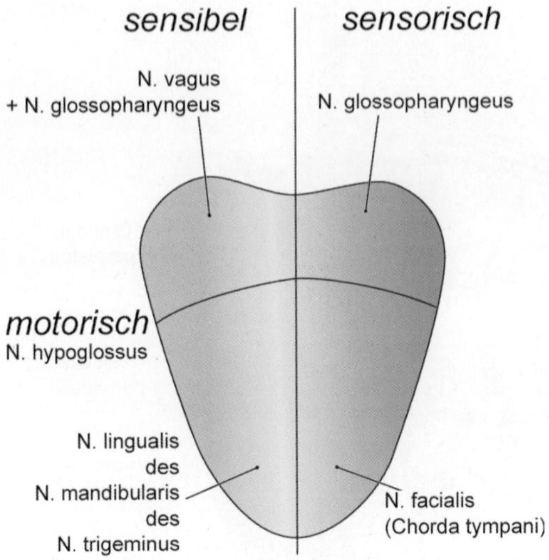

Abb. 21: Zungeninnervation

1 Die **motorische** Innervation der Zungenbinnenmuskulatur (s. 3.3, S. 10 f.) sowie eines Teils der infrahyalen und Unterzungenmuskulatur erfolgt durch den **N. hypoglossus** (= XII).

2 Die **sensorische** Innervation erfolgt für die vorderen 2/3 der Zunge (= u.a. der Geschmacksknospen des Zungenrückens) durch den **N. intermediofacialis** über die Chorda tympani. Das hintere 1/3 der Zunge wird durch den **N. glossopharyngeus** versorgt. Der Terminationskern für die Rezeptorenfelder „Geschmacksrezeptoren im vorderen und hinteren Teil der Zunge" ist der Nucleus solitarius. In den Geschmacksknospen der Zunge liegen Nervenendigungen der speziell viszeroafferenten Fasern der pseudounipolaren Nervenzellen des Ganglion geniculi.

3 Die **sensible** Innervation der Zunge erfolgt auf den vorderen 2/3 durch den N. lingualis (= ein Ast des N. mandibularis des **N. trigeminus**), während das hintere 1/3 durch den **N. glossopharyngeus** innerviert wird.

Übrigens...

- Bei einem Ausfall des Nervus hypoglossus einer Seite weicht die Zunge beim Herausstrecken zur kranken Seite ab (s. Punkt 1).
- Eine Geschmacksstörung der vorderen 2/3 einer Zungenhälfte ist am ehesten auf eine Schädigung des N. intermediofacialis zurückzuführen (s. Punkt 2).
- An der Tonsilla lingualis (liegt am Zungengrund) geht die sensible und sensorische Innervation in das Versorgungsgebiet des N. vagus über.

4.5 Speichel- und Tränendrüsen

Die Speicheldrüsen produzieren 1-1,5 Liter Speichel pro Tag. Dieser Speichel ist reich an Schleim, Amylase, Abwehrzellen, Lysozym und Antikörpern. Er dient der Anfeuchtung der Mundhöhle und des Inhalts, der Einleitung der Verdauung, hat eine bakterizide und exkretorische Funktion (= z.B. Sekretion von Jod und Kalium) und vermittelt die Resorption von Natrium. Ein Teil der Speicheldrüsen mündet in die Cavitas oris propria (= Cavum oris proprium); so z.B. die Glandula lingualis anterior, die Glandulae palatinae, die Glandula submandibularis und die Glandula sublingualis. Die Glandula lingualis anterior und die Glandulae palatinae sind in diesem Zusammenhang eher unwichtig und wurden bislang im schriftlichen Examen auch nicht gefragt.

Man kann sie daher außer Acht lassen, sollte aber im Hinterkopf behalten, dass sie wie **alle Drüsen** im Kopf- und Halsbereich vom **N. facialis** innerviert werden. Alle, mit einer **Ausnahme:** Die Glandula **parotidea** wird vom **N. glossopharyngeus** innerviert.

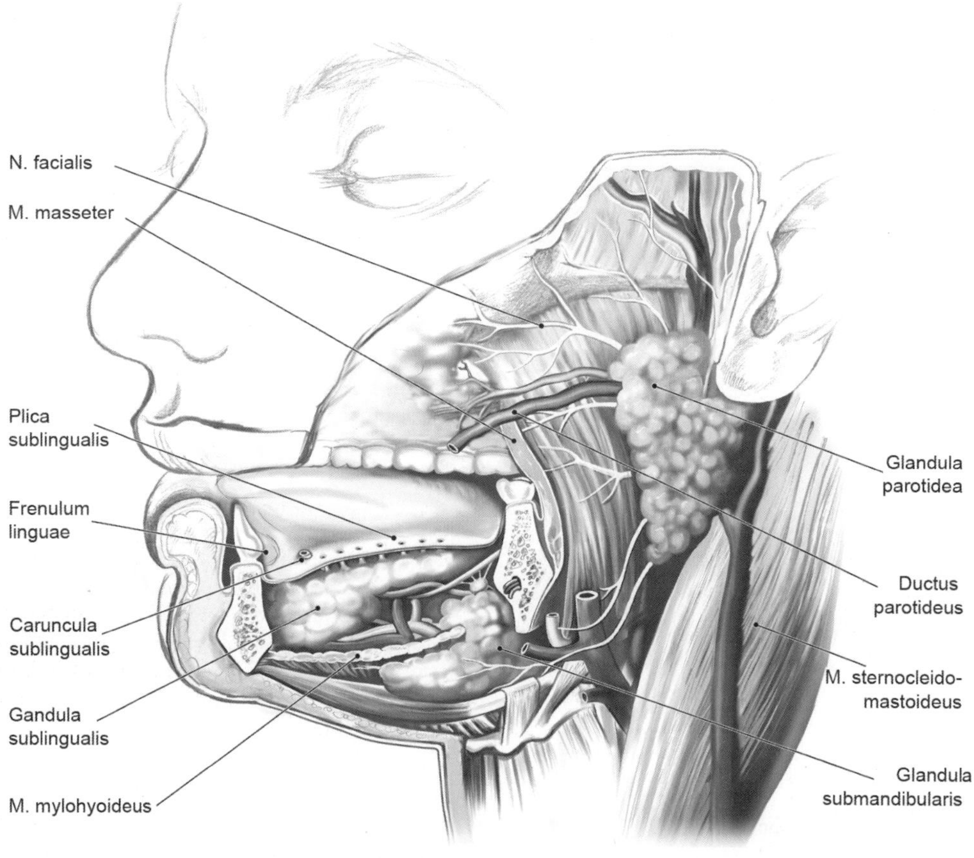

Abb. 22: Speicheldrüsen

Man unterscheidet vier äußerst prüfungsrelevante Drüsen im Kopf-Halsbereich (s. Abb. 22):

1 Die **Glandula parotidea (= Parotis)** liegt präaurikulär und reicht bis in die Fossa retromandibularis. Sie ist eine rein seröse Drüse und wird von zwei Faszienblättern umhüllt (= Parotisloge). Der **Ductus parotideus** entwickelt sich vom Mundhöhlenepithel aus und **verlässt die Drüse am Vorderrand. Anschließend zieht er lateral des Kaumuskels M. masseter in der Regio buccalis mundwärts, durchbohrt dabei den mimischen Muskel M. buccinator und mündet im Vestibulum oris gegenüber dem zweiten oberen Molaren**. Klinisch kann es zur Parotitis (= Mumps) mit der Gefahr des Übergriffs auf andere drüsige Organe kommen. In der Parotis verlaufen u.a. der N. glossopharyngeus und der N. intermediofacialis sowie die A. carotis externa; letztere teilt sich hier in die A. maxillaris und A. temporalis superficialis auf. Die Parotis grenzt zudem nach hinten an den M. sternocleidomastoideus. Ihre **parasympathische Innervation erfolgt durch den N. glossopharyngeus (Kern = Nucleus salivatorius inferior)**. Da alle anderen Drüsen im Kopf-Halsbereich vom Nervus (intermedio)facialis innerviert werden, stellt die Innervation der Parotis eine gern gefragte Ausnahme dar!

2 Die **Glandula submandibularis** ist eine sero-muköse Drüse, die im Trigonum submandibulare liegt. Die Drüse zieht c-förmig um den Hinterrand des Mundbodenmuskels M. mylohyoideus herum, so dass sich Anteile der Drüse sowohl unterhalb als auch oberhalb des M. mylohyoideus befinden (s. Abb. 22). Auf dem Diaphragma oris

zieht der **Ductus** submandibularis dann nach ventral und mündet neben dem Frenulum linguae auf der Caruncula sublingualis. Die parasympathische Innervation erfolgt durch den N. (intermedio)facialis (zum Teil über die Chorda tympani). Die Glandula submandibularis wird von der A. facialis erreicht, die durch sie hindurchzieht und grenzt medial an den Venter anterior des M. digastricus. Sensibel versorgt sie der Nervus lingualis.

3 Die **Glandula sublingualis** ist in der Regio sublingualis lokalisiert und wölbt sich als Plica sublingualis in die Mundhöhle vor. Es handelt sich hierbei um eine muko-seröse Drüse, die auf dem M. mylohyoideus liegt (s. Abb. 22, S. 22) und in einen vorderen und einen hinteren Teil eingeteilt wird: Der vordere Teil führt über den Ductus sublingualis major zur Caruncula sublingualis, während der hintere Teil über zahlreiche Ductuli sublinguales minores neben der Zunge auf der Plica sublingualis mündet. Auch diese Drüse wird durch den N. (intermedio)facialis innerviert.

4 Die **Glandula lacrimalis** ist die Tränendrüse. Sie liegt am Os frontale und ist eine rein seröse Drüse, die ebenfalls durch den N. (intermedio)facialis innerviert wird. Wird der Ramus communicans zwischen dem N. zygomaticus und N. lacrimalis zerstört, vermindert sich die autonome Versorgung der Tränendrüse.

Übrigens...

Eine Sondierung des Ductus submandibularis erfolgt am besten am medialen Ende der Plica sublingualis an der Caruncula sublingualis.

MERKE:

- **Alle** bedeutenden Drüsen im Kopf- und Halsbereich innerviert der **N. intermediofacialis** (= u.a. Tränendrüsen, Gaumendrüsen, Glandula sublingualis, Glandula submandibularis). Seine parasympathischen Fasern haben ihren Ursprung im Nucleus salivatorius superior.
- Die **Parotis** hingegen wird parasympathisch vom **N. glossopharyngeus** innerviert. Sein parasympathischer Hirnnervenkern ist der Nucleus salivatorius inferior.

4.6 Palatum

Der Gaumen (= Palatum) dient als Abtrennung zwischen Nasen- und Mundhöhle. Man unterteilt ihn in:

- Palatum durum = harter Gaumen= vordere 2/3
- Palatum molle = weicher Gaumen= hinteres 1/3

Der weiche Gaumen ist eine Aponeurose aus Muskeln der Gaumensegel und des M. uvulae. Innerviert wird der Gaumen durch Äste des Nervus maxillaris (V2 des N. trigeminus):

- N. palatinus major und
- Nn. palatini minores.

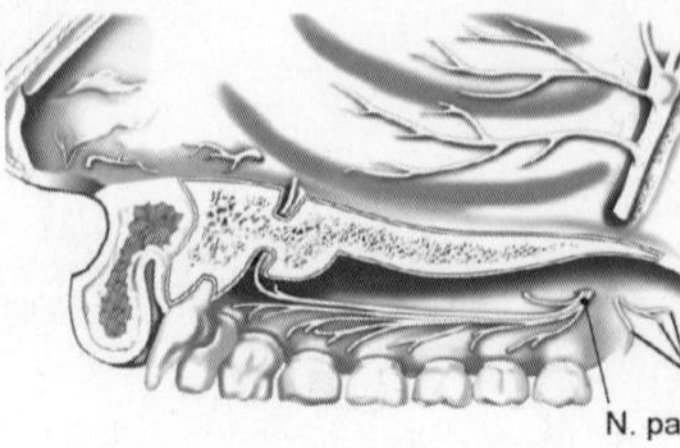

Abb. 23: Palatum

4.7 Isthmus faucium

Die Schlund- oder Rachenenge (= Isthmus faucium, s. Abb. 24, S. 24) wird begrenzt von den Gaumenbögen, der Zunge und den Gaumensegeln. Am Übergang von der Mund- und Nasenhöhle zum Schlund befindet sich die Tonsilla palatina, die zum Waldeyer-Rachenring (= lymphatischer Rachenring) gehört.

4.8 Pharynx

Der Pharynx ist ein 12-14 cm langer fibromuskulärer Schlauch, der mit Schleimhaut ausgekleidet ist und ein gemeinsames Stück des Speise- und Luftwegs darstellt. Begrenzt wird der Pharynx durch die Schädelbasis (über die Fascia pharyngobasilaris befestigt), die HWS, die Choanen, den Isthmus faucium, den Ösophagus und den Larynx.

Man unterscheidet folgende Etagen:

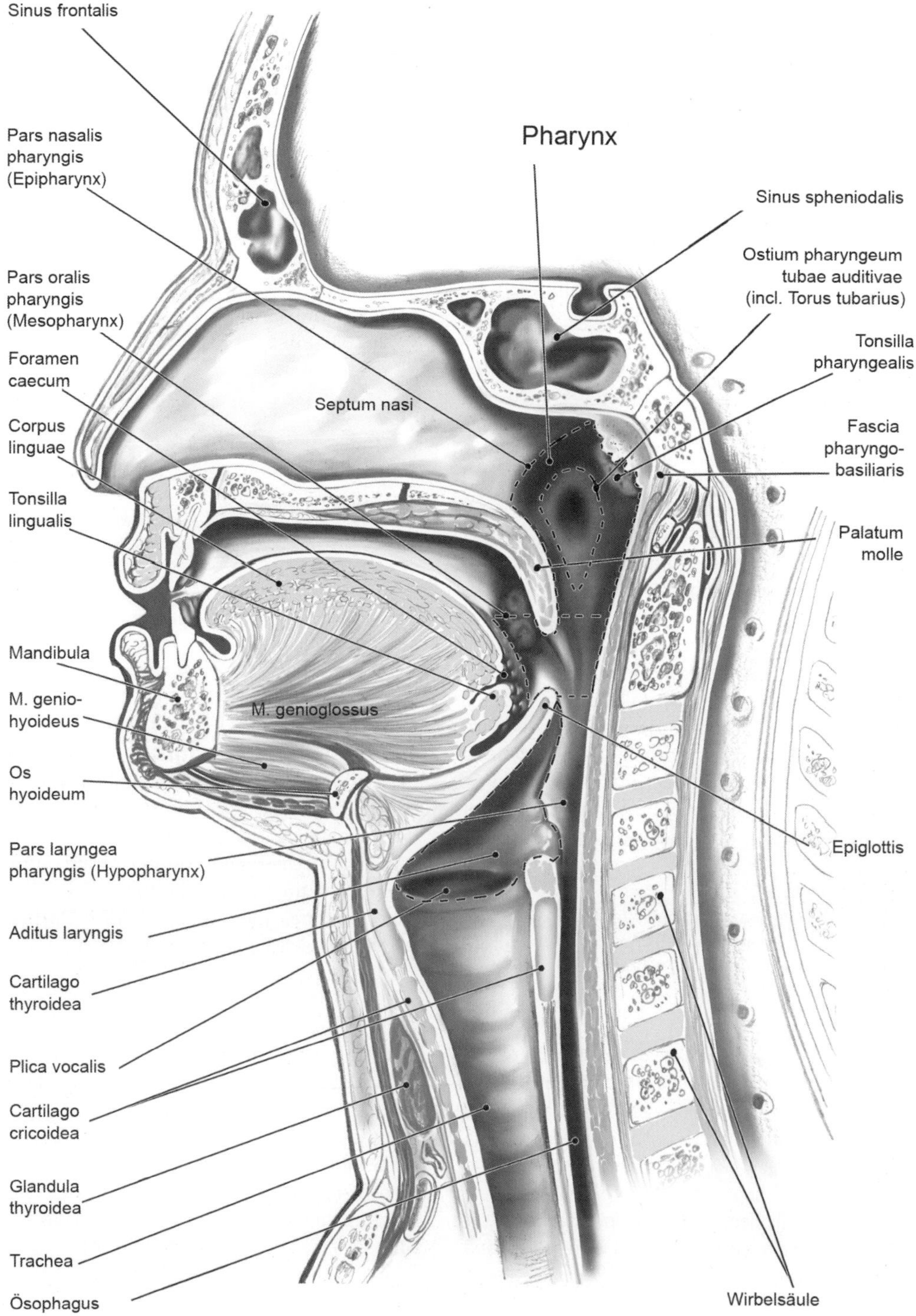

Abb. 24: Pharynx, Sagittalschnitt

- **Epipharynx** = Pars nasalis pharyngis, mit
  - der **Tonsilla pharyngea** (im Dach/in der Hinterwand),
  - dem **Ostium pharyngeum tubae auditivae**,
  - dem **Torus tubarius**.
- **Mesopharynx** = Pars oralis pharyngis, mit
  - Tonsilla palatina und
  - Isthmus faucium.
- **Hypopharynx** = Pars laryngea pharyngis, von der Epiglottis bis zum Ösophagus.

Übrigens...

- Die Tuba auditiva besitzt Flimmerepithel mit Becherzellen, mündet in die Pars nasalis des Rachens und kann durch Kontraktion des M. tensor veli palatini geöffnet werden; sie hat in ihrem Verlauf enge topographische Beziehungen zum M. tensor tympani und zur A. carotis interna.
- Vor und unter dem Torus tubarius liegt der Torus levatorius. Das ist zwar eigentlich sehr unwichtig, wurde aber im Schriftlichen schon einmal als Richtigantwort abgefragt (s. Abb. 24, S. 24 und Abb. 25).
- Der Recessus pharyngeus befindet sich unter der Fornix pharyngis.

- Der N. nasopalatinus versorgt sensibel die palatinale Gingiva im Bereich der oberen Incisivi.

Der Pharynx wird motorisch durch ein Nervengeflecht innerviert, das sich aus Fasern des N. glossopharyngeus und des N. vagus zusammensetzt. Hierdurch werden sowohl die drei Konstriktoren als auch die Levatoren des Pharynx versorgt.
Die sensible Innervation erfolgt über den N. maxillaris, N. glossopharyngeus und N. vagus (s. Abb. 25).

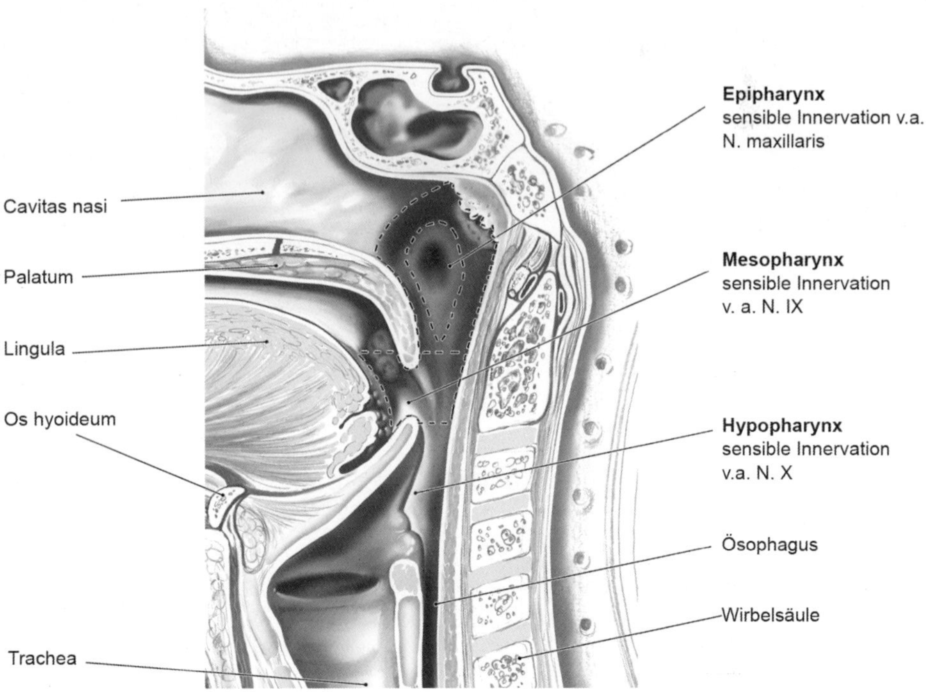

Abb. 25: Sensible Innervation des Pharynx

Eine weitere wichtige Struktur des Pharynx ist der **Recessus piriformis** (s. Abb. 26). Hierbei handelt es sich um eine Schleimhauttasche rechts und links der Epiglottis des Larynx (= Hypopharynx, in der Pars laryngea des Pharynx), in der sich die Plica laryngea mit dem N. laryngeus superior (= R. internus) und der A. laryngea superior befindet.

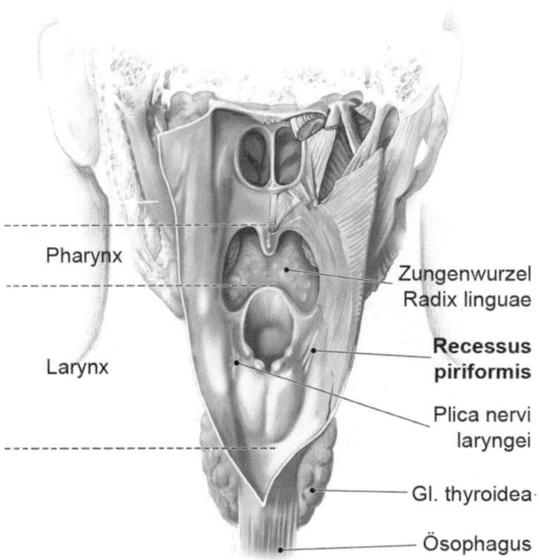

Abb. 26: Recessus piriformis

4.9 Larynx

Der Larynx (= Kehlkopf) stellt die Verbindung zwischen Pharynx (= Rachen) und Trachea (= Luftröhre) dar. Er dient der Stimmbildung und dem Verschluss der Luftwege während des Schluckakts. Gekennzeichnet ist er durch ein knorpeliges Skelett, in dem man folgende Knorpel (= Cartilago) unterscheidet:

- Epiglottis (mit Vallecula epiglottica),
- Cartilago thyroidea,
- Cartilago corniculata,
- Cartilago arytaenoidea und
- Cartilago cricoidea.

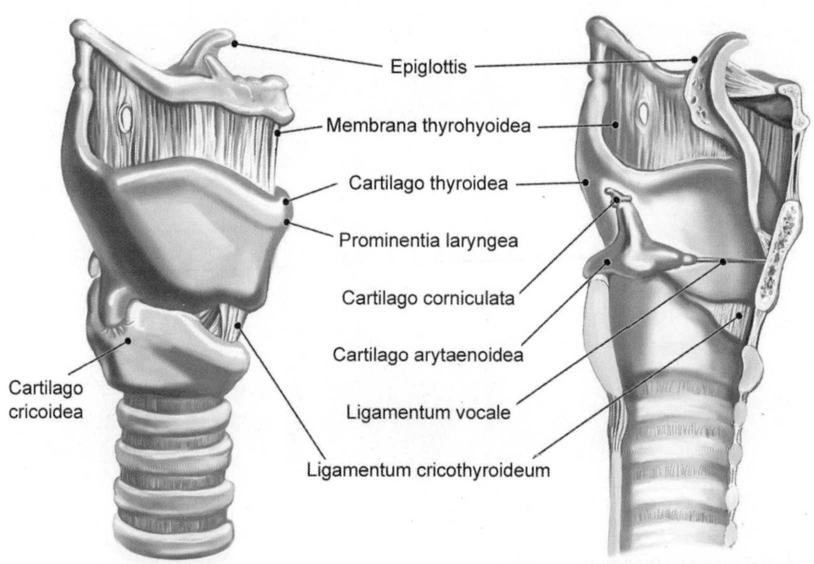

Abb. 27: Larynx

Der Aditus laryngis wird durch die Epiglottis vom Zungengrund getrennt. Der Ventriculus laryngis ist eine seitliche Ausbuchtung der Cavitas laryngis zwischen Plica vestibularis und Plica vocalis. Die Cavitas infraglottica wird vom Conus elasticus begrenzt.

4.9.1 Larynxmuskeln

Die Larynxmuskeln lassen sich in zwei Gruppen einteilen:

- Die erste Gruppe umfasst alle Muskeln, in denen kein „ary“ vorkommt, also den M. vocalis und den M. cricothyroideus. Diese Muskeln werden auch **Spannmuskeln** genannt.
- Die zweite Gruppe der Larynxmuskeln sind die, in denen ein „ary“ vorkommt, z.B. der M. cricoarytaenoideus posterior/lateralis, der M. thyroarytaenoideus, der M. arytaenoideus transversus/obliquus und der M. aryepiglotticus. Diese Muskeln werden auch **Stellmuskeln** genannt.

Innerhalb der zweiten Gruppe gibt es nur einen Muskel, der die Stimmritze (= Rima glottis) öffnet; dies ist der als Posticus bezeichnete M. cricoarytaenoideus posterior, dessen zuständiger Hirnnervenkern für die motorische Versorgung der Nucleus ambiguus ist. Die übrigen Larynxmuskeln verschließen die Rima glottis. Beim Totalverschluss der Stimmritze müssen unter anderem folgende Muskeln kontrahiert sein: Mm. arytaenoidei transversi et obliqui und Mm. cricoarytaenoidei laterales.

Betrachtet man einen Horizontalschnitt des Larynx und der Rima glottis, so lassen sich zwei Anteile der Stimmritze unterscheiden (s. Abb. 28):

- die Pars intercartilaginea und
- die Pars intermembranacea.

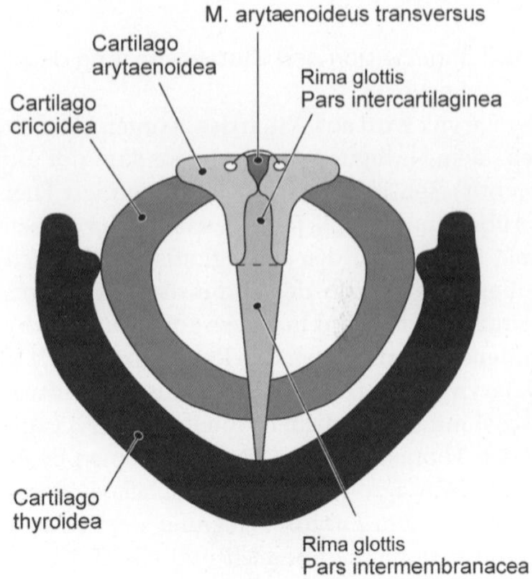

Abb. 28: Anteile der Rima glottis

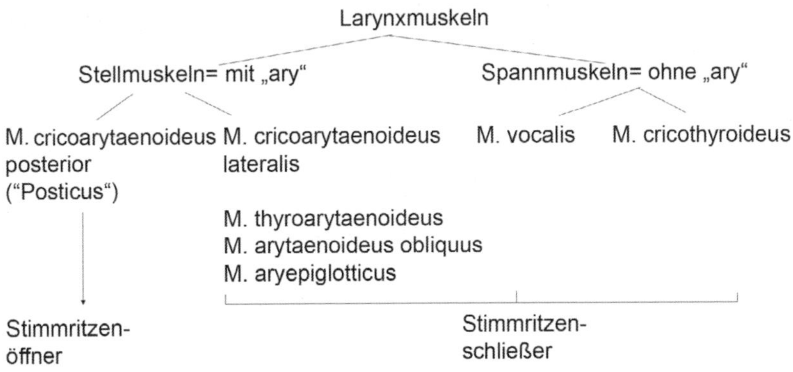

Abb. 29: Übersicht Larynxmuskeln

Der vordere Teil der Rima glottis (= Pars intermembranacea) wird beiderseits von den Plicae vocales begrenzt und durch die vorne erwähnten Muskeln verschlossen. Ein Verschluss der Pars intercartilaginea der Stimmritze erfolgt durch Kontraktion des M. arytaenoideus transversus. Bei Flüstersprache bleibt die Pars intercartilaginea jedoch geöffnet.

4.9.2 Innervation und Blutversorgung des Larynx

Der Larynx wird aus Ästen des zehnten Hirnnerven - dem N. vagus (= N. laryngeus superior und inferior) - sensibel und motorisch innerviert. Hierbei übernimmt der **N. laryngeus superior** die sensible Innervation des supraglottischen Bereichs (= Bereich oberhalb der Stimmritze) über einen Ramus internus und innerviert den **M. cricothyroideus** motorisch über den Ramus externus. Der **N. laryngeus inferior** (= Recurrens) verläuft zunächst mit den restlichen Anteilen des N. vagus in den Thorax - hier macht er links einen Bogen um die Aorta, rechts um die A. subclavia, bevor er zurück zum Larynx zieht und dort sensibel den infraglottischen Bereich und alle **restlichen inneren Kehlkopfmuskeln** (den M. cricoarytaenoideus lateralis, den M. cricoarytaenoideus posterior, den M. thyroarytaenoideus, den M. vocalis und den M. arytaenoideus transversus) motorisch innerviert.

MERKE:
Bei einer Schädigung des Nervus laryngeus inferior (= Nervus laryngeus recurrens) klagt der Patient über Heiserkeit.

Arteriell versorgen zwei Gefäße den Larynx mit Blut: Die **A. laryngea superior** stammt aus der A. thyroidea superior, einem direkten Abgang der A. carotis externa und übernimmt die Versorgung der kranialen Abschnitte des Larynx. Die arterielle Versorgung des kaudalen Abschnitts stellt die **A. laryngea inferior** sicher, die ihr Blut aus der A. thyroidea inferior, einem Ast des Truncus thyreocervicalis aus der A. subclavia, bezieht. Beide laryngealen Gefäße anastomosieren untereinander.

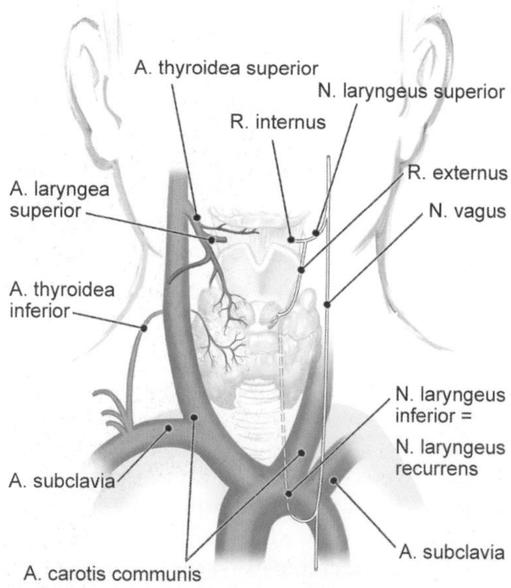

Abb. 30: Arterien und Nerven der Glandula thyroidea

4.10 Glandula thyroidea und parathyroidea

Bei der Glandula thyroidea handelt es sich um eine endokrine Hormondrüse (produziert T4 und T3) entodermalen Ursprungs. Man unterscheidet einen Lobus dexter von einem Lobus sinister, die über einen Isthmus miteinander in Verbindung stehen Der Isthmus liegt vor der Trachea. Gelegentlich findet sich auch ein Lobus pyramidalis.

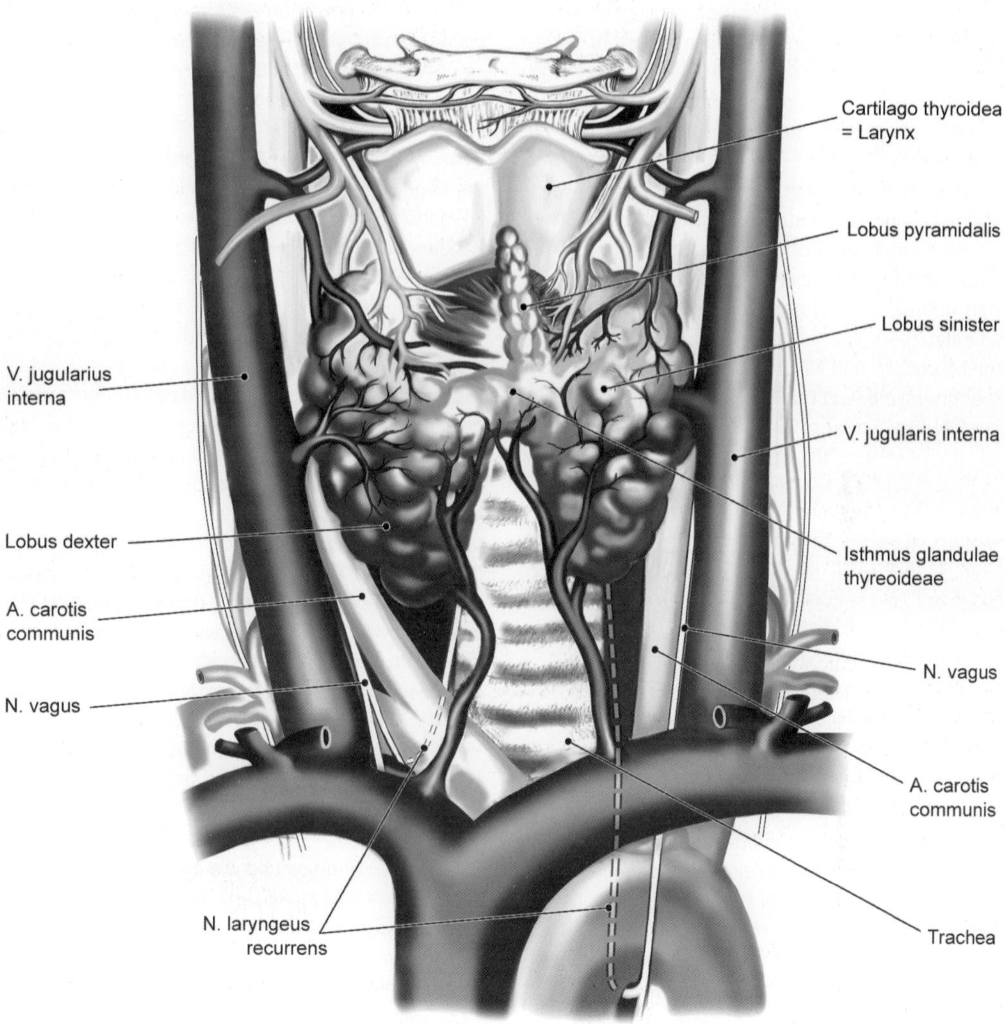

Abb. 31: Glandula thyroidea (Topographie)

DAS BRINGT PUNKTE

Aus diesem Kapitel sind Fragen zu den Begriffen Innervation und Gefäßversorgung der Nase, Zungenpapillen mitsamt Lage und Innervation, Mündungen der NNH in die Nasengänge, Speicheldrüsen und Innervation, Pharynxinnervation und Einteilung, Larynx- und Muskelinnervation häufig im Physikum anzutreffen. Man sollte sich daher unbedingt merken, dass

- die Nase im vorderen Bereich aus Ästen der A. carotis interna über die A. ophthalmica und ihre Äste versorgt wird, während der hintere Anteil sein Blut aus der A. maxillaris, einem Endast der A. carotis externa bezieht. Beide Blutströme anastomosieren in der Nasenhöhle.
- es auf der Zunge 4 wichtige Papillenarten gibt, die v.a. der Geschmacks-, Mechano- und Thermorezeption dienen. Während die vorderen 2/3 der Zunge sensorisch durch den N. facialis versorgt werden, übernimmt der N. glossopharyngeus die Versorgung des hinteren Drittels.
- der Sinus frontalis, maxillaris und die Cellulae ethmoidales anteriores in den Meatus nasi medius münden, während die Cellulae ethmoidales posteriores in den oberen Nasengang führen. Der Sinus sphenoidalis besitzt als Besonderheit seinen eigenen Recessus (= Recessus sphenoethmoidalis), in den er mündet.

- die Glandula submandibularis und sublingualis - wie alle Drüsen im Kopf- und Halsbereich-vom N. facialis versorgt werden, während die Parotis die einzige Drüse ist, die der N. glossopharyngeus innerviert.
- der Pharynx in drei Etagen eingeteilt wird; hierbei ist insbesondere der Epipharynx zu beachten, mit seiner Öffnung zur Ohrtrompete. Im Pharynx wirft die knorpelige Grundstruktur den Torus tubarius auf. Motorisch wird der Pharynx durch den N. IX und X versorgt, sensibel durch den N. V, IX und X.
- man beim Larynx Spann- von Stellmuskeln unterscheidet.
- der M. vocalis und M. cricothyroideus die einzigen Spannmuskeln sind und alle anderen (= alle, in denen EIN „ary" vorkommt) Stellmuskeln sind.

BASICS MÜNDLICHE

Wie ist die Nase aufgebaut?
Anteile, Conchae, Meatus, Mündungen der NNH, Innervation, Gefäße.

Was sind die NNH?
Es sind 4 verschiedene luftgefüllte Räume um die Nasenhöhle liegend, Ausführungsgänge: Meatus nasalis superior für die Cellulae ethmoidales posteriores, der Meatus nasalis medius für die meisten NNH wie die Sinus frontalis/maxillaris/Cellulae ethmoidales anteriores, der Meatus nasalis inferior für den Ductus nasolacrimalis und der Recessus sphenoethmoidalis für den Sinus sphenoidalis.

Was können Sie zum Aufbau der Zunge, ihren Papillen und ihrer Innervation sagen?
Die Zunge ist ein muskuläres Organ, dessen Muskeln durch den N. hypoglossus innerviert werden. Sie besitzt Fasern in allen Ebenen des Raumes!
Man braucht die Zunge z.B. zum Reden, Kauen, Sprechen und Schmecken.
Für das Geschmacksorgan besitzt die Zunge Papillen, wo sich die Geschmacksrezeptoren befinden. Diese Papillen findet man vorwiegend auf den vorderen Anteilen der Zunge und es werden vier unterschieden:
- die Papillae vallatae,
- die Papillae foliatae,
- die Papillae fungiformes und
- die Papillae filiformes.

Während die vorderen 2/3 vorwiegend sensorisch durch die Chorda tympani - einem Ast des N. facialis - innerviert sind, wird das hintere 1/3 durch den N. glossopharyngeus versorgt.

Was wissen Sie über Speicheldrüsen: ihre Funktion, Lage, Ausführungsgänge und Mündungen in die Mundhöhle sowie über ihre Innervation?
3 besonders wichtige Speicheldrüsen im Kopf- und Halsbereich:
- Glandula parotis,
- Glandula submandibularis und
- Glandula sublingualis.

Die Parotis liegt präaurikulär und retromandibulär. Sie besitzt neben einer derben Faszie einen Ausführungsgang, den Ductus parotideus. Dieser verlässt die Drüse am Vorderrand und zieht mundwärts. Auf seinem Weg passiert der Ductus den Kaumuskel M. masseter lateral und durchbohrt den mimischen Muskel M. buccinator, bevor er im Vestibulum oris dem zweiten oberen Molaren gegenüber in die Mundhöhle mündet! Innerviert wird die Parotis - als Ausnahme unter den Drüsen im Kopf- und Halsbereich - vom N. glossopharyngeus, während alle übrigen vom N. facialis versorgt werden. Die Glandula submandibularis liegt c-förmig um den Hinterrand des Mundbodenmuskels M. mylohyoideus herum, während die Glandula sublingualis auf dem Muskel liegt. Beide werden durch den N. facialis innerviert.

Was ist der Pharynx und wie ist er aufgebaut? Kann man Etagen unterscheiden? Wie wird er innerviert?
Der Pharynx ist ein fibromuskulärer Schlauch als Verbindung von oberen und unteren Luft- und Verdauungswegen; Man unterscheidet 3 Etagen:
- Epipharynx,
- Mesopharynx und
- Hypopharynx.

Die Muskeln werden in Schlundschnürer (= M. constrictor pharyngis superior, medius und inferior) und Schlundheber (= restliche Muskeln, in denen ein „pharyngeus" vorkommt) unterteilt. Sie werden aus Ästen des N. vagus und glossopharyngeus innerviert. Sensibel gibt es ebenfalls eine dreigeteilte Innervation durch den N. maxillaris, vagus und glossopharyngeus.

Was ist der Larynx? Was wissen Sie über das knorpelige Grundgerüst, die Rima glottis, Muskeln und die Innervation?
Der Larynx ist der Kehlkopf; er besitzt verschiedene Knorpel als Grundgerüst:
- die Epiglottis als Kehldeckel,

- den Cartilago thyroidea,
- den Cartilago cricoidea,
- den Cartilago arytaenoidea und
- den Cartilago corniculata.

Die Rima glottis ist die Stimmritze, die in die Pars intercartilaginea und Pars intermembranacea unterteilt wird.

Die Muskeln des Larynx werden in Spann- und Stellmuskeln eingeteilt und sind alle - außer dem M. cricothyroideus (= N. laryngeus superior) - durch den N. laryngeus inferior (= Recurrens) innerviert.

Der Larynx wird sehr gerne im Mündlichen gefragt. Am besten man übt die ihn betreffenden Fakten daher mehrmals und laut... (s. 4.9, S. 26 ff.).

UND WENN IHR DAMIT FERTG SEID, HABT IHR EUCH SCHON WIEDER EINE PAUSE VERDIENT.

5 Hirnnerven

Die Hirnnerven sind ein Lieblingsthema der Prüfer in der Anatomie. Man sollte sie daher fürs Schriftliche gut lernen und vor allem vor dem Mündlichen nicht wieder vergessen.

Im schriftlichen Teil des Physikums tauchen einige Hirnnerven ganz besonders häufig auf, von denen auch immer wieder die gleichen Punkte gefragt werden (s. 5.13, S. 43). Kennt man diese Fakten, so kann man sich wertvolle Punkte mit wenig Aufwand sichern. Daher hier also ganz besonders aufgepasst...

5.1 Nervus olfactorius (= I. Hirnnerv)

Der Nervus olfactorius ist der erste Hirnnerv. Seine primären Sinneszellen befinden sich in Form bipolarer Ganglienzellen in der Regio olfactoria auf der Concha nasalis superior (= obere Nasenmuschel). Diese senden ihre Axone als Filae olfactoriae durch die **Lamina cribrosa des Os ethmoidale** hindurch (zusammen mit der A. nasalis anterior und A./V./N. ethmoidalis anterior) in die vordere Schädelgrube, wo sie die Dura mater durchbrechen. Nach Umschaltung der Fasern im Bulbus olfactorius - einem Teil des Telencephalons - ziehen sie zum eigentlichen Riechzentrum im Gehirn.

Übrigens...

Beim vollständigen Ausfall des ersten Hirnnerven kommt es zur Anosmie, ein unvollständiger Ausfall führt zur Hyposmie.

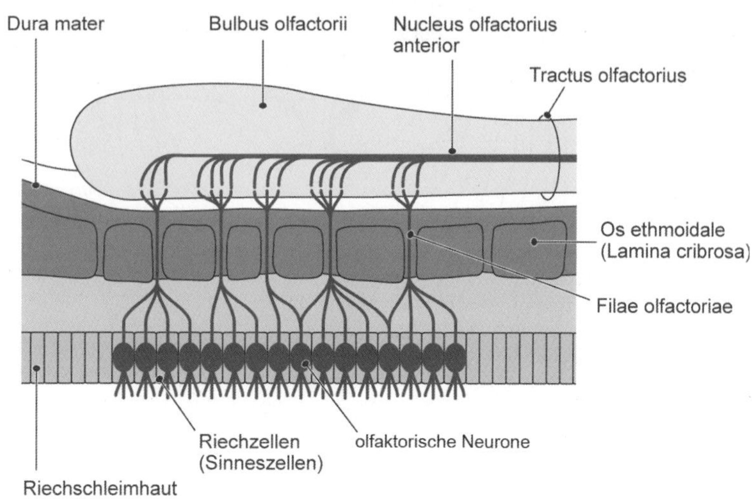

Abb. 32: Nervus olfactorius

5.2 Nervus opticus (= II. Hirnnerv)

Der Nervus opticus ist ein Teil des Zwischenhirns (= Diencephalon). Seine primären Sinneszellen liegen in der Retina im Stratum neuroepitheliale retinae als Stäbchen und Zapfen. Diese Sinneszellen ragen in eine Schicht aus Pigmentepithelzellen hinein (s. Abb. 34). Durch Phagozytose der Endabschnitte der Außenglieder der Stäbchen- und Zapfenzellen führen diese Epithelzellen zur Regeneration des Retinals.

Die von den Stäbchen und Zapfen wahrgenommen Informationen werden über bipolare Ganglienzellen im Stratum ganglionare retinae auf multipolare Ganglienzellen im Stratum ganglionare nervi optici umgeschaltet und über den Nervus opticus weitergeleitet. Der verläuft innerhalb des Anulus tendineus communis der Augenmuskeln und ist von Dura mater umgeben. Der N. opticus enthält markhaltige Nervenfasern und Oligodendrozyten. In ihm verlaufen die Axone der Ganglienzellen der Retina. Hier befinden sich auch die ersten Myelinscheiden der Sehbahn. Die Orbita verlässt der zweite Hirnnerv durch den **Canalis opticus**, durch den **auch die A. ophthalmica** hindurchzieht. Der Canalis opticus liegt in der Ala minor des Os sphenoidale (mittlere Schädelgrube). Im Bereich der Sella turcica treffen die Nervi optici beider Seiten aufeinander und bilden das Chiasma opticum. Es liegt über dem Corpus ossis sphenoidalis, grenzt an den Hypophysenstiel und wird über die A. carotis interna versorgt. Das Chiasma opticum enthält u.a. die sich kreuzenden Fasern aus den nasalen Retinahälften, während die temporalen weiterhin ipsilateral fortlaufen. Über den Tractus opticus erreichen die Informationen dann das Corpus geniculatum laterale des Thalamus (hier liegen vorwiegend die Ursprungsperikarya der Radiatio optica), bevor sie über die Radiatia optica (= Sehstrahlung) das Occipitalhirn erreichen.

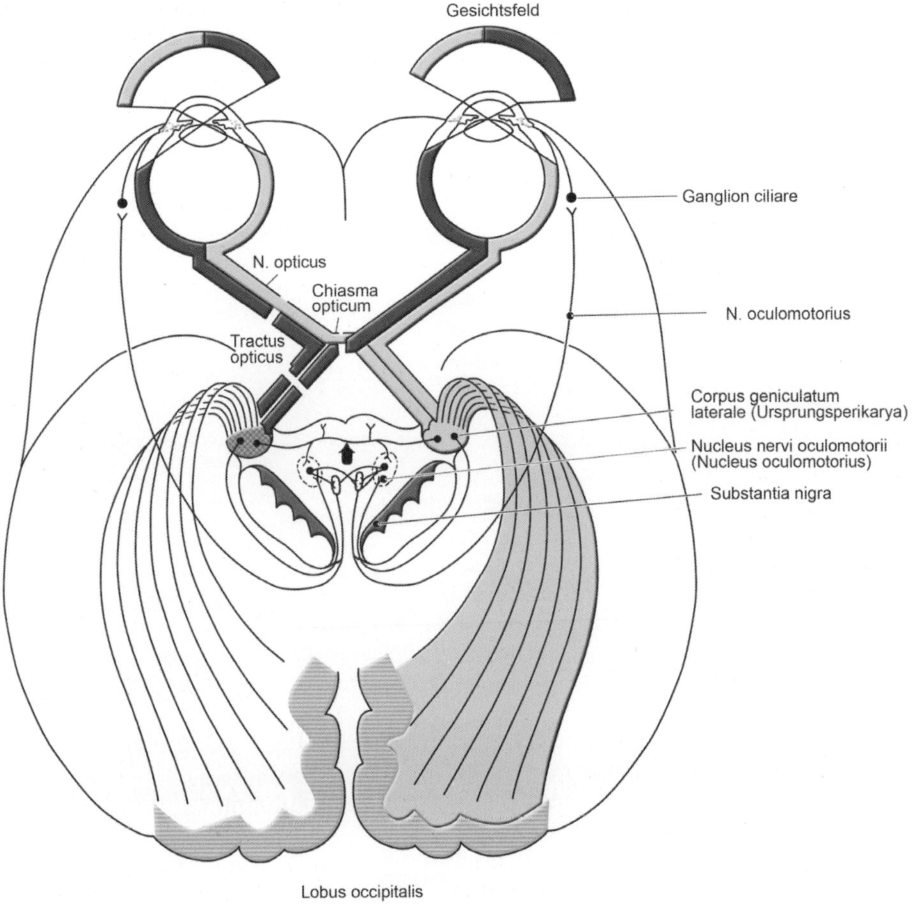

Abb. 33: Sehbahn

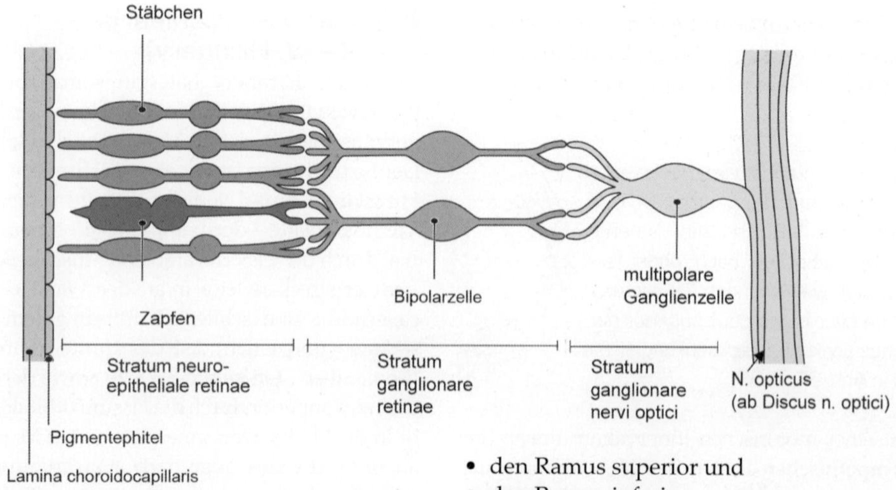

Abb. 34: Nervus opticus, Beginn in der Retina

Übrigens...

- Ein Ausfall der rechten Hälfte/eine Einschränkung des rechten Gesichtsfeldes tritt auf bei einer vollständigen Schädigung/Unterbrechung des linken Tractus opticus.
- Im visuellen System ist eine retinotope Gliederung nachweisbar im Nervus opticus, Tractus opticus, dem Corpus geniculatum laterale und der primären Sehrinde.

5.3 Nervus oculomotorius (= III. Hirnnerv)

Die zwei Hirnnervenkerne des Nervus oculomotorius liegen im Mesencephalon. Neben dem rein somatomotorischen Nucleus nervi oculomotorii (= Augenbewegung), gibt es noch den parasympatischen Nucleus oculomotorius accessorius (= Edinger Westphal). Die Nuclei oculomotorii accessorii beider Seiten stehen mit den Nuclei praetectales (= Area praetectalis) in Verbindung. Der Hirnnerv verlässt mitsamt seinen somatomotorischen und parasympathischen Fasern den Hirnstamm im Bereich der **Fossa interpeduncularis mesencephali**. Unmittelbar nach seinem Austritt aus dem Gehirn verläuft er in der Cisterna interpeduncularis und tritt durch die Fissura **o**rbitalis **sup**erior (Remember: „**Oh sup**er: **3,4,5[1],6** = gemeinsam mit dem N. trochlearis, dem N. ophthalmicus, dem N. abducens) in die Orbita ein. Bei seinem Durchtritt verläuft der N. oculomotorius in der mittleren Etage der Orbita. In der Orbita teilt er sich in zwei Rami (= Äste) auf:

- den Ramus superior und
- den Ramus inferior.

Hierbei befindet er sich innerhalb des Anulus tendineus communis der Augenmuskeln. Über den Ramus superior und inferior innerviert er **motorisch fast alle Augenmuskeln** (= M. rectus superior/inferior/medialis, M. obliquus inferior, M. levator palpebrae), **außer** dem M. rectus lateralis und dem M. obliquus superior.

Übrigens...

- Nach Durchtrennung des dritten Hirnnervens findet man u.a. Paresen des M. rectus medialis, des M. levator palpebrae superioris, des M. rectus superior und des M. rectus inferior.
- Ein herabhängendes Oberlid (= Ptosis) kann durch eine Schädigung des Halssympathikus (= Horner Syndrom) oder des Nervus oculomotorius verursacht sein.
- Beim Horner-Syndrom entsteht die Ptosis am ehesten durch Lähmung des M. tarsalis superior.

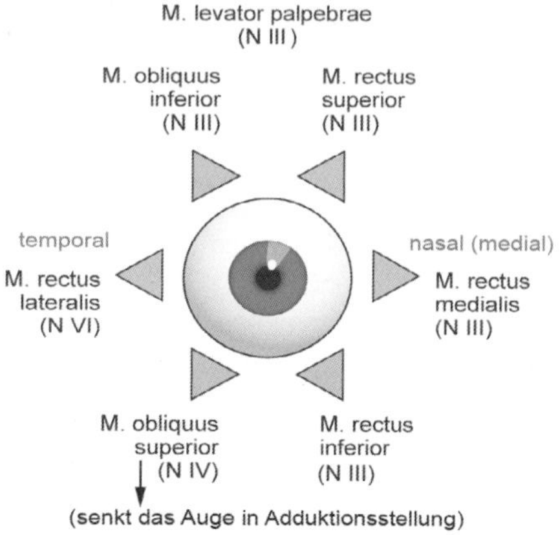

Abb. 35: Augenmuskelinnervation durch die Hirnnerven III, IV, VI und Einfluss auf die Sehachse

Sehr gerne wird im Schriftlichen nach der Blickhebung- und Senkung gefragt. Daher jetzt bitte die Inputkanäle auf vollen Empfang stellen:

MERKE:
Von den genannten Muskeln schwenken der M. rectus superior und der M. obliquus inferior (s. IMPP-Bild 3 im Anhang S. 55) die Sehachse nach oben (= Blickhebung), während der M. rectus inferior und der M. obliquus superior die Blickachse senken (= Blicksenkung, s. Pfeilspitzen in Abb. 35, S. 33).

Neben seiner motorischen Innervation dienen die **parasympathischen** Fasern des N. oculomotorius der Steuerung von Akkomodation und Pupillenreflex. Die präganglionären parasympathischen Fasern des dritten Hirnnerven gelangen mit dem Nerven in die Orbita, wo sie im retrobulbär liegenden Ganglion ciliare auf postganglionäre parasympatische Fasern umgeschaltet werden. Anschließend gelangen sie als Nervi ciliares breves zum M. ciliaris und zum M. sphincter pupillae, wo sie für den Pupillenreflex (über den N. nasociliaris und die Nn. ciliares longi) und die Akkomodation sorgen (s. 7.2.1, S. 47).

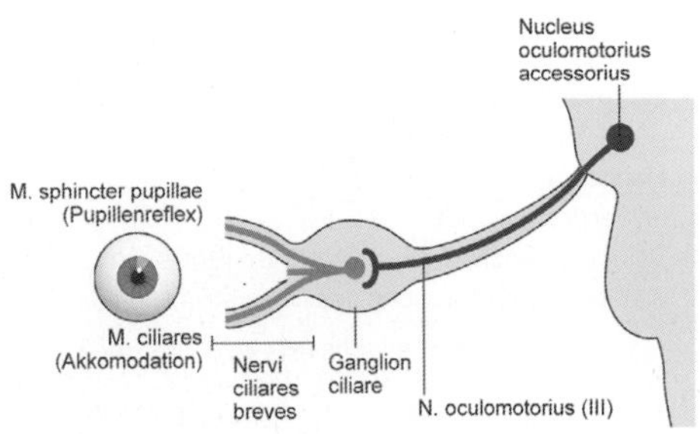

Abb. 36: parasympathische Fasern des dritten Hirnnerven

MERKE:
Bei einer Nervenschädigung (u.a. durch Einklemmung des Uncus parahippocampalis im Tentoriumschlitz durch Druck) kommt es zu einer Fehlstellung des Bulbus oculi und zu einer Weitstellung der Pupille (= fehlende Akkomodation).
Daher ist bei Belichtung des kranken Auges eine konsensuelle Pupillenverengung des gegenüberliegenden gesunden Auges möglich. Wird jedoch das gesunde Auge belichtet, so zeigt das geschädigte Auge KEINE konsensuelle Pupillenverengung.

5.4 Nervus trochlearis (= IV. Hirnnerv)

Der vierte Hirnnerv hat rein somatomotorische Qualitäten und sein Hirnnervenkern - der Nucleus nervi trochlearis - ist im Mesencephalon lokalisiert. Der N. trochlearis ist der einzige Hirnnerv, der den Hirnstamm dorsal verlässt: er tritt im Bereich der Vierhügelplatte - der Lamina tecti - aus und zieht u.a. durch die Cisterna ambiens. Anschließend verläuft er streckenweise in/an der Wand des Sinus cavernosus und schließlich mitsamt dem dritten, sechsten und einem Ast des fünften Hirnnerven (Remember: „**O**h **super**: **3,4,5**[1]**,6**) sowie der V. ophthalmica superior durch die Fissura **o**rbitalis **super**ior in die Orbita. Dort innerviert er den M. obliquus superior, der das Auge nach auswärts unten rollt (= Blicksenkung, s. Pfeilspitzen in Abb. 35, S. 33).

5.5 Nervus trigeminus (= V. Hirnnerv)

Der N. trigeminus ist der größte Hirnnerv und besitzt folglich viele Funktionen und entsprechend viele Kerne.

Übrigens...
In jedem Gebiet des Hirnstamms befindet sich ein Kern des fünften Hirnnerven der passender Weise auch nach diesem Bereich benannt ist:
- Nucleus mesencephalicus,
- Nucleus pontinus,
- Nucleus spinalis sowie zusätzlich der
- Nucleus motorius.

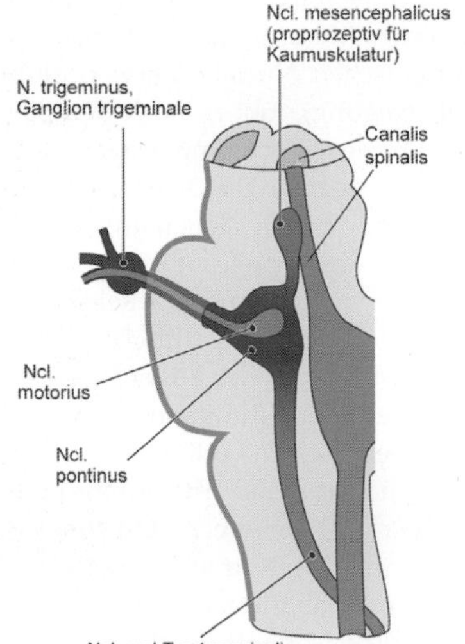

Abb. 37: Kerne des N. trigeminus im Hirnstamm

Als größter Hirnnerv verlässt der N. trigeminus den Hirnstamm auf der lateralen Seite der Pons (= seitlicher Bereich der Brücke), zieht in das Ganglion trigeminale auf der Vorderfläche der Felsenbeinpyramide und teilt sich anschließend in seine drei Äste auf:

- Nervus ophthalmicus (= V1)
- Nervus maxillaris (= V2)
- Nervus mandibularis (= V3)

5.5.1 Nervus ophthalmicus (= V1)

Der erste Ast des fünften Hirnnerven/seine Äste ziehen durch die Fissura **o**rbitalis **sup**erior (Remember: „**Oh sup**er: **3,4,5**[1]**,6**) in die Orbita und zweigen sich dort auf. Seine Äste (= N. nasociliaris, N. frontalis, N. lacrimalis) versorgen sensibel (= somato-afferent) die oberen Nasennebenhöhlen und die Nasenscheidewand, die Cornea (Cornealreflex), den medialen Augenwinkel mit Haut und Konjunktiva, die Stirnhaut und das Oberlid (s. Abb. 38).

Übrigens...

Ein Ast des N. ophthalmicus bzw. des N. frontalis ist der Nervus supraorbitalis, der im Bereich der Incisura supraorbitalis einen Trigeminusdruckpunkt bildet.

5.5.2 Nervus maxillaris (= V2)

Der N. **max**illaris ist der zweite Ast des fünften Hirnnerven und versorgt sensibel über Rami tentorii einen Teil der Meningen, bevor er durch das Foramen **rot**undum (Remember: „**rot**er **Max**") die Schädelbasis verlässt. In der Fossa pterygopalatina (= Flügelgaumengrube) zweigt er sich dann in seine Äste auf (= Nervi ganglionares und nach dem Ganglion: Nervi nasales/palatini, den N. infraorbitalis, den N. zygomaticus und den Rami alveolares sup., post., med. und ant.). Der N. maxillaris besitzt sensible Fasern zur Versorgung der Schleimhaut der Nasenmuscheln, der hinteren Siebbeinzellen (= Cellulae ethmoidales posteriores), des Gaumens, der Nasenhöhle, der Wange, der Oberkieferzähne und des Oberkiefers sowie der Haut vom Unterlid bis zur Oberlippe, der Kieferhöhle und der vorderen Schläfenregion (s. Abb. 38).

Übrigens...

Den zugehörigen Trigeminusdruckpunkt bildet der N. infraorbitalis im Foramen infraorbitale. Dieser N. infraorbitalis verläuft im Dach (= obere Wand) der Kieferhöhle und wird von einer gleichnamigen Arterie begleitet. Äste von ihm verlaufen zu Zähnen des Oberkiefers und er versorgt die Gesichtshaut unterhalb des Auges.

MERKE:
Der Cornealreflex wurde in den letzten Examina gerne abgefragt!

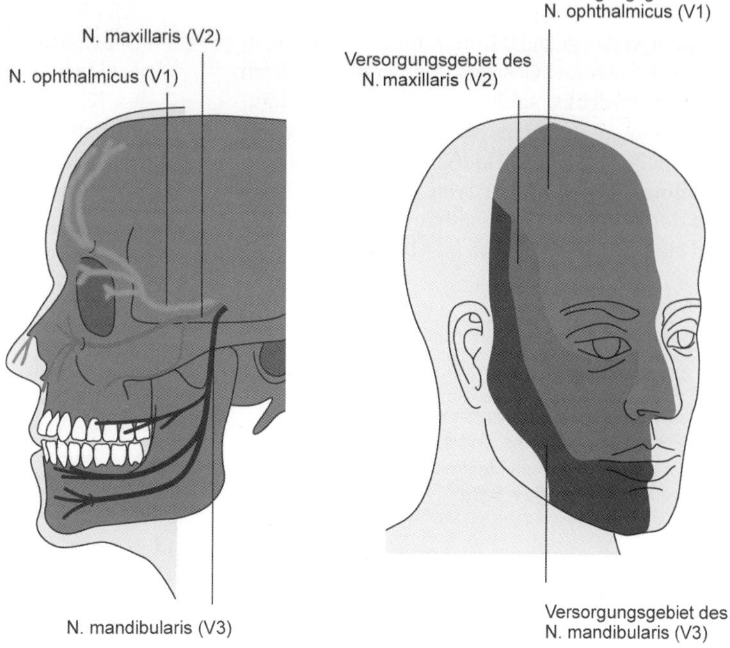

Abb. 38: Äste des N. trigeminus

5.5.3 Nervus mandibularis (= V3)

Der dritte Ast des fünften Hirnnerven besitzt sowohl sensible als auch motorische Funktionen. Er zieht durch das Foramen **ovale** (Remember: „**ovale Mand**el") in die Fossa infratemporalis und versorgt motorisch die gesamte Kaumuskulatur, den Venter anterior des M. digastricus, den M. tensor veli palatini und den M. tensor tympani (gerne gefragt!) sowie den Mundbodenmuskel M. mylohyoideus.

Übrigens...

- Eine Lähmung der Radix motoria des N. trigeminus betrifft u.a. den M. masseter, den M. temporalis, den M. mylohyoideus und den Venter anterior des M. digastricus. Klagt ein Patient z.B. über Motilitätsstörungen im Bereich des Kiefergelenks und des Kauapparats und fühlt sich nicht so sehr beim Kauen selbst, als vielmehr beim Sprechen und Singen behindert, kann es sich um eine Störung des propriozeptiven Systems der Kaumuskulatur handeln.
- Die Perikaryen der Neurone des Trigeminussystems, die die Kaumuskulatur innervieren, befinden sich im ipsilateralen Nucleus motorius nervi trigemini. Die Zellkörper propriozeptiver Afferenzen aus der Kaumuskulatur findet man im Nucleus mesencephalicus nervi trigemini.
- Eine Alkoholinjektion in das Ganglion trigeminale kann über das Foramen ovale (durch das der N. mandibularis, V3, tritt) zur Behandlung einer Trigeminusneuralgie vorgenommen werden.

Sensibel versorgt der N. mandibularis den restlichen Bereich des Gesichts: Neben dem Bereich des Kiefergelenks, sind dies Teile der **Hirnhäute**, des Ohrs (= Ohrmuschel, äußerer Gehörgang, Trommelfell), der **Unterkiefer mitsamt Unterkieferzähnen**, die vorderen zwei Drittel der Zunge und der Wange, die Schleimhaut der Mundhöhle und einen Teil der Gingiva (s. Abb. 38, S. 35).

Übrigens...

- Der zugehörige Trigeminusdruckpunkt ist der N. mentalis im gleichnamigen Foramen.
- Bei einer ordnungsgemäß durchgeführten Leitungsanästhesie des N. alveolaris inferior rechts am Foramen mandibulae, erlischt typischerweise die Berührungsempfindlichkeit der Unterlippenhaut auf der rechten Seite.

5.6 Nervus abducens (= VI. Hirnnerv)

Der rein somatomotorische Hirnnervenkern des sechsten Hirnnerven befindet sich in der Pons (= Nucleus nervi abducentis).Der Nerv verlässt den Hirnstamm zwischen der Pons und den Pyramiden und tritt dann durch die Fissura orbitalis superior in die Orbita ein (Remember: „**Oh super**: **3,4,5[1],6**). Dort verläuft er innerhalb des Anulus tendineus communis der Augenmuskeln und innerviert den M. rectus lateralis (s. Abb. 35, S. 33). Dreht ein Patient den Kopf bei Schädigung des Hirnnerven zur erkrankten Seite, so verringert sich die Doppelbildwahrnehmung.

Übrigens...

Der N. abducens zieht mitten durch den Sinus cavernosus und läuft daher - z. B. bei einer eitrigen Thrombophlebitis im Sinus cavernosus - Gefahr, geschädigt zu werden.

5.7 Nervus (intermedio)facialis (= VII. Hirnnerv)

Der siebte Hirnnerv ist zugleich der zweite Kiemenbogennerv. Er umfasst den eigentlichen Nervus facialis als motorischen Anteil und den Nervus intermedius, in dem sensible und parasympathische Fasern verlaufen.

Das Kerngebiet des Nervus (intermedio)facialis liegt in der Pons und beinhaltet drei wichtige Kerne:

1 als somatomotorischen Kern den Nucleus nervi facialis,
2 den Nucleus salivatorius superior als parasympathischen Kern und
3 den Nucleus solitarius (= sensorisch = speziell viscerosensibel = Geschmackskern) als Einmündungsgebiet der viscerosensiblen Fasern aus den vorderen 2/3 der Zunge über die Chorda tympani.

Daneben ist der Nervus (intermedio)facialis an der peripheren Geschmacksleitung beteiligt und führt über die Chorda tympani sensorische Fasern von den Geschmacksrezeptoren der Zunge. Die Chorda tympani führt zudem parasympathische Fasern und ist in ihrer Verlaufsstrecke durch die Paukenhöhle von Mucosa überzogen. Sie legt sich von hinten her dem N. lingualis an und verläuft durch die Fossa infratemporalis.

Im Bereich der Pons verläuft der siebte Hirnnerv um Anteile des Nucleus nervi abducentis herum und bildet das **innere Fazialisknie**, bevor er den Hirnstamm im Kleinhirnbrückenwinkel verlässt. Das **äußere Fazialisknie** befindet sich im Canalis facialis ossis petrosi. Nachdem der Nerv den Hirnstamm verlassen hat, verläuft er im Porus/Meatus acusticus internus (zusammen mit dem VIII. Hirnnerven und der A./V. labyrinthi), bis er durch das Foramen stylomastoideum die Schädelbasis verlässt und dann retromandibulär weiter zieht. Somatomotorisch versorgt der Nervus facialis die gesamte Gesichtsmuskulatur (= mimische Muskeln, s. 3.1, ab S. 7 und Abb. 5 auf S. 8). Außerdem ist er zuständig für die motorische Innervation der beiden suprahyalen Zungenbeinmuskeln (s. 3.3 und Abb. 8, S. 10), des Venter posterior des Musculus digastricus und des M. stylohyoideus sowie des Ohrmuskels M. stapedius.

Übrigens...

Bei einem Ausfall des Nervus facialis kann der Patient das Auge nicht mehr richtig schließen. Der fehlende Lidschlag und das ständig geöffnete Auge führen zur Schädigung der Cornea durch Austrocknung.

Ein weiteres Zuständigkeitsgebiet des N. (intermedio)facialis im Kopf- und Halsbereich ist die parasympathische Innervation der meisten Drüsen. So werden die Glandulae lacrimales und die Gaumen-, Nasen- und Nasennebenhöhlendrüsen (= Drüsen im oberen Anteil des Gesichts) über das Ganglion pterygopalatinum (s. 7.2.2, S. 47) versorgt. Hier erfolgt die Umschaltung der präganglionären parasympathischen Fasern, die mit dem N. petrosus major verlaufen, auf postganglionäre parasympathische Fasern. Die parasympathischen Fasern, die die Drüsen des unteren Anteils des Gesichts, wie die Glandula submandibularis, die Glandula sublingualis und die Glandulae linguales innervieren, werden dagegen im Ganglion submandibulare verschaltet. Hier erfolgt die Umschaltung der präganglionären parasympathischen Fasern, die mit der Chorda tympani verlaufen, auf die postganglionären parasympathischen Fasern. Die Chorda tympani dient zudem der sensorischen Versorgung der vorderen zwei Drittel der Zunge (= Geschmacksknospen des Zungenrückens). Beim Ausfall des N. facialis kann es zu Fazialisparesen kommen. Hierbei unterscheidet man die periphere von der zentralen Facialisparese.

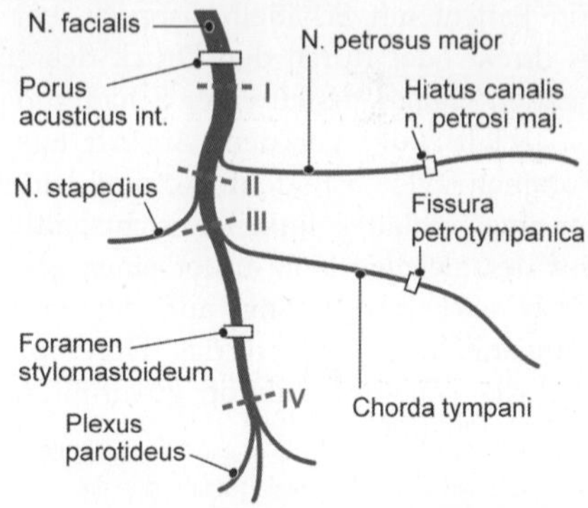

Ort der Schädigung	I	II	III	IV
Symptome				
Gestörte Tränensekretion	+	-	-	-
Hyperakusis	+	+	-	-
Geschmacksstörung	+	+	+	-
Schlaffe Lähmung der mimischen Muskulatur	+	+	+	+

Abb. 39: potenzielle Funktionsausfälle bei einer peripheren Facialisparese

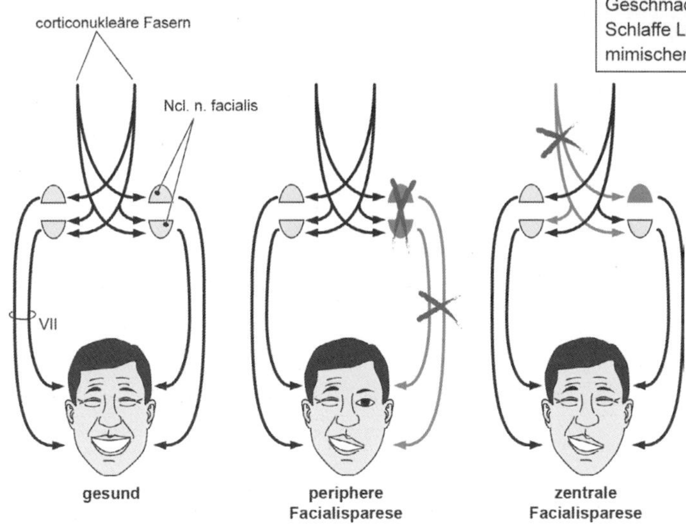

Abb. 40: Facialisparesen

Bei der zentralen Fazialisparese sind kortikonukleäre Fasern unterbrochen. Bei einer einseitigen, zentralen Fazialisparese hängt der kontralaterale Mundwinkel herab und es kommt zur Lähmung des kontralateralen M. buccinator; die zentrale Lähmung spart die Stirnmuskulatur aus (s. Abb. 40, S. 37).

Bei einer peripheren Fazialislähmung fallen - je nach Höhe der Schädigung - mehr oder weniger Funktionen aus (s. Abb. 39, S. 37):

- Eine Hyperakusis ist bei einer Schädigung des N. facialis unmittelbar peripher des Ganglion geniculi zu erwarten.
- Ein Patient mit Schädelbasisbruch, bei dem es direkt oder durch den Druck des entstehenden Hämatoms zu einer Schädigung des N. facialis kurz vor dem Austritt aus dem Foramen stylomastoideum kommt, leidet unter einer schlaffen linken Gesichtshälfte und auf der gleichen Seite unter einer gestörten Geschmacksempfindung auf der vorderen Zungenhälfte, während das Hörempfinden und die Tränenproduktion unvermindert ist (s. Abb. 39 und 40, S. 37)

Übrigens...

Der M. buccinator ist ein mimischer Muskel, der sich nach dorsal im Regelfall über Zwischenschaltung der Raphe buccopharyngea (= Raphe pterygomandibularis) in den M. constrictor pharyngis superior fortsetzt. Zudem steht er ventral mit dem M. orbicularis oris in Verbindung, wird vom N. facialis motorisch innerviert und vom Ductus parotideus durchbohrt. Wie bereits bei den mimischen Muskeln (s. 3.1, S. 7 ff.) erwähnt, wird im Schriftlichen die Innervation des M. buccinator und sein Bezug zum Ductus parotideus sehr gerne gefragt; in den letzten Physika kamen noch Fragen zum M. orbicularis oculi hinzu. Daher bitte besonders daran denken, dass diese beiden mimischen Muskeln - wie alle übrigen auch - vom N. facialis innerviert werden.

5.8 Nervus vestibulocochlearis (= VIII. Hirnnerv)

Das Kerngebiet des achten Hirnnerven liegt in der Medulla oblongata mit zwei Nuclei cochleares und vier Nuclei vestibulares.
Nach seinem Verlauf durch den **Porus acusticus internus** (gemeinsam mit dem N. VII und der A./V. labyrinthi) tritt der N. vestibulocochlearis unter-

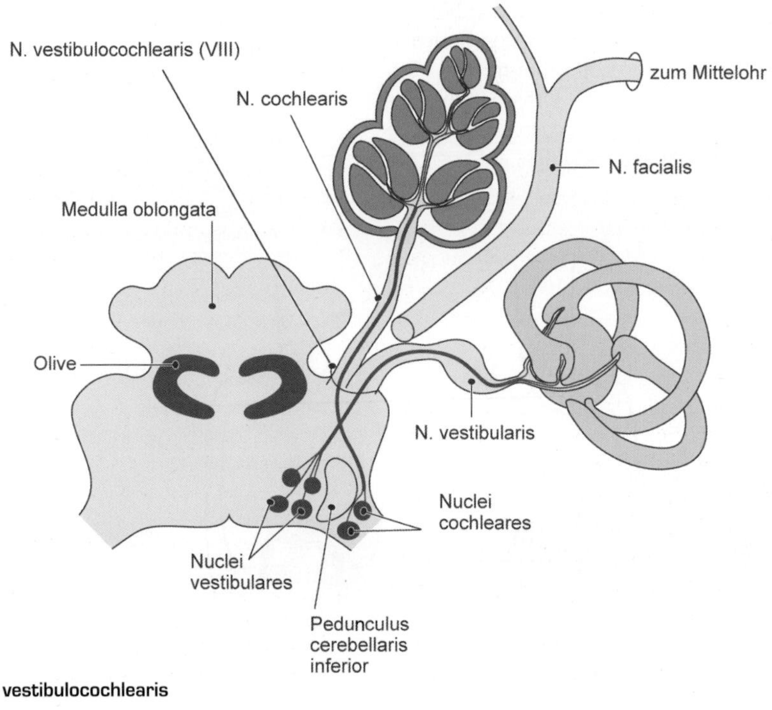

Abb. 41: Nervus vestibulocochlearis

halb der Pons und lateral der Olive ins Gehirn ein. Seine Funktionen sind das Hören und das Gleichgewichtsempfinden.

5.9 Nervus glossopharyngeus (= IX. Hirnnerv)

Das Kerngebiet des neunten Hirnnerven liegt in der Medulla oblongata.
Hier lassen sich vier Kerne unterscheiden:

- Als rein somatomotorischen Kern teilt sich der neunte Hirnnerv den **Nucleus ambiguus** mit dem zehnten und elften Hirnnerven (sehr, sehr häufig gefragt!!!; somatomotorisch = speziell visceroefferent = branchiomotorisch).
- Zudem existiert der **Nucleus spinalis nervi trigemini,** in dem somatosensible Fasern aus Ohr und Rachen enden.
- Der **Nucleus salivatorius inferior** dient der parasympathischen Innervation der Parotis und
- der **Nucleus solitarius, in dem sensorische Fasern** des hinteren Drittels der Zunge enden.

Von den einzelnen Kernen ausgehend verbünden sich die Fasern zum eigentlichen N. glossopharyngeus. Dieser verlässt den Hirnstamm unterhalb der Pons im Sulcus lateralis posterior und zieht (zusammen mit N. X und XI) durch das Foramen jugulare. Im weiteren Verlauf zieht er durch das Spatium latero-/parapharyngeum zusammen mit dem X., XI. und XII. Hirnnerven. Zu den Funktionen des neunten Hirnnerven gehören:

- **Somatomotorische Innervation** der Pharynxmuskulatur (= Schlund-/Rachenmuskulatur) und Innervation des M. levator veli palatini.
- Ausgehend vom Nucleus spinalis nervi trigemini: **sensible Versorgung** von Anteilen des Ohrs und Rachens, so z.B. des Mittelohrs (= Paukenhöhle), des inneren Trommelfells und der Tuba auditiva, der Gaumenmandel, Teile der Zunge und der Pars oralis pharyngis.
- **Viscerosensible Versorgung** des Glomus caroticum und der Pressorezeptoren im Sinus caroticum. Im N. glossopharyngeus verlaufen daher chemorezeptive Afferenzen des Glomus caroticum zum Nucleus solitarius.
- **Sensorische Versorgung** des hinteren Drittels der Zunge. Somit ist der N. glossopharyngeus an der peripheren Geschmacksleitung beteiligt. Zudem versorgt er die Glandula parotidea über das Ganglion oticum mit parasympathischen Fasern.

5.10 Nervus vagus (= X. Hirnnerv)

Die Kerne des zehnten Hirnnervs liegen in der Medulla oblongata. Zusammen mit dem Nervus glossopharyngeus besitzt er als somatomotorischen Kern den **Nucleus ambiguus** (sehr, sehr häufig gefragt!!!; somatomotorisch = speziell visceroefferent = branchiomotorisch) und als sensorischen Kern den Nucleus solitarius. Der Nervus vagus ist somit ebenfalls an der peripheren Geschmacksleitung beteiligt. Seine parasympathischen Fasern haben ihren Ursprung im Nucleus dorsalis nervi vagi. Der Vagus tritt unterhalb der Pons hinter der Olive aus dem Hirnstamm aus und verläuft im Sulcus lateralis posterior, bevor er durch das Foramen jugulare die Schädelbasis verlässt. Hier besitzt er ein Ganglion superius und inferius (= nodosum). Die Ganglien sind aus pseudounipolaren Nervenzellen aufgebaut. Weiter zieht der Nerv im Spatium latero-/parapharyngeum zusammen mit dem IX., XI. und XII. Hirnnerven und liegt daher auch mit der A. carotis interna und der V. jugularis interna, die ebenfalls im Spatium latero-/parapharyngeum verlaufen, in einer gemeinsamen Bindegewebsscheide. Im **Kopf- und Halsbereich** gibt der Nervus vagus den Nervus laryngeus superior und inferior (= Recurrens) ab, die vornehmlich der Innervation des Larynx dienen (s. 4.9.2 und Abb. 30, S. 28 sowie Abb. 31, S. 29). Der Nervus laryngeus superior bildet sich im 4. Branchialbogen (= Kiemenbogen) und versorgt am Larynx den M. cricothyroideus (= äußerer Spanner des Stimmbandes), den Aditus laryngis und die supraglottische Schleimhaut. Der N. laryngeus inferior (recurrens) verläuft zunächst mit dem restlichen N. vagus in den **Thorax** - hier macht er links einen Bogen um die Aorta, rechts um die A. subclavia, bevor er zurück zum Larynx zieht und dort sensibel den infraglottischen Bereich und alle restlichen inneren Kehlkopfmuskeln motorisch innerviert.

Übrigens...

- Der N. Vagus zieht zunächst Richtung Thorax: links befindet er sich in der Ösophago-Trachealrinne, während er rechts lateral der Trachea dorsal des Lungenhilums in wechselnder Lagebeziehung zur A. thyroidea inferior verläuft.
- Bei Aneurysmen im Bereich des Aortenbogens oder nach Schilddrüsenoperationen kann es zu Schädigungen des Recurrens kommen. Die Patienten klagen dann über Heiserkeit.

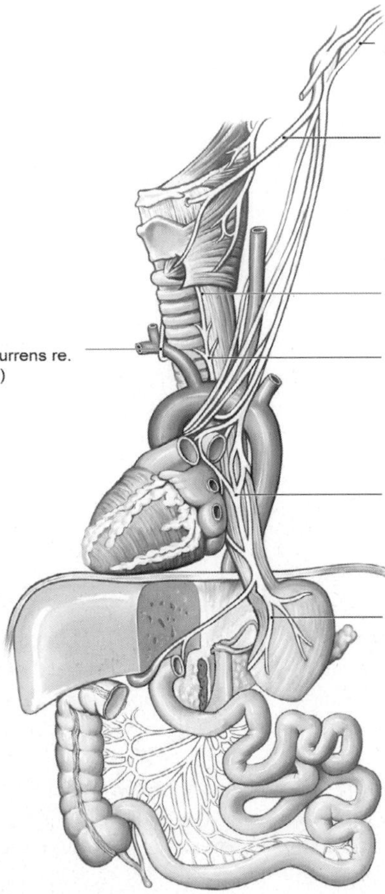

Abb. 42: Verlauf des Nervus vagus

Auch zur Versorgung der Meningen der hinteren Schädelgrube, des Gehörgangs und des Pharynx (mit Uvula) gibt der N. vagus einzelne Äste ab. Berührt man den äußeren Gehörgang (= Meatus acusticus externus) kann es durch die Reizung des R. auricularis n. vagi zu Husten und Erbrechen kommen. Im Thoraxbereich versorgt er Herz (= gibt Vagus-Fasern an den Plexus cardiacus ab und führt so zu einer Bradykardie aufgrund der Beeinflussung des Sinusknotens), Trachea und Ösophagus mit Rami, die im hinteren Mediastinum verlaufen. Anschließend passiert er gemeinsam mit dem Ösophagus als Truncus vagalis anterior und posterior und dem linken N. phrenicus im Hiatus oesophageus das Zwerchfell. Im Abdomen angekommen, versorgt er parasympathisch und sensibel alle Bauchorgane bis zum Cannon-Boehm-Punkt an der linken Kolonflexur.

5.11 Nervus accessorius (= XI. Hirnnerv)

Der Nervus accessorius ist kein echter Hirnnerv, sondern eigentlich eine motorische Abspaltung des Nervus vagus. Seine Kerne befinden sich im

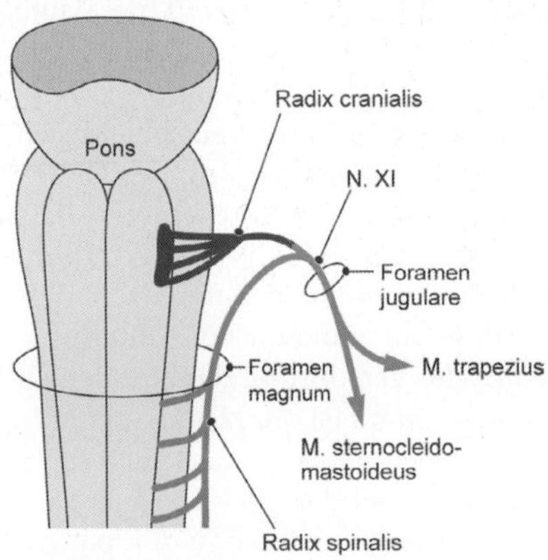

Abb. 43: Nervus accessorius

Bereich der Medulla oblongata. Neben der Radix spinalis nervi accessorii aus den oberen zervikalen Segmenten, hat er noch eine Radix cranialis mit dem **Nucleus ambiguus** als Ausgangspunkt. Sein Hirnaustritt erfolgt unterhalb der Pons im Sulcus lateralis posterior bis C6. Die Radix spinalis zieht dann zunächst durch das Foramen magnum in die Schädelhöhle hinein, wo sie sich mit der Radix cranialis zum eigentlichen Nervus accessorius verbindet. Dieser verlässt die Schädelhöhle durch das Foramen jugulare, um sich um die somatomotorische Innervation des M. trapezius und des M. sternocleidomastoideus zu kümmern. In seinem Verlauf findet man ihn im Spatium latero-/parapharyngeum, wo er zusammen mit dem IX., X., und XII. Hirnnerven verläuft.

Übrigens...

Beim Funktionsausfall des XI. Hirnnerven kann der Betroffene oft den Arm nicht über die Horizontale heben und daher auch seine Haare nicht kämmen (so wird das immer wieder gerne im Schriftlichen gefragt...). Eine Verletzung des N. accessorius tritt v.a. nach Operationen im **Trigonum colli laterale (= laterales Halsdreieck)** auf. In dieser Regio colli lateralis (= Regio cervicalis lateralis) liegen zudem Äste des Plexus cervicalis, der N. occipitalis minor und die A. subclavia.

5.12 Nervus hypoglossus (= XII. Hirnnerv)

Der N. hypoglossus ist eigentlich ein Spinalnerv. Sein motorisches Kerngebiet liegt in Form des Nucleus nervi hypoglossi in der Medulla oblongata. Der XII. Hirnnerv verlässt den Hirnstamm ventral der Olive im Sulcus lateralis anterior und tritt durch den Canalis hypoglossi als medialster Hirnnerv in der hinteren Schädelgrube aus der Schädelhöhle aus. Er dient der Innervation der Zungenmuskulatur.

Übrigens...

Bei einem Ausfall des Nervus hypoglossus einer Seite weicht die Zunge beim Herausstrecken zur kranken Seite hin ab (= rechts Defekt, Folge: Zunge weicht nach rechts ab).

5.13 Zusammenfassung

Auf der folgenden Abbildung findet sich eine Zusammenfassung der Thematik:

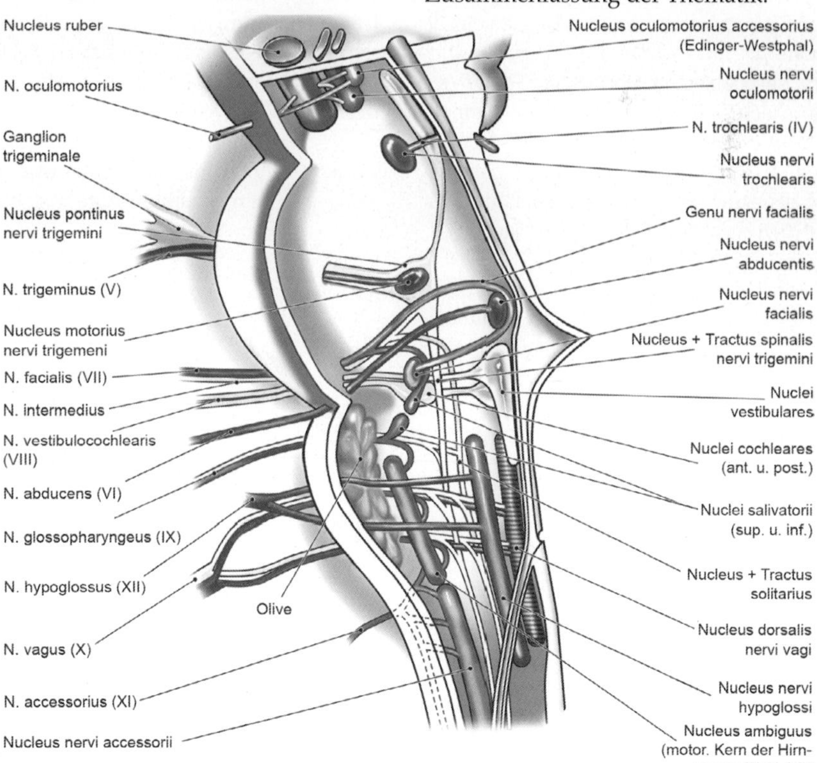

Abb. 44: Hirnstamm und Hirnnervenkerne

DAS BRINGT PUNKTE

Da sämtliche hier aufgeführte Fakten zu den Hirnnerven häufig im Physikum gefragt werden, sollte man das ganze Kapitel sorgfältig lernen. Schriftlich werden besonders gerne folgende Nerven geprüft:

- VII
- V
- IX
- X
- XI
- Kerne sämtlicher Hirnnerven im Hirnstamm und deren Austrittsstellen
- Der Ncl. ambiguus ist der motorische Kern der Hirnnerven IX,X und XI.
- Der Ncl. solitarius ist der Geschmackskern = viscerosensibel = sensorisch

BASICS MÜNDLICHE

Was können Sie zum Verlauf und den Kernen des N. facialis sagen?
VII. Hirnnerv, Kerngebiete im Bereich der Pons, Verlauf im Porus acusticus internus, Chorda tympani und N. petrosus major. Verlässt Schädelbasis durch Foramen stylomastoideum, Innervation der mimischen Muskulatur, Innervation der meisten Drüsen im Kopf- und Halsbereich, außer der Parotis, ...

Was fällt Ihnen zum N. trigeminus ein?
V. Hirnnerv, größter Hirnnerv mit den meisten Kernen (s. 5.5, S. 34 ff.) im Hirnstamm, Austritt lateral der Pons, sensible Versorgung des Gesichts durch seine drei Hauptäste:

- N. ophthalmicus,
- N. maxillaris,
- N. mandibularis

sowie Äste zur motorischen Versorgung der Kaumuskulatur (im N. mandibularis)

Was können Sie zur Sehbahn referieren?
Ursprung sind die primären Sinneszellen, in Form von Stäbchen und Zapfen im Stratum neuroepitheliale retinae. Über das Stratum ganglionare retinae und die Nervi optici gelangen die Informationen durch den N. opticus - der erste Ort, wo man Myelinscheiden findet - aus der Orbita durch den Canalis opticus, durch den zudem die A. ophthalmica zieht, in die mittlere Schädelgrube. Hier befindet sich im Bereich der Sella turcica das Chiasma opticum (s. 5.2, S. 32).

GENUG GEHIRNT UND DAHER ZEIT FÜR NE PAUSE

6 Halsnerven

Die Halsnerven umfassen im zervikalen Bereich den Plexus cervicalis und einige wichtige dorsale Nerven, die sich per Merkspruch aber schnell behalten lassen.

6.1 Rami ventrales der zervikalen Spinalnerven

Aus den zervikalen Spinalnerven entstehen jeweils ein Ramus dorsalis und ein Ramus ventralis. Die Rami ventrales von C1 bis C4 bilden den **Plexus cervicalis**, der am Hinterrand des M. sternocleidomastoideus liegt. Hier durchbricht der Plexus cervicalis die oberflächliche Halsfaszie (= Lamina superficialis cervicalis) am Erb-Punkt (= Punctum nervosum) und teilt sich in seine vier rein sensiblen Äste auf, die subkutan liegen (s. Abb. 45):

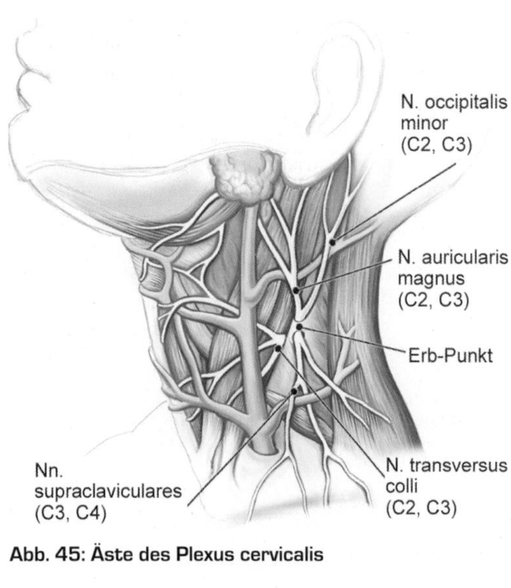

Abb. 45: Äste des Plexus cervicalis

- Der **N. occipitalis minor** zieht in die seitliche Occipitalregion und innerviert die Haut hinter der Ohrmuschel.
- Der **N. auricularis magnus** innerviert ebenfalls die Haut an der Ohrmuschel und Wange sowie den Kieferwinkel.
- Der **N. transversus colli** zieht annähernd horizontal nach ventral und innerviert die Haut des vorderen Halses,
- während die **Nn. supraclaviculares** die Haut der oberen Schulter- und Brustregion versorgen, mitsamt der Fossa supraclavicularis major und der Haut im Bereich des M. sternocleidomastoideus. (Der M. sternocleidomastoideus führt bei Kontraktion zu einer Kopfneigung zur gleichen, bei gleichzeitiger Kopfdrehung zur entgegengesetzten Richtung).

MERKE:
Ob mich Aurora trotzdem sucht? Für die vier Äste: N. occipitalis minor, N. auricularis magnus, N. transversus colli, Nn. supraclaviculares

Aus den zervikalen Rami ventrales bilden sich zudem Muskeläste, wie z.B. der N. phrenicus, der seine Fasern aus C3 bis C5 erhält und Rami musculares (innervieren den M. longus capitis und colli, den M. rectus capitis anterior und lateralis, die Mm. intertransversarii cervicales, den M. levator scapulae und die Mm. scaleni).

6.2 Rami dorsales der zervikalen Spinalnerven

Die Rami dorsales der zervikalen Spinalnerven übernehmen neben der motorischen Innervation der tiefen Nackenmuskulatur die sensible Inner-

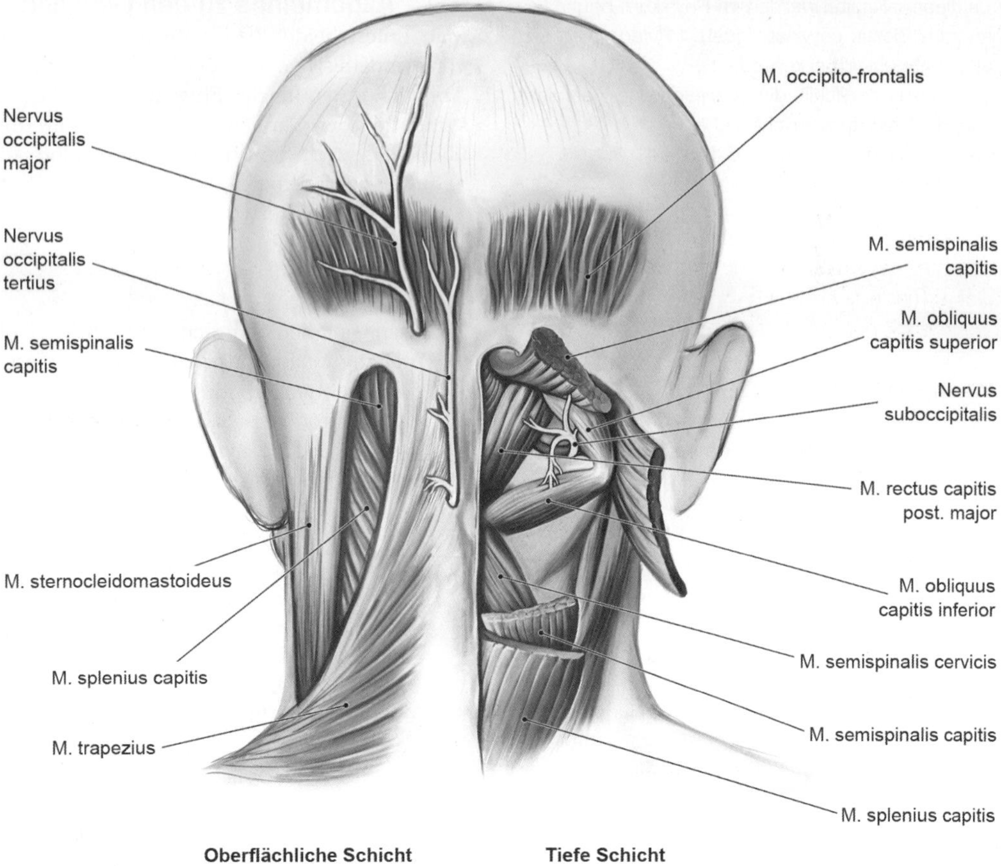

Abb. 46: Zervikale Rami dorsales

vation der Occipitalregion. Hierzu dienen v.a. drei Nerven (s. Abb. 46, S. 45):

- Der **Ramus dorsalis aus C1** bildet den N. subocciptalis, der vorwiegend motorisch in der tiefen Nackengegend die Nackenmuskulatur innerviert.
- Der **Ramus dorsalis aus C2** versorgt durch den N. occipitalis major vorwiegend sensibel die Haut am medialen Hinterkopf sowie motorisch den M. semispinalis capitis und den M. longissimus capitis.
- Der **Ramus dorsalis aus C3** bildet den **N. occipitalis tertius**, der sensibel die mediale Hinterkopfhaut versorgt.

DAS BRINGT PUNKTE

Aus diesem Kapitel werden im Physikum häufig Fragen zum Plexus cervicalis gestellt. Man sollte sich daher unbedingt merken, dass:

- der Plexus cervicalis die oberflächliche Halsfaszie im Erb-Punkt durchbricht und
- welche vier Äste er hat (s. 6.1, S. 44).

BASICS MÜNDLICHE

Was wissen Sie über den Plexus cervicalis?
Nervengeflecht, dass am Hinterrand des M. sternocleidomastoideus durch die Lamina superficialis fasciae cervicalis hindurchtritt.
Teilt sich in 4 Äste auf:

- N. occipitalis minor,
- N. auricularis magnus,
- N. transversus colli,
- Nn. supraclaviculares.

Wofür dient der Plexus?
Er dient der sensiblen Innervation von lateralen Anteilen des Gesichts und des lateralen Hinterkopfs bis nach kaudal in den Bereich der Clavicula.

7 Vegetative Innervation von Kopf und Hals

Das Thema der vegetativen Innervation und der dazugehörigen Ganglien ist für die meisten Physikumsanwärter ein sehr unbeliebtes Kapitel. Hat man aber die Drüsen im Kopf-/Halsbereich sowie die Hirnnerven sieben und neun schon gelernt, so ist es ein Kinderspiel sich auch die wesentlichen Aspekte dieses Themas anzueignen.

Da die vegetative Innervation von Kopf und Hals immer wieder gefragt wird, sollte man die folgenden Seiten aufmerksam lesen, sorgfältig lernen und anschließend im Schlaf können.

7.1 Allgemeines zu den Ganglien

Man unterscheidet parasympathische Ganglien, von sympathischen und sensiblen Ganglien.
Am wichtigsten für das Physikum sind die **parasympathischen** Ganglien, von denen es im Kopf- und Halsbereich vier unterschiedliche gibt:

- das Ganglion ciliare,
- das Ganglion pterygopalatinum,
- das Ganglion submandibulare und
- das Ganglion oticum.

In diesen Ganglien befinden sich:

1. präganglionäre **parasympathische** Fasern, die organnah auf das zweite postganglionäre Neuron verschaltet werden,
2. postganglionäre **sympathische** Fasern, die bereits organfern im Grenzstrang verschaltet wurden und durch das parasympathische Ganglion lediglich hindurchziehen, ohne verschaltet zu werden,
3. **sensible** Fasern, die nicht verschaltet werden und die sich auf dem Weg zum ZNS dem jeweiligen Ganglion anlagern.

Wie in Abschnitt 4.5 (s. S. 21ff.) bereits erwähnt, werden alle wesentlichen Drüsen im Kopf- und Halsbereich durch parasympathische Fasern innerviert, die im Nervus (intermedio)facialis verlaufen. Die Ausnahme bildet die Parotis, die vom N. glossopharyngeus versorgt wird.

7.2 Parasympathische Ganglien im Kopf- und Halsbereich

Im Kopf- und Halsbereich existieren vier wichtige parasympathische Ganglien, auf die **im schriftlichen Examen seeeeeehr viel Wert gelegt** wird und die man daher **unbedingt lernen und verstehen sollte**. Hat man den Inhalt dieses Kapitels im Kopf, kann man aber die meisten Fragen aus dem Komplex Kopf und Hals gut beantworten – daher **also hier mal wieder besonders aufgepasst...**

7.2.1 Ganglion ciliare

Das Ganglion ciliare liegt in der Orbita, direkt hinter dem Bulbus oculi (= retrobulbär) und lateral des Nervus opticus. Es dient der Verschaltung parasympathischer Fasern, die **für die Akkomodation und den Pupillenreflex** notwendig sind. Außerdem hat das Ganglion viele multipolare Nervenzellen.
Präganglionäre parasympathische Fasern, die im **Nucleus oculomotorius accessorius** (= Edinger Westphal) des dritten Hirnnerven im Mesencephalon ihren Ursprung haben und mit dem **N. oculomotorius** in die Orbita gelangen (s. 5.3, S. 33), werden hier (= organnah) auf das zweite postganglionäre parasympathische Neuron verschaltet. In Form der Nn. ciliares breves gelangen sie dann zum M. ciliaris und M. sphincter pupillae, wo sie für die Akkomodation und den Pupillenreflex sorgen (s. Abb. 47).

Übrigens...

- Postganglionäre **sympathische** Fasern innervieren den M. dilatator pupillae (Sympathikusaktivierung, Folge: Augen weit auf!) und gelangen vom oberen Halsstrangganglion mit den Gefäßen in den Schädel und zum Auge. Hierbei begleiten sie auch die A. carotis interna.
- **Sensible** Fasern der Cornea lagern sich als Nn. ciliares longi dem Ganglion an und verlaufen mit dem N. trigeminus.
- Die Perikaryen der präganglionären sympathischen Neurone zur Weitstellung der Pupille liegen im Rückenmark, während sich die Perikaryen der präganglionären parasympathischen Neurone für die Akkomodation im Mittelhirn befinden.

7.2.2 Ganglion pterygopalatinum

Das Ganglion pterygopalatinum liegt in der Fossa pterygopalatina (= Flügelgaumengrube). Es wird benötigt um einen Teil der Drüsen im Kopf- und Halsbereich parasympathisch zu versorgen.
Präganglionäre **parasympathische** Fasern, die im **Nucleus salivatorius superior** in der Pons ihren Ursprung haben und mit dem **N. (intermedio)facialis**, über den N. petrosus major (über den Canalis pterygoideus) in die Flügelgaumengrube gelangen (s. 5.7, S. 36ff.), werden hier (= organnah) auf das zweite postganglionäre parasympathische Neuron verschaltet. Die postganglionären Fasern innervieren die Drüsen im oberen Anteil des Gesichts:

- die Glandula lacrimalis,
- die Nasen-,
- Nasennebenhöhlen- und
- Gaumendrüsen (= Glandulae nasales und palatines).

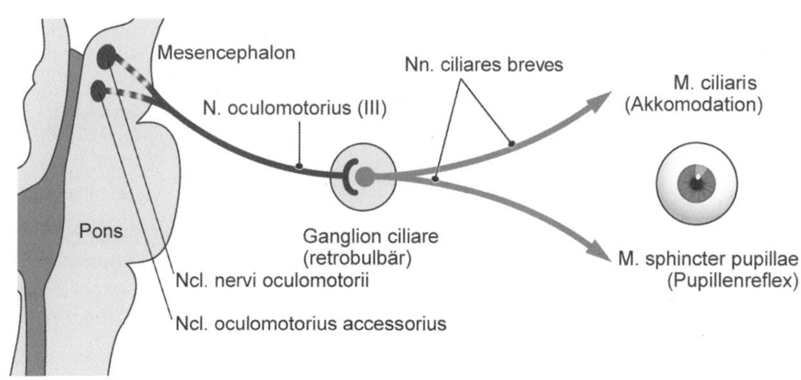

Abb. 47: Übersicht Ganglion ciliare

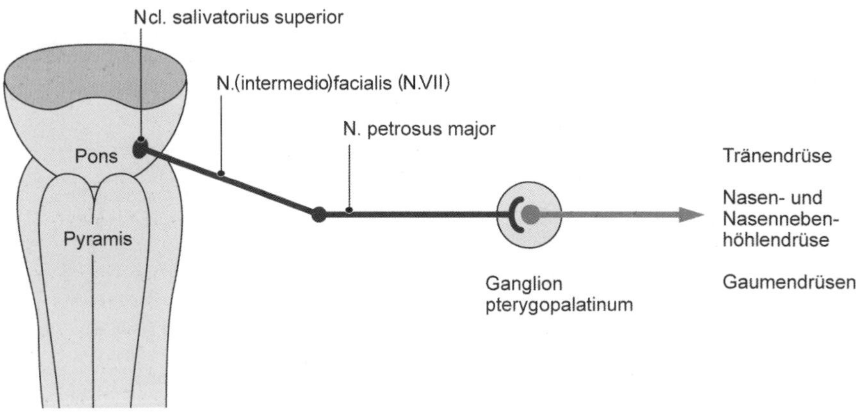

Abb. 48: Übersicht Ganglion pterygopalatinum

Übrigens...

Die Fossa pterygopalatina hat Verbindung zur Fossa cranii media (Foramen rotundum), zur Cavitas nasi (Foramen sphenopalatinum), zum Cavum oris (Canalis palatinus major) und zur Fossa infratemporalis (Fissura pterygomaxillaris).

Übrigens...

- Postganglionäre sympathische Fasern aus dem Halsgrenzstrang ziehen als N. petrosus profundus zur Schleimhaut der Nasennebenhöhlen.
- Sensible Fasern aus dem Gaumen- und Nasennebenhöhlenbereich entstammen dem N. maxillaris.

7.2.3 Ganglion submandibulare

Das Ganglion submandibulare liegt oberhalb der Glandula submandibularis. Es innerviert die Drüsen im unteren Anteil des Gesichts. Präganglionäre parasympathische Fasern, die ebenso im **Nucleus salivatorius superior** in der Pons ihren Ursprung haben und mit dem N. (intermedio)facialis über die Chorda tympani zum Mundboden gelangen (s. 5.7, S. 36ff.), werden hier (= organnah) auf das zweite postganglionäre parasympathische Neuron verschaltet. Sie versorgen die Glandula submandibularis, die Glandula sublingualis und die Glandulae linguales.

Übrigens...

- Die postganglionären sympathischen Fasern stammen aus dem Halsgrenzstrang und innervieren v.a. die Mundgefäße.
- Die sensiblen Fasern ziehen als N. lingualis von der Zunge am Ganglion vorbei zum N. trigeminus.

7.2.4 Ganglion oticum

Das Ganglion oticum liegt in der Fossa infratemporalis. Präganglionäre parasympathische Fasern, ziehen in der Medulla oblongata durch den **Nucleus salivatorius inferior** und gelangen mit dem N. glossopharyngeus (über den N. tympanicus zum Plexus tympanicus; von dort zieht

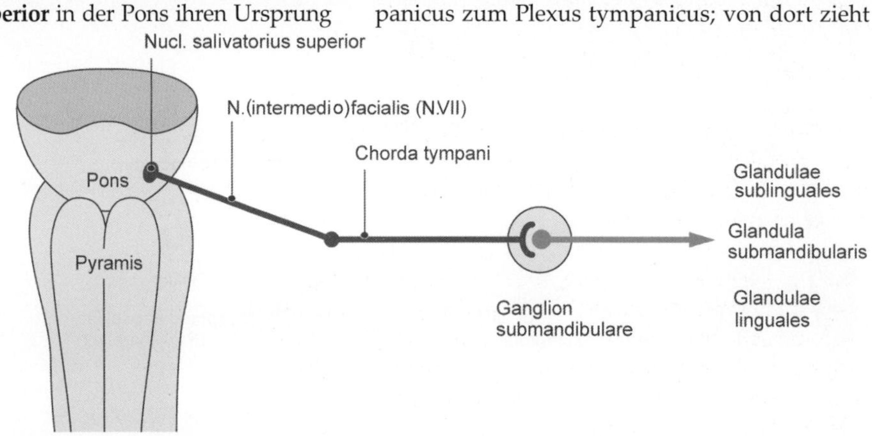

Abb. 49: Übersicht Ganglion submandibulare

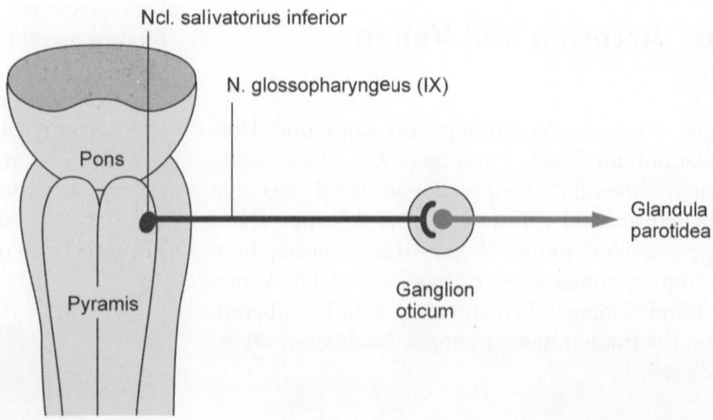

Abb. 50: Übersicht Ganglion oticum

der N. petrosus minor zum Ganglion) in die Fossa infratemporalis (s. 5.9, S 39). Hier werden sie (= organnah) auf das zweite postganglionäre parasympathische Neuron verschaltet. Diese postganglionären Fasern ziehen dann mit dem N. auriculotemporalis zur Parotis und innervieren diese Drüse.

Übrigens...

- Postganglionäre sympathische Fasern kommen aus dem Plexus caroticus internus zum Ganglion oticum und innervieren Blutgefäße und Drüsen im Ohrbereich.
- Sensible Fasern aus der Haut, Schleimhaut und den Zähnen des Unterkiefers ziehen mit dem N. mandibularis zum Hirnstamm.

DAS BRINGT PUNKTE

Aus diesem Kapitel sind Fragen zu den Begriffen parasympathische Innervation der Speicheldrüsen häufig im Physikum anzutreffen. Man sollte sich daher unbedingt merken, dass:

- alle Drüsen im Kopf-/Halsbereich durch den N. facialis (= VII) innerviert werden, außer der Parotis, die der N. glossopharyngeus (= IX) innerviert.
- der parasympathische Kern des N. (intermedio) facialis (= VII) der Nucleus salivatorius superior ist, während der Nucleus salivatorius inferior der Kern des N. glossopharyngeus (= IX) ist.

BASICS MÜNDLICHE

Welche parasympathischen Ganglien kennen Sie und was sind deren Funktionen?
Ganglion ciliare, oticum, pterygopalatinum und submandibulare.
Funktion: parasympathische Fasern werden organnah verschaltet und dienen dann der Innervation der Drüsen im Kopf- und Halsbereich.

Wo liegt das Ganglion ciliare und wozu dient es?
Retrobulbäre Lage, Verschaltung präganglionärer parasympathischer Fasern auf postganglionär, um dann als Nervi ciliares breves der Akkomodation und dem Pupillenreflex zu dienen sowie Blutgefäße und Drüsen am Auge zu versorgen.

8 Arterien und Venen

Die arterielle Versorgung von Kopf und Hals stammt aus zwei Hauptgefäßen. Diese sollte man namentlich kennen sowie deren Abgänge benennen und z.T. auch zeigen können. Denn gerade in der mündlichen Prüfung werden diese Arterien immer wieder gerne gefragt. Die Venen stimmen namentlich mit den Arterien überein und verlaufen meist in enger Nachbarschaft zu diesen.

8.1 Arterielle Versorgung im Kopf- und Halsbereich

Das Blut für die arterielle Versorgung des Kopf-/Halsbereichs stammt aus der linken Herzkammer. Von dort gelangt es über die Aorta ascendens und den Arcus aortae auf der rechten Seite in den Truncus brachiocephalicus. Der besitzt als Äste die A. carotis communis und die A. subclavia der rechten Seite. Auf der linken Seite erfolgt die Blutversorgung über direkte Abgänge aus dem Arcus aortae: die linke A. carotis communis und die linke A. subclavia.

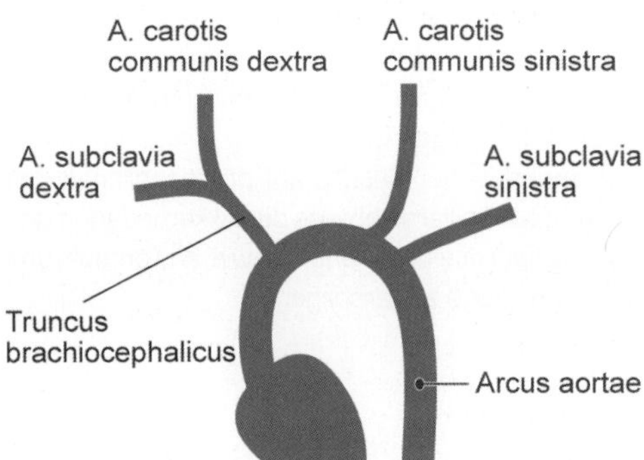

Abb. 51: Abgänge für Kopf + Hals

8.1.1 A. subclavia

Die A. subclavia ist auf der linken Seite ein direkter Abgang des Arcus aortae und auf der rechten Seite ein Abgang aus dem Truncus brachiocephalicus. Sie legt sich in ihrem Verlauf kranial um die Pleurakuppel und hinterlässt hier einen Sulcus arteriae subclaviae, bevor sie mit dem Plexus brachialis durch die (hintere) Skalenuslücke zwischen dem M. scalenus anterior und medius zieht. Erst in der Axilla geht die A. subclavia in die A. axillaris über.

Für den Kopf- und Halsbereich gibt die A. subclavia vier wichtige Äste ab:

1 die A. thoracica interna,
2 die A. vertebralis,
3 den Truncus thyreocervicalis und
4 den Truncus costocervicalis.

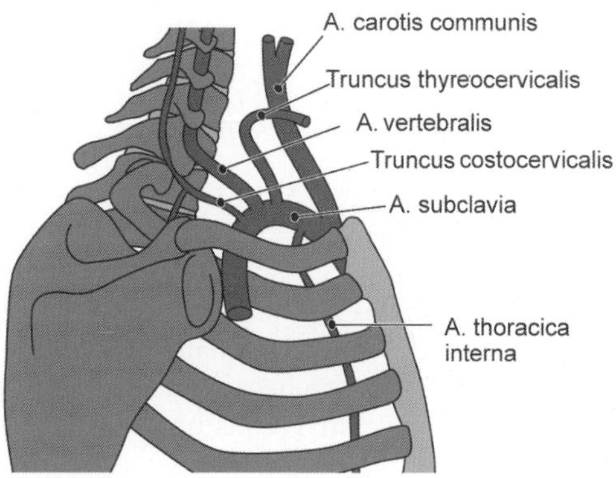

Abb. 52: Äste der A. subclavia

In den Thoraxbereich zieht als ein Abgang der A. subclavia die **A. thoracica interna**, die lateral des Sternums nach kaudal zieht und sich in Höhe der sechsten Rippe in die A. epigastrica superior und die A. musculophrenica aufteilt. Sie versorgt u.a. den Thymus, das Mediastinum, die Trachea und ihre Bronchien sowie das Sternum und die Mamma.

Ein weiterer wichtiger Abgang der A. subclavia ist die **A. vertebralis**. Sie zieht vom sechsten bis zum ersten Halswirbel durch die Foramina transversaria gemeinsam mit Nervengeflechten und Venenplexus, führt dann zwischen Atlas und Axis dorsal um die Massa lateralis des Atlas herum, bevor sie in den Subarachnoidalraum eintritt. Durch das Foramen magnum gelangt sie in die Schädelhöhle und vereinigt sich dort mit der A. vertebralis der Gegenseite zur A. basilaris.

Die weiteren wichtigen Abgänge der A. subclavia sind zwei Trunci: der **Truncus thyreocervicalis** und der **Truncus costocervicalis**. Der Truncus thyreocervicalis verzweigt sich in seine Äste:

- die A. thyroidea inferior, die dorsal der A. carotis communis und des N. vagus und medial des M. scalenus anterior verläuft und der Versorgung der unteren Anteile der Glandula thyroidea und des Larynx dient (über die A. laryngea inferior),
- die A. cervicalis ascendens,
- die A. suprascapularis und
- die A. transversa cervicis.

Der Truncus costocervicalis verfügt über zwei Hauptabgänge, die A. cervicalis profunda und die A. intercostalis suprema.

8.1.2 A. carotis communis

Die A. carotis communis stammt auf der linken Seite aus dem Aortenbogen, während sie auf der rechten Seite ein Ast des Truncus brachiocephalicus ist.

Ohne Verzweigungen zieht sie gemeinsam mit der V. jugularis interna in der Vagina carotica durch den Halsbereich am Vorderrand des M. sternocleidomastoideus. Erst in Höhe des Cartilago thyroidea (= in Höhe des vierten Halswirbels) befindet sich das Trigonum caroticum, das vom M. sternocleidomastoideus, dem Venter superior des M. omohyoideus und dem Venter posterior des M. digastricus begrenzt wird. Hier liegt der Sinus caroticus und die Arterie, die sich an dieser Stelle in die A. carotis interna und externa teilt.

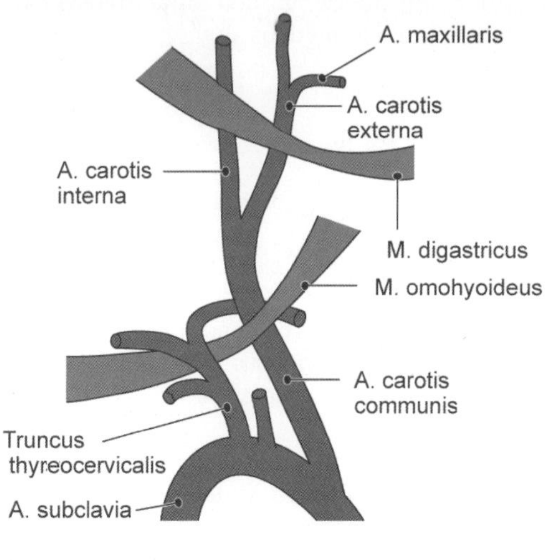

Abb. 53: Äste der A. carotis communis

- Die **A. carotis interna (s. IMPP-Bild 2 im Anhang S. 54)** zweigt sich erst **im** Schädel in ihre Äste auf. Sie bildet bei der Aufzweigungsstelle der A. carotis communis den hinteren Ast der A. carotis communis und verläuft **ohne Astabgabe** zur Schädelbasis, zieht durch den Canalis caroticus in die Schädelhöhle, dann entlang des Sinus cavernosus, wo sie das Karotissiphon (= S-Schleife) bildet und gibt schließlich in der mittleren Schädelgrube als Äste die A. ophthalmica (direkter Ast hiervon ist die A. centralis retinae), die A. cerebri media und anterior sowie die A. communicans posterior ab.
- Die A. carotis externa hingegen verläuft unter dem Venter posterior des M. digastricus und dem M. stylohyoideus in die Fossa retromandibularis und gibt auf ihrem Weg folgende Äste ab:
  - die A. **th**yroidea superior (versorgt die Glandula **Th**yroidea und die oberen Anteile des Larynx),
  - die A. **ling**ualis (aus der die A. profunda linguae hervorgeht),
  - die A. **fac**ialis,
  - die A. **pha**ryngea ascendens,
  - den Ramus sternocleidomastoideus,
  - die A. **occ**ipitalis,
  - die A. **au**ricularis posterior

  und als ihre Endäste:
  - die A. **te**mporalis superficialis und
  - die A. **m**axillaris.

Übrigens...

Die A. maxillaris beginnt in der Parotisloge und zieht durch die Fossa infratemporalis, wo sie in topographischer Beziehung zum M. pterygoideus lateralis steht. Sie versorgt als Endast der A. carotis externa Zähne, Gaumen, Dura mater und gibt als Ast die A. meningea media ab. Diese gelangt durch das Foramen spinosum in die mittlere Schädelgrube und verläuft hier epidural. Äste der A. maxillaris sind u. a. die A. alveolaris inf., die A. meningea media, die A. buccalis und die A. palatina descendens.
Äste der A. facialis sind u. a. die A. palatina ascendens, die A. submentalis sowie die A. labialis sup. und inf.

MERKE:
Theo Lingen fabriziert phantastisch starke Ochsenschwanzsuppe aus toten Mäusen; für die Äste der A. carotis externa: A. thyroidea superior, A. lingualis, A. facialis, A. pharyngea ascendens, Ramus sternocleidomastoideus, A. occipitalis, A. auricularis posterior, A. temporalis superficialis und A. maxillaris.

8.2 Venen/Sinus

Die Venen begleiten die Arterien im Kopf-/Halsbereich und sind gleichnamig zu den Arterien. Für den venösen Blutabfluss des Gehirns bedarf es unter anderem den **Sinus durae matris**. Dies sind weitlumige venöse Blutleiter, die innerhalb der Dura mater verlaufen. Bei den Sinus handelt es sich um mit Endothel ausgekleidete Aufweitungen zwischen den Durablättern, die weder eine Muskelschicht noch Klappen aufweisen.

Das venöse Blut aus der Großhirnrinde fließt zum großen Teil zum Sinus sagittalis superior ab (= unpaarig) und mündet in das Confluens sinuum. In dieses führen zudem

- der Sinus rectus, in den zuvor der Sinus sagittalis inferior und die V. cerebri magna münden und
- der Sinus occipitalis.

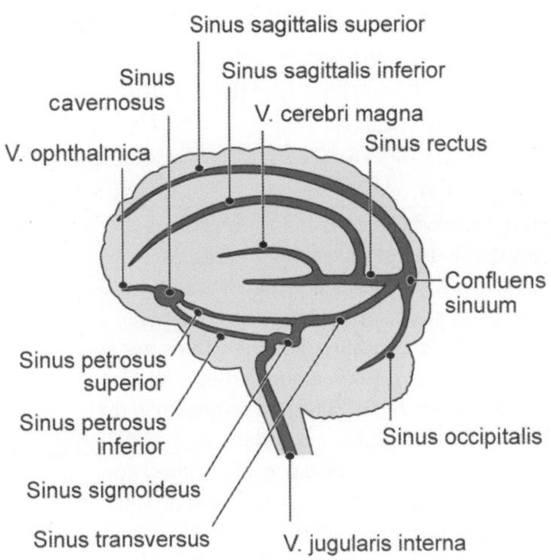

Abb. 54: Sinus durae matris (seitlicher Querschnitt)

Vom Confluens sinuum aus gelangt das Blut nach lateral über den jeweiligen Sinus transversus in den Sinus sigmoideus (topographische Beziehung zum Processus mastoideus = Mastoid; Anteil des Os temporale), bevor es in die V. jugularis interna mündet, die das gesammelte Blut über die Vv. brachiocephalicae zum Herzen bringen.

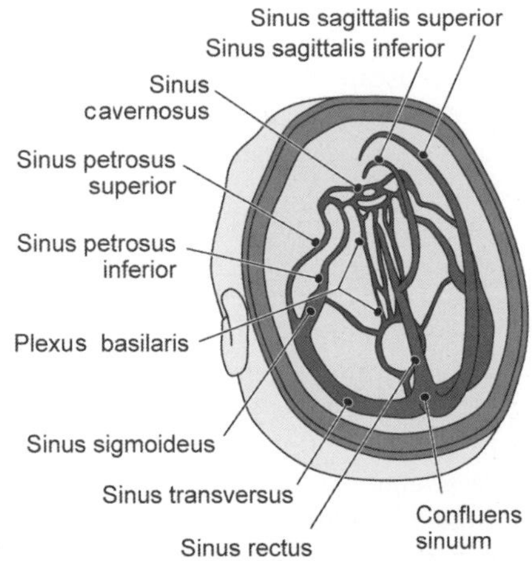

Abb. 55: Sinus durae matris (Aufsicht)

Um das venöse Blut aus den vorderen Anteilen des Gehirns zu sammeln, findet man im Bereich der Sella turcica ein weiteres Sammelbecken: den Sinus cavernosus. In ihn münden der Sinus sphenoparietalis und die V. ophthalmica. Der Sinus cavernosus fließt dann über den Sinus petrosus superior und inferior in den Sinus transversus und den Sinus sigmoideus ab.

DAS BRINGT PUNKTE

Aus diesem Kapitel werden häufig die A. subclavia und A. carotis communis plus Äste sowie die Sinus im Physikum geprüft. Man sollte sich daher unbedingt merken, dass

- das Blut für Kopf und Hals aus der A. subclavia und A. carotis communis sowie deren Ästen stammt und diese benennen können.
- die Sinus durae matris die venösen Abflussleiter sind.

BASICS MÜNDLICHE

Beschreiben Sie bitte die arterielle Versorgung von Kopf und Hals.
Aortenbogen mit den Abgängen Truncus brachiocephalicus rechts und links den direkten Abgängen A. subclavia und A. carotis communis.
Die A. carotis communis teilt sich in die A. carotis interna und externa sowie deren Äste auf, während die A. subclavia 4 wichtige Äste besitzt:
- den Truncus thyreocervicalis,
- den Truncus costocervicalis,
- die A. vertebralis und
- die A. thoracica interna.

Was sind Sinus?
Duraduplikaturen; hierzu zählt man z.B. den Sinus sagittalis superior und inferior, den Sinus occipitalis und den Sinus rectus. Diese münden in den Confluens sinuum, von wo das Blut lateral über Sinus transversus und Sinus sigmoideus letztlich in die V. jugularis interna fließt.
Ventrale Bereiche des Gehirns sammeln ihr venöses Blut im Sinus cavernosus, von wo es über den Sinus petrosus superior und inferior in den Sinus transversus und Sinus sigmoideus abfließt.

9 Lymphknoten und Lymphgefäße

Die Lymphbahnen wurden bisher im schriftlichen und mündlichen Examen relativ kurz gehalten. Daher sprechen auch wir sie nur in aller Kürze an.

Die Nodi lymphatici parotidei superficiales beziehen ihre Lymphe v.a. aus dem Gebiet der Schläfe und der Vorderfläche der Ohrmuschel, während die Lymphknoten Nodi lymphatici submentales die Lymphe der Unterlippe, des Mundhöhlenbodens und der Zungenspitze sammeln.

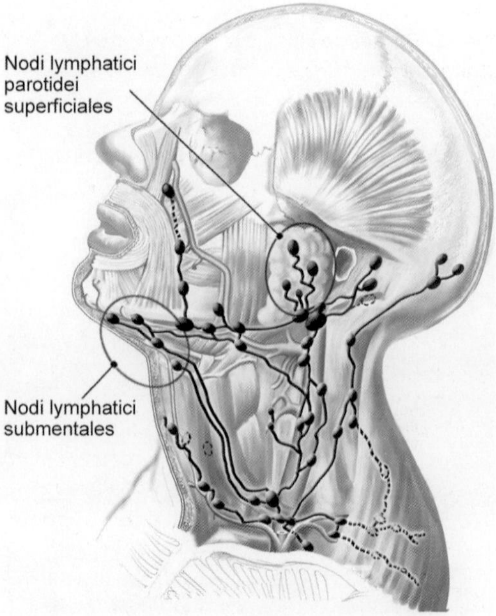

Abb. 56: Lymphgefäße und Lymphknoten der seitlichen Halsregion

10 Angewandte und topographische Anatomie

Im Fach Anatomie gibt es in den schriftlichen Examina immer wieder Fragen mit Bildanhang. Es empfiehlt sich daher Fragen dieser Art aus den letzten Examina noch einmal kurz vor der Prüfung anzuschauen.
Die einzelnen gefragten Strukturen wurden in den vorangegangenen Kapiteln mitbehandelt und sind im Einzelnen dort nachzulesen.

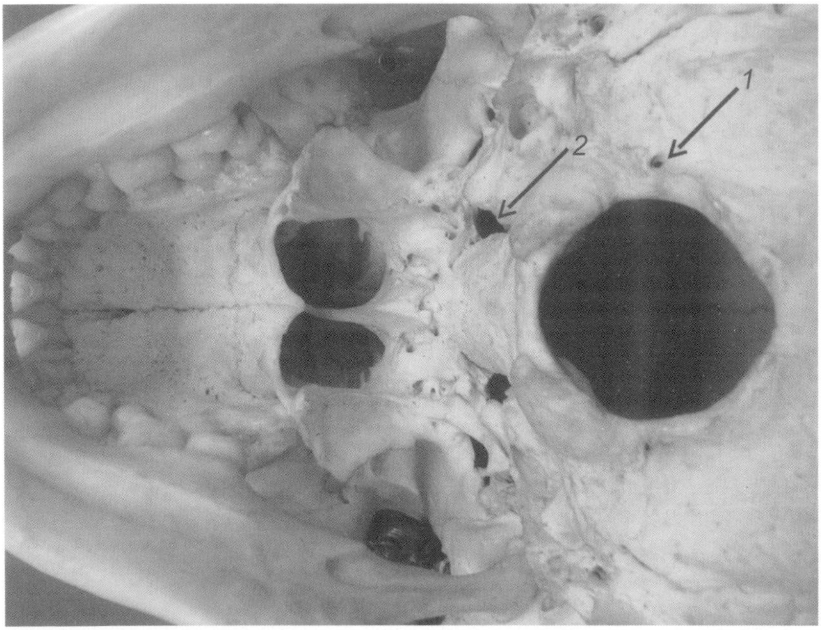

1 Lateral des Foramen magnums liegen nur die Durchtrittsstellen der Vv. emmissariae. Knöcherne Struktur ist das Os occipitale.
2 Markiert ist das Foramen lacerum, durch das der N. petrosus major und profundus Verbindung zur mittleren Schädelgrube haben. Es liegt zwischen dem Os temporale, dem Os occipitale und dem Os sphenoidale.

IMPP-Bild 1: Schädelbasis
www.medi-learn.de/skrbild004
© IMPP

TIPP:
Hier werden die Foramina an der Schädelbasis von kaudal geprüft. Prägt euch daher unbedingt sämtliche Foramina mit den hindurchtretenden Strukturen ein (s. Abb. 4b, S. 5).

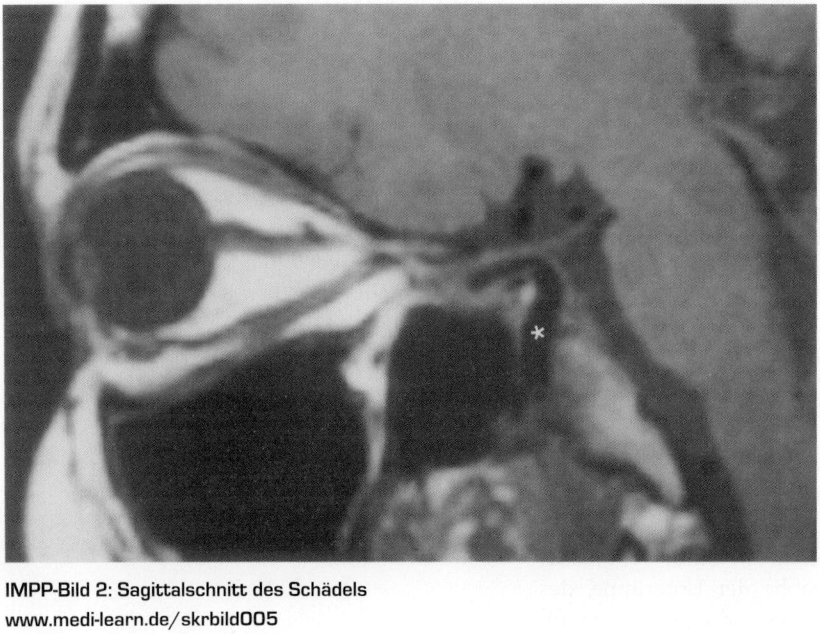

Angeschnitten sind die Orbita mit Bulbus oculi und Nervus opticus, die Nasenhöhle und Nasennebenhöhlen (hier gut zu sehen der Sinus sphenoidalis) und ein Teil des Großhirns. Markiert ist die A. carotis interna, die für die Versorgung u.a. der Augen und Nasenhöhle Arterien abgibt.

IMPP-Bild 2: Sagittalschnitt des Schädels
www.medi-learn.de/skrbild005
© IMPP

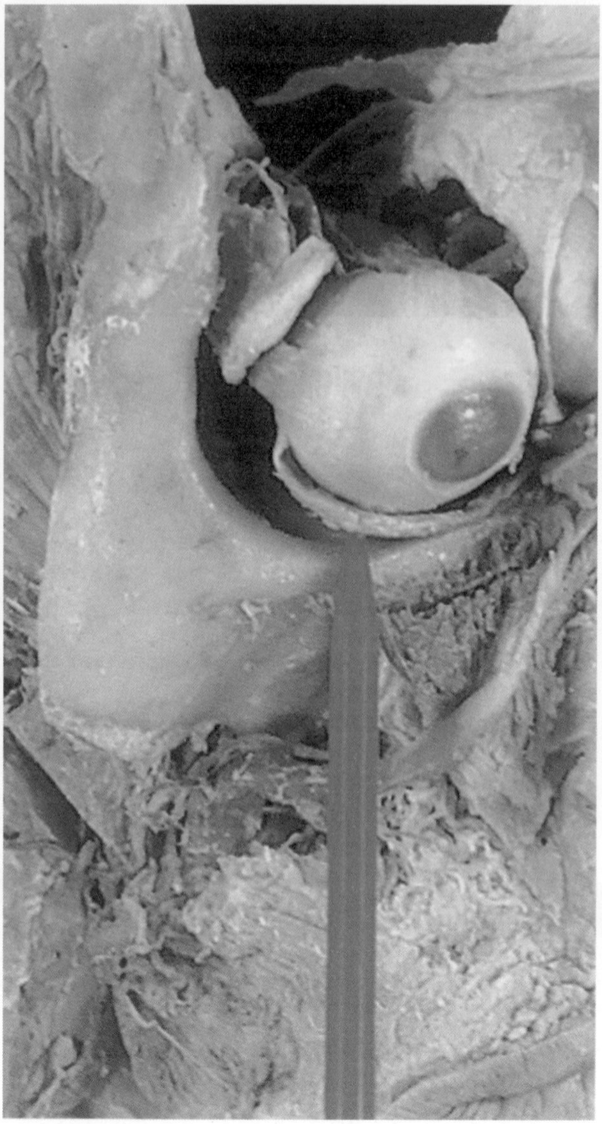

Markiert ist der M. obliquus inferior, der durch den Nervus oculomotorius innerviert wird.

IMPP-Bild 3: präparierte Orbita mit Bulbus oculi und Augenmuskeln an einer Leiche
www.medi-learn.de/skrbild006
© IMPP

Index

A

B

C

H

I

K

L

M

N

O

P

Eure Meinung ist gefragt

Unser Ziel ist es, euch ein perfektes Skript zur Verfügung zu stellen. Wir haben uns sehr bemüht, alle Inhalte korrekt zu recherchieren und alle Fehler vor Drucklegung zu finden und zu beseitigen. Aber auch wir sind nur Menschen: Möglicherweise sind uns einige Dinge entgangen. Um euch mit zukünftigen Auflagen ein optimales Skript bieten zu können, bitten wir euch um eure Mithilfe.

Sagt uns, was euch aufgefallen ist, ob wir Stolpersteine übersehen haben oder ggf. Formulierungen präzisieren sollten. Darüber hinaus freuen wir uns natürlich auch über positive Rückmeldungen aus der Leserschaft.

Eure Mithilfe ist für uns sehr wertvoll und wir möchten euer Engagement belohnen: Unter allen Rückmeldungen verlosen wir einmal im Semester Fachbücher im Wert von 250,- EUR. Die Gewinner werden auf der Webseite von MEDI-LEARN unter www.medi-learn.de bekannt gegeben.

Schickt eure Rückmeldungen einfach per Post an MEDI-LEARN, Dorfstraße 57, 24107 Ottendorf oder tragt sie im Internet in ein spezielles Formular ein, das ihr unter der folgenden Internetadresse findet: www.medi-learn.de/rueckmeldungen

Vielen Dank
Euer MEDI-LEARN Team

Anatomie Band 5

Extremitäten, Leibeswand, Spinalnerv

4., komplett überarbeitete Auflage

Autor: Dr. med. Malte Plato

Herausgeber:
MEDI-LEARN Verlag GbR
Elisabethstraße 9, 35037 Marburg/Lahn

Herstellung:
MEDI-LEARN Kiel
Dorfstraße 57, 24107 Ottendorf
Tel: 0431/78025-0, Fax: 0431/78025-262
E-Mail: redaktion@medi-learn.de, www.medi-learn.de

Verlagsredaktion: Dr. Waltraud Haberberger, Jens Plasger, Christian Weier, Tobias Happ
Fachlicher Beirat: PD Dr. Rainer Viktor Haberberger
Lektorat: Rainer Voss
Grafiker: Irina Kart, Dr. Günter Körtner, Alexander Dospil, Christine Marx
Layout und Satz: Fritz Ramcke, Kristina Junghans
Illustration: Daniel Lüdeling, Rippenspreizer.com
Druck: Druckerei Wenzel, Marburg

4. Auflage 2011

Teil 5 des Anatomiepaketes, nur im Paket erhältlich
ISBN-13: 978-3-938802-71-7

Wichtiger Hinweis für alle Leser

Die Medizin ist als Naturwissenschaft ständigen Veränderungen und Neuerungen unterworfen. Sowohl die Forschung als auch klinische Erfahrungen führen dazu, dass der Wissensstand ständig erweitert wird. Dies gilt insbesondere für medikamentöse Therapie und andere Behandlungen. Alle Dosierungen oder Angaben in diesem Buch unterliegen diesen Veränderungen.
Obwohl das MEDI-LEARN-TEAM größte Sorgfalt in Bezug auf die Angabe von Dosierungen oder Applikationen hat walten lassen, kann es hierfür keine Gewähr übernehmen. Jeder Leser ist angehalten, durch genaue Lektüre der Beipackzettel oder Rücksprache mit einem Spezialisten zu überprüfen, ob die Dosierung oder die Applikationsdauer oder -menge zutrifft. **Jede Dosierung oder Applikation erfolgt auf eigene Gefahr des Benutzers**. Sollten Fehler auffallen, bitten wir dringend darum, uns darüber in Kenntnis zu setzen.

Vorwort

Liebe Leserinnen und Leser,
da ihr euch entschlossen habt, den steinigen Weg zum Medicus zu beschreiten, müsst ihr euch früher oder später sowohl gedanklich als auch praktisch mit den wirklich üblen Begleiterscheinungen dieses ansonsten spannenden Studiums auseinander setzen, z.B. dem Physikum.
Mit einer Durchfallquote von ca. 25% ist das Physikum die unangefochtene Nummer eins in der Hitliste der zahlreichen Selektionsmechanismen.
Grund genug für uns, euch durch die vorliegende Skriptenreihe mit insgesamt 32 Bänden fachlich und lernstrategisch unter die Arme zu greifen. Die 31 Fachbände beschäftigen sich mit den Fächern Physik, Physiologie, Chemie, Biochemie, Biologie, Mathe, Histologie, Anatomie und Psychologie/Soziologie. Ein gesonderter Band der MEDI-LEARN Skriptenreihe widmet sich ausführlich den Themen Lernstrategien, MC-Techniken und Prüfungsrhetorik.
Aus unserer langjährigen Arbeit im Bereich professioneller Prüfungsvorbereitung sind uns die Probleme der Studenten im Vorfeld des Physikums bestens bekannt. Angesichts des enormen Lernstoffs ist klar, dass nicht 100% jedes Prüfungsfachs gelernt werden können. Weit weniger klar ist dagegen, wie eine Minimierung der Faktenflut bei gleichzeitiger Maximierung der Bestehenschancen zu bewerkstelligen ist.
Mit der MEDI-LEARN Skriptenreihe zur Vorbereitung auf das Physikum haben wir dieses Problem für euch gelöst. Unsere Autoren haben durch die Analyse der bisherigen Examina den examensrelevanten Stoff für jedes Prüfungsfach herausgefiltert. Auf diese Weise sind Skripte entstanden, die eine kurze und prägnante Darstellung des Prüfungsstoffs liefern.
Um auch den mündlichen Teil der Physikumsprüfung nicht aus dem Auge zu verlieren, wurden die Bände jeweils um Themen ergänzt, die für die mündliche Prüfung von Bedeutung sind.
Zusammenfassend können wir feststellen, dass die Kenntnis der in den Bänden gesammelten Fachinformationen genügt, um das Examen gut zu bestehen.
Grundsätzlich empfehlen wir, die Examensvorbereitung in drei Phasen zu gliedern. Dies setzt voraus, dass man mit der Vorbereitung schon zu Semesterbeginn (z.B. im April für das August-Examen bzw. im Oktober für das März-Examen) startet. Wenn nur die Semesterferien für die Examensvorbereitung zur Verfügung stehen, sollte direkt wie unten beschrieben mit Phase 2 begonnen werden.

- **Phase 1:** Die erste Phase der Examensvorbereitung ist der **Erarbeitung des Lernstoffs** gewidmet. Wer zu Semesterbeginn anfängt zu lernen, hat bis zur schriftlichen Prüfung je **drei Tage für die Erarbeitung jedes Skriptes** zur Verfügung. Möglicherweise werden einzelne Skripte in weniger Zeit zu bewältigen sein, dafür bleibt dann mehr Zeit für andere Themen oder Fächer. Während der Erarbeitungsphase ist es sinnvoll, einzelne Sachverhalte durch die punktuelle Lektüre eines Lehrbuchs zu ergänzen. Allerdings sollte sich diese punktuelle Lektüre an den in den Skripten dargestellten Themen orientieren!
  Zur **Festigung des Gelernten** empfehlen wir, bereits in dieser ersten Lernphase **themenweise zu kreuzen**. Während der Arbeit mit dem Skript Anatomie sollen z.B. beim Thema „Wirbelsäule" auch schon Prüfungsfragen zu diesem Thema bearbeitet werden. Als Fragensammlung empfehlen wir in dieser Phase die „Schwarzen Reihen". Die jüngsten drei Examina sollten dabei jedoch ausgelassen und für den Endspurt (= Phase 3) aufgehoben werden.

- **Phase 2**: Die zweite Phase setzt mit Beginn der Semesterferien ein. Zur **Festigung und Vertiefung des Gelernten** empfehlen wir, **täglich ein Skript zu wiederholen und parallel examensweise das betreffende Fach zu kreuzen**. Während der Bearbeitung der Anatomie (hierfür sind sieben bis acht Tage vorgesehen) empfehlen wir, pro Tag jeweils ALLE Anatomiefragen eines Altexamens zu kreuzen. Bitte hebt euch auch hier die drei aktuellsten Examina für Phase 3 auf.
  Der Lernzuwachs durch dieses Verfahren wird von Tag zu Tag deutlicher erkennbar. Natürlich wird man zu Beginn der Arbeit im Fach Anatomie durch die tägliche Bearbeitung eines kompletten Examens mit Themen konfrontiert, die möglicherweise erst in den kommenden Tagen wiederholt werden. Dennoch ist diese Vorgehensweise sinnvoll, da die Vorab-Beschäftigung mit noch zu wiederholenden Themen deren Verarbeitungstiefe fördert.

- **Phase 3:** In der dritten und letzten Lernphase sollten **die aktuellsten drei Examina tageweise gekreuzt** werden. Praktisch bedeutet dies, dass im tageweisen Wechsel Tag 1 und Tag 2 der aktuellsten Examina bearbeitet werden sollen. Im Bedarfsfall können einzelne Prüfungsinhalte in den Skripten nachgeschlagen werden.

- Als **Vorbereitung auf die mündliche Prüfung** können die in den Skripten enthaltenen „Basics fürs Mündliche" wiederholt werden.

Wir wünschen allen Leserinnen und Lesern eine erfolgreiche Prüfungsvorbereitung und viel Glück für das bevorstehende Examen!

Euer MEDI-LEARN-Team

Online-Service zur Skriptenreihe

Die mehrbändige MEDI-LEARN Skriptenreihe zum Physikum ist eine wertvolle fachliche und lernstrategische Hilfestellung, um die berüchtigte erste Prüfungshürde im Medizinstudium sicher zu nehmen.
Um die Arbeit mit den Skripten noch angenehmer zu gestalten, bietet ein spezieller Online-Bereich auf den MEDI-LEARN Webseiten ab sofort einen erweiterten Service. Welche erweiterten Funktionen ihr dort findet und wie ihr damit zusätzlichen Nutzen aus den Skripten ziehen könnt, möchten wir euch im Folgenden kurz erläutern.

Volltext-Suche über alle Skripte
Sämtliche Bände der Skriptenreihe sind in eine Volltext-Suche integriert und bequem online recherchierbar: Ganz gleich, ob ihr fächerübergreifende Themen noch einmal Revue passieren lassen oder einzelne Themen punktgenau nachschlagen möchtet: Mit der Volltext-Suche bieten wir euch ein Tool mit hohem Funktionsumfang, das Recherche und Rekapitulation wesentlich erleichtert.

Digitales Bildarchiv
Sämtliche Abbildungen der Skriptenreihe stehen euch auch als hochauflösende Grafiken zum kostenlosen Download zur Verfügung. Das Bildmaterial liegt in höchster Qualität zum großformatigen Ausdruck bereit. So könnt ihr die Abbildungen zusätzlich beschriften, farblich markieren oder mit Anmerkungen versehen. Ebenso wie der Volltext sind auch die Abbildungen über die Suchfunktion recherchierbar.

Errata-Liste
Sollte uns trotz eines mehrstufigen Systems zur Sicherung der inhaltlichen Qualität unserer Skripte ein Fehler unterlaufen sein, wird dieser unmittelbar nach seinem Bekanntwerden im Internet veröffentlicht. Auf diese Weise ist sicher gestellt, dass unsere Skripte nur fachlich korrekte Aussagen enthalten, auf die ihr in der Prüfung verlässlich Bezug nehmen könnt.

Den Onlinebereich zur Skriptenreihe findet ihr unter www.medi-learn.de/skripte

1 Allgemeines

Bevor man sich mit der Anatomie des Bewegungsapparates beschäftigt, sollte man die Vokabeln zur Orientierung im Raum verstehen und auch anwenden können. Dazu gehören – neben den Ebenen und Achsen - auch die einzelnen Bewegungsarten. Diese alltäglichen Begriffe sollten in Fleisch und Blut übergehen, was sicherlich am besten gelingt, wenn man sich im Geist ein dreidimensionales Bild des Körpers macht und dann den einzelnen Bewegungen die passenden Bezeichnungen zuordnet. So wird nicht nur das Lernen einfacher, sondern auch das erfolgreiche Anwenden des Gelernten in schriftlichen und mündlichen Prüfungen.

Da das folgende Einführungskapitel die Grundlage für alle weiteren bildet, wurde darauf verzichtet einzelne Schwerpunktthemen herauszuarbeiten, denn in vielen Fragen kommen die Begriffe, die hier erklärt sind, eben nicht als das Hauptthema vor, sondern sind Grundvoraussetzung für deren Verständnis.

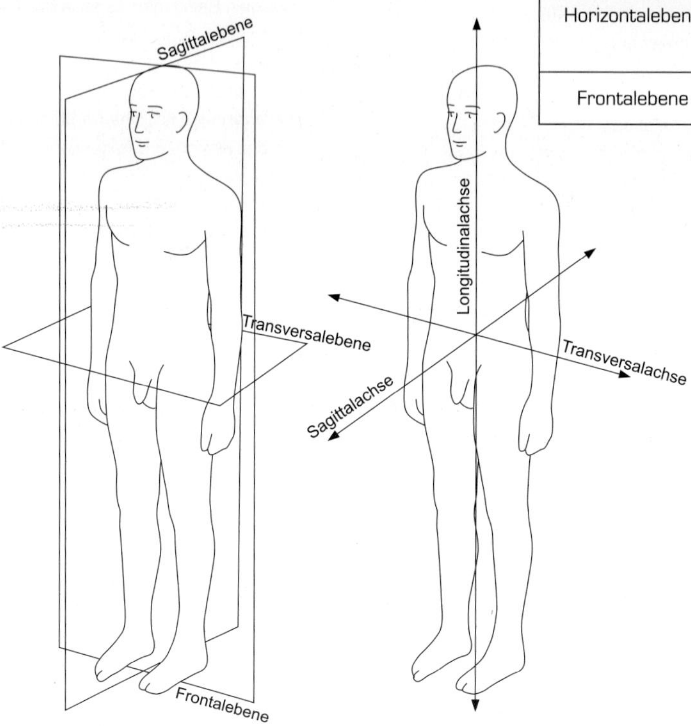

Abb. 1: Achsen und Ebenen

Mit anderen Worten: Obwohl eher selten explizit nach den hier erklärten Begriffen gefragt wird, sind sie extrem wichtig und zwar nicht nur fürs Physikum...

1.1 Achsen und Ebenen

Da es im Raum drei Dimensionen gibt, in denen wir uns bewegen, lässt sich dieser Raum auch mit drei Achsen definieren und verfügt entsprechend über drei Ebenen.

Achse	Richtung im Körper
Sagittal	vorne nach hinten
Transversal	links nach rechts
Longitudinal	oben nach unten

Ebene	Unterteilt den Körper in
Sagittalebene	links und rechts
Transversalebene/ Horizontalebene	oben und unten
Frontalebene	vorne und hinten

Tabelle 1: Achsen und Ebenen

1.2 Bewegungen um Achsen und damit in Ebenen

Eine Bewegung findet immer um eine Achse statt. Anstelle des Begriffs „Achse" benutzt man in der Medizin den Begriff „Freiheitsgrad".

Beispiel:
Zur Begriffserläuterung eignet sich das Beispiel eines Fahrradreifens: Das Rad kann sich nach vorne oder nach hinten um die Achse drehen. In diesem Fall sind vorne und hinten die möglichen Bewegungen. Der Bewegungsvorgang spielt sich innerhalb einer Ebene ab, die durch die Speichen dargestellt wird.

MERKE:
Um einen Freiheitsgrad (= Achse) gibt es immer zwei mögliche Bewegungen, die innerhalb einer Ebene ablaufen.

Da wir pro Freiheitsgrad zwei mögliche Bewegungen haben, gibt es insgesamt folglich sechs Bewegungen. Dies sind:

Achse	Bewegungen	In der Ebene
Sagittal	Abduktion und Adduktion	Frontalebene
Transversal	Flexion und Extension	Sagittalebene
Longitudinal	Innenrotation und Außenrotation	Transversalebene/ Horizontalebene

Tabelle 2: Achsen

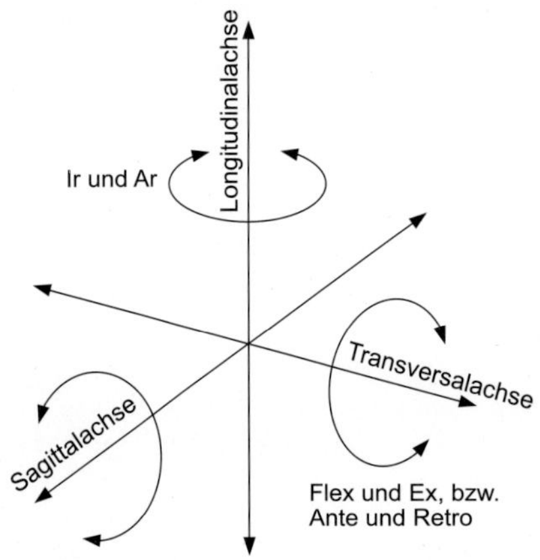

Abb. 2: Bewegungen

MERKE:
An sich gibt es im Körper nur 6 Bewegungen, von denen jeweils 2 gegenläufig sind. Diese beiden spielen sich in einer Ebene um eine Achse (= Freiheitsgrad) ab.
Die zusätzlich existierenden weiteren Bezeichnungen sind lediglich Unterarten oder Kombinationen der bekannten 6 Bewegungen. Solche Fallen sollten einen jedoch nicht von dem einfachen und praktikablen „6-Bewegungs-Wissen" abhalten.

Beispiele:

Begriff	Ist folgende Bewegung
Elevation	Abduktion über 90° im Schultergelenk
Anteversion	So wird auch die Flexion in Schulter- und Hüftgelenk genannt
Retroversion	So wird auch die Extension in Schulter- und Hüftgelenk genannt
Zirkumduktion	Eine Kombinationsbewegung aller 6 Bewegungen, in der ein Arm oder ein Bein einen Kegel in die Luft malt
Opposition	Daumen an den kleinen Finger heranbringen (ist eine Kombination aus Flexion und Adduktion)
Reposition	Daumen vom kleinen Finger wegbewegen (ist eine Kombination aus Extension und Abduktion)

Tabelle 3: Bewegungskombinationen

Abd = Abduktion, Add = Adduktion, Flex = Flexion, Ext = Extension, Ante = Anteversion, Retro = Retroversion, Ir = Innenrotation, Ar = Außenrotation

1.3 Gelenktypen und Freiheitsgrade

Gelenke können - je nach ihrer Bauart - in solche mit 1, 2 oder 3 Freiheitsgraden unterteilt werden (mehr als 3 Freiheitsgrade sind nicht möglich, weil es nicht mehr als 3 Ebenen im dreidimensionalen Raum gibt). Pro Freiheitsgrad gibt es 2 Bewegungen, was bedeutet, dass ein Gelenk mindestens 2 und höchstens 6 Bewegungen zulässt.

Gelenktyp	Freiheitsgrade
Scharniergelenk	1
Radgelenk	1
Eigelenk	2
Sattelgelenk	2
Kugelgelenk	3

Tabelle 4: Freiheitsgrade

1.3.1 Diarthrosen und Synarthrosen

Als **Diarthrosen** bezeichnet man **echte Gelenke**. Dazu zählen auch die **Amphiarthrosen**, obwohl diese nur ein geringes Bewegungsausmaß zulassen (z.B. kleine Fußgelenke, ilio-sakrales Gelenk).

Alle echten Gelenke müssen folgende **obligate Anteile** besitzen:

- mindestens zwei Knochenanteile,
- einen Gelenkspalt zwischen den Knochen,
- eine Gelenkkapsel mit der innen anliegenden Membrana synovialis und
- Gelenkknorpel.

Fakultative Anteile sind:

- Menisken,
- Disci und
- Bänder.

Synarthrosen werden auch „Haften" genannt. Sie sind keine echten Gelenke, sondern **Knochenverbindungen**, da sie sich zwar mehr oder weniger gegeneinander bewegen, aber keine typischen Anteile eines echten Gelenkes aufweisen. Meistens sind sie recht straff und durch Bänder, Knorpel oder Knochen fest miteinander verbunden.

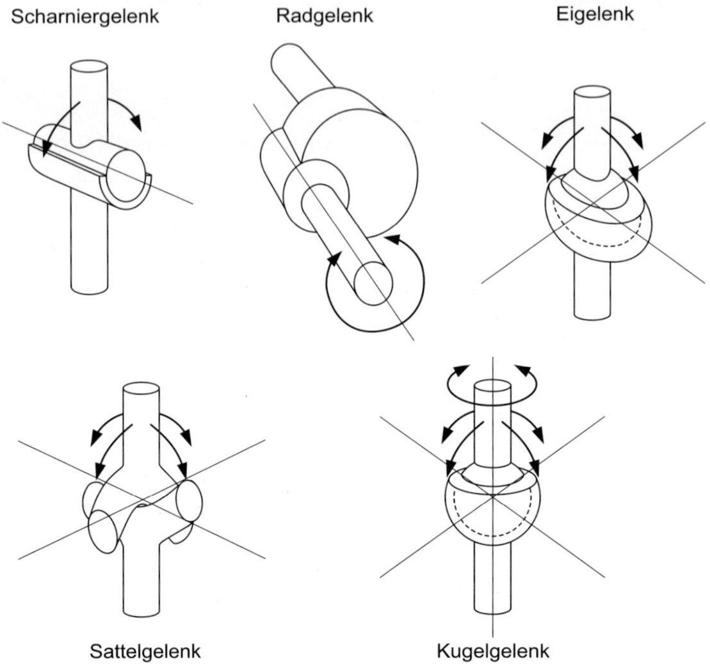

Abb. 3: Gelenktypen

Synarthrosen	Verbindung	Beispiel
Syndesmosen	Bänder	• Membrana interossea • Schädelsuturen
Synchondrosen	Knorpel	• Zwischenwirbelscheiben • Symphysis pubica
Synostosen	Knochen	• Fossa acetabuli

Tabelle 5: Synarthrosen

1.4 Gelenkphysik

Der **Hebelarm** ist der Abstand des Gelenks vom Ansatzpunkt eines Muskels. Je größer der Hebelarm ist, desto effektiver ist die Muskelwirkung. Mit der Stellung des Gelenks ändert sich auch der virtuelle (= wirksame) Hebelarm. Je größer dieser ist, desto effizienter wird die Muskelwirkung ausgenutzt. In Streckstellung ist der virtuelle Hebelarm sehr klein, was dazu führt, dass die meiste Kraft nur zum Aufeinanderpressen der Knochenanteile verwendet wird. In Beugestellung wächst der virtuelle Hebelarm und die Kraft kann als **Hubkraft** (= als Bewegung) genutzt werden.

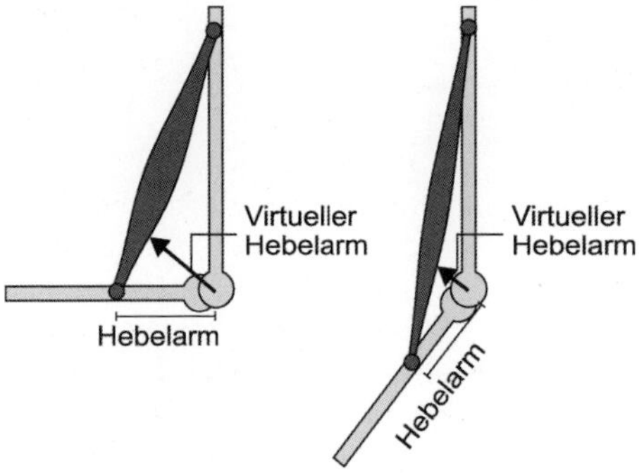

Abb. 4: Virtueller Hebelarm

1.4.1 Zuggurtung

Das beste Beispiel für eine Zuggurtung ist der Tractus iliotibialis mit seiner Wirkung auf den Femur. Ohne Zuggurtung würden im Einbeinstand auf die mediale Seite des Femurs Druckkräfte, auf die laterale Seite Zugkräfte wirken. Zugkräfte können Knochen jedoch nicht gut vertragen und Knochenbrüche wären die Folge.
Als Gegenmittel gibt es die **Zuggurtung**: Neben dem Knochen wird lateral ein Zügel eingebaut, der die entstehenden **Zugkräfte in Druckkräfte umwandelt** = **Zuggurtungsprinzip**. Daher bestehen nun auf beiden Seiten Druckkräfte, die der Knochen gut aushalten kann.

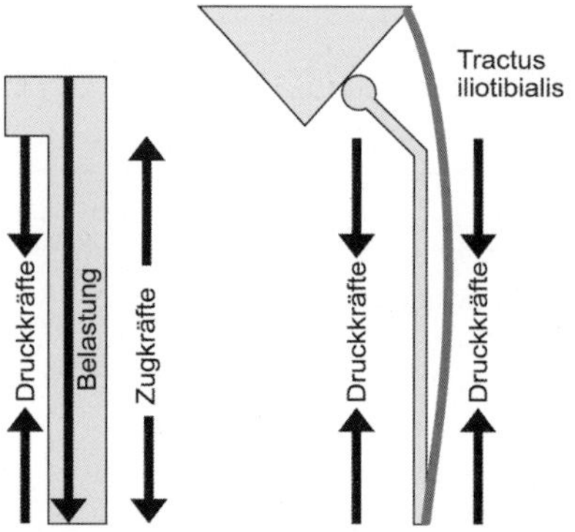

Abb. 5: Zuggurtung

1.5 Aktive und passive Insuffizienz

Wenn man sich ausschließlich die Knochen vorstellt und alle anderen Anteile vernachlässigt, hat ein Gelenk fast immer ein sehr viel höheres Bewegungsausmaß als das in der Realität der Fall ist. Offensichtlich wird dies bei Betrachtung der Bewegungsmöglichkeiten des Hüftgelenks am Skelett, wenn man die theoretisch möglichen Bewegungen, mit denen vergleicht, die man selbst durchführen kann.
Ursachen hierfür sind auf der einen Seite **Hemmungen**:

- Knochenhemmung bedeutet, dass ein Knochen die Bewegung limitiert,
- Weichteilhemmung bedeutet entsprechend, dass Weichteile der Bewegung im Wege stehen,
- Bänderhemmung bedeutet, dass Bänder so straff sind, dass sie eine Bewegung beenden.

Auf der anderen Seite sind **aktive und passive Insuffizienzen** bewegungslimitierend. Hierbei

spielen die Muskeln, die ein Gelenk bewegen, die Hauptrolle.
Ein **Agonist** bewegt das Gelenk in eine Richtung (z.B. Extension), der **Antagonist** macht dann das Gegenteil (= Flexion). Wichtig zu wissen ist, dass der Antagonist dann gedehnt wird, wenn der Agonist sich verkürzt.
Als Beispiel dient wieder einmal das Hüftgelenk: Am Skelett kann man eine Flexion von 180° durchführen. In Wirklichkeit schafft man aber nur so um die 130°, und das auch nur bei gebeugtem Knie. Das liegt daran, dass der Hüftbeuger bei ca. 130° Flexion seine absolute Verkürzungslänge - sie wird auf fachdeutsch **Hubhöhe** genannt - erreicht hat, und damit die Bewegung nicht weiter ausgeführt werden kann. Diese Art der Begrenzung bezeichnet man als **aktive Insuffizienz**.
Versucht man das gleiche mit gestrecktem Knie, ist die Hüftbeugung nur noch bis ca. 90° möglich. Außerdem spürt man, wie die Hüftstrecker auf der Oberschenkelrückseite gedehnt werden. Das liegt daran, dass bei gestrecktem Kniegelenk die Antagonisten der Hüftbeugung (= die Hüftstrecker) schon vorgedehnt sind. Verkürzen sich jetzt die Beuger, werden die Strecker bis zum Maximum gedehnt und limitieren dadurch die Bewegung, was als **passive Insuffizienz** bezeichnet wird.

MERKE:

Insuffizienz	Erklärung	Beispiel
Aktive Insuffizienz	Da der Agonist einer Bewegung seine kürzeste Hubhöhe erreicht hat, wird die Bewegung beendet.	Hüftbeugung bei gebeugtem Kniegelenk
Passive Insuffizienz	Der Agonist hat zwar seine kürzeste Hubhöhe noch nicht erreicht, aber sein Antagonist ist so sehr gedehnt, dass dieser die Bewegung limitiert.	Hüftbeugung bei gestrecktem Kniegelenk

Tabelle 6: Aktive und passive Insuffizienz

1.6 Muskelfaszien und Muskellogen

Wichtig hierbei ist der Begriff **Septum intermusculare**. Von der großen Körperfaszie (= Scarpa fascie) ziehen Bindegewebsstränge (= Septa intermuscularia) zum Knochen und bilden damit **Muskellogen**.
Die Muskeln, die innerhalb einer Loge liegen werden als **Muskelgruppen** bezeichnet, wie z.B. die Flexoren in der Flexorenloge des Oberarms. Die Kenntnis der Muskelgruppen ist hilfreich, da bis auf einige Ausnahmen alle Muskeln in einer Loge von dem gleichen Nerv motorisch innerviert und auch von den gleichen Gefäßen versorgt werden. Eine Tatsache, die das Lernen sehr viel einfacher macht.

Übrigens...

Nur weil ein Muskel in der Extensorenloge liegt, muss er noch lange kein Extensor sein (s. M. sartorius Tab. 29, S. 39)!

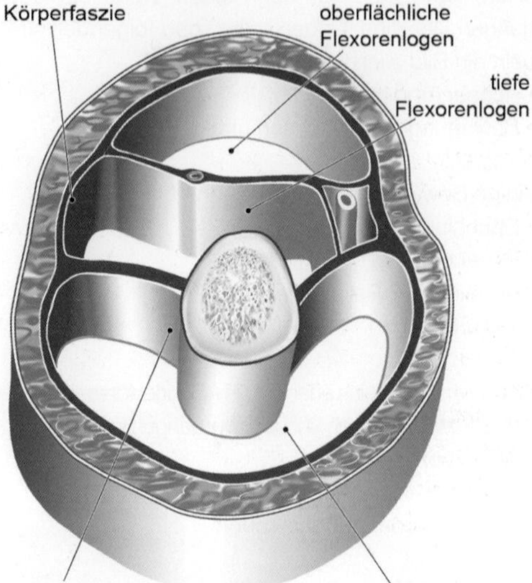

Abb. 6: Muskellogen

Kompartmentsyndrome

Die Muskellogen bilden abgeschlossene Kompartimente. Kommt es zur Druckerhöhung innerhalb eines oder mehrerer Kompartimente und wird hierdurch der arterielle Kapillarperfusionsdruck überschritten (ab etwa 40 mmHg) folgt eine Minderperfusion. Im schlimmsten Fall führt das zum Absterben aller Strukturen in der betroffenen Loge mit Ausbildung einer Volkmann-Kontraktur. Obwohl hierbei die Kapillarperfusion gestört ist, lassen sich die peripheren Pulsationen ggf. noch tasten. Um den Druck zu senken, muss sofort eine operative Spaltung (= Fasciotomie) der Logen erfolgen. Am häufigsten tritt ein Kompartmentsyndrom in der Externsorenloge des Unterschenkels auf, prinzipiell aber kann jede Muskelloge betroffen sein.

DAS BRINGT PUNKTE

In diesem Kapitel wurden die typischen Vokabeln behandelt, die eine Orientierung im Körper ermöglichen. Begriffen wie Achsen, Ebenen und den dazugehörigen Bewegungen ein inneres Bild zuzuordnen, erscheint anfangs schwierig. Es geht aber schnell ins Alltägliche über, wenn man grundsätzlich nur die hier erwähnten Vokabeln benutzt.
Viele Fragen im schriftlichen und mündlichen Physikum kann man nur dann lösen, wenn die Bewegungen klar sind. Daher sollte man folgenden Vokabeln ein Bild zuordnen können:
- Achsen und Ebenen
- Bewegungen um Achsen und in Ebenen

Einige Bewegungen haben eigene Namen:
- Opposition, Reposition
- Elevation
- Anteversion, Retroversion
- Zirkumduktion

Dabei handelt es sich aber nur um „Sonderformen" (s. Tab. 3, S. 2) der möglichen sechs Bewegungen im Körper:
- Abduktion, Adduktion
- Flexion, Extension
- Innenrotation, Außenrotation

Häufig werden auch die Gelenktypen gefragt. Jedes größere Gelenk im Körper sollte man dem richtigen Typ zuordnen können (s. einzelne Gelenke im Skript). Gerade wenn es sich um Sonderformen handelt (s. Tab. 3, S. 2 Hand- und Fingergelenke), kann man leicht ins Schleudern geraten. Die bekanntesten 5 Typen sind:
- Kugelgelenk
- Scharniergelenk
- Eigelenk
- Sattelgelenk
- Radgelenk

Ein Gelenk kann maximal drei Freiheitsgrade haben und damit höchstens sechs Bewegungen. Auch die Anzahl der Freiheitsgrade zum Gelenktyp sollte man wissen, denn damit wird die Zuordnung der möglichen Bewegungen leichter.
Aktive und passive Insuffizienz werden alle zwei bis drei Jahre im schriftlichen Physikum gefragt, zum Glück aber immer das gleiche Beispiel mit der Flexion im Hüftgelenk bei gebeugtem und gestrecktem Knie:
- Aktive Insuffizienz = Beendigung der Hüftbeugung bei gebeugtem Kniegelenk
- Passive Insuffizienz = Beendigung der Hüftbeugung bei gestrecktem Kniegelenk

BASICS MÜNDLICHE

Auch in der mündlichen Prüfung ist ein sicherer Umgang mit den Bewegungen, Achsen, Ebenen und Gelenktypen unerlässlich, da das dem Prüfer die Sicherheit des Prüflings demonstriert. Oft werden Fragen zu diesen Themen als „Einführung" in die Prüfung benutzt, um so das Basiswissen zu prüfen. Wer die Chance hat, auf das Zuggurtungsprinzip zu kommen, sollte dieses Wissen auf alle Fälle anbringen, da es zeigt, dass der Prüfling einen wichtigen Zusammenhang verstanden hat und mehr als nur die Vokabeln beherrscht.

Wie viele und welche Bewegungen kennen Sie?
Sechs: Abd, Add, Ir, Ar, Flex, Ext
Zusätzlich Kombinationsbewegungen:
Zirkumduktion, Opposition, Reposition

In welcher Ebene um welche Achse verläuft die Flexion?
In der Sagittalebene um die Transversalachse.

Nennen Sie einen Gelenktypen des menschlichen Körpers mit Beispiel.
Scharniergelenk: distales Interphalangealgelenk und proximales Interphalangealgelenk
Kugelgelenk: Schultergelenk
Sattelgelenk: Daumensattelgelenk

Was ist eine Zuggurtung?
Der Tractus iliotibialis. Sein Prinzip ist es, Zug- in Druckkräfte umzuwandeln.

Was sind Muskellogen?
Bindegewebsräume, die die Muskeln in Gruppen zusammenfassen, die meistens von ein und demselben Nerven und auch demselbem Gefäß versorgt werden.
Beispiel: oberflächliche und tiefe Flexorenloge am Unterschenkel.

DAMIT SICH DIE GRUNDLAGEN ORDENTLICH FESTIGEN KÖNNEN, EMPFIEHLT SICH EINE KURZE PAUSE.

2 Obere Extremität

Gerade das Thema obere Extremität eignet sich sehr gut, Faktenwissen zu prüfen. Im schriftlichen Teil des Physikums werden dazu sowohl Bild- als auch Textfragen gestellt, die eigentlich nur reines Auswendiglernen voraussetzen. Aber wie immer kann man sich das Lernen viel einfacher machen, wenn man nicht stur Lernkarten paukt, sondern die einzelnen Themen auf das Wesentliche reduziert und diese „Lernhäppchen" dann versteht. Das Reduzieren haben wir gemacht, das Verstehen ist jetzt euer Part... Bei der oberen Extremität sind einige Muskeln und Nervenverläufe (s. Hinweise im Text) typische Themen, die nicht nur im Schriftlichen zum Punktesammeln dienen, sondern auch in mündlichen Prüfungen gerne als Einstiegsfragen dienen, um zu testen, ob man die Grundlagen verstanden hat.

2.1 Gelenke und Bänder

Die Gelenke und Bänder dienen der Bewegung und der Sicherung der Gelenkanteile. Da der Arm im Schultergelenk die am besten bewegliche Extremität des Körpers ist, wird ihm besonders großes Interesse entgegen gebracht.

2.1.1 Schultergelenk

Der **Schultergürtel** verbindet den Rumpf mit dem Arm. Er besteht aus Scapula und Clavicula. Diese beiden Knochen bewegen sich bei fast jeder Bewegung der Schulter mit und bilden daher zusammen mit dem eigentlichen Schultergelenk eine **funktionelle Einheit.**

Übrigens...

Diese Gelenke werden zwar sehr selten im schriftlichen Physikum gefragt und daher an dieser Stelle auch kurz gehalten, sind aber für das Verständnis der Schulter wichtig und daher doch wieder prüfungsrelevant.

Insgesamt besteht die funktionelle Einheit der Schulter aus vier Anteilen:

- drei echten Gelenken (zwei Gelenke der Clavicula + das Schultergelenk) und
- der thorako-scapularen Gleitschicht, die kein echtes Gelenk ist.

Besonders wichtig ist die thorako-scapulare Gleitschicht, durch die wir den Arm über 90° abduzieren können. Dieser Vorgang funktioniert so: Steht der Arm bei ca. 90° Abduktion, würde theoretisch der Humerus an das Acromion stoßen. Dazwischen liegt die Bursa subacromialis, eine Art Stoßdämpfer, um das Aneinanderstoßen beider Knochen zu verhindern. Verschiedene Muskeln drehen nun die Scapula mit der unteren Spitze nach außen, dadurch wird das Acromion weggedreht und der Weg für den Humerus nach oben ist frei (= die Abduktion über 90° kann durchgeführt werden).

Merke:

Die Abduktion über 90° im Schultergelenk wird Elevation genannt, ist aber eine ganz normale Abduktion.

Übrigens...

Die **Bursa subacromialis** ist der einzige Schleimbeutel, der jemals im Physikum gefragt wurde.

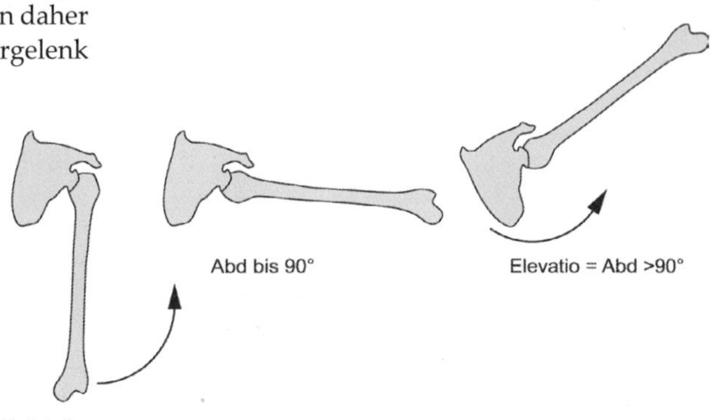

Abb. 7: Elevation

Die **Clavicula** dient als „Führungsstange" im Gefüge. Sie bildet die eigentliche Verbindung zwischen Arm und Rumpf. Ihre zwei Gelenke sind die Articulatio sterno-claviculare und die Articulatio acromio-claviculare.

Das **sterno-claviculare** Gelenk ist ein Zweikammergelenk, das durch einen **Discus articularis** unterteilt ist.

Das **acromio-claviculare** Gelenk - auch **Schultereckgelenk** genannt - ist eigentlich keiner typischen Gelenkart zuzuordnen. Als Notlösung spricht man daher von einem funktionell eingeschränkten Kugelgelenk.

Das Hauptgelenk der Schulter ist die **Articulatio humeri**, dessen Kopf vom Humerus und dessen Pfanne von der **Cavitas glenoidalis** der Scapula gebildet wird. Dies ist das Kugelgelenk mit der größten Bewegungsfreiheit im menschlichen Körper. Die Gründe dafür sind:

- **Großer Kopf und kleine Pfanne** (Verhältnis ca. 4:1, mit dem Nachteil, dass es sehr leicht luxiert); dieses Verhältnis wird durch das **Labrum glenoidale** etwas zu Gunsten der Pfanne verbessert.
- Es ist **muskelgesichert** (Achtung: es gibt hier auch einige Bänder, die absolut wichtig sind, s. Tab. 7, S. 9).
- Sehr **schlaffe Gelenkkapsel**, damit genügend Spielraum für die Knochen vorhanden ist. Dieser Reserveanteil der Kapsel liegt in der Achsel und ist der **Recessus axillaris**, der sich bei Abduktion spannt (vergleichbar mit einem Hemd, das bei adduziertem Arm in der Achsel Falten wirft).

Übrigens...

Die Gelenkkapsel hat noch eine Besonderheit: durch die Kapsel hindurch - also **intraartikulär - läuft die Sehne des langen Bizepskopfes.** Man sagt zwar, die „Sehne läuft frei durch das Gelenk", aber in Wirklichkeit liegt sie innerhalb einer röhrenartigen Verschiebeschicht (= Vagina intertubercularis), die dafür sorgt, dass am Austrittspunkt der Sehne aus der Kapsel keine Synovialflüssigkeit heraustritt.

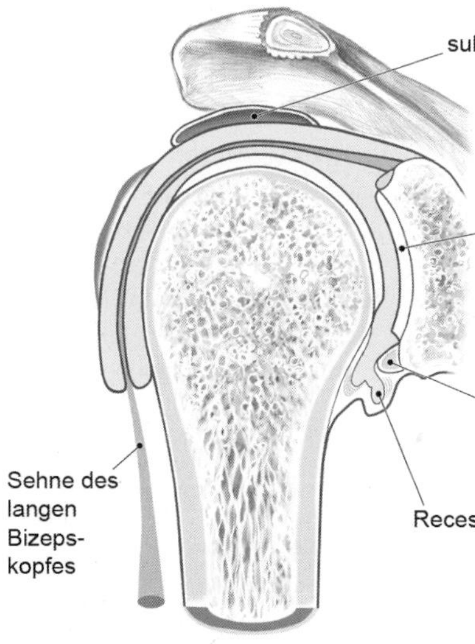

Abb. 8: Schultergelenk

Bewegungen

Die Bewegungen im Schultergelenk sind die typischen sechs (s. Tab. 3, S. 2), werden jedoch anders genannt:

- **Flexion/ Extension heißen hier Anteversion und Retroversion.**
- **Die Abduktion über 90° heißt Elevation.**
- Innen- und Außenrotation behalten ihre Namen (dem Himmel sei Dank...).
- Die Zirkumduktion ist eine Kombinationsbewegung aller sechs, bei der der Arm einen Kegel in die Luft zeichnet.

Bänder

Sicher beherrschen sollte man die **drei Bänder** im Schultergelenk. Eine typische Falle ist, dass zwei der drei Bänder einen sehr ähnlichen Verlauf haben, aber unterschiedlich heißen: Es gibt **zwei Ligamenta coracoclavicularia**; das vordere heißt **Ligamentum trapezoideum**, das hintere **Ligamentum conoideum**. Ihre Funktion ist es - zusammen mit dem Ligamentum acromio-claviculare - die Clavicula an ihrem lateralen Ende unten am Acromion zu halten. Das ist wichtig, da der Zug des Musculus trapezius die Clavicula ansonsten nach kranial ziehen würde.

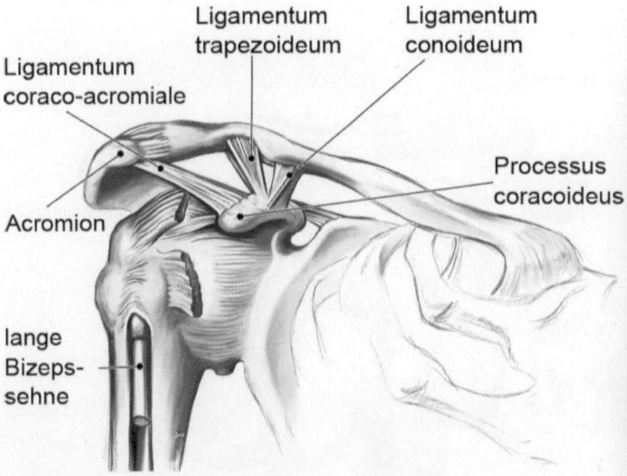

Abb. 9: Schulterbänder

Übrigens...

Die „Tossi-Verletzungen" sind Zerreißungen dieses Bandapparates, wodurch die Clavicula an ihrem lateralen Ende nach kranial schaut. Drückt man sie runter, schmerzt es und der Patient stöhnt. Lässt man los, springt die Clavicula wieder hoch, was zur Bezeichnung Klaviertastenphänomen geführt hat.

Schließlich sollte man noch das **Ligamentum coracoacromiale** kennen, das ein Dach über dem Humeruskopf bildet.

MERKE:

1. thorako-scapulare Gleitschicht	• Kein echtes Gelenk • Ermöglicht die Elevation durch „nach außen drehen" des unteren Scapulaanteils
2. Art. sterno-clavicularis	• Ist die einzige knöcherne Verbindung Arm zu Rumpf • Hat einen Discus articularis
3. Art. acromio clavicularis	• Auch Schultereckgelenk • Lig. acromioclaviculare
4. Art. humeri	• Das eigentliche Schultergelenk • Kugelgelenk mit der größten Bewegungsfreiheit des Menschen • Muskelgesichert • Großer Kopf, kleine Pfanne (Stabilität durch Labrum glenoidale verbessert) • Bursa subacromialis • Recessus axillaris, bei Abduktion gespannt • Intraartikulär verlaufende lange Bizepssehne • Ligamenta: trapezoideum, conoideum und Ligamentum coracoacromiale

Tabelle 7: Überblick über die funktionelle Einheit der vier Gelenke an der Schulter

2.1.2 Ellbogengelenk

Auch das Ellbogengelenk ist nicht ein Gelenk, sondern eine funktionelle Einheit aus vier einzelnen Gelenken. In Ermangelung vernünftiger Namen spricht man beim Ellbogengelenk von einem „Drehscharniergelenk" (= Trochoginglymus). Obwohl diese vier Gelenke alle zusammen arbeiten, haben sie streng getrennte Aufgaben:

1. **Articulatio humeroulnaris** ist ein **reines Scharniergelenk, in dem nur Flexion und Extension** durchgeführt werden.
2. **Articulatio humeroradialis** ist ein funktionell eingeschränktes Kugelgelenk, mit vernachlässigbarer Funktion.
3. und 4. **Articulatio radioulnaris proximalis und Articulatio radioulnaris distalis**. Diese beiden bilden eine funktionelle Einheit, bestehend aus einer festen **Ulna, um die herum sich der Radius drehen kann** (= „das

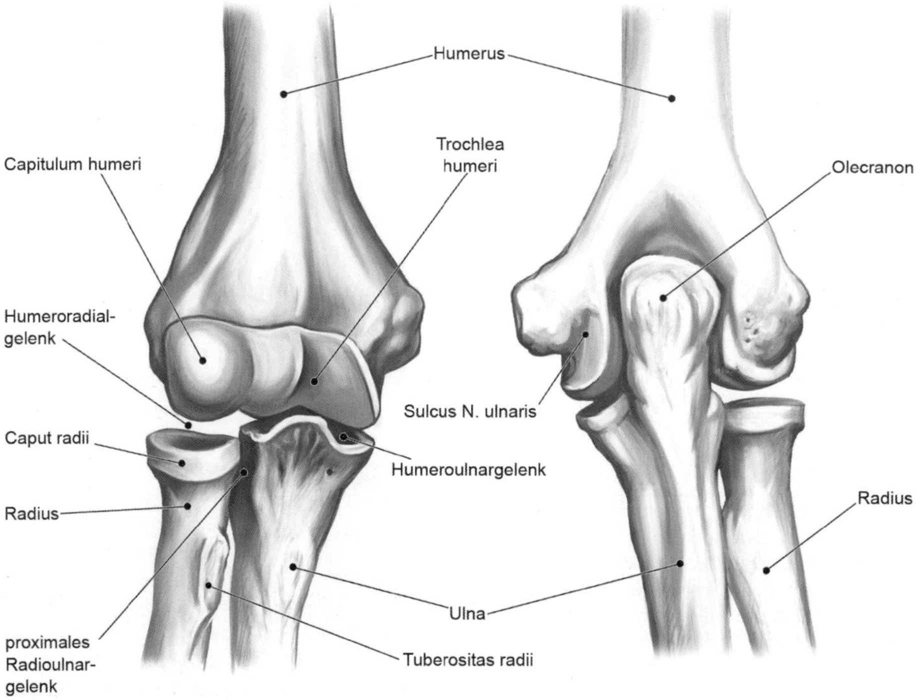

Abb. 10: Ellbogenknochen (s.a. IMPP-Bild 6 im Anhang S. 70)

Rad dreht sich"). Sie sind für **Pronation und Supination** zuständig und werden durch die **Membrana interossea** verbunden.

Übrigens...

In der Gelenkkapsel des Ellbogengelenks liegen die drei ersten Gelenke. Die Articulatio radioulnaris distalis besitzt eine eigene Gelenkkapsel direkt vor dem Handgelenk, hat aber funktionell NICHTS mit dem Handgelenk zu tun!

MERKE:

- Supination: „als ob man Suppe tragen würde": die Handfläche zeigt bei gebeugtem Ellbogen nach oben. Bei der Supination steht der Radius parallel zur Ulna. Die Membrana interossea ist gespannt.
- Pronation: „als ob man B(P)rot greifen würde": die Handfläche zeigt bei gebeugtem Ellbogen nach unten. Bei der Pronation überkreuzt der Radius die Ulna. Die Membrana interossea ist schlaff.

Bänder

An Bändern sollte man kennen:

- Auf der medialen Seite das **Ligamentum collaterale ulnare**, eine feste Verbindung zwischen Humerus und Ulna.
- Das immer wieder gern gefragte **Ligamentum anulare**, das von der Ulna ausgehend, sich einmal kreisförmig um das Radiusköpfchen herumlegt und wieder an der Ulna ansetzt.
- Das **Ligamentum collaterale radiale** auf der Lateralseite. Dieses Band hat seinen Ursprung am Humerus, setzt aber nicht - wie man es erwarten würde - am Radius an, sondern am **Ligamentum anulare.**

Übrigens...

Abgesehen von der Tatsache, dass auch der dritte Punkt gerne im Physikum gefragt wird, ist er die Ursache für das Krankheitsbild **Pronatio dolorosa**: Zieht man bei einem Kind (bei Kindern sind die Bänder noch nicht so fest wie bei Erwachsenen) kurz aber kräftig am Arm (das passiert oft, wenn man ein Kind an der Hand hält, und das dann stolpert), so wird Zug auf die Kollateralbänder ausgeübt. Da das **Ligamentum collaterale radiale am Ligamentum anulare be-**

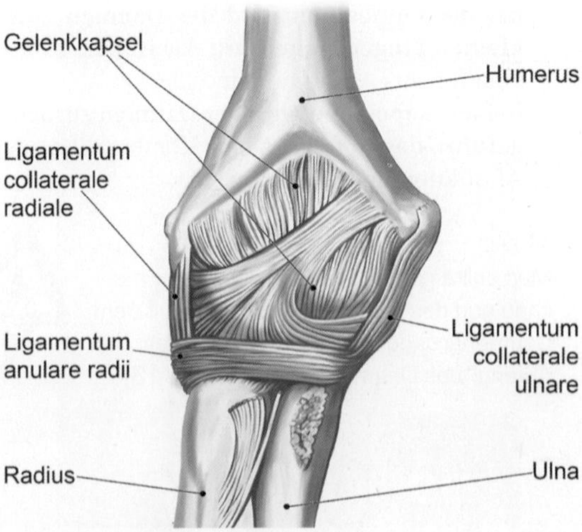

Abb. 11: Ellbogenbänder

festigt ist, kann das Ligamentum anulare über das Radiusköpfchen hinausrutschen und im Gelenkspalt zwischen Radius und Humerus eingeklemmt werden. Das tut dann ordentlich weh. Aber keine Angst: Durch einen gekonnten manualtherapeutischen Handgriff springt das Band wieder in seine alte Position zurück und alles ist wieder gut...

MERKE:

Art. humero-ulnaris	• Reines Scharniergelenk • Flexion und Extension • Lig. collaterale ulnare • Lig. collaterale radiale Achtung: Ansatz am Lig. anulare
Art. humero-radialis	• Funktionell eingeschränktes Kugelgelenk
Art. radioulnaris proximalis	• Funktionelle Einheit mit dem distalen Radio-ulnar-Gelenk • Pronation und Supination • Lig. anulare
Art. radioulnaris distalis	• Funktionelle Einheit mit dem proximalen Radio-ulnar-Gelenk • Pronation und Supination • Liegt in eigener Gelenkkapsel in der Nähe des Handgelenks, hat aber funktionell nichts damit zu schaffen!

Tabelle 8: Überblick über die funktionelle Einheit der vier Gelenke am Ellbogen

2.1.3 Handgelenke

Es gibt eine Unzahl von kleinen Handgelenken, die sich zwischen den Handwurzeln ausbilden. Für uns sind glücklicherweise aber nur zwei von Interesse:

- Die **Articulatio radio-carpalis** (= proximales Handgelenk) liegt zwischen dem Radius (als Gelenkpfanne) und der proximalen Handwurzelknochenreihe (als Gelenkkopf). Es ist ein **Ellipsoidgelenk mit zwei Freiheitsgraden**, also vier möglichen Bewegungen: **Palmarflexion** gegen **Dorsalextension** sowie **Ulnarabduktion** gegen **Radialabduktion**. Als zusätzliche Struktur existiert der **Discus articularis**. Der ist wichtig, denn er liegt zwischen der Ulna und den proximalen Handwurzelknochen und bildet den zweiten Teil der Gelenkpfanne.

MERKE:

Man sollte sich angewöhnen, an der Hand die Richtungen der Bewegung mit zu nennen, denn manchmal wird die Dorsalextension auch Dorsalflexion genannt (leider auch immer noch in den Fragen des schriftlichen Examens...). Solange ihr euch aber auf die Richtung (dorsal, palmar, ulnar, radial) konzentriert, kann euch das was dahinter steht recht egal sein.

- Das zweite Gelenk ist die **Articulatio mediocarpalis**, das sich zwischen beiden Handwurzelknochenreihen ausbildet. Das ist ein verzahntes Scharniergelenk, das bis jetzt zwar meist als Falschantwort im schriftlichen Physikum auftauchte; aber wer im Mündlichen das Thema Art. radiocarpalis bekommt, sollte auch immer einige Sätze zur Art. mediocarpalis auf Lager haben.

MERKE:

Art. radio-carpalis	• Ellipsoidgelenk • Dorsalextension gegen Palmarflexion und Radialabduktion gegen Ulnarabduktion • Gelenkkopf: prox. Handwurzelknochen • Gelenkpfanne: Radius und Discus articularis
Art. medio-carpalis	• Verzahntes Scharniergelenk

Tabelle 9: Überblick über die beiden prüfungsrelevanten Handgelenke

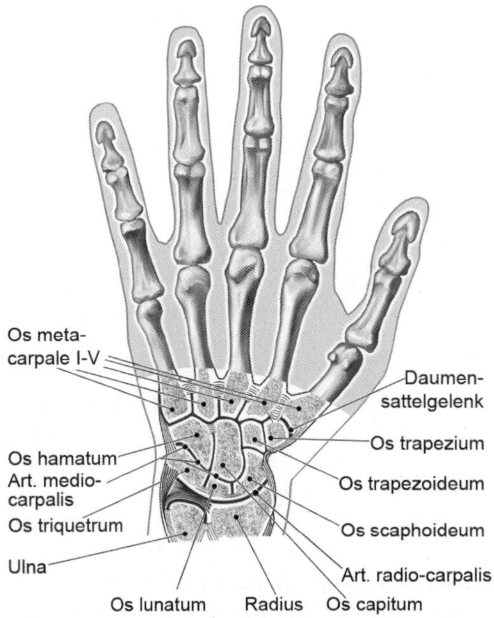

Abb. 12: Handgelenke (s.a. IMPP-Bild 5 im Anhang S. 70)

2.1.4 Fingergelenke

Hier ist es sehr wichtig, sich die Zeit zu nehmen und die einzelnen Namen der Gelenke genau durchzulesen. Es gibt viele Gelenke mit ähnlichen Namen, was einen nicht verwirren darf, denn genau darauf sind die Fragen im schriftlichen Physikum ausgerichtet. Also: Die einzelnen Themen sind zwar einfach, aber wenn man erstmal auf die falsche gedankliche Bahn geraten ist, sind Fehler leider unvermeidlich.

Articulatio carpometacarpalis I (= Daumensattelgelenk)

Übrigens...

Ein Gelenk, das man einfach **kennen muss,** weil alle danach fragen: Das Physikum, die Professoren und sogar Günther Jauch bei seiner Quiz-Show.

Das **Daumensattelgelenk** ist die Verbindung zwischen Os trapezium und dem ersten Mittelhandknochen. Die Gelenkflächen sind wie Sattel geformt, es hat zwei Freiheitsgrade und daher vier Bewegungsmöglichkeiten: Flexion, Extension, Adduktion und Abduktion. Zusätzlich gibt es noch als Besonderheiten die beiden Kombinationsbewegungen **Opposition** und **Reposition**:

- **Bei der Opposition wird der Daumen zum kleinen Finger hingeführt;** das ist eine Kombination aus Adduktion und Flexion.
- **Bei der Reposition wird der Daumen zurückgeführt**, das ist folglich eine Kombination aus Abduktion und Extension.

MERKE:
Man sollte niemals den Kardinalfehler machen und das Daumensattelgelenk mit dem Daumengrundgelenk verwechseln, das „den Anfang" des Daumens bildet (s. Abb. 13)!

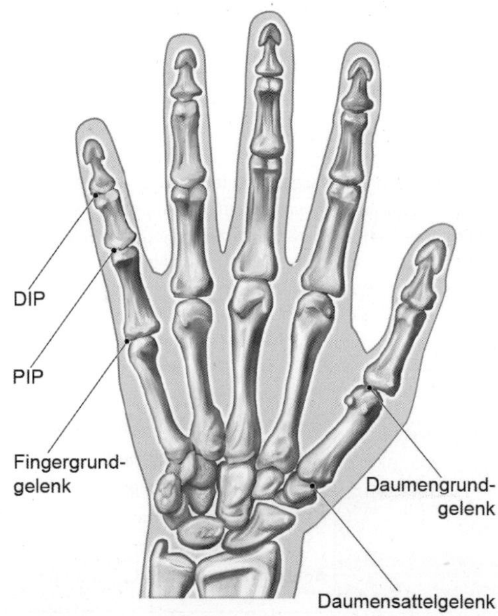

Abb. 13: Fingergelenke

Articulationes carpometacarpales II-V

Das sind die Verbindungen der distalen Handwurzelknochen mit den Mittelhandknochen. Im Gegensatz zum Daumensattelgelenk sind es Kugelgelenke mit eingeschränkter Funktion und werden so gut wie nie gefragt.

Articulationes metacarpophalangeales (= Fingergrundgelenke)

Das sind die Verbindungen der Mittelhandknochen mit den Fingern (= „der Anfang" der Finger). Das **Daumengrundgelenk** (nicht mit dem Daumensattelgelenk verwechseln!, s. Spalte 1) ist ein **Scharniergelenk** (Flexion und Extension), die übrigen vier sind **durch Kollateralbänder funktionell ein-**

geschränkte Kugelgelenke. Diese Kollateralbänder sind bei Flexion der Grundgelenke angespannt.

Interphalangealgelenke

Das sind die Gelenke zwischen den einzelnen Fingerknochen. Im Daumen haben wir (wie jeder unschwer an sich selbst erkennen kann) nur eines, an den übrigen Fingern gibt´s zwei davon. Alle sind Scharniergelenke, können also nur Flexion und Extension durchführen.

Übrigens...

„PIP" steht hier für proximales Interphalangealgelenk und das zwischen dem ersten und zweiten Fingerknochen liegende **„DIP"** für distales Interphalangealgelenk.

DAS BRINGT PUNKTE

Gerade das Schulter- und das Ellbogengelenk werden im schriftlichen Physikum gerne gefragt. Macht man sich klar, dass beide in je vier Gelenke eingeteilt werden können, die zusammen funktionelle Einheiten bilden, wird das Lernen sehr viel einfacher.

Schultergelenk:
- drei echte Gelenke (= Art. sternoclaviculare, acromioclaviculare und Art. humeri) und thorakoscapulare Gleitschicht bilden eine funktionelle Einheit
- Elevation (Abd > 90°) durch Gleitschicht möglich

Typische Besonderheiten der Articulatio humeri:
- Verlauf der langen Bizepssehne (= intraartikulär durch die Schultergelenkkapsel)
- Recessus axillaris

Namen der Bewegungen unterscheiden sich etwas vom Standard.
- Ante- und Retroversion entsprechen Flexion und Extension

Ellbogengelenk:
- Vier Gelenke bilden eine funktionelle Einheit:
  - Art. humeroradialis, Art. humeroulnaris, Art. radioulnaris proximalis und Art. radioulnaris distalis
- Drei davon in einer gemeinsamen Kapsel
  - Art. humeroradialis, Art. humeroulnaris, Art. radioulnaris proximalis
- Jedem Gelenk kann eine spezielle Funktion zugeordnet werden:
  - Art. humeroradialis = keine eigtl. Funktion
  - Art. humeroulnaris = Flexion/ Extension
  - Art. radioulnaris proximalis und distalis zusammen = Pronation/ Supination
- Ligamentum anulare mit seinem Verlauf (s. Tab. 8, S. 11):
  - Ursprung an ventraler Ulna, umgibt Radius, Ansatz an dorsaler Ulna
- Ligamentum collaterale radiale mit Ansatz am Ligamentum anulare

Handgelenke:
- Proximales Handgelenk ist ein Eigelenk mit 2 Freiheitsgraden
- Bei Bewegungen immer die Richtung mitsagen (in mündlichen Prüfungen um Verwechslungen zu vermeiden)
- Proximales Handgelenk wird aus Radius und Handwurzelknochen gebildet sowie einem discus articularis, **die Ulna hat NICHTS mit dem proximalen Handgelenk zu tun**
- Der Discus articularis bildet einen Teil der Gelenkpfanne

Fingergelenke:
- Daumensattelgelenk mit seinen Funktionen und seiner Lage (s. Abb. 12, S. 12):
  - Funktionen: Flexion/ Extension sowie Adduktion/ Abduktion

Achtung: Opposition und Reposition sind Kombinationsbewegungen.
  - Das Daumensattelgelenk darf NICHT mit dem Daumengrundgelenk verwechselt werden, welches den Anfang des Daumens, also die Verbindung zur Hand bildet.
- Lage der Fingergrundgelenke, besonders des Daumens, welches nicht mit dem Daumensattelgelenk verwechselt werden darf.
- DIP und PIP: diese Abkürzungen haben zwischenzeitlich Einzug in die schriftliche Prüfung genommen:
  - PIP = proximales Interphalangealgelenk,
  - DIP = distales Interphalangealgelenk

BASICS MÜNDLICHE

Meistens werden im schriftlichen Physikum die typischen Fragen zu den Gelenken der oberen Extremität gefragt, daher sollten die Punkte auch im Mündlichen sitzen. Besonders beliebt sind Fragen nach der langen Bizepssehne und ihrem Verlauf. Des Weiteren die vier Gelenke des Ellbogens und das Ligamentum anulare. Typisch ist das „Sich-zeigen-lassen", wo das Daumensattelgelenk liegt und die Differenzierung zum Daumengrundgelenk.

Welches sind die Besonderheiten der Schulter?
- 3 Gelenke und thorakoscapulare Gleitschicht
- lange Bizepssehne läuft durchs Gelenk
- Recessus axillaris

Welche Gelenke bilden den Ellbogen?
- Art. humeroulnaris (Scharnier)
- Art. humeroradialis (eingeschränktes Kugelgelenk)
- Art. radioulnaris proximalis und distalis (Supination und Pronation.)

Wer bildet das proximale Handgelenk?
Proximale Handwurzelknochen, Radius und Discus articularis.

Wer bildet das Daumensattelgelenk?
Welche Bewegungen sind hier möglich?
Os trapezium und Os metacarpale I. Neben Flexion und Extension auch Abduktion und Adduktion sowie die Kombinationsbewegungen Opposition und Reposition.

2.2 Muskeln

Für eine effiziente Vorbereitung auf das Physikum ist es nicht sinnvoll, alle Muskeln der oberen Extremität mit Ursprung, Ansatz, Innervation und Funktion perfekt zu können. Man sollte sich vielmehr die Wichtigen herauspicken und verstehen. Dies ist bei der hier vorgestellten Auswahl berücksichtigt. Zum Vereinfachen werden bei den Muskelfunktionen die Vokabeln Innenrotation durch Ir und Außenrotation durch Ar ersetzt.
Und noch eine Erleichterung: Besonders am Arm bietet es sich an, die Muskeln in Muskelgruppen zusammenzupacken, die alle innerhalb einer Loge liegen und daher in der Regel auch von ein und demselben Gefäß wie auch Nerven versorgt werden.

Übrigens...

Kleiner Tipp: besorgt euch ein Gummiband und ein Skelett, haltet das Gummiband so, wie ein Muskel verläuft und stellt euch dann vor, was passieren würde, wenn sich das Band zusammenzieht. Auf diese Weise lernt man die Muskeln recht einfach und bekommt eine Vorstellung der Bewegung im dreidimensionalen Raum.

2.2.1 Schultermuskulatur

Die Schultermuskulatur unterteilt sich in diejenige vom Rumpf zum Schultergürtel, die vom Rumpf zum Humerus und vom Schultergürtel zum Humerus.

Muskel	Ursprung	Ansatz	Innervation	Funktion
M. serratus anterior	1.-9. Rippe	Margo medialis scapulae, **Verlauf zwischen Rippen und Scapula**	**N. thoracicus longus**	• dreht Scapula nach lateral und **ermöglich dadurch Elevation** • fixiert Scapula am Rumpf; **Ausfall** führt zu **Scapula alata** (s. IMPP-Bild 3 im Anhang S. 69)
M. trapezius	• Hinterhaupt • Dornfortsätze HWS und BWS	In drei Anteilen: • lat. Clavicula • Acromion • Spina scapulae	**N. accessorius**	Pars descendens: • zieht Scapula nach kranial-medial und **ermöglicht so die Elevation** Pars transversa: • zieht Scapula nach medial Pars ascendens: • zieht Scapula nach kaudalmedial

Tabelle 10: Überblick Verbindungen vom Rumpf zum Schultergürtel

Übrigens...

Der M. trapezius ist eigentlich ein Kopfmuskel, der irgendwann „ausgewandert" ist, seine Innervation vom 11. Hirnnerven (N. accessorius) jedoch mitgenommen hat.

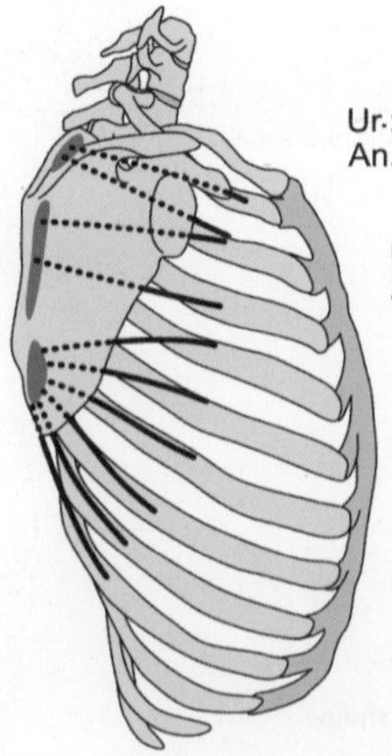

Abb. 14: M. serratus anterior

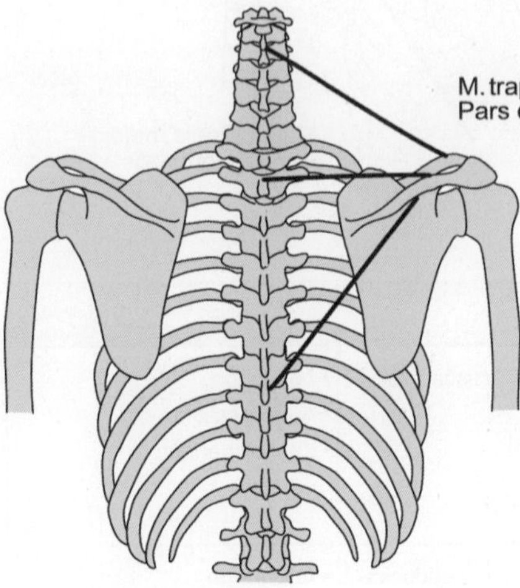

Abb. 15: M. trapezius

Muskel	Ursprung	Ansatz	Innervation	Funktion
M. pectoralis major	• Rippenknorpel • Clavicula • Sternum • Rektusscheide (Lamina anterior)	Crista tuberculi majoris humeri	**N. pectoralis med. und lat.**	• **Adduktion** • **Innenrotation** • **Anteversion bei abduziertem Arm** • **Inspiration bei aufgestützten Armen (= Kutschersitz)**
M. pectoralis minor	2.-5. Rippe	Proc. coracoideus (also NICHT am Oberarm)	**N. pectoralis med. und lat.**	• **zieht Scapula nach vorne unten**
M. latissimus dorsi	• Dornfortsätze untere BWS (7.-12. BWK) • Crista iliaca • Fascia thoracolumbalis • unterer Scapulawinkel	Crista tuberculi minoris humeri (zieht durch die Achsel)	**N. thoracodorsalis**	• **Adduktion** • **Innenrotation** • **Retroversion** (= „Hinternabputzer- oder Fracktaschenmuskel")

Tabelle 11: Überblick Verbindungen vom Rumpf zum Humerus

MERKE:
Der M. latissimus dorsi hat - wie auch der ihn innervierende Nervus thoracodorsalis - die Vokabel „dorsal" im Namen!

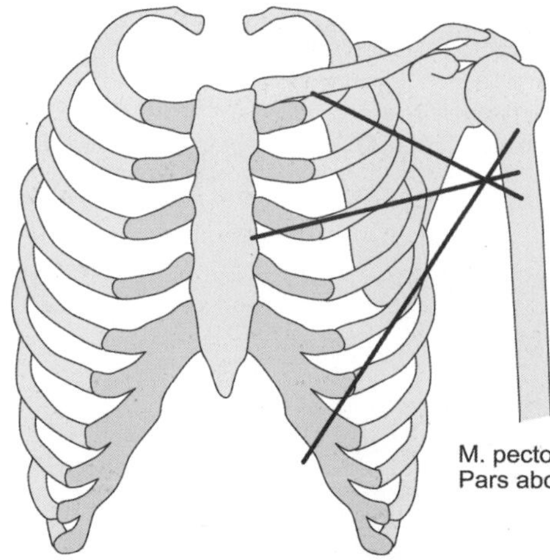

Abb. 16: M. pectoralis major

Muskel	Ursprung	Ansatz	Innervation	Funktion
M. infraspinatus	Fossa infraspinata der Scapula	Tuberculum majus humeri	N. suprascapularis	• Abduktion • Außenrotation • Kapselspanner
M. supraspinatus	Fossa supraspinata der Scapula			
M. teres major	**Margo lat. an der Scapula UNTEN**	**Tuberculum minus** humeri **(zieht durch die Achsel)**	**• N. thoracodorsalis und/oder** **• N. subscapularis**	**• Adduktion** **• Innenrotation**
M. teres minor	**Margo lat. an der Scapula OBEN**	**Tuberculum majus** humeri **(zieht hinten außen am Arm herum)**	**N. axillaris**	**• Adduktion** **• Außenrotation**
M. subscapularis	Ventrale Fläche der Scapula	Tuberculum minus humeri (zieht durch die Achsel)	N. subscapularis	• Adduktion • Innenrotation
M. deltoideus	In 3 Anteilen: • Clavicula • Acromion • Spina scapulae	Tuberositas deltoidea humeri (lat. = am Humerus)	**N. axillaris**	Tolle Sache: der kann theoretisch alle Funktionen an der Schulter

Tabelle 12: Überblick Verbindungen vom Schultergürtel zum Oberarm (s.a. IMPP-Bild 4 im Anhang S. 69)

Übrigens...

Der M. deltoideus kann je nach Stellung des Arms und gerade innerviertem Anteil alle Funktionen im Schultergelenk ausüben; so macht er über 60° die Abduktion darunter die Adduktion, der ventrale Teil sorgt für Anteversion und Ir der dorsale für Retroversion und Ar.

MERKE:
Der Begriff Rotatorenmanschette stammt aus der Orthopädie. Darunter versteht man vier Muskeln, die die Gelenkkapsel trichterförmig verstärken:

- M. supraspinatus
- M. infraspinatus
- M. teres minor
- M. subscapularis

Übrigens...

Die Zusammensetzung der Rotatorenmanschette ist sicherlich die am häufigsten gestellte Frage im schriftlichen Examen. Egal in welcher Form die Frage auftritt, es geht immer darum, welcher der beiden Teres-Muskeln dazu gehört: Es ist der **M. teres MINOR!!**

2.2.2 Oberarmmuskulatur

Es gibt zwei Muskellogen am Oberarm: Ventrale Flexoren und dorsale Extensoren. Aber Vorsicht: ein Muskel gehört zu den Flexoren, weil er in der entsprechenden Loge liegt. Er muss dafür nicht unbedingt eine Flexion im Ellbogen machen.

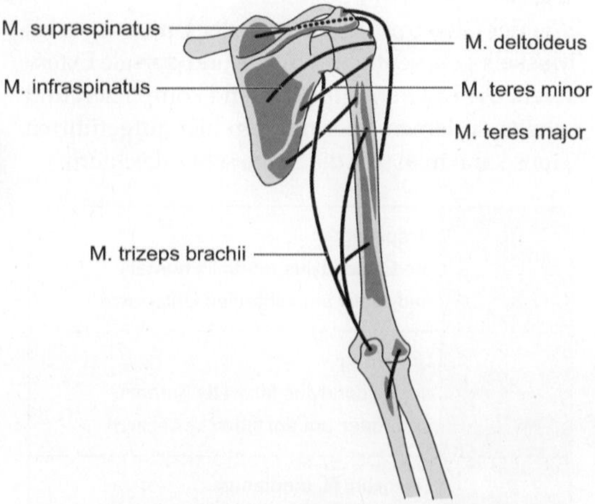

Abb. 17: Verbindungen vom Schultergürtel zum Oberarm und Rotatorenmanschette

Muskel	Ursprung	Ansatz	Innervation	Funktion
M. coraco-brachialis	Processus coracoideus	Ventraler Humerus	**N. musculocutaneus**	• Adduktion • Innenrotation
M. brachialis	Ventraler Humerus	Ventrale Ulna		• **stärkster Flexor** des Ellbogengelenks (liegt unterhalb des M. biceps brachii)
M. biceps brachii	**Caput longum:** • **Tuberculum supraglenoidale scapulae** **Caput breve:** • **Processus coracoideus**	**Tuberositas radii**		**Im Ellbogen:** • **stärkster Supinator bei gebeugtem Arm** • **Flexion** **In der Schulter:** • **Caput breve: Adduktion** • **Caput longum: Abduktion**

Tabelle 13a: Überblick Flexoren

Muskel	Ursprung	Ansatz	Innervation	Funktion
M. triceps brachii	**Caput longum:** • **Tuberculum infraglenoidale scapulae** Caput mediale: • medialer Humerus Capute laterale: • lateraler Humerus	**Olecranon**	**N. radialis**	**Im Ellbogen:** • **Extension** **Im Schultergelenk:** • **Adduktion** • **Retroversion** • **Innenrotation**

Tabelle 13b: Überblick Extensoren

2.2.3 Unterarmmuskulatur

Wie der Oberarm, so hat auch der Unterarm zwei Muskellogen: ventrale Flexoren und dorsale Extensoren. Die Unterarmmuskeln sind kompliziert und schwer zu lernen, aber mit den hier aufgeführten Tipps kann man sich die Sache sehr erleichtern:

Flexoren	**Ursprung:** **am Epicondylus medialis humeri und/oder am ventralen Unterarm**
Extensoren	**Ursprung:** **am Epicondylus lateralis humeri und/oder am dorsalen Unterarm**
Innervation	**Flexoren: N. medianus** **Extensoren: N. radialis**
Funktion	**Durch den Namen charakterisiert**

Tabelle 14: Übersicht Unterarmmuskeln

Wenn ein Muskel z.B. Flexor carpi heißt, wird er nur die Hand beugen, heißt er Flexor digitorum, läuft er über das Handgelenk und beugt neben den Fingern auch das Handgelenk.

Weil das so gar zu einfach wäre, hier die typischen (gern gefragten) Ausnahmen:

M. flexor carpi ulnaris	**Obwohl ein Flexor, wird er durch den N. ulnaris innerviert**
M. flexor digitorum profundus	**Doppelinnervation:** **radialer Anteil durch N. medianus** **ulnarer Anteil durch N. ulnaris**
M. brachioradialis	liegt in der Extensorenloge: **Innervation durch N. radialis** Ursprung: Crista supracondylaris lateralis humeri Ansatz: Processus styloideus radii **seine Funktion ist aber die Flexion im Ellbogen** er kann sowohl Supi,– als auch Pronation (je nach Stellung)
M. pronator teres	**liegt in der Flexorenloge:** **Innervation durch N. medianus** Ursprung: Epicondylus med. humeri und ventrale Ulna Ansatz: lateraler und dorsaler Radius Funktion: Pronation, Flexion im Ellbogen
M. supinator	**liegt in der Extensorenloge:** **Innervation durch N. radialis** Ursprung: Epicondylus lateralis humeri Ansatz: Vorder- und Seitenfläche Radius Funktion: Supination

Tabelle 15: Besonderheiten Unterarmmuskulatur

Noch ein wichtiger Punkt ist der Verlauf der Sehnen der beiden Fingerbeuger M. flexor digitorum profundus und M. flexor digitorum superficialis.
Der oberflächliche setzt an den Mittelphalangen der Finger an, der tiefe an den Endphalangen. Damit das funktioniert, **spalten sich die Sehnen des oberflächlichen auf und die Sehnen des tiefen laufen durch sie hindurch** zu den Endgliedern.

2.2.4 Handmuskulatur

Es gibt einige typische Handmuskeln, von denen besonders die Innervation gerne gefragt wird (s. Tab. 16).
Zum M. adductor pollicis solltet ihr euch außerdem den Ursprung und Ansatz merken:

- Ursprung seines Caput transversum ist das Os metacarpale III,
- Ursprung seines Caput obliquum das Os metacarpale II, Os capitatum und Os hamatum.
- Ansatz ist die Grundphalanx des Daumens.

<table>
<tr><th>Muskel</th><th>Innervation</th><th>Funktion</th></tr>
<tr><td colspan="3">Daumenballenmuskeln (thenare Gruppe)</td></tr>
<tr><td>M. abductor pollicis brevis</td><td>N. medianus</td><td>• Abduktion</td></tr>
<tr><td>M. opponens pollicis</td><td>N. medianus</td><td>• Opposition</td></tr>
<tr><td>M. adductor pollicis</td><td>N. ulnaris</td><td>• Adduktion,
• Opposition</td></tr>
<tr><td colspan="3">Hohlhandmuskeln</td></tr>
<tr><td>Mm. lumbricales I + II</td><td>N. medianus</td><td rowspan="4">• Flexion im Grundgelenk
• Extension in DIP und PIP</td></tr>
<tr><td>Mm. lumbricales III + IV</td><td rowspan="3">N. ulnaris</td></tr>
<tr><td>Mm. interossei palmares</td></tr>
<tr><td>Mm. interossei dorsales</td></tr>
</table>

Tabelle 16: Handmuskeln

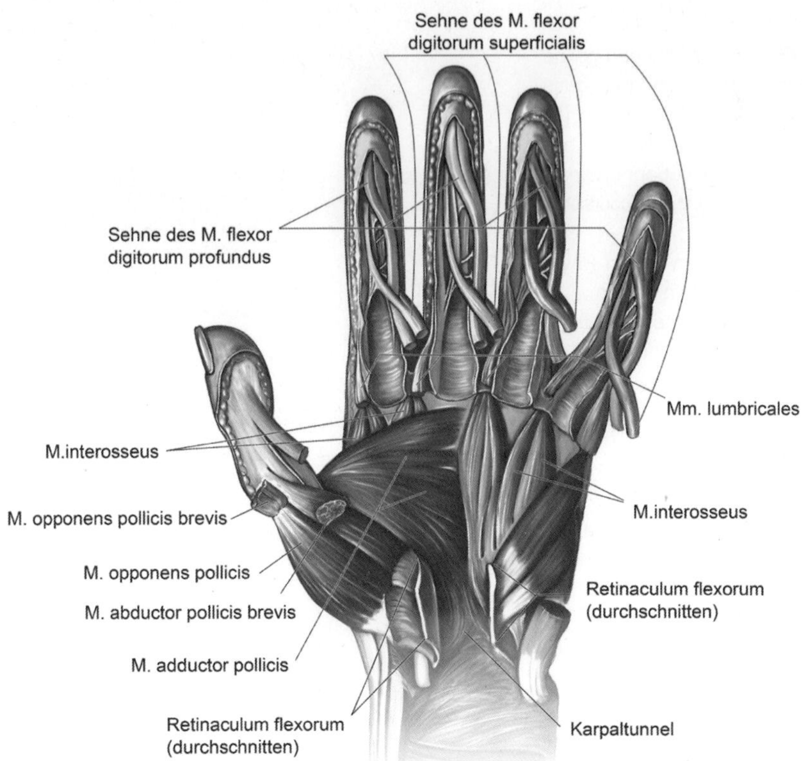

Abb. 18: Handgelenk palmar

DAS BRINGT PUNKTE

Sehr häufig gestellte Fragen über die Muskeln der oberen Extremität beziehen sich auf den Schultergürtel. Den M. serratus anterior sollte man ebenso wie den M. trapezius recht genau kennen. Beide können durch das Herausdrehen der Scapula die Elevation ermöglichen, der M. trapezius - als ausgewanderter Kopfmuskel – wird vom Nervus accessorius, dem elften Hirnnerven, innerviert.

- Elevation ermöglicht durch Herausdrehen der Scapula durch M. serratus anterior und M. trapezius.

Der M. pectoralis major wird als bedeutendster Atemhilfsmuskel ebenfalls gerne gefragt. Im so genannten „Kutschersitz“ stützt sich der Mensch mit den Armen ab, die dadurch nicht mehr zu bewegen sind und der M. pectoralis major kann seine gesamte Kraft für die Inspiration verwenden.

- M. pectoralis major ist der stärkste inspiratorische Atemhilfsmuskel.

Vom M. latissimus dorsi wird im Schriftlichen gerne die Innervation gefragt. Merkt man sich aber, dass sowohl der Muskel wie auch seine Innervation (N. thoracodorsalis) den Begriff „dorsal“ im Namen tragen, sollte eigentlich jegliche Gefahr gebannt sein.

- M. latissimus dorsi innerviert durch N. thoracodorsalis.

Die Rotatorenmanschette wird fast in jedem Physikum gefragt. Daher zählen ihre Muskeln zu den wichtigsten Themen überhaupt! Rotatorenmanschette =

- M. teres minor
- M. supraspinatus
- M. infraspinatus
- M. subscapularis

Aber NICHT der M. teres major!!!

Als „berühmtesten“ Muskel sollte man auch den M. biceps brachii genau kennen. Wichtig ist, dass er seine meiste Kraft zur Supination aufbringt, er ist sogar der stärkste Supinator überhaupt... Nur einen kleinen Teil seiner Kraft nutzt er für die Flexion. Außerdem läuft seine lange Sehne durch das Schultergelenk, das ist eine häufige Bildfrage. Im Gegensatz zu ihm kann der M. brachialis nur beugen, er setzt nämlich nicht am beweglichen Radius, sondern an der unbeweglichen Ulna an.

- M. biceps brachii
  - Stärkster Supinator bei gebeugtem Arm
  - Lange Sehne läuft durch das Schultergelenk
  - Ansatz am Radius
- M. brachialis
  - Stärkster Beuger im Ellbogen
  - Ansatz an der Ulna

Bei den Handmuskeln wird regelmäßig die Innervation des M. abductor pollicis und des M. opponens pollicis gefragt (= N. medianus). Im Gegensatz dazu, wird der M. adductor pollicis vom N. ulnaris versorgt. Bildfragen gibt es zu den Handmuskeln kaum.

BASICS MÜNDLICHE

Auch in der mündlichen Prüfung stehen Schulter und Oberarmmuskeln weit vorne in der Beliebtheitsskala. Der Unterarm wird seltener gefragt, meist reicht dafür das Basiswissen (s. Tab. 14, S. 18) aus. Extrem selten sind Fragen zu den Handmuskeln, die werden meist nur gestellt, um die „Sicherheit" des Prüflings zu erforschen, allerdings kann man mit solchem Wissen natürlich auch angeben... Wer´s also sicher (= wichtig!!! sonst geht der Schuss nach hinten los) weiß, sollte mit den komplizierten Themen nicht sparsam umgehen, sondern zeigen, was er gelernt hat.

Welche Funktionen hat der M. pectoralis major?
Anteversion, Ir, Add, stärkster Inspirator. Atemhilfsmuskel im Kutschersitz.

Nennen Sie die Funktion der Rotatorenmanschette.
Sicherung des Humerus im Schultergelenk.

Wo liegt der Ursprung des langen und kurzen Bicepskopfes?
Langer Kopf: Tuberculum supraglenoidale
Kurzer Kopf: Processus coracoideus

Wie wird der M. flexor digitorum profundus innerviert, was sind seine Besonderheiten?
Doppelinnervation durch N. medianus und N. ulnaris. Läuft durch eine Spaltung der Sehnen des oberflächlichen Fingerbeugers hindurch zu den Endphalangen.

Wen innerviert der N. medianus an der Hand?
M. abductor pollicis brevis
M. opponens pollicis

Nennen Sie die Funktion der Mm. lumbricales
Flexion in Grundgelenken, Extension in DIP und PIP.

ZEIT, NICHT NUR DIP UND PIP SONDERN AUCH DEN REST EURES KÖRPERS IN EXTENSION ZU BEGEBEN.

2.3 Leitungsbahnen obere Extremität

Die Leitungsbahnen - also Nerven und Gefäße der oberen Extremität - sind in ihrem Verlauf und ihrem Ursprung recht kompliziert. Allerdings kann man sich durch einfache Tricks und das „Herauspicken" der wichtigen Strukturen das Lernen sehr vereinfachen. Aber seht selbst...

2.3.1 Arterien und Venen

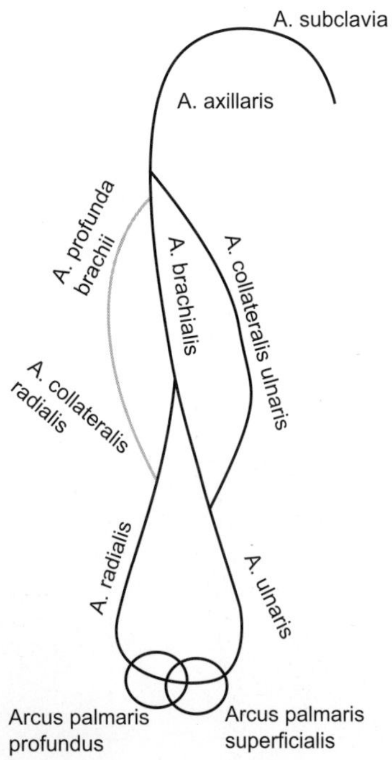

Abb. 19a: Armarterien schematisch

Diese Abbildungen zeigen die wichtigsten Armarterien:

Arteria subclavia

- Aus der **A. subclavia** wird die A. brachialis.
- Die **A. subclavia verläuft durch die Scalenuslücke (hinter dem M. scalenus anterior).**
- **Die V. subclavia verläuft vor dem M. scalenus ant.** und läuft daher **nicht** durch die Scalenuslücke.

Arteria brachialis

Die A. brachialis versorgt die Flexoren des Oberarms.

- Aus ihr kommen die **A. collateralis ulnaris superior et inferior**, die in das **Rete articulare cubiti** münden und weiter in die **A. ulnaris** fließen.
- die **A. profunda brachii**,
  - die **in der Extensorenloge verläuft** und die dortigen Muskeln versorgt.
  - die als **A. collateralis radialis** über die **A. recurrens radialis** in die **A. radialis** mündet.

Die A. brachialis teilt sich in die

- **A. radialis**, die **an der Hand den Arcus palmaris profundus bildet.** Der wiederum liegt unter den langen Flexorsehnen auf den Ossa metacarpalia und speist den Daumen.
- **A. ulnaris,** die d**en Arcus palmaris superficialis bildet**. Der liegt zwischen der Palmaraponeurose und den langen Flexorsehnen.

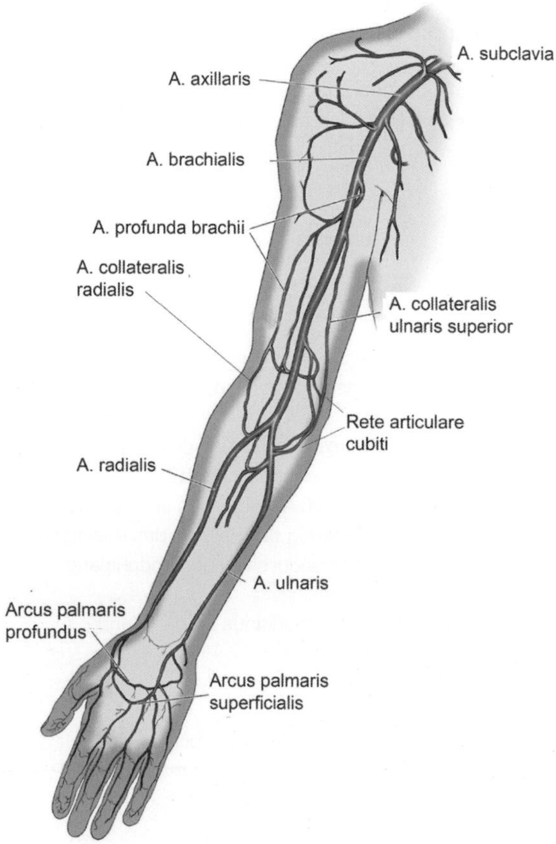

Abb. 19b: Armarterien

Die Venen heißen und verlaufen wie die Arterien, allerdings sind sie meist paarig angelegt. Eine Ausnahme ist die **V. subclavia. Sie läuft vor dem M. scalenus ant.** und damit nicht durch die Scalenuslücke (s. Abb. 20a und S. 25), während die **A. subclavia durch die Scalenuslücke zieht.** Zu den oberflächlichen (= epifascialen) Venen sollte man sich merken, dass es davon zwei am Arm gibt:

- Die längere **V. cephalica**, die **in die V. axillaris mündet** und radial verläuft, und
- die kürzere **V. basilica**, die **in die V. brachialis mündet** und ulnarseitig entlang zieht.

2.3.2 Nerven

Die Nerven der oberen Extremität entstammen alle dem Plexus brachialis, der wiederum aus den ventralen Ästen der Spinalnerven C5 bis Th1 gebildet wird (s. u. Abb. 20a). Er hat einen komplizierten Aufbau, der in verschiedenen Lehrbüchern auch noch unterschiedlich beschrieben wird. Dennoch sollte man die wichtigsten vier Nerven aus dem Plexus brachialis von ihrem Ursprung bis zu den Erfolgsorganen auswendig kennen. Diese vier sind:

- N. radialis,
- N. ulnaris,
- N. medianus und
- N. musculocutaneus.

Alle anderen wurden im schriftlichen Physikum noch nie und im Mündlichen nur äußerst selten gefragt.

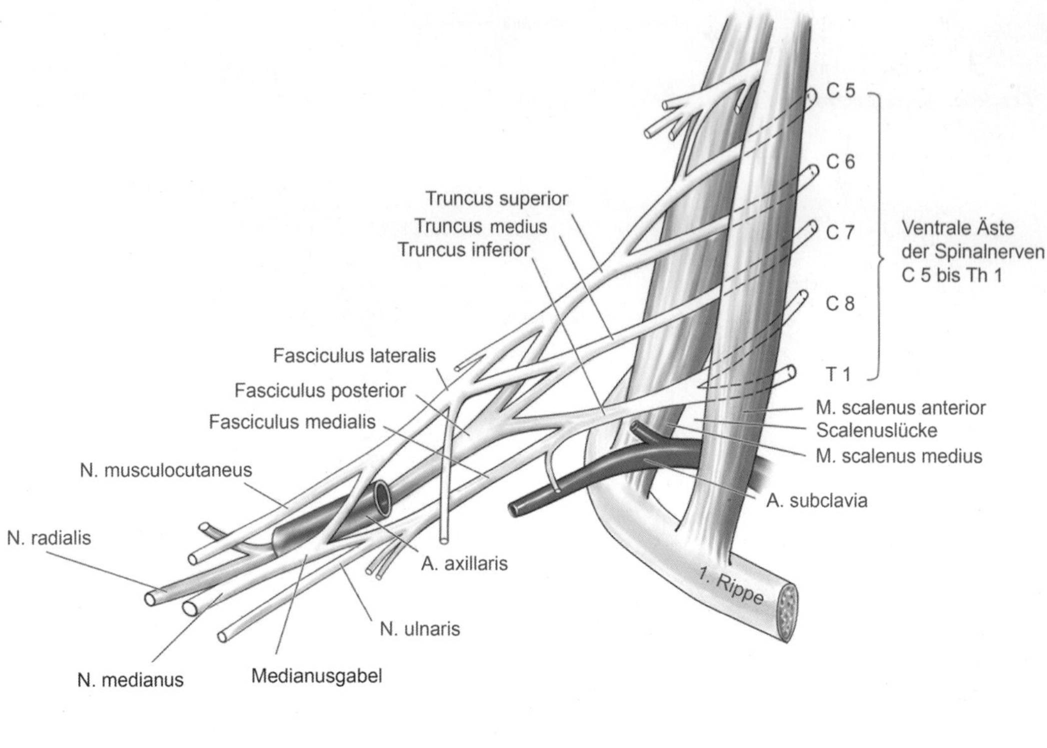

Abb. 20a: Plexus brachialis

Plexus brachialis

Der Plexus brachialis entsteht aus den ventralen Ästen der Spinalnerven C5 bis Th1. Diese bilden drei Trunci:

- **Truncus superior**
- **Truncus medius**
- **Truncus inferior**

Diese Trunci bilden drei Fasciculi

- **Fasciculus lateralis**
- **Fasciculus medialis**
- **Fasciculus posterior**

Und diese schließlich bilden die Nerven, die den Arm versorgen.

MERKE:
Folgendes Schema stellt vereinfacht dar, wer hier was bildet:

Zur Topographie der Nerven:

- **Der N. medianus verläuft zusammen mit der A. brachialis im Oberarm.**
- **Der N. ulnaris verläuft zusammen mit der A. ulnaris im Unterarm.**
- **Der N. radialis verläuft zusammen mit der A. profunda brachii dorsal am Humerus.**

Zu den motorischen Ausfällen:

- **N. medianus: Schwurhand** beim Versuch, die Faust zu schließen.
- **N. ulnaris: Krallenhand** beim Versuch, die Faust zu schließen.
- **N. radialis: Fallhand** beim Versuch einer Dorsal-Extension.

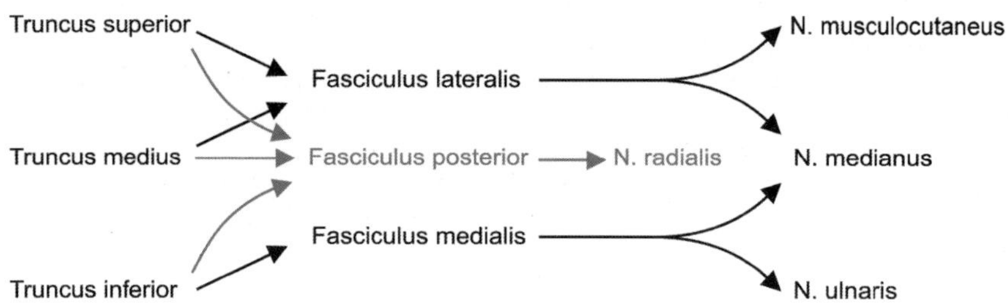

Abb. 20b: Plexus brachialis

Sensible Innervation der Hand

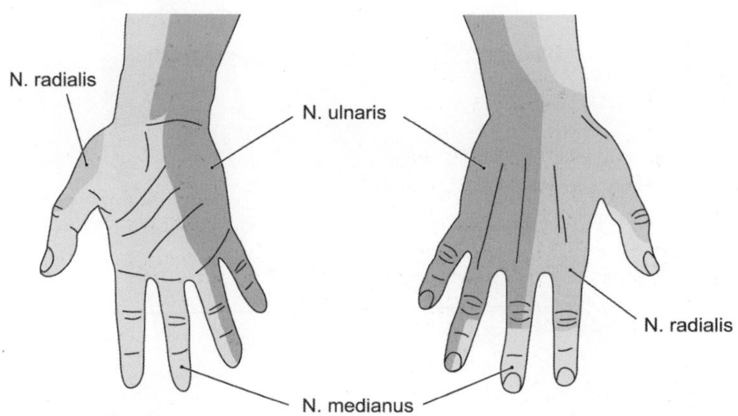

Abb. 21: sensible Innervation Hand

Dieses Bild erklärt sich eigentlich von selbst. Wichtig ist, dass der N. medianus die ersten dreieinhalb Finger von palmar und die Endglieder der gleichen Finger auch von dorsal sensibel innerviert.

MERKE:
Der Merkspruch dazu lautet:
Ich schwöre beim heiligen Medianus, dass ich mir die Ulna kralle, wenn ich vom Rad falle.

DAS BRINGT PUNKTE

Die Arterien des Arms sind nicht zu kompliziert und ein oft gefragtes Gebiet. Gerne wird die Frage nach der A. profunda brachii gestellt, die dorsal am Humerus verläuft. Auch die beiden Arcus palmares gehören zu den typischen Fragen im schriftlichen Physikum.

- A. profunda brachii läuft dorsal am Humerus
- Arcus palmaris superficiale aus A. ulnaris
- Arcus palmaris profundus aus A. radialis

Die wichtigste und am häufigsten gestellte Frage bezieht sich auf den Verlauf der V. subclavia, die nämlich nicht wie ihre Begleitarterie zwischen dem M. scalenus anterior und medius hindurchzieht (Scalenuslücke), sondern vor dem M. scalenus anterior vorbeizieht.

- A. subclavia durch die Scalenuslücke
- V. subclavia vor dem M. scalenus anterior

Darüber hinaus ist der Plexus brachialis eines der Standardthemen. Sein Verlauf durch die Scalenuslücke und die Bildung des N. medianus, ulnaris, radialis und musculocutaneus wurden bislang in jedem Physikum gefragt.

- Siehe Abbildung Plexus brachialis Schema 20b, S. 24.

Im Rahmen eines Geburtstraumas kann es zu Verletzungen des Plexus brachialis kommen. Man unterscheidet eine obere (= Erb-) von einer unteren (= Klumpke-)Plexusläsion. Die obere Plexuslähmung betrifft die Segmente C5 und C6. Hierbei kommt es zur Parese (= Lähmung) der Schultergürtel-, Oberarm- und Unterarmmuskeln, was die Hebung der Schulter sowie die Beugung des Ellbogens unmöglich macht. Bei der unteren Plexusläsion sind die kleinen Handmuskeln und Fingerbeuger betroffen, wodurch sich z.B. die Faust nicht mehr schließen lässt.

BASICS MÜNDLICHE

Analog zum Schriftlichen werden sowohl Gefäße wie auch Nerven oft gefragt. Man sollte sich als Orientierungspunkt die Medianusgabel suchen und von dort aus die Nerven auffinden. Die Armgefäße sind nicht schwer zu finden und zu benennen. Auch im Mündlichen ist ein Hinweis auf den Verlauf der V. subclavia vor dem M. scalenus anterior immer angebracht.
Wer versorgt die Oberarmextensoren?
A. profunda brachii.

Wo läuft die V. subclavia?
Vor dem M. scalenus anterior.

Welcher Fasciculus bildet den N. radialis?
Fasciculus posterior.

Woraus entsteht der Plexus brachialis?
Ventrale Äste der Spinalnerven C5 bis Th1.

2.4 Topographie der oberen Extremität

Im schriftlichen Examen werden immer wieder dieselben Fragen über die Topographie der oberen Extremität gestellt. Daher ist es ausreichend, sich diese speziellen Punkte anzuschauen. Meistens werden die **Durchtritte** gefragt, daneben kommen auch Bildfragen, besonders zum **Canalis carpi.** Da püfungsrelevant, solltet ihr euch folgende markante Nervenverläufe einprägen:

N. medianus:

- Am Oberarm verläuft er zusammen **mit der A. brachialis** im **Sulcus bicipitalis medialis**, auf der Beugeseite des Ellenbogens liegt er direkt **unter** der **Aponeurosis musculi bicipitis** brachii, dann zieht er am Unterarm zwischen den Köpfen des **M. pronator teres** nach distal und schließlich zwischen dem M. flexor digitorum superficialis und dem M. flexor digitorum profundus unter dem Retinaculum flexorum durch den Karpaltunnel, und liegt hier oberflächlich zwischen den Sehnen des M. palmaris longus und M. flexor carpi radialis

N. ulnaris:

- Zieht medial am Oberarm hinab, um sich im **Sulcus nervi ulnaris dorsalseitig** (ugs. = Musikantenknochen) um das Ellenbogengelenk zu legen. Dann zieht er weiter auf die Vorderseite des Unterarms **zwischen den Köpfen des M. flexor carpi ulnaris** hindurch und zusammmen mit der **A. ulnaris** nach distal, wo er durch die **Guyon-Loge palmar** in die Hand übertritt. In der Loge De Guyon kann es zur Kompression des N. ulnaris und damit zur Schwächung des M. adductor pollicis kommen. Achtung: Bitte die Guyon-Loge NICHT mit der Tabatière (s. S. 27) verwechseln.

N. radialis:

- In der Achselhöhle verläuft er mit der A. axillaris, dann am dorsalen Oberarm (wo er bei Oberarmbrüchen gefährdet ist) mit der **A. profunda brachii** nach distal. Am Ellenbogen zieht er auf die Beugerseite (= nach ventral) und zwischen dem **M. brachioradialis** und dem **M. brachialis** hindurch.

N. axillaris:

- Zieht durch die **laterale Achsellücke** und unter dem M. deltoideus entlang um das Collum chirurgicum humeri auf die dorsale Oberarmseite. Bei einer Schulterluxation läuft er daher Gefahr, geschädigt zu werden, was zu einem Ausfall des M. deltoideus führen kann.

Scalenuslücke

Der M. scalenus anterior und der M. scalenus medius bilden die Scalenuslücke, durch die der Plexus brachialis und die A. subclavia ziehen (s. Abb. 20a, S. 23). Achtung: Die V. subclavia zieht NICHT durch die Scalenuslücke, sondern vor dem M. scalenus anterior entlang.

2.4.1 Achsellücken

Es gibt zwei Achsellücken, die laterale und die mediale:

Laterale Achsellücke	Begrenzungen	Durchtritt
viereckig	Lateral: • Humerus Medial: • lange Trizepssehne Kranial: • M. teres minor Caudal: • M. teres major	**N. axillaris** A. und V. circumflexa humeri posterior
Mediale Achsellücke	**Begrenzungen**	**Durchtritt**
dreieckig	Caudal: • M. teres major Kranial: • M. teres minor Lateral: • lange Trizepssehne	A. circumflexa scapulae

Tabelle 17: Achsellücken

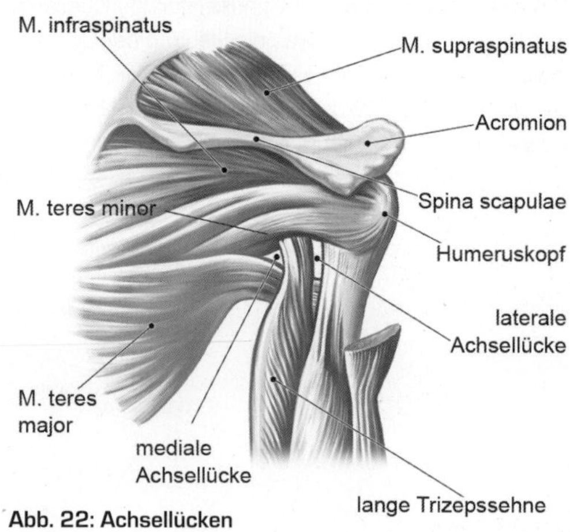

Abb. 22: Achsellücken

2.4.2 Canalis carpi (= Karpaltunnel)

Der Karpaltunnel wird auf Grund des **Karpaltunnelsyndroms** sehr oft gefragt. Beim Karpaltunnelsyndrom wird der **N. medianus im Karpaltunnel eingeengt**. Dadurch kann er seine distal des Karpaltunnels liegenden sensiblen und motorischen Funktionen einbüßen. Die Klinik besteht dann aus nächtlichen Schmerzen oder **Parästhesien (= Missempfindungen) der Beugeseiten der ersten drei Finger** und Paresen der vom N. medianus innervierten Muskulatur der Hand = **M. abductor pollicis brevis und M. opponens pollicis,** wodurch es zu einer **Daumenballenatrophie** kommt.

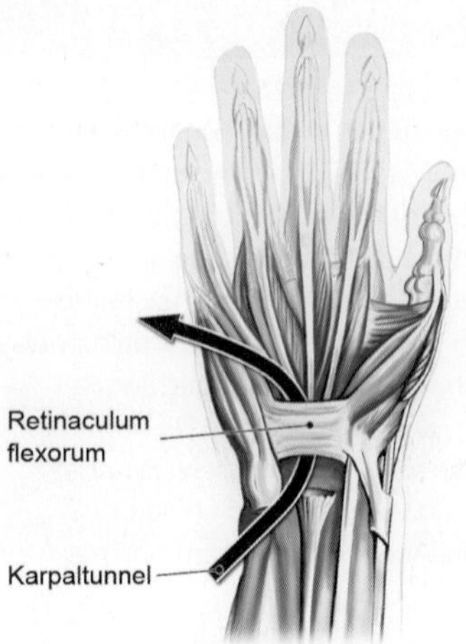

Abb. 23: Karpaltunnel 1

Begrenzung	Durchtritt
Handwurzelknochen **Retinaculum flexorum**	Sehnen der langen Fingerbeuger **N. medianus**

Tabelle 18: Karpaltunnel

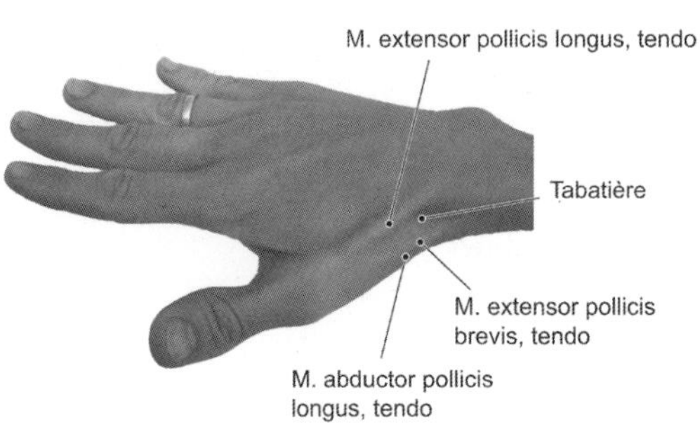

Abb. 24: Tabatière

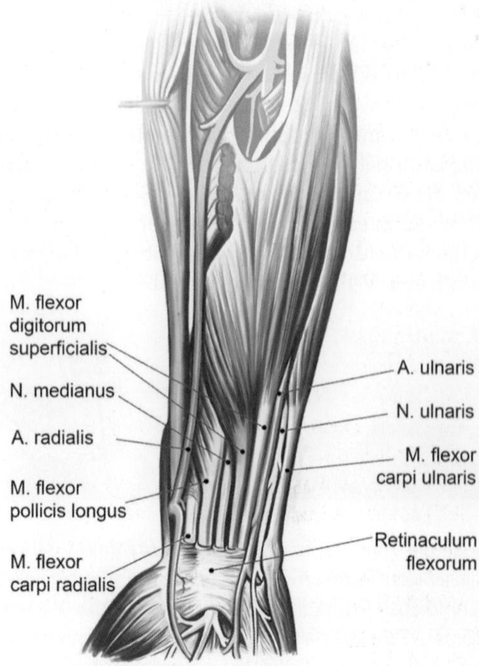

Abb. 25: Karpaltunnel 2

2.4.3 Tabatière (= Fovea radialis)

Die Tabatière wird nach dorsal von der Sehne des M. extensor pollicis longus, nach palmar von den Sehnen des M. extensor pollicis brevis und M. abductor pollicis longus begrenzt (s. Abb. 24).

2.4.4 Leitmuskeln

Verläuft ein Nerv durch einen Muskel hindurch, so wird dieser Muskel als Leitmuskel bezeichnet. Bisher gab es noch nicht ein einziges Physikum, in dem dieses Wissen nicht geprüft wurde. Daher Gehirnspeicher weit geöffnet und los geht`s:

Leitmuskel	Nerv, der den Muskel durchbohrt
M. coracobrachialis	**N. musculocutaneus**
M. pronator teres	**N. medianus**
M. supinator	**N. radialis**
M. flexor carpi ulnaris	**N. ulnaris**

Tabelle 19: Leitmuskeln

2.4.5 Sehnenscheiden in der Hand

Dieses Thema ist unbeliebt und kompliziert, da es sechs dorsal-karpale, drei palmar-karpale und fünf palmar-digitale Sehnenscheiden gibt. Prüfungsrelevant ist folgende Information: Über den Karpaltunnel kommunizieren die Sehnenscheiden des 5. und 1. Fingers auf der Beugeseite. Dadurch kann eine Entzündung einer dieser beiden Sehnenscheiden auf die andere übergreifen, wodurch eine **V-Phlegmone** entsteht.

DAS BRINGT PUNKTE

Auch die Topographie der oberen Extremität gehört mit einigen Punkten zu den typischen Themen des schriftlichen Physikums. Man sollte sich Abb. 23 und 25, S. 27 (= Karpaltunnel 1 und 2) sehr genau ansehen, da die am häufigsten gestellte Bildfrage sich auf diese Region bezieht. Besonders gerne wird nach dem **Karpaltunnel** gefragt. Erkennen und benennen sollte man die einzelnen Sehnen und Nerven:

- N. medianus durchläuft den Karpaltunnel
- Die wichtigen Strukturen von radial nach ulnar sind am Querschnitt durch den Handwurzelbereich:
  - Arteria radialis

  - M. flexor carpi radialis
  - M. flexor pollicis longus
  - N. medianus
  - M. flexor digitorum superficialis und profundus (da gemeinsame Sehnenscheide)

  } durch Karpaltunnel

  - A. ulnaris
  - N. ulnaris

  } oberhalb des Retinaculum flexorum, in Guyon-Loge

Darüber hinaus sollte man fürs Schriftliche die Leitmuskeln beherrschen, denn es gab bisher noch kein Physikum, in dem nicht mindestens eine Frage zu diesem Thema gestellt wurde (s. Tab. 19).

BASICS MÜNDLICHE

Falls man die Chance hat, in der mündlichen Prüfung topographisches Wissen zu den Achsellücken anzubringen, kann man damit sicherlich glänzen. Auch in der Mündlichen wird der Karpaltunnel gerne gefragt und zählt zu den Themen, die man sicher beherrschen sollte; ein Hinweis auf das Karpaltunnelsyndrom macht sich in jeder Prüfung gut!

Durch welche Achsellücke tritt der N. axillaris? Welche Strukturen verlaufen noch hindurch?
Durch die laterale Achsellücke zusammen mit A. und V. circumflexa humeri posterior.

Welches ist die Struktur, die den N. medianus typischerweise einengen und damit stören kann?
Der Canalis carpi. Er bildet sich aus dem Retinaculum flexorum und den Handwurzelknochen, Krankheitsbild: Karpaltunnelsyndrom.

Welcher Muskel ist an der Bildung beider Achsellücken beteiligt?
Der lange Kopf des M. trizeps brachii.

Welches ist der Leitmuskel des N. radialis und was macht einen Leitmuskel aus?
Der M. supinator. Leitmuskeln sind solche, durch die der Nerv hindurchläuft.

3 Untere Extremität

Verallgemeinert kann man sagen, dass bei der unteren Extremität im Physikum eher die Topographie als die Muskulatur geprüft wird. Dennoch gibt es auch hier Muskeln, die man beherrschen sollte. Die großen Gelenke wie Hüft-, Knie- und Sprunggelenk werden sowohl im Schriftlichen als auch im Mündlichen häufig gefragt.

3.1 Gelenke und Bänder

Das Wissen über die Bänder des Beckens ist die Grundvoraussetzung für ein Verständnis der Topographie. Nur wer den Verlauf der Bänder verinnerlicht hat, kann die einzelnen topographischen Strukturen verstehen und damit Punkte im Schriftlichen und Mündlichen sammeln.

3.1.1 Becken

Das Becken besteht aus zwei **Ossa coxae (= Hüftbeine)**, die jeweils aus drei Knochen gebildet werden: Os ilium, Os pubis und Os ischium. Die beiden Ossa coxae sind ventral durch die **Symphyse** und dorsal durch die **sacroiliacalen Gelenke** mit dem Os sacrum verbunden. Durch diese Verbindungen der Ossa coxae entsteht der **Beckenring**. Mit anderen Worten: der Beckenring wird aus zwei Os coxae und dem Os sacrum gebildet. Er dient damit zum einen der Verbindung des Rumpfes mit den Beinen, zum anderen trägt er die Baucheingeweide. Die sacroiliacalen Gelenke sind echte Gelenke (= Amphiarthrosen), die bei jedem Schritt kleine Ausgleichsbewegungen vornehmen.

Weitere absolut wichtige Bänder des Beckens sind

- das **Lig. sacrospinale,**
- das **Lig. sacrotuberale** und
- das **Lig. inguinale.**

Diese Drei werden im Abschnitt Topographie genauer vorgestellt (s. S. 50). Zwischen dem Os pubis und dem Os ischium bildet sich das knöcherne **Foramen obturatorium**, das beim lebenden Menschen durch die **Membrana obturatoria** bedeckt ist. Ein kleines Loch in dieser Membran wird Canalis obturatorius genannt. Dieser Kanal gehört zu den Lieblingsthemen im Physikum (s. Topographie S. 50).

Übrigens...

Niemals den Canalis obturatorius mit dem Canalis pudendalis (auch „Alkock´scher Kanal") verwechseln. Die beiden liegen zwar dicht nebeneinander, haben aber NICHTS miteinander zu schaffen!!

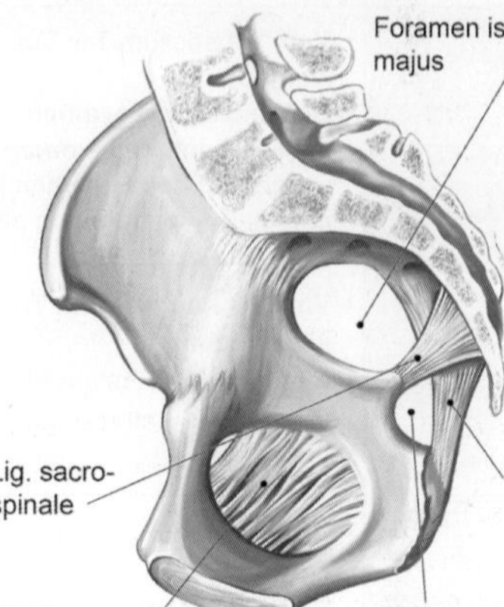

Abb. 26: Os coxae

Symphysis pubica	• kein echtes Gelenk • **Discus interpubicus** • Lig. pubicum sup. (oben) • Lig. arcuatum pubis (unten)
Art. sacro-iliaca	• **Amphiarthrose** (echtes Gelenk, aber sehr starr) • Ligg. sacroiliaca ant. • Ligg. sacroiliaca post. • Ligg. sacroiliaca interossea

Tabelle 20: Überblick über die Knochenverbindungen des Beckens

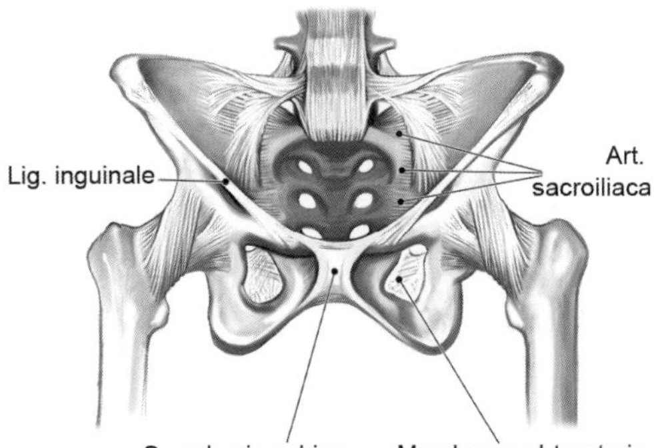

Abb. 27: Becken

MERKE:

Lig. sacro-spinale	• **Vom Os sacrum zur Spina ischiadica** • **Begrenzt das Foramen ischiadicum majus nach unten und das Foramen ischiadicum minus nach oben**
Lig. sacro-tuberale	• **Vom Os sacrum zum Tuber ischiadicum** • **Begrenzt das Foramen ischiadicum minus nach unten**
Membrana obturatoria	• **Bedeckt das knöcherne Foramen obturatorium** • **Bildet den Canalis obturatorius**

Tabelle 21: Absolut Wissenswertes zum Becken

Diameter

Die Beckendiameter sind gerade in der Gynäkologie von Bedeutung, da sie den Geburtskanal definieren. Die Conjugata vera (= obstetricia) definiert die kürzeste Strecke zwischen Promontorium und Symphyse. Sie kann durch die Conjugata diagonalis (vom Promontorium zum Unterrand der Symphyse, ca. 1,5 cm länger als die Conjugata vera) abgeschätzt werden.

Übrigens...

Ohne Instrumente (= nur mit palpierenden Fingern) kann nur die Conjugata diagonalis bestimmt werden.

Conjugata vera = Conjugata obstetricia	• **Vom Promontorium zur Innenseite der Symphyse** • **11 cm**
Diameter transversa	• Quer im Becken verlaufend • 13,5 cm

Tabelle 22: Beckendiameter

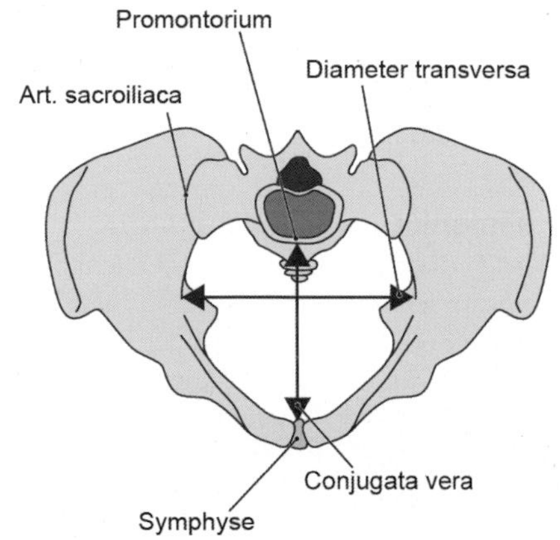

Abb. 28: Beckendiameter

3.1.2 Hüftgelenk (Art. coxae)

Das Hüftgelenk wird auch als **Nussgelenk** bezeichnet, da die Pfanne größer als der Kopf ist. Der Kopf wird vom Femur gebildet. Die Pfanne heißt **Acetabulum** und besteht aus den drei Knochen eines Os coxae, die die Y-Fuge bilden. Die Y-Fuge liegt also im Acetabulum. Außerdem liegt im Acetabulum die **Facies lunata**. Das ist der eigentliche Ort, an dem Hüftknochen und Femur artikulieren. Daher ist auch nur sie und nicht das ganze Acetabulum mit Knorpel überzogen. Außen am Acetabulumrand entlang verläuft das **Labrum acetabulare,** ein kräftiger Faserknorpelzug, der die Pfanne vergrößert und damit das Kugelgelenk zum Nussgelenk macht. Das Hüftgelenk ist **bandgesichert**. Innerhalb seiner **drei Freiheitsgrade** (= alle sechs Bewegungen: Ir-Ar, Ext-Flex, Abd-Add) ist es daher relativ schlecht beweglich (verglichen z.B. mit der Schulter), dafür aber auch sehr sicher. Eine Luxation im Hüftgelenk (ohne vorbestehende knöcherne Deformität oder schweren Unfall) tritt aus diesem Grund sehr selten auf. Alle drei extrakapsulären Bänder münden mit ihren Faserzügen in die **Zona orbicularis**. Das ist eine ringförmig um den Schenkelhals des Femurs verlaufende, die Kapsel verstärkende Bandstruktur.

MERKE:

Lig. capitis femoris	• liegt intrakapsulär • keine Haltefunktion fürs Hüftgelenk • ist die obliterierte A. femoris capitis
Lig. iliofemorale	• von der Spina iliaca ant. inf. Os ilii zur Linea intertrochanterica und zur Zona orbicularis • stärkstes Band im menschlichen Körper (ermöglicht das amuskuläre Stehen) • limitiert die Extension
Lig. ischiofemorale	• vom Os ischium zur Fossa trochanterica und zur Zona orbicularis • limitiert Innenrotation und Extension
Lig. pubofemorale	• vom Os pubis zur Linea intertrochanterica und zur Zona orbicularis • limitiert Anterotation und Abduktion

Tabelle 23: Bänder des Hüftgelenks

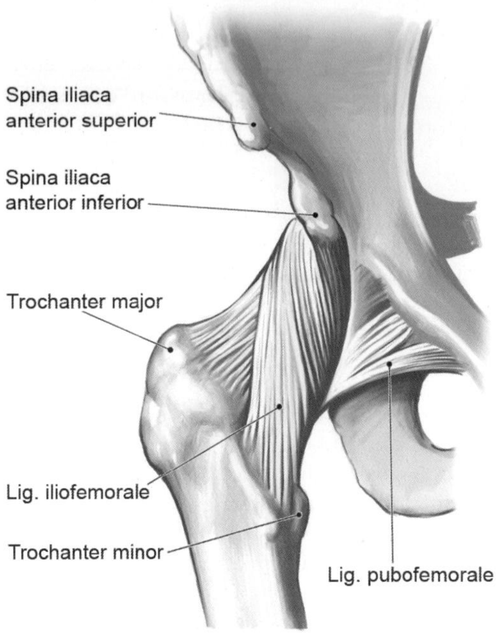

Abb. 29: Bänder des Hüftgelenks

3.1.3 Kniegelenk (Art. genus)

Das Kniegelenk ist das größte Gelenk im menschlichen Körper und das Lieblingsgelenk der Physikumsfragen. Es ist ein **Drehscharniergelenk**; kann also neben der Ext-Flex auch rotieren. Damit hat das Kniegelenk zwei Freiheitsgrade.

MERKE:
Die Rotation ist nur in Beugestellung möglich, weil nur dann die Bänder entspannt sind.

Drei Knochen bilden das Knie:

- **Femurkondylen (Kopf),**
- **Tibiaplateau (Pfanne) und**
- **Patella.**

Übrigens...
Die Fibula hat NICHTS mit dem Kniegelenk zu tun!

Da Kopf und Pfanne des Kniegelenks nicht aufeinander passen (= inkongruent sind), gibt es die **Menisken**, deren Funktion im **Inkongruenzausgleich** besteht = sie sorgen für die richtige Passform der beiden Knochen.Die Patella artikuliert über ihre Hinterfläche mit dem Femur (sie berührt NIEMALS die Tibia!). Die Patellasehne entspringt an der Patellaspitze (die liegt caudal, zeigt also nach unten) und setzt an der Tibia an. Sie vergrößern damit den Kraftarm (s. Gelenkphysik Abb. 4, S. 4). Viele Bänder sichern das Knie. Man kann sie in **intrakapsuläre** und **extrakapsuläre Bänder** untergliedern. Neben der in Beugestellung möglichen aktiven Innen- und Außenrotation, gibt es die **passive Schlussrotation** = Wenn man das Knie streckt, kann man sehen, dass bei den letzten Graden der Extension der Unterschenkel in eine leichte Außenrotation gedreht wird. Das ist keine Muskelleistung, sondern liegt daran, dass das **vordere Kreuzband als erstes aller Bänder bei der Extension gespannt** wird und den Unterschenkel in Außenrotation dreht. **Das vordere Kreuzband ist mit dem medialen Meniskus und dem medialen Kollateralband verwachsen.**

MERKE:
Weil bei einem Unfall häufig alle drei miteinander verbundenen Komponenten (= vorderes Kreuzband, medialer Meniskus, mediales Kollateralband) gleichzeitig zerstört werden, spricht man auch von der unhappy triad.

Das hintere Kreuzband ist frei und daher sehr viel beweglicher als das vordere. Das ist auch der Grund dafür, dass es sich bei Belastungen besser mitbewegen kann und daher nicht so schnell zerreißt - außer es war schon vorgeschädigt.

Übrigens...

Das gesamte Knie ist ein beliebtes Prüfungsthema in Wort und Bild. Ganz besonders häufig wird nach dem Verlauf der Bänder gefragt.

MERKE:

Da gerade die Kreuzbänder oft gefragt werden, hier eine kleine Denkhilfe: Legt man den Mittelfinger über den Zeigefinger einer Hand und hält dann diese Hand vor das gleichseitige Knie, so hat man in etwa den Verlauf der Kreuzbänder dargestellt. Alternativ kann man sich ein Skelett nehmen und die Kreuzbänder mit Klebestreifen einkleben.

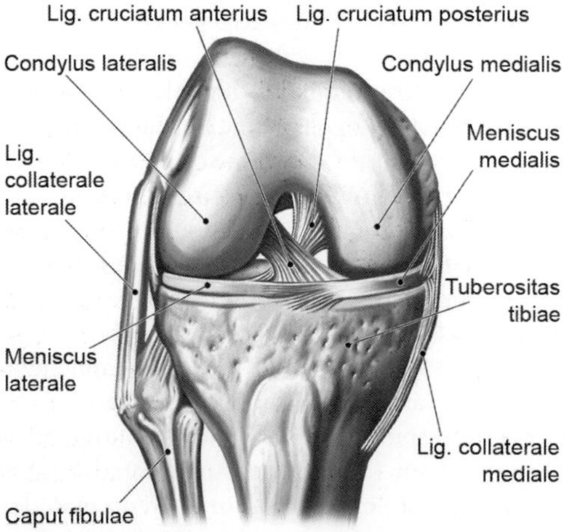

Abb. 30: Knie

Ein Wort zur klinischen Untersuchung: Bei einer Ruptur des vorderen Kreuzbandes kann der Unterschenkel im gebeugten Knie ventral herausgezogenen werden (= vordere Schublade).

Bei einer Ruptur des hinteren Kreuzbandes kann der Unterschenkel nach dorsal geschoben werden (= hintere Schublade).

Sind die Seitenbänder gerissen, kann der Unterschenkel bei gestrecktem Kniegelenk nach medial (bei Außenbandriss) oder lateral (bei Innenbandriss) geklappt werden.

Anteile des Kniegelenks

Meniskus med.	• C-Form • **über Gelenkkapsel mit medialem Kollateralband und vorderem Kreuzband verwachsen („unhappy triad")** • Dient dem **Inkongruenzausgleich** von Femur und Tibia
Meniskus lat.	• 4/5-Form • ist beweglicher, da nicht mit dem Seitenband verwachsen • dient ebenfalls dem **Inkongruenzausgleich**

Tabelle 24: Menisken des Kniegelenks

Bänder intraartikulär

Lig. cruciatum ant.	• **von medialer Fläche des äußeren Femurkondylus zur Eminentia intercondylare tibiae ant.** • **„verläuft wie die vordere Hosentasche"** • **wird als erstes aller Bänder bei der Ext. gespannt und bedingt so die „passive Schlussrotation" bei Ext.** • **ist mit medialem Meniskus und medialem Kollateralband verwachsen („unhappy triad")**
Lig. cruciatum post.	• **vom medialen Femurkondylus zur Eminentia intercondylare tibiae post.**
Ligamentum transversum genus	• verbindet beide Menisken ventral miteinander

Tabelle 25: intraartikuläre Bänder des Kniegelenks

Bänder extraartikulär

Die extraartikulären Bänder sichern das Knie gegen unphysiologische Bewegungen. Als Scharniergelenk hat das Knie ein **mediales (= „tibiales") und ein laterales (= „fibulares") Kollateralband**, die die Abduktion und Adduktion verhindern. Eine übermäßige Extension verhindern zwei dorsal (= „popliteal") gelegene Bänder: das **Lig. popliteum arcuatum** und das **Lig. popliteum obliquum**. Ventral liegt das **Lig. patellae**, welches von der Patellaspitze zur Tuberositas tibiae verläuft und die Kraft des M. quadrizeps auf den Unterschenkel überträgt. Medial und lateral neben der Patella liegen noch zusätzlich zwei kleine Bänder: das Retinaculum genu laterale und mediale.

Verbindung Tibia zu Fibula

Im Gegensatz zur oberen Extremität können sich im Unterschenkel die beiden Knochen nicht gegeneinander bewegen. Proximal artikuliert das Fibulaköpfchen mit der Tibia in einer Amphiarthrose und die Schäfte beider Knochen werden durch eine Membrana interossea zusammengehalten. Die distale Verbindung beider Knochen ist eine Syndesmose (= alles Fakten, die bislang im schriftlichen Examen noch nie gefragt wurden).
Für die Prüfung wichtig ist dagegen die Bildung der **Malleolengabel** durch Tibia und Fibula, die wiederum der proximale Anteil des **oberen Sprunggelenks** ist.

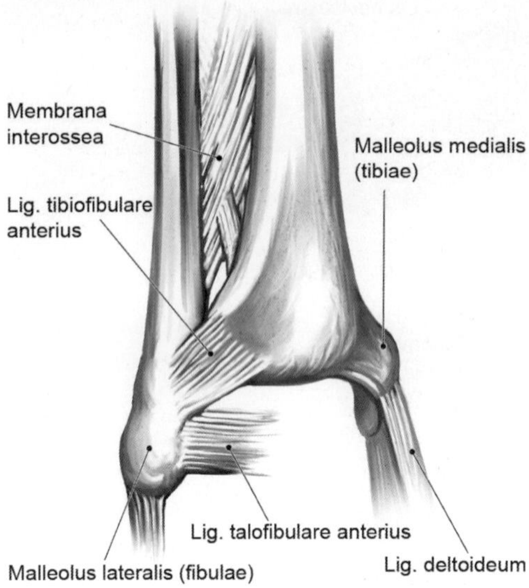

Abb. 31: Malleolengabel

3.1.4 Sprunggelenke

Es gibt ein **oberes Sprunggelenk** (= OSG) und ein **unteres Sprunggelenk** (= USG). Das USG wird in eine vordere und eine hintere Kammer unterteilt, die funktionell immer zusammenarbeiten. **Das OSG ist für die Dorsalextension und die Plantarflexion zuständig, das USG für die Supination und Pronation**. Bei der Supination wird der Fußinnenrand nach oben gezogen, die Pronation ist die Gegenbewegung.

Übrigens...

Diese Gelenke werden zwar von einer verwirrenden Vielzahl von Bändern gesichert, um die Fragen des schriftlichen Physikums zu diesem häufig geprüften Thema lösen zu können, muss man jedoch nur diese fünf kennen:

MERKE:

Die fünf wichtigen Bänder der Sprunggelenke sind:

- **Lig. tibiofibulare ant. (OSG) und Lig. tibiofibulare post. (OSG) - lateral**
  - Diese beiden Bänder werden klinisch auch Syndesmose genannt
- **Lig. deltoideum (OSG)**
  - liegt **medial** und sichert das OSG gegen ungewollte Pronation
- **Lig. calcaneofibulare (OSG) - lateral**
- **Lig. calcaneonaviculare plantare (USG)= Pfannenband**

Oberes Sprunggelenk

Das **obere Sprunggelenk (= OSG)** wird von der **Malleolengabel** und dem **Talus (= Trochlea tali)** gebildet. Es dient der **Dorsalextension (= Fußspitze zur Nase hochziehen) und der Plantarflexion (= Fußspitze zum Boden)**. Die Malleolengabel wird durch das **Lig. tibiofibulare ant.** und **tibiofibulare post**. (klinisch auch **Syndesmose**) gesichert. Medial spannt sich am OSG das **Lig. deltoideum** aus, das seinerseits aus vier einzelnen Bändern zusammengesetzt ist (die allerdings noch nie gefragt wurden...). Es verhindert eine Pronation im OSG.
Lateral am OSG liegt das **Lig. talofibulare ant.** und **talofibulare post.** sowie das **Lig. calcaneofibulare.**
Die **Trochlea tali ist ventral breiter als dorsal.** Bei Dorsalextension kommt der ventrale Anteil zwischen der Malleolengabel zu liegen und verklemmt sich, daher ist die **Dorsalextension auch die stabile Stellung des OSG**. Bei Plantarflexion liegt der schmale hintere Teil der Trochlea tali zwischen der Malleolengabel, **wodurch die Plantarflexion instabil** ist und dann sehr leicht Verletzungen auftreten können.

Übrigens...

Eine der häufigsten Verletzungen überhaupt ist der **Bänderriss im OSG**. In 99,9% der Fälle hat der Patient dann ein **Supinationstrauma** (man denke an Michael Stich...). Dabei werden die medialen Bänder gestaucht (= das Lig. deltoideum), was sie aber nicht sonderlich interessiert. Viel wichtiger ist, dass die **lateralen Bänder überdehnt werden und dann reißen**. Eigentlich handelt es bei dieser Verletzung um eine Supination, die im OSG abläuft, und das kann das OSG eben nicht.

Unteres Sprunggelenk

Das untere Sprunggelenk (= USG) besteht aus zwei Kammern: der vorderen und der hinteren Kammer. **Diese arbeiten immer zusammen**. Die **Art. subtalaris** (= hintere Kammer) und die **Art. talocalcaneonavicularis** (= vordere Kammer) werden durch das **Lig. calcaneonaviculare plantare** (= Pfannenband) verbunden. Dieses Band bildet eine Gelenkpfanne.

Im USG können **Supination** und **Pronation** durchgeführt werden.

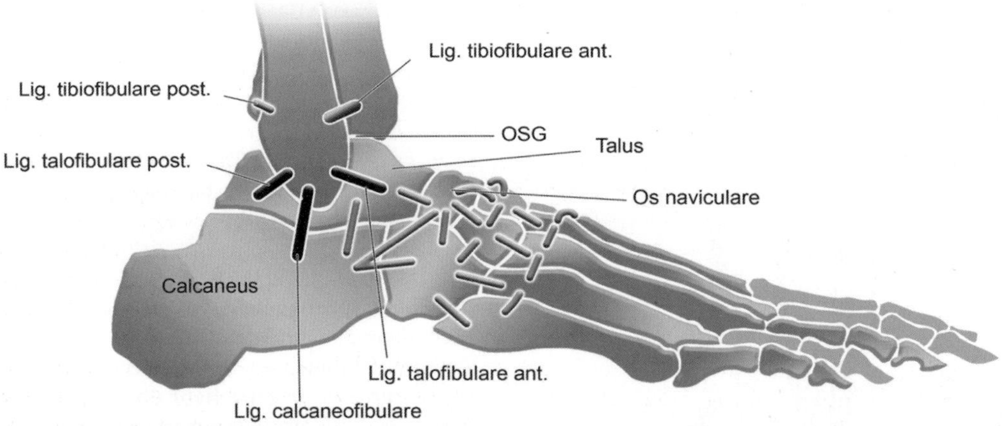

Abb. 32: OSG

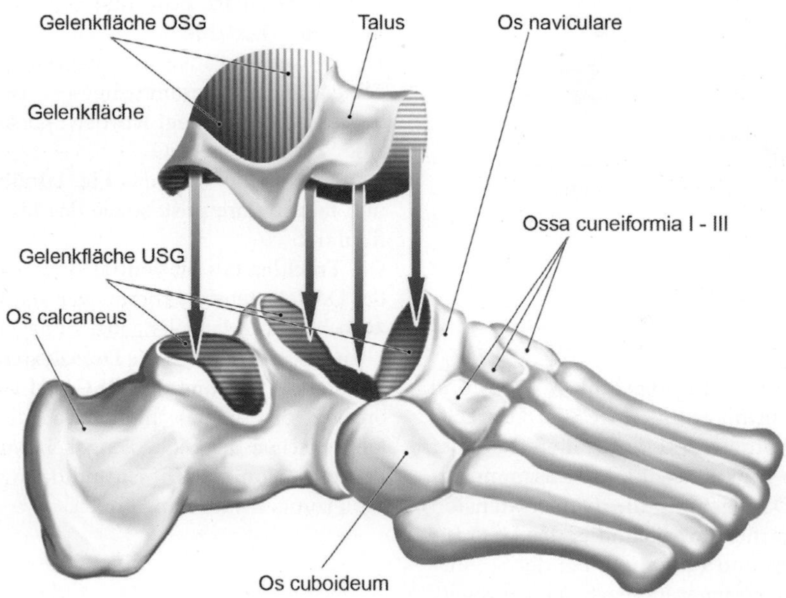

Abb. 33: USG

MERKE:

Oberes Sprunggelenk (Art. talocruralis)	• Malleolengabel und Trochlea tali • Dorsalextension (stabil) und Plantarflexion (instabil) • Mediale Bänder: Lig. deltoideum (aus 4 einzelnen Bändern) • Laterale Bänder: (reißen bei Supinationstrauma) Lig. talofibulare ant. Lig. talofibulare post. Lig. calcaneofibulare
Unteres Sprunggelenk (Art. talocalcaneonavicularis + Art. subtalaris)	• Aus 2 Kammern: hintere Kammer (= Art. subtalaris) vordere Kammer (= Art. talocalcaneonavicularis) • Supination und Pronation • Lig. calcaneonaviculare plantare (= Pfannenband)

Tabelle 26: Sprunggelenke

3.1.5 Fußgewölbe

Die Knochen des Fußes werden durch Bänder und Sehnen so gehalten, dass sie ein Längs- und ein Quergewölbe bilden. Diese dienen als Federmechanismus beim Gehen und Springen.

MERKE:

Das Längsgewölbe wird mehr durch Bänder aufrechterhalten (= Lig plantare longum), das Quergewölbe mehr durch Sehnen (= der Mm. peronei).

Übrigens...

- Manchmal wird in mündlichen Prüfungen nach dem Steigbügel gefragt. Damit sind die Sehnen des M. tibialis anterior (= medial) und des M. peronaeus longus (= lateral) gemeint. In diesen Sehnen ist der Fuß wie in einem Steigbügel aufgehängt
- Tip aus der Unfallchirurgie: die Linie zwischen Fußwurzel- und Mittelfußknochen wird „Lisfranc-Gelenklinie" genannt; die zwischen dem Rückfuß (also Talus und Calcaneus) und den davor gelegenen Fußwurzelknochen (also Os naviculare und Os cuboideum) „Chopart-Gelenklinie". Luxationen in einer dieser beiden Linien sind zwar selten, aber meistens schwerwiegend.

DAS BRINGT PUNKTE

Die Bänder im Becken werden oft gefragt. Sie sind sehr verwirrend und können leicht verwechselt werden. Also Vorsicht, gerade bei Bildfragen!

- Lig. sacro-tuberale und Lig. sacro-spinale:
  - Diese beiden bilden das Foramen ischiadicum majus und minus,
  - Ursprung und Ansatz ergeben sich aus den Namen.
- Membrana obturatoria:
  - Sie bedeckt das knöcherne Foramen obturatorium zwischen Os pubis und Os ischiadicum.
  - Ein Loch in der Membrana obturatoria heißt „Canalis obturatorius" (s. Topographie S. 29).

Eine typische Falle ist es, nach dem Canalis obturatorius und dem Canalis pudendalis zu fragen, denn diese beiden liegen dicht beieinander, haben aber nichts gemeinsam (s. Topographie Abb. 42, S. 50).

Auch das Hüft- und Kniegelenk sind in jedem Physikum zu finden. Besonders die Bänder beider Gelenke sind ein beliebtes Thema für Bildfragen, wobei die Kreuzbänder in der Beliebtheitsskala ganz oben stehen. Daneben kommt auch die „unhappy triad" manchmal dran.

- Unhappy triad: vorderes Kreuzband, Innenmeniskus, mediales Kollateralband.
- Vorderes Kreuzband verläuft wie Hosentasche.
- Vorderes Kreuzband hemmt Innenrotation.
- Vorderes Kreuzband ist für passive Schlussrotation verantwortlich.

Die schriftlichen Fragen zum oberen und unteren Sprunggelenk sind recht einfach, wenn man sich klar macht, dass

- im OSG nur dorsal Extension und Plantarflexion,
- im USG nur Pronation und Supination durchgeführt werden können.
- beim typischen Umknicken die lateralen Bänder des OSG reißen, die medialen jedoch nicht zerstört werden.

BASICS MÜNDLICHE

Das Knie ist das größte Gelenk im Körper und hat sehr viele Bänder, die häufig Thema mündlicher Prüfungen sind. Dass es sich um ein Drehscharniergelenk handelt, gehört ebenso zum Standardwissen wie die Funktion und der Verlauf der Kreuzbänder. Übrigens: Der einzige Außenrotator im Kniegelenk ist der M. biceps femoris (s. Tab. 32, S. 42).
Auch die Sprunggelenke sind beliebte Themen. Man muss zwar nur selten die einzelnen Bänder zeigen, sollte aber gerade die des OSG schon einmal gesehen haben und finden können.

Welche Funktion haben die Kreuzbänder?
Sie stabilisieren das Knie in der Horizontalebene. Vorderes Kreuzband ist vor allen anderen bei der Extension straff und sorgt für die passive Schlussrotation.

Was ist die Funktion der Patella?
Sie dient als Hypomochlion, also als Umlenkrolle, um den Kraftarm auf den Unterschenkel zu vergrößern.

Wie teilen Sie die Sprunggelenke ein?
OSG zwischen Malleolengabel und Talus für dorsal Extension und plantar Flexion.
USG zwischen Talus, Calcaneus und Naviculare für Pronation und Supination.

Was passiert bei der typischen Verletzung im Sprunggelenk?
Supinationstrauma mit Riss der lateralen Bänder des OSG.

Welche Bänder sichern das Hüftgelenk?
Lig. ilio-, pubo- und ischio-femorale.

3.2 Muskeln

Auch die Muskulatur der unteren Extremität ist in ihrer Vielfalt leicht verwirrend. Zum Glück hat das schriftliche Physikum seine „Lieblingsmuskeln“, und wer die drauf hat kann sich sicher sein, die Fragen auch beantworten zu können. Daher werden wir hier ausschließlich diese Muskeln vorstellen mit dem Ziel: maximale Punkte bei mäßigem Aufwand.

3.2.1 Hüftmuskulatur

Muskel	Ursprung	Ansatz	Innervation	Funktion
M. iliopsoas • M. iliacus • Mm. psoas major und minor	M. iliacus: • Innenseite Darmbeinschaufel (Fossa iliaca) M. psoas: • Innenseite BWK 12 - LWK 4	Gemeinsam: • **Trochanter minor** • **Durchläuft lacuna musculorum**	Plexus lumbalis • N. femoralis	**Hüfte:** • **Flex (stärkster Hüftbeuger)** • Außenrotation • Add **Besonderheit: zwischen beiden Muskelbäuchen läuft der N. femoralis**
M. glutaeus maximus	• Dorsales Os sacrum • Ala ossis ilii	• Tuberositas gluteae femoralis • Tractus iliotibialis	**N. glutaeus inf.**	Hüfte: • **Ext (stärkster Hüftstrecker)** • Außenrotation • Add und Abd je nach Stellung
M. glutaeus medius	Außenseite Darmbeinschaufel	Trochanter major femoris	**N. glutaeus sup.**	Hüfte: • **Abd (bei Ausfall Trendelenburg-Zeichen)** • Innenrotation und Außenrotation
M. tensor fasciae latae	Spina iliaca anterior superior	strahlt in den Tractus iliotibialis ein	**N. glutaeus sup.**	spannt Fascia lata, Flex und IR Hüftgelenk

Tabelle 27: Hüftmuskulatur

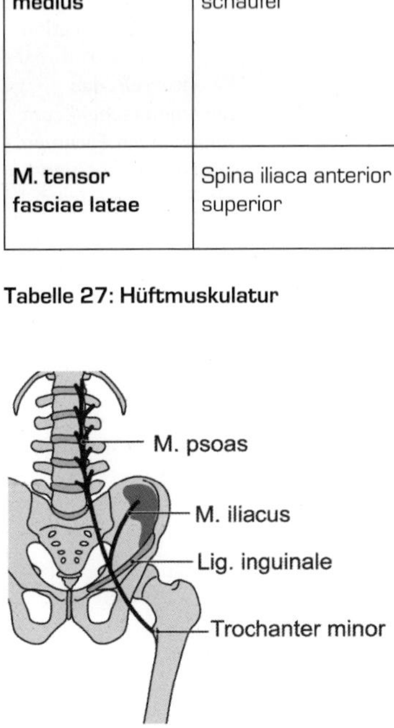

Abb. 34: M. iliopsoas

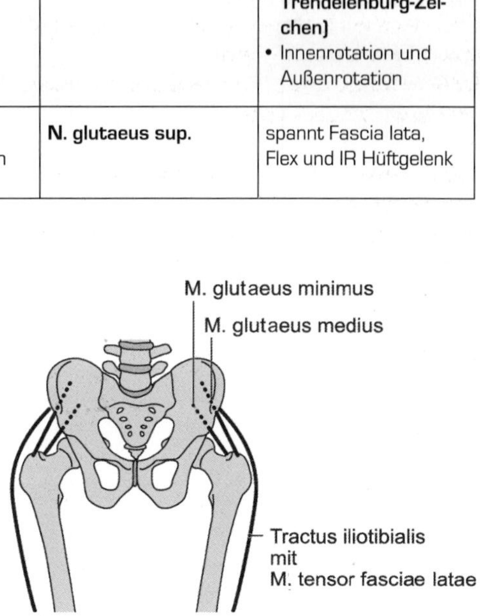

Abb. 35: M. glutaeus medius

Trendelenburg-Zeichen

Während des Gehens befindet sich immer ein Bein in der **Standbeinphase**, das andere schwingt als **Spielbein** durch. Das Körpergewicht würde das Becken auf der Seite des Spielbeins nach unten drücken. Damit das nicht passiert, muss auf der Standbeinseite der M. glutaeus medius kontrahieren. Er hält also das Becken während der Standbeinphase in der horizontalen Ebene. Wenn der Glutaeus medius ausgefallen ist (z.B. durch **Schädigung des N. glutaeus superior** nach fehlerhafter intramuskulärer Injektion), **neigt sich das Becken zur Spielbeinseite hinunter,** während man auf der Standbeinseite einen Beckenhochstand hat. Dieses Phänomen heißt Trendelenburg-Zeichen.

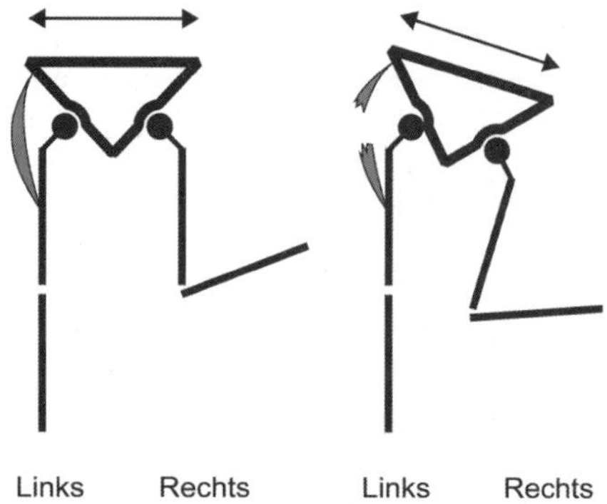

Abb. 36: Trendelenburg-Zeichen

Übrigens...

Bei der Inspektion eines Patienten mit Trendelenburg-Zeichen fällt der **Watschelgang** auf, außerdem ist **auf der geschädigten Seite (= Beckenhochstand) die horizontale Glutealfalte vertieft, die Rima ani (= „Pofalte") zeigt kranial zur gesunden Seite, kaudal zur betroffenen.**

Tiefe äußere Hüftmuskeln

Diese Muskeln werden so gut wie nie im Schriftlichen gefragt. Als einzigen Vertreter dieser Gruppe sollte man den **M. piriformis** kennen, der auch bei der Topographie eine Rolle spielt (s. Abb. 41, S. 50).

Muskel	Ursprung	Ansatz	Innervation	Funktion
M. piriformis	Ventrales Os sacrum	Trochanter major femoris	direkte Äste aus Plexus sacralis	**Abd u. Außenrotation** **Er unterteilt das Foramen ischiadicum majus in ein Foramen suprapiriforme und ein Foramen infrapiriforme**
M. obturatorius int.				Adduktion Außenrotation
M. glutaeus minimus				
Mm. gemelli				
M. quadratus femoris				
M. obturatorius ext.				

Tabelle 28: Tiefe Hüftmuskulatur

3.2.2 Oberschenkelmuskulatur

Der Oberschenkel wird durch drei Septa intermuscularia in drei Muskellogen unterteilt. Die Muskeln in einer Loge werden alle durch denselben Nerven innerviert und von denselben Gefäßen versorgt.

Ventrale Extensorenloge:
- Innervation durch N. femoralis
- Gefäße A. et V. femoralis

Mediale Adduktorenloge:
- Innervation durch N. obturatorius
- Gefäße A. et V. obturatoria

Dorsale Flexorenloge:
- Innervation pars tibialis N. ischiadicus
- Gefäße: A. et Vv. perforantes aus A. und V. prof. femoris

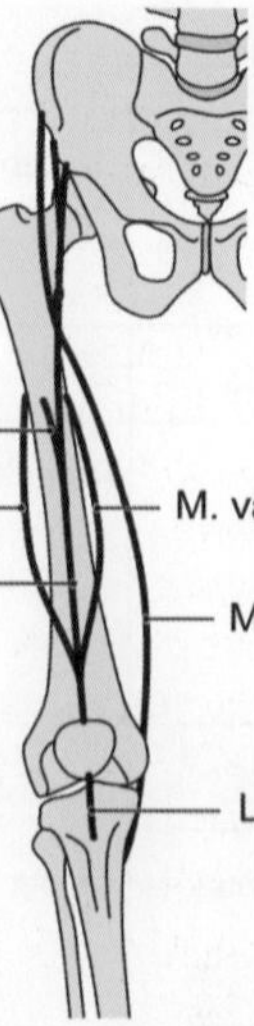

Abb. 37: Extensoren Oberschenkel

Muskel	Ursprung	Ansatz	Innervation	Funktion
M. sartorius = „Schneidermuskel"	**Spina iliaca ant. sup.**	**Pes anserinus**	N. femoralis	**Schneidersitz:** **Hüfte:** **• Flex** **• Abd** **• Außenrotation** **Knie:** **• Flex** **• Innenrotation**
M. quadrizeps femoris: • M. rectus femoris • M. vastus lat. • M. vastus med. • M. vastus intermed.	 Spina iliaca ant. inf. lateraler Femur medialer Femur ventraler Femur	über Patella an **Tuberositas tibiae**	N. femoralis	Hüfte: • Flex (durch M. rectus femoris) **Knie:** **• Ext**

Tabelle 29: Überblick über die Extensoren

Diese beiden Muskeln werden gerne gefragt. Beide sollte man sich auch im Atlas ansehen und sich ihren Verlauf, ihre Innervation und die Funktion sehr genau einprägen.

Übrigens...

Der M. sartorius liegt zwar in der Extensorenloge, macht aber eine Flexion im Knie!

Muskel	Ursprung	Ansatz	Innervation	Funktion
M. pectineus	Os pubis Pecten ossis pubis	Dorsaler Femur Linea pectinea femoris	Doppelinnervation N. obturatorius und N. femoralis	Add Außenrotation
M. adductor longus				
M. gracilis = „Jungfrauenhüter"	**Ramus inf. Os pubis**	**Pes anserinus**	N. obturatorius	**Hüfte:** **• Add und Flex** **Knie:** **• Flex** **• Innenrotation**
M. adductor brevis				Hüfte: • Add • Ir und Ar je nach Stellung
M. adductor magnus	Os pubis	Medialer Femur	Doppelinnervation N. obturatorius und N. tibialis	

Tabelle 30: Überblick über die Adduktoren

Von den Adduktoren wird fast ausschließlich der M. gracilis gefragt.
Warum er den Namen „Jungfrauenhüter" trägt? Nun, das erklärt sich über seine Funktion….

Muskel	Ursprung	Ansatz	Innervation	Funktion
M. biceps femoris	**Caput longum:** **Tuber ischiadicum** **Caput breve:** **Linea aspera femoris**	**Caput fibulae**	**Caput longum:** **N. tibialis** **Caput breve:** **N. fibularis com.**	**Hüfte:** **• Ext** **Knie:** **• Außenrotation** **• Flex**
M. semimembranosus	Tuber ischiadicum	Med. Tibia unter Pes anserinus		Hüfte: • Ext **Knie:** **• Innenrotation, bei gebeugtem Knie** **• Flex**
M. semitendinosus	Tuber ischiadicum	**Pes anserinus**	**Pars tibialis:** **N. ischiadicus**	

Tabelle 31: Überblick über die Flexoren

Die Flexoren des Oberschenkels werden sehr oft gefragt. Ganz besonders ist der M. biceps femoris beliebt. Von ihm sollte man sich auf alle Fälle merken, dass **der kurze Kopf vom N. fibularis communis und der lange Kopf vom N. tibialis innerviert wird**, also beide Köpfe unterschiedliche Innervationen haben. Außerdem ist der **M. biceps femoris der einzige Außenrotator im Kniegelenk,** eine Tatsache, die bislang in jedem Physikum gefragt wurde!

Auch immer geprüft wurde das **Pes anserinus**. Es dient als gemeinsame Ansatzsehne von drei Muskeln, die alle medial an der Tibia ansetzen:

- **M. sartorius**
- **M. gracilis**
- **M. semitendinosus**

Der M. semimembranosus hat eine eigene Ansatzsehne, die manchmal auch als Pes anserinus profundus bezeichnet wird.

Im Anhang auf S. 71 findet ihr zum Thema Oberschenkelmuskulatur die IMPP-Bilder 7 und 8.

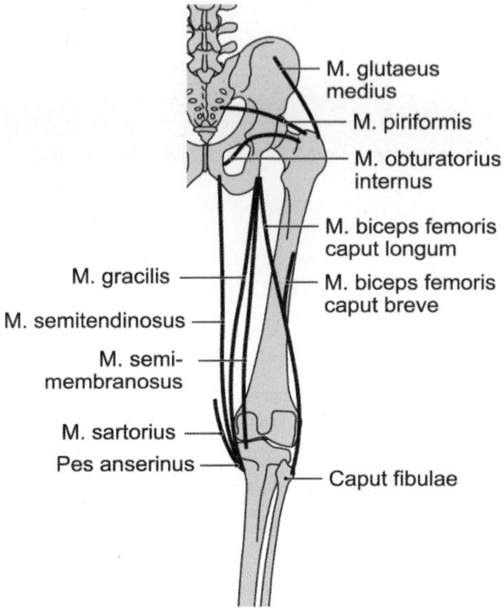

Abb. 38: Flexoren Oberschenkel

3.2.3 Unterschenkelmuskulatur

Auch der Unterschenkel wird durch Septa intermuscularia in drei Logen unterteilt. An sich sind es sogar fünf Logen, denn die Extensorenloge und die Flexorenloge werden noch weiter in eine oberflächliche und eine tiefe Loge unterteilt. Für die Innervation und Gefäßversorgung reicht aber die Kenntnis der **drei Logen** aus.

Ventrale Extensoren:

- **Innervation durch N. fibularis profundus**
- **Gefäße: A. et V. tibialis anterior**

Dorsale Flexoren:

- **Innervation durch N. tibialis**
- **Gefäße: A. et V. tibialis posterior**

Laterale Peronaeen:

- **Innervation durch N. fibularis superficialis**
- **Gefäße: A. et V. peronaea (= fibularis)**

Übrigens...

- Die Begriffe N. fibularis und N. peronaeus werden synonym verwendet.
- Der M. gastrocnemius (zweiköpfig) wird gemeinsam mit dem M. soleus (einköpfig) als **M. triceps surae** zusammengefasst. Sie bilden den Hauptanteil der Achillessehne, in die auch noch der M. plantaris einstrahlt.

Muskel	Ursprung	Ansatz	Innervation	Funktion
M. tibialis anterior (s. IMPP-Bild 9 und 10 im Anhang S. 72)	Ventrale Tibia	Os metatarsale I	**N. fibularis profundus**	• **Dorsalext.** • **Supination**
M. extensor hallucis longus (s. IMPP-Bild 10 im Anhang S. 72)	Membrana interossea	Endphalanx der Großzehe		• Dorsalext. • Supination, sehr gering • Ext. Zehe I
M. extensor digitorum longus (s. IMPP-Bild 10 im Anhang S. 72)	Ventrale Fibula	Endphalangen der Zehen II-V (Dorsalaponeurosen II.-V. Zehen)		• Dorsalext. • Ext. der Zehen II-V

Tabelle 32: Überblick über die Extensoren

Muskel	Ursprung	Ansatz	Innervation	Funktion
M. gastrocnemius	• Mit 2 Köpfen vom Condylus med. und lat. des Femur • liegt oberflächlich	über Achillessehne am Tuber calcanei	**N. tibialis**	**Knie:** • **Flexion** **Sprunggelenk:** • **Plantarflex.** • **Supination**
M. soleus	• Dorsale Tibia und dorsale Fibula • liegt tief			• **Plantarflex.** • **Supination**
M. plantaris	Condylus lat. des Femur			• Plantarflex. • Supination

Tabelle 33: Überblick über die Flexoren, 2 davon (= M. gastrocnemius und M. soleus) bilden den M. triceps surae

Übrigens...

Der M. plantaris hat eine lange dünne Sehne, die medial am Unterschenkel hinabläuft und gerade in Bildfragen gerne mit einem Nerven oder Gefäß verwechselt werden kann.

Muskel	Ursprung	Ansatz	Innervation	Funktion
M. peronaeus longus	**Fibula**	**Plantar am Os metatarsale I**	**N. fibularis superf.**	• **Plantarflex.** • **Pronation**
M. peronaeus brevis	**Fibula**	**Plantar am Os metatarsale V**		• **Plantarflex.** • **Pronation**

Tabelle 34: Die Peronaeusgruppe

MERKE:
Die Peronaeusmuskeln fangen mit einem „P“ an und haben am Fuß auch die Funktionen, die mit einem „P“ beginnen =Plantarflexion und Pronation.

DAS BRINGT PUNKTE

Die Hüftmuskulatur - gerade der M. iliopsoas und der M. glutaeus medius - ist Thema der schriftlichen Wort- und Bildfragen. Zwischen beiden Köpfen des M. iliopsoas verläuft der N. femoralis (s. Abb. 42, S. 50). Ein Ausfall des M. glutaeus medius führt zum Trendelenburg-Zeichen mit Beckenhochstand auf der betroffenen Seite.

- M. glutaeus medius wird vom N. glutaeus superior innerviert und ist als Abduktor in der Standbeinphase für die Stabilisierung der Beckenebene verantwortlich.
- Bei Ausfall des M. glutaeus medius kommt es zum Trendelenburg-Zeichen.
- M. iliopsoas ist der stärkste Beuger der Hüfte.
- N. femoralis verläuft zwischen den Köpfen des M. iliopsoas.
- M. piriformis unterteilt das Foramen ischiadicum majus in ein Foramen supra- und infrapiriforme (s. Abb. 41, S. 50).

Auch das Pes anserinus wird oft gefragt. Wissen sollte man, dass es aus dem M. gracilis, dem M. semitendinosus und dem M. sartorius gebildet wird. Der M. semimembranosus gehört dagegen NICHT dazu.

- Pes anserinus an der medialen Tibia ist der gemeinsame Ansatzort für den M. sartorius, M. gracilis und M. semitendinosus.
- M. biceps femoris ist der einzige Außenrotator am Kniegelenk, außerdem werden seine beiden Köpfe unterschiedlich innerviert: Caput longum durch den N. tibialis, Caput breve durch den N. fibularis communis.

Am Unterschenkel sind die Mm. peronei die Lieblingskandidaten. Ihre Funktion beginnt, wie sie selbst, mit dem Buchstaben „P“: Plantarflexion und Pronation.

BASICS MÜNDLICHE

Neben den fürs Schriftliche genannten Themen gibt es eine speziell im Mündlichen gern gestellte Falle: Die Sehne vom M. plantaris ist lang und dünn, sie läuft medial am Unterschenkel zur Achillessehne hinab und wird leicht mit einem Nerven oder einem Gefäß verwechselt. Die sollte man sich vor der Prüfung einmal angesehen haben und auch im Präparat wieder erkennen können.

Welche Funktion hat der M. biceps femoris?
Hüfte: Extension
Knie: Flexion und Außenrotation

Wie werden die Adduktoren des Oberschenkels innerviert?
Über den Nervus obturatorius.

Welche Muskeln bilden die Achillessehne?
M. gastrocnemius, M. plantaris, M. soleus.

Welcher Kopf des M. quadriceps femoris ist zweigelenkig?
M. rectus femoris.

Welche Muskeln bilden einen „Steigbügel“ um das Sprunggelenk?
M. tibialis anterior und die Mm. peronei.

Welche Funktion ist nach Ausfall des Nervus tibialis am Unterschenkel eingeschränkt?
Plantarflexion, da die Wadenmuskulatur ausfällt.

VOR AUSFALL DER HIRNFUNKTION, EMPFIEHLT SICH EINE PAUSE.

3.3 Leitungsbahnen

Wie immer sind es die Leitungsbahnen, die dem Prüfling die größten Sorgen bereiten und die gemeinerweise sowohl im schriftlichen als auch im mündlichen Physikum grundsätzlich geprüft werden. Der besondere Schwerpunkt liegt dabei auf den Nerven, die an sich recht einfach zu lernen sind (s. Merksprüche Tab. 35, S. 47), aber eben recht kompliziert wirken und damit gerne als Falle gestellt werden. Die typischen Prüfungslieblinge sind hier zusammengefasst.

3.3.1 Arterien

Auf der Schemazeichnung ist der Verlauf der wichtigsten Arterien der unteren Extremität zu sehen. Man sollte sich die Zahl 3 merken, da es im Ober- wie auch Unterschenkel drei Logen gibt, zu deren Versorgung drei Gefäße vorhanden sind.

Oberschenkel

- Extensoren: A. femoralis
- Flexoren: Aa. perforantes
- Adduktoren: A. obturatoria

Unterschenkel

- Extensoren: A. tibialis anterior
- Flexoren: A. tibialis posterior
- Peronaeus: A. fibularis (= peronaea)

MERKE:

Die Adduktoren des Oberschenkels werden durch die A. obturatoria versorgt, die aus der A. iliaca interna stammt (verläuft durch den Canalis obturatorius), alle anderen Gefäße stammen aus der A. iliaca externa.

Die Flexoren des Oberschenkels werden durch die Aa. perforantes versorgt, die aus der A. profunda femoris und damit aus der A. femoralis stammen.

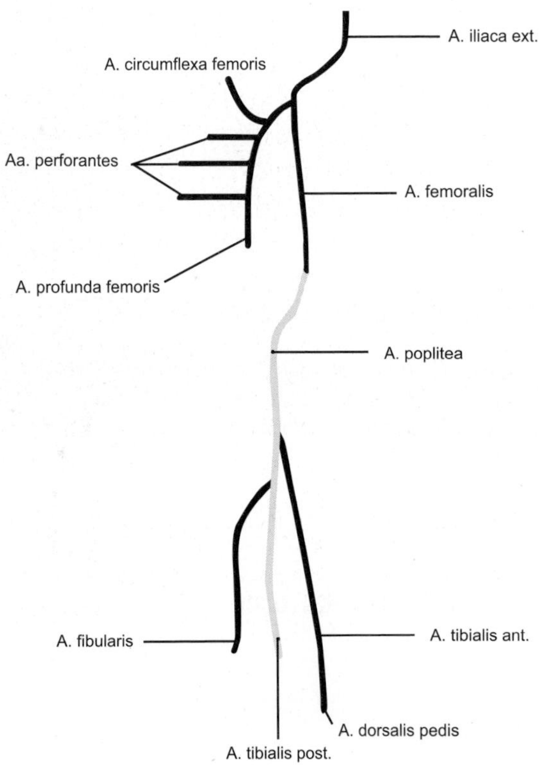

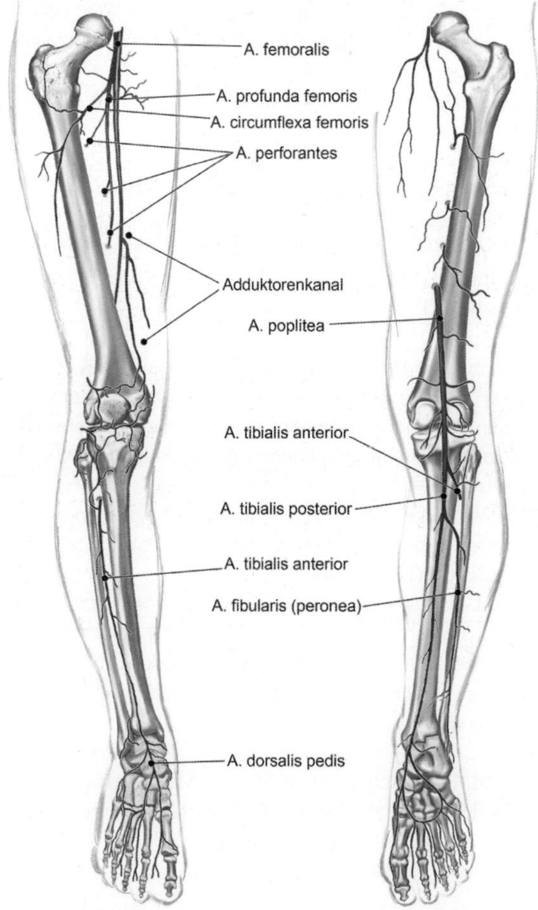

Abb. 39 a,b: Arterien der unteren Extremität

A. iliaca externa
- **A. femoralis**
  - **A. profunda femoris**
    - **Aa. perforantes**

Übrigens...
- Die A. femoralis verläuft durch den Adduktorenkanal, und heißt dann ab der Kniekehle A. poplitea.
- Der Femurkopf wird aus der A. circumflexa femoris arteriell mit Blut versorgt.

A. poplitea
- **A. tibialis posterior**
  - **A. fibularis (= peronea)**
- **A. tibialis anterior**
  - **A. dorsalis pedis**

3.3.2 Venen
Die Venen heißen und verlaufen wie die Arterien, liegen allerdings paarig vor. Prüfungsrelevant sind die hier vorgestellten oberflächlichen Venen:
- Die **V. saphena magna** liegt medial und zieht epifascial das ganze Bein hoch, um im **Hiatus saphenus in die V. femoralis zu münden**.
- Die **V. saphena parva liegt lateral** und **mündet in der Kniekehle in die V. poplitea**.

Oberflächliche (= epifasciale) und tiefe Venen haben ein Klappensystem, das das Versacken des Blutes nach distal verhindert. Über Venae perforantes fließt das Blut aus den oberflächlichen Venen in die tiefen. Werden die Klappen der epifascialen Venen insuffizient, kommt es zur Umkehrung des Blutflusses im Beinvenensystem und zur Entstehung von Krampfadern, auch Varikosis genannt. Krampfadern sind daher Aussackungen der epifascialen Venen.

3.3.3 Nerven
Die Nerven, die die untere Extremität versorgen, stammen alle aus dem **Plexus lumbosacralis**. Da diese Nerven sehr oft gefragt werden, ist es ratsam, sich mit Hilfe der Merksprüche den Ursprung der Nerven aus den jeweiligen Plexusanteilen einzuprägen.

Der Plexus lumbosacralis entsteht aus den vorderen Ästen der Spinalnerven Th 12 bis S4:
- **Plexus lumbalis aus Th 12 bis L4**
- **Plexus sacralis aus L4 bis S4**

MERKE:

Plexus lumbalis	
In	N. iliohypogastricus
Indien	N. ilioinguinalis
gibts	N. genitofemoralis
kein	N. cutaneus femoris lateralis
frisches	N. femoralis
Obst	N. obturatorius
Plexus sacralis	
Gut	N. glutaeus sup.
gehts	N. glutaeus inf.
kaum	N. cutaneus femoris post.
mit Ischias	N. ischiadicus
im Paradies	N. pudendus

Tabelle 35: Plexus lumbo-sacralis

N. iliohypogastricus
- verläuft auf dem M. quadratus lumborum durch den M. psoas major,
- zwischen M. transversus abdominis und M. obliquus internus abdominis.

N. ilioinguinalis
- verläuft parallel zum N. iliohypogastricus, aber weiter caudal,
- zwischen M. transversus abdominis und M. obliquus internus abdominis.

N. genitofemoralis
- verläuft durch den M. psoas major,
- spaltet sich in zwei Äste:
  - **Ramus genitalis**, der im Leistenkanal verläuft und motorisch den M. cremaster versorgt.
  - **Ramus femoralis**, der durch die Lacuna vasorum verläuft und die Innenseite des Oberschenkels im oberen Bereich sensibel versorgt.

Übrigens...

Bitte niemals den R. femoralis des N. genitofemoralis mit dem N. femoralis verwechseln. Das passiert einem sehr leicht und wird im Schriftlichen auch provoziert!

N. cutaneus femoris lateralis

- Verläuft durch die Lacuna musculorum und versorgt die laterale Seite des Oberschenkels sensibel.

N. femoralis

- **Liegt zwischen den Bäuchen des M. iliopsoas und verläuft damit durch die Lacuna musculorum.**
- **Kurz unter dem Leistenband fasert er in seine Endäste auf, von denen der sensible N. saphenus mit A. und V. femoralis durch den Adduktorenkanal zieht.**

N. obturatorius

- **Zieht durch den Canalis obturatorius zum medialen Oberschenkel und versorgt die Adduktorenmuskulatur und die Haut der medialen Oberschenkelseite unten sensibel.**

N. glutaeus superior

- Versorgt den M. glutaeus medius und minimus.

N. glutaeus inferior

- Versorgt den M. glutaeus maximus.

N. cutaneus femoris posterior

- Versorgt die Haut des dorsalen Oberschenkels sensibel.

N. ischiadicus

- **Verläuft durch das Foramen infrapiriforme (= Anteil des Foramen ischiadicum majus).**
- **Teilt sich in seine beiden Äste:**
  - **N. tibialis, der die Flexoren des Ober- und Unterschenkels versorgt. Der sensible Endast des N tibialis ist der N. suralis, der am Außenknöchel mit der V. saphena parva zur Fußaußenkante verläuft.**
  - **N. fibularis, der sich weiter teilt in:**
    - **N. fibularis superficialis zur Versorgung der M. peronei und**
    - **N. fibularis profundus zur Versorgung der Extensoren des Unterschenkels.**

Der N. fibularis unterteilt sich also weiter in den N. fibularis superficialis zur Versorgung der M. peronei und den N. fibularis profundus zur Versorgung der Extensoren des Unterschenkels.

N. pudendus

- verlässt das Becken durch das Foramen infrapiriforme, wickelt sich um die Spina ischiadica und zieht durch das Foramen ischiadicum minus wieder ins Becken zurück.
- verläuft in der Fossa ischiorectalis, genauer an deren Seitenwand im Canalis pudendalis (= Alcock Kanal).

DAS BRINGT PUNKTE

Der Verlauf der A. femoralis durch den Adduktorenkanal und die aus ihr entstehenden Äste werden gerne gefragt. Auch die Zuordnung der Arterien zu den Muskellogen gehört zum notwendigen Wissen fürs Schriftliche.

Achtung: Die Adduktoren werden über die A. obturatoria mit Blut versorgt, die ihrerseits aus der A. iliaca interna stammt!

- A. femoralis versorgt die Extensoren und über die A. profunda femoris die Flexoren am Oberschenkel; die Adduktoren werden über die A. obturatoria versorgt.
- V. saphena magna liegt medial epifascial am Bein und mündet am Venenstern in die V. femoralis.
- V. saphena parva liegt lateral epifascial am Unterschenkel und mündet in die V. poplitea.

In jedem Physikum waren bisher die Nerven des Plexus lumbosacralis Thema. Dabei wurde immer die Zuordnung eines Nerven zu einem der beiden Plexus gefragt. Besondere Vorsicht ist bei den kleinen Nerven geboten: Beispielsweise ist der N. cutaneus femoris lateralis - obwohl kaum zu sehen - ein eigenständiger Nerv aus dem Plexus lumbalis und nicht etwa irgendein Endast eines größeren Nerven...

- N. femoralis liegt zwischen den Bäuchen des M. iliopsoas und spaltet sich rasch - nachdem er unterm Leistenband hindurchgelaufen ist - in seine Endäste auf; der wichtigste davon ist der rein sensible N. saphenus, der durch den Adduktorenkanal verläuft.
- N. ischiadicus ist der dickste Nerv im Körper und teilt sich nach seinem Durchtritt durch das Foramen infrapiriforme in den N. tibialis und den N. fibularis.
- N. obturatorius verläuft durch den Canalis obturatorius zu den Adduktoren.
- N. glutaeus superior versorgt u.a. den M. glutaeus medius, bei dessen Ausfall das Trendelenburg-Zeichen auftritt.

- Der N. suralis eignet sich zur Nerven-Probeexzision, da er leicht aufzufinden (epifascial hinter dem Außenknöchel) und der Funktionsverlust vergleichsweise gering ist. Dieses diagnostische Mittel kommt bei Nervenerkrankungen zum Einsatz.

BASICS MÜNDLICHE

Auch in der mündlichen Prüfung ist die A. obturatoria und ihr Ursprung immer wieder Thema. Die beliebtesten Nerven im Mündlichen sind der N. femoralis und der N. ischiadicus. Gerade der Ischiadicus kann auf Grund seiner Größe sehr leicht detektiert werden und eignet sich außerdem gut dazu, seine Endäste abzufragen. Besondere Vorsicht gilt beim N. genitofemoralis, da sein Oberschenkelast - der Ramus femoralis - gerne mit dem Nervus femoralis verwechselt wird.

Wie wird die Oberschenkelinnenseite sensibel innerviert?
Oberer Anteil: Ramus femoralis des N. genitofemoralis. Unterer Anteil: N. obturatorius.

Wie heißt der sensible Endast des N. femoralis, wo läuft er hindurch?
N. saphenus, durch den Adduktorenkanal.

Wo zieht die A. femoralis unter dem Leistenband durch?
Durch die Lacuna vasorum.
Wie heißt der dickste Nerv des Körpers?
N. ischiadicus, er ist aber nicht der längste, da er sich rasch in seine Hauptäste - N. tibialis und N. fibularis – teilt.

Wie werden die Adduktoren, wie die Flexoren des Oberschenkels mit Blut versorgt?
A. obturatoria für die Adduktoren. Rami perforantes der A. profunda femoris für die Flexoren.

Welcher Nerv ist motorisch für die Flexoren im Ober- und Unterschenkel verantwortlich?
N. tibialis.

Welcher Muskel wird sowohl vom N. tibialis als auch vom N. fibularis versorgt?
M. biceps femoris.

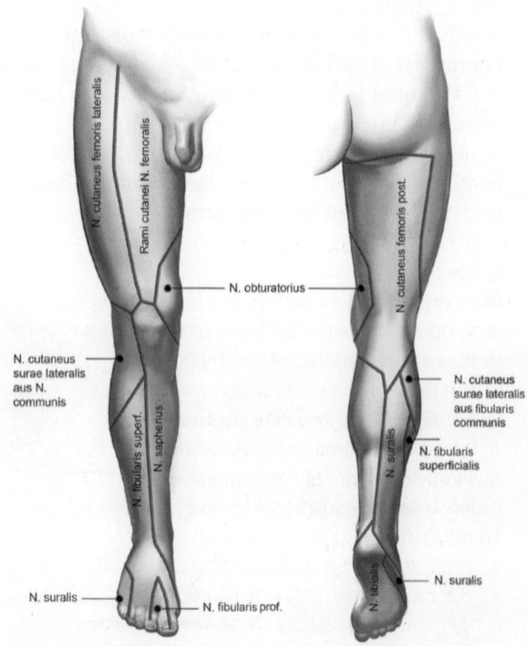

Abb. 40: sensible Innervation der unteren Extremität

3.4 Topographie der unteren Extremität

Die Topographie der unteren Extremität wurde bislang in jedem Physikum geprüft. Die einzelnen Durchtrittsstellen für Nerven und Gefäße sollte man sich daher sehr genau ansehen und auch die Strukturen einander zuordnen können.

3.4.1 Regio glutealis

Durch das **Ligamentum sacrospinale** und das **Ligamentum sacrotuberale** (s. Abb. 41) werden das **Foramen ischiadicum minus** und das **Foramen ischiadicum majus** gebildet. Durch das Foramen ischiadicum majus läuft der M. piriformis und unterteilt es in das **Foramen suprapiriforme** und das **Foramen infrapiriforme.**

MERKE:

Das Lernen fällt leichter, wenn man sich merkt, dass durch das Foramen suprapiriforme alles läuft, was „glutealis superior" heißt. Durch das Foramen ischiadicum minus laufen der M. obturatorius internus sowie A.,V. und N. pudendus. Alle anderen Strukturen, die auf der dorsalen Seite liegen, müssen folglich durch das Foramen infrapiriforme laufen und sie tun es auch...

Foramen suprapiriforme	• A. und V. glutealis superior • N. glutaeus superior
Foramen infrapiriforme	• N. ischiadicus • A. und V. glutealis inferior • N. glutaeus inferior • N. cutaneus femoris post. • N. pudendus • A. und V. pudenda interna (ziehen aus dem Becken heraus)
Foramen ischiadicum minus	• M. obturatorius internus • N. pudendus • A. und V. pudenda interna (ziehen in das Becken hinein)

Tabelle 36: Regio glutealis

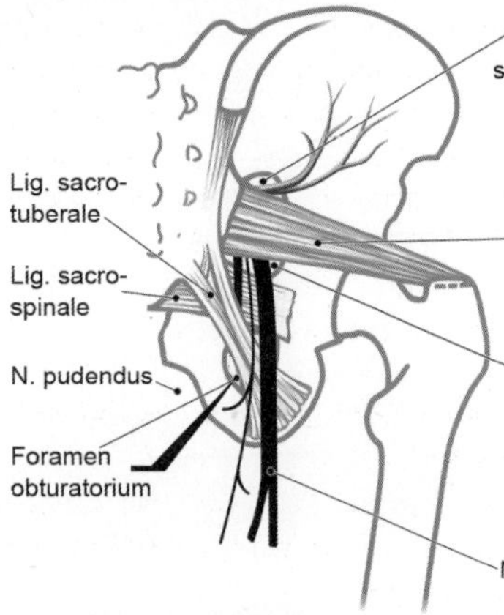

Abb. 41: Regio glutealis

3.4.2 Canalis obturatorius

Der Canalis obturatorius ist ein Loch in der Membrana obturatoria, welche das knöcherne Foramen obturatorium bedeckt (s. Abb. 42).

Canalis obturatorius	• A. und V. obturatoria und • N. obturatorius

Tabelle 37: Canalis obturatorius

MERKE:

Der Canalis obturatorius hat NICHTS mit dem Canalis pudendalis (s. Abb. 52, S. 63) zu schaffen, obwohl sie dicht beieinander liegen. Viele Fragen im schriftlichen Physikum zielen auf diese leicht zu verwechselnde Tatsache ab. Also nicht verwirren lassen!

3.4.3 Regio subinguinalis

Auch auf der ventralen Seite gibt es Strukturen, die an das Bein gelangen müssen. Dafür sorgen die **Lacuna musculorum** und die **Lacuna vasorum**. Diese liegen unter dem **Ligamentum inguinale (= Leistenband)**. Der **Arcus iliopectineus** (= auch ein Band) trennt den Raum zwischen Leistenband und Beckenknochen in die beiden Lacunen. Lateral liegt die Lacuna musculorum, medial die Lacuna vasorum.

Auch diese Themen werden oft gefragt und sollten daher sitzen.

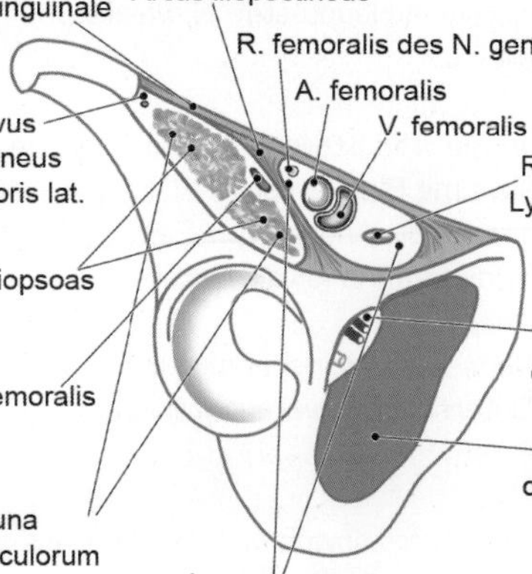

Abb. 42: Regio subinguinalis

Lacuna musculorum	• M. iliopsoas • N. femoralis • N. cutaneus femoris lateralis
Lacuna vasorum	• A. femoralis (lateral) • V. femoralis (medial) • R. femoralis des Nervus genitofemoralis • Rosenmüller Lymphknoten

Tabelle 38: Regio subinguinalis

3.4.4 Canalis adductorius

Der Adduktorenkanal wird aus dem **M. vastus medialis**, dem **M. adduktor magnus** und **M. adduktor longus** sowie der **Membrana vasto-adductoria** gebildet. Er dient als Übertritt von der Extensorenloge in die Kniekehle.

MERKE:
A. und V. femoralis ziehen durch den Canalis adductorius, NICHT jedoch der N. femoralis, sondern nur dessen sensibler Endast, der N. saphenus
(= beliebte Fangfrage im Schriftlichen).

Canalis adductorius	• N saphenus • A. femoralis • V. femoralis

Tabelle 39: Canalis adductorius

3.4.5 Fossa poplitea

Die Kniekehle (= Fossa poplitea) ist rautenförmig. Oben wird sie lateral vom M. biceps femoris und medial vom M. semimembranosus zusammen mit dem M. semitendinosus begrenzt. Caudal bilden die Köpfe des M. gastrocnemius die Begrenzung der Raute. In ihr liegen oberflächlich die Äste des N. ischiadicus (= N. fibularis und N. tibialis), etwas tiefer die V. poplitea und ganz tief die A. poplitea.

3.4.6 Zusätzliches zur Topographie

Folgende Vokabeln aus der Klinik werden auch in den Physikumsfragen gebraucht.

Fußdeformitäten:
- Pes equinuus = Spitzfuß
  Bei Lähmung des N. fibularis profundus, da dann keine Dorsalextension mehr möglich ist und der Fuß in Plantarflexion steht.
- Pes calcaneus = Hackenfuß
  Bei Lähmung des N. tibialis; hier ist keine Plantarflexion mehr möglich und der Fuß steht in Dorsalextension.
- Pes varus = Klumpfuß
  Angeborene Fehlstellung mit Kombination aus Spitzfußstellung, Supination des Rückfusses, Supination und Adduktion des Vorfußes sowie Hohlfußstellung.

Traglinie:
Die Traglinie des Körpergewichts sollte optimalerweise durch den Femurkopf, die Mitte des Tibiaplateaus und die Mitte des oberen Sprunggelenkes verlaufen.
- Genu varum = „O-Beine" (an sich „O-Knie")
  Hier läuft die Traglinie medial am Knie vorbei.
- Genu valgum = „X-Beine" (an sich „X-Knie")
  Hier läuft die Traglinie lateral am Knie vorbei.

DAS BRINGT PUNKTE

Es gab noch nie ein Physikum ohne die Topographie der unteren Extremität. Also sollte man sich dieses Thema sehr genau ansehen. Die verschiedenen Durchtrittsstellen in der Regio glutealis werden immer wieder sowohl in Bild- als auch Wortfragen geprüft. Ganz genau so verhält es sich mit der Regio inguinalis, wobei hier das besondere Interesse auf der Tatsache liegt, dass die A. femoralis lateral der V. femoralis verläuft. Ebenso wird oft nach dem N. femoralis gefragt, der zwischen den Muskelköpfen des M. iliopsoas verläuft.
Neue Lieblingsthemen im Physikum sind das Chiasma crurale und das Chiasma plantare:
Chiasma crurale: am Innenknöchel überkreuzt die Sehne des M. flexor digitorum longus die Sehne des M. tibialis posterior.
Chiasma plantare: In der Fußsohle überkreuzt die Sehne des M. flexor digitorum longus die Sehne des M. flexor hallucis longus.

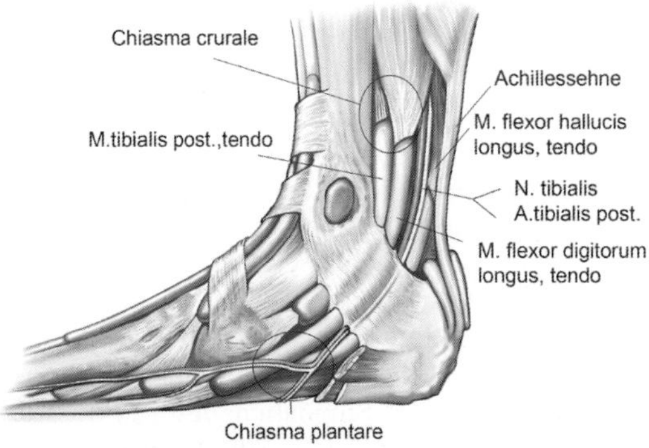

Abb. 43: Innenknöchel

Um mit der Regio glutealis zu punkten, solltet ihr euch Tabelle 36, Seite 50 einprägen, zur Regio subinguinalis empfiehlt es sich, die Inhalte von Tabelle 38, Seite 51 parat zu haben.

Vorsicht ist bei Fragen nach dem Canalis obturatorius und dem Canalis pudendalis geboten, da beide dicht beieinander liegen aber nichts gemeinsam haben! Und noch eine Bemerkung zum Canalis adductorius: Zwar laufen Arteria und Vena femoralis hindurch, nicht aber der N. femoralis, sondern nur sein sensibler Endast, der N. saphenus.

BASICS MÜNDLICHE

Die Topographie ist im Beckenbereich relativ schwierig. Deshalb sollte man sich vor der Prüfung die Regio glutealis und subinguinalis noch einmal genau anschauen. Wer hier sicher eine Struktur auffinden und benennen kann, hinterlässt immer einen guten Eindruck. Auch im Mündlichen gilt: Canalis obturatorius und Canalis pudendalis sind zwei verschiedene Angelegenheiten, ein kurzer Hinweis auf die lokale Nähe, aber ansonsten getrennten Eigenschaften zeigt dem Prüfer, dass der Prüfling auch über diese Spitzfindigkeit nachgedacht hat und hinterlässt sicherlich einen guten Eindruck...

Wodurch verläuft der N. ischiadicus?
Foramen infrapiriforme, danach rasche Aufteilung in seine Hauptäste N. tibialis und N. fibularis.

Welche Beziehung hat der N. femoralis zur Muskulatur?
Er liegt zwischen den Bäuchen des M. iliopsoas und durchtritt mit ihm die Lacuna musculorum, dann rasche Aufteilung in seine Endäste, nur der sensible N. saphenus gelangt mit durch den Canalis adductorius.

Welcher weitere Nerv läuft neben dem N. femoralis durch die Lacuna musculorum?
N. cutaneus femoris lateralis.

Wodurch sind die Lacuna musculorum und die Lacuna vasorum voneinander getrennt?
Arcus iliopectineus.

Welches Gefäß liegt in der Lacuna vasorum medial?
V. femoralis (A. femoralis liegt lateral).

Wer bildet den Adduktorenkanal?
- M. vastus medialis,
- Mm. adductores und
- Membrana vastoadductoria.

Welcher Nervenausfall ist Ursache des Trendelenburg-Zeichens und durch welches Foramen läuft dieser Nerv?
N. glutaeus superior, durch das Foramen suprapiriforme.

NOCH EINMAL TIEF LUFT HOLEN UND DANN GEHTS ZUR LEIBESWAND_

4 Leibeswand

Die Leibeswand wird häufig etwas stiefkindlich behandelt. Aber vorsichtig: auch dieses Thema ist prüfungsrelevant. In den letzten Jahren wurden immer häufiger Fragen zur Wirbelsäule und ihren Bändern, zur Bauchmuskulatur und den Gefäßen gestellt. Dieses Thema umfasst also weit mehr als nur Zwerchfell und Leistenbrüche.

4.1 Wirbelsäule (= Columna vertebralis)

Die Wirbelsäule bildet mit ihrer **doppelten S-Form** das Stützgerüst unseres Körpers. Die Halswirbelsäule stellt eine nach vorne zeigende Lordose, die Brustwirbelsäule eine entgegengerichtete Kyphose und die Lendenwirbelsäule wieder eine Lordose dar. Kreuz- und Steißwirbel bilden eine Kyphose. Diese charakteristische Form hat die Wirbelsäule nicht von Geburt an. Sie entwickelt sich während wir den aufrechten Gang lernen. Die S-Form entsteht nicht durch die Knochen, sondern durch die **Disci intervertebrales.**

Insgesamt bilden 33 Knochen die Wirbelsäule:

- **sieben Halswirbel** (HWK),
- **12 Brustwirbel** (BWK) mit Gelenken zu den Rippen,
- **fünf Lendenwirbel** (LWK),
- fünf Kreuzwirbel und
- vier Steißbeinwirbel.

Die Kreuz- und Steißbeinwirbel sind zusammengewachsen. Da die Lendenwirbel am meisten Gewicht tragen müssen, sind sie größer und massiver als die Halswirbel.

Bis auf HWK 1 und HWK 2 haben alle Wirbel eine ähnliche Form = einen massiven Wirbelkörper (= Corpus vertebrae), an dessen dorsaler Kante der Wirbelbogen (= Arcus vertebrae) abgeht. Der Bereich des Wirbelbogens, der mit dem Wirbelkörper verwachsen ist, heißt **Pediculus**. Am Wirbelbogen wiederum sitzen die beiden **Processus transversus** (= Querfortsätze) und ein **Processus spinosus** (= Dornfortsatz). Das dadurch entstehende Loch heißt **Foramen vertebrale**; in ihm ist das Rückenmark eingebettet.

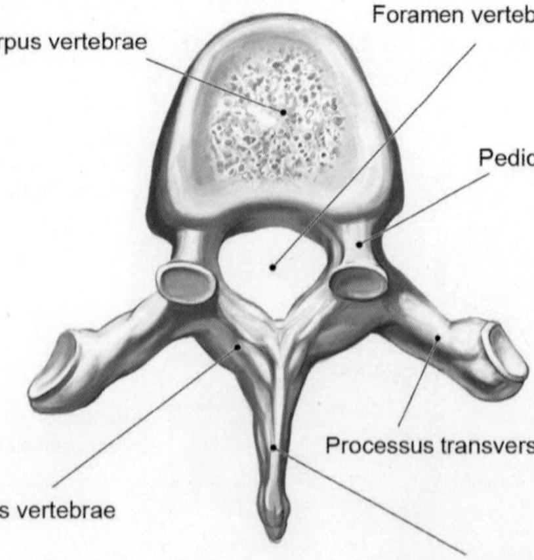

Abb. 44: Wirbel

Im Bereich der Wirbelbögen sind die einzelnen Wirbel mit echten Gelenken untereinander verbunden = **Articulationes intervertebrales** oder auch **„Zygapophysialgelenke"**. Die Stellung dieser Gelenke variiert; im Halsbereich stehen sie eher frontal, im Lendenbereich eher sagittal. Dadurch ist die Wirbelsäule in den verschiedenen Bereichen unterschiedlich beweglich.

Zwischen zwei Wirbelbögen entsteht auf jeder Seite je ein **Foramen intervertebrale**, durch das die Spinalnerven austreten.

Zwischen den einzelnen Wirbelkörpern liegen die **Disci intervertebrales** (= Zwischenwirbelscheiben). Sie bestehen aus dem **Anulus fibrosus** (= einem Ring aus Faserknorpel) und in der Mitte aus einem geleeartigen **Nucleus pulposus**.

Der Faserknorpel ist fest mit den Wirbelkörpern verwachsen. Da der Nucleus pulposus jedoch nicht fest mit dem Faserknorpelring verbunden ist, kann er bei dessen Beschädigung herausrutschen.

Übrigens...

Dieses Herausrutschen wird im Volksmund Bandscheibenvorfall genannt, obwohl dabei nicht die ganze Bandscheibe, sondern nur der Nucleus vorfällt.

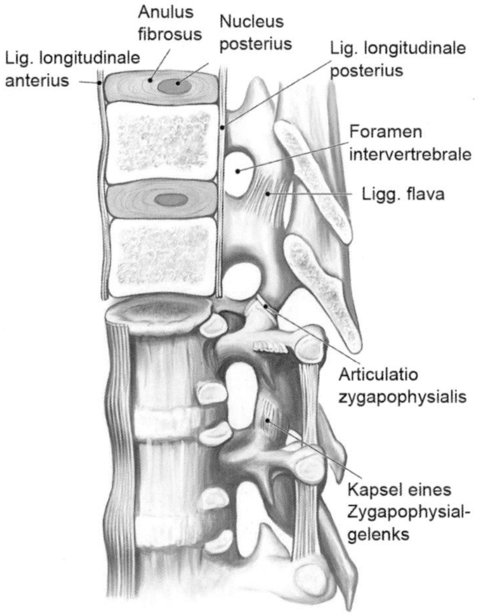

Abb. 45: Bänder Wirbelsäule

4.1.1 Halswirbel

Gerade die Halswirbel haben einige besondere Charakteristika:

- C1 heißt **Atlas**, da er wie der griechische Gott Atlas, der das Himmelsgewölbe trägt, unseren Kopf hält. Er besteht aus einem Knochenring, hat also keinen richtigen Wirbelkörper, sondern nur einen vorderen und hinteren Bogen (= Arcus anterior und Arcus posterior). C1 ist im **Atlantooccipital-Gelenk** mit dem Kopf verbunden, in dem Flex und Ext durchgeführt werden können (= Ja-Bewegung).
- C2 heißt **Axis**, da sein Körper einen nach kranial zeigenden **Dens axis** (= Zahn) aufweist, der im **Atlantoaxial-Gelenk** mit C1 verbunden ist. Das ist ein Drehgelenk, in dem rotiert werden kann (= Nein-Bewegung).
- Das Atlantoaxial-Gelenk wird durch zwei Bänder gesichert: Das **Lig. transversum atlantis und die Fasciculi longitudinales**. Zusammen bilden diese Bänder das **Lig. cruciforme**. Sie schützen das Gelenk vor Extrembewegungen und sichern die Medulla oblongata bei einer Densfraktur.
- Die ersten sechs Halswirbel haben **Foramina transversales** (= Löcher) in ihren Processus transversales, durch die die A. vertebralis zum Gehirn zieht.
- Die Processus spinosi sind an ihrem Ende gespalten.
- Da der Processus spinosus von C7 besonders groß ist, wird dieser Wirbelkörper Vertebra prominens genannt.
- An den Körpern der Halswirbel ragen an den lateralen Seiten **Unci corpores** (= Knochenlamellen) nach kranial auf.

4.1.2 Brustwirbel

Die Brustwirbel sind über Gelenke mit den Rippen verbunden und bilden so zwölf Rippenpaare. Die ersten sieben Rippen sind „echte" Rippen, da sie über einzelne Knorpelspangen mit dem Sternum verwachsen sind. Die achte bis zehnte Rippe sind über eine gemeinsame Knorpelspange am Sternum befestigt, die elfte und zwölfte enden frei in der dorsalen Bauchwand.

4.1.3 Lendenwirbel

Da die Lendenwirbel das meiste Gewicht tragen müssen, sind sie besonders groß. Ihre seitlichen Fortsätze sind Rippenrudimente, die daher Processus costales heißen. Die eigentlichen Querfortsätze (= Proc. transversi) sind nur noch kleine Processus accessorii.

4.1.4 Ligamente der Wirbelsäule

Von den unzähligen Bändern der Wirbelsäule sollte man drei genauer kennen.

- Das **Lig. longitudinale anterius** liegt ventral den Wirbelkörpern an und ist fest mit ihnen verwachsen.
- Auf der Rückseite der Wirbelkörper - innerhalb des Rückenmarkkanals - liegt das **Lig. longitudinale posterius,** das nicht mit den Wirbelkörpern, sondern mit den Disci intervertebrales verwachsen ist.
- Ebenfalls auf der Innenseite des Rückenmarkkanals liegen über den Kapseln der Zygapophysialgelenke die **Ligamenta flava**. Diese beinhalten elastische Fasern (die gelb sind, daher „flavus" für gelb).

Übrigens...

Alle Ligg. flava zusammen kann man sich wie ein Gummiband vorstellen, das sich dehnt, wenn wir uns nach vorne beugen. Beim Aufrichten ziehen sich diese Bänder wieder zusammen und nehmen so den Muskeln viel Arbeit ab.

DAS BRINGT PUNKTE

Die Wirbelsäule ist und bleibt ein Lieblingsthema in der schriftlichen Prüfung. Gerade Bildfragen sind in den letzten Jahren häufig gestellt worden. Folgende Strukturen sollte man daher erkennen können:

- Pediculus
- Zygapophysialgelenke
- Ligamentum flavum
- Anulus fibrosus (ist mit den Knochen fest verwachsen)
- Nucleus pulposus (ist nicht mit dem Anulus fibrosus verwachsen)

BASICS MÜNDLICHE

Auch hier gilt: Die Bänder der Wirbelsäule sowie die Besonderheiten der Halswirbel und Bandscheiben sind das A und O. Wer glänzen will, kann für die Zwischenwirbelgelenke anstelle von „Articulationes intervertebrales" „Zygapophysialgelenke" sagen und ihre Stellung im Raum als Ursache für die unterschiedliche Beweglichkeit der Wirbelsäulenabschnitte hervorheben.

Welche Bänder der Wirbelsäule helfen bei der Aufrichtung aus gebeugter Rumpfhaltung?
Ligg. flava.

Wie entsteht ein „Bandscheibenvorfall"?
Die Bandscheibe fällt nicht komplett vor, sondern der Nucleus pulposus rutscht aus dem Anulus fibrosus heraus und drückt dann auf die Spinalnerven.

Wodurch gelangen die Spinalnerven aus dem Rückenmarkkanal heraus?
Durch die Foramina intervertebralia.

Welches sind die Besonderheiten der Halswirbelkörper?

- Uncus corporis
- Foramina transversalia C6 bis C1 für den Durchtritt der A. vertebralis
- Gespaltene Dornfortsätze
- Atlas hat keinen Corpus
- Axis hat einen Dens

Wodurch wird die Beweglichkeit der Wirbelsäule bedingt?
Durch die Zygapophysialgelenke/deren Stellung im Raum.

Wodurch entsteht die doppelte S-Form der Wirbelsäule?
Anpassung an die Belastung beim aufrechten Gang.

4.2 Rumpfmuskulatur

Die Verspannung der Bauchmuskeln, das Diaphragma und die weiteren Atemmuskeln sollte jeder sowohl in der schriftlichen als auch mündlichen Prüfung beherrschen. Die autochthone Rückenmuskulatur dient hauptsächlich als Thema für Einleitungsfragen im Mündlichen.

4.2.1 Autochthone Rückenmuskeln

Die **autochthone Rückenmuskulatur** ist ein sehr unbeliebtes Thema. Trotzdem sollte man einige Informationen - gerade auch für die mündliche Prüfung - parat haben. Das Wort autochthon bedeutet, dass die Muskeln dort, wo sie liegen, entstanden sind. Man spricht daher auch von genuiner oder primärer Muskulatur. Die **autochthonen Rückenmuskeln werden von den Rami dorsales der Spinalnerven innerviert** (s. Abb. 53, S. 65). Ihre Funktion besteht darin, den **Körper in der aufrechten Position zu halten.** Zum Aufrichten werden zusätzlich die Ligg. flava benötigt.

Man kann die autochthone Rückenmuskulatur in **einen medialen und einen lateralen Trakt** einteilen und jeden davon wiederum in drei Systeme. Diese bisher genannten Fakten sollte man kennen. Darüber hinaus gibt es eine Unzahl von Muskeln, die den einzelnen Systemen zugeordnet werden, aber noch nie im Schriftlichen gefragt wurden.

Medialer Trakt
Transversospinales System: • M. semispinalis thoracis, cervicis, capitis • Mm. multifidii • Mm. rotatores lumborum thoracis, cervicis
Interspinales System
Spinales System: • Mm. interspinales lumborum, thoracis, cervicis • M. spinalis thoracis, cervicis, capitis • M. rectus capitis post maj. et min.
Lateraler Trakt
Intertransversales System: • Mm. intertransversarii med. lumborum, thoracis, cervicis • M. obliquus capitis sup.
Spinotransversales System: • M. splenius capitis • M. splenius cervicis • M. obliquus capitis inf.
Sakrospinales System: • M. iliocostalis lumborum, thoracis, cervicis • M. longissimus thoracis, cervicis, capitis

Tabelle 40: Überblick über die autochthone Rückenmuskulatur

4.2.2 Brustmuskulatur

Der Großteil der Brustmuskulatur wurde beim Thema obere Extremität „(s. Tab. 10 + 11, S. 14 und 15) besprochen. Hier folgen nun diejenigen, deren Hauptfunktion die Atmung ist.

Name	Funktion	Innervation
Mm. intercostales externi	Inspiration	Intercostalnerven
Mm. intercostales interni	Exspiration	
Mm. intercostales intimi	Exspiration	

Tabelle 41: Brustmuskulatur

Übrigens...
Die Mm. intercostales intimi sind Abspaltungen der Mm. intercostales interni und dienen ebenfalls der Exspiration.

4.2.3 Diaphragma

Das **Diaphragma (= Zwerchfell)**, ist der **Hauptatemmuskel**. Er dient der **Inspiration**. Der Begriff Diaphragma bedeutet, dass dieser Muskel flächig aufgespannt ist. Er trennt Brust- und Bauchhöhle. In seinem Zentrum liegt eine Sehnenplatte, das **Centrum tendineum**, von dem aus die Muskelfasern radiär (= wie die Speichen eines Rades) zur Bauchwand ausstrahlen.
Im Ruhezustand bildet das Diaphragma eine Kuppel. Wird es aktiviert ziehen die Muskelfasern die Kuppel nach unten und sie flacht ab. Dadurch wird das intrathorakale Volumen größer und wir atmen ein. Die Innervation erfolgt über den **N. phrenicus**, der aus den ventralen Ästen der Spinalnerven C3 bis C5 gebildet wird.

MERKE:
C3, 4, 5 keep the diaphragma alive...

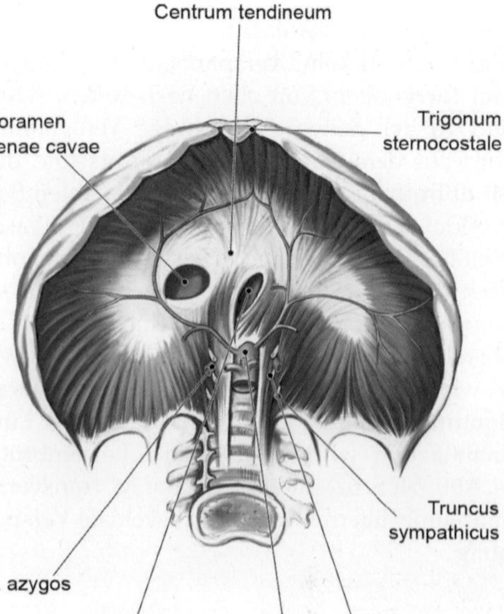

Abb. 46: Diaphragma

Alle Organe, die von der Brust- in die Bauchhöhle oder umgekehrt wollen, müssen durch das Zwerchfell. Daher hat es an unterschiedlichen Stellen folgende Durchtritte:

Durchtrittsstelle	Organ
Hiatus aorticus	• **Aorta** • **Ductus thoracicus**
Hiatus oesophageus	• **Ösophagus** • **Truncus vagalis ant. und post.** • **R. phrenicoabdominalis des linken N. phrenicus**
Foramen venae cavae	• **V. cava inferior** • **R. phrenicoabdominalis des rechten N. phrenicus**
Medialer Lumbalspalt	• N. splanchnicus maj. • **V. azygos (rechts)** • **V. hemiazygos (links)**
Lateraler Lumbalspalt	• **Truncus sympathicus** • N. splanchnicus minor
Trigonum sternocostale (Larrey-Spalte)	• **A. und V.epigastrica superior**

Tabelle 42: Durchtritte Diaphragma

4.2.4 Bauchmuskulatur

Die Bauchmuskeln „verspannen" den Bauch in drei Richtungen: von oben nach unten, schräg und zu den Seiten. Die schräge Verspannung wird aus dem **M. obliquus internus** und dem **M. obliquus externus** der kontralateralen Seite gebildet. Der **M. rectus abdominis** (= Waschbrett/Six-Pack am Bauch) verspannt von oben nach unten. Er hat eine **Rectusscheide** auf seiner ventralen Seite, die auf der Rückseite nur die obere Hälfte des Muskels bedeckt und sich von da wieder nach oben um den **M. transversus abdominis** schlägt. Dieser Unterrand heißt **Linea arcuata** und wird beim Thema Leistenbrüche (s. Abb. 51, S. 62) interessant. Der M. transversus abdominis übernimmt die transversale Verspannung.

Die Funktionen und der Verlauf der schrägen Bauchmuskeln lassen sich an einem Beispiel leichter verstehen:
Der rechte M. obliquus ext. abdominis verläuft wie die rechte vordere Hosentasche. Seine Funktion ist es, die rechte Schulter zum linken Fuß zu ziehen.
Genau den gleichen Verlauf und die gleiche Funktion hat der gegenüberliegende (also linke) M. obliquus int. abdominis.

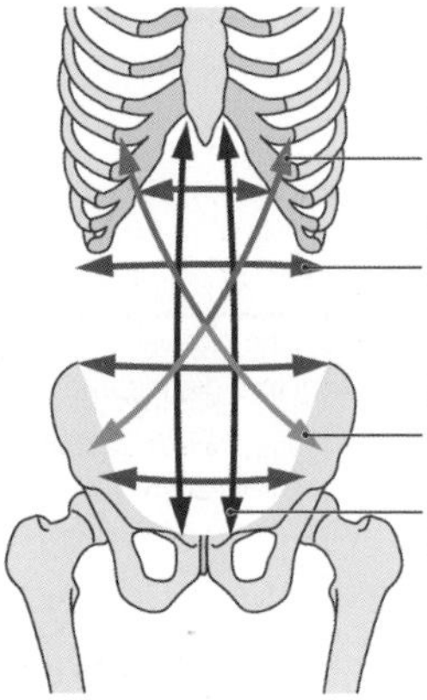

Abb. 47: Bauchmuskeln

Muskel:	Ursprung:	Ansatz:	Innervation:	Funktion:
M. rectus abdominis	**Rippenknorpel 5.-7. Proc. xiphoideus**	**Symphysis pubica**	Spinalnerven Th 5 - Th 12	• **Rumpfbeugung** • **Exspiration** • **Bauchpresse**
M. obliquus ext. abdominis	Außenfläche 5. bis 12. Rippe	Vorderes Blatt Rectusscheide Linea alba	Spinalnerven Th 5 - Th 12	• **Flexion** • **Rotation zur kontralateralen Seite**
M. obliquus int. abdominis	Crista iliaca Fascia thoracolumbalis	9. bis 12. Rippe Linea alba	Spinalnerven Th 10 - Th 12	• **Flexion** • **Rotation zur gleichen Seite**
M. transversus abdominis	Innenfläche der 6 kaudalen Rippen	Hinteres Blatt der Rectusscheide	Spinalnerven Th 12 - L 1	Bauchpresse

Tabelle 43: Überblick über die Bauchmuskulatur

DAS BRINGT PUNKTE

Zum Glück werden die autochthonen Rückenmuskeln so gut wie nie gefragt. Dafür war bislang das Diaphragma mit seinen Durchtrittsstellen in jedem Physikum zu finden. Wertvolle Punkte im Schriftlichen kann man daher mit folgendem Wissen ergattern:

Durchtrittsstelle	Organ
Hiatus aorticus	• **Aorta** • **Ductus thoracicus**
Hiatus oesophageus	• **Ösophagus** • **Truncus vagalis ant. und post.** • **R. phrenicoabdominalis des linken N. phrenicus**
Foramen venae cavae	• **V. cava inferior** • **R. phrenicoabdominalis des rechten N. phrenicus**
Medialer Lumbalspalt	• N. splanchnicus maj. • **V. azygos (rechts)** • **V. hemiazygos (links)**
Lateraler Lumbalspalt	• **Truncus sympathicus** • N. splanchnicus minor
Trigonum sternocostale (Larrey-Spalte)	• **A. und V.epigastrica superior**

Tabelle 44: Durchtritte Diaphragma

Die Bauchmuskulatur erscheint anfangs schwierig. Hat man sich aber einmal vergegenwärtigt, dass der äußere schräge Muskel der einen und der innere schräge der anderen Seite den gleichen Verlauf haben, wird die Sache gleich sehr viel einfacher.
Die Linea arcuata als Umschlagfalte des hinteren Blattes der Rectusscheide um den M. transversus abdominis herum ist eine typische Frage in der schriftlichen Prüfung. Dieses Wissen sollte man auch für die Leistenhernien parat haben (s. Abb. 51, S. 62)!

- Linea arcuata ist die Umschlagfalte des hinteren Blattes der Rectusscheide um den M. transversus abdominis; Leistenhernien treten unterhalb dieser Linie auf.

BASICS MÜNDLICHE

Das Zwerchfell mit seinen Durchtrittsstellen ist auch ein beliebtes Thema in mündlichen Prüfungen, ebenso wie die Bauchmuskulatur. Der genaue Verlauf der Rektusscheide wie auch die schräge Bauchmuskulatur in ihren Schichten wird oft gefragt. Meist dienen diese Fragen als Eingang zu dem leidigen Thema Leistenbrüche. Nehmt euch am besten vor der Prüfung ein Gummiband zur Hand und stellt den Verlauf der einzelnen Muskeln nach. So lässt sich ihre Funktion besser verstehen.

Durch wie viele Muskelschichten tritt ein direkter Leistenbruch?
Durch keine: Ein direkter Leistenbruch tritt durch das Hesselbach-Dreieck, eine muskelfreie Stelle der Bauchwand.

Welche Funktion hat der M. obliquus externus abdominis rechts?
Er zieht die rechte Schulter in Richtung linken Fuß.

Wie wird das Diaphragma innerviert?
Vordere Äste der Spinalnerven C3 bis C5 bilden den N. phrenicus.

Was läuft gemeinsam mit der Aorta durch den Hiatus aorticus?
Ductus thoracicus.

Was läuft durch das Centrum tendineum und warum?
Die V. cava inferior, sie würde, falls sie durch die Muskelfasern hindurchtreten müsste, bei jeder Einatmung komprimiert werden.

Worauf deutet ein linksseitiger Zwerchfellhochstand hin?
Auf einen Ausfall des linken N. phrenicus.

Wo tritt die A. thoracica durch das Zwerchfell?
Trigonum sternocostale, auch Larrey-Spalte genannt.

4.3 Gefäße der Bauchwand

Hier gibt es zwar nur wenige Gefäße, die dafür aber um so wichtiger sind.
Aus der Aorta kommen die

- **A. subclavia und aus der wiederum die**
  - **A. thoracica int. (= A. mammaria).** Dieses Gefäß läuft auf der Innenseite des Thorax beiderseits des Sternums herunter, **tritt durch das Trigonum sterno-costale** und heißt dann **A. epigastrica superior.** Unterhalb des Nabels heißt sie **A. epigastrica inferior** (sie **bildet die Plica umbilicalis lat.**) und **mündet in die A. iliaca externa**. Das ist eine große Anastomose, da über diesen Weg Blut in die Beine gelangen kann, ohne die Aorta zu benutzen.
  - **A. intercostalis suprema**. Aus ihr stammen die ersten beiden Interkostalarterien, die als Anastomose in der A. thoracica int. enden.
- **Aa. intercostales**. Die Interkostalarterien verlaufen am Rippenunterrand und **münden als Anastomosen in die A. thoracica interna.**

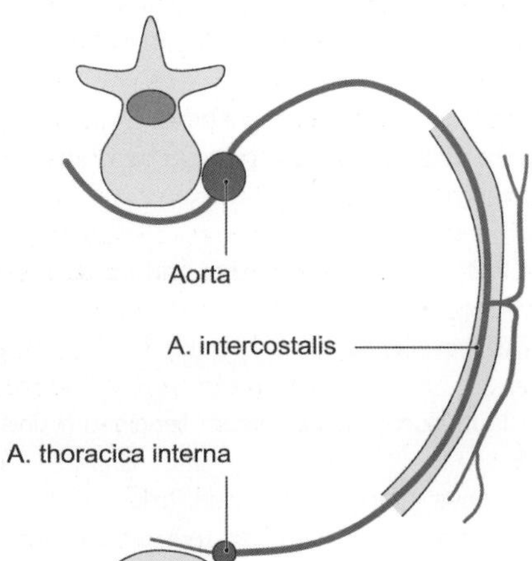

Abb. 48: A. intercostalis

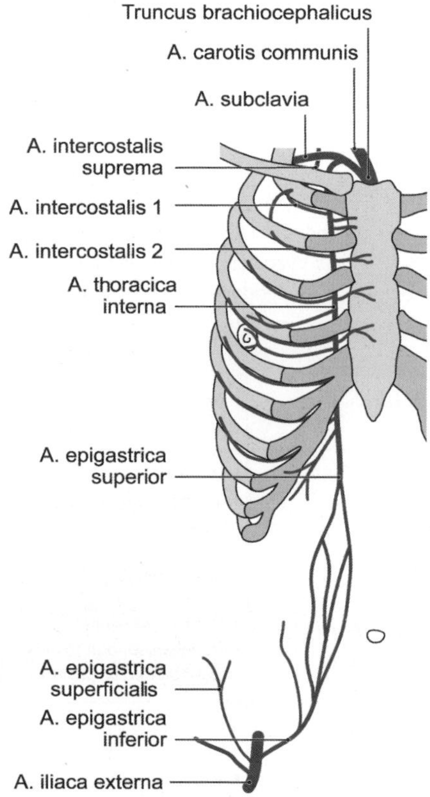

Abb. 49: Gefäße Leibeswand

Die Venenverläufe gleichen denen der Arterien, bis auf eine wichtige Ausnahme:

- das **Azygos-System**:
  Die Interkostalvenen münden linksseitig in die links der Wirbelsäule gelegene **V. hemiazygos**, die Interkostalvenen der rechten Seite münden in die rechts der Wirbelsäule gelegenen **V. azygos.**

Die V. hemiazygos mündet in die V. azygos, die dann in die V. cava superior fließt.

DAS BRINGT PUNKTE

Der Verlauf der A. subclavia durch die Scalenuslücke im Gegensatz zur V. subclavia und der Verlauf der A. thoracica interna tauchen regelmäßig im schriftlichen Physikum auf. Außerdem lohnt es sich zu wissen, dass die Fortführung der A. thoracica interna die A. epigastrica ist und die A. epigastrica die Plica umbilicalis lateralis bildet, die wiederum die Leistenbrüche in laterale und mediale unterteilt.

- A. subclavia läuft durch die Scalenuslücke, V. subclavia vor dem M. scalenus anterior.
- A. epigastrica bildet die Plica umbilicalis lateralis.
- Interkostalarterien bilden mit der A. thoracica interna Anastomosen.

BASICS MÜNDLICHE

Auch hier sind besonders die A. thoracica interna und ihr weiterer Verlauf als A. epigastrica superior und inferior (= Plica umbilicalis lateralis) wichtig. Darüber hinaus wird gerne gefragt, wo im Verhältnis zu den Rippen die A. intercostalis verläuft: nämlich immer **unter den Rippen**. Das wird bei der Pleurapunktion relevant, denn mit diesem Wissen kann man am Oberrand einer Rippe die Nadel einführen, ohne ein Gefäß zu verletzen.

Wo müsste eine Pleurapunktionen angesetzt werden?
Am kranialen Rippenrand um Gefäßverletzungen vorzubeugen.

Woher stammen die ersten beiden Interkostalarterien?
Aus der A. subclavia über die A. intercostalis suprema, alle anderen stammen aus der Aorta.

Wie wird die Plica umbilicalis lateralis gebildet?
Aus der A. epigastrica.

Welche Bedeutung hat die A. epigastrica bei den Leistenbrüchen?
Durch sie wird unterschieden, ob es sich um mediale oder laterale Leistenbrüche handelt.

Woher stammt und wohin verläuft die A. epigastrica?
Sie ist die Fortführung der A. thoracica interna und bildet mit der A. iliaca externa eine Anastomose.

Wo mündet die V. azygos, wo die V. hemiazygos?
Die V. hemiazygos mündet in die V. azygos und die dann in die V. cava superior.

4.4 Topographie der Bauchwand

Die Topographie der Bauchwand hat große Relevanz für die Klinik (= Leistenbrüche) und daher auch im schriftlichen Examen. Bis jetzt gab es noch kein Physikum ohne Fragen zum Canalis inguinalis/zu den Leistenbrüchen. Also Augen auf, Aufmerksamkeit geschärft und ran an den Speck …

4.4.1 Canalis inguinalis

Der **Canalis inguinalis (= Leistenkanal)** hat sowohl einen **Anulus inguinalis profundus** (= eine innere Öffnung), **der sich lateral der Plica umbilicalis lateralis befindet**, als auch einen **Anulus inguinalis superficialis** (= eine äußere Öffnung, s. IMPP-Bild 1 im Anhang S. 68). Er ist beim Mann die Verbindung von der Bauchhöhle zum Hoden, in der der **Funiculus spermaticus** (= Samenstrang) verläuft. Bei der Frau verbindet er die Bauchhöhle mit den großen Schamlippen und enthält das **Ligamentum teres uteri**.

Seine Begrenzungen sind nach ventral der M. obliquus externus, nach kranial der M. obliquus internus und der M. transversus abdominis, nach dorsal die Fascia transversalis und das Peritoneum und nach kaudal das Lig. inguinale (= Leistenband).
Der Funiculus spermaticus enthält den Ductus deferens, den M. cremaster, die A. testicularis, den venösen Plexus pampiniformis, der sich zur V. testicularis vereint, den R. genitalis des N. genitofemoralis und den N. ilioinguinalis.

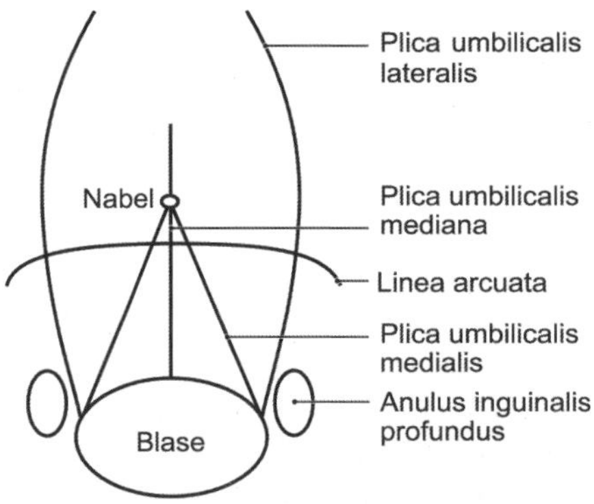

Abb. 50: Plicae umbilicales

4.4.2 Leistenbrüche (= Leistenhernien)

Leistenbrüche sind Aussackungen des Peritoneums entweder durch den Leistenkanal (= indirekter Bruch) oder durch den M. transversus abdominis (= direkter Bruch).

Bevor wir die Leistenbrüche genauer anschauen, noch einige Begriffe zur Anatomie:

Plicae umbilicales sind Falten, die sich auf der Innenseite der Bauchwand durch verschiedene Strukturen bilden. Davon gibt es fünf Stück:

- **Eine Plica umbilicalis mediana = ehemals der Urachus/Allantois (= die embryologische Verbindung von der Kloake durch den Nabel zum Dottersack)**
- **Zwei Plicae umbilicales mediales = ehemalige Nabelarterien**
- **Zwei Plicae umbilicales laterales = A. epigastrica inferior**

Die **Linea arcuata** wird vom hinteren Blatt der Rectusscheide gebildet, die auf der Rückseite des M. rectus abdominis nur die halbe Strecke herunterläuft und sich dann nach oben um den M. transversus abdominis schlägt. Dadurch ist die Bauchwand unterhalb der Linea arcuata relativ dünn (= sie besteht ja nur aus dem M. rectus abdominis und seiner vorderen Rectusscheide), darüber relativ fest (= M. rectus abdominis und M. transversus abdominis sowie drei Blätter der Rectusscheide). Ein Bruch wird den Weg des geringsten Widerstandes nehmen und daher unterhalb der Linea arcuata die Bauchwand durchbrechen.

So, und jetzt endlich zu den schon so oft angekündigten Leistenbrüchen:

MERKE:

Drückt sich das Peritoneum durch den Leistenkanal spricht man von einem indirekten Leistenbruch oder angeborenen Leistenbruch. Da er als Eingang den Anulus inguinalis profundus benutzt, der sich ja lateral der Plica umbilicalis lateralis befindet, sagt man häufig auch lateraler Leistenbruch.

Der direkte Leistenbruch drückt sich medial der Plica umbilicalis lateralis durch die Bauchwand und wird auch erworbener Leistenbruch genannt.

Merkhilfe:

- Dr. med. (direkt medial)
- Ala (angeboren lateral)

Übrigens...

Die typische Differentialdiagnose zum Leistenbruch ist die - fast nur bei Frauen vorkommende - **Femoralishernie**. Hier stülpt sich der Bruchsack durch den medialen Anteil der Lacuna vasorum, die normalerweise durch das Septum femorale verschlossen ist.

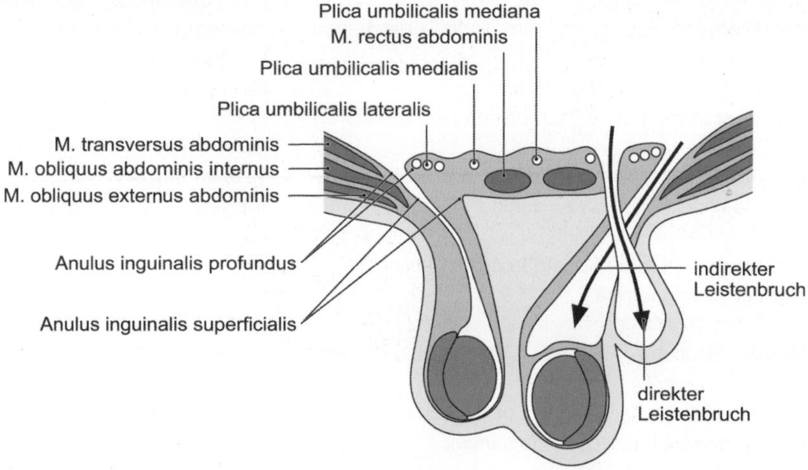

Abb. 51: Leistenbrüche

4.5 Beckenboden

Der Beckenboden besteht aus zwei Diaphragmen (= flächige Muskeln) und einem Muskel. Diese drei Strukturen bilden zusammen die **Fossa ischio-analis** (= einen Hohlraum). Jede der Strukturen hat Faszien, so dass es eigentlich die Faszien sind, die die Fossa ischio-analis begrenzen.

- Das **Diaphragma pelvis** wird vom M. levator ani gebildet. Man kann es sich wie eine Schale vorstellen, in der die Beckeneingeweide liegen. In ihrem tiefsten Punkt hat diese Schale Durchtrittsstellen für den Anus und die Vagina. Eine obere und eine untere Faszie bedecken das Diaphragma pelvis (= Fascia diaphragmatis pelvis sup. und inf.). **Die inferiore Faszie begrenzt dabei die Fossa ischio-analis nach oben.**
  Zum Diaphragma pelvis zählen der
  - M. levator ani mit seinem Anteil: M. puborectalis
  - M. coccygeus.
- Das **Diaphragma urogenitale** spannt sich horizontal zwischen den beiden Rami inferiores der beiden Ossa pubis aus. Es hat eine dreieckige Form (die Spitze zeigt zur Symphyse) und ebenfalls eine superiore und eine inferiore Faszie. Die superiore Faszie begrenzt die Fossa ischio-analis nach unten. Das Diaphragma urogenitale dient den Urogenitalorganen als Anheftungsstelle.
  Zum Diaphragma urogenitale zählen der
  - M. transversus perinei profundus,
  - M. transversus perinei superficialis und
  - M. sphincter urethrae.

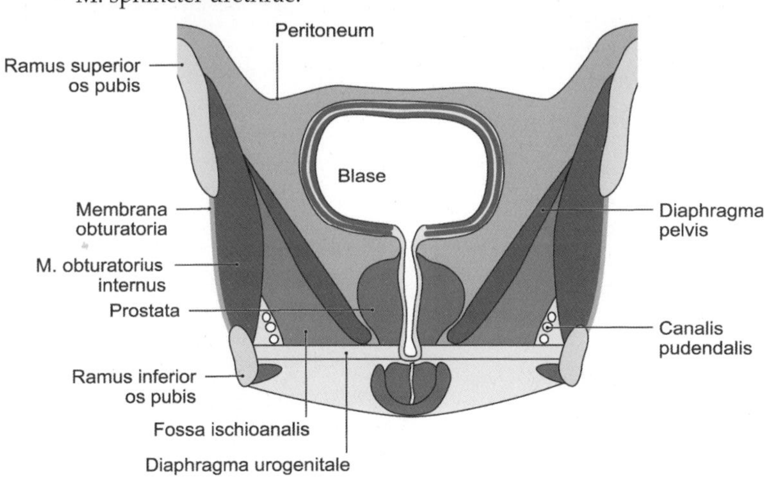

Abb. 52: Beckenboden (von vorne)

Und jetzt noch ein ganz besonderes Schmankerl: Die Fascia obturatoria (bitte niemals mit der Membrana obturatoria verwechseln!) hat eine **Doppelung** innerhalb der Fossa ischio-analis. Diese **Doppelung heißt Alkock Kanal oder auch Canalis pudendalis**, in ihr verläuft der N. pudendus und die A. und V. pudenda interna.

Das Centrum tendineum perinei liegt am Damm und wird aus folgenden Muskeln aufgebaut:

- M. levator ani,
- M. transversus perinei profundus,
- M. transversus perinei superficialis,
- M. bulbospongiosus und
- M. sphincter ani externus.

4.5.1 Verlauf des N. pudendus

Der N. pudendus versorgt sensibel die Haut am Damm und die Genitalorgane. Extrem wichtig für die Physikumsprüfung ist sein Verlauf.

Merke

Der N. pudendus verlässt das kleine Becken durch das Foramen infrapiriforme (= unterer Anteil des Foramen ischiadicum majus), knickt dann nach kaudal um das Lig. sacro-spinale herum ab und geht wieder ins kleine Becken hinein durch das Foramen ischiadicum minus. Innerhalb des Alkock Kanals (= der Fasciendopplung des M. obturatorius int. innerhalb der Fossa ischio-analis) verläuft er dann nach ventral zu den Genitalorganen.

DAS BRINGT PUNKTE

Inhalt, Verlauf und Bildung des Leistenkanals gehörten schon immer zu den Standardfragen des schriftlichen Physikums. Unbedingt wissen sollte man daher, dass

- die Plica umbilicalis lateralis (gebildet durch die epigastrischen Gefäße) definiert, ob ein Leistenbruch lateral oder medial verläuft,
- der laterale Leistenbruch durch den Anulus inguinalis profundus läuft und häufig auch der angeborene Leistenbruch genannt wird (obwohl diese Bezeichnung irreführend ist, da es sehr viele Erwachsene gibt, die einen lateralen Leistenbruch erleiden).

Ebenfalls oft gefragt wird der Beckenboden. Daher sollte man Vokabeln wie Diaphragma pelvis und urogenitale oder auch Fossa ischio-analis kennen.
Schließlich wird auch häufig der N. pudendus in seinem Verlauf gefragt. Achtung: immer wieder wird versucht, dass der Prüfling den Nervus pudendus mit dem N. obturatorius verwechselt. Beide liegen zwar streckenweise dicht beieinander, haben aber ansonsten völlig unterschiedliche Verläufe und Funktionen.

BASICS MÜNDLICHE

Auch in der mündlichen Prüfung sind Leistenbrüche eines der besonders beliebten Themen. Wer hier die Plicae umbilicales samt ihrer embryologischen Herkunft sicher benennen kann, hat schon viele Pluspunkte gesammelt. Auch eine kurze Erklärung, was die Linea arcuata ist und wie sie entsteht (nämlich aus dem Umschlagen des hinteren Blattes der Rectusscheide um den Unterrand M. transversus abdominis), lässt das Prüferherz höher schlagen.

- Direkter Leistenbruch = medial der Plica umbilicalis, immer erworben
- Indirekter Leistenbruch = lateral der Plica umbilicalis lateralis, tritt durch den Leistenkanal
- Plica umbilicalis mediana = ehemaliger Urachus
- Plica umbilicalis medialis = ehemalige Nabelarterien
- Plica umbilicalis lateralis = A. und V. epigastrica

Für diejenigen, die in der Mündlichen wirklich glänzen wollen: Bei der Operation von Leistenhernien besteht die Gefahr epigastrische Gefäße zu verletzen. Verfügen diese zudem noch über eine Corona mortis (= eine Anastomose zur A. obturatoria), kann es ziemlich blutig und damit gefährlich werden.
Wer im Mündlichen außerdem den Beckenboden mit beiden Diaphragmen, der Fossa ischio-analis und den Verlauf des N. pudendus aufzählen kann, ist ganz gewiss kein Kandidat fürs Durchfallen mehr.

Wie verläuft der N. pudendus?
Verlauf N. pudendus: heraus aus dem kleinen Becken durch das Foramen infrapiriforme, dann um das Lig. sacrospinale herum und durch das Foramen ischiadicum minus wieder in das kleine Becken hinein, dann im Canalis pudendalis (= Doppellung der Faszie des M. obturatorius internus) innerhalb der Fossa ischio-analis nach ventral zu den Genitalorganen.

Wer bildet die Fossa ischio-analis?
Fossa ischio-analis wird von den Faszien folgender Muskeln gebildet:

- M. obturatorius internus
- Diaphragma pelvis
- Diaphragma urogenitale

Was ist der Canalis pudendalis (Alkock Kanal)?
Canalis pudendalis = Doppelung der Faszie des M. obturatorius internus innerhalb der Fossa ischio-analis.

5 Spinalnerv

Obwohl das Thema Spinalnerv nicht direkt etwas mit dem Bewegungsapparat zu tun hat, werden wir hier die wichtigsten Punkte darstellen. Die Innervation der Muskulatur geschieht über ventrale und dorsale Äste von Spinalnerven, außerdem ist die topographische Beziehung zur Wirbelsäule sehr interessant. Mir anderen Worten: dieses Thema rundet das Wissen über den Bewegungsapparat ab und verschafft einem nebenbei auch noch wichtige Punkte in der Prüfung.

An dieser Schemazeichnung ist vereinfacht erklärt, was Rami anteriores und posteriores, Radices, Ursprungsgebiete, gemischte Nerven und noch einiges mehr sind:

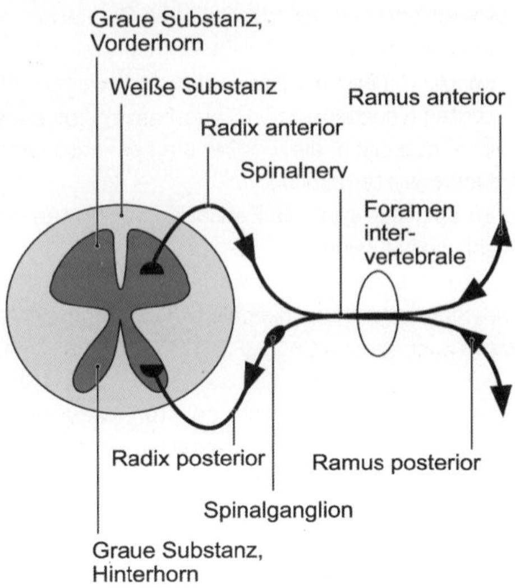

Abb. 53: Spinalnerv

Im Zentrum des Rückenmarks (= RM) liegt die graue Substanz. Grau nennt man sie deshalb, weil sie aus Nervenzellkörpern (= Perikarien) besteht und diese unter dem Mikroskop grau aussehen. Die graue Substanz ist von der weißen Substanz umgeben, die aus Zellfortsätzen (= Nervenfasern) besteht. Deren Myelinscheiden färben sie weiß. Ventral aus dem Rückenmark entspringt die **Radix anterior (= vordere Wurzel), die ausschließlich efferente Informationen leitet.** Efferent bedeutet, dass die Aktionspotentiale vom ZNS weg transportiert werden. Hinten ins Rückenmark hinein läuft **die Radix posterior (= hintere Wurzel). Sie ist rein afferent**, bringt also Aktionspotentiale zum ZNS hin. Innerhalb der Radix posterior liegt das **Spinalganglion** (hier bitte Vorsicht: das Spinalganglion liegt NICHT innerhalb des Spinalnerven!). Spinalganglien sind die Nervenzellkörper der afferenten Nerven.

Merke:

Durch das Spinalganglion laufen die Informationen nur durch, da im Spinalganglion ausschließlich pseudounipolare Nervenzellen liegen. Daher findet innerhalb eines Spinalganglions auch NIEMALS eine Umschaltung auf ein anderes Neuron statt.

Die beiden Radices (= Wurzeln) vereinen sich zum Spinalnerv, der damit also sowohl efferente wie auch afferente Informationen leitet. Daher ist er ein gemischter Nerv. Der Spinalnerv verlässt die Wirbelsäule durch ein Foramen intervertebrale und bildet damit die Grenze zwischen zentralem Nervensystem und peripherem Nervensystem. Kurz nach seinem Durchtritt teilt er sich in zwei Äste auf:

- **Ramus anterior** und
- **Ramus posterior.**

Ramus anterior und Ramus posterior sind ebenfalls gemischte Nerven.

Der Ramus anterior eines Spinalnerven vereinigt sich mit anderen Rami anteriores, die dann die peripheren Nerven bilden (z. B. N. radialis, N. femoralis, N. iliohypogastricus usw.).

Der Ramus posterior biegt direkt nach dorsal ab und versorgt die autochthone Rückenmuskulatur sowie die Haut über den autochthonen Rückenmuskeln.

Übrigens...

Bitte nicht die Begriffe Ramus und Radix verwechseln!

5.1 Kerngebiete

Die einzelnen Spinalnerven entspringen **Kerngebieten**. Das sind die Orte, an denen die Perikarien (= Zellkörper) der Nervenfasern sitzen, die in den Spinalnerven verlaufen. Bei ganzen Nerven (z.B. N. radialis) erstreckt sich solch ein Kerngebiet leicht mal über mehrere Segmente.

Die Frage ist nun, wo solch ein gemischter Nerv seinen Ursprung haben kann?

Nehmen wir als Beispiel den N. radialis. Er entsteht aus den Segmenten C5 bis Th1. Dabei entspringen seine efferenten Anteile aus dem Vorderhorn des Rückenmarks und gelangen durch die Radix anterior und die Rami ventrales der entsprechenden Spinalnerven zu ihm. Die Perikarien seiner afferenten Anteile liegen nicht im Hinterhorn des Rückenmarks, sondern in den Spinalganglien der entsprechenden Radices posteriores. Diese laufen zum Hinterhorn hinein ins Rückenmark und werden dort umgeschaltet (um dann weiter zentralwärts zu ziehen, z.B. zum Gehirn). Somit sind schon zwei Kerngebiete eines peripheren Nervens gefunden:

- Vorderhorn des Rückenmarks
- Spinalganglien der entsprechenden Radices posteriores

Darüber hinaus transportiert ein peripherer Nerv aber auch noch Fasern des autonomen Nervensystems (= **Sympathicus/Parasympathicus**). Die Neurone des Sympathicus haben ihre **Kerngebiete in den Seitenhörnern des thorakalen und lumbalen Rückenmarks**. Da es sich um Efferenzen handelt, verlassen sie das Rückenmark in der Radix anterior und gelangen so zum Spinalnerven. Diesen verlassen sie durch den **Ramus communicans albus** und gelangen dadurch zum sympathischen Grenzstrang. Hier liegen ebenfalls Kerne des sympathischen Systems, und es kann - muss aber nicht - auf andere Neurone umgeschaltet werden. Durch den **Ramus communicans griseus** gelangen nun sympathische Neurone wieder in den Spinalnerven, um dann mit den peripheren Nerven zu ihren jeweiligen Erfolgsorganen zu ziehen. Damit haben wir ein drittes Kerngebiet eines peripheren Nerven gefunden:

- Seitenhörner des thorakalen und lumbalen Rückenmarks oder
- sympathischer Grenzstrang

Die sympathischen Nerven benutzen also in der Peripherie andere Nerven, um zu ihren Erfolgsorganen zu gelangen.

Übrigens...

Im Kopf ist das anders, denn da lagern sich die sympathischen Nerven den Arterien an, um ihr Ziel zu erreichen.

DAS BRINGT PUNKTE

Zum Thema Spinalnerv sollte man unbedingt wissen, dass

- die graue Substanz grau ist, weil sie die Perikarien enthält und die weiße Substanz weiß ist, weil die Myelinscheiden der Nervenfasern weiß sind,
- die graue Substanz Kerngebiete bildet:
  - im Vorderhorn befinden sich die Perikarien der Efferenzen,
  - im Hinterhorn die Perikarien der zweiten afferenten Neurone,
  - im Seitenhorn die Perikarien des autonomen Nervensystems und
  - im Spinalganglion die Perikarien der ersten afferenten Neurone.
- im Spinalganglion die Perikarien pseudounipolarer Neurone liegen und hier NIEMALS umgeschaltet wird.

Daneben ist immer Vorsicht geboten, wenn es um die Begriffe Radix und Ramus geht:

- Die Radix anterior enthält ausschließlich Efferenzen,
- die Radix posterior ausschließlich Afferenzen; hier liegt auch das Spinalganglion.
- Der Ramus anterior und posterior enthält gemischte Nerven, zeigt also afferente und efferente Aktionspotentialweiterleitung.
- Der Spinalnerv ist ebenso gemischt = afferent und efferent.

BASICS MÜNDLICHE

Auch im Mündlichen wird gerne mal nach den Kerngebieten gefragt. Daher sollten Begriffe wie afferent und efferent auf jeden Fall sitzen. Daneben machen sich auch immer einige Beispiele gut, die man einfließen lässt. Also nicht unbedingt warten bis man danach gefragt wird, sondern raus mit dem Wissen...

Nennen Sie bitte den Unterschied zwischen afferenter und efferenter Informationsweiterleitung.
Geben Sie bitte jeweils Beispiele.
Afferent bedeutet aus der Peripherie zum ZNS hin.
Beispiel: sensible Informationen (Schmerz, Temperatur, Lagesinn etc.).
Efferent bedeutet vom ZNS in Richtung Peripherie.
Beispiel: α-Motoneurone, Efferenzen des autonomen Nervensystems.

Was ist ein Spinalganglion?
Der Ort, wo die Perikarien afferenter Neurone eines Spinalnerven liegen. Es handelt sich um pseudounipolare Nervenzellkörper. Im Spinalganglion wird NICHT umgeschaltet.

Welche Neurone liegen im Hinterhorn der grauen Substanz des Rückenmarks?
Die Perikarien der zweiten afferenten Neurone. Von hier aus werden die Informationen nach Umschaltung auf das zweite afferente Neuron zum ZNS weitergeleitet.

Radix und Ramus eines Spinalnerven, wo liegt der Unterschied?
Radices sind die Wurzeln, die den Spinalnerven bilden. Die vordere Wurzel enthält ausschließlich efferent fungierende Fasern, die hintere Wurzel ausschließlich afferente Fasern.
Ramus anterior und posterior sind die beiden Hauptäste eines Spinalnerven, beide sind gemischt, enthalten also sowohl afferente wie auch efferente Fasern.

Wie gelangen die Fasern des Sympathicus in den Kopf?
Im Gegensatz zu Rumpf und Extremitäten gelangen sympathische Fasern nicht über Nerven in den Kopf, sondern ziehen mit den Gefäßen dorthin.

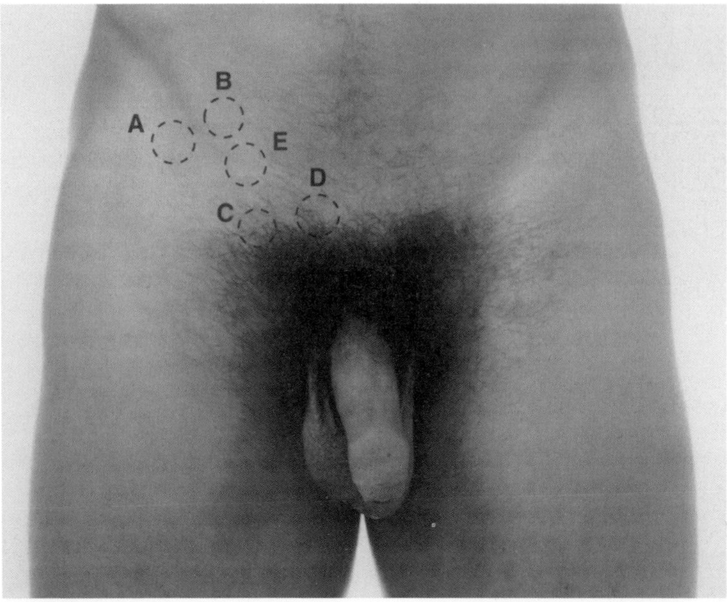

IMPP-Bild 1: Canalis inguinalis
www.medi-learn.de/skrbild037
© IMPP

Gefragt wurde nach der Hautstelle, unter der sich der Anulus inguinalis superficialis befindet. Dies ist der Bereich D.

Hierbei handelt es sich um eine Hernia femoralis. Gut zu erkennen ist der Bruchsack (Pfeil) neben der V. femoralis. Damit ist klar, dass die Bruchpforte die lacuna vasorum und die gefragte Hernie eine Femoralishernie ist. Gefestigt wird diese Diagnose durch die Tatsache, dass es sich hier um eine Frau handelt (s. S. 62).

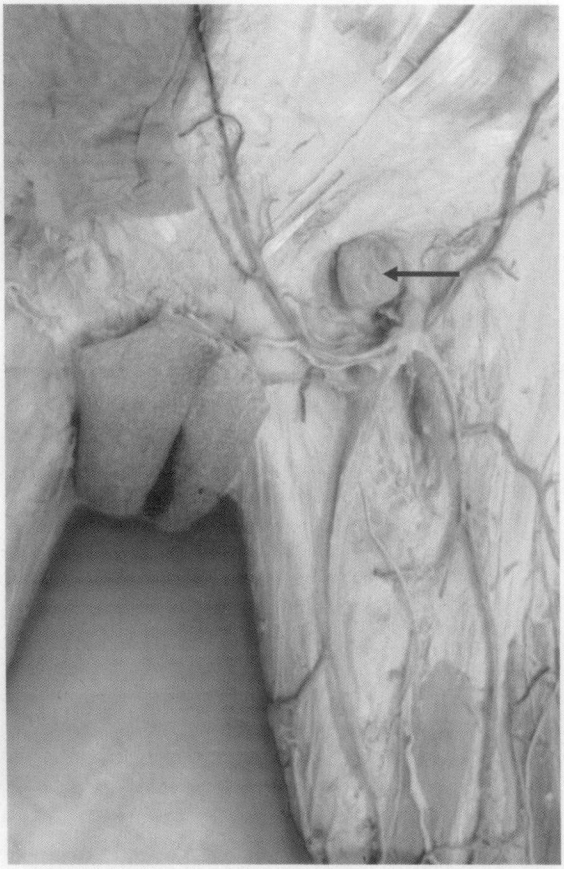

IMPP-Bild 2: Femoralishernie
www.medi-learn.de/skrbild038
© IMPP

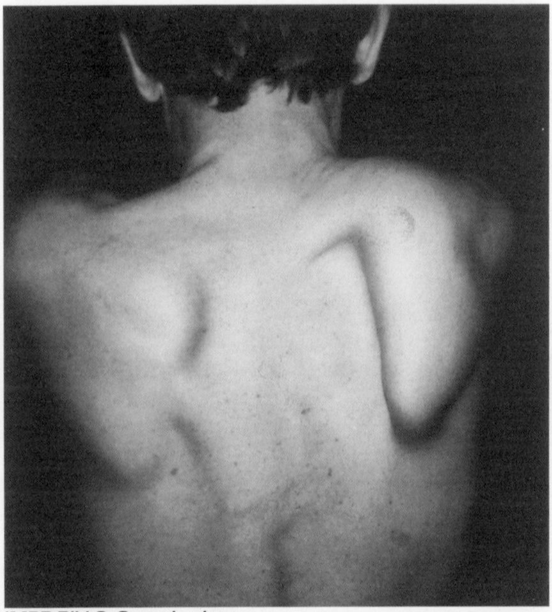

IMPP-Bild 3: Scapula alata
www.medi-learn.de/skrbild039
© IMPP

Typisches Bild einer Scapula alata bei Schädigung des N. thoracicus longus: dadurch fällt die Innervation des M. serratus ant. aus, der die Scapula am Rumpf fixiert. Gut zu sehen ist der vergrößerte Abstand zwischen Margo medialis und Wirbelsäule auf der pathologischen Seite.

A: M. trapezius
B: M. deltoideus
C: Cavitas glenoidalis
D: M. subscapularis
E: Tuberculum majus

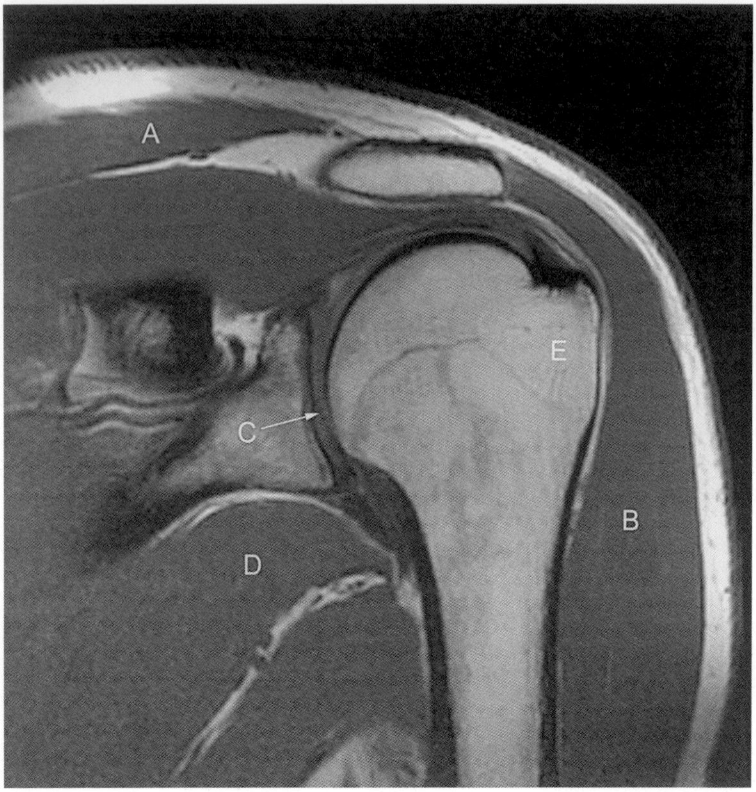

IMPP-Bild 4: MRT der linken Schulter
www.medi-learn.de/skrbild040
© IMPP

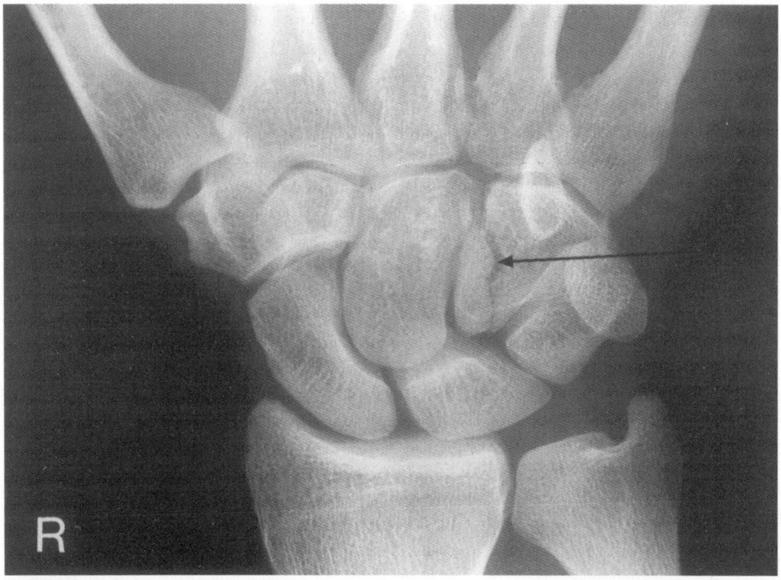

IMPP-Bild 5: Frakturspalt im Os hamatum
www.medi-learn.de/skrbild041

Hierbei handelt es sich um eine frische Fraktur des Os hamatum, genauer an dessen Basis. Der Hamulus ossis hamati ist erhalten.

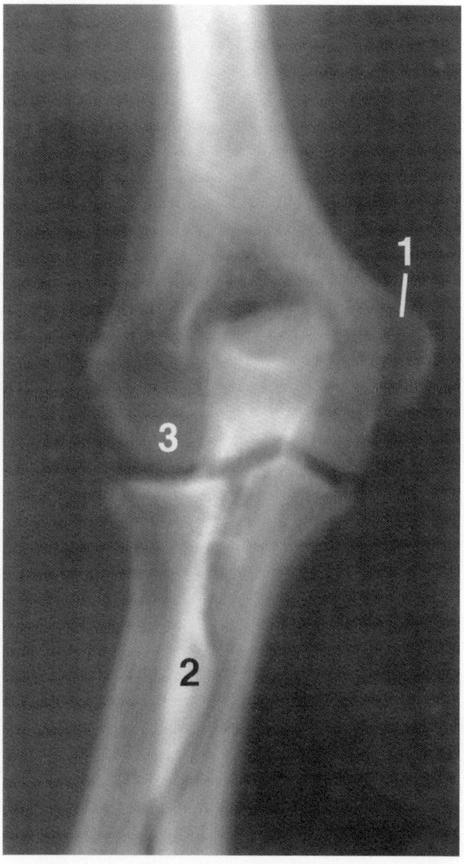

1: Epicondylus humeri medialis
2: Tuberositas radii
3: Capitulum humeri

IMPP-Bild 6: Ellbogengelenk
www.medi-learn.de/skrbild042

Blickrichtung (wie immer beim CT) von caudal nach kranial, daher ist medial rechts und lateral links.

A: Rectus femoris des M. quadrizeps

B: A. et V. femoralis

C: M. sartorius

D: Fasern des M. glutaeus maximus

E: ischiocrurale Muskulatur

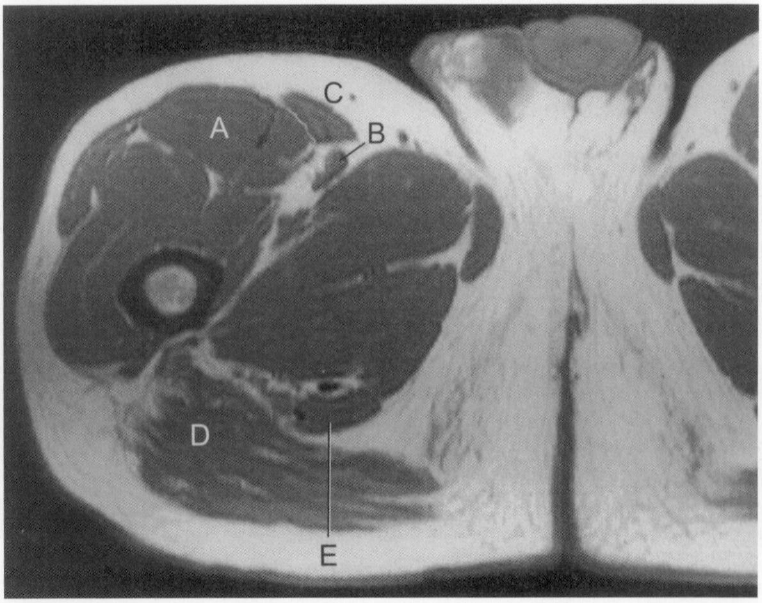

IMPP-Bild 7: CT-Querschnitt durch den rechten Oberschenkel
www.medi-learn.de/skrbild043
© IMPP

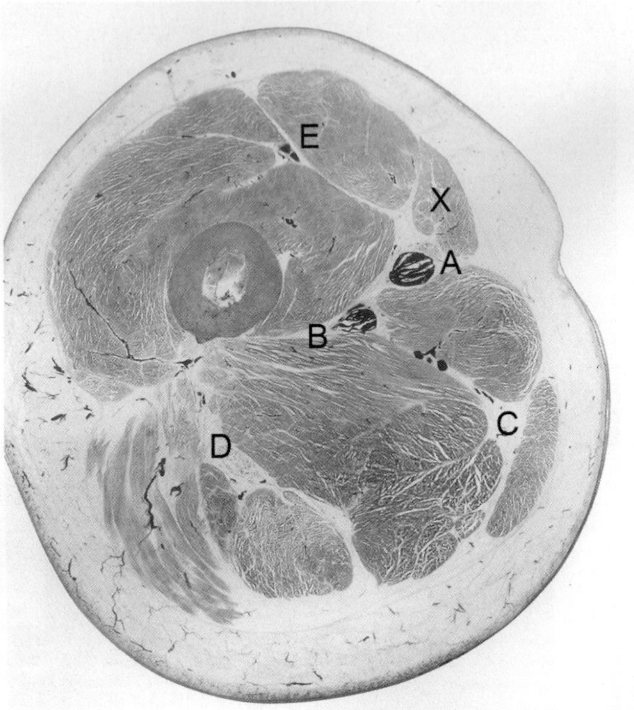

Blick von caudal nach kranial. Gefragt wurde nach folgenden Strukturen:

A: A. femoralis

B: V. femoralis

C: Bindegewebe

D: N. ischiadicus

E: M. vastus medialis

X: Der mit X markierte Muskel (= M. sartorius) beugt im Hüftgelenk. Der Gefäßnervenstrang, der unter dem M. sartorius liegt, verläuft weiter proximal im Trigonum femorale.

IMPP-Bild 8: Querschnitt durch ein Präparat des rechten Oberschenkels
www.medi-learn.de/skrbild044
© IMPP

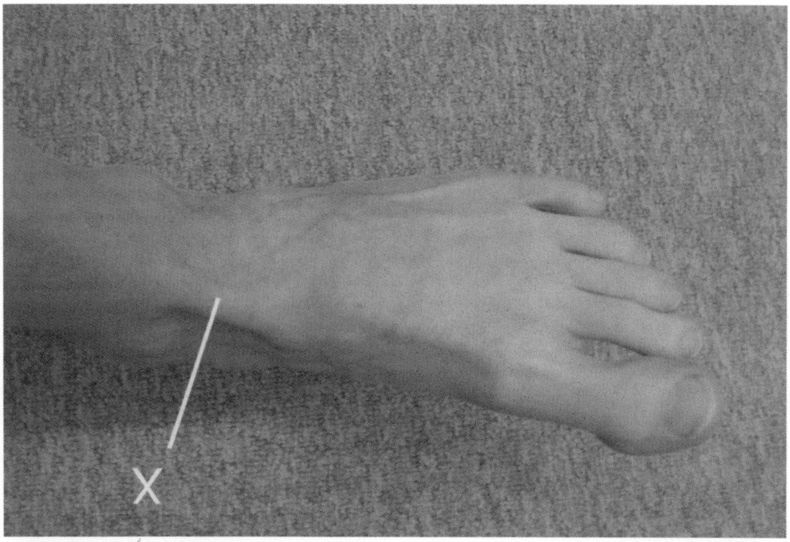

X markiert die Sehne des M. tibialis anterior. Lateral davon liegt die Sehne des M. extensor hallucis longus – bitte nicht verwechseln! Die Sehne des M. tibialis anterior zieht medial nach kaudal (hier sehr gut zu erkennen), während die Sehne des M. extensor hallucis longus am Fußrücken zur Großzehe zieht.

IMPP-Bild 9: Sehne des M. tibialis anterior
www.medi-learn.de/skrbild045
© IMPP

1: Sehne des M. extensor digitorum longus
2: Sehne des M. extensor hallucis longus
3: Sehne des M. tibialis anterior

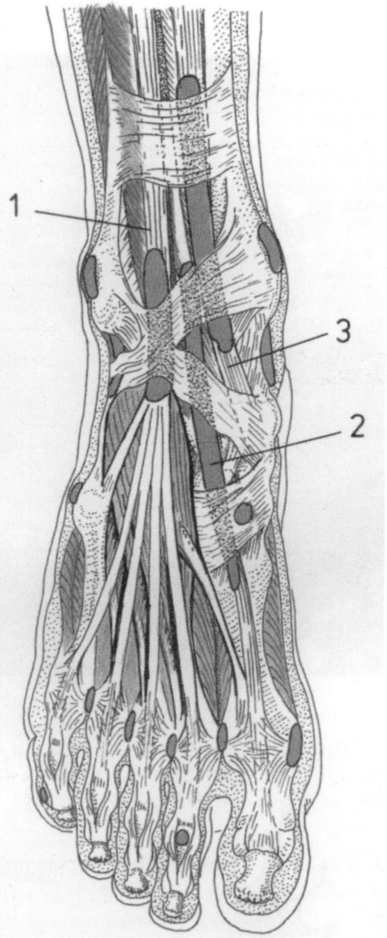

IMPP-Bild 10: Extensoren des Unterschenkels
www.medi-learn.de/skrbild046
© IMPP

Index

A

B

C

L

M

N

O

P

Q

R

S

T

U

V

W

Y

Z

Anatomie Band 6

Respirationstrakt, Herz, Ösophagus, Gefäße im Thorax

4., komplett überarbeitete Auflage

Autor: Ulrike Bommas-Ebert

Herausgeber:
MEDI-LEARN Verlag GbR
Elisabethstraße 9, 35037 Marburg/Lahn

Herstellung:
MEDI-LEARN Kiel
Dorfstraße 57, 24107 Ottendorf
Tel: 04 31/780 25-0, Fax: 04 31/780 25-262
E-Mail: redaktion@medi-learn.de, www.medi-learn.de

Verlagsredaktion: Dr. Waltraud Haberberger, Jens Plasger, Christian Weier, Tobias Happ
Fachlicher Beirat: PD Dr. Rainer Viktor Haberberger
Lektorat: Eva Drude
Grafiker: Irina Kart, Dr. Günter Körtner, Alexander Dospil, Christine Marx
Layout und Satz: Fritz Ramcke, Kristina Junghans
Illustration: Daniel Lüdeling, Rippenspreizer.com
Druck: Druckerei Wenzel, Marburg

4. Auflage 2011

Teil 6 des Anatomiepaketes, nur im Paket erhältlich
ISBN-13: 978-3-938802-71-7

Wichtiger Hinweis für alle Leser

Die Medizin ist als Naturwissenschaft ständigen Veränderungen und Neuerungen unterworfen. Sowohl die Forschung als auch klinische Erfahrungen führen dazu, dass der Wissensstand ständig erweitert wird. Dies gilt insbesondere für medikamentöse Therapie und andere Behandlungen. Alle Dosierungen oder Angaben in diesem Buch unterliegen diesen Veränderungen.
Obwohl das MEDI-LEARN-TEAM größte Sorgfalt in Bezug auf die Angabe von Dosierungen oder Applikationen hat walten lassen, kann es hierfür keine Gewähr übernehmen. Jeder Leser ist angehalten, durch genaue Lektüre der Beipackzettel oder Rücksprache mit einem Spezialisten zu überprüfen, ob die Dosierung oder die Applikationsdauer oder -menge zutrifft. **Jede Dosierung oder Applikation erfolgt auf eigene Gefahr des Benutzers**. Sollten Fehler auffallen, bitten wir dringend darum, uns darüber in Kenntnis zu setzen.

Vorwort

Liebe Leserinnen und Leser,
da ihr euch entschlossen habt, den steinigen Weg zum Medicus zu beschreiten, müsst ihr euch früher oder später sowohl gedanklich als auch praktisch mit den wirklich üblen Begleiterscheinungen dieses ansonsten spannenden Studiums auseinander setzen, z.B. dem Physikum.
Mit einer Durchfallquote von ca. 25% ist das Physikum die unangefochtene Nummer eins in der Hitliste der zahlreichen Selektionsmechanismen.
Grund genug für uns, euch durch die vorliegende Skriptenreihe mit insgesamt 32 Bänden fachlich und lernstrategisch unter die Arme zu greifen. Die 31 Fachbände beschäftigen sich mit den Fächern Physik, Physiologie, Chemie, Biochemie, Biologie, Histologie, Mathe, Anatomie und Psychologie/Soziologie. Ein gesonderter Band der MEDI-LEARN Skriptenreihe widmet sich ausführlich den Themen Lernstrategien, MC-Techniken und Prüfungsrhetorik.
Aus unserer langjährigen Arbeit im Bereich professioneller Prüfungsvorbereitung sind uns die Probleme der Studenten im Vorfeld des Physikums bestens bekannt. Angesichts des enormen Lernstoffs ist klar, dass nicht 100% jedes Prüfungsfachs gelernt werden können. Weit weniger klar ist dagegen, wie eine Minimierung der Faktenflut bei gleichzeitiger Maximierung der Bestehenschancen zu bewerkstelligen ist.
Mit der MEDI-LEARN Skriptenreihe zur Vorbereitung auf das Physikum haben wir dieses Problem für euch gelöst. Unsere Autoren haben durch die Analyse der bisherigen Examina den examensrelevanten Stoff für jedes Prüfungsfach herausgefiltert. Auf diese Weise sind Skripte entstanden, die eine kurze und prägnante Darstellung des Prüfungsstoffs liefern.
Um auch den mündlichen Teil der Physikumsprüfung nicht aus dem Auge zu verlieren, wurden die Bände jeweils um Themen ergänzt, die für die mündliche Prüfung von Bedeutung sind.
Zusammenfassend können wir feststellen, dass die Kenntnis der in den Bänden gesammelten Fachinformationen genügt, um das Examen gut zu bestehen.
Grundsätzlich empfehlen wir, die Examensvorbereitung in drei Phasen zu gliedern. Dies setzt voraus, dass man mit der Vorbereitung schon zu Semesterbeginn (z.B. im April für das August-Examen bzw. im Oktober für das März-Examen) startet. Wenn nur die Semesterferien für die Examensvorbereitung zur Verfügung stehen, sollte direkt wie unten beschrieben mit Phase 2 begonnen werden.

- **Phase 1:** Die erste Phase der Examensvorbereitung ist der **Erarbeitung des Lernstoffs** gewidmet. Wer zu Semesterbeginn anfängt zu lernen, hat bis zur schriftlichen Prüfung je **drei Tage für die Erarbeitung jedes Skriptes** zur Verfügung. Möglicherweise werden einzelne Skripte in weniger Zeit zu bewältigen sein, dafür bleibt dann mehr Zeit für andere Themen oder Fächer. Während der Erarbeitungsphase ist es sinnvoll, einzelne Sachverhalte durch die punktuelle Lektüre eines Lehrbuchs zu ergänzen. Allerdings sollte sich diese punktuelle Lektüre an den in den Skripten dargestellten Themen orientieren!
  Zur **Festigung des Gelernten** empfehlen wir, bereits in dieser ersten Lernphase **themenweise zu kreuzen**. Während der Arbeit mit dem Skript Anatomie sollen z.B. beim Thema „Herz“ auch schon Prüfungsfragen zu diesem Thema bearbeitet werden. Als Fragensammlung empfehlen wir in dieser Phase die „Schwarzen Reihen“. Die jüngsten drei Examina sollten dabei jedoch ausgelassen und für den Endspurt (= Phase 3) aufgehoben werden.

- **Phase 2**: Die zweite Phase setzt mit Beginn der Semesterferien ein. Zur **Festigung und Vertiefung des Gelernten** empfehlen wir, **täglich ein Skript zu wiederholen und parallel examensweise das betreffende Fach zu kreuzen**. Während der Bearbeitung der Anatomie (hierfür sind sieben bis acht Tage vorgesehen) empfehlen wir, pro Tag jeweils ALLE Anatomiefragen eines Altexamens zu kreuzen. Bitte hebt euch auch hier die drei aktuellsten Examina für Phase 3 auf.
  Der Lernzuwachs durch dieses Verfahren wird von Tag zu Tag deutlicher erkennbar. Natürlich wird man zu Beginn der Arbeit im Fach Anatomie durch die tägliche Bearbeitung eines kompletten Examens mit Themen konfrontiert, die möglicherweise erst in den kommenden Tagen wiederholt werden. Dennoch ist diese Vorgehensweise sinnvoll, da die Vorab-Beschäftigung mit noch zu wiederholenden Themen deren Verarbeitungstiefe fördert.

- **Phase 3:** In der dritten und letzten Lernphase sollten **die aktuellsten drei Examina tageweise gekreuzt** werden. Praktisch bedeutet dies, dass im tageweisen Wechsel Tag 1 und Tag 2 der aktuellsten Examina bearbeitet werden sollen. Im Bedarfsfall können einzelne Prüfungsinhalte in den Skripten nachgeschlagen werden.

- Als **Vorbereitung auf die mündliche Prüfung** können die in den Skripten enthaltenen „Basics fürs Mündliche“ wiederholt werden.

Wir wünschen allen Leserinnen und Lesern eine erfolgreiche Prüfungsvorbereitung und viel Glück für das bevorstehende Examen!

Euer MEDI-LEARN-Team

Online-Service zur Skriptenreihe

Die mehrbändige MEDI-LEARN Skriptenreihe zum Physikum ist eine wertvolle fachliche und lernstrategische Hilfestellung, um die berüchtigte erste Prüfungshürde im Medizinstudium sicher zu nehmen.
Um die Arbeit mit den Skripten noch angenehmer zu gestalten, bietet ein spezieller Online-Bereich auf den MEDI-LEARN Webseiten ab sofort einen erweiterten Service. Welche erweiterten Funktionen ihr dort findet und wie ihr damit zusätzlichen Nutzen aus den Skripten ziehen könnt, möchten wir euch im Folgenden kurz erläutern.

Volltext-Suche über alle Skripte
Sämtliche Bände der Skriptenreihe sind in eine Volltext-Suche integriert und bequem online recherchierbar. Ganz gleich, ob ihr fächerübergreifende Themen noch einmal Revue passieren lassen oder einzelne Themen punktgenau nachschlagen möchtet: Mit der Volltext-Suche bieten wir euch ein Tool mit hohem Funktionsumfang, das Recherche und Rekapitulation wesentlich erleichtert.

Digitales Bildarchiv
Sämtliche Abbildungen der Skriptenreihe stehen euch auch als hochauflösende Grafiken zum kostenlosen Download zur Verfügung. Das Bildmaterial liegt in höchster Qualität zum großformatigen Ausdruck bereit. So könnt ihr die Abbildungen zusätzlich beschriften, farblich markieren oder mit Anmerkungen versehen. Ebenso wie der Volltext sind auch die Abbildungen über die Suchfunktion recherchierbar.

Errata-Liste
Sollte uns trotz eines mehrstufigen Systems zur Sicherung der inhaltlichen Qualität unserer Skripte ein Fehler unterlaufen sein, wird dieser unmittelbar nach seinem Bekanntwerden im Internet veröffentlicht. Auf diese Weise ist sicher gestellt, dass unsere Skripte nur fachlich korrekte Aussagen enthalten, auf die ihr in der Prüfung verlässlich Bezug nehmen könnt.

Den Onlinebereich zur Skriptenreihe findet ihr unter www.medi-learn.de/skripte

Eure Meinung ist gefragt

Unser Ziel ist es, euch ein perfektes Skript zur Verfügung zu stellen. Wir haben uns sehr bemüht, alle Inhalte korrekt zu recherchieren und alle Fehler vor Drucklegung zu finden und zu beseitigen. Aber auch wir sind nur Menschen: Möglicherweise sind uns einige Dinge entgangen. Um euch mit zukünftigen Auflagen ein optimales Skript bieten zu können, bitten wir euch um eure Mithilfe.

Sagt uns, was euch aufgefallen ist, ob wir Stolpersteine übersehen haben oder ggf. Formulierungen präzisieren sollten. Darüber hinaus freuen wir uns natürlich auch über positive Rückmeldungen aus der Leserschaft.

Eure Mithilfe ist für uns sehr wertvoll und wir möchten euer Engagement belohnen: Unter allen Rückmeldungen verlosen wir einmal im Semester Fachbücher im Wert von 250,- EUR. Die Gewinner werden auf der Webseite von MEDI-LEARN unter www.medi-learn.de bekannt gegeben.

Schickt eure Rückmeldungen einfach per Post an MEDI-LEARN, Dorfstraße 57, 24107 Ottendorf oder tragt sie im Internet in ein spezielles Formular ein, das ihr unter der folgenden Internetadresse findet: www.medi-learn.de/rueckmeldungen

Vielen Dank
Euer MEDI-LEARN Team

Brustsitus

Zum Brustsitus gehören der gesamte Respirationstrakt und das Herz, die beide im schriftlichen Physikum ein häufig gefragtes Thema sind. Hervorzuheben - da besonders gerne gefragt - ist in diesem Zusammenhang der Ösophagus, der sich ja ebenfalls im Bereich des Brustsitus befindet. Zum Thymus hingegen gibt es kaum Fragen.

Was ihr unbedingt für die Prüfung parat haben solltet, sind topographische Kenntnisse im Bereich des Brustsitus: die Aufteilung in die einzelnen Mediastinalräume sowie die Durchtrittstellen des Zwerchfells werden einfach erwartet.

Um euch ein strukturiertes Lernen zu ermöglichen, wird in diesem Skript zunächst der gesamte Respirationstrakt vorgestellt, anschließend werden das Herz sowie die weiteren Brustorgane besprochen und den Abschluss bildet die Topographie des Thorax.

1 Respirationstrakt

Der Respirationstrakt erstreckt sich vom Kehlkopf über die Trachea und den weiteren Bronchialbaum bis hin zur Lunge mit ihren Alveolen und schließlich zur Pleura. Der ebenfalls im Halsbereich liegende Kehlkopf wird hier nicht besprochen, er ist Thema des Skripts Anatomie 3.

1.1 Trachea

Die Trachea beginnt auf Höhe des **6.** bis **7. Halswirbels**. Dies kann man an sich selbst nachvollziehen: Die Trachea beginnt ja unterhalb des Kehlkopfs. Den Kehlkopf kann man ventral am Hals tasten. Dorsal ist auf derselben Höhe der Vertebra prominens (= der 7. Halswirbel) zu tasten. Auf Höhe **C6/C7** beginnt folglich nicht nur die **Trachea**. Hier liegen auch der **Kehlkopf**, ventral der **Trachea** die Schilddrüse und auch der **Ösophagus** beginnt bei C6/C7.

Übrigens...

Alle diese Strukturen - die topographisch auf einer Höhe liegen - weisen **Gemeinsamkeiten** in der Innervation und der Gefäßversorgung auf.

Von C6/C7 erstreckt sich die Trachea über eine **Länge** von **10** bis **12** cm nach **kaudal**. Ihr **Durchmesser** beträgt in diesem Bereich ca. **1,5 cm**. Nach dieser Strecke kommt die Trachea auf Höhe von **Th4** an und gabelt sich dort in die beiden **Hauptbronchien** (s. Abb.1). Durch den schrägen Verlauf der Rippen von dorsal-kranial nach ventral-kaudal entspricht die Höhe von Th4 etwa dem **Ansatz** der **3. Rippe am Sternum**; eine Bezeichnung, die übrigens häufig im Schriftlichen auftaucht. Die Gabelung der Trachea in die beiden Hauptbronchien erfolgt in einem Winkel von 55 bis 65 Grad, wobei der **Aortenbogen**, der ja über den linken Hauptbronchus zieht, die **Trachea** etwas nach **rechts verschiebt**. Dies führt dazu, dass der **rechte Hauptbronchus steiler** verläuft: Er verläuft **fast senkrecht** und **setzt** damit die **Verlaufsrichtung** der **Trachea** am ehesten **fort**. Der **linke Hauptbronchus** hingegen verläuft bogenförmig nach links. Sein Lumen ist etwas **enger** als das des rechten, und da die Trachea etwas nach rechts verschoben ist, ist der linke Hauptbronchus bis zu 5 cm **länger**.

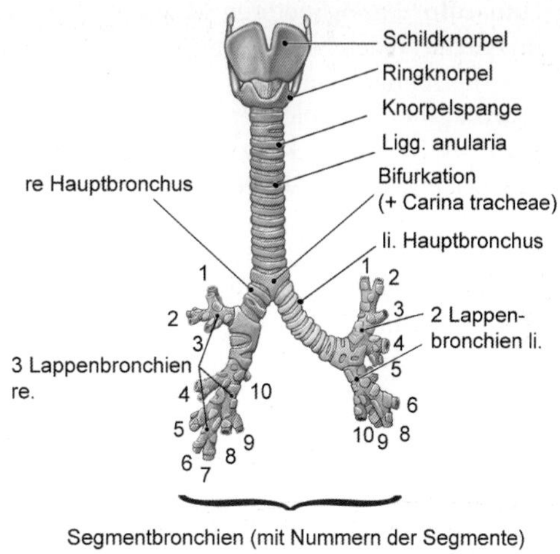

Abb. 1: Trachea

An der Gabelungsstelle der beiden Hauptbronchien ragt ein sagittaler Sporn in das Lumen hinein. Dabei handelt es sich um die **Carina tracheae**, an der bei der Atmung Turbulenzen entstehen, die als Atemgeräusche hörbar sind.

Übrigens...

Den erstaunlich kleinen Durchmesser der Trachea von 1,5 cm kann man sich vielleicht besser einprägen, wenn man dabei an den Cuff (= kleiner aufblasbarer Ballon) zur Blockung eines Beatmungstubus denkt. Der ist ja auch nicht besonders dick (als Anhaltspunkt für die Größenwahl dient der kleine Finger des Patienten) und dichtet dennoch die Trachea vollständig ab.

Die Trachea und der Bronchialbaum weisen einen typischen dreischichtigen Wandaufbau auf: Die innere Schicht bezeichnet man als **Tunica mucosa respiratoria**. Sie besteht aus dem typischen mehrreihigen respiratorischen **Flimmerepithel**, hat eine deutlich sichtbare Basalmembran und eingebettete seromuköse Drüsen (= Glandulae tracheales). Die mittlere Schicht wird als **Tunica fibromusculocartilaginea** bezeichnet. Die Bezeichnung klingt etwas abschreckend, setzt sich jedoch einfach aus den Bestandteilen dieser Schicht zusammen:

- **„fibro"** bezeichnet die **Ligamenta anularia**, die von kranial nach kaudal die einzelnen Knorpelspangen miteinander verbinden,
- **„musculo"** bezeichnet den **M. trachealis**, der dorsal die beiden Enden der hufeisenförmigen Knorpelspangen verbindet und
- **„cartilaginea"** bezeichnet die **Knorpelspangen** aus **hyalinem** Knorpel, von denen die Trachea etwa **16** bis **20 Stück** aufweist (s. Abb. 1, S. 1).

Die äußere Schicht ist die Tunica adventitia, die aus lockerem kollagenem Bindegewebe besteht und dazu dient, die Trachea mit ihrer Umgebung zu verbinden.

Übrigens...

Sowohl die Tunica adventitia als auch die Serosa der Bauchorgane haben die Aufgabe, Organe mit ihrer Umgebung zu verbinden. Während die Adventitia jedoch aus lockerem kollagenem Bindegewebe besteht, ist die Serosa normalerweise aus einem einschichtigen Plattenepithel aufgebaut.

Die **Innervation** der **Trachea** erfolgt über den **Nervus laryngeus recurrens**, den 2. Ast des Nervus vagus (Verlauf s. S. 40) sowie durch Äste des **Sympathikus**. Die Gefäßversorgung der Trachea übernehmen Äste der **Arteria thyroidea inferior**, die aus dem **Truncus thyreocervicalis** stammt, der wiederum aus der **Arteria subclavia** entspringt.
In **enger topographischer Beziehung** zur Trachea stehen zum einen

- die **Schilddrüse**, die **kranio-ventral** an die Trachea grenzt (Innervation: N. laryngeus recurrens sowie N. laryngeus superior des N. vagus und Äste des Sympathikus, Gefäßversorgung: A. thyroidea inferior aus der A. subclavia sowie A. thyroidea superior aus der A. carotis externa),
- **dorsal** der **Ösophagus** (im zervikalen Anteil Innervation durch den N. laryngeus recurrens sowie durch Äste des Sympathikus, Gefäßversorgung über Äste der A. thyroidea inferior),
- **kranial** der **Kehlkopf** (Innervation: N. laryngeus superior und recurrens, Äste des Sympathikus, Gefäßversorgung: A. thyroidea superior und inferior),
- von **ventral** nach dorsal **bogenförmig** über den **linken** Hauptbronchus ziehend der **Aortenbogen**,
- der **Truncus brachiocephalicus** und
- die rechte sowie die linke **Arteria carotis communis.**

Die **Vena thyroidea inferior** grenzt häufig ebenfalls an einen Teil der **Trachea. Dorsal** verläuft in der Rinne zwischen Trachea und Ösophagus beiderseits der **Nervus laryngeus recurrens** (s. S. 40).

Übrigens...

Die **rechte** und **linke Vena brachiocephalica** liegen ventral der Arterien und haben somit **KEINE** direkte **topographische Beziehung** zur Trachea.

MERKE:

- C4 = Gabelung der A. carotis
- Th4 = Gabelung der Trachea
- L4 = Gabelung der Aorta und der V. cava

DAS BRINGT PUNKTE

Hier gibt es zunächst ein paar ganz besonders gerne und häufig im Physikum gefragte Aussagen:

- Die Bifurkation der Trachea liegt auf Höhe von **Th4**. Dies entspricht dem **Sternalansatz** der **3.** Rippe.
- Der **rechte** Hauptbronchus verläuft **steiler**, **fast senkrecht** und setzt somit die **Verlaufsrichtung** der Trachea am ehesten **fort**.
- Fremdkörper gelangen am ehesten in den **rechten** Hauptbronchus.

Nicht ganz so oft gefragt, aber trotzdem durchaus noch lernenswert ist, dass

- die Trachea aus 16-20 Knorpelspangen besteht,
- die Trachea vom N. laryngeus recurrens innerviert und von der A. thyroidea inferior mit Blut versorgt wird und
- der Aortenbogen über den linken Hauptbronchus zieht und somit zu einer Verlagerung der Trachea nach rechts führt.

BASICS MÜNDLICHE

Den makroskopischen und mikroskopischen Aufbau der Trachea sowie deren Topographie sollte man im Mündlichen wiedergeben können. Das gilt natürlich auch für alle anderen Organe. Werden offene Fragen zu den Organen gestellt, wie z.B. „Erzählen Sie mir bitte etwas über die Trachea...", sollte man Wert auf eine strukturierte Antwort legen. Dadurch wirkt man souveräner, vergisst weniger und es entstehen weniger Pausen im Redefluss, weil man den Weg der Antwort bereits vor sich sieht. Natürlich kann sich jeder selbst eine Strukturierung für offene Fragen zu den Organen erstellen; eine beispielhafte Antwort könnte folgendermaßen gegliedert sein:

1 Ein kurzer Satz zur Funktion des Organs, z.B. „Die Trachea stellt die Verbindung zwischen Larynx und Hauptbronchien dar und dient der Luftleitung",
2 Lage und Topographie des Organs,
3 makroskopischer Aufbau des Organs,
4 Innervation und Gefäßversorgung des Organs,
5 Histologie des Organs, wobei hier auch Querverweise zur Physiologie, z.B. bei der Niere oder eine genauere Erläuterung der Funktion „an den Prüfer gebracht" werden können und
6 wenn der Prüfer dann noch etwas hören möchte, kann man mit der Embryologie glänzen (s. Skript Anatomie 1).

Welche Organe stehen in enger topographischer Beziehung zur Trachea?
Die Trachea beginnt auf Höhe von C6/C7. In etwa auf dieser Höhe liegen auch der Kehlkopf, die Schilddrüse und der Beginn des Ösophagus. Die V. cava und die Vv. brachiocephalicae stehen - ebenso wie der Aortenbogen - in enger topographischer Beziehung zur Trachea, wobei die Vv. brachiocephalicae aber keinen direkten Kontakt haben, kaudal der Trachea liegt das Herz, dorsal der Ösophagus.

Beschreiben Sie bitte kurz den Aufbau der Trachea.
Sie beginnt unterhalb des Kehlkopfs und besteht aus 16-20 nach ventral gerichteten hufeisenförmigen Knorpelspangen, die bindegewebig durch die Ligg. anularia miteinander verbunden sind. Dorsal liegt die Pars membranacea zwischen den Öffnungen in den Knorpelspangen. Die hier vorkommende Muskulatur wird auch als M. trachealis bezeichnet. Auf Höhe von Th4 gabelt sich die Trachea in die beiden Hauptbronchien.

Beschreiben Sie bitte kurz die histologischen Besonderheiten der Trachea.
Von außen nach innen:

- Tunica adventitia, die das Organ mit der Umgebung verbindet.
- Tunica fibromusculocartilaginea mit Knorpelspangen aus hyalinem Knorpel, Bindegewebe der Ligg. anularia und Muskulatur des M. trachealis.
- respiratorisches (mehrreihiges) Flimmerepithel mit Kinozilienbesatz und Becherzellen.

1.2 Bronchialbaum

Die Trachea gabelt sich zunächst in die beiden **Hauptbronchien**, die **Bronchi principales dexter et sinister. Rechts** erfolgt die weitere Gabelung in **drei Lappenbronchien** (= Bronchi lobares), die zu den drei Lungenlappen (= Lobus superior, medius und inferior) ziehen, **links** in **zwei Lappenbronchien** (zum Lobus superior und inferior). Die einzelnen Lappenbronchien teilen sich dann in **Segmentbronchien (= Bronchi segmentales)** auf, die zu den einzelnen Segmenten ziehen (s. Abb. 1, S. 1):

Auf der **rechten** Seite teilt sich der

- **Lobus superior** in das **Segmentum apicale, anterius** und **posterius**,
- **Lobus medius** in das **Segmentum laterale** und **mediale** und der
- **Lobus inferior** in das **Segmentum superius, basale mediale, basale laterale, basale anterius** und **basale posterius.**

Auf der **linken** Seite unterteilt sich der

- **Lobus superior** in das **Segmentum apicoposterius, anterius, linguale superius** und **linguale inferius** und der
- **Lobus inferior** unterteilt sich wie auf der rechten Seite auch in ein **Segmentum superius, basale mediale, basale laterale, basale anterius** und **basale posterius.**

Zusammenfassend lässt sich sagen, dass

- auf der **rechten** Seite **drei Lappenbronchien** (= Bronchi lobares) zu drei Lungensegmenten ziehen, die sich rechts in **10 Segmentbronchien** (= Bronchi segmentales) zu 10 Segmenten unterteilen,
- auf der **linken** Seite nur **2 Lappenbronchien/** Lappen liegen mit 9 Segmentbronchien/Segmenten (s. Abb. 2, S. 5).

Dies ist entwicklungsgeschichtlich u. a. dadurch bedingt, dass das Herz ja zu 2/3 in der linken Thoraxhälfte liegt und somit auf der linken Seite weniger Raum vorhanden ist. Auf der **linken** Seite fehlen also der **mittlere Lungenlappen** sowie das **7. Lungensegment**. Als **rudimentäre** Strukturen davon können das Segmentum linguale superius und inferius angesehen werden.

Übrigens...

- Gelegentlich kommt ausschließlich im Bereich des Segmentum linguale superius und inferius eine isolierte Lungenentzündung vor, die **Lingula-Pneumonie.**
- In der Regel werden die lateinischen Namen für die einzelnen Segmente nicht verwendet. Sie werden einfach von oben nach unten durchnummeriert. Hierbei ist aber zu beachten, dass auf der linken Seite das 7. Segment fehlt. Um dies zu veranschaulichen, wird beim Durchnummerieren die Nummer 7 weggelassen mit der Folge, dass es zwar nur 9 Segmente links gibt, jedoch trotzdem ein Segment mit der Nummer 10 (s. Abb. 1, S. 1).

MERKE:

Auf der Seite mit den zwei Lungenlappen liegt auch die Bikuspidal- oder Mitralklappe (= links), bei den drei Lungenlappen (= rechts) liegt die Trikuspidalklappe des Herzens.

Bis zu den Segmentbronchien liegt in der **Tunica mucosa** das typische **mehrreihige respiratorische Epithel** mit **Kinozilien** und **Becherzellen** sowie mit seromukösen **Drüsen** vor. In der **Tunica fibromusculocartilaginea** liegen die Knorpelspangen, die glatte Muskulatur und die Ligg. anularia. In den **Lappen- und Segmentbronchien** ändert sich im Bereich der Tunica mucosa nichts, die Tunica fibromusculocartilaginea weist aber statt Knorpelspangen nur noch **Knorpelplättchen** auf und ihre **Muskulatur** ist überwiegend **konzentrisch** angeordnet.

Die weitere Unterteilung des Bronchialbaums erfolgt von den Segmentbronchien aus in die **Bronchus lobularis** (= Läppchenbronchien). Hier ist das respiratorische **Flimmerepithel** nur noch **einschichtig**, es liegen weniger Becherzellen vor, die Muskulatur der Tunica fibromusculocartilaginea ist überwiegend **gitterartig** angeordnet, es finden sich nur noch wenige Knorpelplättchen und **Drüsen** lassen sich **kaum** noch nachweisen.

Nach den Läppchenbronchien folgen die **Bronchioli terminales** (= Terminalbronchien), deren **Durchmesser** kleiner als 1 mm ist. Ihr Name entsteht dadurch, dass hier der Totraum der Lunge endet. Hier finden sich **keinerlei Becherzellen** mehr, **kein Knorpel** und auch **keine Drüsen**. Was **bleibt** ist jedoch das einschichtige **Flimmerepithel** mit den **Kinozilien**. Die glatte **Muskulatur** ist **konzentrisch** angeordnet.

An die Terminalbronchien schließen sich die **Bronchioli respiratorii** (= respiratorischen Bronchien) an. Ihren Namen haben sie erhalten, da in ihrer Wand die Öffnungen zu den **Alveolen** der

Lunge liegen. Die Bronchioli sind ausgekleidet von einem **einschichtig kubischen** Epithel. Hier gibt es **keinerlei** Kinozilien, Becherzellen, Knorpel und Drüsen. Die **Muskulatur** ist **gitterartig** angeordnet.

Zusammenfassend lässt sich zur histologischen Unterscheidung des Bronchialbaums sagen, dass

- **bis** zu den **Terminalbronchien Kinozilien** vorhanden sind und
- die **sezernierenden Strukturen** (= Becherzellen und Drüsen) schon **vor** den **Bronchioli terminales enden.**

Dies ist physiologisch sinnvoll, da durch die bis zum Ende des Totraums reichenden Kinozilien eingedrungene Fremdkörper sowie Alveolarmakrophagen rachenwärts abtransportiert werden können. Man bezeichnet dies als mukoziliäre Clearance.

Übrigens...

- Dass die sezernierenden Zellen bereits vor den Terminalbronchien enden, verhindert, dass das Sekret in die Bronchioli respiratorii gelangt und die Alveolen verlegt.
- **Clara-Zellen** sind für den terminalen Respirationstrakt typische Zellen, die lysosomale Enzyme freisetzen. Des Weiteren sezernieren sie die Surfactant-Proteine SP-A und SP-D.
- An den Bronchioli respiratorii geht das Gewebe des Bronchialbaums in das Alveolargewebe der Lunge über.

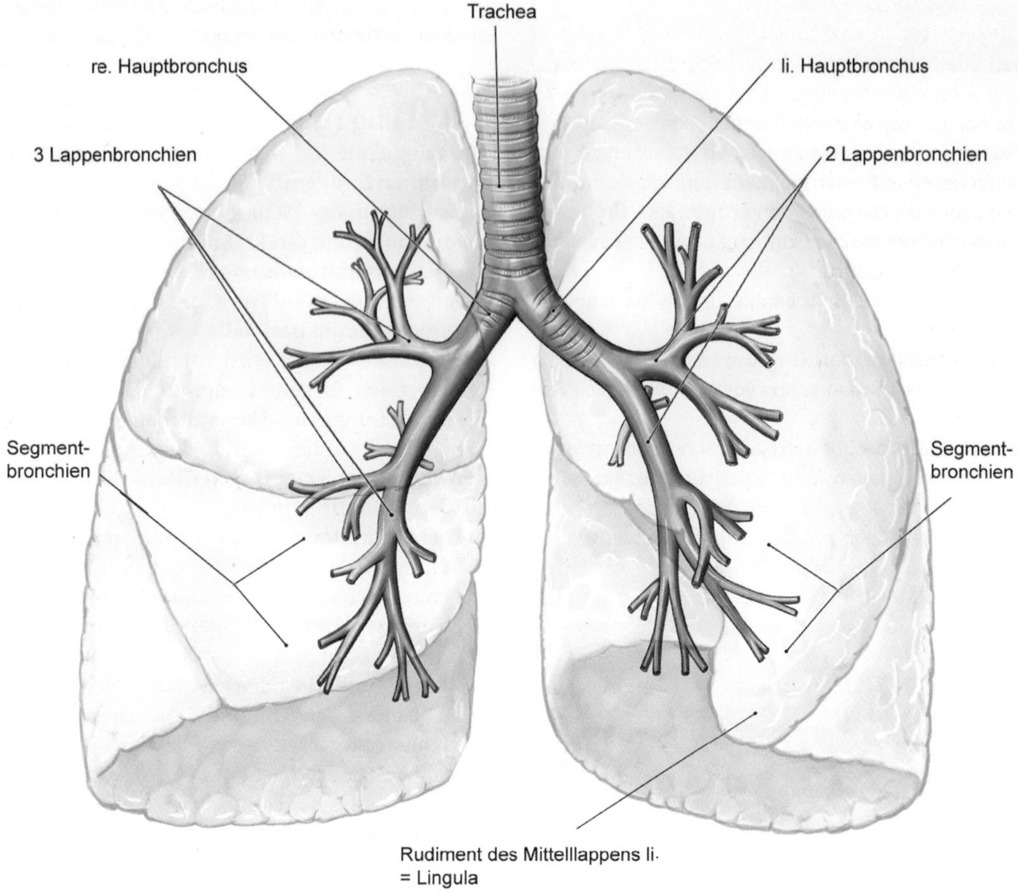

Abb. 2: Unterteilung des Bronchialbaums

Klinisches Beispiel:
Ein Patient gibt an, dass er einen Erdnusskern „eingeatmet“ habe, als er am Tisch saß.
Frage: Aus Gründen der anatomischen Geometrie des Bronchialbaums könnte dieser Fremdkörper am ehesten in welche der genannten Strukturen gelangt sein? In den linken Unterlappenbronchus, den linken Oberlappenbronchus, den rechten Oberlappenbronchus, den rechten Mittellappenbronchus oder den rechten Unterlappenbronchus?
Antwort: In den rechten Unterlappenbronchus.

DAS BRINGT PUNKTE

Die Namen der einzelnen Lungensegmente wurden bislang nur einmal im schriftlichen Physikum gefragt und müssen sicherlich nicht auswendig gelernt werden. Spitzenreiter unter den Fragen zum Bronchialbaum - und damit unbedingt wissenswert - sind aber folgende Sachverhalte:

- **Bis** zu den **Terminalbronchien** sind **Kinozilien** vorhanden.
- Die **sezernierenden Strukturen** (= Becherzellen und Drüsen) **enden** schon **vor** den **Bronchioli terminales.**
- **Clara-Zellen** sind für den Respirationstrakt typische Zellen, die lysosomale Enzyme freisetzen sowie die Surfactant Proteine SP-A und SP-D sezernieren.
- Die rechte Lunge hat drei Lappen und zehn Segmente.
- Die linke Lunge hat zwei Lappen und neun Segmente.

BASICS MÜNDLICHE

Was ist ein Totraum?
Zum Totraum zählt man die Teile des Respirationstrakts, die nicht am Gasaustausch beteiligt sind. Die letzte Station des Totraums sind die Terminalbronchien.

Wie viele Lappen und Segmente haben die Lungen?
- rechts drei Lappen und 10 Segmente,
- links zwei Lappen und 9 Segmente.

Wo landet ein aspirierter Fremdkörper oder ein zu tief vorgeschobener Tubus normalerweise?
Je nach Tiefe im rechten Hauptbronchus oder im rechten Unterlappenbronchus. Dies ist insbesondere durch den anatomisch unterschiedlichen Verlauf der Hauptbronchien zu erklären.

1.3 Lunge

Die Lunge gliedert sich in einen **rechten** und einen **linken Lungenflügel**, die jeweils in einer **Cavitas pleuralis** (= Pleurahöhle) liegen. Die Pleura, die die Lunge direkt umgibt, bezeichnet man als **Pleura pulmonalis** oder Pleura **visceralis**, die daran angrenzende Pleura, die dem Thorax fest anliegt als **Pleura parietalis.**
Die Form der Lunge wird vor allem von den sie umgebenden Organen geprägt. Das bedeutet, dass die Lunge im Wesentlichen die vorhandenen Hohlräume ausfüllt. Die **Außenflächen** der Lunge unterteilt man nach den angrenzenden Strukturen in eine

- **Facies diaphragmatica** (grenzt an das Zwerchfell, unter dem Zwerchfell grenzen links Magen und Milz, rechts die Leber an die Lunge),
- **Facies costalis** (den Rippen zugewandte Seite) und
- **Facies medialis** oder -**mediastinalis** (grenzt an das Mediastinum und die Wirbelsäule).

Die Lunge ragt ca. zweifingerbreit über die Clavicula und häufig auch über die erste Rippe hinaus. Sie endet spätestens auf Höhe von **C7.** Durch die enge **topographische** Beziehung zur **Clavicula** grenzen auch die Arteria und die Vena subclavia an die Lunge. Die kraniale Lungenkuppel wird von den drei Musculi scaleni umgeben. An den, dem Mediastinum zugewandten Teil der Lunge grenzen u. a. die **Vena azygos**, die **Vena cava superior (s. IMPP-Bild 1, S. 46)**, die **Aorta thoracica** mit dem **Aortenbogen**, der **Truncus pulmonalis**, der **Ösophagus**, der **rechte** sowie der **linke Vorhof** des Herzens sowie die **linke Herzkammer**. Kaudal grenzt das **Zwerchfell** an die Lunge.

Die Lunge kann man rechts in drei, links in zwei Lappen unterteilen (s. S. 4). Der obere und der mittlere Lappen werden rechts von der **Fissura horizontalis** unterteilt, der Mittel- und der Unterlappen durch die **Fissura obliqua**; auf der linken Seite trennt ebenfalls eine Fissura obliqua den Ober- vom Unterlappen. Damit ist die Fissura **obli**qua also **obli**gatorisch in beiden Lungenflügeln vorhanden.

Übrigens...

Neuerdings wird auch nach der Projektion der Fissura obliqua in Atemmittellage gefragt: Sie endet in Atemmittelstellung etwa am Margo inferior in Höhe der Knorpel-Knochen-Grenze der 6. Rippe.

Als **Lungenhilum** bezeichnet man die Region, an der die einzelnen Strukturen in die Lunge ein- und austreten. Das **Hilum pulmonalis** liegt an der Facies medialis der Lunge, etwa auf der Höhe von **Th5** (= Ansatz der 4. Rippe am Sternum).

Eintretende Strukturen am Lungenhilum sind
- **dorsal** die **Hauptbronchien**,
- **ventral-kranial**
  - die **Arteria pulmonalis**,
  - die arteriellen **Rami bronchiales** sowie
  - sympathische und parasympathische **Nerven**.

Austretende Strukturen am Lungenhilum sind
- **ventral-kaudal**
  - die **Venae pulmonales**,
  - venöse **Rami bronchiales** und
  - **Lymphgefäße**.

Übrigens...

Ausschließlich am Hilum treten Strukturen in die Lunge ein und aus. Am Hilum befindet sich außerdem der **Umschlagspunkt** von der viszeralen in die parietale Pleura (s. Abb. 5, S. 15). Ansonsten ist die Lunge komplett von Pleura umgeben und gleitet bei In- und Exspiration im Bereich des Pleuraspalts. Etwaige durchtretende Strukturen würden die Ausdehnung und das Zusammenschrumpfen der Lunge behindern.

Es besteht also NUR am Hilum ein Ein- und Austritt von Gefäßen und Nerven. Hierbei ist noch zu beachten, dass die **Arterien mit** den **Bronchien** ziehen, die **Venen** jedoch **NICHT**. Dies gilt sowohl für die Vasa privata als auch für die Vasa publica (s. S. 8) und hat physiologische Gründe.Die Vasa privata dienen zur Eigenversorgung des Bronchialbaums und der Lunge mit arteriellem Blut. Die Bronchien und die Alveolen enthalten zwar Luft, die jedoch viel zu schnell durch den Bronchialbaum strömt, als dass hier genügend Sauerstoff aufgenommen werden könnte. Außerdem ist die Wand der Bronchien zu dick, um ausschließlich über Diffusion ernährt zu werden. Daher ist eine eigene arterielle Gefäßversorgung vonnöten, die durch die Rami bronchiales (aus der Aorta thoracica und den Interkostalarterien) gewährleistet wird. Die Arterien der Vasa publica kommen vom Herzen (= A. pulmonalis). Ihre Aufgabe ist es, am Ende des Bronchialbaums ihr venöses Blut mit Sauerstoff sättigen zu lassen.

Sowohl die **Arterien** der Vasa privata als auch die Arterien der Vasa publica bilden also mit den **Bronchien** eine **funktionelle Einheit**. Deswegen verlaufen sie auch gemeinsam **intrasegmental** (= im Inneren der einzelnen Lappen und Segmente).

Bei den **Venen** steht das zügige Verlassen der Lunge im Vordergrund. Die Venen der Vasa publica enthalten nämlich sauerstoffreiches Blut, das möglichst schnell wieder dem Körper zur Verfügung gestellt werden soll. Daher ziehen sie rasch zwischen den einzelnen Lappen und Segmenten aus der Lunge hinaus. Auch die Venae bronchiales der Vasa privata, die venöses Blut enthalten, verlassen auf kürzestem Wege die Lunge, um das venöse Blut dem Körperkreislauf wieder zuzuführen und mit Sauerstoff anreichern zu lassen. Die Venen verlaufen im Gegensatz zu den Arterien **intersegmental** (= zwischen den einzelnen Lappen und Segmenten). Aus hämodynamischen Gründen (= das Blut fließt mit der Schwerkraft nach unten, die Venen enthalten wenig Klappen) verlaufen die Venen jeweils am Boden der einzelnen Lappen und Segmente.

DAS BRINGT PUNKTE

Am häufigsten wurden zu diesem Thema die folgenden Punkte im schriftlichen Physikum gefragt:

- Arterien verlaufen in der Lunge intrasegmental, die Venen intersegmental.
- Der Ober- und der Mittellappen werden rechts von der **Fissura horizontalis**, der Mittel- und der Unterlappen durch die **Fissura obliqua** voneinander getrennt.
- Auf der linken Seite trennt die Fissura obliqua den Ober- vom Unterlappen.
- Am linken Lungenhilum liegen Arterie, Bronchus und Vene von kranial nach kaudal übereinander.
- Am rechten Hilum liegen der Bronchus und die Arterie ungefähr auf einer Höhe, die Venen kaudal davon.

BASICS MÜNDLICHE

Welche Lunge wie viele Lappen hat und was durch das Lungenhilum zieht, sollte man im Mündlichen erzählen können. Daneben lohnt es sich sicherlich auch, die angrenzenden Strukturen zu beherrschen.

Beschreiben Sie bitte den makroskopischen Aufbau der Lunge.
Folgende Stichworte sollten im Vortrag vorkommen:

- rechter und linker Lungenflügel,
- Facies costalis, mediastinalis und diaphragmatica,
- links 2, rechts 3 Lappen,
- links 9, rechts 10 Segmente,
- Fissura horizontalis und obliqua.

Was ist das Lungenhilum?
Die Ein- und Austrittsstelle aller in die Lunge ein- und austretenden Strukturen. Es liegt auf Höhe von Th5. Hier schlägt die viszerale in die parietale Pleura um.

Was sind Vasa privata und was Vasa publica?

- Vasa privata (= Rr. bronchiales) dienen der Eigenversorgung der Lunge und der Bronchien = Versorgungsgefäße,
- Vasa publica (= A./V. pulmonales) sind für die Sauerstoffversorgung des Körpers zuständig = Arbeitsgefäße.

1.3.1 Gefäßversorgung der Lunge

In der Lunge unterscheidet man zwei verschiedene Gefäßsysteme: Zum einen die **Vasa publica**, die für den Gasaustausch des gesamten Körpers zuständig sind und daher auch als **Arbeitsgefäße** bezeichnet werden, zum anderen die **Vasa privata**, deren Aufgabe die private Gefäßversorgung der Bronchien ist und die daher auch als **Versorgungsgefäße** bezeichnet werden.
Zu den Vasa publica zählt man die **Arteriae** und die **Venae pulmonales**. Die **Arteria pulmonalis** führt der Lunge **sauerstoffarmes** Blut zu. Sie bzw. ihre Äste verlaufen mit den Bronchien. Ihre großen Äste sind vom elastischen Typ, ihre kleinen Äste vom muskulären Typ. Damit sind die kleinen Arterienäste der Arteria pulmonalis in der Lage, die Durchblutung zu regeln und die Perfusion der Ventilation anzupassen (= Euler-Liljestrand-Mechanismus, s. Skript Physiologie 4). Die **Venae pulmonales** transportieren dann das **sauerstoffreiche** Blut wieder zurück zum Herzen. Sie verlaufen zwischen den einzelnen Segmenten.
Die **Vasa privata** sind nach den Strukturen benannt, die sie versorgen: Man unterscheidet zwischen **arteriellen** und **venösen Rami bronchiales.** Die arteriellen Rami bronchiales stammen überwiegend aus der **Aorta thoracica** und auch aus den **Interkostalarterien**, die topographisch in der Nähe des Lungenhilums liegen. Die **venösen Rami bronchiales** münden **rechts** in die **Vena azygos, links** in die **Vena hemiazygos**; diese liegen topographisch am nächsten.

1.3.2 Lymphabflüsse der Lunge

Aus dem Lungengewebe wird die Lymphflüssigkeit zunächst in die **Nodi lymphoidei pulmonales** geleitet, die an den Segmentbronchien liegen. Von dort aus fließt die Lymphe dann weiter bis zur nächsten Sammelstelle, den **Nodi lymphoidei bronchiopulmonales**, die sich am Lungenhilum befinden. Anschließend geht es zu den **Nodi lymphoidei tracheobronchiales** an der Bifurcatio tracheae und schließlich zu den **Nodi lymphoidei tracheales** lateral der Trachea. Von dort erfolgt der Lymphabfluss dann **links** in den **Ductus thoracicus, rechts** in den **Ductus lymphaticus dexter**, die dann in den linken bzw. rechten **Venenwinkel** münden.

Übrigens...

Wie bei allen Organen und im gesamten Körper erfolgt der Lymphabfluss von der Oberfläche in die Tiefe, bis die Lymphe schließlich im Venenwinkel mündet.

Allgemeines zum Lymphabfluss

Eigentlich muss man die Eigennamen zum Lymphabfluss nicht auswendig lernen. Hat man das generelle Prinzip des Lymphabflusses nämlich verstanden, so kann man sich die meisten Antworten herleiten. Der erste wichtige Punkt, den es dabei zu berücksichtigen gilt, ist, dass die **Lymphe immer** in den rechten bzw. linken Venenwinkel mündet. Der **Venenwinkel** liegt auf beiden Seiten dort, wo die **Vena subclavia** und die **Vena jugularis interna** zusammentreffen und sich zur **Vena brachiocephalica** vereinen. Unterhalb des Venenwinkels fließt die Lymphe von unten nach oben, oberhalb des Venenwinkels fließt sie von oben nach unten.

Im gesamten Körper gilt, dass der Lymphabfluss von **oberflächlich nach tief** erfolgt. Die Lymphe fließt also grundsätzlich vom **Einzugsgebiet** in **regionäre Lymphknoten**, hierbei von oberflächlich nach tief und mündet dann in die weiteren Lymphbahnen, bis sie schließlich in den Venenwinkel mündet. Ein großer Zusammenfluss von Lymphgefäßen ist die **Cisterna chyli**, die unterhalb des Zwerchfells etwa auf Höhe des Truncus coeliacus liegt. Hier münden drei große Zuflüsse: Die Lymphbahnen

- des rechten Beines,
- des linken Beines und
- der Bauchorgane.

Von der Cisterna chyli zieht durch das Zwerchfell (= durch den Hiatus aorticus) der **Ductus thoracicus** (= Ductus albicans) nach kranial und mündet schließlich in den **linken Venenwinkel**. In den linken Venenwinkel münden außerdem Lymphgefäße von der linken Kopfhälfte und vom linken Arm.

Auf der **rechten** Thoraxseite gibt es einen lymphführenden Gang - den **Ductus lymphaticus dexter** - der erst im Thorax beginnt und NICHT aus der Cisterna chyli entspringt. Der **Ductus lymphaticus dexter** mündet in den **rechten Venenwinkel**. Dort mündet auch die Lymphe der rechten Kopfhälfte und des rechten Arms.

Übrigens...

Als Fazit kann man sagen, dass ca. **1/5 der Lymphe** im **rechten** Venenwinkel dem venösen System zugeführt wird, im **linken** Venenwinkel sind es ca. **4/5** der Lymphe.

Unterhalb des **Venenwinkels** liegt also ganz **distal** das **Einzugsgebiet** und etwas weiter **proximal** kommen die regionären **Lymphknoten**. Die Lymphe wird dann weiter nach **kranial** zum Venenwinkel geleitet.

Oberhalb des Venenwinkels ist dies umgekehrt: Das Einzugsgebiet liegt **kranial**, darauf folgen etwas **kaudaler** die regionalen **Lymphknoten**, bis die Lymphe schließlich **kaudal** in den **Venenwinkel** mündet (s. a. Abb. 3, S. 11).

MERKE:

Da es im Körper sehr viele Lymphknoten gibt, sind die einzelnen Einzugsgebiete relativ klein. Man kann als Merkhilfe sagen, dass das Einzugsgebiet kaudal des Venenwinkels etwa eine Hand breit ist, kranial des Venenwinkels etwa zwei Finger breit.

Beispiele:

Das Einzugsgebiet der regionären Lymphknoten in der Kniekehle liegt etwa eine Handbreit unterhalb, was in etwa der Wade entspricht. Bereits in der Kniekehle erfolgt ein Lymphabfluss von oberflächlich nach tief. Dasselbe lässt sich auch auf die Leistenlymphknoten anwenden. Hier liegt das Einzugsgebiet ebenfalls eine Handbreit kaudal. Zum Einzugsgebiet gehören daher der ventrale Oberschenkel und das äußere Genitale.

Oberhalb des Venenwinkels liegen deutlich mehr Lymphknoten und das Einzugsgebiet ist hier nur zwei Finger breit. Daher mündet in die Nodi lymphoidei parotidei superficiales nur die Lymphe der Schläfe sowie eines Teils der Ohrmuschel und in die submentalen Lymphknoten im Wesentlichen die Lymphe der Unterlippe, des vorderen Anteils des Unterkiefers sowie der Zungenspitze.

Zur Verdeutlichung soll auch Abb. 3, S. 11 dienen.

Übrigens...

Hat man das generelle Prinzip des Lymphabflusses verstanden, so lassen sich in der Regel die Antworten auf Examensfragen herleiten.

Ductus thoracicus

Der Ductus thoracicus beginnt an/mit der Cisterna chyli und zieht durch den Hiatus aorticus. Im weiteren Verlauf verläuft er streckenweise an der Wirbelsäule entlang. Er nimmt im Regelfall die Lymphe des **linken** Lungenflügels auf (die des rechten Lungenflügels gelangt in den ductus lymphaticus dexter) und mündet in den **linken** Venenwinkel.

Folgende Körperregionen entsenden z.B. ihre Lymphe in den Ductus thoracicus:

- linke Hals-/Kopfregion,
- linke Brustregion,
- untere Extremität (beiderseits) und
- Bauchregion.

Übrigens...

Die rechte Hals-/Kopfregion, der rechte Arm und die rechte Thoraxseite geben ihre Lymphe in den Ductus lymphaticus dexter ab.

DAS BRINGT PUNKTE

Zum Thema Gefäßversorgung der Lunge sind die folgenden Punkte bereits so oft gefragt worden, dass es sich wirklich lohnt, sie für das Schriftliche parat zu haben (zumindest aber den **fett** gedruckten Teil):

Folgende Möglichkeiten des Blutflusses in der Lunge sind wahrscheinlich:

- von Bronchialarterien in Bronchialkapillaren,
- von Bronchialarterien in Alveolarkapillaren,
- von Bronchialkapillaren in Pulmonalvenen und
- von Bronchialkapillaren in Bronchialvenen.

Unwahrscheinlich ist dagegen der Abfluss von **Alveolarkapillaren in Bronchialvenen.**

Beim Lymphabfluss sollte man unbedingt das zugrundeliegende Prinzip verstanden haben. Damit lassen sich die Antworten auf die meisten (auch auf die speziellen) Fragen einfach herleiten. Im schriftlichen Physikum werden die Lymphabflüsse vor allem beim Thema „Kopf-Hals" abgefragt und sind daher auch dort mit aufgeführt (s. Skript Anatomie 4).

BASICS MÜNDLICHE

Von der Gefäßversorgung der Lunge werden besonders die Vasa privata und die Vasa publica gerne im Mündlichen gefragt.

Bitte beschreiben Sie kurz die unterschiedlichen Aufgaben der Vasa privata im Vergleich zu den Vasa publica.

- Die Vasa privata dienen der Eigenversorgung der Lunge. Durch die Bronchien fließt zwar Sauerstoff, ihre Wand ist jedoch zu dick, so dass eine eigene Gefäßversorgung erforderlich ist.
- Die Vasa publica dienen dazu, das Blut für den Körper mit Sauerstoff sättigen zu lassen.

Worin unterscheiden sich die Vasa privata von den Vasa publica?

Bei den Vasa privata (= A./V. bronchiales) führen die Arterien arterielles und die Venen venöses Blut, bei den Vasa publica (= A./V. pulmonales) ist dies umgekehrt. Zudem haben Vasa privata und -publica auch einen unterschiedlichen Ursprung: Die Vasa publica kommen aus dem Herz, die Vasa privata aus der Aorta.

Da Kenntnisse des Lympabflusses auch für die Klinik wichtig sind, z.B. für die lymphogene Metastasierung von Tumoren, ist dieses Thema auch im Mündlichen beliebt. Einen guten Eindruck wird man sicherlich hinterlassen, wenn man die Inhalte von Abbildung 3, S. 11 wiedergeben und/oder aufzeichnen kann.

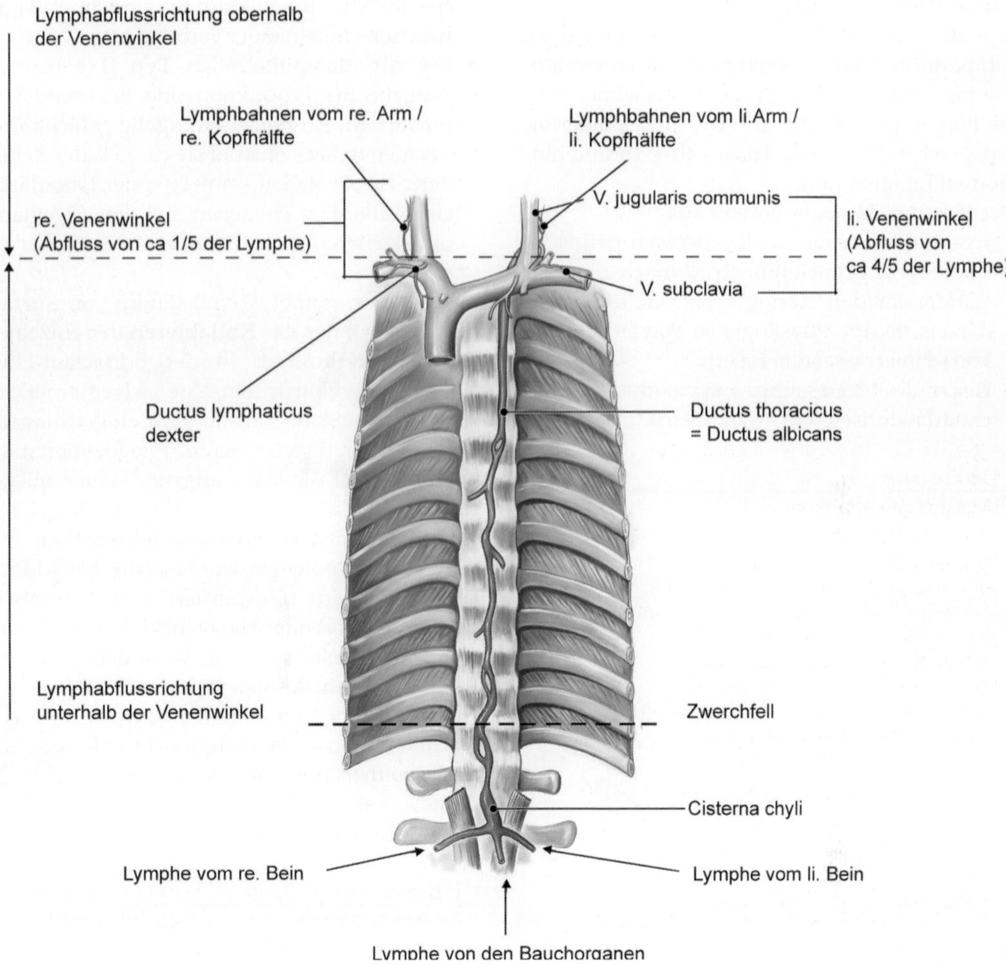

Abb. 3: Lymphabfluss im Körper

Wohin wird ein Tumor im Bereich der Genitalorgane vermutlich lymphogen metastasieren?
Sowohl in die paraaortalen als auch in die iliacalen Lymphknoten, da aufgrund der topographischen Lage hierhin der Lymphabfluss erfolgt.

Ein Arzt findet bei einer 64 jährigen Frau einen kleinen bräunlichen Hauttumor im Bereich der linken Skapularlinie in Höhe des 7. Thorakalwirbels. Er vermutet, dass der Tumor bösartig ist und die regionären Lymphknoten befallen haben könnte. In welcher Körperregion würde er, unter Berücksichtigung der normalen Lymphabflusswege, bevorzugt nach vergrößerten Lymphknoten tasten?
In der Regio axillaris sinistra.

1.3.3 Innervation der Lunge

Wie alle inneren Organe wird auch die Lunge **sympathisch** und **parasympathisch** innerviert. Die hierfür zuständigen Fasern bezeichnet man als **Plexus pulmonalis anterior** und **posterior**. Entsprechend liegen die Fasern also vor und hinter dem Lungenhilum.

Der Plexus pulmonalis besteht aus

- Fasern des Nervus vagus = parasympathische Efferenzen, **bronchokonstriktorisch** und zuständig für den Hering-Breuer-Reflex (mehr dazu s. Skript Physilogie 3) sowie begleitet von schmerzleitenden Fasern.
- Fasern des Grenzstrangs = sympathisch, **bronchodilatatorisch** und **vasokonstriktorisch**.

Übrigens...

Dass der Sympathikus bronchodilatatorisch wirkt, mag im ersten Moment etwas verwirren. Dies hat jedoch seine Ursache darin, dass der Sympathikus als Stressnervensystem überwiegend dafür entwickelt wurde, um in einer Stresssituation wegzulaufen (Für den entwicklungsgeschichtlich neuen Stress in der Examensvorbereitung ist der Sympathikus dagegen nicht ausgelegt). Um also möglichst schnell weglaufen zu können, muss ausreichend Sauerstoff dem Körper angeboten werden, was durch eine Bronchodilatation geschieht. Das Blut soll dabei möglichst optimal sauerstoffgesättigt werden und zügig den Sauerstoff zur Muskulatur bringen.

1.3.4 Histologie der Lunge

Die Histologie des Bronchialbaums wurde auf Seite 4 bereits besprochen. Was noch fehlt und daher hier aufgeführt wird, ist die Histologie der Alveolen (s. Abb. 4, S. 13). Die Alveolen bestehen aus einem Alveolarepithel, wobei man zwischen **Alveolarepithelzellen Typ I** und **Typ II** (auch **Pneumozyten** 1 und 2 genannt) unterscheidet.

- Die Alveolarepithelzellen **Typ I** übernehmen die erste wichtige Funktion der Lunge, nämlich den **Gasaustausch**. Um dies möglichst effektiv leisten zu können, sind die Alveolarepithelzellen Typ I sehr **lang gestreckt** und dadurch sehr **flach**, so dass der Sauerstoff nur eine kurze Diffusionsstrecke zu überwinden hat. Dies führt dazu, dass die Alveolarepithelzellen Typ I - obwohl sie nur ca. **8%** der **Zellen** im Bereich der Alveole ausmachen - ca. **80%** der **Oberfläche** der Alveole bedecken. Sie sind durch **Tight Junctions** miteinander verbunden.
- Die Alveolarepithelzellen **Typ II** haben als Aufgabe die Produktion und Sekretion von **Surfactant**. Sie sind eher kugelig geformt und nehmen daher - obwohl sie ca. 15% der Zellen der Alveole stellen - nur 20% der Oberfläche ein. Außerdem entstehen aus den Alveolarepithelzellen Typ II die Alveolarepithelzellen Typ I.

Das Alveolarepithel ist vollständig von **Surfactant** bedeckt, der das **Kollabieren** der einzelnen Alveolen **verhindert**. In der Surfactant-Flüssigkeit schwimmen einzelne **Alveolarmakrophagen**, die Staub und andere eingedrungene Fremdkörper phagozytieren. Phagozytieren sie Erythrozyten, die z.B. aufgrund einer ausgeprägten Herzinsuffizienz in die Alveole gelangt sind, nennt man sie auch **Herzfehlerzellen**. Die Alveolarmakrophagen werden von den Kinozilien rachenwärts transportiert und dort entweder ausgehustet oder verschluckt. Unterhalb des Alveolarepithels liegt eine besondere **Basalmembran**. Besonders deshalb, da es sich um eine Verschmelzung zweier Basalmembranen handelt: der des Alveolarepithels und der des Kapillarendothels. Auf diese Basalmembran folgt das **Kapillarendothel**.

Übrigens...

Die **Blut-Luft-Schranke** wird vom Oberflächenepithel gebildet - genauer gesagt von den Alveolarepithelzellen Typ I, von der Basalmembran und vom Kapillarendothel. Streng genommen muss auch die Erythrozytenmembran noch dazugezählt werden.

Alveolarepithelzellen Typ II werden von Sauerstoff nicht passiert und zählen daher auch **NICHT** zur Blut-Luft-Schranke; genauso wenig wie die Alveolarmakrophagen. Diese Zellen bilden keine eigenständige Schicht und sind am Gasaustausch nicht beteiligt (s. Abb. 4, S. 13).

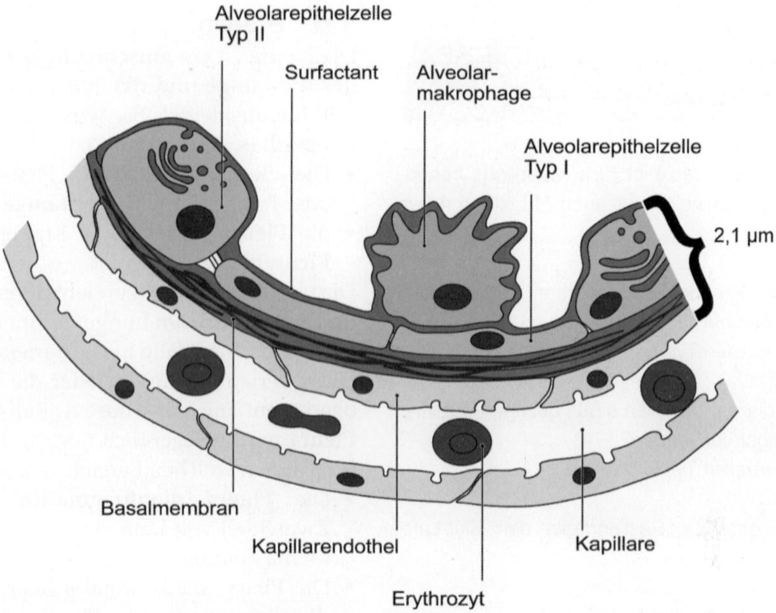

Abb. 4: Histologie der Alveolen und Blut-Luft-Schranke

DAS BRINGT PUNKTE

Hier sind noch einmal - da man damit im Schriftlichen viele Punkte holen kann - die wichtigsten Aussagen zur Histologie der Trachea, der Hauptbronchien und der Alveolen zusammengefasst:

Folgende Zelltypen kommen im Epithel der Trachea und der großen Bronchien vor:
- Becherzellen,
- kinozilientragende Zellen,
- Basalzellen und
- endokrine Zellen.

Ein typisches Merkmal der Schleimhaut des Respirationstrakts ist das Vorkommen von Kinozilien. Sie kommen vor im
- Bronchus segmentalis,
- Bronchus lobaris,
- Bronchiolus lobularis und
- Bronchiolus terminalis.

Im Ductus alveolaris FEHLEN dagegen die Kinozilien.

Außerdem solltet ihr noch wissen, dass Bronchioli bzw. Bronchioli terminales
- in ihrer Wand **keine** seromukösen Drüsen enthalten,
- in ihrer Wand glatte Muskulatur enthalten,
- in ihrem Epithel zilientragende Zellen und Clara-Zellen enthalten sowie
- in ihrer Wand sympathische Nervenfasern vorkommen.

Zum Thema Alveolen wurde schon häufig gefragt, dass
- Alveolarmakrophagen NICHT zur Blut-Luft-Schranke gehören,
- Alveolarepithelzellen Typ II Surfactant und Typ I-Zellen bilden sowie
- Alveolarepithelzellen Typ I am Gasaustausch beteiligt sind.

BASICS MÜNDLICHE

Der Aufbau einer Alveole ist fürs Mündliche besonders wichtig. Daher solltet ihr euch Abbildung 4 gut einprägen.

Welche Alveolarepithelzellen nehmen den größten Teil der Alveolaroberfläche ein?
Alveolarepithelzellen Typ I.

Welche Alveolarepithelzellen sind - bezogen auf ihre Anzahl - häufiger vorhanden?
Alveolarepithelzellen Typ II.

Nennen Sie bitte die Bestandteile der Blut-Luft-Schranke.
- Surfactant,
- Alveolarepithelzellen Typ I,
- Basalmembran von Alveolen und Kapillaren,
- Kapillarendothel und
- Erythrozytenmembran.

NACH SOVIEL LUNGE, IST ES ZEIT ZUM BELÜFTEN DERSELBIGEN, ALSO FENSTER AUF UND TIIIIEF DURCHGEATMET.

1.4 Pleura

Die Pleura ist ein **einschichtiges Plattenepithel**, das die **Lunge** und die äußere Wand der **Pleurahöhle** auskleidet. Sie wird in zwei Schichten unterteilt (s. Abb. 5 und 6):
- Die **Pleura visceralis** (= Pleura pulmonalis oder Lungenfell), die der **Lunge** anliegt und
- die **Pleura parietalis** (= Rippenfell), die die **Pleurahöhle** auskleidet.

Die viszerale Pleura überzieht die gesamte Lunge und schlägt sich am Lungenhilum unter Bildung einer Umschlagsfalte in die parietale Pleura um. Diese verläuft dann - wieder die Lunge umgebend - entlang der Thoraxwand. Die **parietale Pleura** wird gelegentlich noch weiter **unterteilt**, je nachdem welchen Bereich sie überzieht:
- Die **Pleura diaphragmatica** bedeckt das Zwerchfell von kranial (außer im Bereich des Mediastinums).
- Die **Pleura mediastinalis** überzieht das Mediastinum (außer im Bereich des Lungenhilums). Der Teil der mediastinalen Pleura, der dem Herzen anliegt, wird als Pleura pericardiaca bezeichnet.
- Die **Pleura costalis** überzieht die Rippen, das Sternum und die Wirbelkörper.

Die **parietale** Pleura ist **sensibel** sehr gut **innerviert** und daher ausgesprochen schmerzempfindlich. Sie wird von den Nerven innerviert, die topographisch in ihrer Nähe liegen. Dies sind im Bereich der Pleura costalis die **Interkostalnerven**, im Bereich der Pleura mediastinalis und der Pleura diaphragmatica der **Nervus phrenicus**.

Da die Lunge sich bei Exspiration zusammenzieht, wandert hierbei das Zwerchfell nach kranial. Bei Inspiration wandert es dagegen nach kaudal. Dies führt dazu, dass insbesondere bei der Exspiration Teile der parietalen Pleura aneinander zu liegen kommen. Diese Umschlagsfalten, die als **Komplementärräume** der **Atembewegungen** dienen, bezeichnet man als **Recessus pleurales**. Von diesen Recessus gibt es drei verschiedene (s. Abb. 5):
- Den **Recessus costodiaphragmaticus,**
- den **Recessus costomediastinalis** und
- den **Recessus phrenicomediastinalis**.

Der **größte** Recessus ist der **Recessus costodiaphragmaticus**, der auch bei Röntgenaufnahmen des Thorax mit beurteilt wird.

Übrigens...

Einen Pleuraerguss, der sich infolge der Schwerkraft kaudal sammelt, erkennt man an den abgeflachten seitlichen Lungenspitzen (s. Abb. 6). Der **Recessus costodiaphragmaticus** ist der einzige Recessus, der bei einem Pleuraerguss gelegentlich punktiert wird. Die **Punktion** findet in der Regel in der **hinteren Axillarlinie** am **Oberrand** einer Rippe statt. Dies hat mehrere Gründe: Der Oberrand der Rippe wird ausgewählt, da am Thorax Vene, Arterie und Nerv (= VAN von kranial nach kaudal) am Unterrand der Rippe liegen, somit wird durch dieses Vorgehen das Verletzungsrisiko minimiert. Insbesondere dorsalseitig liegen diese Strukturen direkt unter der Rippe, je weiter die Gefäße und Nerven nach ventral ziehen, desto eher ragen sie in den Interkostalraum hinein. Bezüglich der Lage der Nerven und Gefäße wäre also die Scapular-Linie die beste Punktionsstelle. Der Recessus costodiagphragmaticus hat seine größte Ausdehnung jedoch in der mittleren Axillarlinie. Als Kompromisslösung zwischen den beiden anatomischen Gegebenheiten erfolgt die Punktion deshalb in der hinteren Axillarlinie.

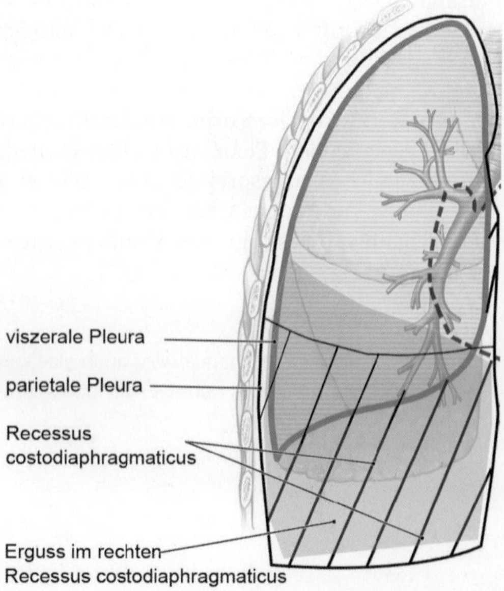

Abb. 6: schematische Darstellung eines Pleuraergusses

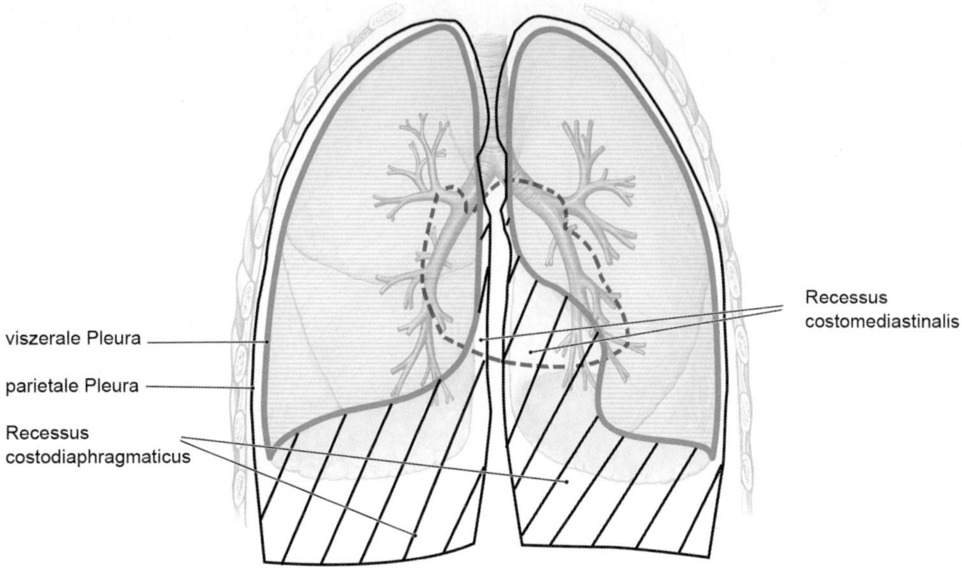

Abb. 5: Recessus und an die Lunge angrenzende Strukturen

Im Pleuraspalt befindet sich auch regulär etwas **Flüssigkeit**, dies sind pro Seite etwa **5ml Transsudat.** Der Begriff Transsudat bedeutet, dass es sich hierbei um eine Flüssigkeit handelt, die in einen Raum abgegeben und von dort auch wieder resorbiert wird. Der Körper ist also durchaus in der Lage, aus dem Pleuraspalt Flüssigkeiten, Luft und Teilchen zu resorbieren, nur reicht dies bei größeren Verletzungen oder einem Pleuraerguss nicht aus, so dass ggf. eine Drainage gelegt werden muss.

MERKE:
- Der Unterdruck im Pleuraspalt wird auch als Donder-Druck bezeichnet und beträgt - je nach Atemtätigkeit - –4 bis –7 cm H_2O.

Die Pleurakuppel ragt bis zu 2 cm über den Oberrand der Clavicula hinaus.

In enger topographischer Beziehung zur **Pleurakuppel** verlaufen
- **Arteria** und **Vena subclavia** (liegen der Pleurakuppel am nächsten),
- **Arteria** und **Vena thoracica interna**,
- **Plexus brachialis**,
- **Ansa subclavia**,
- **Nervus phrenicus**,
- **Arteria vertebralis**,
- links der **Ductus thoracicus** und
- rechts der **Ductus lymphaticus dexter** sowie das **Ganglion stellatum**.

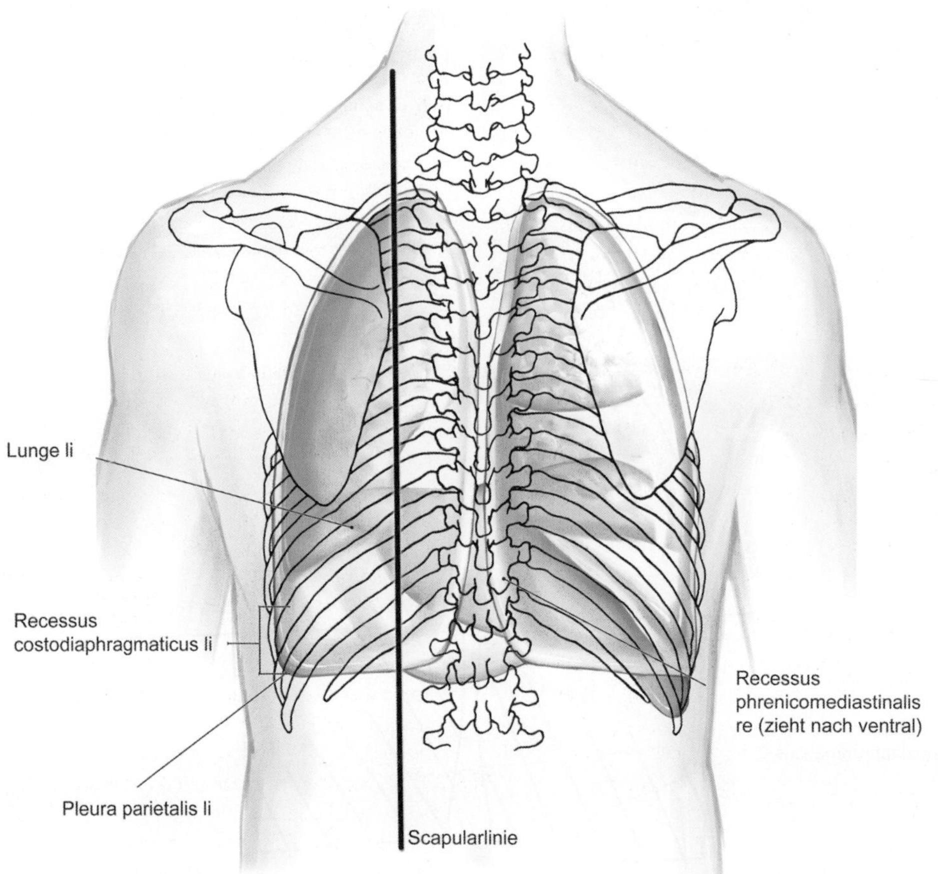

Abb. 7: Grenzen der Lunge und der Pleura

Histologisch besteht die Pleura aus einem einschichtigen Plattenepithel mit Kollagen und elastischen Fasern. Darunter liegt eine Subpleura mit Blut- und Lymphgefäßen.

Übrigens...

Wie bereits erwähnt, ist lediglich die parietale Pleura innerviert. Die **viszerale Pleura** dagegen ist **NICHT sensibel** innerviert. Die sensiblen Nerven enden bereits im Lungengewebe und reichen daher nicht bis in die Pleura hinein.

Die Lungen- und Pleuragrenzen sowie die einzelnen Linien zeigt Abbildung 7.

1.5 Atemmechanik

Die Atemmechanik ändert sich bei Inspiration und Exspiration je nach erforderlicher Intensität. Die **normale Inspiration** erfolgt einfach durch Kontraktion des **Zwerchfells**, wodurch es zur Erweiterung des Recessus costodiaphragmaticus kommt. Im Wesentlichen ist die normale Inspiration also eine **Bauchatmung**. Bei etwas tieferer Inspiration kontrahieren sich zusätzlich die **Musculi intercostales externi**. Hier kommt also die **Brustatmung** bereits dazu. Bei sehr tiefer Inspiration wird schließlich noch die Atemhilfsmuskulatur mit genutzt.

Zur **inspiratorischen Atemhilfsmuskulatur** zählen im Wesentlichen alle Muskeln, die am Thorax ansetzen und in der Lage sind, den Thorax auseinander zu ziehen. Dies sind im Einzelnen

- der **Musculus sternocleidomastoideus**,
- die **Musculi scaleni**,
- die **Musculi serrati posteriores superiores**,
- die **Musculi serrati posteriores inferiores**,
- die **Musculi pectorales major et -minor** sowie
- der **Musculus erector spinae**.

Die **Exspiration** erfolgt in Ruhe ausschließlich durch **Erschlaffung** der inspiratorischen Muskeln und durch die Tendenz der Lunge, sich zusammen zu ziehen. Bei **vertiefter Exspiration** wird die **Atemhilfsmuskulatur** mit benutzt.

Zur exspiratorischen Atemhilfsmuskulatur gehören zum einen die Thoraxmuskeln:

- die **Musculi intercostales interni et intimi** sowie
- der **Musculus transversus thoracis**.

Des Weiteren helfen aber auch **Bauchmuskeln** bei der Exspiration:

- der **Musculus transversus abdominis,**
- die **Musculi obliquui externus et internus abdominis**,
- der **Musculus rectus abdominis** und
- der **Musculus iliocostalis lumborum.**

Übrigens...

Im Liegen hilft auch das Gewicht der Bauchorgane bei der Exspiration mit. Dass auch die Bauchmuskeln an der forcierten Exspiration beteiligt sind, merkt man zum einen nach ausgiebigem Lachen, wenn die Muskeln schmerzen, zum anderen auch wieder bei einer akuten Bronchitis. Nachdem man die halbe Nacht gehustet und somit forciert ausgeatmet hat, hat man am nächsten Morgen Muskelkater im Bereich der Bauchmuskeln.

DAS BRINGT PUNKTE

Kenntnisse der Recessus sowie der Lungen- und Pleuragrenzen sind für die mündliche und die schriftliche Prüfung (und für die Klinik) sehr wichtig, daher solltet ihr euch Abbildung 7 gut einprägen.

Daneben solltet ihr, um gut punkten zu können, noch wissen, dass

- der rechten Pleurakuppel am nächsten die V. subclavia liegt,
- sich ein Pleuraerguss insbesondere im Recessus costodiaphragmaticus sammelt,
- der Recessus costodiaphragmaticus in der Röntgenaufnahme des Thorax besonders wichtig und geeignet für die Beurteilung eines Ergusses ist,
- der Recessus costodiaphragmaticus in der mittleren Axillarlinie seine größte Ausdehnung hat und
- man einen Pleuraerguss in der hinteren Axillarlinie am Oberrand einer Rippe punktiert.

Zur Atemmechanik solltet ihr euch merken, dass

- verschiedene Mechanismen die Exspiration im **Stehen** unterstützen können. Zu diesen gehören charakteristischerweise die Senkung der Rippen, die Rückstellkräfte der Lunge, die Kontraktion der Mm. obliqui abdominis externi und die Kontraktion der Mm. obliqui abdominis interni.
- unterstützend für die Exspiration im **Liegen** auch das Gewicht der Baucheingeweide wirkt.

BASICS MÜNDLICHE

Was ist ein Recessus?
Ein Recessus ist eine Duplikatur (= Umschlagsfalte) der parietalen Pleura. Er dient als Komplementärraum bei Atembewegungen. Es gibt drei Recessus:
- Recessus costodiaphragmaticus,
- Recessus costomediastinalis und
- Recessus phrenicomediastinalis.

Welcher Recessus ist der größte und klinisch relevanteste?
Der Recessus costodiaphragmaticus. Er wird bei Vorliegen eines Pleuraergusses punktiert in der hinteren Axillarlinie. Seine größte Ausdehnung hat er in der mittleren Axillarlinie.

Wie ist die Pleura innerviert?
- Die viszerale Pleura ist sensibel NICHT innerviert.
- Die parietale Pleura wird von den Interkostalnerven und vom N. phrenicus innerviert.

Ein 28-jähriger Mann erleidet eine Stichverletzung in der rechten mittleren Axillarlinie zwischen der 8. und 9. Rippe bis in die Leber, als er gerade ausgeatmet hat. Welche Strukturen werden verletzt, welche wahrscheinlich nicht?
Zu erwarten ist eine Verletzung von
- Pleura parietalis,
- Diaphragma,
- Peritoneum parietale und
- Peritoneum viscerale.

Die Pleura visceralis wird vermutlich nicht verletzt, da die Stichverletzung genau in Höhe des Recessus costodiaphragmaticus liegt und der Patient gerade ausgatmet hat. In Inspirationsstellung wären die viszerale Pleura und Lunge vermutlich mit verletzt worden.

Ein 85-jähriger Patient weist links einen geringen Pleuraerguss auf und wird im Stehen geröntgt. In welchem Recessus sammelt sich die Ergussflüssigkeit überwiegend?
Aufgrund der Schwerkraft wird sich die Ergussflüssigkeit überwiegend im Recessus costodiaphragmaticus ansammeln.

Wie erfolgt die Exspiration in Ruhe?
In Ruhe ist die Exspiration ein rein passiver Vorgang, der ohne Muskelaktivität zustande kommt.

Was ist der Unterschied zwischen den verschiedenen exspiratorisch wirkenden Muskeln?
Bei forcierter Exspiration werden zum einen Muskeln im Bereich des Thorax genutzt, die direkt auf den Thorax wirken, zum anderen auch Bauchmuskeln, die durch Erhöhung des intraabdominellen Drucks indirekt den intrathorakalen Druck erhöhen und somit die Exspiration unterstützen.

2 Herz

Das Herz ist nicht nur beim Menschen, sondern auch in der schriftlichen und mündlichen Prüfung, ein ganz zentrales und unverzichtbares Organ. Insbesondere die Topographie des Herzens, aber auch sein makroskopischer und mikroskopischer Aufbau werden gerne gefragt.

2.1 Lage im Thorax

Das Herz liegt zu **2/3** in der **linken** Thoraxseite. Die **Herzachse** zieht dabei von „rechts hinten oben" nach „links vorne unten". Nach den topographischen Beziehungen der Herzvorhöfe und Herzkammern wird sowohl in schriftlichen als auch in mündlichen Prüfungen häufig gefragt. Um sich das ganze zu veranschaulichen, könnt ihr die Hände zur Hilfe nehmen. Hierbei stellt ihr euch vor, dass die Handrücken die Vorhöfe sind und die Finger die Kammern. Da die Herzachse von rechts hinten oben nach links vorne unten verläuft, könnt ihr euch die Lage des Herzens jederzeit (auch im Examen) vergegenwärtigen, wenn ihr die flach aneinander gelegten Hände so vor den Thorax haltet, dass die Handrücken nach rechts hinten oben und die Fingerspitzen nach links vorne unten zeigen. Zu beachten ist hierbei noch, dass die linke Hand weiter dorsal liegt als die rechte. Am einfachsten nähert ihr euch schrittweise der korrekten Lage an, d.h. man faltet die Hände vor dem Bauch, senkt dann die Fingerspitzen um ca. 30 Grad nach unten ab, dann um 30 Grad nach links und kippt schließlich das Ganze noch um 30 Grad, so dass man mit dem linken Ellenbogen auf der linken Hüfte landet und der rechte Ellenbogen nach oben zeigt (jetzt nur bitte die Richtung der Herzachse nicht vergessen). Bevor ihr jetzt ganz verknotet dasteht, könnt ihr ja mal einen Blick auf Abbildung 8, S. 22 werfen. Bei korrekter Positionierung der Hände liegt nun der linke Handrücken am weitesten dorsal (= der linke Vorhof), der **linke Vorhof** grenzt an den **Ösophagus** und ist nur durch den **Herzbeutel** von diesem getrennt. Etwas weiter dorsal liegt die Aorta thoracica. Am weitesten **rechts** liegt der rechte Handrücken (= der rechte Vorhof), d.h. der **rechte Vorhof** grenzt an den **Mittel-** und **Unterlappen** der rechten Lunge. Am weitesten unten liegen die Finger der linken Hand (= die **linke Kammer**), diese hat daher enge topographische Beziehung zum **Zwerchfell**. Da die linke Hand mit den Fingerspitzen nach links zeigt, sieht man hier, dass auch eine topographische Beziehung zum **Unterlappen** der **linken Lunge** besteht (Achtung: NICHT dagegen zum Mittellappen, da dieser links nicht vorliegt). Am weitesten nach **ventral** zeigen die Fingerspitzen der rechten Hand (= der rechte Ventrikel). Der **rechte Ventrikel** grenzt also an das **Sternum**.

Im Röntgenbild des Thorax zeigt sich die Lage des Herzens folgendermaßen:
Bei einer Röntgenübersichtsaufnahme des Thorax im anterior-posterioren Strahlengang wird der „**linke** Herzrand" gebildet durch

- Arcus aortae,
- Truncus pulmonalis,
- Vv. pulmonales sinister,
- Atrium sinistrum und
- Ventriculus sinister.

Die Aorta ascendens liegt **ventral** des Herzens und ist daher NICHT zu sehen!
Der „**rechte** Herzrand" wird gebildet von

- V. cava sup. et inf. (die V. cava allerdings nur sehr wenig)
- rechtem Atrium
- A. pulmonalis dexter und
- Vv. pulmonales dexter.

Der rechte Ventrikel wird zu einem großen Teil vom Sternum überdeckt und lässt sich gegenüber dem Zwerchfell nur schwer abgrenzen. Er ist in der seitlichen Thoraxaufnahme viel besser zu beurteilen (ebenso das linke Atrium).

2.2 Makroskopischer Aufbau

Das Herz unterteilt man in einen **rechten** und **linken Vorhof** (= **Atrium dextrum** und **Atrium sinistrum**) sowie in eine **rechte** und **linke Kammer** (= Ventriculum dexter et sinister, s. IMPP-Bild 2, S. 46). Als trennende Strukturen liegen im Herzen die Herzklappen vor. Alle **Herzklappen** befinden sich im Bereich des **Herzskeletts**.

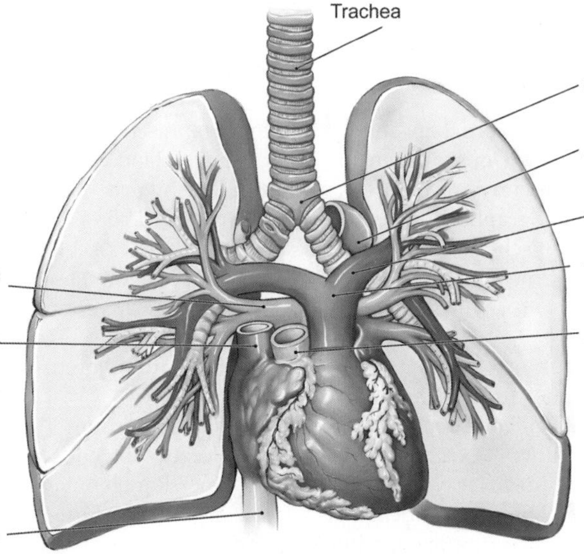

Abb. 8: Lage des Herzens im Thorax

Übrigens...

Das Herzskelett heißt so, weil hier beim Rind tatsächlich ein Knochen vorliegt.

Das Herzskelett ist eine bindegewebige Struktur, die den Vorhof von der Kammer trennt und somit ein **Übergreifen** der **Erregung** von den Vorhöfen auf die Kammern **verhindert**. Die Weiterleitung der Erregung ist also **NUR** im Bereich des **AV-Knotens** möglich. Da optisch gesehen alle Herzklappen auf einer Ebene liegen, bezeichnet man diese auch als **Ventilebene**. Die Ventilebene ist jedoch im Gegensatz zum Herzskelett nur eine **gedachte** theoretische Ebene und kann deshalb, ebenfalls im Gegensatz zum Herzskelett, die Erregungsausbreitung vom Vorhof zur Kammer NICHT verhindern. Auch dann nicht, wenn das die Antwortmöglichkeiten des schriftlichen Examens mal wieder behaupten sollten. Die Ventilebene projiziert sich auf eine Linie vom Sternalansatz der 6. Rippe rechts zum Sternalansatz der 3. Rippe links. Die Klappen, die die **Vorhöfe** von den **Kammern** trennen, bezeichnet man als **Segelklappen**. Segelklappen zeichnen sich dadurch aus, dass ihr freier Rand durch Sehnenfäden - die **Chordae tendineae** - mit den **Musculi papillares** der Kammer verbunden ist (s. Abb. 9).

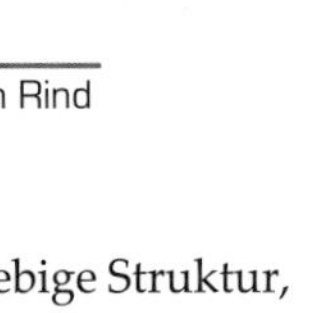

Zu den Segelklappen zählt man die
- Trikuspidalklappe und
- die **Mitral**- oder **Bikuspidalklappe**.

Übrigens...

Die Cordae tendineae und die Musculi papillares haben **NICHT** die Aufgabe der aktiven Klappen**öffnung**. Die Klappe öffnet sich vielmehr durch Kontraktion des Vorhofs und den dadurch resultierenden Druckaufbau. Kontrahiert sich nachfolgend die Kammer, so muss jedoch verhindert werden, dass die Klappe wieder zurück in den Vorhof schlägt. Das ist die Aufgabe der Cordae tendineae und der Papillarmuskeln: Sie halten bei Kammerkontraktion die Klappe zu.

An den **Ausflussbahnen** der Kammern - also am Beginn des Truncus pulmonalis und der Aorta - liegen die **Taschenklappen**. Hierzu zählt man die
- **Pulmonalklappe** und
- die **Aortenklappe**.

Taschenklappen besitzen KEINE Sehnenfäden und Muskeln, jedoch existiert auch hier eine Vorrichtung, die ein Zurückschlagen der Klappen in die Kammer verhindert. Da jedoch bei den auf die Taschenklappen folgenden Gefäßen keine Kontraktion stattfindet, reicht hier eine wesent-

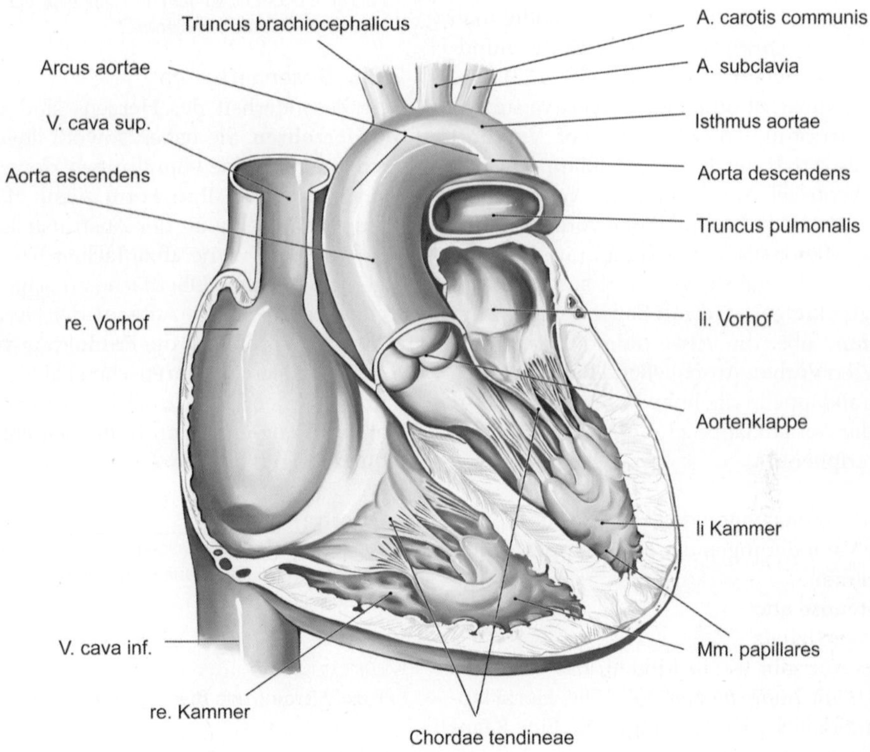

Abb. 9: Blutfluss im Herzen

lich einfachere Einrichtung aus: Eine Tasche der Klappe weist jeweils ein kleines Knötchen - einen **Nodulus** - auf. Dieser setzt sich bei Klappenschluss oben auf die Klappe, hakt sich dadurch quasi ein und verhindert so das Zurückschlagen der Taschenklappe in die Kammer.

Direkt **oberhalb** des Abgangs der Aortenklappe liegt der **Sinus aortae**. Hier entspringen die beiden **Koronararterien Arteria coronaria dextra et sinistra** aus der Aorta. Bei der Systole öffnet sich die Aortenklappe und lagert sich vor den Sinus aortae. Die Füllung der Herzkranzgefäße wird dadurch verhindert, und das Blut strömt an den Herzkranzgefäßen vorbei in die Aorta. In der **Diastole** schließt sich die Aortenklappe, das Blut staut sich zurück und **füllt** nun die **Herzkranzgefäße**.

Segel- und Taschenklappen haben gemeinsam, dass sie aus **Endokard-Duplikaturen** bestehen. Hier liegt also sozusagen Endokard auf Endokard und dazwischen noch eine kleine Schicht aus Bindegewebe. Da die Herzklappen ständig von Blut umspült sind, ist eine eigene Gefäßversorgung der Klappen nicht notwendig. Daher sind die Herzklappen beim **gesunden** Herzen immer **kapillarfrei**.

Übrigens...

Insbesondere bei einer akuten Entzündung des Herzinnenraums - einer **Endokarditis** - können Gefäße in das Gewebe der Herzklappen einsprossen. Die typischen Entzündungssymptome mit Schwellung, Rötung, Überwärmung etc. entstehen dabei im Wesentlichen durch eine erhöhte Durchblutung. Herzklappen sind also nicht grundsätzlich gefäßfrei, sondern nur beim gesunden Herzen. Damit nehmen es die Examensfragen sehr genau...

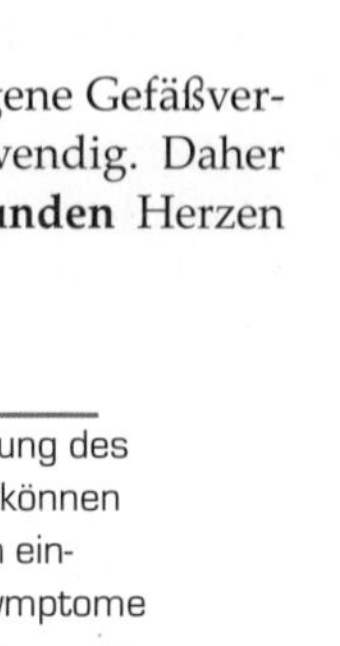

Merke:

Eine kleine Merkhilfe zu den Segel- und Taschenklappen kann das Wort „Segel-Tasche" darstellen: In der Reihenfolge des Blutflusses kommen zuerst die Segel- und dann die Taschenklappen.

2.2.1 Blutfluss im Herzen

Den Weg des Blutes durch das Herz sollte man sowohl für die schriftliche als auch für die mündliche Prüfung beherrschen (s. Abb.9, S. 23). Das Blut fließt zunächst durch die Vena cava superior und inferior in den rechten Vorhof. Von dort gelangt es durch die Trikuspidalklappe in den rechten Ventrikel. Aus dem rechten Ventrikel gelangt es - an der Pulmonalklappe vorbei - in den Truncus pulmonalis, der sich dann in die Arteriae pulmonales gabelt. Von dort aus fließt das Blut in die Lunge, wird mit Sauerstoff gesättigt und kommt über die Venae pulmonales zurück zum linken Vorhof. Anschließend fließt es durch die Mitralklappe in die linke Kammer, von dort durch die Aortenklappe in die Aorta und dann in die Peripherie.

2.2.2 Veränderungen der Herzklappen

Bei den Veränderungen der Herzklappen unterscheidet man

- die **Stenose** und
- die **Insuffizienz**.

Auch hierfür gibt es ein Modell, das euch zur Veranschaulichung dienen soll: Die Herzklappen funktionieren wie Schwingtüren. Eine **Klappenstenose** wäre in diesem Modell eine Tür, die deutlich zu schmal/**eng** angelegt ist. Trotz der schmalen und etwas klemmenden Tür muss das Blut aber in einem festgelegten Zeitraum vom Vorhof in die Kammer gelangen. Dies ist aufgrund der Enge jedoch mit normalem Kraftaufwand der Herzmuskulatur nicht möglich. Daher versucht unser Körper mehr **Druck** im Vorhof aufzubauen. Diese erhöhte Druckbelastung im Vorhof führt zur Herzhypertrophie (= Vergrößerung der Herzmuskelzellen).
Eine **Insuffizienz** der Herzklappe ist vergleichbar mit einer Tür, die sich **nicht** mehr **schließen** lässt, das Blut fließt während der Systole zurück in den Vorhof. Hierdurch ist es unmöglich, das Volumen zu begrenzen. Insuffizienzen führen daher immer zu einer **Volumenbelastung**.

Übrigens...

- Stenosen führen zu einer Druckbelastung vor der Stenose. Dies erklärt, warum das Herzgeräusch bei einer Stenose vor der eigentlichen Klappenöffnung zu hören ist.
- Insuffizienzen hört man im Wesentlichen nach dem Geräusch der entsprechenden Klappe, da das Volumen durch Rückfluss zu einem Zeitraum entsteht, zu dem die Klappe bereits wieder geschlossen sein sollte.

2.2.3 Besonderheiten

Eine Besonderheit des Herzens sind sicherlich die **Herzohren**. Sie haben sowohl äußerlich als auch innerlich eine vom übrigen Herzen abweichende Struktur. Ihre Form dient zum einen dazu, ventralseitig an der Austrittstelle der Gefäße das Herz vorne **abzuflachen** bzw. eine einigermaßen ebene Oberfläche zu schaffen. Eine weitere sehr wichtige Aufgabe der Herzmuskelzellen der Vorhöfe ist die Produktion von **ANF/ANP** (= atrialem natriuretischen Faktor/ atrialem natriuretischen Peptid). ANF wird bei erhöhter Vorhoffüllung/erhöhtem Blutdruck ausgeschüttet und steigert die Diurese.

Übrigens...

Das rechte Herzohr ist häufig Bildungsort eines Blutgerinnsels, das zu einer Lungenembolie führen kann.

MERKE:
Für die Wirkung von ANF: „Vorhof voll, Blase voll".

Auch im Bereich der Kammern zeigt sich zum Teil ein abweichendes Relief des Herzens. Der zum Reizleitungssystem gehörige **rechte Tawara-Schenkel** verläuft direkt unter der Kammerscheidewand (s. Abb. 10, S. 26). Dies führt dazu, dass sich in diesem Bereich, den man **Trabeculum septomarginalis** nennt, die Muskulatur etwas vorwölbt. Er enthält daher also Fasern des Erregungsleitungssystems. Außerdem entspringt der M. papillaris anterior der rechten Kammer von der Trabecula septomarginalis.
Eine weitere Vorwölbung besteht zwischen der Pulmonal- und der Aortenklappe. Diese bezeichnet man als **Crista supraventricularis**. Sie begrenzt die Einstrom- und die Ausstrombahn der rechten Kammer.

Übrigens...

Die Trabecula septomarginalis und die Crista supraventricularis bezeichnet man **gemeinsam** auch als **Moderatorband**. Das Moderatorband ist eine U-förmige Struktur, die das Blut von der Kammer Richtung Truncus pulmonalis spült.

DAS BRINGT PUNKTE

Die Topographie des Herzens wird sehr häufig im Schriftlichen gefragt. Die folgenden Punkte zu lernen, ist daher wirklich lohnend fürs Examen:

- Der **linke Vorhof** (Atrium) grenzt an den **Ösophagus**.
- Der linke Ventrikel grenzt an das Zwerchfell und an den Unterlappen der linken Lunge.
- Der linke Ventrikel grenzt an die Aorta descendens.
- Der rechte Vorhof grenzt an die rechte Lunge (= Mittel- und Unterlappen).
- Der rechte Ventrikel grenzt an das Sternum.
- Der Truncus pulmonalis grenzt an das linke Herzohr.
- Der Aortenbogen grenzt an den Thymus.

Außerdem sollte man noch wissen, wodurch der linke und der rechte Herzrand in der Röntgenübersichtsaufnahme des Thorax gebildet werden.
Der „linke Herzrand" wird gebildet durch

- Arcus aortae,
- Truncus pulmonalis,
- Vv. pulmonales sinister,
- Atrium sinistrum (linker Vorhof) und
- Ventriculus sinister (linke Kammer).

Der „rechte Herzrand" wird gebildet durch

- V. cava,
- Atrium dextrum (rechten Vorhof),
- A. pulmonalis dexter und
- Vv. pulmonales dexter.

Zu den Klappen und Gefäßen sollte man sich insbesondere diese beiden Fakten einprägen:

- Der Sinusknoten wird immer, der AV-Knoten meistens von der A. coronaria dextra versorgt und
- die Herzklappen sind NICHT immer, sondern nur beim gesunden Herzen IMMER gefäßfrei.

Von den Besonderheiten des Herzens sollte man sich unbedingt die Lage der Trabecula septomarginalis und der Crista supraventricularis für das Schriftliche einprägen:

- Die Trabecula septomarginalis enthält Fasern des Erregungsleitungssystems,
- der M. papillaris anterior der rechten Kammer entspringt von der Trabecula septomarginalis und
- die Vorwölbung zwischen der Pulmonal- und der Aortenklappe bezeichnet man als **Crista supraventricularis**. Sie begrenzt die Einstrom- und die Ausstrombahn der rechten Kammer.

BASICS MÜNDLICHE

Ein Präparat des Herzens sollte man unbedingt entsprechend seiner anatomischen Lage halten.
Die Topographie wird immer wieder gerne gefragt.

Welchen Teil des Herzens kann man in einer normalen Ultraschalluntersuchung des Herzens (= UKG) nur sehr eingeschränkt beurteilen?
Den linken Vorhof. Er liegt am weitesten dorsal und wird von vielen Strukturen überdeckt. Zur Beurteilung des linken Vorhofs führt man daher ein TEE (= trans-ösophageales Echokardiogramm) durch.

Wie verläuft die Herzachse?
Von rechts kranial nach links kaudal.

Den Blutfluss durch das Herz und die Herzklappen sollte man im Mündlichen flüssig wiedergeben können.

Beschreiben Sie bitte den Blutfluss durch das Herz.

- Vena cava,
- rechter Vorhof,
- Trikuspidal- (= Segel-)Klappe,
- rechte Kammer,
- Pulmonal- (= Semilunar-, Taschen-)Klappe,
- Truncus pulmonalis,
- Aa. pumonales,
- Lunge,
- Vv. pulmonales,
- linker Vorhof,
- Mitral- (= Bikuspidal-, Segel-)Klappe,
- linke Kammer,
- Aorten- (= Taschen-)Klappe,
- Aortenbogen und
- Körper.

Im Mündlichen wird gelegentlich nach dem Moderatorband gefragt.
Unter dem Moderatorband versteht man die Trabecula septomarginalis und die Crista supraventricula-

ris. Das Moderatorband ist U-förmig und spült das Blut von der Kammer in Richtung Truncus pulmonalis.

2.3 Erregungsleitungssystem

Das Herz besitzt ein eigenes autonomes Erregungsbildungssystem aus spezialisierten Herzmuskelzellen. Die Reizweiterleitung erfolgt über die Arbeitsmuskulatur, die durch **Gap Junctions (= Nexus)** untereinander verbunden ist. Diese Öffnungen ermöglichen die elektrische und metabolische Koppelung der einzelnen Herzmuskelzellen, was sie zu einem **funktionellen Synzytium** macht. Die erste Station der Erregungsbildung ist der **Nodus sinuatrialis,** oder **Sinusknoten**. Von dort ziehen Fasern zum **Nodus atrioventricularis**, dem **AV-Knoten** und dann weiter zum **Atrioventrikularbündel (= His-Bündel)**. Anschließend teilen

sich die Fasern in einen rechten und linken **Kammerschenkel (= Tawara-Schenkel, s. IMPP-Bild 2, S. 46),** die sich dann weiter aufteilen in einzelne Fasern, die **Purkinje-Fasern (= Rami subendocardiales)**. Der Sinusknoten liegt im rechten Herzen an der Einmündung der Vena cava superior in den **rechten** Vorhof. Der AV-Knoten liegt im Herzskelett und dort eher **rechts**, im Bereich des Trigonum fibrosum dextrum und der Mündung des Sinus coronarius im sogenannten **Koch-Dreieck**. Nach Durchtritt durch das Herzskelett erfolgt die Teilung in die beiden Kammerschenkel. Da die ersten erregungsleitenden Fasern eher rechts im Herzen liegen, ist der **linke** Tawara-Schenkel die Struktur, die das Kammerseptum (s. IMPP-Bild 2, S. 46) **durchbohren** muss, um die linke Seite des Herzens zu versorgen. Die Kontraktion beginnt dann in der Herzspitze.

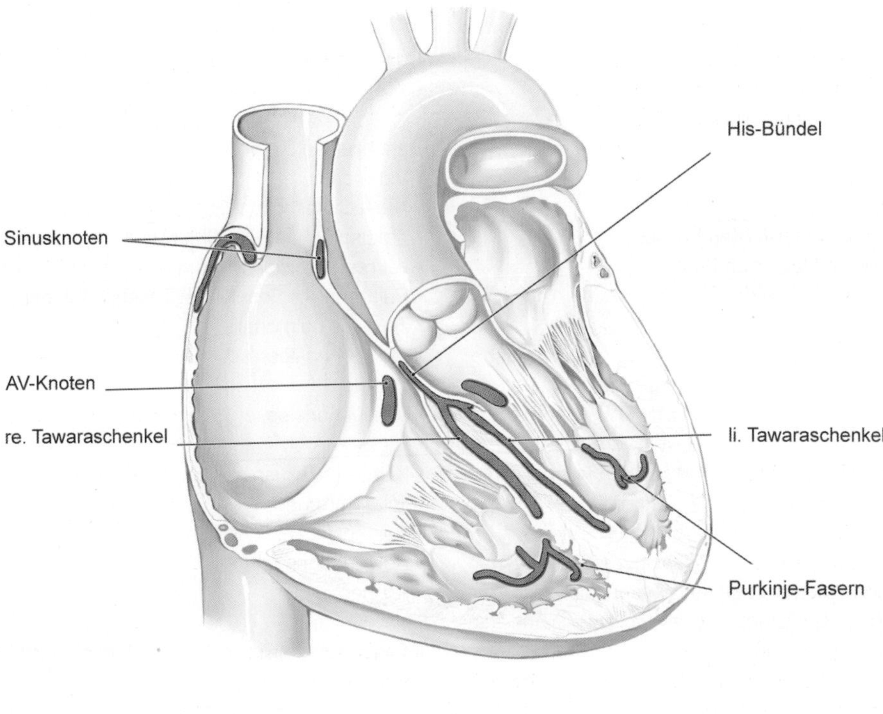

Abb. 10: autonomes Erregungsleitungssystem

Übrigens...

Bereits beim Embryo wird die autonome Erregung des Herzens durch spezialisierte Muskelzellen gewährleistet.

Wie alle inneren Organe, wird auch das Herz sympathisch und parasympathisch innerviert. Die sympathischen Fasern kommen als Nervi cardiaci des Sympathikus aus den drei sympathischen Halsganglien. Damit geben also **alle drei zervikalen Ganglien Fasern zum Herzen** ab. Des Weiteren ziehen auch noch Fasern aus dem 1. Brustganglion zum Herzen (das 1. Brustganglion verschmilzt hier mit dem unteren Zervikalganglion zum Ganglion stellatum). Die parasympathischen Fasern sind Rami cardiaci des Nervus vagus. Der Plexus cardiacus liegt um den Aortenbogen herum. Seine Fasern ziehen zum Sinus- und zum AV-Knoten sowie zur Arbeitsmuskulatur. Hierbei solltet ihr unbedingt beachten, dass bis zur **Arbeitsmuskulatur der Kammern** NUR der **Sympathikus** zieht. Der **Parasympathikus endet** nämlich bereits am **AV-Knoten**. Leichter merken lässt sich das vielleicht, wenn man bedenkt, dass der Parasympathikus für die Drosselung der Herzfrequenz zuständig ist, und dass die Eigenfrequenz der Arbeitsmuskulatur bereits so langsam ist, dass eine parasympathische Innervation hier nicht mehr sinnvoll wäre.

Übrigens...

Die Wirkung der beiden Nerven auf das Herz bezieht sich auf die

- Kontraktilität (= inotrop),
- Frequenz (= chronotrop),
- Erregungsleitung (= dromotrop) und
- Erregungsschwelle (= bathmotrop).

MERKE:

- Der Sympathikus wird in den Grenzstrangganglien und in den drei Zervikalganglien von prä- auf postganglionäre Fasern umgeschaltet (= paravertebrale Ganglien). Zum Organ ziehen daher normalerweise postganglionäre Fasern.
- Der Parasympathikus (= Fasern des N. vagus) schaltet erst in Organnähe oder sogar erst in der Wand des Organs um (= prävertebrale Ganglien). Zum Organ ziehen daher in der Regel präganglionäre Fasern.

DAS BRINGT PUNKTE

Nicht nur die autonome, sondern vor allem die vegetative Innervation des Herzens werden im Schriftlichen gerne gefragt. Dazu sollte man sich die folgenden Aussagen merken:

Die Innervation des Herzens erfolgt durch

- sensible Fasern des Nervus vagus mit Zellkörpern in den sensiblen Vagusganglien (= Ggl. jugulare),
- präganglionäre parasympathische Fasern aus dem Hirnstamm, die mit dem N. vagus zu Ganglien am Herzen ziehen,
- sensible Fasern, die in thorakalen Spinalsegmenten enden, verlaufen mit den sympathischen Nervenfasern,
- postganglionäre sympathische Fasern aus dem Ganglion cervicale superius und -medium sowie
- postganglionäre sympathische Fasern aus dem Ganglion stellatum (= Verschmelzung des Ganglion cervicale inferior und des ersten thorakalen Grenzstrangganglions).

BASICS MÜNDLICHE

Die autonome und die vegetative Innervation des Herzens sind nicht nur für die mündliche Anatomie-, sondern auch für die mündliche Physiologie-Prüfung wirklich wichtig und sollten euch daher unbedingt geläufig sein.

Beschreiben Sie bitte die autonome Innervation des Herzens.
Das Herz hat ein eigenes Erregungsleitungssystem, kann aber auch „von außen“ durch das vegetative Nervensystem angeregt oder gehemmt werden. Zum autonomen Erregungsleitungssystem gehören:

- Sinusknoten,
- AV-Knoten,
- His-Bündel,
- Tawara-Schenkel,
- Purkinje-Fasern.

Was ist der Unterschied zwischen der autonomen und der vegetativen Innervation des Herzens?
Autonome Innervation:
Hier wird die Eigenfrequenz des Herzens festgelegt. Die Frequenz ändert sich je nach Lokalisation des Erregungszentrums. Für die Erregungsbildung sind autonome, spezialisierte Muskelzellen verantwortlich.
Vegetative Innervation:
Sympathikus und Parasympathikus können das autonome Erregungsleitungssystem beeinflussen (z.B. die Frequenz erhöhen oder verlangsamen).

Was ist das Ganglion stellatum?
Das Ganglion stellatum ist eine Verschmelzung des sympathischen Ganglion cervicale inferior und des ersten thorakalen Grenzstrangganglions.

UND JETZT MAL WAS RICHTIG ERREGENDES: EINEN KAFFEE.

2.4 Herzkranzgefäße

Bei den Herzkranzgefäßen ist nicht die letzte Verzweigung wichtig - wichtig ist, dass man weiß, wie der große Ast des rechten und die beiden Äste des linken Herzkranzgefäßes heißen, und welche Strukturen des Erregungsleitungssystems sowie des Herzens hiervon versorgt werden.

2.4.1 Herzarterien

Die Blutversorgung des Herzens erfolgt - genau wie die der Lunge - über **Vasa privata**. Obwohl das Herz permanent von Blut durchspült wird, reicht dies zu seiner Versorgung nicht aus, da die Herzwände viel zu dick sind und das Blut viel zu schnell vorbeiströmt, um das Myokard ausreichend mit Sauerstoff zu versorgen. Zusätzlich hat das Myokard auch noch einen hohen Sauerstoffbedarf, da es ja permanent arbeitet. Die Vasa privata des Herzens sind die **Arteriae coronariae** (= Herzkranzgefäße). Dabei handelt es sich um Arterien vom muskulären Typ, deren Äste **Endarterien** sind. Abbildung 11, S. 29 zeigt die Aufzweigung der Herzkranzgefäße. Der linke und der rechte **Sinus aortae** kommen aus der Aorta ascendens und werden dann jeweils zur **Arteria coronaria sinistra (s. IMPP-Bild 2, S. 46)** bzw. **Arteria coronaria dextra**. Gemeinsam haben die beiden Arterien, dass die linke zwischen dem linken Herzen und dem Truncus pulmonalis sowie dem linken Herzohr entlang zieht, und die rechte unter dem rechten **Herzohr** verläuft. Die Arteria coronaria **sinistra** gabelt sich an der **Facies sternocostalis** in einen **Ramus circumflexus**, der über den **Sulcus coronarius sinistra** zur **Facies diaphragmatica** zieht sowie in einen **Ramus interventricularis anterior**, der durch den **Sulcus interventricularis anterior** zur **Herzspitze** führt. Im Gegensatz dazu besteht bei der Arteria coronaria **dextra KEINE Gabelung**. Sie zieht über den **Sulcus coronarius dexter** in den **Sulcus interventricularis posterior**, heißt dort dann **Ramus interventricularis posterior** und führt weiter über die **Facies diaphragmatica** ebenfalls zur **Herzspitze**. Daher kann man sagen, dass die Arteria coronaria **dextra** insbesondere die **Hinterwand** des Herzens versorgt, während die Arteria coronaria **sinistra** die **Vorder-** und die **Seitenwand** versorgt.

Da der **Sinusknoten** an der Einmündung der Vena cava superior in dem rechten Vorhof liegt, wird dieser **immer** von der Arteria coronaria **dextra** versorgt. Beim Normalversorgungstyp - wie er hier geschildert ist - wird auch der **AV-Knoten**, der ja im Trigonum fibrosum dexter liegt, von der Arteria coronaria dextra versorgt. Da das bei anderen Versorgungstypen jedoch nicht immer der Fall ist, sollte man die Fragen hierzu sehr genau lesen: Der **AV-Knoten** wird eben nur **meistens** vom rechten Herzkranzgefäß versorgt und nicht **immer**... Während das rechte Herzkranzgefäß also einen großen Teil des Erregungsleitungssystems versorgt, versorgt die linke Herzkranzarterie den größeren Teil der Kammerscheidewand.

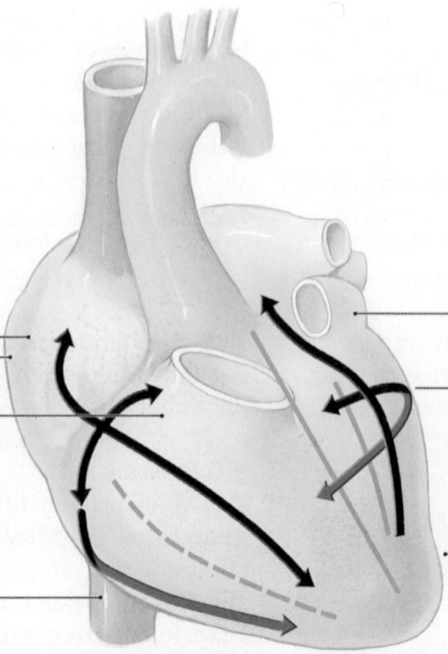

Abb. 11: Herzkranzgefäße und ihre Versorgungsgebiete

Übrigens...

- Bei einem Herzinfarkt ist bei einem **Hinterwandinfarkt** der Ramus interventricularis posterior betroffen. Hierbei kommt es in der Akutphase zu einer deutlichen Gefährdung des Patienten, da die Gefäßversorgung des Erregungsleitungssystems zu einem großen Teil ausfällt.
- Bei einem **Vorderwandinfarkt** ist der Ramus interventricularis anterior, bei einem **Seitenwandinfarkt** der Ramus circumflexus betroffen. Hierbei kommt es - insbesondere bei einem **Vorder-Seitenwandinfarkt** (= kompletter Verschluss der Arteria coronaria sinistra) - innerhalb der ersten Woche zu einer ausgeprägten Gefährdung des Patienten, da - je nach Ausprägung der Ischämie - im Bereich der Herzwand eine Nekrose oder Narbe des Herzmuskels entstehen kann, die im weiteren Verlauf möglicherweise einreißt.
- Bei einer **Koronararterienstenose** kann durch einen Bypass von der A. thoracica interna Blut in den nicht betroffenen Teil der Koronararterie geleitet werden (= Mammaria interna-Bypass, nach dem englischen Namen des Gefäßes).

2.4.2 Herzvenen

Die Venen verlaufen zwar gemeinsam mit den Koronararterien, heißen aber ausnahmsweise NICHT so wie die arteriellen Gefäße.

- Die **Vena cardiaca magna** verläuft im Sulcus interventricularis anterior mit dem **Ramus interventricularis anterior** der Arteria coronaria sinistra. Sie sammelt das Blut aus der **Vorderwand** der Kammern und aus der Seitenwand der linken Kammer.
- Die **Vena cardiaca media** verläuft im Sulcus interventricularis posterior mit dem **Ramus interventricularis posterior** der Arteria coronaria dextra. Sie sammelt das Blut aus der **Hinterwand**.
- Die **Vena cardiaca parva** verläuft im rechten Teil des Sulcus coronarius mit der Arteria coronaria dextra. Sie sammelt das Blut aus der **ventralen** Wand des **rechten Ventrikels** und des **rechten Vorhofs**.

Alle Herzvenen vereinigen sich im **Sinus coronarius** und münden in den **rechten Vorhof**. Die einzige Ausnahme bilden die ausgesprochen kleinen **Venae cardiacae minimae**, die **direkt in** die **Herzräume** münden.

MERKE:

Nicht alle Herzvenen münden in den Sinus coronarius, sondern nur der weitaus größte Teil.
Vereinfachend kann man sich merken, dass

- die Magna das Blut aus der Vorderwand,
- die Media das Blut aus der Hinterwand und
- die Parva den Rest sammelt;

wie im Kino: die Großen sitzen immer vorne und die Kleinen hinten.

DAS BRINGT PUNKTE

Aus dem Kapitel Herzarterien wird ganz besonders gerne gefragt, dass
- die A. coronaria dextra **immer** den Sinusknoten und **meist** auch den AV-Knoten versorgt.

Zu den Herzvenen solltet ihr euch merken, dass
- NICHT alle Herzvenen im Sinus coronarius münden; Die V. cardiacae minimae münden nämlich direkt in die Herzräume.

BASICS MÜNDLICHE

Die Herzkranzgefäße sollte man benennen und am Modell auch zeigen können.

Welches Gefäß ist beim Vorder-Seitenwandinfarkt verschlossen?
Die A. coronaria sinistra.

Welche Vene sammelt das Blut von der Vorderwand des Herzens?
Die V. cardiaca magna.

Wo münden die Herzvenen?
Zum größten Teil in den Sinus coronarius, dieser mündet dann im rechten Vorhof.

2.5 Histologie

Das Herz weist einen typisch dreischichtigen Wandaufbau auf, vergleichbar dem der Gefäße:
- Endokard,
- Myokard und
- Epikard.

2.5.1 Endokard

Die innerste Schicht der Herzwand bezeichnet man als **Endokard**. Sie ist vergleichbar mit dem Endothel der Gefäße. Das Endokard überzieht alle Herzinnenräume, schafft eine sehr glatte Fläche und geht **kontinuierlich** in die **Tunica intima** der Gefäße über. Es besteht – ebenso wie das Endothel – aus einem **einschichtigen Plattenepithel**. Unterhalb des Endothels kann man ein **Stratum subendotheliale** aus Bindegewebe sowie ein **Stratum myoelasticum** aus elastischem Bindegewebe und glatter Muskulatur unterscheiden.

Übrigens...

Das Endokard ist **gefäßlos**. Seine Sauerstoffversorgung erfolgt aus dem vorbeifließenden Blut.

Zwischen Endokard und Myokard liegt die **subendokardiale Schicht** aus lockerem Bindegewebe mit Nerven und Blutgefäßen.

2.5.2 Myokard

Das **Myokard** besteht aus einer **Sonderform** der **quergestreiften** Muskulatur. Diese Muskulatur ist strangartig angeordnet, aber im Gegensatz zur Skelettmuskulatur untereinander über die Disci intercalares (= Glanzstreifen) **geflechtförmig** verbunden und so mechanisch und elektrisch gekoppelt. Ihre Schichtdicke passt sich den Druckverhältnissen bzw. den Erfordernissen an. Daher ist die linke Kammer physiologischer Weise etwa dreimal so dick wie die rechte. Die Muskulatur des Herzens wird sehr gut von Gefäßen versorgt. Im linken Herzen hat sogar jede Muskelzelle ihre eigene Kapillare. Die Erregungsleitung im Bereich der Muskulatur erfolgt durch **Nexus (= Gap Junctions)**. Diese Interzellulärverbindungen machen aus dem Myokard ein funktionelles Synzytium und bewirken die elektrische und metabolische Koppelung der einzelnen Muskelzellen.

Übrigens...

Im **Erwachsenenalter** sind die Muskelzellen **nicht** mehr **regenerationsfähig**, eine vermehrte Herztätigkeit führt daher grundsätzlich zu einer Hypertrophie. Die Hypertrophie wiederum bewirkt eine Minderversorgung der Muskelzellen, was schließlich eine Herzinsuffizienz verursacht.

2.5.3 Epikard

Auf dem Myokard liegt das **Epikard**, das man auch als **viszerales** Blatt des Herzbeutels bezeichnet. Es umschließt das Fettgewebe der subepikardialen Schicht und ist ein **Mesothel** (= einschichtiges plattes/kubisches Epithel). Durch seinen Aufbau ermöglicht das Epikard ein reibungsfreies Gleiten des Herzens im Herzbeutel.

DAS BRINGT PUNKTE

Folgende Fakten stehen ganz oben auf der Hitliste für das Schriftliche:

- Das Endokard geht **kontinuierlich** in die **Tunica intima** der Gefäße über.
- Das **Myokard** besteht aus einer **Sonderform** der **quergestreiften** Muskulatur.
- Die Muskulatur des Myokards ist strangartig angeordnet, aber im Gegensatz zur Skelettmuskulatur untereinander **geflechtförmig** verbunden.
- Die Schichtdicke des Myokards passt sich den Druckverhältnissen bzw. den Erfordernissen an.
- Durch seinen Aufbau ermöglicht das Epikard ein reibungsfreies Gleiten des Herzens im Herzbeutel.

BASICS MÜNDLICHE

Die Besonderheiten der Herzmuskulatur werden gerne gefragt und sollten daher unbedingt beherrscht werden.

Welches sind die drei Schichten des Herzens und was sind ihre Besonderheiten?
Endokard = Endothel des Herzens.
Myokard: Schichtdicke je nach Druckverhältnissen unterschiedlich, Gap Junctions, bei übermäßiger Belastung Entwicklung einer Hypertrophie.
Epikard überzieht die Außenseite des Herzens.

Was ist der Unterschied zwischen Hypertrophie und Hyperplasie?
Hypertrophie = Vergrößerung der Zellgröße ohne Vermehrung der Zellzahl.
Hyperplasie = Vermehrung der Zellzahl ohne Zunahme der Zellgröße.

Was ist das funktionelle Synzytium des Herzens?
Die Gap Junctions (=Nexus). Sie ermöglichen die elektrische und metabolische Kopplung der Zellen.

Was ist die Herzmuskulatur?
Eine Sonderform der quergestreiften Muskulatur: Die Zellen sind untereinander geflechtförmig verbunden und bilden ein funktionelles Synzytium.

2.6 Herzbeutel

Als **viszerales Blatt** wird häufig das **Epikard** bezeichnet. Es liegt direkt an der Herzoberfläche und am Myokard. Das eigentliche Perikard kann man in zwei Schichten unterteilen:

- in das **Pericardium serosum**, eine **seröse Haut**, die Flüssigkeit zum reibungslosen Gleiten des Herzens absondert, ähnlich wie die Pleura der Lunge, wobei im Herzen jedoch kein Unterdruck entsteht.
- in das **Pericardium fibrosum**, das dem Pericardium serosum nach außen anliegt. Es besteht aus **kollagenem Bindegewebe** und verhindert die Überdehnung des Herzens.

Übrigens...

Das straffe Pericardium fibrosum, das physiologisch eine wichtige Aufgabe erfüllt, kann dem Herzen jedoch auch zum Nachteil gereichen. Kommt es zu einem Einreißen der Herzmuskulatur (z.B. bei einer Infarktnarbe) oder zu einer von außen herbeigeführten Verletzung des Myokards, so kann Blut aus dem Herzen in den Herzbeutel austreten. Da das Pericardium fibrosum jedoch kaum dehnbar ist, bewirkt das ausgetretene Blut eine Kompression des Herzens, einen Zustand, den man **Herzbeuteltamponade** nennt. Eine Herzbeuteltamponade ist lebensgefährlich und kann nur durch eine Punktion des Perikards beseitigt werden.

Die sensible **Innervation** des Perikards erfolgt durch den **Nervus phrenicus** bzw. dessen Ramus pericardiacus. Die **arterielle** Versorgung übernehmen zum einen die Rami pericardiaci aus der **Aorta thoracica**, zum anderen die **Arteria pericardiacophrenica** aus der **Arteria thoracica interna**. Der Blutabfluss erfolgt – ebenso wie der der Lunge – über die **Vena azygos (s. IMPP-Bild 1, S. 46)** bzw. die **Vena hemiazygos.**

Die **Umschlagfalten** des **Herzbeutels** entstehen durch die Herzentwicklung. Man unterscheidet einen **Sinus transversus**, der von rechts nach links zwischen den **Arteriae** und den **Venae pulmonales** verläuft sowie einen **Sinus obliquus**, der **dorsal** der **Pulmonalgefäße** entlang der Vena cava (= zwischen rechten und linken Pulmonalgefäßen) verläuft (s. Abb.12, S. 32):

- Der **Sinus obliquus pericardii** liegt zwischen den rechten und linken Lungenvenen. Er grenzt somit an die Lungenvenen, den linken Vorhof und an das Perikard, **NICHT** jedoch an die Bifurcatio tracheae.

- Der **Sinus transversus pericardii** verläuft zwischen der V. cava superior und der Aorta ascendens sowie zwischen den linken Lungenvenen und dem Truncus pulmonalis (s. IMPP-Bild 3, S. 47).

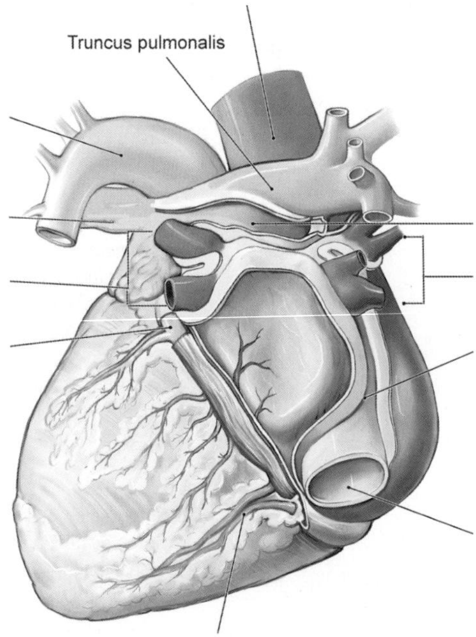

Abb. 12: Gefäße und Umschlagsfalten des Herzbeutels

Der Herzbeutel reicht kranial bis zum **Ansatz** der **2. Rippe** am **Sternum** und ist kaudal mit dem **Centrum tendineum** des Zwerchfells verwachsen. Dies führt dazu, dass das Herz den Atembewegungen des Zwerchfells harmonisch folgt und nicht bei jedem Atemzug das Zwerchfell von kaudal gegen das Herz stößt. Nach lateral wird der Herzbeutel von den Lungen begrenzt. In diesem Bereich verlaufen auch der Nervus phrenicus und die Arteria sowie die Vena pericardiacophrenica. Ventral des Herzens liegt das vordere, dorsal des Herzens das hintere Mediastinum (s. S. 38).

Innerhalb des Herzbeutels liegen u.a.

- die Pars ascendens der Aorta,
- der Truncus pulmonalis,
- ein Teil der V. cava inferior und
- ein Teil der V. cava superior. superior (s. IMPP-Bild 1, S. 46).

MERKE:

Die V. brachiocephalica liegt bereits außerhalb des Herzbeutels.

Die **Auskultations-** und **Projektionsstellen** der Herzklappen zeigt Abbildung 13, S. 33, den Herzschatten im Röntgenbild Abbildung 14, S. 33.

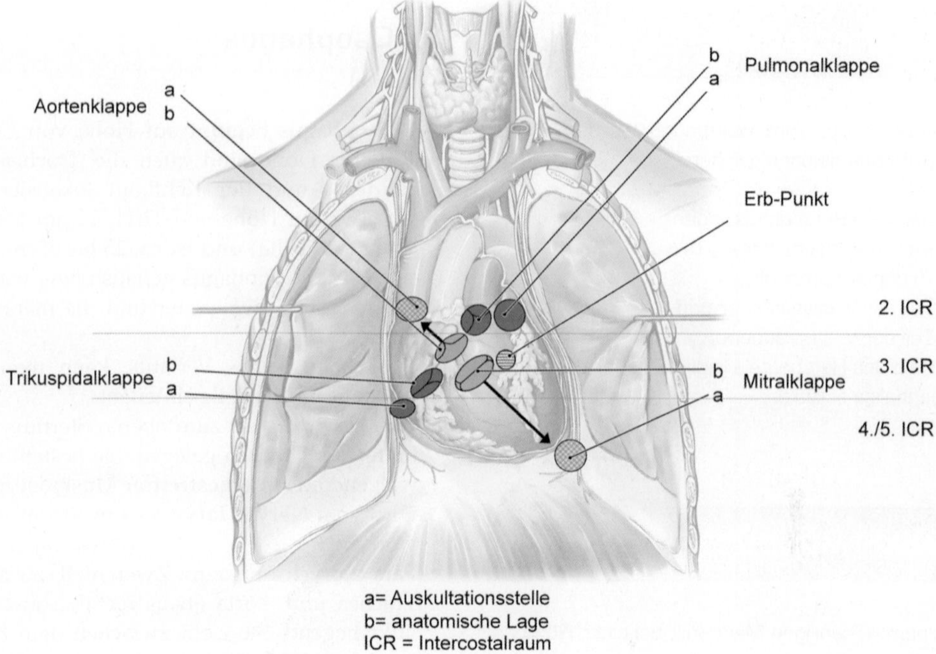

Abb. 13: Auskultations- und Projektionsstellen der Herzklappen

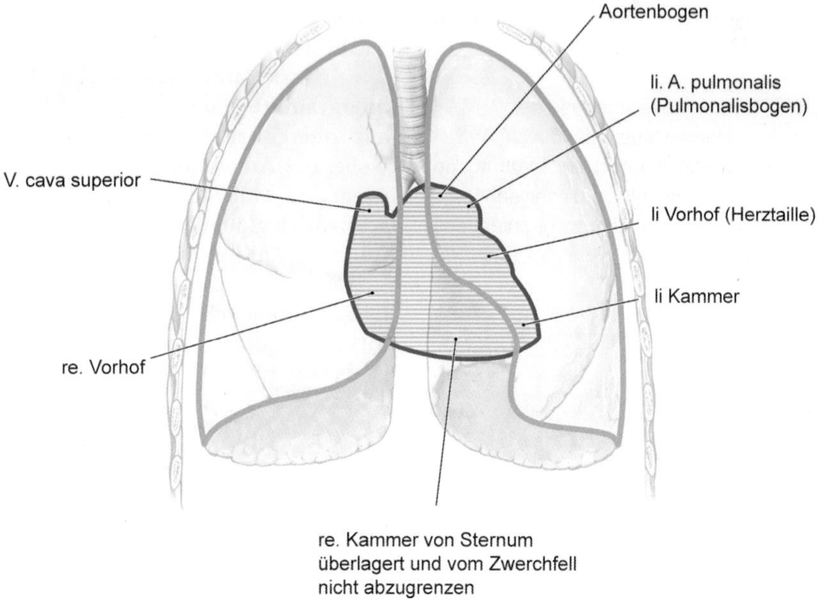

Abb. 14: Herzschatten im Röntgenbild

DAS BRINGT PUNKTE

Folgende Punkte zum Herzbeutel werden immer wieder im Schriftlichen gefragt:

Innerhalb des Herzbeutels liegen
- die Pars ascendens der Aorta,
- der Truncus pulmonalis,
- ein Teil der V. cava inferior und
- ein Teil der V. cava superior.

Innerhalb des Herzbeutels liegt **KEIN** Teil der V. brachiocephalica sinistra.

BASICS MÜNDLICHE

Bei einem 45-jährigen Mann fällt bei einer Röntgenuntersuchung des Thorax ein vergrößerter Winkel zwischen den beiden Stammbronchien auf. Dies beruht auf einer Vergrößerung eines dort liegenden Organs/Organabschnitts. Welches Organ ist am wahrscheinlichsten betroffen?
Aufgrund der normalen Lage der Organe handelt es sich dabei am wahrscheinlichsten um den linken Herzvorhof.

Was könnte eine Herzbeuteltamponade sein?
Tritt Blut aus dem Herzen aus (z.B. durch Aufreißen einer Infarktnarbe oder durch ein Trauma), so sammelt es sich im Herzbeutel. Da dieser sehr fest ist, gibt er kaum nach und das Blut tamponiert das Herz, was zum Tod führen kann.

3 Ösophagus

Der Ösophagus beginnt auf Höhe von C6/C7. Auf dieser Höhe sind auch die Trachea, die Schilddrüse und der Kehlkopf lokalisiert. Er endet etwa auf Höhe von Th11, 12 am Mageneingang (= Kardia) und ist ca. 25 bis 30cm lang. Damit ist der Ösophagus genauso lang wie z.B. das Duodenum, der Ureter und die männliche Urethra.
Entsprechend seines Verlaufs, kann man den Ösophagus in drei Teile einteilen:
- **Pars cervicalis** bis zum oberen Sternumrand, hinter der Trachea gelegen. Sie besteht überwiegend aus **quergestreifter** Muskulatur und wird vom **Nervus laryngeus recurrens** innerviert.
- **Pars thoracica** bis zum Zwerchfell, zwischen Trachea und Aorta etwas rechts, sonst eher links liegend. Sie zieht **zwischen** dem **Herzbeutel** und der **Wirbelsäule** nach kaudal sowie mit dem Truncus vagalis anterior und posterior durch das **Zwerchfell**.
- **Pars abdominalis** unterhalb des Zwerchfells bis zum Magen. Sie hinterlässt auf dem linken Leberlappen eine **Impression** und liegt **intraperitoneal**.

Die **Besonderheiten** des Ösophagus sind einmal seine **Muskulatur**. Diese ist im **oberen Drittel quergestreift**, dann folgt ein **Übergangsstück** aus **quergestreifter** und **glatter** Muskulatur, wobei der Anteil der glatten Muskulatur überwiegt und schließlich der **distale** Anteil mit **ausschließlich glatter** Muskulatur.
Auch das **Epithel** des Ösophagus unterscheidet sich von dem des restlichen Verdauungstrakts. Es ist ein **mehrschichtig unverhorntes Plattenepithel** (im gesamten restlichen Verdauungstrakt ist das Epithel einschichtig hochprismatisch).

Übrigens...

Auf einigen histologischen Schnitten ist das mehrschichtig unverhornte Epithel **verhornt**. Zu dieser Verhornung kommt es bei starker mechanischer Beanspruchung wie z.B. durch Aufnahme von sehr ballaststoffreicher Nahrung (Das Präparat stammt häufig von Nagetieren).

In seinem Verlauf weist der Ösophagus **drei Engen** auf:

- Die **erste Enge** befindet sich direkt am Anfang = **Ösophagusmund** auf Höhe **C6/C7**.
- Die **zweite Enge** entsteht an der **Bifurcatio tracheae**, wo von lateral zusätzlich die Aorta über den **linken Hauptbronchus** zieht und somit den Ösophagus einengt. Diese Enge wird als **Aortenenge** bezeichnet und liegt etwa auf Höhe von **Th4/5**.
- Die **dritte** und **letzte Enge** entsteht am **Durchtritt** des Ösophagus durch das **Zwerchfell** in Höhe **Th10/11**. Diese **Zwerchfellenge** ist **NICHT** durch einen **Sphinkter** o. Ä. bedingt, sondern dadurch, dass die Zwerchfellmuskulatur in einer **Schlaufe** um den **Hiatus oesophageus** herum zieht (s. Abb.15). Bei Kontraktion des Zwerchfells verengt sich so der Hiatus oesophageus.

Übrigens...

Physiologischerweise ist die **erste Enge** die **engste**. Dies erscheint auch sinnvoll, denn es ist sicherlich angenehmer, gleich zu Beginn des Schluckens zu bemerken, dass der Bissen zu groß ist, anstatt es erst oberhalb des Zwerchfells festzustellen.

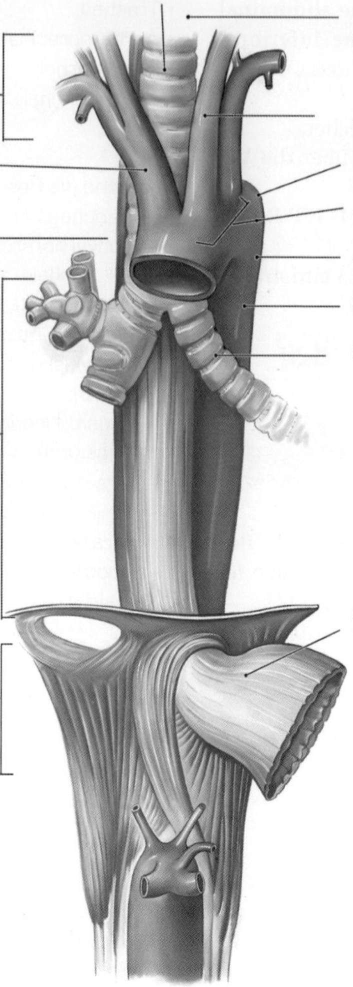

Abb. 15: Ösophagus

Die **Innervation** des Ösophagus erfolgt - wie bei allen inneren Organen - über **sympathische** und **parasympathische** Nerven und damit über den **Nervus vagus** bzw. seine Äste und über den **Sympathikus**.
Seine **Blutversorgung** unterscheidet sich in den einzelnen Bereichen:

- **zervikal** erfolgt die Versorgung über die **Arteria subclavia** und über die **Arteria thyroidea inferior** (sie stammt aus dem Truncus thyreocervicalis aus der Arteria subclavia),
- **thorakal** übernehmen die **Rami oesophagei** der **Aorta thoracica**, die ja in direkter topographischer Nähe liegt, die Gefäßversorgung und
- im Bereich des **Zwerchfells** sowie **abdominal** versorgen die **Arteriae phrenicae inferiores** und die **Arteria gastrica sinistra** den Ösophagus.

Der Blutabfluss verhält sich entsprechend:

- im zervikalen Bereich erfolgt er über die **Venae thyroideae inferiores**,
- **thorakal** über die **Venae azygos (s. IMPP-Bild 1, S. 46)** und **hemiazygos** und
- **abdominal** über die **Vena gastrica sinistra**.

DAS BRINGT PUNKTE

Der Ösophagus war und ist ein gern gefragtes Thema im Schriftlichen. Besonders häufig werden folgende Fakten gefragt:

- Die „engste Enge" des Ösophagus ist die erste Enge am Ösophagusmund.
- Im ersten Drittel ist die Muskulatur noch quergestreift, im unteren Drittel liegt glatte Muskulatur vor.
- Der Ösophagus liegt in der Pars abdominalis intraperitoneal.
- Der Ösophagus hinterlässt auf der Leber eine Impression.

BASICS MÜNDLICHE

Die Besonderheiten des jeweiligen Organs, seine Topographie sowie seine Innervation und Gefäßversorgung sollte man zu jedem Organ – also auch zum Ösophagus - fürs Mündliche parat haben.

Welche Organe grenzen an den Ösophagus?
auf Höhe C6/C7:

- Kehlkopf,
- Trachea und
- Schilddrüse.

Pars thoracalis:

- Trachea,
- Aorta thoracica und
- linker Vorhof.

Pars abdominalis:

- Leber.

Was sind die Besonderheiten des Ösophagus?
Der Ösophagus hat

- ein unverhorntes mehrschichtiges Plattenepithel (restl. Verdauungstrakt: einschichtig hochprismatisches Epithel),
- im oberen Drittel quergestreifte, im unteren Drittel glatte Muskulatur, in der Mitte findet sich beides (s. S. 35),
- 3 Engen: Ösophagusmund, Aortenenge, Zwerchfellenge und
- unterschiedliche Gefäßversorgung:
  - kranial = A. thyroidea inferior,
  - thorakal = Aorta und
  - abdominal = A. phrenica inferior sowie A. gastrica sinistra.

4 Mediastinum

Das Mediastinum ist sicherlich ein sehr unbeliebtes Kapitel. Hat man jedoch seine grundsätzliche Einteilung verstanden, so lassen sich Verlauf und Lage der Strukturen einfach herleiten und müssen sicherlich nicht auswendig gelernt werden.

Als **Mediastinum** bezeichnet man einen **zylinderförmigen Hohlraum**. Dieser Hohlraum beginnt kranial an der **oberen Thoraxapertur** (gebildet von der 1. Rippe und der Clavikula) und endet am **Zwerchfell**. Die **rechte** und die **linke** Begrenzung stellen die beiden **Lungenflügel** dar, die **ventrale** Begrenzung sind das **Sternum** und die **Rippen**, die **dorsale** Grenze sind die **Wirbelsäule** und die **Rippen**.

Das Mediastinum kann jedoch noch weiter unterteilt werden (s. Abb.16):

- Als **oberes Mediastinum** bezeichnet man den Teil, der oberhalb des Herzens liegt,
- das **untere Mediastinum** liegt auf Höhe des Herzens.

Da das Herz nicht das gesamte untere Mediastinum ausfüllt, wird das untere Mediastinum noch einmal weiter unterteilt:

- Man unterscheidet hier ein **vorderes** Mediastinum (= vor dem Herzen gelegen),
- ein **mittleres** Mediastinum (enthält im Wesentlichen das Herz) und
- ein **hinteres** Mediastinum (= hinter dem Herzen gelegen).

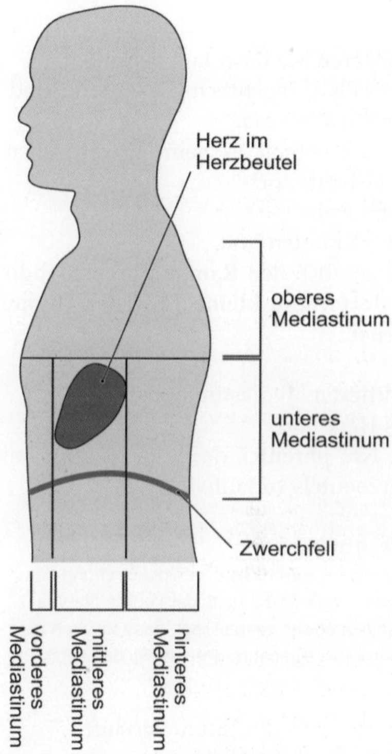

Abb. 16: Unterteilung des Mediastinums

Übrigens...

Vergegenwärtigt man sich, dass die gesamte Einteilung des Mediastinums auf der Lage des Herzens beruht, kann man sich die einzelnen Strukturen, die das jeweilige Mediastinum enthält, einfach herleiten.

Im **oberen** Mediastinum verlaufen also z.B.

- die **Trachea**,
- der **Ösophagus**,
- die **Nn. vagi**,
- der **Nervus laryngeus recurrens,**
- der **Aortenbogen** (zieht am weitesten nach dorsal),
- der **Thymus-Restkörper**
- die beiden sympathischen **Grenzstränge**,
- die **Vena azygos (s. IMPP-Bild 1, S. 46),**
- die **Vena cava superior,**
- die **Vena hemiazygos accessoria**,
- der **Ductus thoracicus** und
- gelegentlich auch die **Arteria** und **Vena thoracica interna**.

Im **vorderen** Mediastinum verlaufen

- ebenfalls gelegentlich die **Arteria** und **Vena thoracica interna**,

ansonsten enthält es beim Erwachsenen üblicherweise nur noch

- **Fettgewebe,**
- **Lymphknoten** und
- gelegentlich den **Ramus phrenicoabdominalis dexter und kleine Teile des Thymusrestkörper**.

Im **mittleren** Mediastinum befindet sich

- das **Herz** und
- die **Nn. phrenici**, da sie rechts und links des Herzbeutels verlaufen.

Übrigens...

Gelegentlich kommt es durch die Drehung des Herzens sogar dazu, dass der rechte Nervus phrenicus soweit ventral liegt, dass er auch zum vorderen Mediastinum gezählt werden kann.

Im **hinteren** Mediastinum verläuft

- der **Aorta thoracica,**
- der **Ösophagus,**
- die **Vena azygos (s. IMPP-Bild 1, S. 46),**
- die **Vena hemiazygos,**
- der **Nervus vagus,**
- der **Sympathikus** und
- der **Ductus thoracicus.**

Übrigens...

NICHT im hinteren Mediastinum verlaufen die Trachea, da sie oberhalb des Herzens bereits aufhört und die **Vena cava**, die an dieser Stelle gerade das Herz erreicht hat.

DAS BRINGT PUNKTE

Hat man die Einteilung des Mediastinums verstanden, kann man sich die Antworten gut herleiten. Besonders gerne wurden bislang folgende Punkte gefragt:

- Im hinteren Mediastinum verlaufen die Vv. azygos und hemiazygos, der Ductus thoracicus, die Pars thoracica aortae und der Ösophagus, NICHT aber die Nn. phrenici.
- Der N. phrenicus verläuft im mittleren und vorderen Mediastinum, NICHT jedoch im hinteren.

BASICS MÜNDLICHE

Wie erfolgt die Einteilung des Mediastinums?
Das Herz ist die zentrale Struktur für die Einteilung des Mediastinums:

- oberhalb des Herzens liegt das obere Mediastinum,
- auf Höhe des Herzens das untere, was weiter unterteilt wird in
  - ein vorderes (= vor dem Herzen),
  - ein mittleres (= enthält das Herz) und
  - ein hinteres (= hinter dem Herzen) Mediastinum.

BEVOR EUCH GLEICH DIE BUCHSTABEN VOR DEN AUGEN VERLAUFEN, EMPFIEHLT SICH NOCH NE ALLERLETZTE PAUSE...

5 Verlauf des Nervus phrenicus

Übrigens...

Von den Kenntnissen über den Verlauf der großen Nerven und Gefäße im Thorax (s. Kap. 5 bis 8) kann man sowohl im schriftlichen als auch im mündlichen Examen sehr profitieren!

Der **Nervus phrenicus** beginnt auf Höhe von **C3, 4** und **5**, wobei der **Hauptteil** des Nervus phrenicus aus C4 stammt. Er verläuft auf dem **Musculus scalenus anterior** und daher im Halsbereich **lateral** des **Nervus vagus** und zieht dann **zwischen Arteria** und **Vena subclavia** in den Thorax. Im Thorax zieht er rechts und links am **Mediastinum** entlang und innerviert zunächst sensibel die **Pleura**, dann das **Perikard** (er zieht also **VOR** dem Lungenhilum entlang), tritt dann durch das **Zwerchfell** (**rechts** mit der **Vena cava**, **links** mit dem **Ösophagus**) und innerviert von kaudal motorisch das Zwerchfell sowie sensibel das **Peritoneum**.

MERKE:

Die drei „P's" für die sensible Innervation des Nervus phrenicus lauten:
Pleura,
Perikard und
Peritoneum.
Für die Durchtrittsstelle links durch das Zwerchfell gilt die Merkhilfe „ÖVP": Hier treten
der Ösophagus,
der Vagus und
der linke Phrenicus gemeinsam durch das Zwerchfell (gelegentlich hat der N. phrenicus auch eine eigene Durchtrittsstelle).

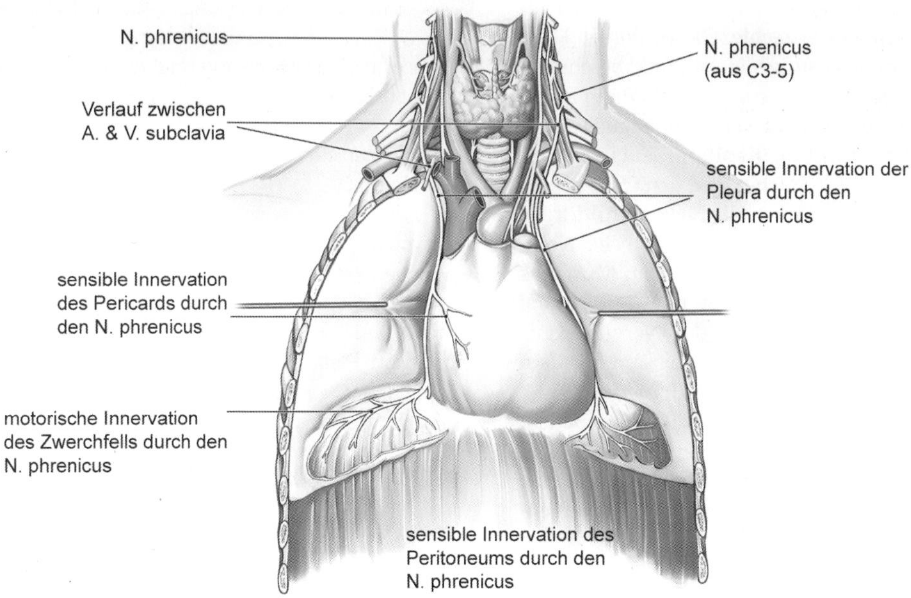

Abb. 17: Verlauf des N. phrenicus

6 Verlauf des Nervus vagus

Der Nervus vagus verlässt den Schädel durch das Foramen jugulare gemeinsam mit der Vena jugularis, dem Nervus glossopharyngeus und dem Nervus accessorius (s. Abb. 18, S. 41).

Übrigens...
Alle diese drei Hirnnerven - also **IX**, **X** und **XI** - besitzen auch einen gemeinsamen Kern, den Nucleus ambiguus.

Vom Foramen jugulare aus, zieht der Nervus vagus in der **Karotisfaszie** nach kaudal und verläuft somit **medial** des **Nervus phrenicus**. Bereits im Halsbereich - ungefähr auf Höhe von **C5** - gibt er den **Nervus laryngeus superior** ab. Dieser zieht zur **Schilddrüse** und innerviert am Kehlkopf den **Musculus cricothyroideus** motorisch sowie den Kehlkopfanteil oberhalb der Stimmbänder sensibel. Der **Rest** des Nervus vagus zieht weiter nach **kaudal**. Im Brustbereich gibt er den **Nervus laryngeus recurrens** ab. Dieser schlingt sich **links** von ventral nach dorsal um den **Aortenbogen** und **rechts** um die **Arteria subclavia**, was bedeutet, dass der **linke** Nervus laryngeus **recurrens** etwas länger ist als der **rechte**. Dieses Wissen kann einem im Examen häufiger einen Punkt bescheren. Der Nervus laryngeus recurrens zieht dann in der **Rinne zwischen Trachea** und **Ösophagus** wieder nach **kranial** in Richtung **Kehlkopf** und innerviert auf diesem Weg die **Trachea** und den **Ösophagus**, einen Teil der **Schilddrüse**, die **Nebenschilddrüse** sowie als N. laryngeus inferior sämtliche **Kehlkopfmuskeln motorisch** (AUßER dem Musculus cricothyroideus) und **sensibel** den Teil kaudal der **Stimmbänder**. Der **Rest** des Nervus vagus verläuft als **Truncus vagalis** gemeinsam mit dem **Ösophagus** durch das **Zwerchfell**; merke „ÖVP" (= Ösophagus, Vagus, linker Phrenikus). Im Bauchbereich zieht dann der **linke** Nervus vagus über die **Vorderwand** des Magens, der **rechte** über die **Hinterwand**, was durch die embryonale **Magendrehung** um 90 Grad im Uhrzeigersinn bedingt ist. Dies bedeutet auch, dass z.B. der **Pankreas** ausschließlich vom **rechten** Nervus vagus versorgt wird (= engere topographische Beziehung).

MERKE:
Mit dem Nervus vagus ist es genauso wie mit den Herzkranzgefäßen: Der linke Ast zieht über die Vorderwand, der rechte über die Hinterwand. Oder als Merkspruch: Wer link ist, drängelt sich vor.

DAS BRINGT PUNKTE

Vor dem Examen ist es hilfreich, sich den Verlauf der beiden Nerven Phrenikus und Vagus noch mal mit Unterstützung durch einen Anatomieatlas anzuschauen. Merken sollte man sich besonders Folgendes:

- Der N. vagus verläuft hinter dem Lungenhilum, der N. phrenicus davor,
- der N. vagus verläuft im hinteren Mediastinum, der N. phrenicus im mittleren sowie
- der N. vagus und der Ramus phrenicoabdominalis sinister ziehen gemeinsam mit dem Ösophagus durch den Hiatus ösophageus.

BASICS MÜNDLICHE

Beschreiben Sie bitte den Verlauf des N. vagus und des N. phrenicus.

Nervus phrenicus:
- -C3, 4 und 5,
- auf dem Musculus scalenus anterior lateral des Nervus vagus,
- zwischen Arteria und Vena subclavia in den Thorax,
- rechts und links am Mediastinum entlang,
- innerviert Pleura und Perikard (er zieht also VOR dem Lungenhilum entlang),
- tritt durch das Zwerchfell (rechts mit der Vena cava, links mit dem Ösophagus) und
- innerviert das Zwerchfell sowie das Peritoneum.

Nervus vagus:
- er enthält präganglionäre, parasympathische und sensible Fasern,
- Foramen jugulare,

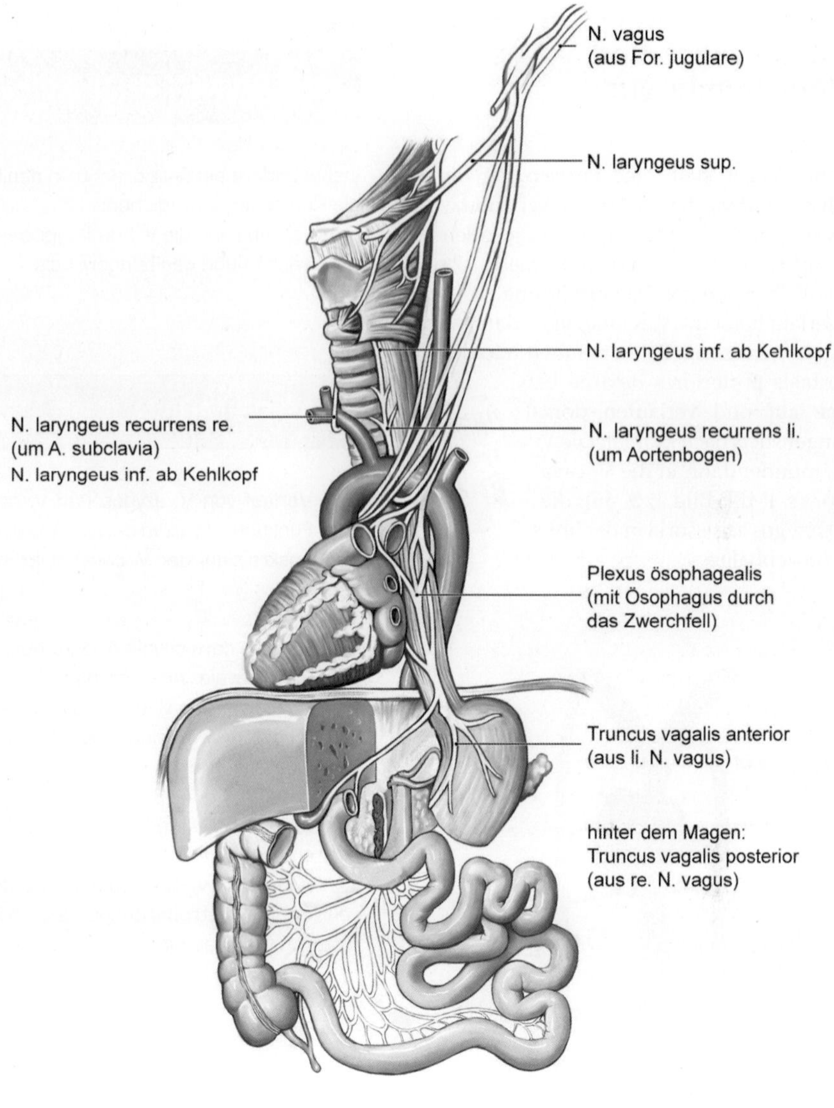

Abb. 18: Verlauf des N. vagus

- Karotisfaszie (somit medial des Nervus phrenicus),
- C5: Nervus laryngeus superior,
- zur Schilddrüse, Kehlkopf (= Musculus cricothyroideus),

Rest des Nervus vagus zieht weiter nach kaudal.
Brustbereich N. laryngeus recurrens:

- links um den Aortenbogen, rechts um die Arteria subclavia, in der Rinne zwischen Trachea und Ösophagus wieder nach kranial in Richtung Kehlkopf,
- innerviert Trachea, Ösophagus, Schilddrüse, die Nebenschilddrüse sowie sämtliche Kehlkopfmuskeln motorisch - AUßER dem Musculus cricothyroideus - und sensibel den Teil kaudal der Stimmbänder.

Rest des Nervus vagus = Truncus vagalis mit dem Ösophagus durch das Zwerchfell.
Bauchbereich:

- linker Nervus vagus Vorderwand des Magens,
- rechter Nervus vagus Hinterwand.

7 Vena azygos und Vena hemiazygos

Die Vena azygos stellt eine Fortsetzung der V. lumbalis ascendens dextra dar, die V. hemiazygos stammt dagegen aus der V. lumbalis ascendens sinistra. Auf Höhe des Herzens steht die V. azygos mit der V. hemiazygos in Verbindung. Im weiteren Verlauf heißt die V. hemiazygos dann V. hemiazygoos accessoria. Beide nehmen u.a. die Vv. intercostales posteriores dextrae bzw. sinistrae auf und verlaufen dorsal des Lungenstiels nach kranial. Die V. azygos mündet dann in die V. cava superior (s. IMPP-Bild 1, S. 46), die V. hemiazygos accessoria in die linke V. brachiocephalica.

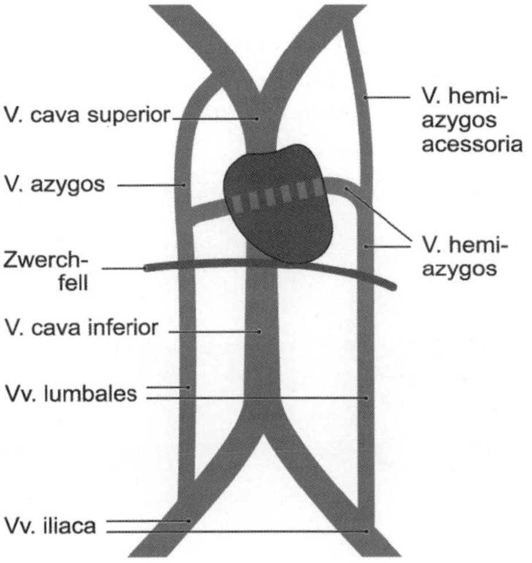

Abb. 19: Verlauf von V. azygos und V. hemiazygos

DAS BRINGT PUNKTE

Insbesondere ein Satz brachte in den letzten Jahren die Punkte im Schriftlichen:
Die V. azygos und die V. hemiazygos verlaufen dorsal der Trachea und des Lungenstiels.

BASICS MÜNDLICHE

Den Verlauf von V. azygos und V. hemiazygos und ihre Funktion als cavo-cavale Anastomose (= Umgehungskreislauf der V. cava) sollte man unbedingt kennen.

Was ist eine cavo-cavale Anastomose?
Eine cavo-cavale Anastomose stellt einen Umgehungskreislauf der V. cava dar. Sie verläuft parallel zur V. cava und verbindet die V. cava superior mit der V. cava inferior.

Wie verlaufen V. azygos und V. hemiazygos?
Hier empfiehlt es sich, Abb. 19 zu skizzieren. Wichtig ist, hierbei zu erwähnen, dass die Gefäße im Bauchraum primär retroperitoneal und im Brustraum im hinteren Mediastinum verlaufen.

8 Weitere Gefäße im Thorax und deren Topographie

Die folgenden Aussagen tauchen mit konstanter Regelmäßigkeit im schriftlichen Examen auf (aber auch im Mündlichen machen so detaillierte Kenntnisse der Anatomie einen sehr guten Eindruck). Um sie besser nachvollziehen zu können, sollte man sich parallel zum Lesen einen Atlas daneben legen. So werden die Aussagen anschaulicher, lassen sich leichter vorstellen und besser einprägen.

- Die A. **subclavia dextra** geht aus dem Truncus brachiocephalicus hervor. Sie zieht **hinter** dem M. scalenus anterior zum Arm und gibt u.a. die A. vertebralis ab. Im weiteren Verlauf legt sie sich dem Plexus brachialis an und geht in die A. axillaris über. Außerdem zieht die A. subclavia durch die Lücke zwischen M. scalenus anterior und medius in den Brustraum.
- Die **A. pulmonalis dextra** verläuft **hinter** der Aorta ascendens und ebenfalls **hinter** der V. cava superior.
- Der **Aortenbogen** verläuft **links** von der Trachea nach hinten.
- Die **V. azygos** verläuft **oberhalb** des rechten Lungenstiels nach vorne.
- Die **V. brachiocephalica sinistra** verläuft in der Nähe des Aortenbogens, ventral der A. carotis communis sinistra, **ventral** des Truncus brachiocephalicus, **ventral** des N. vagus, aber dorsal des Thymus.
- Die **V. cava superior** geht aus der Vereinigung der beiden Vv. brachiocephalicae rechts hinter dem ersten Rippenknorpel hervor (s. IMPP-Bild 1, S. 46). Sie grenzt rechts an die Pleura mediastinalis (teilweise von der Pleura bedeckt) und nach **dorsal** an die A. pulmonalis dextra. Die V. cava grenzt auch an die Aorta ascendens und an den Thymus. Sie nimmt die V. azygos auf. Dagegen grenzt sie links **NICHT** an den Truncus pulmonalis. Auch der Sinus coronarius mündet **NICHT** in die V. cava, sondern direkt in den rechten Vorhof.

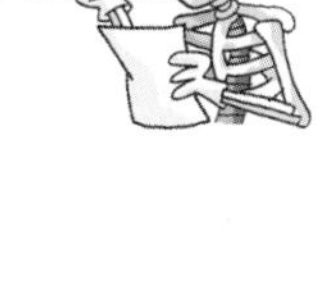

- Die **V. subclavia** liegt der Pleurakuppel an. Sie tritt aus dem Brustraum **vor** dem M. scalenus anterior in den Hals über (dort fließt ihr Blut in die V. brachiocephalica) und ist in ihrem Verlauf unter der Clavikula fest mit der Faszie des M. subclavius verwachsen. Über das Trigonum deltoideopectorale (= clavipectorale) ist sie zugänglich. Sie nimmt u.a. Blut aus der V. cephalica auf und kann in ihrem Inneren im aufrechten Stand einen negativen Blutdruck aufweisen. Die V. subclavia geht aus der V. axillaris hervor.
- Die Aorta ascendens wird vom Perikard bedeckt.
- Der **Isthmus aortae** liegt außerhalb des vom Perikard bedeckten Teils der Aorta, distal des Abgangs der A. subclavia sinistra.
- Die **Aorta** teilt man (vom Ursprung in der linken Kammer ausgehend) ein in:
  - **Aorta ascendens,**
  - **Arcus aortae,**
  - **Isthmus aortae,**
  - **Aorta descendens,**
  - **Aorta thoracica und**
  - **Aorta abdominalis.**

Anschließend erfolgt die Gabelung in die Iliakalgefäße.

DAS BRINGT PUNKTE

Alle in Kapitel 8 aufgeführten Lagebeziehungen wurden schon gefragt. Besonders häufig gefragt und daher wichtig zu wissen ist, dass

- die V. subclavia **vor** dem M. scalenus anterior verläuft und
- die A. subclavia **hinter** dem M. scalenus anterior.

Ebenfalls merken solltet ihr euch, dass die V. brachiocephalica sinistra **vor** dem Truncus brachiocephalicus verläuft.

BASICS MÜNDLICHE

Was sind die einzelnen Abschnitte der Aorta?

- Aorta ascendens,
- Arcus aortae,
- Isthmus aortae,
- Aorta descendens,
- Aorta thoracica und
- Aorta abdominalis.

Anschließend erfolgt die Gabelung in die Iliakalgefäße auf Höhe von L4.

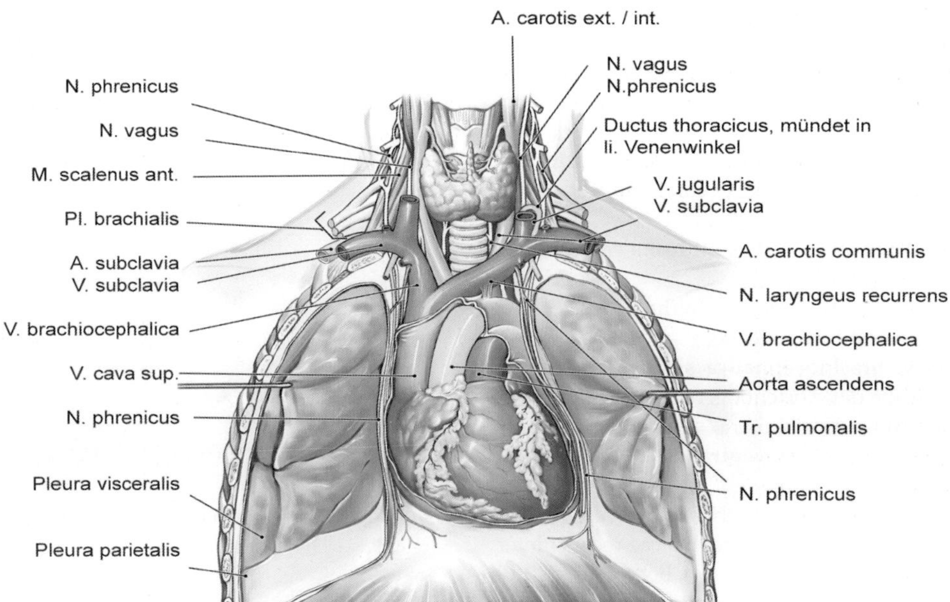

Abb. 20: Topographie der Gefäße im Thorax

9 Durchtrittsstellen durch das Zwerchfell

Das Zwerchfell weist einige größere und kleinere Öffnungen auf, die natürlich alle einen Namen haben und durch die bestimmte Strukturen ziehen. Auf jeden Fall sollte man die größten von ihnen kennen:

Durch den **Hiatus aorticus** treten
- die Aorta descendens und
- der Ductus thoracicus.

Lage: zwischen Crura media (Pars lumbalis) vor L1 und Lig. arcuatum medium.

Durch den **Hiatus oesophageus** ziehen
- der Ösophagus,
- evtl. der R. phrenicoabdominalis sinister des N. phrenicus und
- die Nn. vagi.

Lage: Pars lumbalis, Th. 10, vollständig von Muskulatur umgeben.

Durch das **Foramen V. cavae** führen
- die V.cava inferior und
- der R. phrenicoabdominalis dexter des N. phrenicus.

Lage: im Centrum tendineum, bindegewebig mit der V. cava verbunden.

Durch die **Larrey-Spalte** treten re. und li.
- die A. epigastrica superior und
- die V. epigastrica superior.

Anschließend werden die beiden dann A. und V. thoracica interna genannt.
Lage: zwischen Pars sternalis und costalis, Th. 9.

Durch den **medialen Lumbalspalt** ziehen
- der N. splanchnicus major,
- der N. splanchnicus minor,
- die V. azygos und
- die V. hemiazygos.

Lage: zwischen Crus dextrum/sinistrum, L 1.

Durch den **lateralen Lumbalspalt** tritt (jeweils re. und li.) der Grenzstrang hindurch.
Lage: zwischen Pars medialis/ lateralis, L 2.

Übrigens...

Große angeborene Zwerchfellhernien, die mit einer sekundären Lungenhypoplasie einhergehen, befinden sich am ehesten zwischen der Pars lumbalis und der Pars costalis des Zwerchfells.

DAS BRINGT PUNKTE

Eine gute Punkteausbeute verspricht, wenn man weiß, dass
- die V. cava im Centrum tendineum durch das Zwerchfell tritt,
- die V. cava im Centrum tendineum bindegewebig verwachsen ist und
- der N. vagus mit dem Ösophagus durch das Zwerchfell zieht.

BASICS MÜNDLICHE

Wer tritt mit dem Ösophagus durch das Zwerchfell?
Durch den Hiatus oesophageus ziehen
- der Ösophagus,
- der R. phrenicoabdominalis sinister des N. phrenicus und
- die Nn. vagi.

Was ist die Besonderheit des Foramen venae cavae?
Es liegt im Centrum tendineum. Die V. cava ist hiermit bindegewebig verwachsen.

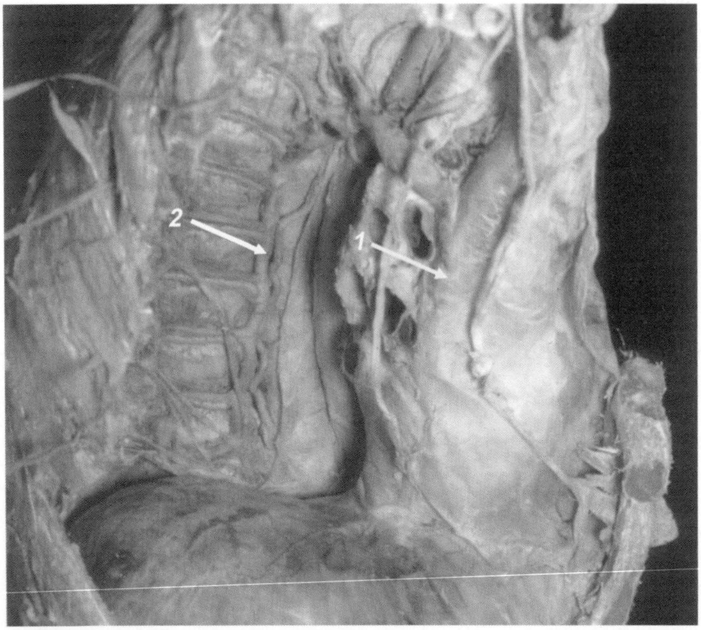

Blick von rechts in den eröffneten Thorax. Herz und Herzbeutel wurden belassen, Pfeil 1 zeigt auf die V. cava superior, Pfeil 2 auf die V. azygos.

IMPP-Bild 1: V. cava superior und V. azygos
Quelle: www.medi-learn.de/skrbild001

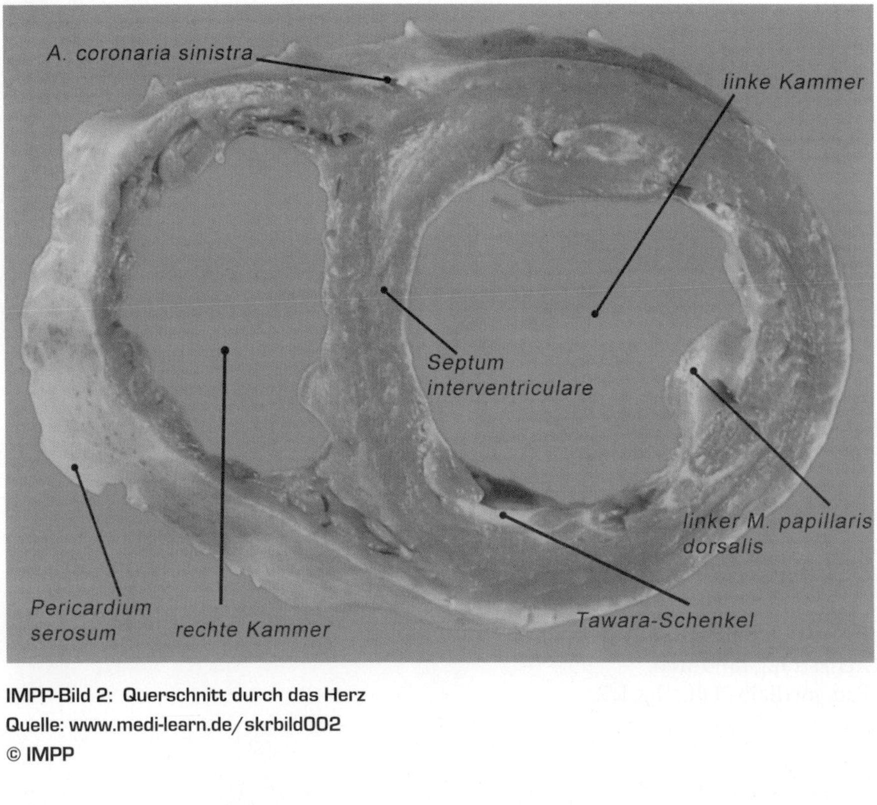

IMPP-Bild 2: Querschnitt durch das Herz
Quelle: www.medi-learn.de/skrbild002

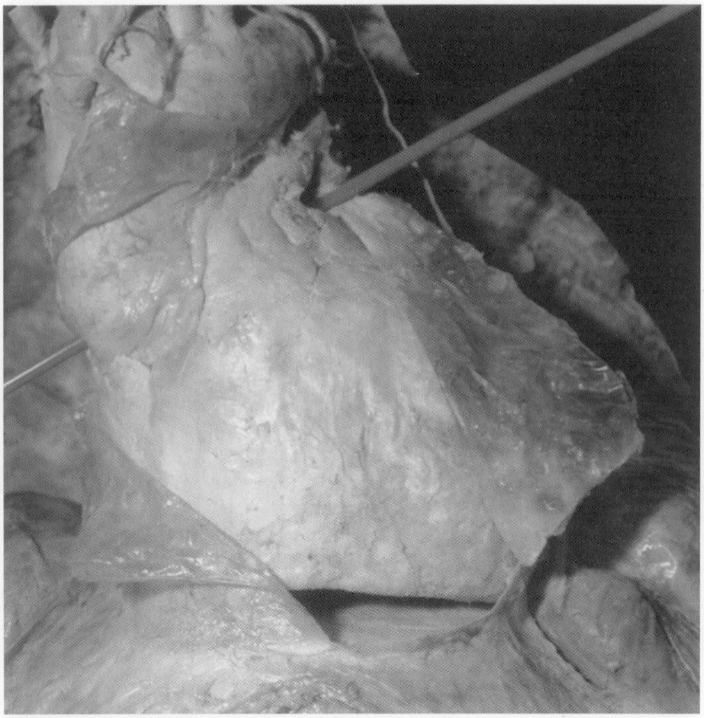

Die Sonde markiert den Sinus transversus pericardii.

IMPP-Bild 3: Herz im Herzbeutel
Quelle: www.medi-learn.de/skrbild003

Index

A

B

C

D

E

F

G

H

I

K

L

M

N

O

P

R

S

T

V

Z

SIE HATTEN EINEN UNQUALIFIZIERTEN KRANKENTRANSPORT BESTELLT ?!
www.rippenspreizer.com

UND ZIVI, HAST DU DEM PATIENTEN BLUT ABGENOMMEN ?!
JA, ABER MEHR ALS 5 LITER HAB ICH ECHT NICHT RAUSBEKOMMEN. SORRY!

Eure Meinung ist gefragt

Unser Ziel ist es, euch ein perfektes Skript zur Verfügung zu stellen. Wir haben uns sehr bemüht, alle Inhalte korrekt zu recherchieren und alle Fehler vor Drucklegung zu finden und zu beseitigen. Aber auch wir sind nur Menschen: Möglicherweise sind uns einige Dinge entgangen. Um euch mit zukünftigen Auflagen ein optimales Skript bieten zu können, bitten wir euch um eure Mithilfe.

Sagt uns, was euch aufgefallen ist, ob wir Stolpersteine übersehen haben oder ggf. Formulierungen präzisieren sollten. Darüber hinaus freuen wir uns natürlich auch über positive Rückmeldungen aus der Leserschaft.

Eure Mithilfe ist für uns sehr wertvoll und wir möchten euer Engagement belohnen: Unter allen Rückmeldungen verlosen wir einmal im Semester Fachbücher im Wert von 250,- EUR. Die Gewinner werden auf der Webseite von MEDI-LEARN unter www.medi-learn.de bekannt gegeben.

Schickt eure Rückmeldungen einfach per Post an MEDI-LEARN, Dorfstraße 57, 24107 Ottendorf oder tragt sie im Internet in ein spezielles Formular ein, das ihr unter der folgenden Internetadresse findet: www.medi-learn.de/rueckmeldungen

Vielen Dank
Euer MEDI-LEARN Team

Anatomie Band 7

Baucheingeweide

4., komplett überarbeitete Auflage

Autor: Dr. Marco Stein

Herausgeber:
MEDI-LEARN Verlag GbR
Elisabethstraße 9, 35037 Marburg/Lahn

Herstellung:
MEDI-LEARN Kiel
Dorfstraße 57, 24107 Ottendorf
Tel: 04 31/780 25-0, Fax: 04 31/780 25-262
E-Mail: redaktion@medi-learn.de, www.medi-learn.de

Verlagsredaktion: Dr. Waltraud Haberberger, Jens Plasger, Christian Weier, Tobias Happ
Fachlicher Beirat: PD Dr. Rainer Viktor Haberberger
Lektorat: Eva Drude
Grafiker: Irina Kart, Dr. Günter Körtner, Alexander Dospil, Christine Marx
Layout und Satz: Fritz Ramcke, Kristina Junghans
Illustration: Daniel Lüdeling, Rippenspreizer.com
Druck: Druckerei Wenzel, Marburg

4. Auflage 2011

Teil 7 des Anatomiepaketes, nur im Paket erhältlich
ISBN-13: 978-3-938802-71-7

Wichtiger Hinweis für alle Leser

Die Medizin ist als Naturwissenschaft ständigen Veränderungen und Neuerungen unterworfen. Sowohl die Forschung als auch klinische Erfahrungen führen dazu, dass der Wissensstand ständig erweitert wird. Dies gilt insbesondere für medikamentöse Therapie und andere Behandlungen. Alle Dosierungen oder Angaben in diesem Buch unterliegen diesen Veränderungen.
Obwohl das MEDI-LEARN-TEAM größte Sorgfalt in Bezug auf die Angabe von Dosierungen oder Applikationen hat walten lassen, kann es hierfür keine Gewähr übernehmen. Jeder Leser ist angehalten, durch genaue Lektüre der Beipackzettel oder Rücksprache mit einem Spezialisten zu überprüfen, ob die Dosierung oder die Applikationsdauer oder -menge zutrifft. **Jede Dosierung oder Applikation erfolgt auf eigene Gefahr des Benutzers**. Sollten Fehler auffallen, bitten wir dringend darum, uns darüber in Kenntnis zu setzen.

Vorwort

Liebe Leserinnen und Leser,
da ihr euch entschlossen habt, den steinigen Weg zum Medicus zu beschreiten, müsst ihr euch früher oder später sowohl gedanklich als auch praktisch mit den wirklich üblen Begleiterscheinungen dieses ansonsten spannenden Studiums auseinander setzen, z.B. dem Physikum.
Mit einer Durchfallquote von ca. 25% ist das Physikum die unangefochtene Nummer eins in der Hitliste der zahlreichen Selektionsmechanismen.
Grund genug für uns, euch durch die vorliegende Skriptenreihe mit insgesamt 32 Bänden fachlich und lernstrategisch unter die Arme zu greifen. Die 31 Fachbände beschäftigen sich mit den Fächern Physik, Physiologie, Chemie, Biochemie, Biologie, Histologie, Mathe, Anatomie und Psychologie/Soziologie. Ein gesonderter Band der MEDI-LEARN Skriptenreihe widmet sich ausführlich den Themen Lernstrategien, MC-Techniken und Prüfungsrhetorik.
Aus unserer langjährigen Arbeit im Bereich professioneller Prüfungsvorbereitung sind uns die Probleme der Studenten im Vorfeld des Physikums bestens bekannt. Angesichts des enormen Lernstoffs ist klar, dass nicht 100% jedes Prüfungsfachs gelernt werden können. Weit weniger klar ist dagegen, wie eine Minimierung der Faktenflut bei gleichzeitiger Maximierung der Bestehenschancen zu bewerkstelligen ist.
Mit der MEDI-LEARN Skriptenreihe zur Vorbereitung auf das Physikum haben wir dieses Problem für euch gelöst. Unsere Autoren haben durch die Analyse der bisherigen Examina den examensrelevanten Stoff für jedes Prüfungsfach herausgefiltert. Auf diese Weise sind Skripte entstanden, die eine kurze und prägnante Darstellung des Prüfungsstoffs liefern.
Um auch den mündlichen Teil der Physikumsprüfung nicht aus dem Auge zu verlieren, wurden die Bände jeweils um Themen ergänzt, die für die mündliche Prüfung von Bedeutung sind.
Zusammenfassend können wir feststellen, dass die Kenntnis der in den Bänden gesammelten Fachinformationen genügt, um das Examen gut zu bestehen.
Grundsätzlich empfehlen wir, die Examensvorbereitung in drei Phasen zu gliedern. Dies setzt voraus, dass man mit der Vorbereitung schon zu Semesterbeginn (z.B. im April für das August-Examen bzw. im Oktober für das März-Examen) startet. Wenn nur die Semesterferien für die Examensvorbereitung zur Verfügung stehen, sollte direkt wie unten beschrieben mit Phase 2 begonnen werden.

- **Phase 1:** Die erste Phase der Examensvorbereitung ist der **Erarbeitung des Lernstoffs** gewidmet. Wer zu Semesterbeginn anfängt zu lernen, hat bis zur schriftlichen Prüfung je **drei Tage für die Erarbeitung jedes Skriptes** zur Verfügung. Möglicherweise werden einzelne Skripte in weniger Zeit zu bewältigen sein, dafür bleibt dann mehr Zeit für andere Themen oder Fächer. Während der Erarbeitungsphase ist es sinnvoll, einzelne Sachverhalte durch die punktuelle Lektüre eines Lehrbuchs zu ergänzen. Allerdings sollte sich diese punktuelle Lektüre an den in den Skripten dargestellten Themen orientieren!
  Zur **Festigung des Gelernten** empfehlen wir, bereits in dieser ersten Lernphase **themenweise zu kreuzen**. Während der Arbeit mit dem Skript Anatomie sollen z.B. beim Thema „Pankreas" auch schon Prüfungsfragen zu diesem Thema bearbeitet werden. Als Fragensammlung empfehlen wir in dieser Phase die „Schwarzen Reihen". Die jüngsten drei Examina sollten dabei jedoch ausgelassen und für den Endspurt (= Phase 3) aufgehoben werden.

- **Phase 2**: Die zweite Phase setzt mit Beginn der Semesterferien ein. Zur **Festigung und Vertiefung des Gelernten** empfehlen wir, **täglich ein Skript zu wiederholen und parallel examensweise das betreffende Fach zu kreuzen**. Während der Bearbeitung der Anatomie (hierfür sind sieben bis acht Tage vorgesehen) empfehlen wir, pro Tag jeweils ALLE Anatomiefragen eines Altexamens zu kreuzen. Bitte hebt euch auch hier die drei aktuellsten Examina für Phase 3 auf.
  Der Lernzuwachs durch dieses Verfahren wird von Tag zu Tag deutlicher erkennbar. Natürlich wird man zu Beginn der Arbeit im Fach Anatomie durch die tägliche Bearbeitung eines kompletten Examens mit Themen konfrontiert, die möglicherweise erst in den kommenden Tagen wiederholt werden. Dennoch ist diese Vorgehensweise sinnvoll, da die Vorab-Beschäftigung mit noch zu wiederholenden Themen deren Verarbeitungstiefe fördert.

- **Phase 3:** In der dritten und letzten Lernphase sollten **die aktuellsten drei Examina tageweise gekreuzt** werden. Praktisch bedeutet dies, dass im tageweisen Wechsel Tag 1 und Tag 2 der aktuellsten Examina bearbeitet werden sollen. Im Bedarfsfall können einzelne Prüfungsinhalte in den Skripten nachgeschlagen werden.

- Als **Vorbereitung auf die mündliche Prüfung** können die in den Skripten enthaltenen „Basics fürs Mündliche" wiederholt werden.

Wir wünschen allen Leserinnen und Lesern eine erfolgreiche Prüfungsvorbereitung und viel Glück für das bevorstehende Examen!

Euer MEDI-LEARN-Team

Online-Service zur Skriptenreihe

Die mehrbändige MEDI-LEARN Skriptenreihe zum Physikum ist eine wertvolle fachliche und lernstrategische Hilfestellung, um die berüchtigte erste Prüfungshürde im Medizinstudium sicher zu nehmen.
Um die Arbeit mit den Skripten noch angenehmer zu gestalten, bietet ein spezieller Online-Bereich auf den MEDI-LEARN Webseiten ab sofort einen erweiterten Service. Welche erweiterten Funktionen ihr dort findet und wie ihr damit zusätzlichen Nutzen aus den Skripten ziehen könnt, möchten wir euch im Folgenden kurz erläutern.

Volltext-Suche über alle Skripte
Sämtliche Bände der Skriptenreihe sind in eine Volltext-Suche integriert und bequem online recherchierbar: Ganz gleich, ob ihr fächerübergreifende Themen noch einmal Revue passieren lassen oder einzelne Themen punktgenau nachschlagen möchtet: Mit der Volltext-Suche bieten wir euch ein Tool mit hohem Funktionsumfang, das Recherche und Rekapitulation wesentlich erleichtert.

Digitales Bildarchiv
Sämtliche Abbildungen der Skriptenreihe stehen euch auch als hochauflösende Grafiken zum kostenlosen Download zur Verfügung. Das Bildmaterial liegt in höchster Qualität zum großformatigen Ausdruck bereit. So könnt ihr die Abbildungen zusätzlich beschriften, farblich markieren oder mit Anmerkungen versehen. Ebenso wie der Volltext sind auch die Abbildungen über die Suchfunktion recherchierbar.

Errata-Liste
Sollte uns trotz eines mehrstufigen Systems zur Sicherung der inhaltlichen Qualität unserer Skripte ein Fehler unterlaufen sein, wird dieser unmittelbar nach seinem Bekanntwerden im Internet veröffentlicht. Auf diese Weise ist sicher gestellt, dass unsere Skripte nur fachlich korrekte Aussagen enthalten, auf die ihr in der Prüfung verlässlich Bezug nehmen könnt.

Den Onlinebereich zur Skriptenreihe findet ihr unter www.medi-learn.de/skripte

1 Allgemeines

In diesem ersten Kapitel werdet ihr die Lageverhältnisse der Organe in Bezug auf das Peritoneum kennen lernen. Nach dem Durcharbeiten dieses Kapitels habt ihr außerdem die wichtigsten Fakten über die immer wieder gerne gefragten wichtigen anatomischen Strukturen des großen und kleinen Netzes und der Bursa omentalis gelernt.

1.1 Das Peritoneum, was ist das?

Das Peritoneum (= Bauchfell) überzieht die Organe und die Bauchfellhöhle als seröse Haut. Durch die glatte Oberfläche des Peritoneums wird eine relativ reibungslose Verschiebbarkeit der Organe gewährleistet.

Man unterscheidet zwei Anteile des Peritoneums:

- das **viszerale Blatt** überzieht die Organoberfläche,
- das **parietale Blatt** kleidet die Bauchfellhöhle aus.

Die beiden Blätter des Peritoneums gehen an einer Umschlagfalte ineinander über. Diese Umschlagfalte befindet sich am Gefäßstiel/am Aufhängeapparat des jeweiligen Organs.

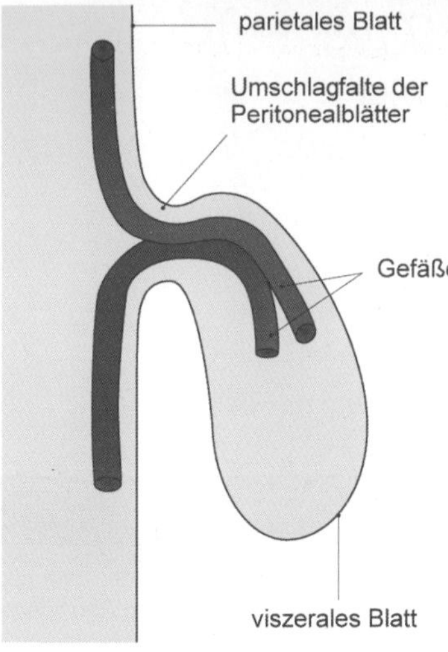

Abb. 1: Peritoneum/Gefäßstiel

1.2 Mesenterien

Nun wisst ihr, was das Peritoneum ist, aber was sind Mesenterien? Mesenterien sind als Duplikaturen der Bauchfellblätter zu verstehen und enthalten Arterien, Venen, Nerven, Lymphgefäße und Fett. Sie dienen der Aufhängung, der Resorption, der Immunabwehr und der Fettspeicherung. Die Mesenterien enthalten Strukturen, die der Ernährung dienen (= Aa/Vv). In der mündlichen Prüfung kann man das fächerförmige Mesenterium des Dünndarms oder das Mesocolon transversum als gutes Beispiel für ein Mesenterium am Präparat zeigen.

MERKE:

Alle Organe, die ein Mesenterium besitzen, liegen intraperitoneal.

1.3 Lageverhältnisse der Organe

Die Lageverhältnisse der Bauchorgane wurden bislang im Physikum immer gefragt. Es lohnt sich daher, hier etwas Zeit zu investieren. Die Lage der Bauchorgane kann man aus zwei Blickwinkeln beschreiben:

- im Bezug zum Peritoneum oder
- bezüglich der embryonalen Entstehung.

Organe, die in intraperitonealer Lage liegen, sind mit dem viszeralen Blatt des Peritoneums überzogen und haben einen Gefäßhilus, eine Anheftung oder ein Mesenterium, an welchem das viszerale Blatt in das parietale Blatt des Peritoneums übergeht. Dieser Bereich wird dann als Umschlagfalte des Peritoneums bezeichnet.

Übrigens...

Hier noch ein Tipp: Wenn man sich die intraperitoneale Lage von Organen noch einmal vor Augen führen möchte, kann man dies mit der Hilfe einer mittelgroßen Tüte tun. Man legt einen nicht zu großen Gegenstand in die Tüte und umfasst die Tüte von außen knapp über dem Gegenstand, sodass dieser von der Tüte eingeschnürt ist. Die Oberfläche des Gegenstandes ist nun von der Tüte überzogen, besitzt also ein viszerales Blatt. Wenn man nun die übrig bleibenden Tütenanteile oberhalb des Gegenstandes, wie bei einer Tulpe einfaltet (umfasst den Gegenstand immer noch so, dass er das viszerale Blatt nicht verliert!), so liegt der Gegenstand mit seinem viszeralen Blatt in der Mitte dieser „Tulpe“. Das viszerale Blatt geht nun unterhalb des Gegenstandes (in dem Bereich, den ich noch umfasse) in das parietale Blatt an den Seitenwänden über. Der Gegenstand liegt folglich intraperitoneal.

Retroperitoneal gelegene Organe besitzen kein viszerales Blatt des Peritoneums. Sie liegen im Retroperitonealraum, eingebettet in Binde- und Fettgewebe. Dieser Retroperitonealraum liegt hinter (= retro) dem parietalen Blatt der Bauchfellhöhle vor der Wirbelsäule und ist nicht als offener Spaltraum, sondern - wie oben erwähnt - als mit Fett- und Bindegewebe ausgefüllt zu verstehen. Organe die in retroperitonealer Lage liegen, lassen sich weiterhin in eine primäre oder sekundäre retroperitoneale Lage untergliedern:

- Primär retroperitoneal gelegene Organe sind entwicklungsgeschichtlich außerhalb des Peritoneums entstanden und verbleiben auch dort. Beispiel: Die Nieren.
- Sekundär retroperitoneal gelegene Organe wurden ursprünglich intraperitoneal angelegt (= besaßen ein viszerales Blatt) und wurden erst später sekundär in den Retroperitonealraum verlagert. Beispiel: Das Pankreas.

Übrigens...

Head-Zonen sind Hautgebiete, die bestimmten inneren Organen zugeordnet sind. Erkrankungen oder Reizungen dieser Organe erzeugen über viszerokutane Reflexe Schmerzen im zugeordneten Hautareal (= übertragener Schmerz).

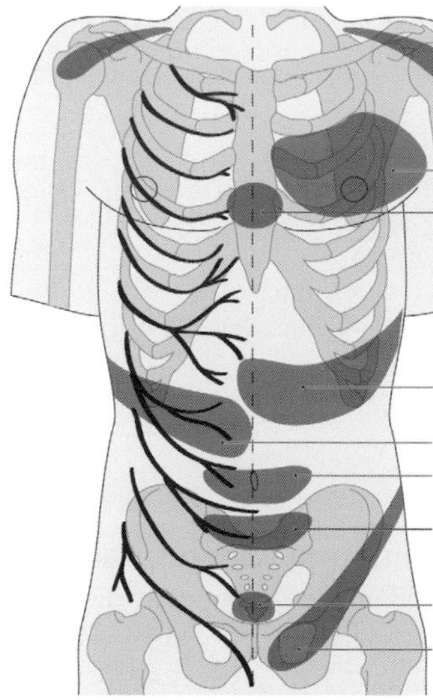

Abb. 3: Head-Zonen

Übrigens...

In den schriftlichen Prüfungen werden in diesem Zusammenhang gerne die Lageverhältnisse am Beispiel des Pankreas oder des Duodenums gefragt.

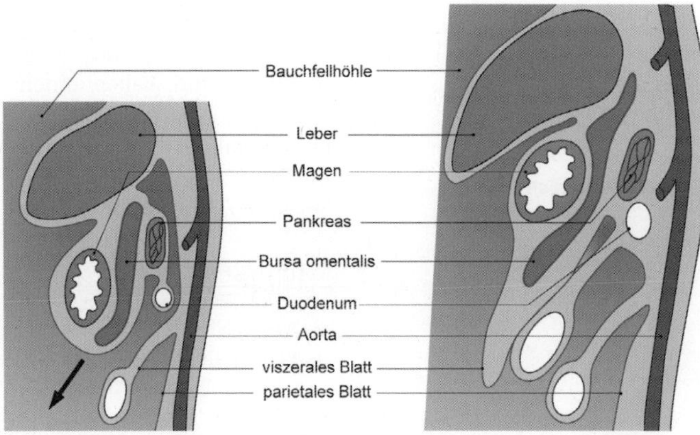

Abb. 2: Peritoneum

Die Lageverhältnisse auf einen Blick:

intraperitoneal	primär retro-peritoneal	sekundär retroperitoneal
Das Organ ist mit dem vizeralen Blatt des Peritoneums überzogen und besitzt einen Gefäßstiel oder eine Aufhängung, an welcher sich die Umschlagfalte des Peritoneums befindet..	Das Organ liegt hinter dem parietalen Blatt des Peritoneums im Retroperitonealraum und lag nie intraperitoneal.	Das Organ liegt ebenfalls hinter dem parietalen Blatt des Peritoneums im Retroperitonealraum, ist jedoch sekundär hierher verlagert worden und lag ursprünglich intraperitoneal.

Tabelle 1: Lageverhältnisse

In der folgenden Tabelle findet ihr die Bauchorgane und ihre Lageverhältnisse auf einen Blick:

intraperitoneal	primär retroperitoneal	sekundär retroperitoneal
• Leber • Milz • Magen • Colon transversum • Colon sigmoideum • Dünndarm • Pars superior duodeni	• Aorta • V. cava • Nieren • Nebennieren	• Pankreas • Colon ascendens • Colon descendens • Pars descendens duodeni • Pars horizonta lis duodeni • Pars ascendens duodeni

Tabelle 2: Lageverhältnisse der Bauchorgane

In der Anatomie unterteilt man den Bauch in neun Regionen (s. Abb. 4):

1 Regio epigastrica
2 Regio hypochondriaca sinister
3 Regio umbilicalis
4 Regio lateralis sinister
5 Regio inguinalis sinister
6 Regio pubica
7 Regio inguinalis dexter
8 Regio lateralis dexter
9 Regio hypochondriaca dexter

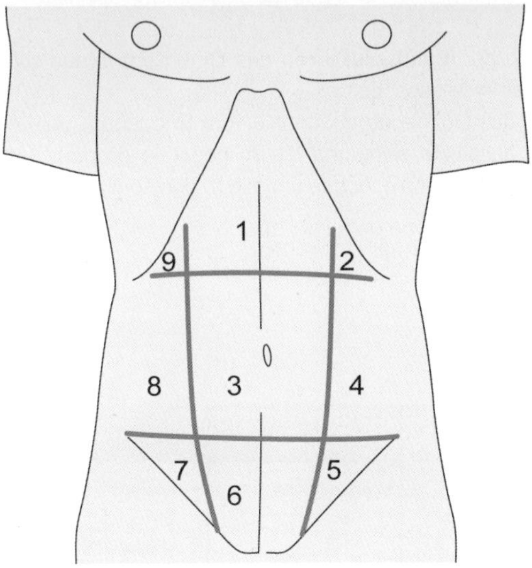

Abb. 4: Bauchregionen

1.4 Das große und das kleine Netz

In diesem Kapitel erhaltet ihr eine Übersicht über die immer gerne gefragten makroskopischen Strukturen des Omentum majus (= großes Netz) und des Omentum minus (= kleines Netz). Es lohnt sich vor allem, die wenigen Bandstrukturen zu lernen, da sie in Prüfungen gerne gefragt werden und ihr damit leicht punkten könnt.

1.4.1 Omentum majus

Das große Netz liegt bei Eröffnung des Bauchraums auf dem Dünndarmgekröse und ist ein Organ, welches der lymphatischen Abwehr und der Fettspeicherung dient. Das Omentum majus ist an der großen Kurvatur des Magens, am Kolon und an der hinteren Leibeswand befestigt. Besondere Prüfungsrelevanz haben folgende Bandstrukturen, die Gefäße beinhalten oder als Halteapparat dienen.

Lig. gastrocolicum	Lig. gastrosplenicum	Lig. splenorenale
• spannt sich zwischen Magen und Colon transversum, • beinhaltet die A. gastroomentalis sinistra et dextra	zieht vom Magen zur Milz	• beginnt an der linken Niere und zieht zum Milzhilus, • beinhaltet die A. und V. lienalis

Tabelle 3: Bandstrukturen des Omentum majus

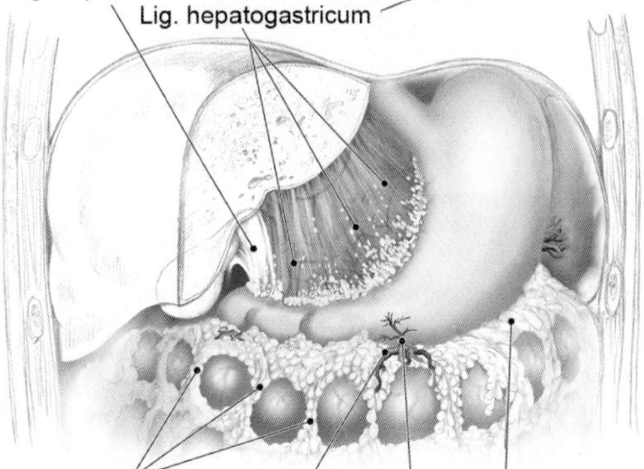

Abb. 5: Omentum majus und minus

1.4.2 Omentum minus

Das kleine Netz bedeckt die Bursa omentalis, bildet ihre ventrale Begrenzung und spannt sich von der Leber zur kleinen Kurvatur des Magens. Wichtige Bandstrukturen des Omentum minus im Überblick:

Lig. hepatoduodenale	Lig. hepatogastricum
zieht vom Duodenum zum Leberhilus und beinhaltet • die A. hepatica propria, • die V. portae und • den Ductus choledochus	spannt sich von der Leber zur kleinen Kurvatur des Magens

Tabelle 4: Bandstrukturen des Omentum minus

1.5 Bursa omentalis auf einen Blick

Die Bursa omentalis ist eine abgetrennte Körperhöhle im Abdominalraum, die im Rahmen der physiologischen Darm- und Magendrehung entstanden ist. Ihre einzige Öffnung zum Abdominalraum liegt unter dem Ligamentum hepatoduodenale und wird als **Foramen epiploicum (= Foramen omentale)** bezeichnet. Von besonderer Prüfungsrelevanz sind die begrenzenden Organe der Bursa omentalis, die in Tabelle 5 zusammengefasst sind.

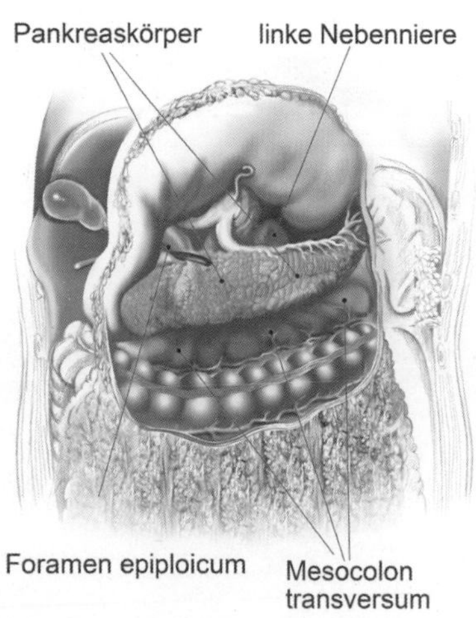

Abb. 6: Bursa eröffnet

oben	unten	links	rechts	hinten	vorne
• Leber • Magen	Mesocolon transversum	Milz	• Leber • Lig. hepatoduodenale	• linke Niere • linke Nebenniere • Pankreas	• Magen • Omentum minus • Lig. gastrocolicum

Tabelle 5: Begrenzende Organe der Bursa omentalis

DAS BRINGT PUNKTE

Bisher wurden zu diesem Themengebiet nur Lageverhältnisse und Bandstrukturen gefragt. Ihr könnt deshalb einfach punkten, wenn ihr euch folgende Sachverhältnisse einprägt:

Zu den Lageverhältnissen solltet ihr wissen, dass

- die intraperitoneal gelegenen Organe (= Leber, Milz, Colon transversum, Colon sigmoideum, Pars superior duodeni) alle ein Mesenterium oder einen Gefäßstiel haben und beweglich fixiert sind.
- retroperitoneal gelegene Organe dagegen fixiert und nur wenig verschiebbar sind.

Außerdem sollte euch die Unterscheidung von primär retroperitoneal gelegenen Organen (= Nieren, Nebennieren, Aorta, V. cava) und von sekundär retroperitoneal gelegenen Organen (= Pankreas, Colon ascendens, Colon descendens, alle Teile des Duodenums bis auf Pars superior duodeni) gelingen.

Gerne werden auch die Bandstrukturen des großen und kleinen Netzes gefragt. Zu den **Bandstrukturen des Omentum majus** solltet ihr euch deshalb Folgendes einprägen:

- Das Lig. gastrocolicum zieht vom Magen zum Colon transversum und enthält die A. und V. gastroomentalis.
- Das Lig. splenorenale zieht von der linken Niere zum Milzhilus und enthält die A. und V. splenica.

Zu den **Bandstrukturen des Omentum minus** solltet ihr wissen, dass

- das Lig. hepatoduodenale vom Duodenum zur Leberpforte zieht und die A. hepatica propria, den Ductus choledochus und die V. portae enthält.

BASICS MÜNDLICHE

Was ist mit retroperitonealer Lage gemeint?
Das Organ liegt hinter dem parietalen Blatt des Peritoneums im retroperitonealen Fettgewebe.

Was bezeichnet der Begriff intraperitoneale Lage?
Das Organ ist mit dem viszeralen Blatt des Peritoneums überzogen und besitzt an seinem Hilus oder Mesenterium eine Umschlagfalte, an der das viszerale Blatt des Peritoneums in das parietale Blatt des Peritoneums umschlägt.

Was ist das Lig. hepatoduodenale?
Das Lig. hepatoduodenale ist als Teil des Omentum minus eine Bandverbindung zwischen der Leber und dem Duodenum und enthält die Pfortader, den Ductus choledochus und die A. hepatica propria.

Mit welchen Organen steht die Bursa omentalis in topographischer Beziehung?
Die Bursa omentalis besitzt topographische Beziehung zu folgenden Organen: Leber, Pankreas, Milz, Mesocolon transversum, Magen, linke Niere, linke Nebenniere, Lig. hepatoduodenale.

2 Gastrointestinaltrakt

Dieses Kapitel gibt euch eine kompakte Übersicht über die wichtigen Themen der letzten Examina. Nach dem Durcharbeiten habt ihr die komplette makroskopische Anatomie des Gastrointestinaltrakts vom Magen bis zum Rektum bearbeitet und könnt auch den Großteil der sehr speziellen Prüfungsfragen beantworten. Von besonderem Belang ist hier die Gefäßversorgung der einzelnen Organe. Spätestens wenn man das erste Mal im OP steht und von dem Operateur gefragt wird, welches Gefäß er da gerade abgebunden hat, wird man sich gerne an dieses Kapitel erinnern.

2.1 Magen

Der Magen ist ein muskulöses Hohlorgan, das den Speisebrei vermischt und mit Salzsäure und Enzymen versetzt. Der Speisebrei gelangt über den Ösophagus in die **Pars cardiaca**, passiert den **Fundus gastricus** und gelangt in das **Corpus gastricum**. Über die **Pars pylorica** (mit dem Musculus pylorus) gelangt der Speisebrei schließlich in das Duodenum. Der Magen überkreuzt mit seiner Pars pylorica im Regelfall den Anfangsteil der Aorta abdominalis.

Übrigens...

- In einer stehenden Röntgenaufnahme zeigt sich häufig eine Luftblase im Bereich des Magenfundus, da dies der höchste Punkt des Magens ist.
- Der Magenfundus befindet sich in der Nähe des Zwerchfells.
- Der **M. pylorus** bildet die Grenze zwischen Magen und Duodenum. Die Innervation des M. pylorus erfolgt über die **Nn. vagii**, welche über das Omentum minus zum **M. pylorus** gelangen.

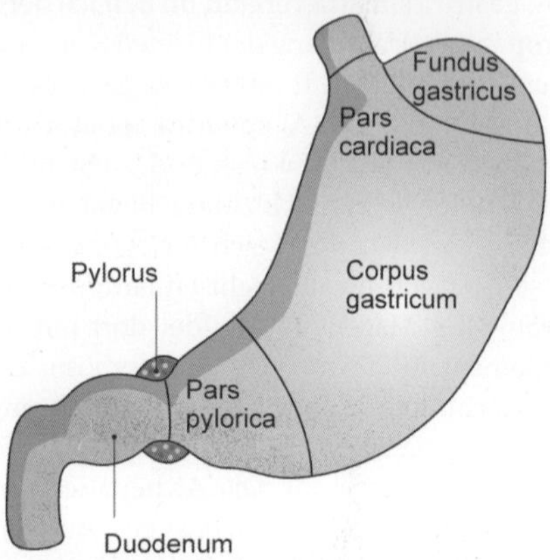

Abb. 7: Mageneinteilung

Als wichtige makroskopische Strukturen sollte man wissen, dass an der **Curvatura gastrica minor** (= kleine Kurvatur) das **Omentum minus** und an der **Curvatura gastrica major** (= große Kurvatur) das **Omentum majus** seinen Ansatz hat.
Die arterielle Versorgung des Magens erfolgt über die **A. gastrica dextra** aus der A. hepatica propria und die **A. gastrica sinistra** aus dem Truncus coeliacus, die an der kleinen Kurvatur anastomosieren. An der großen Kurvatur anastomosieren die **A. gastroomentalis dextra** und die **A. gastroomentalis sinistra**, die aus den Ästen des Truncus coeliacus entspringen. Die **Aa. gastricae breves** entsprechen kleinen Ästen der **A. splenica** und versorgen hauptsächlich den Magenfundus. Die Venen des Magens entsprechen von der Bezeichnung her den Arterien, und das in ihnen enthaltene Blut fließt in die Pfortader ab.

MERKE:
Das venöse Blut der paarigen Bauchorgane fließt in die V. cava inferior ab, das der unpaarigen Bauchorgane in die V. portae!

2.2 Truncus coeliacus

Die Äste des Truncus coeliacus sind an der Versorgung der meisten Organe im Ober- und Mittelbauch beteiligt. Daher ist er für die Kenntnis des Gefäßverlaufs von großem Belang.
Der Truncus coeliacus teilt sich in drei Äste:
1. Die **A. gastrica sinistra,**
2. die **A. splenica** als stärksten Ast und
3. die **A. hepatica communis**.

Die **A. gastrica sinistra** verläuft im Bereich der **Plica gastropancreatica** entlang der kleinen Kurvatur des Magens und bildet dort mit der **A. gastrica dextra** eine Anastomose. Die **A. splenica** verläuft entlang dem Oberrand des Pankreas und zieht über das Lig. splenorenale zum Milzhilus. Bevor sie in den Milzhilus eintritt, zweigt sich die A. gastroomentalis sinistra von ihr ab, zieht entlang der großen Kurvatur des Magens und bildet dort mit der A. gastroomentalis dextra eine Anastomose. Die **A. hepatica communis** zieht nach rechts Richtung Leber und teilt sich in die A. hepatica propia und die A. gastroduodenalis auf. Die **A. hepatica propria** tritt in das Lig. hepatoduodenale ein und verläuft in diesem Band zusammen mit dem Ductus choledochus und der V. portae bis zur Leberpforte. Auf ihrem Weg zur Leber gibt die A. hepatica propria die A. gastrica dextra ab. Zumeist aus dem Ramus dexter der A. hepatica propria entspringt die A. cystica (für die Gallenblase). Die **A. gastroduodenalis** verläuft entlang der Rückseite der Pars superior duodeni, um sich dann in die A. gastroomentalis dextra (bildet eine Anastomose an der großen Magenkurvatur) und die A. pancreaticoduodenalis superior aufzuzweigen.

2.3 Dünndarm

Der Dünndarm unterteilt sich in folgende Darmanteile:
- Duodenum,
- Jejunum,
- Ileum.

Er erstreckt sich vom Bulbus duodeni bis zu seinem Übergang in das Caecum an der Valva ileocaecalis (= Bauhin-Klappe).

2.3.1 Duodenum

Das Duodenum hat eine Länge von circa 30 cm und die Form eines C. Das duodenale C (wird durch Pars superior, Pars descendens und Pars horizontalis des Duodenums gebildet) umfasst den Kopf der **Bauchspeicheldrüse**.
Anhand der Lageverhältnisse kann man vier Abschnitte des Duodenums unterteilen:

Pars superior	Pars descendens	Pars horizontalis	Pars ascendens
intraperitoneal	sek. retroperitoneal	sek. retroperitoneal	sek. retroperitoneal

Tabelle 6: Abschnitte des Duodenums

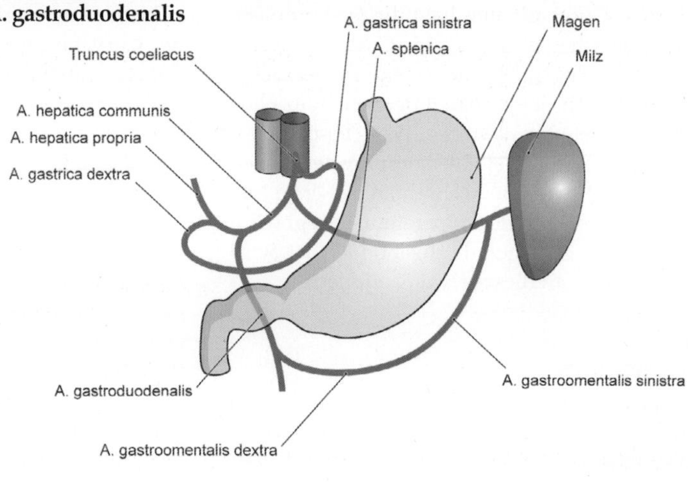

Abb. 8: Truncus coeliacus

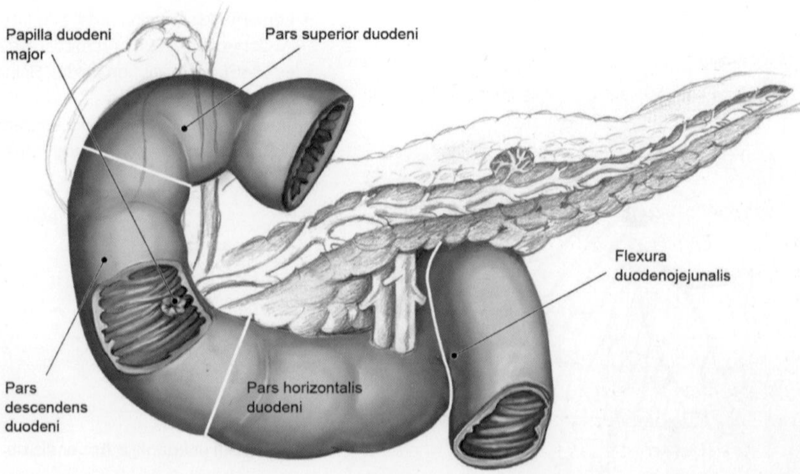

Abb. 9: Duodenum

Die **Pars superior duodeni** steht über das **Lig. hepatoduodenale** mit der Leber Verbindung (s. Tab. 7). Bei einem Ulcus duodeni besteht hier über die hinter dem **Bulbus duodeni** ziehende **A. gastroduodenalis** die Gefahr einer arteriellen Blutung. In der **Pars descendens** münden der **Ductus choledochus** und der **Ductus pancreaticus** auf die **Papilla duodeni major** (Vateri). In manchen Fällen mündet ein akzessorischer Pankreasgang in eine Papilla duodeni minor. Die **Pars horizontalis** zieht über die Wirbelsäule und dann als **Pars ascendens** in kraniale Richtung weiter. Das Duodenum wird über Äste des Truncus coeliacus und der A. mesenterica superior arteriell versorgt.

2.3.2 Jejunum und Ileum

An der **Flexura duodenojejunalis** (Höhe L2) geht das Duodenum in das **Jejunum** über. Ab dieser Stelle liegen die restlichen Dünndarmanteile bis zur Valva ileocaecalis wieder intraperitoneal. Das **Jejunum** und das **Ileum** bilden das eigentliche Dünndarmkonvolut und haben eine Länge von mehreren Metern (= 5-6 m). In diesem Darmbereich findet die hauptsächliche Resorption von Nährstoffen aus dem Darmlumen statt. Das gesamte Jejunum und Ileum besitzen ein Mesenterium, in welchem die versorgenden Gefäße - **Aa. jejunales** und **Aa. ileales** - verlaufen. Die Aa. jejunales und Aa. ileales werden von manchen Autoren auch als Aa. intestinales bezeichnet. Lasst euch also davon nicht verwirren: Sie sind alle Äste der **A. mesenterica superior** und bilden untereinander zahlreiche kleine Anastomosen. Die A. mesenterica superior entspringt hinter dem Corpus des Pankreas und zieht dann über die Pars horizontalis duodeni in die Radix mesenterii. Das venöse Blut aus dem Dünndarm fließt über die V. mesenterica superior in die Pfortader ab.

Pars superior	Pars descendens	Pars horizontalis	Pars ascendens/Flexura
Ductus choledochus	Ductus choledochus	Pankreaskopf	Pankreas
Gallenblase	Pankreaskopf	Aorta / V. cava inferior	Colon transversum
Leber	rechte Niere	3. LWK	1. bis 2. LWK
Pankreaskopf	Colon transversum	Colon transversum	
rechte Niere			
1. LWK			

Tabelle 7: Organe mit enger anatomischer Beziehung zum Duodenum

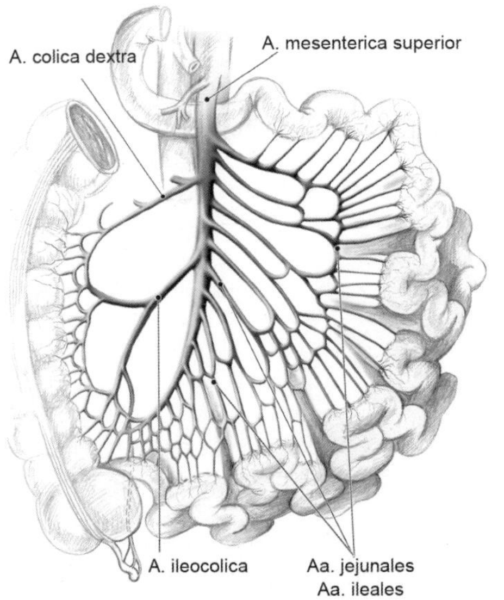

Abb. 10: A. mesenterica sup.

Übrigens...

Eine besonders gerne gefragte Struktur in der schriftlichen und den mündlichen Prüfungen ist das Meckeldivertikel. Das **Meckeldivertikel** ist ein Rest des Ductus omphaloentericus (= vitellinus), der als ehemalige Verbindung zwischen Darmkanal und embryonalem Dottersack vorhanden war und findet sich bei 1-3 Prozent der Bevölkerung. Ein Meckeldivertikel kann versprengte Magenschleimhaut enthalten. Diese versprengte Magenschleimhaut kann, wenn Belegzellen in ihr enthalten sind, Salzsäure produzieren. Diese Salzsäure greift die Schleimhaut des Darms an und verursacht so Schmerzen ähnlich einer Appendizitis. Zu suchen ist ein eventuelles Meckeldivertikel im terminalen Ileum, etwa einen Meter proximal der Ileocaecalklappe.

2.4 Dickdarm

Der Dickdarm beginnt mit dem **Caecum**, an dem die **Appendix vermiformis** (= Wurmfortsatz) angeschlossen ist.

Übrigens...

Eine Entzündung der Appendix vermiformis wird umgangssprachlich fälschlicherweise als Blinddarmentzündung bezeichnet. Korrekterweise sollte man von einer Appendizitis sprechen. Zur klinischen Untersuchung bei Appendizitis gehören:

- **McBurney-Punkt:** Druckschmerz auf der Linie zwischen Nabel und rechter Spina iliaca anterior superior.
- **Lanz-Punkt:** Druckschmerz im lateralen Drittel zwischen äußerem und mittlerem Drittel rechts auf der Linie zwischen beiden Spinae iliacae anteriores superiores.
- **Rovsing-Zeichen:** Schmerz bei retrogradem Darmausstreichen Richtung Appendix.

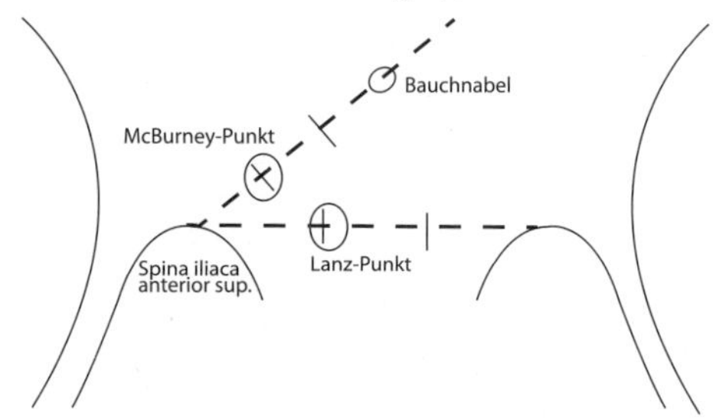

Abb. 11: Druckpunkte Appendizitis

Über das Ostium ileale (= Bauhin-Klappe) ist das Caecum mit dem terminalen Ileum verbunden. Die Bauhin-Klappe verhindert den Reflux von Darminhalt des Dickdarms in den Dünndarm. Ihre Schleimhautlippen sind durch Muskelzüge verstärkt. Topograpisch liegt das Caecum in der Fossa iliaca.

Das Caecum setzt sich in das **Colon ascendens** fort. Das **Colon ascendens** bildet zusammen mit dem **Colon transversum, Colon descendens und Colon sigmoideum** den Kolonrahmen. Seine Hauptfunktion liegt in der Wasserresorption und der damit verbundenen Eindickung des Speisebreis.

2.4.1 Besonderheiten im Wandbau des Dickdarms

Der Dickdarm ist anhand von Taenien und Haustren sicher zu identifizieren, da diese Strukturen nur in der Dickdarmwand vorkommen. Besonderheiten sind immer gerne gefragte Prüfungsthemen, man sollte sich daher dieses Kapitel gut einprägen.

Taenien

Taenien entsprechen in Streifen zusammen gerückter Längsmuskulatur. Am gesamten Kolon und Caecum sind jeweils drei dieser Taenien vorhanden:

- **Taenia libera** (= an allen Abschnitten zu sehen),
- **Taenia mesocolica** (= findet sich am Colon transversum als Ansatz des Mesocolon transversum) und
- **Taenia omentalis** (= markiert die Ansatzstelle des Omentum majus im Bereich des Colon transversum).

An den sekundär retroperitoneal gelegenen Dickdarmabschnitten ist nur eine Taenia libera zu sehen, da die anderen beiden Taenien in diesem Bereich an der Rückseite des Darms liegen. Durch Kontraktion dieser Längsmuskulatur wird der Dickdarm verkürzt und so der Speisebrei vorwärts transportiert.

Übrigens...

Ein Tipp zur Identifizierung der Appendix vermiformis: einfach die Taenien am Caecum in Richtung Appendix vermiformis verfolgen. Alle drei Taenien laufen am unteren Pol des Caecums zum Ansatz der Appendix vermiformis zusammen.

Haustren

Als Haustren bezeichnet man die Ausbuchtungen des Dickdarms, die durch die Kontraktion der Quermuskulatur des Kolons zustande kommen. Da diese Kontraktionen nicht ortsgebunden sind, sind Haustren nicht auf einer Stelle fest fixiert und können so den Speisebrei weitertransportieren.

Plicae semilunares

Plicae semilunares entstehen im Darmlumen durch die Kontraktion der Quermuskulatur des Kolons und sind somit nicht ständig vorhanden. Anhand des Namens kann man sich herleiten, dass es sich hier um halbmondförmige Falten handelt.

Appendices epiploicae

Appendices epiploicae sind Fettanhängsel, die an der Außenseite des Kolons befestigt sind, der Fettspeicherung dienen und sonst keine erwähnenswerte Funktion besitzen.

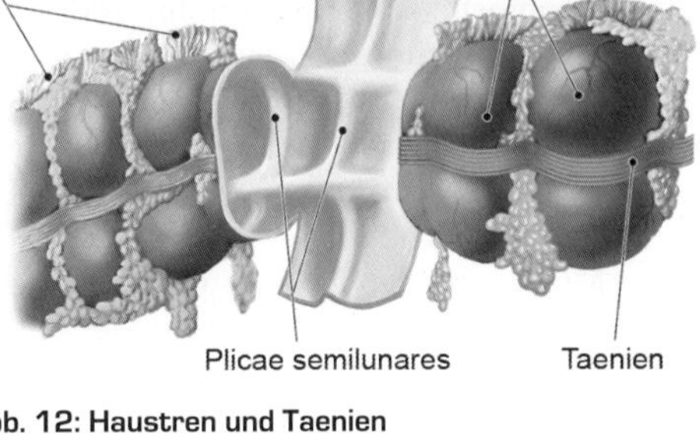

Abb. 12: Haustren und Taenien

2.4.2 Lageverhältnisse des Dickdarms

Das Caecum (= Caecum mobile) ist variabel an der Vorder- und Hinterseite mit viszeralem Peritoneum bedeckt, liegt intraperitoneal und in der Fossa inguinalis auf dem M. iliacus. In etwa 8% der Fälle ist das Caecum breit im Bett fixiert und wird dann Caecum fixum genannt. Der Appendix vermiformis geht medial unten vom Caecum ab und liegt in ca. 65% der Fälle retrozäkal, in etwa 30 % hängt er in das kleine Becken. Das **Colon ascendens** liegt bis zur Flexura coli dextra sekundär retroperitoneal und geht dann in das intraperitoneal (= hat ein Mesenterium) gelegene **Colon transversum** über. Ab der Flexura coli sinistra liegt das **Colon descendens** wieder sek. retroperitoneal und geht in das intraperitoneal gelegene **Colon sigmoideum** über.

Durch den Ansatz des **Mesocolon sigmoideum** wird dorsal und kaudal des Colon sigmoideum der **Recessus intersigmoideus** gebildet. Topographisch befindet er sich vor dem linken Ureter.

2.4.3 Gefäßversorgung des Dickdarms

Der Dickdarm wird arteriell über die **A. mesenterica superior** und **A. mesenterica inferior** versorgt. A. mesenterica superior und inferior bilden in der linken Colonflexur die **Riolan-Anastomose.**

Die **A. mesenterica superior** gibt zur Dünndarmversorgung die **A. ileocolica** für die unteren Ileumanteile, das Caecum und den Appendix vermiformis ab. Die Versorgung des Colon ascendens und des Colon transversum erfolgt hauptsächlich aus der **A. colica dextra** und der **A. colica media.**

Die **A. mesenterica inferior** gibt als ersten Ast die **A. colica sinistra** zur Versorgung des Colon descendens ab. Sie anastomosiert mit dem zweiten Ast, der **A. sigmoidea**, die das Colon sigmoideum versorgt.

Die Bezeichnung der Venen entspricht weitgehend der der Arterien. Das in ihnen enthaltene venöse Blut fließt in das Pfortadersystem ab.

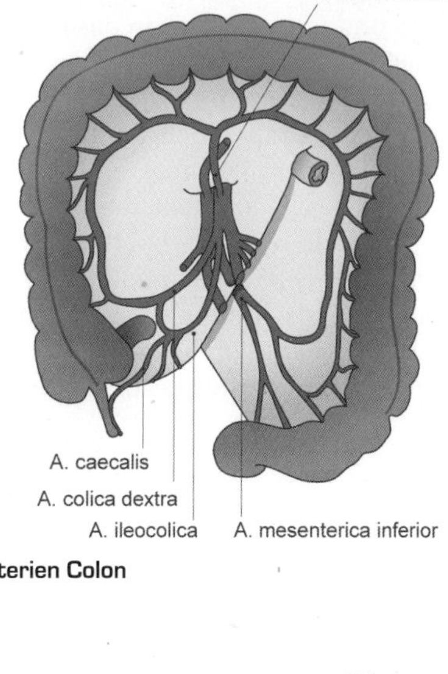

Abb. 13: Arterien Colon

Caecum mobile	Caecum fixum	Colon ascendens	Colon transversum	Colon descendens	Colon sigmoideum
intraperitoneal	sek. retroperitoneal	sek. retroperitoneal	intraperitoneal	sek. retroperitoneal	intraperitoneal

Tabelle 8: Abschnitte des Colons

2.4.4 Parasympatische Innervation des Dickdarms

Eine Besonderheit der parasympatischen Innervation des Darms ergibt sich daraus, dass bis zum **Cannon-Böhm-Punkt** in der linken Colonflexur die Innervation über den **N. vagus** stattfindet. Die weiter distal gelegenen Anteile werden durch den **sakralen Parasympathikus** innerviert.

2.4.5 Lymphabfluss Dickdarm

Die intraperitonealen Abschnitte des Darms werden durch Lymphbahnen drainiert, die in den Mesenterien verlaufen. Unterschieden werden Lnn. mesenterici superiores und Lnn. mesenterici inferiores. Die Lnn. mesenterici superiores nehmen die Lymphe aus Jejunum, Ileum, Caecum, Colon ascendens und Colon transversum auf. Die Lnn. mesenterici inferiores empfangen die Lymphe aus dem Colon descendens und dem Colon sigmoideum.

2.5 Rektum

Das Rektum ist der letzte Abschnitt des Dickdarms und unterteilt sich in das **Rectum mobile** (schließt sich an das Colon sigmoideum an und liegt noch intraperitoneal) und in das **Rectum fixum** mit extraperitonealer Lage (macht den größten Rektumanteil aus).

Makroskopisch unterteilt man das Rektum in eine **Ampulla recti** mit den **Plicae transversales recti**, die innere halbmondförmige Querfalten sind, die **Zona columnaris** mit den **Columnae anales** und den **Canalis analis,** der bis zum **M. sphincter ani internus** reicht.

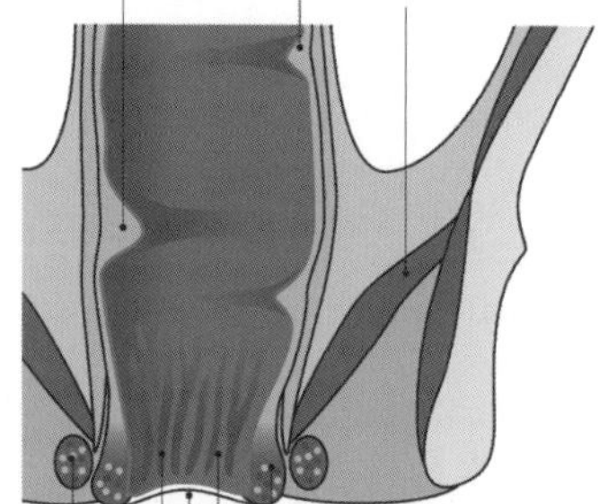

Abb. 14: Rektum Übersicht

2.5.1 Verschlusssystem des Rektums

Das Sphinktersystem des Rektums beinhaltet unterschiedliche Muskeln und Muskelarten. Als innerer Muskel ist der **M. sphincter ani internus** zu nennen. Er besteht aus glatter Muskulatur, umschließt den Analkanal als Ringmuskel und unterliegt einer Dauerkontraktion, die sich zur Defäkation entspannt.

Der **M. sphincter ani externus** besteht aus quergestreifter Muskulatur, sitzt dem Analkanal und dem M. sphincter ani internus auf und wird durch den N. pudendus innerviert.

Zur Feinabdichtung des Afters dient das **Corpus cavernosum**, welches arteriell aus der **A. rectalis superior** versorgt wird.

Ein weiterer wichtiger stuhlkontinenzerhaltender Muskel ist der **M. levator ani**. Er entspringt am Os pubis, der Innenseite der Faszie des M. obturatorius internus und am Os coccygis. Das Rektum wird so trichterförmig umfasst und zieht durch das **Levatortor**.

Die Innervation des M. levator ani erfolgt aus dem Plexus coccygealis. Am gasdichten Verschluss des Afters sind M. sphincter ani externus, M. sphincter ani internus, M. levator ani und die Columnae anales beteiligt.

Der M. levator ani bildet mit der Gesamtheit seiner Muskelfasern das Diaphragma pelvis.

Die arterielle Versorgung des Rektums erfolgt aus der **A. mesenterica inferior**, der **A. iliaca interna** und der **A. pudenda interna**.

Die oberen Rektumanteile werden durch die **A. rectalis superior** (entspringt aus der A. mesenterica inferior) versorgt. Im mittleren Rektumanteil erfolgt die arterielle Versorgung über die **A. rectalis media**, die aus der **A. iliaca interna** stammt und das Rektum oberhalb des **M. levator ani** erreicht.

Die Versorgung der unteren Rektumanteile erfolgt durch die **A. rectalis inferior**, die aus der **A. pudenda interna** (= Endast der A. iliaca interna) entspringt.

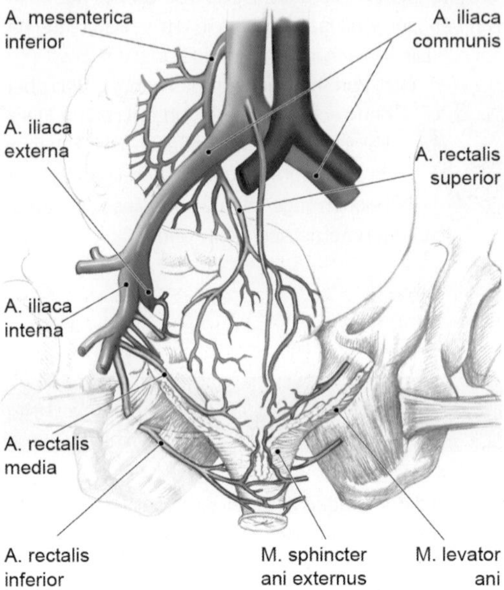

Abb. 15: Arterielle Gefäßversorgung Rektum

Der venöse Abfluss erfolgt ebenfalls über drei große Gefäße: Das venöse Blut der oberen Rektumanteile gelangt über die **V. rectalis superior** in die **V. mesenterica inferior** und über diese in die **V. portae**. Von den mittleren und unteren Rektumbereichen fließt das venöse Blut dagegen über die **V. rectalis inferior** und über die **V. rectalis media** in die **V. iliaca interna**. Die V. iliaca interna mündet schließlich in die **V. cava inferior.**

Übrigens...

Hier noch ein Praxistipp:
Zäpfchen nie zu weit einführen, da sie sonst über die V. mesenterica inferior resorbiert werden, in den Leberkreislauf gelangen und dadurch abgeschwächt werden. In den unteren Anteilen des Rektums werden die Wirkstoffe dagegen in die V. cava inferior abgegeben und gelangen so direkt in den systemischen Kreislauf.

DAS BRINGT PUNKTE

In diesem Kapitel liegt das Hauptaugenmerk auf der Gefäßversorgung der einzelnen Darmanteile. Wenn ihr euch hierzu die drei großen Gefäßstämme (= Truncus coeliacus, A. mesenterica sup. und inf.) und ihre Versorgungsgebiete einprägt, könnt ihr leicht Punkte machen. Weiterhin gibt es ein paar Fakten, auf die im schriftlichen Examen besonderer Wert gelegt wird (= Columnae anales und Lageverhältnisse). Diese Besonderheiten sind für euch hier noch mal erklärend zusammengefasst und bringen euch so hoffentlich Extrapunkte im Examen.

Beim Truncus coeliacus sind die gebildeten Anastomosen und der Verlauf der A. hepatica communis sowie ihre Äste besonders wichtig:

- Drei Hauptäste: A. gastrica sinistra, als stärkster Ast die A. splenica und A. hepatica communis.
- Die A. gastrica sinistra bildet mit der A. gastrica dextra (aus der A. hepatica propria) an der kleinen Magenkurvatur eine Anastomose.
- Die A. hepatica communis zweigt sich in die A. hepatica propria (zieht im Lig. hepatoduodenale zur Leber) und die A. gastroduodenalis (bei einem Ulkus besteht Blutungsgefahr in der Pars superior des Duodenums) auf.
- Aus der A. gastroduodenalis entspringt die A. gastroomentalis dextra, die an der großen Magenkurvatur mit der A. gastroomentalis sinistra anastomosiert.
- Die A. splenica zieht am Oberrand des Pankreas zur Milz und von ihr zweigt die A. gastroomentalis sinistra ab.

Sehr gerne wird auch nach der Pars superior duodeni gefragt. Ihr solltet dazu wissen, dass die Pars superior duodeni intraperitoneal liegt. Die restlichen Anteile des Duodenums jedoch sekundär retroperitoneal liegen.
Zur A. mesenterica superior solltet ihr euch Folgendes merken:
Die A. mesenterica superior versorgt den gesamten Dünndarm, Blinddarm, das Colon ascendens und Teile des Colon transversum. Ihre Äste anatomosieren in der linken Colonflexur mit Ästen der A. mesenterica inferior.

Der nächste wichtige Ast der Aorta abdominalis ist die A. mesenterica inferior.
Die A. mesenterica inferior bildet über einen ihrer Äste - die A. colica sinistra - eine Anastomose mit der A. colica media (= Ast der A. mesenterica superior). Ihr Versorgungsgebiet reicht damit von der linken Colonflexur bis zu den oberen Rektumanteilen, die sie über die A. rectalis superior versorgt.

Auch im Bereich des Dickdarms gibt es wieder die Besonderheiten der Lageverhältnisse zu beachten.

- Alles was ein „Meso“ hat, liegt intraperitoneal: Colon transversum, Colon sigmoideum, Caecum mobile, Rektum mobile.
- Alle anderen Kolonanteile (= Colon ascendens, Colon descendens, Caecum fixum) liegen sekundär retroperitoneal. Sie wurden ursprünglich intraperitoneal angelegt und kamen dann sekundär retroperitoneal zum Liegen.
- Das Rektum fixum liegt extraperitoneal.

Von besonderem Interesse ist im Bereich des Rektums die Zona columnaris mit den Columnae anales.

- Die Columnae anales dienen dem gasdichten Verschluss des Rektums. Sie entsprechen einem arteriovenösen Gefäßgeflecht, das arterielle Zuflüsse aus der A. mesenterica inferior über die A. rectalis superior erhält. Dieser besondere Punkt, dass hier eine Mitversorgung über die A. mesenterica inferior erfolgt, wurde schon in mehreren Examina gefragt.

Die Gefäßversorgung des Rektums ist durch den unterschiedlichen Ursprung der drei versorgenden Arterien ein immer wieder gerne gefragtes Prüfungsthema.

Die Versorgung erfolgt über drei Arterien:

- A. rectalis superior (aus der A. mesenterica inferior),
- A. rectalis media (aus der A. iliaca interna) und
- A. rectalis inferior (aus der A. pudenda interna).

Die Muskelwand der unteren Rektumabschnitte wird oberhalb des Beckenbodens durch die A. rectalis media, unterhalb des Beckenbodens durch die A. rectalis inferior versorgt.
Der venöse Abfluss ist vor allem im Bezug auf den Metastasierungsweg von Karzinomen von Belang.
Das venöse Blut der oberen Rektumanteile fließt in den Pfortaderkreislauf ab. Dies hat zur Folge, dass es im Rahmen eines Karzinoms zu Lebermetastasen kommen kann. Die unteren Rektumanteile haben ihren venösen Abfluss dagegen in die V. iliaca interna.

Die V. iliaca interna mündet in die V. cava inferior. Von hier gelangt das venöse Blut über den rechten Vorhof und die rechte Herzkammer in den Lungenkreislauf. Wenn ein Karzinom in diesen unteren Rektumbereichen liegt, kann es auf diesem Weg zu Lungenmetastasen kommen.

BASICS MÜNDLICHE

Wie wird der Magen arteriell versorgt?
Über die A. gastrica sinistra (= direkter Ast aus dem Truncus coeliacus) und die A. gastrica dextra (= Ast der A. hepatica propria). Weiterhin über die A. gastroomentalis sinistra (= Ast aus der A. splenica) und A. gastroomentalis dextra (entspringt der A. gastroduodenalis).

Was ist die Papilla duodeni major?
Die Papilla duodeni major ist die gemeinsame Mündungsstelle von Ductus pancreaticus und Ductus choledochus im Pars descendens duodeni.

Welche Anastomosen im Bereich des Dickdarms kennen Sie?
Die A. mesenterica superior anastomosiert über die A. colica media mit der A. colica sinistra der A. mesenterica inferior (= Riolan-Anastomose).

Können Sie sich vorstellen, warum Rektumkarzinome sowohl zuerst in die Lunge als auch in die Leber metastasieren können?
Die venösen Abflüsse des Rektums erfolgen in den unteren Anteilen über die V. iliaca interna in die V. cava inferior und so zur Lunge. Die oberen Rektumanteile fließen über die V. mesenterica inferior in die V. portae und somit in die Leber.

Was sind Taenien und wo sind sie zu finden?
Zu finden sind Taenien im Dickdarm. Sie entsprechen zusammen gerückten Streifen der Längsmuskulatur. Man unterscheidet eine Taenia libera, eine Taenia mesocolica und eine Taenia omentalis. An den sek. retroperitoneal gelegenen Kolonanteilen sieht man jedoch nur die Taenia libera.

VENE RAUF UND ARTERIE RUNTER. DIESE PAUSE MACHT EUCH WIEDER MUNTER.

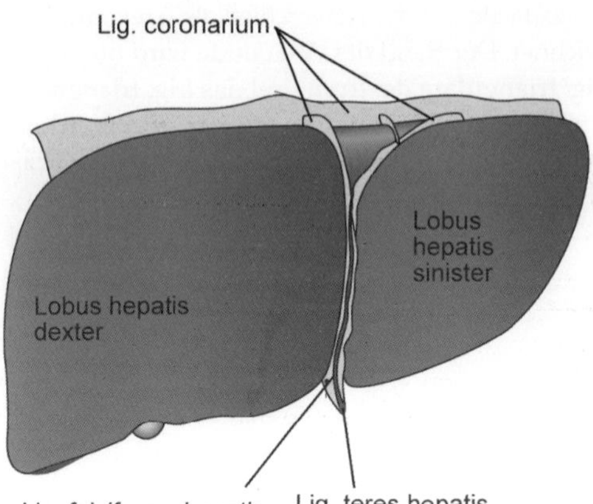

Abb. 16: Leber ventral

3 Leber und Gallenblase

Die Leber und die Gallenblase sind übersichtliche Gebiete der makroskopischen Anatomie. Der Schwerpunkt dieses Kapitels befasst sich mit den topographischen Gesichtspunkten, die immer wieder geprüft werden. Ein weiteres besonderes Augenmerk solltet ihr auf den Verlauf der ableitenden Gallenwege legen.

3.1 Leber

Die Leber ist quasi das Labor unseres Körpers: In ihr finden zahlreiche Stoffwechselvorgänge statt, sie dient als Vitamin-B_{12}-Speicher, ist eine exokrine Drüse (mit der Gallenflüssigkeit als Produkt) und produziert wichtige Faktoren für die Blutgerinnung. Sie ist am Zwerchfell fixiert, somit atemverschieblich und liegt intraperitoneal unter dem rechten Rippenbogen.

3.1.1 Leberoberfläche

Man kann die Leberoberfläche in eine **Facies diaphragmatica**, die dem Zwerchfell anliegt und eine **Facies visceralis**, die den Rest der Leber überzieht, unterteilen. Betrachtet man die Leber von ventral, so sieht man auf den größeren **rechten Leberlappen** und den kleineren **linken Leberlappen**. Das **Lig. falciforme** teilt den linken vom rechten Leberlappen und enthält an seinem freien Ende das **Lig. teres hepatis**, das aus der obliterierten Nabelvene entstanden ist.

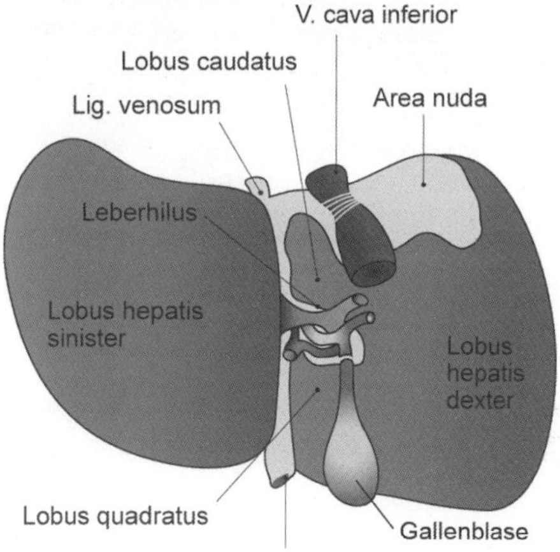

Abb. 17: Leber kaudal

Blickt man von kaudal auf die Leber so kann man vier Leberlappen unterscheiden: den **rechten** und den **linken Leberlappen**, zwischen den beiden einen oben gelegenen **Lobus caudatus** und den unten gelegenen **Lobus quadratus**. Zwischen Lobus caudatus und linkem Leberlappen erblickt man das **Lig. venosum**, das den Rest des Ductus venosus enthält. Weiterhin erkennt man die Leberpforte mit **Ductus hepaticus, V. portae** und **A. hepatica.** Die **Gallenblase** liegt der Leber am Lobus quadratus nach kaudal gerichtet an und überragt die Leber meist etwas nach unten. Im oberen Bereich ist die **V. cava inferior** zu erkennen, die durch das Lig. venae cavae fixiert ist. Folgende Organe stehen in enger anatomischer Beziehung zur Leber:

linker Leberlappen	rechter Leberlappen
• Magen • Ösophagus	• Colon • Duodenum • rechte Niere • rechte Nebenniere

Tabelle 9: Organe mit enger anatomischer Beziehung zur Leber

Die Leber wird in acht Segmente unterteilt. Die Äste der **V. portae hepatis** unterteilen diese Segmente in eine kraniale und kaudale Gruppe. Ins Zentrum eines jeden Segments zieht ein größerer Ast der **V. portae hepatis**.

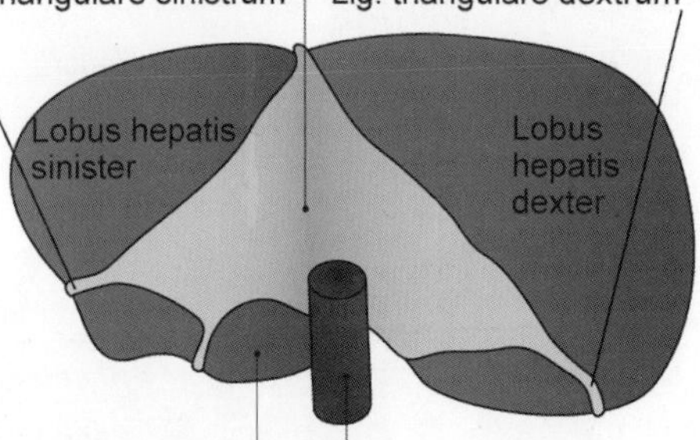

Abb. 18: Leber von oben

linker Leberlappen	
Segment 1	Lobus caudatus
Segment 2	Segmentum laterale (kranial)
Segment 3	Segmentum laterale (kaudal)
Segment 4 4a 4b	Lobus quadratus kranialer Teil kaudaler Teil

rechter Leberlappen	
Segment 5	Segmentum anterius (kaudal)
Segment 6	
Segment 7	
Segment 8	Segmentum anterius (kranial)

Tabelle 10a+b: Topographische Zuordnung der Leber segmente

Die **Facies diaphragmatica** wird an ihrer Verwachsungsfläche mit dem Zwerchfell als **Area nuda** bezeichnet. Der Rand der Area nuda wird durch das **Lig. triangulare dextrum** und das **Lig. triangulare sinistrum** gebildet. Als **Lig. coronarium** bezeichnet man im Allgemeinen die Umschlagfalte der Facies visceralis zur Facies diaphragmatica.

Diese und über 600 weitere Cartoons
gibt es in unseren Galerien unter:

www.Rippenspreizer.com

3.1.2 Gefäßversorgung der Leber

Arteriell wird die Leber über die **A. hepatica propria**, die dem **Vas privatum** der Leber entspricht, versorgt.
Der venöse Abfluss erfolgt über die **Vv. hepaticae**, die das venöse Blut zur **V. cava inferior** ableiten.

3.1.3 Pfortaderkreislauf

Über das Pfortadersystem werden die Nährstoffe aus den Darmanteilen zur Leber transportiert. Um die wichtigen Fakten des Pfortadersystems parat zu haben, sollte man sich die folgenden Punkte einprägen:
Die **V. portae** erhält ihre Zuflüsse aus der **V. mesenterica superior**, der **V. splenica** und der **V. mesenterica inferior.** Die V. mesenterica inferior mündet in der Mehrzahl der Fälle in die V. splenica. Hier gibt es sicherlich unterschiedliche Normvarianten, für das Examen zählt jedoch nur der Regelfall. Das Gebiet des venösen Abflusses der einzelnen Venen entspricht hierbei dem Versorgungsgebiet der A. mesenterica superior, A. splenica und A. mesenterica inferior. Die V. portae ist als das **Vas publicum** der Leber zu bezeichnen.

MERKE:
- Das venöse Blut aller unpaaren Bauchorgane fließt in die V. portae.
- Die V. portae hepatis ist Bestandteil des enterohepatischen Kreislaufs.

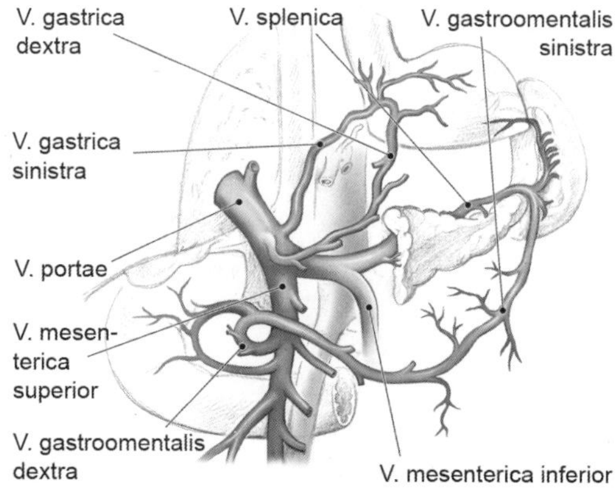

Abb. 19: Pfortaderkreislauf

3.2 Gallenblase

Beim Thema Galle ist zunächst eine Klärung der Begriffe notwendig, denn die Umgangssprache ist hier sehr ungenau und deshalb der Feind jeder mündlichen Prüfung: Die Galle (eigentlich ist Gallenflüssigkeit hier das bessere Wort!) ist ein Produkt der Leber und man sollte sich tunlichst davor hüten, in einer mündlichen Prüfung die Gallenblase als Galle zu bezeichnen.

3.2.1 Funktion der Gallenblase

Die Gallenblase dient als Reservoir, um bei Bedarf Gallenflüssigkeit in das Duodenum abgeben zu können. Sie liegt der Leber von dorsal an und ist ein sackförmiges Hohlorgan mit muskulösen Anteilen. Die Gallenflüssigkeit sammelt sich in den Gallengängen der Leber, die sich dann zum **Ductus hepaticus communis** vereinigen. Nach wenigen Zentimetern folgt hier die Abzweigung des **Ductus cysticus**, der die Gallenflüssigkeit zur Gallenblase ableitet. Die **Plica spiralis** als Spiralklappe zwischen Gallenblasenhals und Ductus cysticus soll bei plötzlicher Steigerung des Bauchbinnendruckes die Entleerung der Gallenblase verhindern. Fortgeführt wird der Ductus hepaticus communis nach dieser Abzweigung als Ductus choledochus (Pars descendens) und tritt schließlich in das Lig. hepatoduodenale ein. Im Regelfall münden Ductus choledochus und Ductus pancreaticus in einem gemeinsamen erweiterten Endabschnitt (= Ampulla hepatopancreatica), um zusammen in die Pars descendens duodeni (Papilla duodeni major) zu münden.

Von besonderem Belang bei Gallensteinen sind die Engstellen der Gallengänge. Meist bleiben Gallensteine im relativ engen Ductus cysticus oder aber an der Papilla duodeni major stecken.

Übrigens...

- In der Mehrzahl der Fälle vereinigen sich Ductus choledochus und Ductus pancreaticus, bevor sie in das Duodenum einmünden.
- Bei einer Gallenkolik klagt der Patient über Schmerzen in der Medioklavikularlinie unterhalb des rechten Rippenbogens.
- Als enterohepatischen Kreislauf bezeichnet man die Zirkulation von Substanzen über Darm, Vena portae, Leber, und Produktion von Galle, welche schließlich wieder dem Darm zugeführt wird.

3.2.2 Gefäßversorgung der Gallenblase

Arteriell wird die Gallenblase über die A. cystica (zumeist) aus dem Ramus dexter der A. hepatica propria versorgt. Die A. hepatica propria entspringt aus der A. hepatica communis, die einer der drei Ursprungsäste des Truncus coeliacus ist. Der venöse Abfluss erfolgt über die V. cystica direkt in die V. portae.

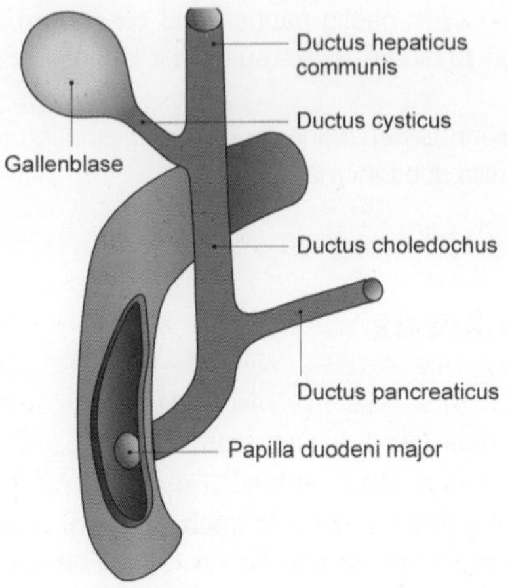

Abb. 20a: Gallengänge

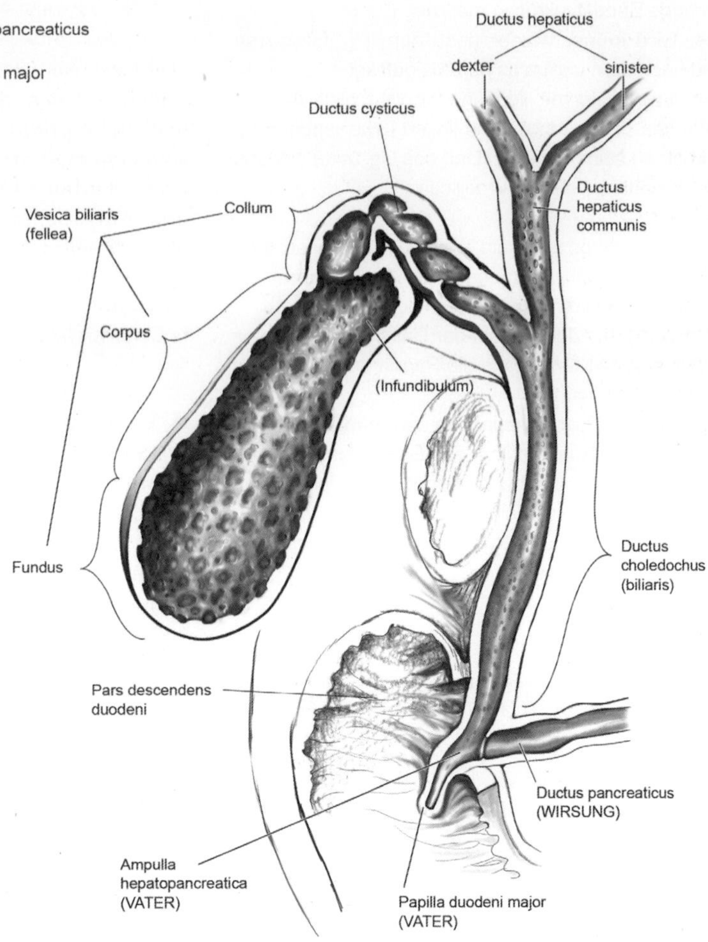

Abb. 20b: Gallengänge

DAS BRINGT PUNKTE

Die Bereiche Leber und Gallenblase sind recht überschaubar und lassen sich durch die folgende Zusammenfassung schnell wiederholen. Damit seid ihr in diesem Bereich bestens auf die Fragen der makroskopischen Anatomie vorbereitet.
In den schriftlichen Examina wird großer Wert auf die anatomische Nähe der Leber zu bestimmten Organen gelegt. Ihr solltet euch deshalb einprägen, welche Organe in welcher topographischen Beziehung zur Leber liegen:

- am linken Leberlappen: Magen und Ösophagus,
- am rechten Leberlappen: rechte Niere, rechte Nebenniere, Duodenum und rechte Colonflexur.

Zur Leberoberfläche sollte man sich vor allem zwei wichtige Bandstrukturen merken:
Hier wird immer wieder nach dem Lig. falciforme und nach dem Lig. teres hepatis gefragt.
Das Lig. falciforme liegt in der ventralen Ansicht zwischen dem rechten und linken Leberlappen und enthält an seinem freien Rand das Lig. teres hepatis mit der obliterierten V. umbilicalis.

Die Gallengänge sind ein weiteres Lieblingsthema des schriftlichen Examens. Hier noch einmal die wichtigsten Fakten zur Wiederholung:
Man sollte hier den Verlauf der Gallengänge von der Leber bis zur Mündung in die Papilla duodeni major wiedergeben können.
Leberpforte, Ductus hepaticus communis, nach Abgang des Ductus cysticus zur Gallenblase: Ductus choledochus (im Lig. hepatoduodenale). Der Ductus choledochus vereinigt sich im Regelfall mit dem Ductus pancreaticus und tritt so in den absteigenden Teil des Duodenums ein.

BASICS MÜNDLICHE

Beschreiben Sie bitte die großen Gefäße des Pfortadersystems.
In die V. portae münden die V. mesenterica superior und die V. splenica. Die V. splenica nimmt im Regelfall die V. mesenterica inferior auf.

Wie kann man die Leberlappen unterteilen?
Linker und rechter Leberlappen, Lobus caudatus und Lobus quadratus.

Welche Organe liegen in topographischer Beziehung zur Leber?
Colon, Duodenum, Magen, Ösophagus, rechte Niere und rechte Nebenniere.

An welchen Stellen der Gallenwege bleiben Gallensteine besonders häufig hängen und können so zu Koliken und zu einem Rückstau der Gallenflüssigkeit führen?
Häufig bleiben Gallensteine im Ductus cysticus und an der Papilla duodeni major hängen.

4 Pankreas

Das Pankreas ist eine Drüse mit sowohl endokrinen Anteilen, die Insulin, Glukagon und Somatostatin produzieren, als auch mit exokrinen Anteilen, die Enzyme für die Protein-, Fett- und Kohlenhydrataufspaltung (= Trypsin, Lipase und Amylase) produzieren. Pro Tag gelangen über diesen exokrinen Anteil um die 2 Liter Pankreassaft in den Dünndarm und neutralisieren dort unter anderem den sauren Speisebrei (= Chymus).

4.1 Lage und Aufbau

Makroskopisch lässt sich das Pankreas in sein **Caput** (liegt in der C-Schlinge des Duodenums), den **Processus uncinatus** (reicht bis hinter die A. und V. mesenterica superior), einen **Corpus** (liegt an der Hinterwand der Bursa omentalis) und in seinen **Schwanz** (reicht bis zum Lig. splenorenale) unterteilen.
Das gesamte Organ liegt sekundär retroperitoneal und überzieht die Wirbelsäule in Höhe L1 – L2. Es hat in etwa eine Länge von 14-18 cm und ein Gewicht von 65-80 Gramm.
Der **Pankreasgang** (= Ductus pancreaticus) durchzieht die gesamte Bauchspeicheldrüse und mündet auf der **Papilla duodeni major** (= Vateri) in den absteigenden Teil des Duodenums. In der Mehrzahl der Fälle vereinigt er sich vorher mit dem Ductus choledochus.

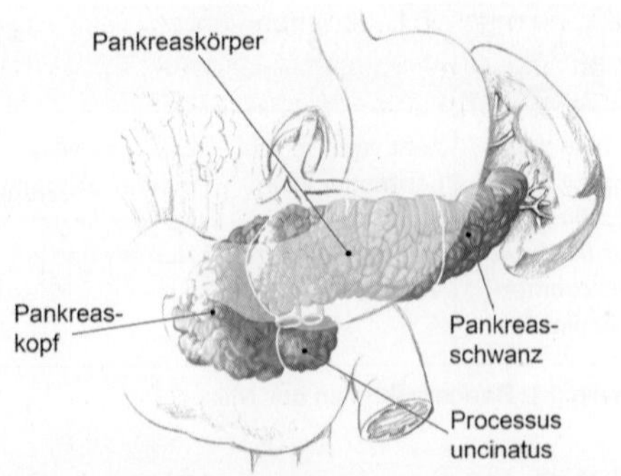

Abb. 21: Pankreas Übersicht

4.1.1 Gefäßversorgung des Pankreas

Das Caput und der Processus uncinatus des Pankreas werden arteriell aus dem Truncus coeliacus über die A. hepatica communis, A. gastroduodenalis und A. pancreaticoduodenalis superior versorgt. Aus der A. mesenterica superior erfolgt eine weitere arterielle Versorgung über die A. pancreaticoduodenalis inferior.

MERKE:
A. mesenterica superior und Truncus coeliacus bilden hier über A. pancreaticoduodenalis inferior und A. pancreaticoduodenalis superior eine Anastomose.

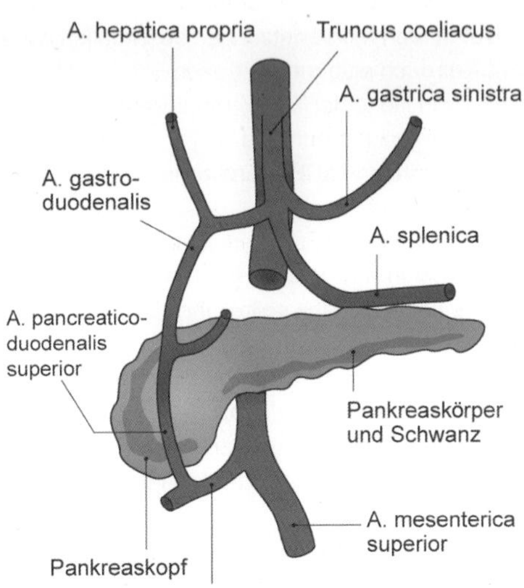

Abb. 22: Arterielle Versorgung

Die A. mesenterica superior entspringt hinter dem Pankreaskopf und legt sich vor den Processus uncinatus.
Corpus und Cauda des Pankreas werden über Äste der A. splenica versorgt. Die A. splenica ist der stärkste Ast des Truncus coeliacus und zieht entlang des Corpus zum Milzhilus.

Das venöse Blut fließt aus den Vv. pancreaticae über die V. splenica und die V. mesenterica superior in die Pfortader ab.

DAS BRINGT PUNKTE

Beim Thema Pankreas bezogen sich bisher die meisten makroskopischen Anatomiefragen der schriftlichen Examina auf das Lageverhältnis des Pankreas im Bezug auf das Peritoneum oder aber auf die anatomische Nähe zu bestimmten Organen und anatomischen Strukturen. Unbedingt einprägen solltet ihr euch daher folgende topographische Zusammenhänge:

- Das Pankreas liegt sekundär retroperitoneal und
- an der Hinterwand der Bursa omentalis.
- Der Pankreaskopf liegt im duodenalen C.
- Der Schwanz des Pankreas reicht bis an den Milzhilus heran und verläuft in nächster Nähe zur linken Niere und linken Nebenniere.
- Die A. mesenterica superior tritt unter dem Pankreaskopf hervor und legt sich vor den Processus uncinatus.

BASICS MÜNDLICHE

Beschreiben Sie bitte das Lageverhältnis des Pankreas in Bezug auf das Peritoneum.
Das Pankreas liegt sekundär retroperitoneal.

Beschreiben Sie bitte kurz die Funktionen des Pankreas.
Ein Organ mit exokrinen (= Verdauungsenzyme), als auch endokrinen (= Insulin, Glukagon und Somatostatin) Drüsenanteilen.

5 Milz

Die Milz dient in erster Linie der Blutmauserung: abnorme oder altersschwache Blutzellen werden in ihr herausgefiltert und abgebaut. Weiterhin erfüllt die Milz eine Abwehrfunktion und ist ein lymphatisches Organ.

5.1 Lage und Aufbau

Makroskopisch kann man sich die Milzgröße mit 4711 (wie das „Kölnischwasser") merken, 4 cm x 7 cm x 11 cm. Sie liegt intraperitoneal im linken Oberbauch, etwa in Höhe der 9.–11. Rippe, ist atemverschieblich und sollte beim Gesunden nicht zu tasten sein.

MERKE:
Jede tastbare Milz bedarf einer weiteren diagnostischen Abklärung!

Übrigens...
Durch ihre Lage direkt an der 9.- 11. Rippe ist die Milz besonders bei stumpfen Traumen an der linken Flanke gefährdet. Ein Milzriss kann am Anfang unentdeckt bleiben, ist jedoch durch die sehr gute Durchblutung des Organs meist lebensgefährlich. Eine Milzruptur lässt sich sonographisch als Randsaum (= Flüssigkeitsansammlung) um die Milz oder als Flüssigkeitsansammlung im Koller-Pouch nachweisen. Als Koller-Pouch bezeichnet man den Raum zwischen linker Niere und Milz (= Recessus splenorenalis).

Die Form der Milz lässt sich als große Kaffeebohne beschreiben. Ihr normales Gewicht liegt bei 150-200 Gramm. Auf der Milzoberfläche lässt sich eine Facies visceralis von einer Facies diaphragmatica unterscheiden.

5.1.1 Wichtige Bandstrukturen der Milz

Die Bandverbindungen der Milz werden gerne geprüft. Es lohnt sich also, sich etwas länger mit der folgenden Tabelle zu beschäftigen.

Lig. gastrosplenicum	Lig. splenorenale	Lig. phrenicocolicum
verbindet Magen mit dem Milzhilus und enthält die **A. gastroomentalis sinistra**	zieht vom Retroperitoneum zum Milzhilus und enthält die **A.** und **V. splenica**	bildet die **Milznische** und zieht von der linken Rumpfwand zur linken Kolonflexur

Tabelle 11: Bandstrukturen der Milz

5.1.2 Gefäßversorgung der Milz

Die arterielle Versorgung erfolgt aus dem Truncus coeliacus über seinen stärksten Ast, die A. splenica. Die **A. splenica** tritt am Milzhilus in die Milz ein.
Das venöse Blut fließt über die V. splenica in die Pfortader ab. Die **V. splenica** hat ihren Ursprung am Milzhilus und zieht entlang des Caput des Pankreas zur Pfortader.

DAS BRINGT PUNKTE

Auch in den vorklinischen Examina wird immer wiederkehrend nach der Lage der Milz gefragt. Die Lage der Milz zu kennen, ist auch unter dem Aspekt der Gefahr von Milzverletzungen bei Unfällen wichtig. Ihr solltet euch also merken, dass
- die Milz in Höhe der 9.-11. Rippe liegt,
- sie atemverschieblich und
- beim Gesunden **NICHT** tastbar ist.

Wie schon erwähnt, sind auch die Bandstrukturen der Milz ein immer wieder gerne geprüftes Thema. Die folgenden Bänder solltet ihr euch deshalb gut einprägen:
- Das **Lig. gastrosplenicum** enthält die A. gastroomentalis sinistra und die Aa. gastricae breves. Es zieht von der großen Kurvatur des Magens zur Milz und kann als Fortsetzung des Lig. gastrocolicum gesehen werden.
- Das **Lig. splenorenale** spannt sich von der linken Niere zum Milzhilus und enthält die A. und V. splenica.
- Das **Lig. phrenicocolicum** bildet die Milznische und zieht vom Zwerchfell zum Kolon.

BASICS MÜNDLICHE

Warum ist die Milz besonders bei Unfällen gefährdet?
Durch ihre Lage an der seitlichen Bauchwand kann es bei einem Trauma schnell zu Verletzungen durch die Rippen oder zu einem Milzriss infolge der direkten Kraftübertragung kommen.

Erläutern Sie bitte kurz die Lage der Milz in Bezug zum Peritoneum.
Die Milz liegt intraperitoneal.

Beschreiben Sie bitte die Oberfläche der Milz.
Man kann eine Facies visceralis von einer Facies diaphragmatica unterscheiden.

KLEINE PINKELPAUSE GEFÄLLIG, BEVOR ES GLEICH MIT DEM HARNTRAKT WEITERGEHT?

6 Harntrakt und Nebennieren

Unter dem Begriff Harntrakt werden folgende Organe zusammengefasst:

- Niere (= Ren),
- Harnleiter (= Ureter),
- Harnblase (= Vesica urinaria),
- Harnröhre (= Urethra).

Die makroskopischen Aspekte des Harntrakts befassen sich in erster Linie mit dem Verlauf von Harnleiter und Harnröhre, mit den Lageverhältnissen der Organe und mit ihrer Blutversorgung. Aufgrund der unterschiedlichen anatomischen Verhältnisse der männlichen und weiblichen Harnröhre wird diese jeweils in den Abschnitten der männlichen und weiblichen Geschlechtsorgane besprochen.

6.1 Niere

Die Nieren regulieren unseren Flüssigkeits- und Mineralhaushalt, entfernen harnpflichtige Substanzen (= Harnstoff, Ammoniak) und bilden Renin zur Blutdruckregulierung und Erythropoetin für die Blutbildung.
Bei einem ausgewachsenen Menschen sind die Nieren etwa 10 cm x 4 cm x 5 cm groß und wiegen um die 120-300 Gramm.
Die Oberfläche der Nieren wird von der **Capsula fibrosa** überzogen und hat dadurch eine glatte und derbe Konsistenz. Um die Nieren mitsamt Nebennieren liegt die **Capsula adiposa** (= eine Fettschicht). Ein gemeinsamer **Fasziensack**, der nach medial (zum Eintritt der Gefäße) und nach medial-unten (zum Austritt des Ureters) eine Öffnung aufweist, umschließt schließlich Niere und Nebenniere.

6.1.1 Lageverhältnisse der Nieren

Die Nieren liegen primär retroperitoneal, seitlich parallel zur Wirbelsäule (in Höhe BWK12-LWK3) und haben folgende topographische Beziehungen:

linke Niere	rechte Niere
• Magen • Milz • Pankreas • Flexura coli sinistra • linke Nebenniere	• Pars descendens duodeni • Flexura coli dextra • Leber • rechte Nebenniere

Tabelle 12: Organe mit enger anatomischer Beziehung zu den Nieren

6.1.2 Gefäßversorgung der Nieren

Die rechte Niere wird über die **A. renalis dextra** (= rechte Nierenarterie) arteriell versorgt, die aus der Aorta abdominalis entspringt und hinter der V. cava inferior und dem Pankreaskopf verläuft.
Die **A. renalis sinistra** (= linke Nierenarterie) verläuft von der Aorta abdominalis hinter dem Pankreaskörper zur linken Niere.
Die **V. renalis dextra** (= rechte Nierenvene) mündet direkt in die **V. cava inferior**, während die V. renalis sinistra (= linke Nierenvene) knapp unter dem Ursprung der A. mesenterica superior über die Aorta hinweg zieht. Diese Überkreuzung wird von manchen Anatomen als „Nussknacker" bezeichnet.

MERKE:
Wenn man sich vor Augen führt, dass die Aorta näher zur linken Niere und die V. cava näher zur rechten Niere liegt, kann man sich die obigen Lageverhältnisse der Gefäße einfacher erklären.

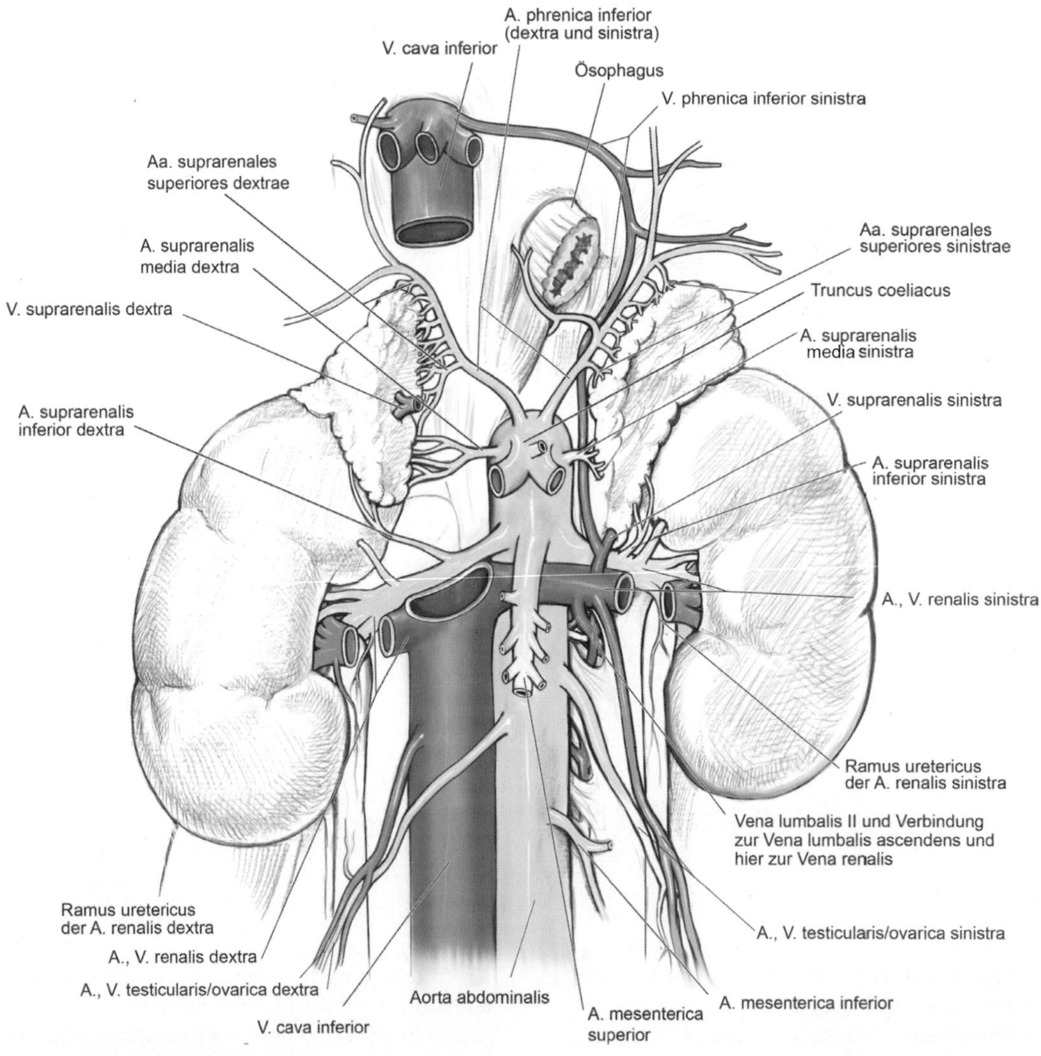

Abb. 23: Gefäße der Niere

6.2 Nebenniere

Die **Glandulae suprarenales** (= Nebennieren) sitzen den beiden Nieren am oberen Pol auf und sind von Fettgewebe (= Capsula adiposa) umgeben. Die rechte Nebenniere liegt in einer Nische zwischen Niere, V. cava inferior und der Leber. Die linke Nebenniere grenzt an die Aorta abdominalis.

6.2.1 Funktion der Nebennieren

Die Nebennieren zählen zu den endokrinen Organen. Sie produzieren in ihrer Rinde **Steroidhormone** und in ihrem Mark **Katecholamine**.
In den folgenden Tabellen seht ihr die Steroidhormone und die Katecholamine der Nebenniere in einer Übersicht. Ihr solltet euer Augenmerk auf die fettgedruckten Hormone richten und diese in der Prüfung wiedergeben können.

Mineralocorticoide	Glucocorticoide
• Corticosteron • 11-Desoxycorticosteron • **Aldosteron**	• 11-Desoxycortisol • **Cortisol**

Tabelle 13: Mineralo- und Glucocorticoide der Nebennierenrinde

Androgene	Gestagene	Östrogene
• Dehydroepiandrosteron (= DHEA) • Androstendion • 11-Hydroxyandrostendion • Testosteron (geringe Mengen)	• 17-Hydroxyprogesteron • Progesteron	• Östron • Östradiol

Tabelle 14: Sexualhormone der Nebennierenrinde

Katecholamine
• **Adrenalin** • **Noradrenalin**

Tabelle 15: Katecholamine des Nebennierenmarks

6.2.2 Gefäßversorgung der Nebennieren

Da die Nebennieren wichtige endokrine Hormone produzieren, muss eine sehr gute Blutversorgung gewährleistet sein. Die arterielle Versorgung erfolgt daher aus drei unterschiedlichen Arterien:

A. suprarenalis superior	A. suprarenalis media	A. suprarenalis inferior
entspringt links und rechts aus der A. phrenica inferior	entspringt direkt aus der Aorta abdominalis	entspringt jeweils aus der linken und rechten A. renalis

Tabelle 16: Arterielle Versorgung der Nebennieren

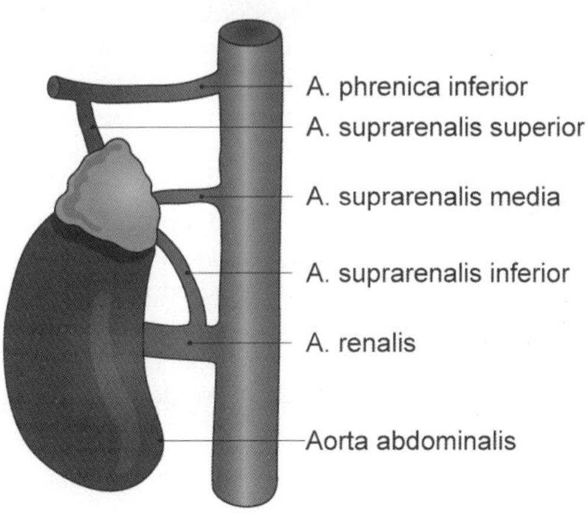

Abb. 24: Gefäße Nebennieren

Der venöse Abfluss der Nebennieren erfolgt **rechts** direkt in die **V. cava inferior**, **links** erst in die **V. renalis**, welche die Aorta überkreuzt und mündet dann in die V. cava inferior.

MERKE:
Die Natur geht den einfachsten Weg: rechts liegt die V. cava inferior nahe an der Nebenniere, links muss erst die Aorta überkreuzt werden. Hierfür wird die bereits vorhandene V. renalis benutzt.

6.3 Ureter

In diesem Kapitel geht es um den klinisch wichtigen Verlauf des Ureters und die damit verbundenen Konsequenzen bei Erkrankungen des Harnsystems.

6.3.1 Aufbau und Lage

Der etwa 30 cm lange Ureter entspringt am **Pelvis renalis** (= Nierenbecken) und tritt durch eine Öffnung im Fasziensack aus diesem heraus. Er verläuft im Retroperitoneum bis zu seiner Mündung in die **Vesica urinaria** (= Harnblase) im Trigonum vesicae.

Übrigens...

- Bezüglich der Diagnostik von Nierensteinen ist es wichtig zu wissen, dass der Ureter an manchen Stellen enger als an anderen ist. An diesen Engstellen können sich Nierensteine festsetzen und so zu **Koliken** führen.

1. Ureterenge	2. Ureterenge	3. Ureterenge
direkt am Übergang des Nierenbeckens in den Ureter	bei der Überkreuzung der A. iliaca communis oder manchmal der A. iliaca externa	direkt am Übergang vom Ureter in das Trigonum vesicae der Harnblase

Tabelle 17: Ureterengen

- Koliken sind Schmerzen, die durch eine Überdehnung der Ureterwände ausgelöst werden. Ein Nierenstein bleibt an einer Ureterengstelle stecken und verursacht so einen Rückstau mit einer Wandüberdehnung.

In den schriftlichen und mündlichen Prüfungen wird gerne nach dem Verlauf des Ureters gefragt. Hier ist es von besonderer Wichtigkeit, die Strukturen zu beschreiben, die vom Ureter überkreuzt und unterkreuzt werden:

der Ureter unterkreuzt:	der Ureter überkreuzt:	der Ureter unterkreuzt:
• die A. und V. ovarica bei der Frau • die A. und V. testicularis beim Mann	sowohl bei Frau als auch beim Mann die A. und V. iliaca communis oder in manchen Fällen die A. und V. iliaca externa	• die A. uterina bei der Frau • den Ductus deferens beim Mann

Tabelle 18: Verlauf des Ureters

6.3.2 Gefäßversorgung des Harnleiters

Der Ureter wird jeweils durch die in der Nähe liegenden arteriellen Gefäße mitversorgt. Diese Gefäßversorgung unterliegt vielen Normvarianten Zur Orientierung sollte man sich jedoch merken, dass folgende arteriellen Gefäße an der Versorgung beteiligt sind:

- **A. renalis**
- **Aorta abdominalis**
- **A. ovarica** (Frau), **A. testicularis** (Mann)
- **A. iliaca interna**
- **A. uterina** (Frau)

6.4 Harnblase

Die Harnblase dient als Sammelstelle für den in den Nieren produzierten Urin und ist durch Kontraktion für dessen Austreibung zuständig. In den schriftlichen Examina beschränkten sich die Fragen der makroskopischen Anatomie bislang auf die Mündung der Ureteren und die Lage der Harnblase im Bezug zum Peritoneum.

6.4.1 Aufbau und Lage der Harnblase

Die **Vesica urinaria** (= Harnblase) liegt **subperitoneal**, also unter dem parietalen Blatt des Peritoneums. Sie speichert den Harn, den sie durch die Ureteren zugeleitet bekommt. Als muskulöses Hohlorgan hat sie ein Fassungsvermögen von normal 300-500 ml, bis maximal 1500 ml. Makroskopisch kann man die Harnblase in den **Corpus vesicae** (= Blasenkörper), den **Apex vesicae** (= Blasenspitze), den **Fundus vesicae** (= Blasengrund) und das **Collum vesicae** (= Blasenhals) unterteilen.

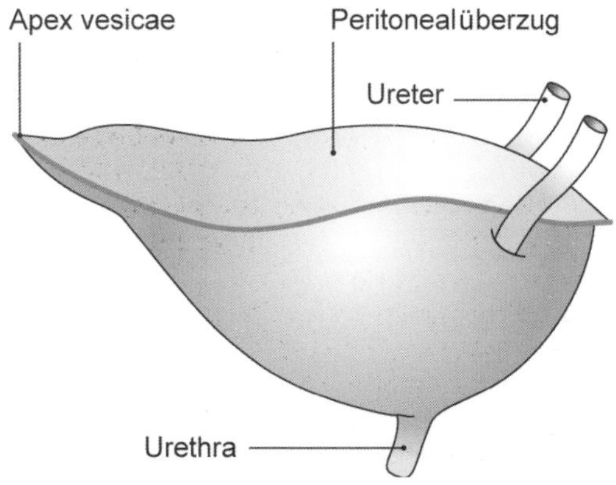

Abb. 25: Harnblase

6.4.2 Gefäßversorgung der Harnblase

Die arterielle Versorgung der Harnblase erfolgt über **A. vesicalis superior** (= Ast der A. umbilicalis) und **A. vesicalis inferior** (= Ast der A. iliaca interna).

Der venöse Abfluss erfolgt über den **Plexus venosus vesicalis** (liegt den unteren Anteilen der Harnblase an) in die V. iliaca interna.

6.4.3 Innervation der Harnblase

Die gesamte Harnblase wird von Muskelfasern des **M. detrusor vesicae** umgeben. Er ist **parasympatisch** innerviert und dient der Austreibung des Harns bei Kontraktion. Die Sensoren des Parasympathikus liegen als Perikaryen in den Spinalganglien an der hinteren Wurzel der Spinalnerven. Eine **sympatische** Innervation von Fasern des M. detrusor vesicae, die den Anfang der Urethra umschließen und so einen Verschluss bewirken, wird von verschiedenen Autoren kontrovers diskutiert und ist nicht gesichert. Das **Trigonum vesicae** liegt an der Innenseite der Harnblase und besteht aus einer Fortführung der Uretermuskulatur. In verschiedenen Lehrbüchern gibt es auch hierzu verschiedene Lehrmeinungen. Viel wichtiger ist jedoch, dass hier die beiden Ureteren münden und dass hier der Ursprung der Urethra liegt. Durch die Peristaltik der Uretermuskulatur werden die beiden Uretermündungen geöffnet.

DAS BRINGT PUNKTE

Die makroskopischen Fragen im Bezug auf die Niere befassen sich meist mit dem Aufbau der Nierenkapsel und mit der Nähe der Niere zu anderen wichtigen anatomischen Strukturen. Folgendes solltet ihr euch gut einprägen:

- Aufbau der Nierenkapsel von innen nach außen: Capsula fibrosa, Capsula adiposa (umfasst die Niere und Nebenniere), Fasziensack (mit seiner Öffnung am Nierenhilus).
- Die linke Niere hat Bezug zu folgenden Organen: Magen, Milz, Pankreas, linke Colonflexur, linke Nebenniere.
- Die rechte Niere liegt in anatomischer Nähe zum absteigenden Teil des Duodenums, der rechten Colonflexur und der Leber.
- Die Gefäßversorgung erfolgt über die A. renalis dextra und sinistra. Die V. renalis sinister zieht in der Nähe der A. mesenterica superior über die Aorta und bildet hier den „Nussknacker".

Zum Thema „Nebenniere" wird gerne deren Gefäßversorgung gefragt. Die Nebennierenarterien und -venen solltet ihr euch deshalb unbedingt merken:

- Drei Nebennierenarterien mit unterschiedlicher Herkunft: A. suprarenalis superior aus der A. phrenica inferior (= erster Ast der Bauchaorta), A. suprarenalis media (= direkter Ast aus der Aorta abdominalis) und A. suprarenalis inferior aus der A. renalis.
- Das venöse Blut wird im Regelfall über je eine V. suprarenalis abgeleitet. Auf der rechten Seite erfolgt der Abfluss über die V. suprarenalis dextra direkt in die V. cava inferior. Das venöse Blut der linken Nebenniere fließt über die linke V. suprarenalis erst in die linke V. renalis und gelangt dann über diese zur V. cava inferior.

Beim Thema Ureter liegt der Schwerpunkt der schriftlichen Examina auf dem Ureterverlauf und seinen Engstellen. Merkt euch deshalb:

- die drei Engstellen des Ureters: Abgang aus dem Nierenbecken, Überkreuzung der A. und V. iliaca communis, Eintritt in die Harnblase,
- den Verlauf des Ureters: entspringt am Nierenbecken, unterkreuzt die A. und V. ovarica bei der Frau oder die A. und V. testicularis beim Mann, überkreuzt die A. und V. iliaca communis, unterkreuzt die A. uterina bei der Frau oder den Ductus deferens beim Mann, tritt von hinten im Trigonum vesicae in die Harnblase ein.

Zur Harnblase solltet ihr schließlich noch folgende Fakten parat haben:

- Das Trigonum vesicae liegt an der dorsalen Innenseite der Harnblase und hat die Form eines Dreiecks. Hier liegen die Mündungsstellen der beiden Ureteren und die Urethra beginnt mit ihrem Ostium urethrae internum.
- Die Harnblase liegt in Bezug zum Peritoneum subperitoneal.

Zum Lymphabfluss des Beckens gilt es sich den Lymphstamm Truncus lumbalis zu merken:
Der Truncus lumbalis kann sowohl unpaarig als auch paarig angelegt sein. Er folgt der A. iliaca communis sowie der abdominellen Aorta und führt Lymphe hauptsächlich aus den unteren Extremitäten, den Beckeneingeweiden und der dorsalen Rumpfwand.

BASICS MÜNDLICHE

Beschreiben Sie bitte Gestalt und Lage der Nieren.
Die Nieren liegen primär retroperitoneal. Sie sind etwa 10 cm lang, 5 cm breit und 4 cm dick. Sie liegen im Bezug auf die Wirbelsäule in Höhe BWK12-LWK3.

Wo würden Sie Harnsteine im Verlauf des Ureters als erstes vermuten?
Harnsteine bleiben meist im Bereich der Engstellen des Ureters hängen:

- Ausgang aus dem Nierenbecken,
- Überkreuzung der A. und V. iliaca communis,
- Eintritt in die Harnblase.

Was mündet und entspringt im Trigonum vesicae?
In das Trigonum vesicae münden die beiden Ureteren und es entspringt die Urethra.

Welche anatomischen Strukturen werden vom Ureter in seinem Verlauf unterkreuzt?
Der Ureter unterkreuzt bei der Frau die A. und V. ovarica und die A. uterina. Beim Mann unterkreuzt der Ureter die A. und V. testicularis und den Ductus deferens.

7 Weibliche Geschlechtsorgane

Auf den folgenden Seiten werden die weiblichen Geschlechtsorgane von innen nach außen mit allen wichtigen Fakten durchleuchtet. Das besondere Augenmerk dieses Kapitels liegt auf den Bandstrukturen und der Gefäßversorgung, da beide Themen gerne geprüft werden.
Zuvor noch ein kleiner aber gefragter Exkurs zum Thema Engstellen des weiblichen Beckenkanals: Der Beckenkanal weist einige Engstellen auf, durch die der kindliche Kopf bei der Geburt hindurch muss (s. Abb. 26a und b). Im Vergleich zum Mann ist bei der Frau der Beckeneingang rundlicher bis quer-oval.

1 **Diameter conjugata (vera) anatomica** ist mit ca. 11,7 cm der Abstand zwischen Promontorium und Symphysenoberkante.
2 **Diameter conjugata vera (obstetricia)** ist mit nur 10-11 cm die effektiv engste Stelle des weiblichen Beckens und liegt zwischen Promontorium und Hinterfläche der Symphyse.
3 **Diameter conjugata diagonalis** ist mit ca. 13 cm die Distanz zwischen Promontorium und Unterrand der Symphyse (messbar).
4 **Diameter sagittalis (= conjugata recta)** ist mit 9-11,5 cm die Distanz zwischen der Steißbeinspitze und dem Unterrand der Symphyse.
5 **Diameter transversa** der Beckeneingangsebene ist mit 13,5 cm der größte Abstand zwischen den Lineae terminales.

Blick von medial

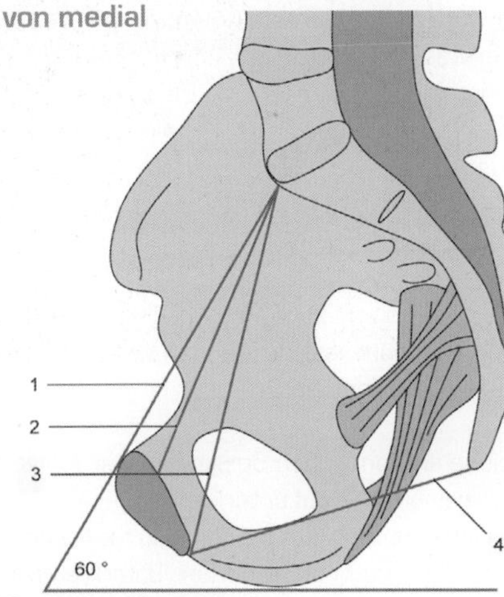

Abb. 26a: Beckendiameter

Blick von cranial

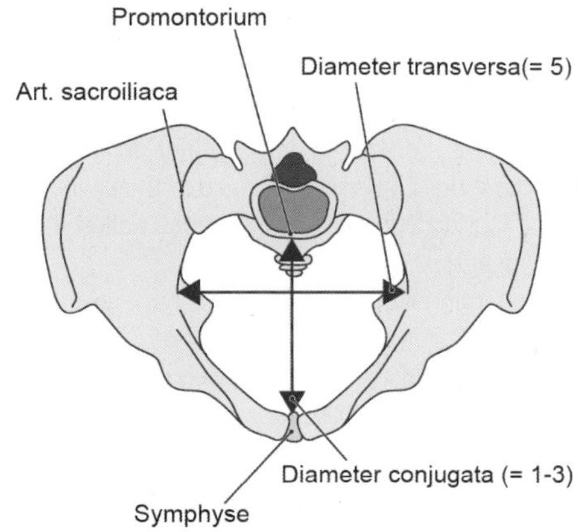

Abb. 26b: Beckendiameter

7.1 Innere weibliche Geschlechtsorgane

Zu den inneren weiblichen Geschlechtsorganen zählen die **Ovarien** (= Eierstöcke) , die **Tuba uterina** (= Eileiter), der **Uterus** (= Gebärmutter) und die **Vagina** (= Scheide).

7.1.1 Uterus

Der Uterus ist ein muskulöses Hohlorgan. Er dient der Eizelle zur Einnistung, ist dann für die Ernähung des Embryos zuständig und ermöglicht schließlich durch Kontraktion die Austreibung des Kindes.

Lage und Aufbau

Makroskopisch kann man den Uterus in den **Corpus uteri** (= Gebärmutterkörper), die **Cavitas uteri** (= Gebärmutterhöhle) und den **Cervix uteri** (= Gebärmutterhals) mit der **Portio vaginalis** (= Vorwölbung des Cervix in die Scheide) unterteilen. In dem Spalt zwischen Uterus und Rektum liegt die **Excavatio rectouterina**, die tiefste Stelle des Peritoneums. Die Excavatio rectouterina ist zu Untersuchungszwecken am besten über das hintere Scheidengewölbe der Vagina zugänglich.

Übrigens...
In der Klinik wird die Excavatio rectouterina auch als Douglasraum bezeichnet.

Im weiblichen Körper liegt der Corpus uteri nach vorne gekippt mit seiner Vorderfläche der Harnblase auf. Die Abkippung der Längsachse des Gebärmutterkörpers gegen die Längsachse des Gebärmutterhalses bezeichnet man als **Anteflexio uteri.** Als **Anteversio uteri** bezeichnet man die Abknickung der Längsachse des Gebärmutterhalses gegen die Längsachse der Vagina.

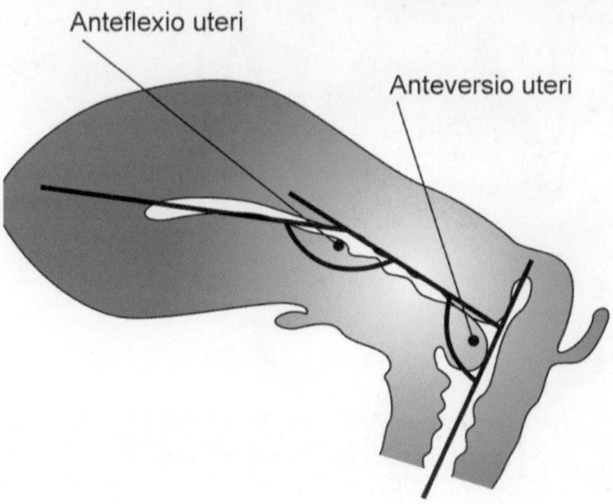

Abb. 27: Uterus anteversio und anteflexio

Halteapparat des Uterus

Der Uterus steht über das **Lig. teres uteri** mit den großen Schamlippen in Verbindung. Es verläuft vom Uterusrand in Höhe der Tuba uterina, durch den Leistenkanal zu den großen Schamlippen.
An den Seiten des Uterus spannt sich das **Lig. latum** Richtung seitlicher Beckenwand aus. Man sollte sich jedoch das Lig. latum nicht als abgetrenntes Bandsystem vorstellen, sondern es eher als eine Verdickung im Bindegewebe (lateral vom Uterus) betrachten. Das Lig. latum enthält die zuführenden und abführenden Uterusgefäße. Weiterhin wird es von Lymphgefäßen durchlaufen und enthält sogar glatte Muskelzellen. Von manchen Autoren wurde auch das Mesovar oder das Mesosalpinx zum Lig. latum gerechnet. In den letzten Jahren trennt man diese Begriffe jedoch voneinander und sieht das Mesovar und Mesosalpinx als selbstständige Strukturen an. Diese neuere Lehrmeinung wird in den schriftlichen Examina als richtig angesehen.

Gefäßversorgung des Uterus

Die Gebärmutter wird hauptsächlich über die **A. uterina** arteriell versorgt. Die **A. uterina** ist ein direkter Ast der A. iliaca interna. Zur Versorgung der Vagina gibt die A. uterina die A. vaginalis ab.
Um die Gebärmutter liegt ein venöses Gefäßgeflecht, der **Plexus venosus uteri**. Von hier aus fließt das venöse Blut in die V. iliaca interna ab.

Lymphgefäße des Uterus

Die Lymphe des Uterus drainiert hauptsächlich in die **Nodi lymphatici iliaci** und die **Nodi lymphatici lumbales** (= iliakale und lumbale Lymphknoten). Über Lymphgefäße im Lig. teres uteri kann es jedoch auch zu inguinalen Lymphknotenmetastasen kommen.

7.1.2 Eierstöcke

Die **Ovarien** (= Eierstöcke) sind die weiblichen Keimdrüsen. Hier entwickeln sich die Eizellen zu sprungreifen **Follikeln** und es wird **Östrogen** und **Progesteron** produziert.

Lage und Aufbau

Die Ovarien liegen **intraperitoneal** und sind über das **Mesovar** (= ein Mesenterium, s. S. 1) und über verschiedene Bandsysteme mit der seitlichen Wand des kleinen Beckens und dem Lig. latum verbunden.
Die folgende Tabelle gibt einen Überblick über den **Halteapparat des Ovars:**

Lig. ovarii proprium	Lig. suspensorium ovarii	Mesovar
zieht vom Ovar zum Tubenwinkel und enthält den R. ovaricus der A. uterina	verbindet den Ovaroberrand mit der seitlichen Beckenwand und enthält die A. und V. ovarica	befestigt das Ovar am Lig. latum und dient als Eintrittsstelle für Gefäße und Nerven

Tabelle 19: Halteapparat des Ovars

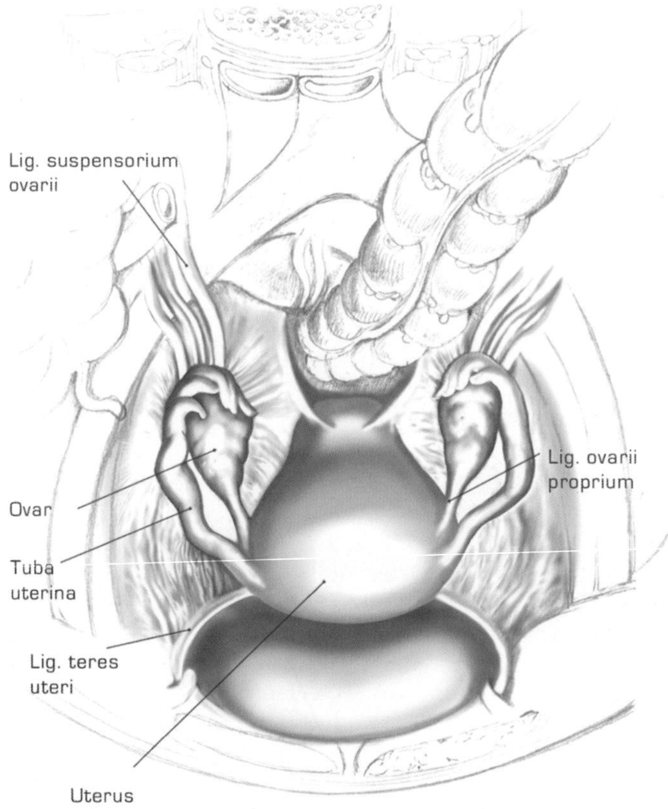

Abb. 28: Halteapparat Ovar

Gefäßversorgung der Eierstöcke

Die Eierstöcke werden arteriell über die **A. ovarica** und den **Ramus ovaricus** der **A. uterina** versorgt. Die A. ovarica entspringt direkt aus der Aorta abdominalis und zieht durch das Lig. suspensorium ovarii zu den Eierstöcken. Die A. uterina entspringt direkt aus der A. iliaca interna und gibt am Tubenwinkel den Ramus ovaricus ab. Dieser zieht dann durch das Lig. ovarii proprium in Richtung Ovar, um auf diesem Weg mit der A. ovarica eine Anastomose zu bilden.

Der venöse Abfluss des Blutes erfolgt über den **Plexus ovaricus**, ein das Ovar umgebendes Gefäßgeflecht, in die V. ovarica. Die V. ovarica verläuft dann durch das Lig. suspensorium ovarii, um schließlich - etwas unter dem Abgang der Nierenarterien aus der Aorta - rechts direkt in die V. cava inferior und links in die V. renalis sinistra abzufließen.

Lymphabfluss der Eierstöcke

Der Abfluss der Lymphe aus den Eierstöcken erfolgt in die **Nodi lymphatici lumbales** (= lumbalen Lymphknoten). Von dort fließt die Lymphe in den paarig angelegten **Truncus lumbalis** (= Lendenstamm), der die Lymphe schließlich über die **Cisterna chyli** in den **Ductus thoracicus** ableitet.

7.1.3 Eileiter

Die Tuba uterina (= paarige Eileiter) dient der Eizelle als Weg vom Ovar zum Uterus. Die Eileiter liegen intraperitoneal und sind über die **Mesosalpinx** befestigt. Sie beginnen am Ovar mit der **Ampulla tubae uterinae**, verengen sich nach medial zum **Isthmus tubae uterinae** und treten schließlich mit ihrem **Pars uterina** in den Uterus ein.

Die Ampulle des Eileiters ist trichterförmig erweitert und steht über die **Fimbria ovarica** (= Fimbrien) mit dem Ovar in lockerer Verbindung. Die Fimbrien sichern den Kontakt zum Ovar, wobei das Tubenende jedoch auch mit dem **Ostium abdominale** (= Peritonealhöhle) kommuniziert.

7.1.4 Vagina
Die Vagina kann makroskopisch als muskulärer Schlauch angesehen werden. Sie hat durch den in ihrer Schleimhaut vorherrschenden sauren pH-Wert eine Schutzfunktion und verhindert so das Eindringen von Bakterien in den Uterus. Außerdem kann über sie das Menstrualblut abfließen. Sie dient als Geburtskanal und zur Kopulation.

Gefäßversorgung der Vagina
Die arterielle Blutzufuhr erfolgt über einen Ast der A. uterina, die **A. vaginalis**. Die A. uterina entspringt aus der A. iliaca interna, um dann über das Lig. latum zum Uterus zu ziehen.
Auch um die Vagina besteht ein venöses Gefäßgeflecht, der **Plexus venosus vaginalis**, der in die V. iliaca interna abfließt.

Lymphabfluss der Vagina
Der Lymphabfluss der oberen zwei Drittel der Vagina erfolgt in die **Nodi lymphatici iliaci** (= iliakalen Lymphknoten). Die Lymphe des unteren Drittels der Vagina fließt als erstes in die inguinalen Lymphknoten, **Nodi lymphatici inguinales** ab.

7.1.5 Urethra
Die Harnröhre der Frau zieht von ihrem Abgang im Trigonum vesicae zum **Ostium urethrae externum**, das im **Vestibulum vaginae** liegt. Sie ist mit 3-5 cm Länge relativ kurz und eröffnet durch ihre Nähe zum Darmausgang die Möglichkeit für bakterielle Infektionen der Harnröhre oder der Harnblase (meist sind dies Bakterien vom Typ E. coli).

7.2 Äußere weibliche Geschlechtsorgane
Zum äußeren weiblichen Genital zählt man den über der Symphyse gelegenen **Mons pubis** (= Schamberg), die **Labia minora pudendi** (= kleine Schamlippen) und die **Labia majora pudendi** (= große Schamlippen), die teilweise die kleinen Schamlippen bedecken. Zwischen den kleinen Schamlippen liegt das **Vestibulum vaginae** (= Scheidenvorhof) mit dem **Ostium urethrae externum** (= Ausgang der Harnröhre) und der Mündungsstelle des Scheidengangs. Die **Clitoris** (= Kitzler) liegt am oberen Ende der kleinen Schamlippen und wird vom **Praeputium clitoridis**, einer kleinen Hautfalte bedeckt.

7.2.1 Die Gefäßversorgung des äußeren weiblichen Genitals
Arteriell erfolgt die Versorgung der äußeren weiblichen Geschlechtsorgane über die **A. pudenda interna**, den Endast der **A. iliaca interna**.

7.2.2 Lymphgefäße der äußeren weiblichen Geschlechtsorgane
Der Lymphabfluss aus dem Gebiet des äußeren weiblichen Genitals erfolgt in die **Nodi lymphatici inguinales.**

DAS BRINGT PUNKTE

Um im Examen wichtige Punkte zu sammeln, sollte man die zwei wichtigsten Bänder des Uterus (= Lig. teres uteri und Lig. latum) und seine Lage im Bauchraum kennen. Hierzu die Fakten:
- Der Corpus uteri liegt intraperitoneal, die Zervix subperitoneal.
- Das **Lig. teres uteri** zieht vom Uterus (Tuben-Mündung) durch den Leistenkanal zu den großen Schamlippen.
- Das **Lig. latum** zieht vom Uterus zum seitlichen Beckenrand und ist an seinem freien Rand mit Mesosalpinx und Mesovar verbunden.
- Das Abknicken des Corpus uteri gegen den Uterushals wird als **Anteflexio uteri** bezeichnet.
- Das Abknicken des Uterushalses gegen die Längsachse der Vagina wird als **Anteversio uteri** bezeichnet.

Im Bezug auf Ovar und Tuba uterina werden immer wieder die folgenden Haltestrukturen gefragt:
- Das Ovar ist über drei Haltestrukturen fixiert: Das **Lig. suspensorium ovarii** (enthält die A. und V. ovarica), das Lig. ovarii proprium (enthält den Ramus ovaricus der A. uterina) und das **Mesovar** (hierdurch gelangen die Gefäße schließlich zum Ovar).
- R. ovaricus und A. ovarica anastomosieren im Lig. ovarii proprium.
- Die Tuba uterina wird durch das Mesosalpinx mit dem Lig. latum fixiert.

Zum Lymphabfluss des inneren und äußeren weiblichen Genitals sollte man sich Folgendes merken:
- Die Lymphe des inneren Genitals (= Uterus, Tube, Ovar) drainiert in die paraaortalen oder lumbalen Lymphknoten.
- Die Lymphe des äußeren Genitals (= Vulva) drainiert dagegen zuerst in die inguinalen Lymphknoten.

BASICS MÜNDLICHE

Welche Arterie versorgt den Uterus und womit anastomosiert sie?
Der Uterus wird über die A. uterina (= Ast der A. iliaca interna) arteriell versorgt. Die A. uterina anastomosiert über den Ramus ovaricus mit der A. ovarica.

Wo liegt die tiefste Stelle des Peritoneums bei einer stehenden Frau?
Die Excavatio rectouterina (= Douglasraum) ist der tiefste Punkt des Peritoneums bei der Frau. Er liegt zwischen Rektum und Uterus.

Wie ist das Ovar fixiert?
- Mesovar
- Lig. suspensorium ovarii
- Lig. ovarii proprium

Wo mündet die Harnröhre?
Die Harnröhre mündet in das Vestibulum vaginae.

Wie lang ist die weibliche Harnröhre?
Die weibliche Harnröhre hat etwa eine Länge von 3-5 cm.

8 Männliche Geschlechtsorgane

In diesem Kapitel werden die wichtigsten Fakten über die männlichen Geschlechtsorgane für die mündliche und schriftliche Prüfung zusammengefasst, sowie klinische Hinweise gegeben. Konkret sind dies alle prüfungsrelevanten Fakten vom Hoden, über die inneren Geschlechtsorgane bis hin zum Penis.
Zu den männlichen Geschlechtsorganen zählen folgende Organe:
- **Hoden (= Testis),**
- **Nebenhoden (= Epididymis),**
- **Samenleiter (= Ductus deferens),**
- **Samenblase (= Vesicula seminalis),**
- **Vorsteherdrüse (= Prostata),**
- **männliche Harnröhre (= Urethra),**
- **Penis.**

Die männliche Urethra wird in diesem Kapitel wegen ihres besonderen Verlaufs mit abgehandelt.

8.1 Hoden

Die Hauptfunktion der männliche Hoden ist die **Spermienproduktion**. Weiterhin bilden die **Leydig-Zellen** Testosteron und die **Sertoli-Zellen** bilden die Blut-Hoden-Schranke und produzieren ABP (= androgenbindendes Protein).

8.1.1 Lage und Aufbau

Der **Testis** (= Hoden) selbst ist etwa 3 cm x 4 cm groß und liegt zusammen mit dem **Epididymis** (= Nebenhoden) im Skrotum. Gerne gefragt werden die Hüllen des Hodens und ihre Fortsetzung in den vorderen Schichten der Rumpfwand. Deshalb zeigt Tabelle 20 sie im Überblick.

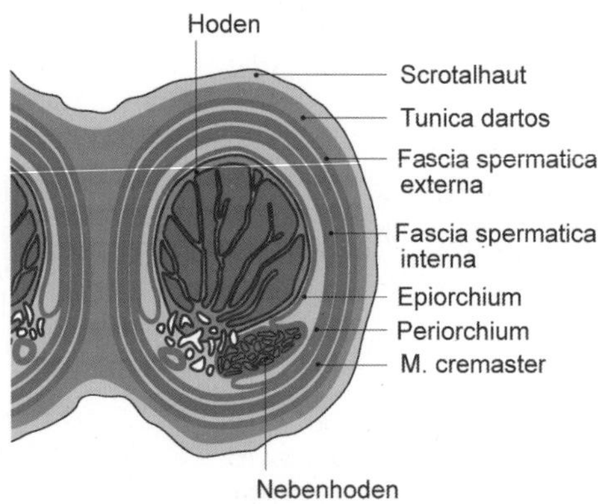

Abb. 29: Hodenhüllen

Die **Tunica vaginalis testis** ist die seröse Hülle des Hodens und als Fortsetzung des Peritoneums zu verstehen. Sie liegt als **Lamina parietalis (= Periorchium)** der Fascia spermatica interna und als **Lamina visceralis (= Epiorchium)** der Tunica albuginea des Hodens und Nebenhodens an. Die Gefäße und der Samenstrang treten am **Mesorchium** des Hodens aus, das an der Rückfläche des Hodens liegt. Das Mesorchium ist gleichzeitig der Ort, an dem sich die Umschlagfalte von Epiorchium zu Periorchium befindet.
Zwischen Epiorchium und Periorchium liegt ein **seröser Spalt**, der im Rahmen des **Descensus testis** entsteht und der Verschieblichkeit des Hodens gegenüber seinen Hüllen dient. Dieser Spalt entsteht aus dem **Processus vaginalis peritonei.**
Entwicklungsgeschichtlich werden die Hoden in Höhe des Abgangs der A. testicularis in der Bauchhöhle angelegt und gelangen erst später durch den Leistenkanal in das Skrotum.

Skrotalhaut	Tunica dartos	Fascia spermatica externa	M. cremaster	Fascia spermatica interna
Haut	Fortsetzung des **subkutanen Bindegewebes**	Fortsetzung der **Fascia superficialis** und der **Faszie des M. obliquus externus abd.**	Fortsetzung des **M. obliquus internus abd.** und des **M. transversus abd.**	Fortsetzung der **Fascia transversalis**

Tabelle 20: Hüllen des Hodens und ihre Fortsetzung in den vorderen Schichten der Rumpfwand

Unter normalen Bedingungen schließen sich/ verkleben die oberen Anteile des **Processus vaginalis peritonei** entwicklungsgeschichtlich bereits sehr früh nach Eintritt der Hoden in das Skrotum und trennen so die Verbindung des serösen Spalts (= zwischen Periorchium und Epiorchium) zur Bauchhöhle.

Übrigens...

- Eine Wasseransammlung zwischen Epiorchium und Periorchium wird als **Hydrocele testis** bezeichnet.
- Ein **indirekter Leistenbruch** entspricht der Vorwölbung von Darmanteilen durch den nicht vollständig verschlossenen Processus vaginalis peritonei in den Hodensack. Die in den Hodensack vorgewölbten Darmanteile müssen umgehend wieder in das Abdomen zurück verlagert werden, um Nekrosen durch abgedrückte Gefäße zu vermeiden.
- Unter einer **Hodentorsion** versteht man eine Verdrehung am Mesorchium, wodurch meist eine Mangeldurchblutung des Hodens entsteht. Ein so verdrehter Hoden muss umgehend in seine normale Lage gebracht werden, da auch hier die Gefahr von Nekrosen besteht.

8.1.2 Gefäßversorgung des Hodens

Die arterielle Versorgung des Hodens erfolgt über die **A. testicularis** (entspringt direkt aus der Aorta abdominalis). Der venöse Abfluss findet über den **Plexus pampiniformis** (zieht vom Mesorchium bis durch den Leistenkanal) in die **V. testicularis dextra** und in die **V. testicularis sinistra** statt. Da Besonderheiten in Prüfungen immer gerne gefragt werden, sollte man sich unbedingt Folgendes dazu merken:

MERKE:
Die rechte V. testicularis fließt direkt in die V. cava inferior, während die linke V. testicularis erst in die linke V. renalis (in einem fast 90-Grad-Winkel) mündet und erst die V. renalis sinistra zur V. cava inferior führt.

8.1.3 Lymphabfluss des Hodens

In den schriftlichen Examina wird immer wieder gerne nach dem **Metastasierungsweg** von Hodenkarzinomen oder der Fortleitung von Entzündungen im Hodenbereich gefragt. Hierzu sollte man sich merken, dass der Lymphabfluss der Hoden über Lymphgefäße im Samenstrang, durch den Leistenkanal zuerst in die retroperitoneal gelegenen paraaortalen Lymphknoten, die **Lymphonodi lumbales** erfolgt.

Übrigens...

Eine Erweiterung der Venen des Plexus pampiniformis führt zum Bild der **Varikozele**. Hierbei kommt es meist durch eine Abflussbehinderung im Bereich der Mündung der linken V. testicularis in die linke V. renalis (fast ein-90 Grad-Winkel) zu einem venösen Rückstau, welcher die Hodentätigkeit beeinträchtigen kann.

8.1.4 Innervation des Hodens

Der **Ramus genitalis** aus dem **N. genitofemoralis** innerviert motorisch den **M. cremaster**. Sensibel innerviert er zusammen mit dem **N. ilioinguinalis** die Skrotalhaut.

8.2 Nebenhoden

Aus funktioneller Sicht dient der Nebenhoden der Ausreifung der im Hoden gebildeten Spermatozoen. Der Nebenhoden liegt dem Hoden an der dorsalen Seite hilusnah an. Am Hodenhilus ziehen die **Ductuli efferentes** zum **Ductus epididymidis** (= Nebenhodengang). Der Nebenhodengang zieht von dort bis an die Rückseite des kaudalen Hodenpols, um dann nach kranial in den **Ductus deferens** über zu gehen.

8.3 Samenleiter

Die Aufgabe des Samenleiters wird sicher jedem bekannt sein, sodass wir hier nicht näher darauf eingehen müssen...

8.3.1 Lage des Samenleiters

Der **Ductus deferens** (= Samenleiter) hat seinen Ursprung am Nebenhoden und zieht von hier im **Funiculus spermaticus** (= Samenstrang) nach kranial durch den Leistenkanal. Im Retroperitoneum verläuft er entlang der lateralen Beckenwand bis zur Prostata. Kurz vor der Prostata erweitert sich der Samenleiter zur **Ampulla ductus deferentis**. Hier münden die Ausführungsgänge der Samenblasen, und der Samenleiter geht in den **Ductus ejaculatorius** über. Dieser zieht nun durch die Prostata und mündet auf dem **Colliculus seminalis** (= Samenhügel) in die Harnröhre.

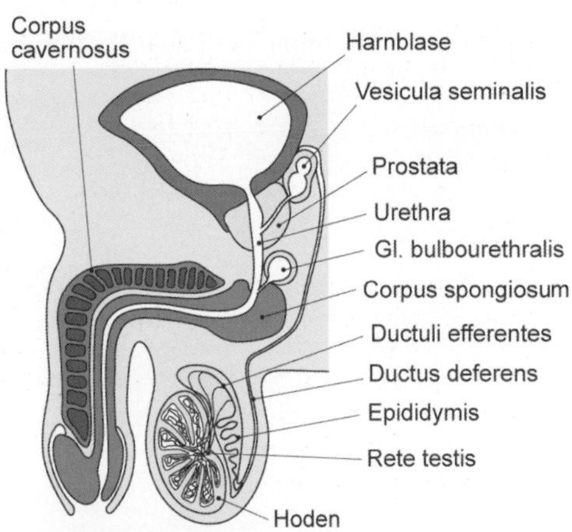

Abb. 30: Verlauf Ductus deferens

8.3.2 Gefäßversorgung des Samenleiters

Der Samenleiter wird arteriell durch die **A. ductus deferentis** versorgt. Die A. ductus deferentis ist ein Ast der **A. umbilicalis**, welche aus der **A. iliaca interna** entspringt.

8.3.3 Innervation des Samenleiters

Die Innervation des **Ductus deferens** erfolgt über den **Plexus hypogastricus** inferior.

8.4 Bläschendrüse

Die paarige **Glandula vesiculosa** (= Bläschendrüse) zählt zu den akzessorischen Geschlechtsdrüsen und produziert den größten Anteil des Ejakulats (= 50-70 Prozent). Ihr Produkt ist ein fructosereiches, leicht alkalisches Sekret, das der Samenflüssigkeit im Bereich der Ampulla des Ductus deferens zugeleitet wird.

8.4.1 Lage der Bläschendrüsen

Topographisch liegt die Bläschendrüse dorsal am Harnblasenfundus, in **subperitonealer** Lage, ist paarig angeordnet und bei einer digitalen Untersuchung vom Rektum aus tastbar.

Übrigens...

Die Bläschendrüse wird auch Vesicula seminalis (= Samenblase) genannt. Dieser Name kann jedoch etwas irritieren, da in der Samenblase keine Spermien produziert werden. Beide Namen existieren in den verschiedenen Lehrbüchern jedoch parallel, sodass man sich hiervon nicht verwirren lassen sollte. Das schriftliche Examen bevorzugt die Bezeichnung Vesicula seminalis.

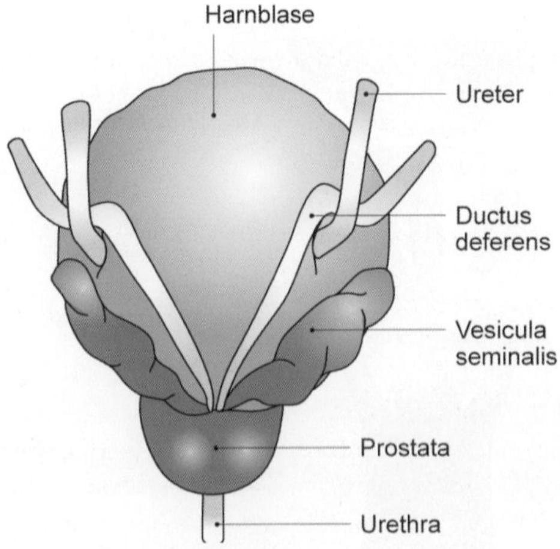

Abb. 31: Prostata/ Samenbläschen

8.4.2 Gefäßversorgung der Bläschendrüsen

Die Bläschendrüsen erhalten ihre arterielle Versorgung durch drei Arterien:

- **A. vesicalis inferior** (entspringt aus der A. iliaca interna),
- **A. rectalis media** (entspringt aus der A. iliaca interna),
- **A. ductus deferentis** (entspringt aus der A. umbilicalis).

Das venöse Blut fließt über den **Plexus vesicoprostaticus** (= venöser Gefäßplexus um Prostata und Bläschendrüsen) in die V. iliaca interna ab.

8.5 Prostata

Die **Prostata** (= Vorsteherdrüse) ist ebenfalls zu den akzessorischen Geschlechtsdrüsen zu zählen. Sie produziert ein saures Sekret, das über kleine Ausführungsgänge um den Samenhügel dem Ejakulat zugesetzt wird (macht 15-30 Prozent des Ejakulats aus). Ihre Größe wird als feigen-/kastaniengroß beschrieben.

8.5.1 Lage und Aufbau der Prostata

Die Prostata liegt dem Diaphragma urogenitale auf und wird vom Blasenfundus bedeckt. Da sie keine Beziehung zum Peritoneum hat, ist ihre Lage als **extraperitoneal** zu bezeichnen. Durch das Rektum, unterhalb der Plica transversalis recti media (= Kohlrauschfalte) ist die Prostata im Regelfall gut tastbar. Von oben nach unten wird die Prostata von der Harnröhre durchzogen. Der Ductus ejaculatorius dringt von oben dorsal in die Prostata und mündet auf dem **Colliculus seminalis** (= Samenhügel) in die Harnröhre.

Im Aufbau der Prostata lassen sich drei Zonen unterscheiden:

- **periurethrale Zone** (liegt um die Harnröhre herum),
- **Innenzone**,
- **Außenzone** (hier liegt der Hauptteil des Drüsengewebes).

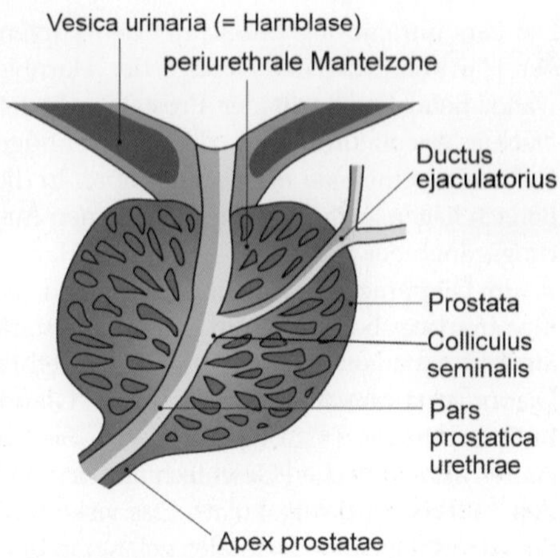

Abb. 32: Prostata seitlich

Übrigens...

Die Kenntnis der verschiedenen Zonen der Prostata spielt bei der Unterscheidung eines bösartigen **Prostatakarzinoms** gegenüber einer gutartigen **Prostatahyperplasie** eine große Rolle. Die relativ häufige Prostatahyperplasie bezeichnet eine Größenzunahme der Innenzone, was schließlich zu einer Komprimierung der Harnröhre und den damit verbundenen Schwierigkeiten führt (dies ist meist der Grund dafür, dass ältere Herren etwas länger beim Wasserlassen brauchen). Das bösartige Prostatakarzinom dagegen wächst bevorzugt in den drüsigen Anteilen in der Außenzone und macht klinisch im Frühstadium kaum Symptome. Bei einer digitalen rektalen Untersuchung ist die Prostata gut zu tasten und man kann so die Größe und die Oberfläche beurteilen.

8.5.2 Gefäßversorgung der Prostata

Hauptsächlich erhält die Prostata ihre arteriellen Zuflüsse aus der **A. vesicalis inferior** und der **A. rectalis media**. Der venöse Abfluss erfolgt über den **Plexus vesicoprostaticus** in die **V. iliaca interna.**

8.6 Männliche Harnröhre

Die männliche **Urethra** (= Harnröhre) verläuft in einer S-Form von ihrem Beginn im Trigonum vesicae (= Ostium urethrae internum) zur äußeren Harnröhrenöffnung an der Eichel (= Ostium urethrae externum). Sie ist 20-25 cm lang und lässt sich in verschiedene Bereiche unterteilen:

- Pars intramuralis,
- Pars prostatica,
- Pars membranacea,
- Pars spongiosa.

Die Pars intramuralis bezeichnet den kurzen Teil der Harnröhre bei der Passage der Harnblasenwand. Beim Durchtritt der Prostata mündet der Ductus ejaculatorius auf dem Samenhügel (= Colliculus seminalis) in die Harnröhre. In diesem Bereich liegen auch die multiplen kleinen Ausführungsgänge der Prostata. Der Teil der Harnröhre, der im Diaphragma urogenitale liegt, wird als Pars membranacea bezeichnet und ist der am stärksten am Beckenboden fixierte Anteil der Urethra. Im Diaphragma urogenitale liegen die **Glandulae bulbourethrales** (= Cowper-Drüsen). Sie zählen zu den akzessorischen Geschlechtsdrüsen und bilden 1-3 Prozent des Ejakulats. Das visköse Sekret der Glandulae bulbourethrales gelangt in der Pars spongiosa, über kleine Ausführungsgänge, in die Urethra. Im Bereich des Bulbus penis mündet die Harnröhre in das Corpus spongiosum penis und zieht in diesem zum Ostium urethrae externum an der Glans penis. Die männliche Harnröhre weist folgende Engstellen und Erweiterungen auf:

1. Engstelle	Ostium urethrae internum
1. Erweiterung	**Pars prostatica**
2. Engstelle	Pars membranacea
2. Erweiterung	**Ampulla urethrae**
3. Erweiterung	**Fossa navicularis**
3. Engstelle	Ostium urethrae externum

Tabelle 21: Engstellen und Erweiterungen der männlichen Harnröhre

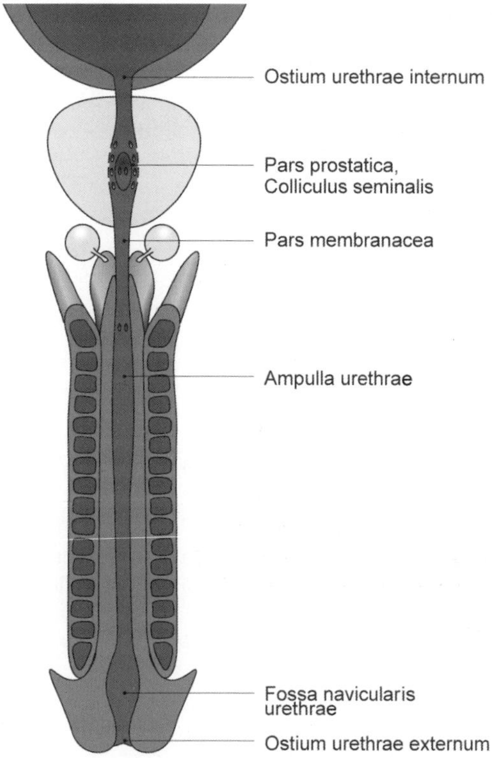

Abb. 33: Harnröhre Erweiterungen und Engstellen

8.7 Penis

Der Penis besteht aus unterschiedlichen Anteilen:

- Crura penis,
- Bulbus penis,
- Corpus penis,
- Glans penis.

8.7.1 Penisschwellkörper

Die Penisschwellkörper lassen sich in die paarigen **Corpora cavernosa penis** und das unpaare **Corpus spongiosum penis** unterteilen. Die Corpora cavernosa penis sind am Unterrand des Os pubis fixiert und bilden hier die **Crura penis**. Im weiteren distalen Verlauf bilden die Corpora cavernosa dann den **Corpus penis** (= Penisschaft).

Das Corpus spongiosum penis wird an seinem Ursprung vom Musculus bulbospongiosus umfasst und bildet hier den Bulbus penis. Das Corpus spongiosum penis legt sich von unten medial den beiden Corpora cavernosa penis an und endet distal mit der **Glans penis** (= Eichel). Im Inneren des Corpus spongiosum penis liegt die Harnröhre. Die Eichel ist durch eine dünne Rinne, die **Corona glandis** vom Penisschaft getrennt. Das Corpus penis bildet hier eine um den Penis laufende Hautfalte, die die Eichel mehr oder weniger bedeckt. Diese Hautfalte wird als **Praeputium** (= Vorhaut) bezeichnet. Diese Vorhaut ist an der Unterseite der Eichel über ein Bändchen, das **Frenulum praeputii** angeheftet.

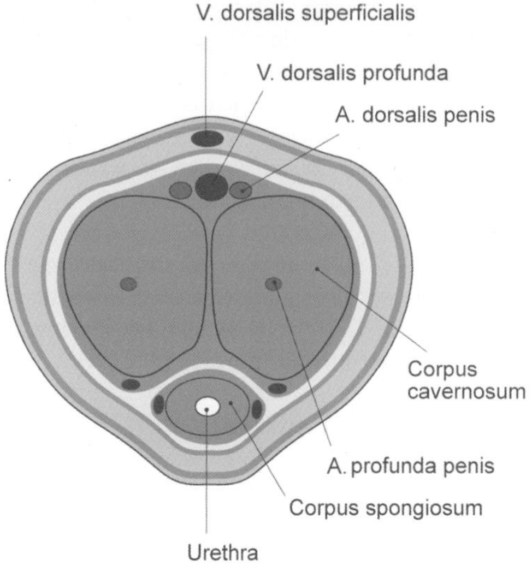

Abb. 34: Axialschnitt Penis

8.7.2 Gefäßversorgung des Penis

Der Penis wird arteriell durch drei Arterien versorgt:

- A. dorsalis penis (versorgt Glans und Präputium),
- A. profunda penis (versorgt die Corpora cavernosa penis),
- A. bulbi penis (versorgt die Harnröhre und das Corpus spongiosum penis).

Alle drei Arterien entspringen aus der A. pudenda interna.

Das venöse Blut aus dem Penis fließt hauptsächlich über die paarige V. dorsalis penis in den Plexus vesicoprostaticus und dann schließlich in die V. iliaca interna ab.

8.7.3 Lymphabfluss aus dem Penis

Die Lymphe aus dem Penis drainiert als erstes in die **tiefen inguinalen Lymphknoten**. Sollte zum Beispiel eine Entzündung der Glans penis vorliegen, so ist es daher hochwahrscheinlich, dass auch die inguinalen Lymphknoten angeschwollen sind.

8.7.4 Innervation der Schwellkörper

Die autonome Steuerung der Erektion erfolgt über Fasern der **Nn. cavernosi penis** aus dem **Plexus hypogastricus**. Die somatosensible Innervation der Schwellkörper erfolgt über den N. pudendus. Die autonomen Fasern bilden entlang der Prostata und Blase als Nn. splanchnici pelvici ein feines Nervengeflecht. Bei Verletzungen in diesem Bereich kann es zur erektilen Dysfunktion kommen.

DAS BRINGT PUNKTE

Zu den **Hodenhäuten** solltet ihr euch merken, dass die einzelnen Schichten der Leibeswand vom Hoden bei seinem Durchtritt durch den Leistenkanal mitgenommen werden und im Hoden wieder zu finden sind. Dieser Sachverhalt wird besonders gerne in den schriftlichen Examina gefragt.
Die Fortsetzungen der Leibeswand gliedern sich wie folgt:
- Die Fortsetzung der Haut entspricht am Hoden der Skrotalhaut,
- das subkutane Bindegewebe setzt sich als Tunica dartos am Skrotum fort,
- die Fortsätze von Fascia superficialis und der Faszie des M. obliquus ext. abdominis bilden die Fascia spermatica externa,
- der M. obliquus internus und der M. transversus entsprechen in der Fortsetzung der Leibeswand dem M. cremaster am Skrotum,
- die Fascia transversalis setzt sich als Fascia spermatica interna fort.

Auch gerne gefragt, und deshalb hier noch mal im Überblick, die Fortsetzungen des Peritoneums:
- Das Epiorchium entspricht dem viszeralen Blatt des Peritoneums.
- Das Periorchium ist als Fortsetzung des parietalen Blatts des Peritoneums zu verstehen.

Die Ausführungsgänge der akzessorischen Geschlechtsdrüsen werden ebenfalls öfters geprüft und sind daher hier noch einmal aufgeführt:
- Das Sekret der paarigen Bläschendrüse mündet im Bereich der Ampulla (kurz vor der Prostata) in den Ductus deferens.
- Der Ductus ejaculatorius mündet auf dem Samenhügel (= Colliculus seminalis) in die Urethra. Auch multiple Ausführungsgänge der Prostata selbst münden in diesen Bereich.
- Das Sekret der Cowper-Drüsen mündet im Bereich des Bulbus penis in die Urethra.

Beim Thema Harnröhre sind besonders die Engstellen und die Erweiterungen der Urethra prüfungsrelevant.
- Die Engstellen liegen in folgenden Bereichen der Urethra: Ostium urethrae internum, Pars membranacea, Ostium urethrae externum.
- Die Erweiterungen der Urethra finden sich in der Prostata, dem Bulbus penis und der Fossa navicularis.

Zum Penis wurden bislang besonders die Schwellkörper in fast jedem Examen gefragt. Ihr solltet euch deshalb gut einprägen, dass
- die paarigen Corpora cavernosa penis an den unteren Schambeinästen ansetzen und den Penisschaft bilden,
- das unpaare Corpus spongiosum penis die Harnröhre enthält, an seinem Ursprung vom M. bulbospongiosus fixiert wird und so den Bulbus penis bildet.

BASICS MÜNDLICHE

Welche Lymphknoten sind bei einer Entzündung der Glans penis als erstes betroffen?
Der Penis liegt im Abflussgebiet der inguinalen Lymphknoten, weswegen diese zuerst betroffen sind.

In welchen Lymphknoten werden sich bei einem Patienten mit Hodenkarzinom als erstes maligne Zellen nachweisen lassen?
Die Lymphflüssigkeit aus dem Hoden drainiert zuerst in die paraaortalen und lumbalen Lymphknoten. Hier werden sich also zuerst maligne Zellen nachweisen lassen.

Was fasst man unter dem Begriff akzessorische Geschlechtsdrüsen zusammen?
Die akzessorischen Geschlechtsdrüsen produzieren den Hauptanteil des Ejakulats. Bläschendrüsen, Prostata und Cowper-Drüsen werden als akzessorische Geschlechtsdrüsen bezeichnet.

Was versteht man unter dem Begriff Hydrozele?
Eine Hydrozele ist eine Flüssigkeitsansammlung im serösen Spalt der Tunica vaginalis des Hodens (zwischen Periorchium und Epiorchium).

Wie entsteht eine Varikozele?
Eine Varikozele ist als eine Erweiterung von skrotalen Venen zu verstehen und beruht meist auf einer venösen Abflussbehinderung.

9 Wichtige Gefäße im Überblick

Dieses Kapitel gibt euch einen kompakten Überblick über die wichtigsten Gefäße im Bereich des Abdomens und des Beckens. Die jeweiligen Arterien sind einschließlich ihrer wichtigsten Äste aufgelistet und können so noch mal schnell wiederholt oder nachgeschlagen werden.

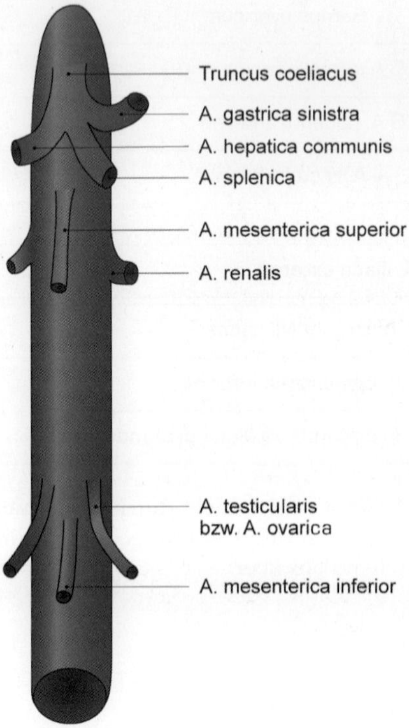

Abb. 35: Aorta Gefäße

Die Abgänge der Aorta abdominalis von kranial nach kaudal:

1. A. phrenica inferior (paarig angelegt)

2. Truncus coeliacus (teilt sich in drei große Äste)
2.1 A. hepatica communis (teilt sich in zwei Äste)
2.1.1 A. hepatica propria **(1. Ast)**
• A. cystica
• A. gastrica dextra
2.1.2 A. gastroduodenalis **(2. Ast)**
• A. gastroomentalis dextra
• A. pancreaticoduodenalis superior
2.2 A. splenica (stärkster Ast des Truncus coeliacus)
2.2.1 A. gastroomentalis sinistra
• Aa. gastricae breves
2.3 A. gastrica sinistra

3. A. suprarenalis media (paarig angelegt)

4. A. mesenterica superior (versorgt den Darm bis zur linken Colonflexur)
4.1 A. pancreaticoduodenalis inferior
4.2 Aa. jejunales und Aa. ileales
4.3 A. ileocolica
4.3.1 A. appendicularis
4.4 A. colica dextra
4.5 A. colica media

5. A. renalis (paarig angelegt)
5.1 A. suprarenalis inferior

6. A. ovarica (bei der Frau) oder A. testicularis (beim Mann) (paarig angelegt)

7. A. mesenterica inferior
7.1 A. colica sinistra
7.2 Aa. sigmoideae
7.3 A. rectalis superior

MERKE:
Alle unpaaren Abgänge der Aorta abdominalis bilden Anastomosen.

- Der Truncus coeliacus bildet durch die A. pancreaticoduodenalis superior mit der A. pancreaticoduodenalis inferior, als Ast der A. mesenterica superior, eine Anastomose im Bereich des Pankreaskopfes!
- Die A. mesenterica superior bildet über die A. colica media, mit der A. colica sinistra, als Ast der A. mesenterica inferior, im Bereich der linken Colonflexur eine Anastomose!

Die Arterien des Beckens in der Übersicht:
Die Äste der A. iliaca interna lassen sich in parietale Äste und in viszerale Äste unterteilen:

1. A. iliaca interna
1.1 Parietale Äste
1.1.1 A. iliolumbalis
1.1.2 A. sacralis lateralis
1.1.3 A. glutealis superior
1.1.4 A. glutealis inferior
1.1.5 A. obturatoria
1. A. iliaca interna

1.2 Viscerale Äste
1.2.1 A. umbilicalis
1.2.2 A. vesicalis inferior
1.2.3 A. ductus deferentis
1.2.4 A. uterina
• A. vaginalis
• Ramus ovaricus
1.2.5 A. rectalis media
1.2.6 A. pudenda interna
• A. rectalis inferior

2. A. iliaca externa

2.1. Äste zum M. psoas
2.2 A. epigastrica inferior
2.3 A. circumflexa iliaca profunda

Die A. iliaca externa zieht durch die Lacuna vasorum aus dem Becken und geht schließlich in die A. femoralis über.

Index

A

B

C

D

N

O

P

R

S

T

U

V

Z

Eure Meinung ist gefragt

Unser Ziel ist es, euch ein perfektes Skript zur Verfügung zu stellen. Wir haben uns sehr bemüht, alle Inhalte korrekt zu recherchieren und alle Fehler vor Drucklegung zu finden und zu beseitigen. Aber auch wir sind nur Menschen: Möglicherweise sind uns einige Dinge entgangen. Um euch mit zukünftigen Auflagen ein optimales Skript bieten zu können, bitten wir euch um eure Mithilfe.

Sagt uns, was euch aufgefallen ist, ob wir Stolpersteine übersehen haben oder ggf. Formulierungen präzisieren sollten. Darüber hinaus freuen wir uns natürlich auch über positive Rückmeldungen aus der Leserschaft.

Eure Mithilfe ist für uns sehr wertvoll und wir möchten euer Engagement belohnen: Unter allen Rückmeldungen verlosen wir einmal im Semester Fachbücher im Wert von 250,- EUR. Die Gewinner werden auf der Webseite von MEDI-LEARN unter www.medi-learn.de bekannt gegeben.

Schickt eure Rückmeldungen einfach per Post an MEDI-LEARN, Dorfstraße 57, 24107 Ottendorf oder tragt sie im Internet in ein spezielles Formular ein, das ihr unter der folgenden Internetadresse findet: www.medi-learn.de/rueckmeldungen

Vielen Dank
Euer MEDI-LEARN Team